ÉLÉMENTS
DE PHYSIQUE.

Les exemplaires non revêtus de la signature ci-dessous seront réputés contrefaits.

CET OUVRAGE SE TROUVE AUSSI :

A BESANÇON, chez Turbergue, libraire.
A BORDEAUX, chez Lafargue, libraire.
A LILLE, chez Lefort, libraire.
A ROUEN, chez Fleury, libraire.

Paris. — Typographie de Firmin Didot frères, rue Jacob, 56.

ÉLÉMENTS
DE PHYSIQUE

PAR M. L'ABBÉ PINAULT,

PRÊTRE DE SAINT-SULPICE,
PROFESSEUR DE PHYSIQUE AU SÉMINAIRE D'ISSY.

QUATRIÈME ÉDITION,

REVUE, CORRIGÉE ET AUGMENTÉE.

PARIS,
GAUME FRÈRES, LIBRAIRES-ÉDITEURS,
RUE CASSETTE, 4.

1852.

MARIÆ

SINE LABE

CONCEPTÆ.

AVIS.

Les renvois aux Compléments, qui se rencontrent fréquemment dans le texte du présent ouvrage, n'indiquent ni les pages ni les numéros auxquels il faut recourir. Mais, en tête du volume des Compléments, se trouve une table à deux colonnes : sur l'une d'elles sont les numéros des pages et des lignes des Éléments de physique qui contiennent ces renvois, et l'autre indique les endroits des Compléments auxquels ils répondent.

PRÉFACE.

Dans le principe, cet ouvrage n'était guère destiné qu'aux élèves du cours dont je suis chargé au séminaire d'Issy. Ainsi il n'était qu'un simple cahier de professeur, composé de passages choisis tantôt dans un auteur, tantôt dans un autre, selon que je trouvais les développements dont j'avais besoin, donnés d'une manière plus conforme à mon dessein dans un traité que dans un autre. Je n'avais rédigé moi-même que les questions qui ne se trouvaient nulle part exposées à mon gré. Dans la suite, divers établissements, soit en France, soit à l'étranger, ayant adopté ce livre, j'ai senti l'obligation de reprendre tout mon travail; mais cela m'a demandé beaucoup de temps, de sorte que je n'ai pu le terminer que pour la présente édition, qui est la quatrième. Cette édition a été à peu près toute rédigée de nouveau, pour en ôter la disparate de style qui se trouvait dans les divers extraits dont se composaient en grande partie les éditions précédentes. Elle diffère surtout de celles-ci en ce que de ses deux volumes qui se vendent séparément, le premier ne contient que les *éléments* de physique, et le second, sous le titre de *Compléments*, présente toutes les explications, tous les raisonnements et calculs trop difficiles pour être bien entendus par les personnes étrangères aux sciences, et surtout aux mathématiques.

Du reste, le plan suivi dans cette quatrième édition est le même que celui des éditions précédentes. Ce plan est pris dans la nature même des phénomènes qu'il s'agit de traiter ici. Les phénomènes physiques ne sont en effet et ne peuvent être que les phénomènes de mouvement et d'équilibre que présentent les corps sous l'action des forces de la nature. Or, pour traiter de ces effets des forces sur les corps, il est nécessaire d'avoir préliminairement quelques connaissances de ces forces et de ces corps : c'est pourquoi je donne d'abord des notions succinctes de *mécanique,* c'est-à-dire de la science des forces, et un exposé de la *constitution* intime des corps. Après ces deux articles préliminaires, commence, à proprement parler, la question des phénomènes physiques, laquelle doit tirer ses divisions de la nature des forces et des corps qu'on a à considérer. De là deux livres : le premier pour les corps pondérables, qu'on appelle ainsi parce qu'ils ont une masse plus ou moins considérable, et le second pour les corps impondérables, qu'on appelle ainsi parce qu'ils n'ont pas de masses appréciables ; ce sont les fluides auxquels on attribue les phénomènes d'électricité, de magnétisme, de lumière et de chaleur. Or, les molécules de chacune de ces deux classes de corps exercent les unes sur les autres deux sortes de forces, à savoir, des forces sensibles à distance, et des forces insensibles à distance. Ainsi chaque livre doit avoir deux chapitres, répondant à ces deux sortes de forces. Les deux chapitres du premier livre se divisent chacun en trois sections : la première donne quelques notions des forces de ce chapitre, la seconde traite des phénomènes d'équilibre dus à ces forces, et la troisième, des phénomènes de mouvement. Quant aux deux chapitres du second livre, il n'y a que le premier, relatif aux forces sensibles à distance de l'électricité, qui soit susceptible d'être divisé comme ceux du premier livre en sections d'équilibre et de mouvement, puisque le second ne traite que des phénomènes de lumière et de chaleur, lesquels résultent des mouvements des molécules impondérables dus à leurs forces insensibles à distance, de sorte qu'il n'y a pas lieu à traiter de l'équilibre de ces forces.

Le plan du second livre, quoique semblable dans sa forme à celui du premier, en diffère pourtant beaucoup pour le fond. En effet, le plan du premier livre est fondé sur l'observation directe des corps pondérables et du résultat de leurs actions mutuelles; suivant que ce résultat est un phénomène de mouvement ou d'équilibre de leurs molécules, on le range dans une section ou dans une autre.

Mais on n'a jamais observé immédiatement les corps impondérables dont il est question dans le second livre, et l'on ne sait pas directement dans quel état de mouvement ou d'équilibre les établissent leurs actions mutuelles, puisque l'on n'observe réellement que les effets produits par ces actions dans les corps pondérables.

Ainsi, par exemple, dans le deuxième chapitre du premier livre on reconnaît de suite que la loi de Mariotte appartient à la section des phénomènes d'équilibre, parce que l'expérience faite à ce sujet met immédiatement sous les yeux de l'observateur un gaz pondérable, dont les diverses parties en équilibre se repoussent avec une force d'autant plus grande qu'il occupe un plus petit volume. De même on voit immédiatement qu'un phénomène quelconque d'acoustique appartient à la section des phénomènes de mouvement, parce qu'il est facile de constater que le son produit par un corps pondérable n'est dû qu'au mouvement vibratoire des parties de ce corps. Mais il n'en est plus de même des phénomènes du second livre. Quand je vois, par exemple, une barre d'acier aimantée attirer un morceau de fer, je ne suis témoin que du mouvement de celui-ci vers celle-là ; et comme l'aimantation qui a produit ce résultat ne paraît avoir rien changé dans la substance de l'acier, je suis porté à conclure qu'elle n'a changé que l'état d'une substance particulière cachée dans cet acier. Je n'arrive donc qu'indirectement à l'idée de cette substance ; or, le peu de données que l'on acquiert ainsi indirectement sur certains agents physiques est si insuffisant pour en déterminer les conditions, que souvent les physiciens sont divisés à leur égard. Ainsi, dans l'exemple précédent, les physiciens admettent que la substance cachée dans la barre d'acier aimantée est composée de deux fluides ; mais, selon la théorie de Coulomb, ils sont en équilibre pendant l'attraction que cette barre exerce sur le fer, et, selon la théorie d'Ampère, ils sont en mouvement. On voit que le plan du second livre est loin d'avoir la même certitude que celui du premier livre dans ses divisions et subdivisions : on trouve même dans ce second livre des questions sur lesquelles personne n'a encore présenté de théorie proprement dite. Ce sont les questions du diamagnétisme, du galvanisme animal, des bases de l'électrochimie et de la caléfaction, que j'ai appelées atténuation du calorique par l'état sphéroïdal des corps. Aussi nous ne répondons pas des places que nous avons assignées à ces questions dans le plan de ces éléments de physique.

INTRODUCTION.

Ces *Éléments de physique* peuvent être compris même par les personnes étrangères aux mathématiques, pourvu qu'elles s'aident des notions suivantes.

NOTIONS DE MATHÉMATIQUES.

ARITHMÉTIQUE. — *Multiplication.* — Multiplier une quantité par un nombre entier ou fractionnaire d'unité, c'est calculer ce que l'on aurait si, au lieu de ce nombre d'unité, on avait ce même nombre de quantité égale à celle qu'on veut multiplier. Ainsi, multiplier la quantité 3 par 2 unités serait chercher ce que donneraient 2 quantités égales à 3, ou, comme on dit, 2 fois 3. De même, multiplier 3 par *deux cinquièmes* d'unité serait chercher ce que donneraient les *deux cinquièmes* de 3. Le nombre qu'on multiplie s'appelle *multiplicande*, celui par lequel on multiplie s'appelle *multiplicateur*; et tous deux s'appellent les *facteurs* du produit. Ainsi 3 est le multiplicande, 2 est le multiplicateur, et tous deux sont les facteurs de 6. Souvent dans le discours, quand on a à parler du produit de deux quantités, et qu'il serait difficile de trouver ce produit, pour ne pas s'arrêter à le calculer, on le représente en écrivant ces deux quantités l'une à côté de l'autre, et les séparant par cette croix $\times$ ou par un point. Qu'il s'agisse, par exemple, du prix de 527 aunes de drap à 68 fr. l'aune; on voit bien que, pour le trouver, il faudrait répéter 527 fois les 68 fr. que vaut une aune, c'est-à-dire qu'il faudrait chercher le produit de 68 multiplié par 527; mais si l'on ne veut pas s'arrêter à le calculer, on le représentera ainsi : 68×527, ou ainsi : 68.527, ce qui se lit en disant : 68 multiplié par 527. On démontre en arithmétique que l'on peut changer l'ordre des facteurs ; qu'ainsi 68 × 527 donne la même chose que 527 × 68.

On peut dans un calcul, lorsqu'on le trouve plus commode, représenter les quantités sur lesquelles on a à calculer, par des lettres qui tiennent la place des nombres ou des valeurs de ces quantités. Ainsi, dans l'exemple précédent, si l'on trouvait trop long d'écrire le nombre 527 des aunes en question, et les 68 fr. que vaut une aune, on dirait : Représentons le nombre d'aunes qu'il s'agit de calculer par une lettre, par exemple par (*a*), et le prix d'une aune par une autre lettre quelconque, telle que (*b*), je suppose ; alors le prix des aunes en question serait représenté par (*a* × *b*) ou par (*a.b*), ce qui se lirait ainsi : *a* multiplié par *b*. Bien entendu que ce moyen s'emploie seulement dans le cas où l'on n'a pas besoin de savoir précisément la valeur en chiffres de la chose sur laquelle on raisonne, mais seulement d'avoir une représentation quelconque de cette chose. J'ajoute que quand on se sert ainsi des lettres, on se contente ordinairement, pour représenter le produit de deux quantités, de les écrire simplement à côté l'une de l'autre, sans placer ni croix ni point entre elles. Ainsi (*ab*) signifie *a* multiplié par *b* ; c'est-à-dire une certaine quantité qu'on a représentée par (*a*), répétée autant de fois qu'il y a d'unités dans une autre qu'on a représentée par (*b*).

Cet emploi si commode des lettres est pourtant une des choses qui arrêtent le plus les commençants ; ils y voient toujours du mystère, et c'est bien à tort, car c'est tout simplement que l'on impose un nom à chacune des quantités dont on a à parler. Ainsi supposons que nous ayons à traiter une question où il s'agisse d'une pièce de drap de plusieurs aunes, d'une somme d'argent de plusieurs francs, d'un poids en fer de plusieurs livres, etc. : eh bien ! pour nous entendre dans les développements de cette question, nous conviendrons de donner un nom à la pièce de drap, de l'appeler (*a*), par exemple, de donner le nom (*b*) à la somme d'argent, et ainsi de suite.

Division. — Diviser un nombre par un autre, c'est en calculer un troisième qui, multiplié par cet autre, reproduise le premier.
— Ainsi diviser 6 par 3, c'est calculer un nombre qui, pris 3 fois, donne 6, ou, comme on dit, c'est chercher le tiers de 6. On peut dire aussi que c'est chercher combien de fois il faut

prendre 3 pour avoir 6, ou, comme on dit, c'est chercher en 6 combien de fois 3. Quant au cas où il s'agirait de diviser 6 par une fraction, comme *trois septièmes*, je suppose, la question serait de calculer un nombre dont les *trois septièmes* donneraient 6.

Le résultat de l'opération s'appelle *quotient*. Ainsi 2 est le quotient de 6, divisé par 3. Le nombre qu'on divise s'appelle *dividende*, et celui par lequel on divise, *diviseur*. Ainsi 6 est le dividende, tandis que 3 est le diviseur.

Souvent dans le discours, quand on à parler du quotient de deux quantités, et qu'il serait difficile de trouver ce quotient, pour ne pas s'arrêter à le calculer, on le représente en écrivant le diviseur au-dessous du dividende, et les séparant par un trait. Qu'on demande, par exemple, ce que coûterait l'aune de drap, sachant qu'on a payé 35836 fr. pour 527 aunes? On voit bien que, pour le trouver, il faudrait diviser 35836 fr. par 527. Mais si l'on ne veut pas s'arrêter à calculer ce quotient, on le représentera ainsi : $\frac{35836}{527}$, ce qui se lit en disant : 35836 divisé par 527, ou 35836 cinq-cent-vingt-septièmes.

On peut encore, si l'on veut, faire ici usage de lettres ; ainsi, si l'on trouve trop long d'écrire le nombre de francs ci-dessus et le nombre d'aunes, on dira : Représentons ces francs par (*a*) et ces aunes par (*b*) ; alors le prix d'une aune sera représenté par $\frac{a}{b}$, ce qui se lira ainsi : (*a*) divisé par (*b*).

Des fractions. — Une fraction est une quantité plus petite que l'unité. On a une fraction toutes les fois que le dividende est plus petit que le diviseur. Ainsi, qu'on ait à partager 5 unités en 7 parties égales, il est clair que cela ne donnera pas même une unité. On n'a pour lors d'autre manière de représenter le résultat cherché qu'en écrivant les deux nombres donnés l'un sous l'autre, comme il a é.é dit ci-dessus, c'est-à-dire de cette manière $\frac{5}{7}$, ce qui ce lit ainsi : 5 septièmes. Le nombre écrit au-dessus s'appelle *numérateur*, celui qui est écrit au-dessous, *dénominateur*, et tous deux portent le nom commun de *termes* de la fraction.

En général, pour lire une fraction, on lit le numérateur

comme s'il était seul, et on lit le dénominateur en lui donnant la terminaison *ième*. Il n'y a d'exception que pour les fractions ayant pour dénominateur 2, 3 ou 4, qu'on lit demi, tiers ou quart.

Des rapports. — Le rapport d'une quantité à une autre n'est que le quotient de cette quantité par cette autre. Ainsi, par le rapport de 20 à 4, on entend le quotient de 20 par 4 ; on peut donc le représenter de cette manière, $\frac{20}{4}$; mais c'est ordinairement de cette autre manière qu'on le désigne, 20 : 4, ce qu'on lit en disant : 20 est à 4, ou 20 par rapport à 4. Le premier terme 20 s'appelle l'*antécédent*, et le deuxième 4, le *conséquent*.

Proposition. — « On peut diviser les deux termes d'un rap- « port par un même nombre, sans changer sa valeur. »

Ainsi le rapport 20 : 4 est le même que celui de 10 à 2. Cela est évident, car les parties sont entre elles dans le même rapport que leurs touts : par exemple, si un total est 5 fois plus grand qu'un autre, il est clair que leurs moitiés, je suppose, seront aussi cinq fois plus grandes l'une que l'autre. D'après cela, si on a un rapport comme 20 : 4, on pourra donc diviser ces deux termes par un même nombre, c'est-à-dire en prendre telle partie qu'on voudra, comme les moitiés, par exemple ; et ces moitiés 10 et 2 auront encore entre elles le même rapport que 20 et 4.

Des proportions. — On appelle proportion l'égalité de 2 rapports : ainsi tout assemblage de 4 nombres, dont les 2 premiers ont entre eux le même rapport que les 2 derniers, forme une proportion : les nombres 20 et 4 avec les nombres 10 et 2, par exemple, formeraient une proportion.

Il y a deux manières d'écrire que quatre nombres forment une proportion : la première est fondée sur ce que le rapport de 20 à 4 par exemple, ou de 10 à 2, peut se représenter par $\frac{20}{4}$ ou $\frac{10}{2}$, et sur ce qu'en mathématiques le mot (*égale*) se représente ainsi (=). D'après cela, la proportion formée par les nombres 20, 4, 10 et 2, s'écrira ainsi : $\frac{20}{4} = \frac{10}{2}$, ce qu'on lit en disant : 20 divisé par 4 égale 10 divisé par 2. L'autre manière est fondée sur ce que le rapport de deux nombres se représente, comme nous l'avons dit, en les séparant par deux points, et sur ce qu'on indique que deux rapports sont égaux en les séparant par quatre points. Ainsi la proportion ci-dessus s'écrira 20 : 4 :: 10 : 2, ce qu'on lit en disant : 20 est à 4 comme 10 est à 2.

Nous venons de dire comment le mot *égale* se représente en mathématiques ; nous ajouterons que les mots *plus grand* et *plus petit* se représentent ainsi, $>$ et $<$. D'après cela, pour écrire 15 est plus grand que 9, on écrit $15 > 9$, tandis que $9 < 15$ signifie 9 plus petit que 15.

Des carrés des nombres. — On appelle carré d'un nombre le produit de ce nombre par lui-même. Ainsi 25 est le carré de 5, parce que 5 fois 5 donnent 25 ; de même 16 est le carré de 4, parce que 4 fois 4 donnent 16 ; 36 est le carré de 6, parce que 6 fois 6 donnent 36 ; ainsi de suite.

Des racines carrées. — On appelle racine carrée d'un nombre la quantité qui a ce nombre pour carré, c'est-à-dire la quantité qui, multipliée par elle-même, donnerait ce nombre pour produit. Ainsi 5 est la racine de 25, et s'indique ainsi, $\sqrt{25}$; de même 4 est la racine de 16, 6 est celle de 36, etc. ; elles s'indiquent ainsi, $\sqrt{16}, \sqrt{36}$; de même encore $\sqrt{\frac{1}{4}}$ indique la racine carrée de $\frac{1}{4}$.

On appelle en général puissance 2e, 3e, 4e, etc., d'un nombre, le produit de ce nombre multiplié par lui-même 1 fois, 2 fois, 3 fois, etc.; et racine 2e ou carrée, 3e ou cubique, 4e, 5e, etc., d'un nombre, la quantité qui a ce nombre pour puissance 2e, 3e, 4e, 5e, etc.

GÉOMÉTRIE.

I. *De la ligne droite, des angles, du plan, portion de plan, et corps à faces planes.*

On appelle *angle* la quantité dont s'écartent l'une de l'autre les directions de deux droites AB et AC (*fig.* 1), partant d'un même point A.

Fig. 1.

Les droites AB et AC, qui composent un angle, s'appellent les *côtés* de cet angle.

On désigne un angle en mettant des lettres tant au sommet qu'aux extrémités des côtés, et lisant ces trois lettres de manière que celle du sommet soit entre les deux autres : ainsi l'angle de la figure 1 se désignera en disant BAC, ou CAB ; mais on ne dit pas l'angle ABC ni ACB.

Quelquefois on désigne un angle en lisant simplement la lettre du sommet : ainsi, pour la fig. 1, on dirait l'angle A.

Fig. 3. On appelle angle *droit* l'angle BAC (*fig*. 3), qu'une droite AB fait avec une seconde DC, quand elle ne penche pas plus d'un côté que de l'autre de cette deuxième droite.

Tout angle plus petit qu'un droit est dit *aigu* ; tout angle plus grand qu'un droit est dit *obtus*.

On dit qu'une droite est *perpendiculaire* à une autre droite ou à un plan, lorsqu'elle ne penche pas plus d'un côté que de l'autre sur cette droite ou sur ce plan.

D'après ce qui précède, on appelle *angle droit* celui qui est formé par deux droites perpendiculaires entre elles.

On appelle *plan* une surface qui est droite en tous sens, c'est-à-dire avec laquelle une règle droite peut coïncider dans tous les sens.

Fig. 2. On appelle *parallèles* deux lignes droites AB, CD (*fig*. 2), tracées sur un même plan, et qui ne peuvent se rencontrer, si loin qu'on les prolonge.

On établit, en géométrie, que les angles GIB et GOD, que font deux parallèles avec une ligne GH qui les coupe, sont égaux.

On appelle *plans parallèles* deux plans qui ne peuvent se rencontrer, si loin qu'on les prolonge.

Fig. 4. On appelle *polygone* une portion de plan (*fig*. 4), ABCDE, terminée par des lignes droites. Ces droites s'appellent les *côtés* de ce polygone ; les points A, B, etc., sont ses *sommets*.

On appelle *diagonale* toute ligne droite AC qui va d'un sommet à un autre, en traversant le polygone.

On appelle *triangle* une figure de trois côtés. Le triangle *rec-*
Fig. 5. *tangle* est celui qui a un angle droit A (*fig*. 5). Le triangle *isocèle* est celui qui a deux côtés égaux.

Fig. 30. On appelle *parallélogramme* un polygone ACBD (*fig*. 30), de quatre côtés parallèles deux à deux : ainsi AD est parallèle à BC, et AC l'est à DB.

On prouve, en géométrie, que les côtés parallèles d'un parallélogramme sont égaux entre eux. Ainsi AD est égal à CB.

On appelle *rectangle* un parallélogramme dont les angles sont droits (*fig.* 6). *Rhombe* ou *losange*, celui dont les quatre côtés sont égaux.   Fig. 6.

On appelle *carré* une figure plane de quatre côtés égaux et perpendiculaires entre eux.

On appelle *polyèdre* un volume compris sous plusieurs plans : les droites le long desquelles ces plans se réunissent sont les *arêtes* du polyèdre.

On appelle *cube* un volume compris sous six carrés égaux et perpendiculaires entre eux : ce volume a la forme d'un dé à jouer.

On appelle *prisme* un volume compris entre deux polygones (*fig.* 8), ABCDE et FGHIK, égaux et parallèles, et dont les autres faces sont des parallélogrammes qui vont d'un de ces polygones à l'autre.   Fig. 8.

Ces deux polygones s'appellent les *bases* du prisme, et les autres faces sont les *pans* du prisme; les arêtes qui vont d'une base à l'autre sont les *arêtes longitudinales*. On dit que le prisme est *triangulaire* quand ses deux bases sont des triangles, *rectangulaire* quand ses bases sont des rectangles, *pentagonal* quand ses bases sont des pentagones, et ainsi de suite. Enfin le prisme est *droit* ou *oblique*, suivant que ses arêtes longitudinales sont perpendiculaires ou obliques aux bases.

Un *parallélipipède* est un prisme dont les bases sont des parallélogrammes, et on l'appelle *rhomboïde* quand ses faces et ses deux bases sont des *rhombes*.

On appelle *pyramide* (*fig.* 10) un volume compris entre plusieurs triangles qui ont même sommet, et dont les bases forment les différents côtés d'un polygone qui sert de base à la pyramide.   Fig. 10.

II. *Des courbes et surfaces courbes en général, et en particulier du cercle et des corps ronds.*

On appelle *circonférence de cercle* une courbe ABC (*fig.* 9), dont tous les points sont à une égale distance d'un point O qu'on appelle *centre*.   Fig. 9.

b

xviij INTRODUCTION.

Toute droite menée du centre à la circonférence est un *rayon;* et toute droite qui va d'un point à un autre de la circonférence, en passant par le centre, est un *diamètre.*

On appelle *arc* toute portion AB de la circonférence ; on appelle *corde* toute droite qui réunit les deux extrémités d'un arc.

Fig. 22. On appelle *tangente* à une ligne courbe ou à une surface courbe AB (*fig.* 22), une droite FT qui ne fait que la toucher en un point *m*, de manière qu'on puisse la regarder, sans erreur sensible, comme se confondant avec cette courbe avant et après ce point dans une étendue infiniment petite $n'm'$. Le point *m* s'appelle *point de contact.*

On appelle *plan tangent* à une surface courbe, un plan qui ne fait que toucher la surface courbe en un point, de manière qu'on puisse le regarder, sans erreur sensible, comme se confondant avec cette surface tout autour de ce point commun dans une étendue infiniment petite : ce même point commun s'appelle *point de contact.*

On appelle *normale* à une ligne courbe ou à une surface courbe en un point, une droite perpendiculaire à la tangente ou au plan tangent mené en ce point.

En géométrie, la surface d'une boule s'appelle *sphère,* et sa définition se donne ainsi :

Fig. 9. Une sphère est une surface ABC (*fig.* 9), dont tous les points sont à égale distance d'un point O qu'on appelle *centre* : toute droite menée du centre à un point B de la surface est un rayon ; et toute droite qui va d'un point à un autre de la surface de la sphère, en passant par le centre, s'appelle *diamètre.*

Fig. 11. Dans un cercle ou dans une sphère, chaque rayon AB (*fig.* 11) est une normale, c'est-à-dire une perpendiculaire à la tangente ou au plan tangent CD; car, vu la symétrie de la figure, il n'y a aucune raison pour que ce rayon penche plutôt d'un côté que de l'autre de CD.

Fig. 12. On appelle *cylindre* le volume D'C'CD (*fig.* 12), décrit par le rectangle ADCB, qu'on suppose tourner sur le côté AB comme une porte sur ses gonds ; le côté DC s'appelle la *génératrice* du cylindre, le côté AB s'appelle son *axe,* et les cercles CC' et DD', ses deux *bases.*

INTRODUCTION. XIX

On appelle *cône* le volume que décrit le triangle rectangle SAB en tournant autour d'un des côtés SA de l'angle droit (*fig.* 13).   Fig. 13.

III. *De la mesure des angles par les arcs de cercle, et de quelques lignes trigonométriques.*

On appelle *degré* la 360ᵉ partie de la circonférence.

La mesure d'un angle est le nombre de degrés que renferme l'arc compris entre ses côtés, et ayant son centre au sommet de cet angle.

Ainsi, pour mesurer les angles, on a un cercle en cuivre divisé en 360 parties, ou un demi-cercle ABC divisé en 180 parties (*fig.* 14). On place son centre D sur le sommet I de l'angle *m* I *n*,   Fig. 14. et le point zéro sur le côté I*n*. Alors si c'est, par exemple, le point 60 qui tombe sur l'autre côté I*m*, on aura 60 degrés pour la mesure de l'angle donné.

On appelle *sinus* d'un angle ou de l'arc qui lui sert de mesure, la perpendiculaire ST abaissée de l'extrémité S de cet arc sur le côté IN, c'est-à-dire sur le côté de l'angle qui passe à l'autre bout de l'arc, le rayon de cet arc étant supposé égal à l'unité de longueur. Lorsqu'on ne veut pas supposer le rayon égal à l'unité, on entend alors par sinus le rapport de la perpendiculaire ST au rayon SI; on appelle *cosinus* de l'angle I la distance IT du centre I au pied T du sinus; si le rayon n'est pas égal à l'unité, on évalue le cosinus par le rapport de IT au rayon SI.

ÉLÉMENTS
DE PHYSIQUE.

Définition I. — La physique est la science de l'action que les corps terrestres et leurs diverses parties exercent entre eux sans changer de nature.

Définition II. — On appelle *corps* toute portion de matière.

Définition III. — On appelle *matière* tout ce qui tombe sous nos sens.

Explications. — 1° Dans la première définition, j'ai dit que la physique ne s'occupait que des corps terrestres, parce que c'est à l'astronomie qu'est réservée l'étude de l'action mutuelle des corps qui roulent dans les cieux et qu'on appelle *astres:* j'ai dit, de plus, que la physique faisait abstraction des actions mutuelles des corps dans lesquelles ils changent de nature, parce que ces dernières actions sont du ressort de la chimie.

2° Dans les deux autres définitions, en parlant de ce qui tombe sous les sens, on veut dire tout ce qui peut être vu, entendu, goûté, senti par l'odorat, ou touché. Mais cette définition ne détermine pas la nature, c'est-à-dire l'ensemble des propriétés des corps, car ce n'est en aucune sorte à elle qu'on a recours pour en déduire ces propriétés, ni l'explication des phénomènes, comme on le verra dans le cours de ces Éléments : aussi on ne peut guère la regarder que comme une définition de mot.

C'est plus bas, quand on traitera de la constitution intime des corps, que l'on trouvera la notion des corps, d'où partent les savants modernes pour en déduire l'explication de tous les phénomènes connus ; mais cette notion, n'étant que l'expression d'un système, ne peut encore nous mettre en état de donner une définition proprement dite.

Comme les corps n'agissent les uns sur les autres que par des *forces*, soit en s'attirant, soit en se repoussant ou en se pressant, nous allons avant tout donner préliminairement quelques notions de mécanique.

NOTIONS DE MÉCANIQUE.

I. *Des forces en général.*

1. La mécanique est la science des forces. On appelle *force* toute cause de mouvement, ou, plus généralement, toute cause capable de modifier l'état d'un corps sous le rapport du mouvement. Le *mouvement* est le changement de place d'un corps, ou au moins de quelques-uns de ses points. Ce corps est alors ce qu'on appelle en mécanique le *mobile*. Un point ou un corps est dit en *repos* quand ce point ou les divers points de ce corps persévèrent dans la même place.

2. On distingue trois choses dans une force : son point d'application, sa direction et son intensité.

1° On appelle *point d'application* le point par lequel elle agit sur le mobile.

2° La *direction* d'une force est la ligne droite suivant laquelle elle tend à mouvoir le corps auquel elle est appliquée.

Ainsi, qu'on tire par un fil un morceau de fer muni d'un anneau où est attaché le fil : cet anneau sera le point d'application de la force ou de l'effort exercé sur le fer, et le fil représentera la direction de cette force.

3° L'*intensité* d'une force n'est autre chose que sa grandeur, son énergie.

3. On peut concevoir deux *espèces de forces:*

Ainsi on peut concevoir en premier lieu des forces qui n'agissent qu'un instant sur le mobile, et l'abandonnent à lui-même aussitôt après cette action instantanée. Par exemple, le coup appliqué à une balle avec une raquette nous peut donner l'idée d'une force de cette espèce, vu le peu de temps que dure l'action de cette raquette.

La seconde espèce de forces se compose de celles qui agissent sur le mobile d'une manière *continue*. Ainsi, pour chaque corps, son propre poids est une force de cette espèce ; car si on laisse tomber une bille d'ivoire, par exemple, la pesanteur la sollicitera pendant toute la durée de sa chute, et même encore lorsque, après sa chute, elle sera en repos à terre.

Une force continue peut être considérée comme une suite de petits chocs infiniment petits qui accélèrent continuellement le mouvement du mobile.

On représente quelquefois une force par une lettre, mais alors cette lettre tient lieu du nombre qui exprimerait combien cette force vaut de fois la force prise pour unité.

On représente quelquefois une force par une ligne d'une certaine longueur tirée à partir du point d'application dans le sens et dans la direction de cette force.

Ainsi, une force qui frapperait le point A pour le faire aller en B (*fig.* 15), pourrait être représentée par une droite AB d'une certaine longueur ; mais alors on prend cette droite d'une longueur égale à autant de fois la longueur prise pour unité que la force à représenter vaut de fois l'unité de force.

Fig. 15.

II. *De l'inertie.*

4. Les forces instantanées ne peuvent produire que l'espèce de mouvement qu'on appelle uniforme.

Définition du mouvement uniforme. — On appelle mouvement uniforme celui dans lequel l'espace croît proportionnellement au temps ; c'est-à-dire qu'en comparant deux portions différentes du chemin parcouru par le mobile, elles sont toujours entre elles comme les temps employés à les parcourir.

PROPOSITION. — « Dans le mouvement uniforme, le mobile « parcourt toujours le même espace dans le même temps. »

Démonstration. — En effet, lorsqu'on prend deux portions différentes e et e' du chemin parcouru par ce mobile, elles doivent être entre elles comme sont entre eux les temps employés à les parcourir, d'après la définition du mouvement uniforme ; donc, si ces temps sont de même durée, les deux espaces seront de même longueur. Donc, notre mobile parcourt toujours la même longueur de chemin dans la même durée ou dans le même temps. C. Q. F. D.

C'est de cette propriété que le mouvement uniforme tire son nom.

5. *Définition.* — On appelle *vitesse*, dans un mouvement uniforme, l'espace que le mobile parcourt à chaque unité de temps.

Si, par exemple, on prend la *seconde* pour unité de temps, c'est-à-dire si c'est par seconde que l'on compte la durée du mouvement, alors la vitesse du mobile sera ce qu'il fait de chemin par seconde. Ainsi, dans le cas où ce chemin serait de 15 pieds, on dirait que la vitesse du mobile est de 15 pieds par *seconde*.

Corollaire. — La vitesse, dans le mouvement uniforme, est donc invariable ; car, par la proposition précédente, les espaces parcourus dans des temps égaux étant égaux quand le mouvement est uniforme, il s'ensuit que l'espace parcouru dans l'unité de temps, ou la vitesse, sera invariable.

PROPOSITION. — « Dans un mouvement uniforme, la vitesse du « mobile est égale au quotient de l'espace parcouru, divisé par « le temps employé à le parcourir. »

Explication. — C'est-à-dire que si un mobile a mis 5 secondes à faire 10 mètres, il faudra diviser 10 par 5 : cela donnant 2, il s'ensuit que dans ce cas le mobile aurait une vitesse de 2 mètres par seconde. (Pour la démonstration, voir les *Compléments*.)

6. Démontrons dans la proposition suivante ce que nous avons avancé au commencement du n° 4.

PROPOSITION. — « Après l'action d'une force quelconque sur « un mobile, celui-ci se mouvrait indéfiniment d'un mouvement « uniforme et rectiligne, si aucune cause étrangère ne troublait « sa vitesse ou sa direction. »

Démonstration. — Ceci est la conclusion à laquelle on est naturellement amené en réfléchissant sur ce que l'on voit se passer à chaque instant dans la nature. Il est bien vrai qu'au premier abord il semble que l'expérience nous présente les corps comme tendant d'eux-mêmes au repos ; et, en voyant que tous les corps qu'on met en mouvement finissent toujours par aller de moins en moins vite jusqu'à s'arrêter tout à fait, on a de la peine à croire qu'en aucun cas le mouvement d'un corps se perpétuât éternellement de lui-même ; mais c'est qu'on ne fait pas assez attention aux causes étrangères qui, dans les circonstances ordinaires, finissent par éteindre le mouvement du mobile que l'on considère. Ces causes sont le frottement et la résistance du milieu dans lequel se meut le mobile.

En cherchant à apprécier l'influence de ces deux causes sur le mouvement par diverses expériences, on reconnaît que toutes ces expériences tendent à nous convaincre de l'impossibilité où est un corps de ralentir de lui-même son mouvement ; et d'ailleurs, par la réflexion, cette propriété nous paraîtra si conforme à l'idée que nous devons nous faire de la matière, que nous n'en pourrons plus douter. Pour nous faire une idée de l'influence du frottement sur le mouvement, supposons posé sur une table un morceau de fer carré : si la table et le morceau de fer ont leurs surfaces très-raboteuses, et qu'on donne une légère impulsion à ce morceau de fer, à peine avancera-t-il de quelques lignes sur la table ; mais si on le polit jusqu'à ce que ses faces puissent servir de miroir, et si on le place sur une glace parfaitement unie, la même impulsion portera le corps incomparablement plus loin sur la glace ; de sorte que le mouvement, qui d'abord s'éteignait dès les premiers instants, continuera cette fois beaucoup plus longtemps. Or, entre ces deux expériences, il n'y a de différence que le frottement, qui était beaucoup plus considérable dans le premier cas que dans le second ; et, en essayant de diminuer encore davantage le frottement, on verrait le mouvement, produit toujours avec la même impulsion, durer de plus en plus longtemps. Ainsi le frottement est nécessairement une des causes qui finissent par éteindre le mouvement d'un mobile. On reconnaît aussi aisément que la résistance du milieu dans lequel se fait le mouvement est une autre cause qui finit encore par l'éteindre ; car lorsqu'on compare le mouvement d'un mobile dans l'eau, par exemple, avec celui qui a lieu dans l'air, qui est un milieu bien moins résistant que l'eau, il arrive que, toutes choses égales d'ailleurs, le mouvement se prolonge beaucoup plus longtemps dans l'air que dans l'eau. A mesure que l'on multiplie de plus en plus les expériences de mécanique, en s'y prenant de toutes les manières possibles pour atténuer le frottement et la résistance du milieu, il paraît toujours plus certain qu'un corps une fois lancé ne s'arrêterait plus, si ces deux causes pouvaient être tout à fait anéanties. Nous verrons des exemples de tout ceci en parlant de la machine d'Atwood et du pendule.

7. *Remarque.* — Le fait de la proposition que nous venons d'établir constitue ce qu'on appelle l'*inertie*.

Définition. — On appelle *inertie* de la matière l'impossibilité où est la matière de changer d'elle-même son état de mouvement ou de repos.

Explication. — Cette définition renferme deux énoncés. Ainsi, 1° un corps une fois en repos y restera éternellement, si quelque cause ne vient l'en tirer; 2° de même un corps, une fois animé d'une certaine vitesse, la conservera toujours avec la même grandeur et la même direction, de sorte qu'il s'avancera éternellement dans cette direction, de la même quantité à chaque seconde. En un mot, quel que soit l'état actuel de mouvement d'un corps, il le conservera éternellement, si quelque cause ne vient à l'en faire sortir. Du moins, c'est à cet énoncé unique qu'on peut réduire les deux phrases précédentes, l'une relative à un corps en repos, et l'autre à un corps animé d'une certaine vitesse, si on regarde le repos comme un cas particulier du mouvement uniforme, selon qu'on le fait en mathématiques.

Personne ne doutera de la première de nos deux assertions, celle relative à un corps en repos; l'expérience nous rend assez témoins tous les jours de l'impossibilité où est un corps de sortir de lui-même du repos; et d'ailleurs cette même assertion est trop conforme à l'idée que nous nous faisons de la matière, pour qu'on soit tenté d'en douter. Quant à la seconde assertion, on voit qu'elle n'est que la proposition précédente elle-même.

III. *Nature du mouvement selon celle de la force.*

8. D'après ce qui précède, on voit que, comme nous l'avons dit (4), une *force instantanée* n'est capable que d'un mouvement uniforme. S'il existait une pareille force dans la nature, l'effet de son action sur un mobile, à un instant donné, consisterait en ce qu'à cet instant la vitesse de ce mobile passerait, par un saut brusque, de la valeur qu'elle avait de trois mètres par seconde, je suppose, à une valeur sensiblement différente de cinq mètres,

par exemple. Or il n'y a pas de pareille force dans la nature, où rien ne se fait par saut brusque, selon l'ancien adage : *Nil per saltum*. Par exemple, lorsqu'une bille A en choque une autre, ce choc n'est pas instantané, mais il dure un temps excessivement court, pendant lequel la vitesse de la bille choquée passe graduellement, quoique rapidement, de son ancienne valeur à la nouvelle. Cette ancienne valeur est *zéro* dans le cas où la bille choquée était en repos avant l'arrivée de la bille choquante.

On aura une idée générale de l'effet des forces continues dans la proposition suivante.

PROPOSITION. « Tant qu'un mobile est sous l'action d'une force « continue, son mouvement varie sans cesse, soit en vitesse, soit « en direction. »

En effet, dès les premiers moments de l'action de cette force, le mobile entre dans un certain état de mouvement ; et si, à l'instant qui termine ces premiers moments, la force abandonnait le corps, alors, en vertu de l'*inertie*, il continuerait à se mouvoir uniformément dans une certaine direction et avec une certaine vitesse, qui sont précisément la direction et la vitesse qu'a le mobile à l'instant qu'on le considère. Mais comme dans l'instant suivant la force continue d'agir sur le mobile, elle fera varier cette vitesse et cette direction, ou au moins l'une des deux ; de sorte qu'à cet instant le mobile aura un autre mouvement qu'à l'instant précédent. Donc, sous l'action d'une force continue, le mouvement du mobile varie continuellement.

Remarque. — Le mouvement produit ainsi par une force continue est ce qu'on appelle *mouvement varié*. On voit de plus, par ce qui précède, ce qu'il faut entendre par la vitesse et la direction qu'a, à un instant donné, le mobile soumis à une force continue. On appelle aussi cette vitesse *vitesse acquise*. Ainsi nous poserons la définition suivante.

Définition. — Dans le mouvement varié, on appelle vitesse du mobile, ou *vitesse acquise* par le mobile à un instant donné, la vitesse du mouvement uniforme qu'il tend à prendre de lui-même à cet instant, et qu'il prendrait effectivement si à ce même instant la force l'abandonnait pour toujours.

IV. *De la masse.*

9. Après l'inertie, la seconde propriété de la matière d'où dépend l'effet d'une force est connue sous le nom de *masse*. C'est celle en vertu de laquelle l'effet d'une même force est divers, selon la nature du mobile auquel elle est appliquée. Disons-en quelques mots.

PROPOSITION. — « La vitesse qu'une même force imprime à « différents points ou corps en agissant sur eux un même inter-« valle de temps n'est pas la même. »

Explication. — Ainsi, que l'on ait sur le tapis d'un billard deux billes de même grosseur, l'une de plomb et l'autre d'ivoire, par exemple; je dis que des coups de queue égaux ne leur imprimeront pas des vitesses égales.

Démonstration. — Il n'y a d'autres démonstrations que le fait et l'expérience. Ainsi, il est de fait que, dans l'exemple allégué, la bille d'ivoire va plus vite que celle de plomb.

PROPOSITION. — « L'inégale vitesse des corps lancés par des for-« ces de même intensité, toutes choses égales d'ailleurs, porte à « croire que les uns renferment plus de matière que les autres « sous même volume. »

Démonstration. — En effet, supposons 1° des corps tous de même nature, plusieurs billes, par exemple, toutes en ivoire. Si on leur donne à chacune un coup de queue de même force, ce seront les plus grosses qui iront le moins vite ; or, dans ce cas, il est évident que ce sont elles qui contiennent le plus de matière. Ainsi, en augmentant la matière d'une bille d'ivoire, on ralentit sa vitesse sous l'action d'une même force. 2° Si l'on prend deux billes égales en volume, mais l'une de plomb, par exemple, et l'autre toujours en ivoire, alors, avons-nous dit, la bille de plomb ira moins vite que celle d'ivoire, c'est-à-dire qu'elle se comportera comme une bille d'ivoire plus grosse. Or c'est une pente naturelle à l'esprit, que d'attribuer aux mêmes causes des effets semblables. Ainsi, dans ce cas, on est porté à attribuer la moindre vitesse de la bille de plomb à ce qu'elle a plus de matière.

Remarque. — J'ai dit qu'on était porté, mais non pas qu'on fût forcé, à admettre la proposition précédente.

En effet, rien n'empêche d'attribuer aussi la plus grande lenteur de la bille de plomb à la différence de nature des matières de nos deux billes, l'une d'ivoire et l'autre de plomb, plutôt qu'à la différence des quantités de matière de ces deux billes. C'est-à-dire que, dans cette manière de voir, il faudrait imprimer à chaque point d'un morceau de plomb une plus grande impulsion qu'à chaque point d'un morceau d'ivoire, pour faire aller ces deux corps également vite. Quoi qu'il en soit, c'est l'explication par la différence des quantités de matière qu'on adopte le plus souvent, et on les désigne sous le nom de *masse*. Ainsi, il faut retenir cette *Définition :* On appelle masse d'un corps la quantité de matière de ce corps.

10. PROPOSITION. — « Les forces instantanées sont entre elles
« comme les vitesses qu'elles impriment à un même mobile, ou
« à des mobiles tout à fait pareils entre eux. »

Démonstration. — En effet, il est clair que si, au lieu d'appliquer une certaine force au mobile, on lui en applique une deux ou trois fois plus grande, il ira pour lors deux ou trois fois plus vite qu'auparavant. Le nombre de fois que la vitesse de la deuxième circonstance est plus grande que celle de la première, ou le rapport de ces deux vitesses, est donc le même que celui des deux forces qui les ont produites ; donc ces forces sont entre elles comme les vitesses qu'elles communiquent au même mobile. (Pour plus de développement, voy. *Compl.*)

Remarque I. On voit que la démonstration précédente suppose que quand on applique une force à un mobile, l'impulsion imprimée à ce mobile antérieurement ou simultanément n'influe pas sur l'effet de cette force : ceci est une vérité d'expérience ; car l'expérience nous apprend qu'en imprimant un choc à une bille placée sur le fond d'un bateau, elle se meut et se déplace par rapport aux parties environnantes de ce bateau, toujours de la même manière, que le bateau soit en repos, ou qu'il soit animé d'un mouvement commun à tous les objets qu'il contient, tels que cette bille. (Voy. *Compl.*)

11. *Remarque II.* — La proposition précédente s'applique aussi aux forces continues ou accélératrices qui sont constantes.

Définition. — On appelle force *accélératrice constante* toute force continue dont l'intensité et la direction sont invariables pendant tout le mouvement du mobile auquel elle est appliquée.

La pesanteur est dans ce cas, du moins quand le mobile n'occupe que des places peu éloignées les unes des autres ; car la pesanteur n'attire pas le mobile dont il s'agit avec plus d'intensité à un instant de sa course qu'à l'autre, comme nous le verrons plus tard, et sa direction est continuellement la même.

Mais afin que la proposition précédente ait lieu pour ces sortes de forces, il faut supposer que celles que l'on compare agissent pendant le même temps sur les mobiles qu'elles sollicitent. On prend ordinairement ce temps égal à l'unité. Ainsi c'est la proposition suivante qu'il faut poser.

Proposition. — « Les forces accélératrices constantes sont « entre elles comme les vitesses qu'elles impriment au bout de « l'unité de temps à un même mobile ou à des mobiles égaux. »

Démonstration. — La démonstration est mot pour mot la même que dans la proposition précédente.

12. *Remarque.* — Pour mesurer les forces directement, on les rapporte à une force convenue prise pour unité ou mesure. Or cette force est celle qui communiquerait l'unité de vitesse à l'unité de masse, c'est-à-dire celle qui ferait parcourir à l'unité de masse l'unité de longueur en l'unité de temps. Par exemple, si on prend la livre pour unité de masse, la seconde pour unité de temps et le mètre pour unité de longueur, alors l'unité des forces instantanées serait celle qui ferait parcourir un mètre par seconde à une livre pesant, et l'unité de force continue serait la force d'intensité constante qui, agissant une seconde de temps sur l'unité de masse, lui laisserait, après cette seconde, une vitesse d'un mètre par seconde.

Corollaire I. — Les forces instantanées ont pour mesure l'espace qu'elles font parcourir à l'unité de masse en l'unité de temps, ou, autrement dit, ont pour mesure les vitesses qu'elles impriment à l'unité de masse. Ceci est une conséquence toute naturelle de la remarque précédente et de la prop. du n° 10.

Corollaire II. — Les forces accélératrices constantes ont pour mesure les vitesses qu'elles impriment à l'unité de masse en l'unité de temps. C'est encore une suite de la remarque précédente et de la prop. du n° 11.

V. *Composition des forces concourantes.*

13. Quel que soit le nombre des forces appliquées à un point, on peut toujours les remplacer par une seule qui leur soit équivalente. C'est ce qu'on appelle la *composition* des forces.

La *composition des forces* a pour objet de trouver la résultante de ces forces.

On appelle *résultante* de plusieurs forces celle qui à elle seule produirait le même effet que ces forces, et celles-ci sont dites les *composantes* de la résultante.

Proposition. — « La résultante de deux forces appliquées à « un point est représentée par la diagonale du parallélogramme « construit sur les deux droites qui représentent les deux com- « posantes. » (V. les *Compléments*.)

Au moyen de ce principe, il est évident que l'on peut trouver la résultante de tant de forces qu'on voudra, AB, AC, AD... (*fig.* 17).

Fig. 17.

Définition. — Il pourrait arriver que la résultante définitive de plusieurs forces se réduisît à rien, et il y aurait ce qu'on appelle alors *équilibre*.

14. Proposition. — « Lorsqu'un point C (*fig.* 20) est déjà « animé d'une certaine vitesse CV depuis quelque temps, au mo- « ment où il est saisi par une force continue CB, son mouvement « suit en général une courbe C C' C'' C''' C''''... qu'on appelle *tra-* « *jectoire*. » (V. les *Compléments*.)

Fig. 20.

C'est le cas d'un corps pesant, par exemple, qui, au sortir de la main qui lui a imprimé une certaine vitesse dans une direction oblique CR, obéit à partir de ce moment à l'action de la pesanteur.

15. Si ce mobile, arrivé à un certain point T de sa trajectoire, était subitement abandonné par la force continue, il s'échapperait par la tangente TT', parce qu'en vertu de l'inertie le mobile doit conserver pour toujours la direction ST qu'il avait au dernier moment de l'action de la *force accélératrice*.

16. Proposition. — « Un mobile lancé par une force instan- « tanée et tangente à la courbe fixe le long de laquelle ce mobile « est obligé de se mouvoir, conserve sa vitesse indéfiniment, et

12   NOTIONS DE MÉCANIQUE.

« exerce en vertu de cette vitesse, sur cette courbe, une pres-
« sion d'une certaine grandeur, qu'on appelle *force centri-*
« *fuge.* »

L'existence de cette pression est due à la tendance du mobile à s'échapper par la tangente : elle peut se constater par beaucoup d'expériences très-simples. Ainsi, dans le mouvement de la fronde, la pierre est un mobile forcé de suivre le cercle dont la courroie de la fronde est le rayon ; et la tension qu'éprouve cette courroie pendant la rotation de la fronde n'est que la force de pression énoncée par notre proposition. (Pour la dém., v. *Compl.*)

Fig. 23.   *Remarque.* — Je dis *en vertu de sa vitesse,* parce que la pression que le point *m* (*fig.* 23) exercerait contre sa courbe A*m*B, en vertu de quelque force accélératrice *m*P qui le solliciterait, comme serait la pesanteur, par exemple, ne serait plus ce qu'on appelle *force centrifuge.*

VI. *Composition des forces parallèles.*

17. PROPOSITION. — « La résultante de deux forces inégales
« parallèles appliquées aux extrémités d'une barre est une force
« égale à leur somme qui leur est parallèle, et divise la barre
« en parties réciproquement porportionnelles à ces deux forces. »

Fig. 34.   *Explication.* — Soient AB (*fig.* 34) la barre, AD et BE les deux forces : je dis qu'elles auront pour résultante une force CR égale à leur somme, qui leur sera parallèle, et appliquée au point C, que je suppose avoir été marqué de manière qu'on ait la proportion

$$AD : BE :: BC : AC.$$

(Pour la démonstration, v. les *Compl.*)

D'après cette règle, on voit que si les composantes AD et BE s'inclinaient en restant parallèles entre elles et appliquées aux mêmes points A et B, la résultante ne ferait que s'incliner aussi, et resterait toujours appliquée au même point.

Centre des forces parallèles. — Au moyen de ce principe, il est évident que l'on peut trouver la résultante de tant de forces
Fig. 37.   parallèles qu'on voudra AB, A'B'... (*fig.* 37) ; et que si ces forces

tournent sur leurs points d'application dans d'autres directions parallèles AC, A'C', A"C",... leur résultante ne fera aussi que changer de direction, en conservant toujours le même point I" d'application.

Ce point est ce qu'on appelle le *centre des forces parallèles*.

Couple. — Le système de deux forces égales parallèles et de sens contraire, telles que AB et CD (*fig*. 36), n'a pas de résultante, et forme ce qu'on appelle un couple. Fig. 36.

18. *Définition*. — On appelle *levier droit* une barre AB (*fig*. 41) Fig. 41. inflexible, qui n'a que la liberté de tourner autour d'un point fixe O.

Dans toute machine, les deux forces qu'elle sert à équilibrer s'appellent, l'une, *puissance*, et l'autre, *résistance*. La raison de cela est qu'ordinairement l'une de ces forces est un poids à soulever, ou toute autre résistance, et l'autre, la main d'un ouvrier ou l'action d'une bête de somme, qui tâche de soulever le poids ou de vaincre la résistance.

On distingue trois genres de leviers : le levier du premier genre a lieu quand le point fixe O (*fig*. 41) est entre la puissance AA' et la résistance BB'; le deuxième, quand il est (*fig*. 40) au delà de Fig. 40, 42. la résistance BB' par rapport à la puissance AA'; et le troisième, quand il est (*fig*. 42) au delà de la puissance AA' par rapport à la résistance BB'.

On appelle *bras de levier* d'une force la distance du point d'application de cette force au point fixe.

Remarque. — Nous ne considérerons, dans la proposition suivante, que le cas où les deux forces appliquées aux deux extrémités du levier sont parallèles.

PROPOSITION. — Dans tout levier AB (*fig*. 41), il faut, pour l'équilibre, que la puissance AA' et la résistance BB' soient entre elles réciproquement comme leur bras de levier BO et AO.

Démonstration. — En effet, dans ce cas nos deux forces AA' et BB' se réduisent à une résultante appliquée au point fixe O. Donc toute leur action sera détruite par la fixité de ce point, et il y aura équilibre.

PHYSIQUE.

1. Après ces préliminaires de mécanique, nous allons étudier ce qui fait l'objet de la physique, c'est-à-dire les résultats de l'action des corps. Ces résultats sont ce qu'on appelle des *phénomènes*. On peut aussi les définir de la manière suivante :

Définition. — On appelle *phénomènes* les diverses manières dont les corps frappent nos sens, et on appelle *phénomènes physiques* ceux où la nature des corps ne change pas.

Remarque. — Les phénomènes physiques se divisent en phénomènes célestes et en phénomènes terrestres, et ce sont ces derniers qu'on appelle phénomènes physiques proprement dits, ou simplement phénomènes physiques.

Corollaire. — La physique a donc pour objet d'expliquer les phénomènes physiques.

Remarque. — C'est d'après la *constitution intime* des corps et l'*action naturelle* de leurs parties résultant de cette constitution, que l'on explique ces sortes de phénomènes. Nous devons donc commencer par dire la constitution intime des corps, de laquelle les physiciens partent pour expliquer les phénomènes.

CONSTITUTION INTIME DES CORPS.

2. Les corps sont pour nous des êtres étendus, impénétrables, inertes, massifs, enfin divisibles et poreux, c'est-à-dire composés de molécules qui ne se touchent pas, mais ont une certaine action les unes sur les autres. Nous allons successivement traiter de ces propriétés générales des corps.

De l'étendue et de la forme des corps. — L'étendue est la propriété d'occuper une certaine portion de l'espace. — Cette définition montre que la notion de l'étendue est renfermée dans celle de l'espace, et l'on est censé avoir vu dans l'ontologie tout ce que l'on peut dire sur l'espace. — On fait connaître en géométrie toutes les propriétés des corps, sous le rapport de l'étendue. Ainsi, nous nous bornerons à dire peu de chose sur cette propriété des corps.

3. La *forme* d'un corps est la manière dont est terminée l'étendue de ce corps. Sous le rapport de la forme, la principale différence que présentent les corps est que chez les uns cette forme est très-difficilement variable, tandis que chez les autres elle est au contraire très-facilement variable; ou, comme l'on dit, les uns offrent un système de points de forme presque invariable, et les autres un système de points de forme variable.

Solides. — Dans le langage ordinaire, on donne le nom de *solide* à tous les corps de forme invariable ou difficilement variable, tels que les métaux, les pierres, etc.; mais en physique on donne encore ce nom à des corps tels qu'une éponge, un fil, etc., qui changent facilement de forme, mais dans le changement desquels leurs parties ne font que tourner un peu les unes sur les autres, sans qu'aucune se sépare de celles auxquelles elle adhère pour s'introduire entre les autres, comme cela a lieu dans l'eau, par exemple.

Fluides. — On appelle fluide tout corps dont les parties contiguës ont si peu d'adhérence entre elles que les moindres forces peuvent les séparer, et introduire entre elles quelques-unes des autres parties.

Remarque I. — Il y a entre la solidité et la fluidité parfaite des états intermédiaires sans nombre, qu'on désigne par les mots de *mollesse* et *viscosité*. Le beurre, la cire, le plomb sont des corps plus ou moins mous, parce qu'ils se prêtent un peu au mélange de leurs parties; le miel est visqueux, parce qu'il s'y prête davantage et commence déjà à avoir une certaine fluidité; car la fluidité commence lorsque la pesanteur seule des parties d'un corps suffit pour les mouvoir les unes entre les autres et *à fortiori* les unes sur les autres, ou, comme on dit, les faire *couler*. (V. *Compl.*)

Remarque II. — Les fluides sont de deux sortes, savoir, les liquides et les gaz.

Liquide. — On appelle *liquide* tout fluide qui est presque incompressible : l'eau, l'huile, le vif-argent, etc., sont des liquides.

Gaz. — On appelle *gaz* ou fluide élastique, tout fluide qui se laisse comprimer facilement : l'air est du nombre des gaz.

Nous étudierons, n°ˢ 87 et 88, cette propriété qui sert à définir les gaz : en attendant, nous allons démontrer une autre propriété qui lui est corrélative.

4. Proposition. — « Les gaz tendent à occuper un espace tou-
« jours plus grand. »

Voici une des expériences qui peuvent constater ce fait : On prend une vessie à moitié remplie d'air et fermée exactement ; on la place sur une table munie sur son bord d'une machine pneumatique, c'est-à-dire munie d'une pompe destinée à pomper l'air. On recouvre la vessie d'une cloche en verre, dont les bords s'appliquent parfaitement sur la table, sans laisser aucune issue. Sous cette cloche, la table est percée d'un trou qui communique avec la pompe par un tuyau placé sous la table. Tout étant ainsi disposé, on fait jouer la pompe, qui extrait alors l'air de dessous la cloche, mais non pas celui de la vessie, puisqu'on la suppose bien fermée ; on extrait donc seulement l'air de dessous la cloche qui pressait la vessie. Aussitôt on voit cette vessie se gonfler de plus en plus, jusqu'à remplir toute la cloche, dont elle n'occupait auparavant qu'une petite partie. Donc certains fluides, comme l'air, tendent sans cesse à occuper un espace plus grand ; c'est ce qui les a fait appeler *élastiques*.

Remarque. — Les trois formes que nous venons de reconnaitre aux corps sont connues sous le nom d'*états*. Ainsi l'on dit que les corps se présentent à nous sous trois états : l'état solide, l'état liquide, et l'état de gaz.

Proposition. — « En général, un même corps peut se pré-
« senter sous les trois états, solide, liquide, et gazeux. »

J'ai dit en général, parce qu'il y a certains corps qu'on n'a encore pu se procurer qu'à un ou deux de ces trois états.

1° L'eau nous offre un exemple du cas général : ainsi la glace n'est que de l'eau à l'état solide ; ensuite si, mettant cette glace dans un vase, on l'expose au feu, elle se fondra et donnera de l'eau à l'état liquide ; enfin, si on continue de chauffer cette eau de plus en plus, elle finira par bouillir : alors, pendant tout le temps de l'ébullition, elle se dissipe en vapeur dans l'air, jusqu'à ce qu'enfin le vase soit à sec ; cette vapeur est l'eau à l'état de gaz.

2° L'air dans lequel nous vivons nous offre l'exemple d'un corps qu'on n'a pu encore se procurer qu'à un seul état, c'est-à-dire à l'état de gaz.

On appelle *gaz permanents* les substances qu'on ne peut se procurer à l'état liquide ni à l'état solide.

On appelle *vapeurs* des substances à l'état de gaz qui ont été liquides ou solides, et qu'on peut ramener encore à ces états.

5. *Impénétrabilité.* — L'impénétrabilité de la matière consiste en ce que de deux portions de matière qui se rencontrent, aucune ne peut occuper la place ou une partie de la place de l'autre sans l'en exclure. Ainsi, pour la pénétration d'un corps dans un autre, ce ne serait pas assez que les parties de l'un s'insérassent entre les parties de l'autre, c'est-à-dire allassent se loger dans les vides que laisseraient entre elles les parties de cet autre, comme fait l'eau dans une éponge ; mais il faudrait, pour qu'un corps pénétrât dans un autre, que ses parties allassent précisément se placer dans le lieu occupé déjà par les parties de cet autre, sans les en expulser.

On admet cette propriété par induction tirée de ce qu'on voit tous les jours arriver. Mais ces apparences étant un peu approfondies sont loin de faire une preuve. Plusieurs expériences semblent même infirmer le dogme de l'impénétrabilité. Ainsi, lorsqu'on presse au moyen d'un piston AB (*fig*. 29) de l'air renfermé dans un tube A*n*, on diminue le volume de cet air, de sorte que ses parties semblent pénétrer les unes dans les autres ; mais on peut donner à cette objection une réponse plausible que nous verrons plus bas, n° 16.

Fig. 29.

6. *De la divisibilité et de l'attraction moléculaire.* On appelle *divisibilité* la propriété qu'ont les corps de pouvoir être décomposés en plusieurs parties.

PROPOSITION I. — « Les corps sont divisibles au delà de tout
« ce que peuvent atteindre nos sens, et même nos sens aidés de
« tous les secours de l'art. »

Pour les gaz et les liquides, la ténuité de leurs parties divisibles et séparables les unes des autres se constate par l'expérience journalière ; car si l'on plonge la main dans un fluide, et que l'on cherche à saisir entre ses doigts ces parties pour les palper, le toucher le plus délicat ne peut les distinguer comme on distingue, par exemple, des grains de sable fin.

7. Quant aux solides, je pourrais citer bien des exemples de leur prodigieuse divisibilité ; mais je me contenterai de deux ou trois.

Ainsi, 1° les feuilles d'or battues, que tout le monde connaît, sont si minces qu'il en faut superposer plus de 25,000 pour faire un millimètre.

2° Les matières odorantes et colorantes se divisent en un si grand nombre de parties si ténues, qu'après avoir imprégné de leur odeur ou teint de leur couleur un volume considérable de fluide, elles ne paraissent pas avoir diminué de poids.

Les observations microscopiques des naturalistes nous donnent encore une bien plus grande idée de cette divisibilité. En effet, si l'on abandonne quelque temps à l'air une décoction de plante, il s'y développe une infinité de petits animalcules qui sont invisibles à l'œil nu, mais que l'on peut très-bien observer au microscope. Leuwenhoëck, savant de Hollande, s'occupa beaucoup de ces observations. Ses ouvrages ont été traduits en latin vers la fin du dix-septième siècle, sous le titre d'*Arcana naturæ*. Or, d'après les calculs de ce savant, un centimètre cube renfermerait au moins 50 trillions de certains de ces petits animaux, de sorte qu'il pourrait en tenir plusieurs milliers sur la pointe d'une aiguille. D'ailleurs, par le moyen du microscope, on voit ces petits êtres se mouvoir avec rapidité et avec une sorte de discernement, ce qui les suppose doués d'organes et de parties distinctes. De plus, par cela seul que ces mêmes êtres jouissent de la vie, il faut les supposer pourvus de tout ce qui est nécessaire à la vie. Ainsi leur corps doit avoir des parties solides ou molles et des parties fluides, des canaux dans lesquels ces dernières aient une sorte de circulation, des organes pour recevoir et élaborer leur nourriture, etc. On voit que ces considérations reculent comme à l'infini les limites de la divisibilité de la matière.

8. *La matière est-elle divisible à l'infini ?* On voit, en métaphysique, les raisons métaphysiques qui doivent résoudre cette question, c'est-à-dire s'il est absurde ou non de dire que Dieu a pu créer une substance matérielle divisible à l'infini. Pour nous,

laissant la question de possibilité, nous examinerons seulement ce vers quoi inclinent les phénomènes physiques relativement à la question de fait, c'est-à-dire pour savoir si de fait la matière est divisible à l'infini ou non. Or, d'après l'ensemble des phénomènes, on est conduit à admettre, et on admet généralement aujourd'hui en physique, que la matière n'est pas divisible à l'infini, mais que, arrivé à un certain terme, on n'aurait plus que des particules indivisibles que l'on appelle des atomes; de sorte que pour nous un corps est un composé d'atomes juxtaposés les uns aux autres.

Définition. On entend par *atomes* les dernières portions matérielles des corps, c'est-à-dire des particules qui, étant indivisibles, sont le terme auquel s'arrête la divisibilité de ces corps.

Remarque I. — Il faut remarquer que par là on n'entend pas une indivisibilité métaphysique, c'est-à-dire une indivisibilité dérivant nécessairement de leur nature; on veut parler seulement d'une indivisibilité contingente : de sorte que, selon les physiciens, les atomes sont indivisibles parce que Dieu l'a voulu ainsi, qu'ils soient de simples points sans étendue, ou qu'ils soient étendus, comme le supposent communément les physiciens. Mais, dans ce dernier cas, Dieu aurait rendu la liaison mutuelle des parties des atomes supérieure à toute force, soit naturelle, soit artificielle. On peut voir dans les *Compléments* les raisons de ce qui précède.

Remarque II. — Il ne faut pas confondre ce qu'on appelle atomes avec ce qu'on appelle molécules; en physique, le mot atome désigne une espèce, et le mot molécule désigne le genre.

Définition. — On appelle *molécule* toute particule de matière dans laquelle il n'y a qu'un très-petit nombre d'atomes, comme un, deux, trois, etc., et qu'on a quelque raison de regarder comme un être *sui generis*.

D'après ce que nous venons de dire sur la divisibilité des corps, on voit que « la petitesse des atomes, et par conséquent des molécules, excède infiniment tout ce que nous pouvons connaître par nos sens, et même nos sens aidés des secours de l'art. »

9. PROPOSITION II. — « Les atomes, et par conséquent les

« molécules, exercent une attraction mutuelle plus ou moins
« grande, qui diminue très-rapidement, à mesure que les dis-
« tances qui les séparent augmentent. »

En effet, on ne peut concevoir que les atomes dont est composé un corps solide se tiennent comme ils font, qu'en admettant que chacun d'eux exerce sur son voisin une certaine attraction comparable en quelque sorte à celle que l'aimant exerce sur le fer. Je dis en quelque sorte, parce que l'attraction de l'aimant pour le fer s'exerce de loin, tandis qu'il faut admettre que celle d'un atome pour l'atome voisin diminue rapidement, au point de devenir nulle dès qu'il y a entre eux une distance sensible ; car quand on rapproche entre elles deux portions d'une substance quelconque, on ne réussit à les faire adhérer l'une à l'autre qu'autant qu'on les applique aussi exactement que possible l'une sur l'autre ; mais quand l'application est suffisamment exacte, l'adhérence a toujours lieu. Ainsi, si l'on prend deux balles de plomb sur chacune desquelles on ait fait une petite facette avec un couteau ; qu'on les réunisse par ces facettes, en les pressant fortement l'une sur l'autre, on verra qu'elles adhéreront avec beaucoup de force. Si on prend deux plaques de marbre ou de verre bien planes et bien polies, qu'on les fasse glisser l'une sur l'autre en les pressant avec force, pour qu'elles se touchent le plus exactement possible, on observera, en essayant de les séparer par un effort perpendiculaire à leur surface, qu'elles adhèrent aussi très-fortement entre elles. C'est l'expérience connue des plaques de Magdebourg.

Remarque. — Nous nous contentons de constater l'attraction moléculaire sur les solides, sans nous inquiéter des fluides, soit liquides, soit gaz, parce que, comme la fluidité n'est qu'une forme accidentelle, si on admet que l'attraction soit essentielle dans les solides, elle le sera aussi dans les fluides. Seulement, vu qu'elle n'est pas sensible dans ceux-ci comme dans ceux-là, il faut admettre que quelque cause étrangère en masque l'effet dans les fluides, et nous verrons bientôt que cette cause étrangère est en grande partie la chaleur.

10. PROPOSITION III. — « Le phénomène connu sous le nom
« de *cristallisation* montre que les molécules s'attirent plus par
« telle face que par telle autre. »

Avant de prouver cette proposition, il faut donner quelques notions de la cristallisation.

Définition I. — On appelle *cristallisation* certaine manière régulière dont se rapprochent et s'arrangent entre elles les molécules d'une substance, presque toutes les fois qu'elle passe de l'état fluide à l'état solide. C'est ce que nous allons expliquer au moyen des expériences suivantes :

1° *Expérience de la cristallisation de l'eau.* — « L'abbé Haüy, qu'on regarde comme le créateur de la cristallographie, rapporte de la manière suivante ses observations sur la cristallisation de l'eau (*Traité de phys.*, n° 356) : « Lorsqu'une masse d'eau exposée dans un vase à une température convenable passe à l'état de solide, et que la congélation n'est pas trop hâtée, on voit d'abord naître à la surface de petites aiguilles triangulaires, dont une des faces est de niveau avec l'eau. A mesure que ces aiguilles se multiplient, elles s'insèrent les unes dans les autres, et les interstices qu'elles laissent se trouvant occupés successivement par de nouvelles aiguilles, bientôt cet assemblage finit par ne plus former qu'un même corps.

« Dans le cas d'une congélation très-lente, les aiguilles ont des espèces de dentelures ; elles imitent par leurs assortiments les cristallisations ébauchées que le refroidissement qui succède à la fusion fait naître sur la surface de la plupart des métaux, et que l'on a comparées à des rameaux de fougère.

« On observe aussi de ces congélations ramifiées à la surface des vitres pendant le temps des gelées. »

Une circonstance remarquable de ces mêmes assortiments, est la tendance des aiguilles à se réunir sous l'angle de 120 degrés ou de 60. Ce phénomène se montre avec un caractère particulier de symétrie dans la neige, qui tombe assez souvent en forme de petites étoiles à six rayons exactement situés comme ceux d'un hexagone régulier.

2° *Expérience de la cristallisation du bismuth.* — Après avoir fait fondre dans un vase un certain métal qu'on appelle *bismuth*, on le laisse refroidir jusqu'à ce qu'il se forme une croûte à sa surface. Ensuite on perce cette croûte, et on verse le métal qui était encore resté liquide au-dessous. Pour lors, en cassant le vase, on voit tout l'intérieur recouvert par le bismuth sous forme de petits corps brillants cubiques, c'est-à-dire de la forme d'un dé à jouer, et gros comme un pois, plus ou moins. Ces petits cubes métalliques sont rangés avec beaucoup d'ordre et de symétrie sur les parois du vase.

3° *Expérience de la cristallisation du sel.* — De même si l'on fait fondre dans l'eau du sel tel que celui qu'on sert sur nos tables, et qu'on laisse l'eau se dissiper dans l'air par l'évaporation; alors, au bout de quelque temps, on voit se former au fond du vase de petits corps d'une grande régularité, terminés de toutes parts par des facettes planes et ordinairement très-brillantes. Ces petits corps sont encore de forme cubique, si l'on s'est servi du sel ordinaire de nos tables ; mais ils seront d'une autre forme, quoique aussi régulière, si on prend quelqu'une des autres substances salines dont les arts font usage.

Définition II. — On appelle *cristaux* toute substance cristallisée, c'est-à-dire qui, en se solidifiant, a pris d'elle-même la forme de petits corps terminés de toutes parts par des facettes planes comme la pierre qu'aurait taillée le lapidaire.

11. Donnons maintenant la démonstration de notre proposition III.

Démonstration. — L'expérience montre que quand une substance peut passer assez tranquillement et assez lentement de l'état fluide à l'état solide, elle cristallise toujours, et que toujours ses cristaux ont la même forme, ou du moins que si quelques substances donnent des cristaux de formes différentes, alors ces formes différentes d'une même substance ne sont que des modifications ou dérivations d'une même forme qui en est comme le *noyau;* car quand cette substance n'est pas trop dure, la division qu'on peut en faire par le marteau ou le couteau montre l'intérieur de tous les cristaux d'une même substance, quelle que soit leur forme, composé de petits cristaux plus petits, juxtaposés comme les moellons qui composeraient une maçonnerie, et tous ces petits cristaux ont constamment la même forme. Or cette persévérance de la même forme cristalline, dans tous les cas où une substance peut cristalliser, ne peut venir des circonstances extérieures, car ces circonstances peuvent varier à l'infini. Elle ne peut donc venir que de la tendance des molécules à se réunir toujours par certaines faces plutôt que par d'autres. Donc la cristallation montre que, etc. *C. Q. F. D.*

Corollaire. Les molécules des corps ne sont pas rondes, mais sont probablement des corpuscules qui ont des dimensions inégales dans les différents sens; car si elles étaient rondes, il ne paraîtrait pas y avoir de raison pour qu'elles s'attirassent plus par tel endroit que par tel autre.

Observation. — Ce serait ici le lieu de donner des détails de cristallographie qui ne manqueraient assurément pas d'intérêt; mais ils appartiennent plutôt à la minéralogie qu'à la physique.

12. *De la porosité et de la répulsion moléculaire.* Ce qui précède nous a conduit à regarder les corps comme des réunions de molécules; mais je dis qu'en admettant l'impénétrabilité, il faut admettre aussi comme conséquence que les molécules d'un corps ne se touchent pas.

PROPOSITION. — « Les molécules d'un corps ne se touchent pas,
« et les distances qui les séparent sont comme infinies par rap-
« port à leurs dimensions. »

La première partie de cette proposition est principalement fondée sur ce qu'un corps peut se ramener, comme nous le verrons, à un volume moindre, sans qu'il perde une seule de ses molécules. Nous l'avons déjà vu au n° 5. Nous verrons plus tard que cette diminution de volume est facile à produire, en soumettant le corps, soit à un certain refroidissement, soit à une pression suffisante.

Quant à la deuxième partie de notre proposition, c'est-à-dire quant à la grandeur de l'intervalle des molécules, on en donne souvent pour preuve le peu d'ombre que produisent les corps transparents, parce que ce peu d'ombre montre que l'obstacle que la lumière éprouve de la part des molécules du corps transparent, n'est presque rien en comparaison du passage que lui ouvrent les intervalles de ces molécules. Mais c'est plutôt sur l'ensemble des analogies de la science qu'est fondée cette partie de notre proposition. (Voyez les *Compl.*)

13. *Définition.* — On appelle *pore* tout espace vide qui s'est produit de lui-même dans l'intérieur d'un corps pendant que ce-

lui-ci se formait. Ainsi, pendant que le pain se fait, il se produit une infinité de cavités dans son intérieur, et ces cavités sont les pores du pain.

14. *Remarque.* Lorsque l'on rapproche la proposition précédente sur les intervalles que laissent entre elles les molécules d'un corps, de la proposition du n° 9 sur leur attraction mutuelle, on sent que la manière de les accorder doit faire l'objet d'un problème particulier ; mais, avant de nous occuper de ce problème, nous allons terminer la question des pores.

La *porosité proprement dite* consiste en une multitude de petits espaces vides dont presque tous les corps solides sont criblés. Ces espaces vides sont souvent visibles, comme dans l'éponge, le pain, la pierre ponce, etc. Mais souvent aussi ils sont invisibles, et ne peuvent tout au plus être aperçus qu'à l'aide d'un microscope, comme dans la peau, dans les métaux, etc.; mais on peut en montrer indirectement l'existence par plusieurs expériences.

Expériences. L'expérience que l'on fait le plus ordinairement dans les cours de physique est celle de la pluie de mercure. Pour faire cette expérience on prend un tube de trois ou quatre pieds de longueur sur deux ou trois pouces de largeur, et on le visse verticalement sur le milieu de la table d'une machine pneumatique, pour y faire le vide. Ce tube est terminé à son sommet par un godet en cuivre, dont le fond est fermé par un disque de la matière dont on veut constater la porosité. Ce disque peut être ôté et remplacé par d'autres, faits des matières diverses que l'on veut soumettre à l'expérience. Ce godet ayant ainsi à son fond un de ces disques, un disque de peau, par exemple, l'on fait jouer la machine, et bientôt l'on voit le mercure tomber dans le tube en pluie fine.

Quand on n'a pas de machine pneumatique, on enferme le mercure dans un morceau de peau dépouillée de son épiderme, et en pressant avec la main on voit le mercure sortir par tous les points de la peau, encore sous la forme de pluie fine. Si cette peau avait encore son épiderme, cette expérience ne réussirait pas, parce que l'épiderme est bien moins poreux que le reste de la peau.

La porosité des métaux ne pourrait pas se démontrer de la

manière précédente; mais, en employant des pressions plus grandes, on parvient souvent à la manifester. Ainsi les académiciens de Florence, en 1650, voulant examiner si l'eau était compressible, remplirent de ce liquide une boule d'or, et la soumirent à une forte pression; mais l'eau traversa l'or, et parut à la surface de la boule en petites gouttes. Si cette expérience ne prouve rien pour la compressibilité de l'eau, elle prouve au moins la porosité de l'or. Lord Bacon fit la même expérience sur une boule de plomb, et elle eut le même résultat.

Le phénomène de l'imbibition résulte en partie de la porosité qui nous occupe ici. Cependant il faut bien que quelque autre chose y contribue; car le même corps n'imbibe pas aussi bien l'eau que l'huile, par exemple; cette autre cause est la *capillarité* (n° 175 et suiv.).

15. La *porosité moléculaire* consiste dans les distances infiniment petites que nous avons dit séparer chaque molécule d'un corps de la voisine : elle est la seule qui existe dans plusieurs corps solides et dans les fluides, tels que le verre, l'eau, etc.

16. *Contraction.*—On peut à présent expliquer, comme nous l'avons promis à l'article de l'impénétrabilité, comment cette propriété peut se concilier avec le phénomène des contractions du n° 5. En général, on appelle *contraction* un phénomène qui consiste en ce que le volume de certaine substance est moindre que celui des substances dont elle est composée. Ainsi, en fondant deux métaux pour les allier ensuite ensemble, on trouve souvent que le volume de l'alliage est moindre que la somme des volumes de ces métaux. Ce phénomène de la contraction peut se concilier avec l'impénétrabilité par un rapprochement des molécules.

Occupons-nous à présent du problème dont nous avons parlé dans la remarque du n° 14.

17. Problème. « On demande comment on peut concevoir
« que les molécules d'un corps se maintiennent écartées les unes
« des autres sans se toucher, malgré leur attraction mutuelle qui
« tend à les réunir. »

Solution.—Pour peu qu'on réfléchisse, on voit que, pour concilier l'écartement des molécules avec leur attraction, il faut admettre que quelque *force répulsive* agit sur les molécules d'un corps pour les écarter les unes des autres, en même temps que leur attraction agit pour les rapprocher : ainsi, les physiciens conçoivent qu'outre la gravitation universelle, les molécules des corps exercent les unes sur les autres deux sortes d'actions mutuelles qui diminuent si rapidement à mesure qu'elles s'éloignent les unes des autres, que ces forces deviennent insensibles dès qu'il y a une distance sensible entre ces molécules. L'une de ces forces ou actions mutuelles est attractive et l'autre répulsive : la première est propre à la matière, et la deuxième est au moins en grande partie due à la chaleur, et varie plus rapidement que la première quand l'écartement des molécules change. Enfin, on admet pour les solides et les liquides qu'il existe un certain écartement des molécules où les deux actions attractive et répulsive sont égales, tandis que, pour les gaz, la *répulsion* l'emporte sur l'attraction en toute circonstance. (V. *Compléments*.)

PROPOSITION. — « La répulsion, qui tend à écarter les molécu-
« les d'un corps et contre-balance leur attraction, est due, au
« moins en partie, à la chaleur. »

Démonstration. — Cela résulte de ce que, d'après la proposition suivante, tous les corps augmentent ou diminuent de volume, ou, comme on dit, se *dilatent* ou se *contractent*, selon qu'on les chauffe ou qu'on les refroidit ; car par ce fait on voit que la force répulsive des molécules d'un corps augmente ou diminue selon que la chaleur augmente ou diminue.

Remarque. — Nous avons dit *au moins en partie*, parce qu'au n° 126 du deuxième livre, et dans les *Compléments*, nous verrons qu'on a des raisons d'admettre quelque répulsion propre aux molécules mêmes de la matière.

18. PROPOSITION. — « Les corps se dilatent par la chaleur et se
« contractent par le froid. »

Démonstration. — On prouve cette vérité par l'expérience, soit pour les solides, soit pour les liquides, soit pour les gaz.

1° Pour *les solides*, l'expérience se fait avec une boule de cuivre ou de toute autre matière, et un anneau par lequel elle puisse passer quand elle est froide. Quand on fait chauffer cette boule, et qu'on la présente à l'anneau pendant qu'elle est encore chaude, on reconnaît qu'elle ne peut plus passer par l'anneau, et qu'ainsi la boule s'est dilatée. Mais si on attend que la boule soit refroidie, on trouve qu'elle s'est contractée par le refroidissement et a repris sa première dimension ; car alors, en la présentant une seconde fois à l'anneau, elle passe librement.

2° Pour *les liquides*, l'expérience se fait avec du mercure ou tout autre liquide renfermé dans un appareil en verre qui se compose d'un tube de verre terminé par une boule creuse (*fig.* 45). Lorsqu'on chauffe la boule, on voit le niveau A du mercure dans le tube monter de plus en plus ; et, au contraire, si on laisse l'appareil se refroidir, le niveau descend.

Fig. 45.

3° Enfin, pour *les gaz*, on fait l'expérience avec un appareil à peu près semblable au précédent ; seulement on n'y introduit qu'une goutte B (*fig.* 45) de mercure, laquelle demeure suspendue dans le tube, s'il n'est pas trop large. Le reste de l'appareil, jusqu'au fond de la boule, est plein d'air. Or, quand on chauffe cet air, il se dilate de suite, puisqu'on voit aussitôt la petite goutte de mercure monter ; mais elle redescend dès qu'on fait refroidir l'instrument, ce qui annonce qu'alors le gaz se contracte.

Fig. 45.

19. Pour l'*inertie* et la *masse des corps*, nous renvoyons à ce que nous en avons dit dans les notions de mécanique.

20. Nous nous contenterons de dire qu'il paraît exister dans la nature certains fluides qui n'ont, pour ainsi dire, pas de masse, et qui se distinguent principalement sous ce rapport de tous les autres corps ; on les appelle *fluides impondérables :* ce sont ceux auxquels on attribue les phénomènes de la *lumière*, de la *chaleur*, du *magnétisme*, et de l'*électricité*.

DE L'ACTION MUTUELLE DES CORPS.

21. Nous allons étudier les résultats de l'action mutuelle des corps, ou plutôt les résultats de l'action des diverses forces connues sur les corps et sur leurs molécules. Je distingue en deux ordres les forces connues dans la nature : les forces moléculaires ou intérieures, et les forces ordinaires ou extérieures.

22. Les *forces moléculaires* sont des forces qui s'exercent de molécule à molécule entre toutes les molécules d'un corps ou d'un système de corps, de manière qu'à chaque couple de molécules que l'on peut considérer, ces sortes de forces tendent à rapprocher ou éloigner les molécules qui le composent, par des *quantités de mouvement* égales. (V. *Méc.* des *Compl.*)

23. Les *forces ordinaires* ou *extérieures* sont celles qui ne sont appliquées immédiatement qu'à certains points d'un corps. Les chocs imprimés à un corps, ou les pressions exercées sur sa surface, sont des forces de cette nature.

24. Les forces moléculaires se partagent en deux genres, selon qu'elles sont sensibles ou insensibles à distance.

J'appelle *forces sensibles à distance* celles qui ont encore quelque intensité sensible, à quelque distance que soient les unes des autres les molécules entre lesquelles elles s'exercent.

Les *forces insensibles à distance* sont celles qui n'ont plus d'intensité sensible dès que la distance mutuelle des molécules entre lesquelles elles devraient s'exercer devient appréciable.

Telles sont donc les forces qui agissent dans la nature sur les corps et sur les molécules ; et ce sont les résultats de ces actions que nous allons étudier. Or les deux seuls résultats que puissent produire des forces sont l'équilibre et le mouvement. Ainsi, nous aurons donc à étudier, dans un premier livre, les états d'équilibre et de mouvement des *molécules pondérables*; et, dans un second livre, nous étudierons les états d'équilibre et de mouvement des *molécules impondérables*.

LIVRE PREMIER.

DES ÉTATS D'ÉQUILIBRE ET DE MOUVEMENT DES MOLÉCULES PONDÉRABLES.

Nous partagerons ce premier livre en deux chapitres. Le premier traitera des états d'équilibre et de mouvement produits par les forces moléculaires *sensibles à distance*; et le second, de ceux dus principalement aux forces moléculaires *insensibles à distance*.

CHAPITRE PREMIER.

De l'équilibre et du mouvement des molécules pondérables dus aux forces moléculaires sensibles à distance, ou de la gravitation universelle.

25. La *gravitation* universelle est l'attraction que tous les corps de la nature exercent les uns sur les autres à toute distance. Cawendish en a le premier démontré l'existence par l'expérience.

Ayant suspendu à un fil une longue règle AB (*fig.* 52) portant deux balles de plomb d'environ 5 centimètres de diamètre, il disposa en T et T' deux grosses sphères de plomb pesant chacune 158 kilog. Aussitôt que, par un mécanisme particulier, il eut fait avancer celles-ci simultanément en S et S', il vit la règle tourner vers elles en A'B'.

Fig. 52.

Il est donc prouvé que la matière attire la matière, et que les petites balles v et v' tendent à tomber sur les grandes sphères de plomb par la même puissance qui les fait tomber sur la terre; et que s'il y a une différence, elle provient seulement de la différence des masses. Cette puissance qui fait tomber les corps vers la terre est connue sous le nom de *pesanteur* : nous allons en faire une étude particulière.

De la pesanteur.

26. *Définition.* — On appelle *pesanteur* la force d'attraction que le globe terrestre exerce sur tous les corps.

Nous diviserons l'étude de la pesanteur en trois parties : d'abord, sous le titre *Généralités*, nous étudierons sa direction, son intensité et son point d'application ; ensuite nous passerons à l'étude des phénomènes de l'*équilibre* des corps pesants, et enfin à celle des phénomènes du *mouvement* de ces mêmes corps.

GÉNÉRALITÉS.

1° *Direction de la pesanteur.*

27. PROPOSITION. — « La direction de la pesanteur est partout « perpendiculaire à la surface des eaux tranquilles. »

Démonstration. — En effet, la direction de la pesanteur est certainement donnée par celle du fil à plomb. Or la direction du fil à plomb est, de fait, perpendiculaire à la surface des eaux, comme chacun peut le constater en en faisant soi-même l'expérience ; donc la direction de la pesanteur est aussi perpendiculaire à cette surface. C. Q. F. D.

PROPOSITION. — « Les actions de la pesanteur sur des points « peu éloignés, par exemple, éloignés de quelques kilomètres, « ont toutes des directions parallèles. »

Démonstration. — En effet, la surface des eaux est sensiblement plane dans un espace de cette grandeur. Or les lignes perpendiculaires à un même plan ont évidemment même direction, c'est-à-dire sont parallèles ; donc les actions de la pesanteur qui sont perpendiculaires à cette surface des eaux ont des directions parallèles.

Définition. — On appelle *verticale* toute ligne parallèle au fil à plomb, et *horizontale* toute perpendiculaire au fil à plomb.

2° *Intensité de la pesanteur.*

28. *Observation.* — Observons avant tout que c'est par tous ses points à la fois, soit intérieurs, soit extérieurs, qu'un corps est attiré par la pesanteur vers le centre de la terre.

Un corps sous l'action de la pesanteur a donc chacune de ses molécules sollicitée par une petite force qui est son poids; de sorte que cette action de la pesanteur consiste en un faisceau d'une infinité de forces parallèles et égales, appliquées aux différents points du corps.

Définition. — La résultante de toutes ces actions de la pesanteur sur un corps est ce qu'on appelle son *poids*.

Proposition. — « L'intensité de la pesanteur est la même « dans tous les corps en un même lieu de la terre. »

En effet, avec un peu de réflexion on reconnait bientôt que si les corps qu'on appelle légers, tels que le duvet, une feuille de papier, etc., tombent moins vite que les corps regardés comme plus pesants, tels que le plomb et autres, cela peut bien ne pas tenir à ce que la pesanteur agisse moins énergiquement sur les premiers que sur les seconds, parce que l'on s'aperçoit bientôt que dans la chute des corps il y a une autre cause que la pesanteur qui modifie leur vitesse. Par exemple, si on laisse tomber une petite boule d'or, elle se précipitera avec vitesse vers la terre, tandis qu'une feuille d'or battue a bien de la peine à tomber jusqu'à terre; la moindre agitation de l'air l'enlève. Cependant l'action de la pesanteur est la même dans les deux cas, puisque c'est la même substance dans un cas que dans l'autre; mais dans le cas de la feuille d'or battue, celle-ci, offrant plus de surface à l'air, en éprouve une plus grande résistance que la petite boule, qui, par sa forme, ne donne presque aucune prise à ce fluide.

Il faudrait donc voir si, dans un espace où il n'y aurait ni air ni autre fluide pondérable, les corps tomberaient tous également vite. Un pareil espace est ce qu'on appelle le *vide*. On se procure donc un long tube où l'on ait fait le vide et dans lequel soient enfermés différentes espèces de corps, du duvet, de la plume, du bois, du plomb, etc.; alors, en le renversant, on voit tous les corps qu'il contient tomber ensemble d'une de ses extrémités à l'autre, comme s'ils étaient liés en un même paquet. Si l'on rend un peu d'air en ouvrant pendant un instant rapide le robinet, que je suppose placé à une des extrémités du tube, et qu'ensuite on renverse le tube, on voit les corps réputés plus légers qui commencent à arriver un peu plus tard que les autres d'une extrémité à l'autre; et ce retard augmente successivement à mesure que l'on rend une nouvelle quantité d'air. Ainsi la différence de vitesse des corps qui tombent tient à la résistance de l'air et non à la pesanteur. Il est facile de conclure de là que cette force agit avec la même intensité sur tous les corps.

Remarque. — Cette expérience ne peut être faite que pour les corps solides et les liquides très-peu évaporables; elle serait impraticable pour les gaz et pour les liquides très-évaporables. Il faut prouver notre proposition d'une manière particulière pour ces substances, et même il faut de plus, pour les gaz, prouver qu'ils sont pesants, avant d'examiner s'ils le sont autant que les autres corps. C'est ce qu'on va voir dans la proposition suivante.

29. PROPOSITION. — « Les gaz sont pesants. »

Pour démontrer directement cette proposition par l'expérience, on prend un ballon en verre, d'un pied de diamètre environ. Ce ballon est muni d'une garniture en cuivre qui porte un robinet, et par laquelle on le visse sur la machine pneumatique pour y faire le vide. Quand le vide est fait, on ferme le robinet, et on suspend le ballon à une des extrémités du fléau d'une balance, tandis qu'à l'autre extrémité on met des poids pour l'équilibrer. Lorsque l'équilibre est bien établi, il suffit pour le rompre, et faire pencher la balance du côté du ballon, de laisser rentrer l'air dans celui-ci, en ouvrant son robinet; ce qui prouve bien clairement que l'air est pesant : l'expérience réussirait également, si, au lieu d'introduire de l'air dans le ballon vide, on y introduisait un autre gaz : les gaz sont donc pesants.

PROPOSITION. — « L'action de la pesanteur sur les substances,
« soit gazeuses, soit très-évaporables, est la même que sur les
« autres. »

Démonstration. — En effet, la chimie nous apprend que certaines substances, comme certains sels, par exemple, qui sont composés de gaz ou de liquides très-évaporables, sont aussi pesantes que les autres corps, et tombent dans le vide avec la même vitesse qu'eux ; donc, etc.

Remarque. — Ce même raisonnement aurait pu servir également de preuve à la proposition précédente.

Proposition. — « Le poids d'un corps est proportionnel à sa masse. »

Démonstration I. — En effet, le poids, d'après sa définition, est la somme des petites forces *égales* que la pesanteur exerce sur *tous* les corps. Or il y a autant de ces petites forces qu'il y a de molécules dans chaque corps ; donc le poids est deux ou trois ou quatre fois plus grand, selon que le nombre des molécules est deux ou trois ou quatre fois plus grand, c'est-à-dire selon que la quantité de matière de chaque corps ou sa masse est deux ou trois ou quatre fois plus grande ; donc le poids est proportionnel à la masse.

Remarque. — On prend pour unité de masse celle qui pèse une unité de poids. Par exemple, si l'on prend la livre pour unité de poids, alors l'unité de masse sera la masse d'une livre pesant.

Il résulte de là que la masse et le poids d'un corps sont toujours exprimés par le même nombre.

Définition. — On appelle *densité* d'une substance le nombre de fois que la masse d'un certain volume de cette substance vaut celle du même volume d'une autre substance prise pour terme de comparaison ; et on appelle *pesanteur spécifique* ou poids spécifique d'une substance, le nombre de fois qu'un certain volume de cette substance pèse autant que le même volume d'une autre substance prise pour terme de comparaison.

Remarque. — La substance prise pour terme de comparaison est, dans les deux cas, l'eau à la température de la glace fondante. On choisit ainsi une température particulière, parce que le volume des corps change avec la température, comme nous l'avons vu au n° 18.

Autre définition. — On définit aussi la *densité* ou la *pesanteur spécifique* d'un corps, le rapport de sa masse ou de son poids à son volume, ou, ce qui revient au même, la masse ou le poids de ce corps sous l'unité de volume.

Remarque. — Pour que cette définition s'accorde avec les précédentes, on voit qu'il faut prendre pour unité de volume le volume d'une unité de poids d'eau à la température de la glace fondante ; c'est aussi ce que l'on suppose toujours, quand on fait usage de la dernière définition ci-dessus. (V. *Compl.*)

De ces définitions et propositions précédentes, on déduira facilement celles-ci :

Proposition I. — « Les volumes de deux corps de même poids « sont en raison inverse de leurs densités. »

Ainsi, supposons deux substances, dont la première ait une densité trois fois plus grande que la seconde, par exemple : il est facile de voir, d'après la définition de la densité, que la première pèsera trois fois plus que la seconde sous le même volume. Donc, pour faire le même poids, il en faudra prendre trois fois moins de la première en volume qu'il n'en faudra prendre de la seconde. *C. Q. F. D.*

La proposition suivante est une conséquence si immédiate des définitions précédentes, qu'il suffira de l'énoncer.

Proposition II. — « La densité et la pesanteur spécifique des « corps sont toujours exprimées par le même nombre. »

Remarque. — L'air que nous respirons étant pesant, la masse d'air qui couvre toute la surface de la terre, et qu'on appelle *atmosphère*, est donc pareillement pesante; et l'on a en physique un instrument particulier pour mesurer le poids de l'atmosphère, ou, pour mieux dire, le poids d'une colonne d'air qui, partant d'une base donnée, par exemple d'une base d'un centimètre carré, s'élèverait jusqu'aux limites de l'atmosphère : cet instrument s'appelle *baromètre*.

30. *Description succincte du baromètre.* — Pour faire un baromètre, on prend un tube ST (*fig.* 51) ouvert à un bout S et fermé à l'autre. On le remplit de mercure ; puis, le tenant bouché avec le doigt, on le renverse pour plonger dans un bain de mercure l'extrémité qu'on tient ainsi bouchée avec le doigt. Cette immersion étant faite, on ôte le doigt ; alors la colonne de mercure ne fait que descendre de quelque peu, et s'arrête à une hauteur *om* (*fig.* 47), qui varie un peu dans le cours de l'année, mais dont la valeur moyenne est égale à 28 pouces, ou $0^m 76$. La raison de ceci est que le poids de cette colonne placée dans le tube est contre-balancée par celle qu'exerce le poids de l'atmosphère au dehors du tube.

31. Une autre manière d'opérer est de ne remplir le tube que jusqu'à un certain point, tel que S' (*fig.* 51 *bis*) par exemple, puis de courber le tube comme on le voit dans la figure, ce qui se fait

PESANTEUR. 35

par la lampe à souffler le verre. Ensuite on renverse l'appareil, et le niveau *m* dans la branche fermée (*fig.* 48) se tient encore d'une certaine quantité *om* élevée au-dessus du niveau *n* de la branche ouverte, parce que l'action du poids de la colonne *om* placée dans la branche fermée est contre-balancée par celle que le poids de l'atmosphère exerce sur le mercure placé dans la branche ouverte. Fig. 48.

En tout cas, c'est la hauteur du niveau de mercure placé dans la branche fermée au-dessus du niveau de mercure exposé à l'air, qu'on prend pour mesure de la pression atmosphérique; et la raison que nous venons de donner de l'équilibre de la colonne *om* prouve qu'on est en effet en droit d'agir ainsi. (V. pour plus de développement les *Compléments*.)

32. *Diverses espèces de baromètres.* Il y a deux sortes de baromètres : le *baromètre à cuvette*, que nous avons fait connaître (*fig.* 47), et le *baromètre à siphon*, qui consiste en un tube recourbé (*fig.* 48, 49 ou 50) dont la grande branche CD est fermée en C, tandis que la petite branche est ouverte. Fig. 47. Fig. 47, 48, 49, 50.

Il y a deux baromètres à siphon : dans l'un (*fig.* 48 ou 49) le diamètre de la petite branche DA égale celui de la grande; et dans l'autre (*fig.* 50) il est plus grand, et forme une vraie cuvette; dans ce dernier et dans le baromètre à cuvette, les divisions que porte la grande colonne de mercure, et qui sont de pouce en pouce ou de centimètre en centimètre, sont numérotées à partir du niveau de la cuvette, vis-à-vis duquel on voit un zéro, et ensuite la série naturelle des nombres. Dans ce cas, quand on veut connaître la différence des niveaux de mercure de la colonne et de la cuvette, il suffit de voir vis-à-vis quel numéro se trouve celui de la colonne : ce numéro donne la valeur de la pression atmosphérique sans erreur sensible. Fig. 48, 49. Fig. 50.

Je dis sans erreur sensible, parce qu'à la rigueur le zéro n'est pas toujours bien vis-à-vis le niveau de la cuvette, attendu que quand la pression augmente ou diminue, ce qui arrive souvent, il faut que la grande colonne de mercure augmente ou diminue aussi. Or elle ne peut augmenter ou diminuer qu'autant qu'il passera du mercure de la cuvette dans le grand tube de verre, ou *vice versa*, ce qui abaissera ou élèvera le niveau de cette cuvette, et l'éloignera du zéro où il était d'abord. Pour remédier à cet in-

3.

convénient, on prend une cuvette aussi large que possible, parce qu'alors une petite quantité de mercure de plus ou de moins, répandue sur une aussi grande largeur, ne fait qu'une hauteur insensible.

Fig. 49.
Dans le baromètre de la *fig.* 49, où les deux branches sont de même diamètre, le zéro est placé tout en bas de l'instrument, et à partir de ce zéro s'élèvent deux séries parallèles de divisions numérotées de pouce en pouce, ou de centimètre en centimètre. Alors la différence des numéros placés devant les deux niveaux donne celle de ces niveaux.

On trouve aussi des baromètres à deux branches égales, où l'on a placé d'abord le numéro 28 pouces ou 76 centimètres au point où se tient le niveau de la grande colonne, quand il diffère de 28 pouces ou de 76 centimètres de celui de la petite colonne : ensuite on a divisé en demi-pouces ou en demi-centimètres le tube tant en dessus qu'en dessous de ce point, et on a marqué ces divisions des n°s 29, 30, etc., au-dessus de 28, et des n°s 27, 26, 25, etc., au-dessous de 28, ou des n°s 77, 78, etc., au-dessus de 76, et de 75 etc., au-dessous. Alors, avec cette disposition, il suffit de lire le nombre où est le niveau de la grande colonne, pour avoir la pression atmosphérique ; on n'a plus à faire attention à la petite colonne. La raison de ceci est assez évidente pour que je sois dispensé de la dire.

33. *Baromètre à cadran.* — Pour les appartements, on adapte
Fig. 57 bis.
au baromètre à siphon un cadran, comme on le voit n° 57 *bis*, et son aiguille est mue par le fil IAP, dont le poids P monte ou descend, suivant le mouvement du mercure sur lequel il flotte.

Baromètre de Gay-Lussac. — La modification que ce savant a apportée au baromètre, quoique simple, a un grand avantage :
Fig. 48 bis.
1° il ne donne d'ouverture à la petite branche *ed* (*fig.* 48 *bis*) qu'un trou *a*, capillaire c'est-à-dire assez petit pour qu'il ne permette pas au mercure de sortir de l'appareil ; 2° il a réuni les deux branches par un tube *bce*, capillaire c'est-à-dire assez étroit pour que la colonne de mercure ne puisse se diviser, lors même qu'on viendrait à agiter le baromètre. Par là, cet appareil est devenu assez portatif pour qu'on puisse s'en servir en voyage sans danger.

Baromètre de Fortin. — Cet artiste, pour rendre le baromètre à cuvette portatif et son niveau fixe, adapta à la cuvette A (*fig.* 67 *bis*) un fond EI en peau de daim, qu'on peut élever ou abaisser à volonté par la vis *v*. Le dessus de la cuvette porte une pointe *o*, destinée à marquer la place du niveau de la cuvette. Quand on veut faire des observations, on amène, au moyen de la vis *v*, le niveau *ns* à raser précisément la pointe *o*; et quand on a fini, on enfonce la vis *v* jusqu'à ce que le mercure remplisse tout l'intérieur de l'appareil, de manière à ne rien risquer des secousses du voyage.

Conditions d'un bon baromètre. — La première *condition* est que le mercure soit très-pur, parce que sa densité dépend de sa pureté, et la hauteur de la colonne barométrique dépend de cette densité (n° 85). La deuxième *condition* est que l'intervalle des deux sommets de la colonne et du tube barométrique soit parfaitement exempt d'air et de vapeur d'eau. Cet intervalle s'appelle *chambre barométrique*. Pour obtenir cette condition, le constructeur de baromètres n'introduit le mercure dans le tube que par parties, et il fait bouillir chaque partie avant que d'introduire la partie suivante.

Remarque I. — Pour que le baromètre donne le poids d'une colonne d'air de la hauteur de l'atmosphère, il n'est pas nécessaire de le porter au dehors pour que la colonne du mercure ait sa vraie hauteur, c'est-à-dire ait la hauteur qu'elle doit avoir pour contre-balancer une colonne d'air qui s'élèverait jusqu'aux limites de l'atmosphère. Car nous verrons, n° 58, que, quoique renfermé dans une chambre, cet instrument a toujours sa vraie hauteur.

Remarque II. — Il faudrait maintenant s'occuper de la manière dont l'intensité de la pesanteur varie d'un lieu à un autre ; mais on ne peut en comparer les valeurs que par les vitesses qu'elle fait acquérir aux corps en l'unité de temps ; ainsi, nous sommes obligés d'en renvoyer la recherche à celle des phénomènes de mouvement que présente la pesanteur.

3° *Point d'application de la pesanteur.*

34. *Remarque.* — Dans la réalité, à chaque point d'un corps est appliquée une petite force venant de l'action de la pesanteur sur ce point ; c'est ce que nous avons déjà dit au commencement du n° 28. Ainsi, il faut se représenter les actions de la pesanteur sur les diverses molécules d'un corps, comme un faisceau de petites forces parallèles et égales appliquées à ces molécules. Les molécules d'un corps sont donc les points d'application de la pesanteur sur ce corps ; mais je dis qu'on peut établir aussi la proposition suivante :

Proposition I. — « La résultante de toutes les actions de la
« pesanteur sur un corps est appliquée à un point de ce corps
« qui est toujours le même, de quelque manière qu'on tourne ce
« corps. »

Démonstration. — En effet, les actions de la pesanteur font un faisceau de forces parallèles. Or, d'après le *théorème du centre des forces parallèles*, leur résultante est toujours appliquée au même point, quelle que soit la direction de ces forces. Donc le point d'application de la résultante des actions de la pesanteur est toujours le même, quelle que soit la direction de la pesanteur par rapport au corps, ou, ce qui revient au même, quelle que soit la position du corps par rapport à la pesanteur. C. Q. F. D.

Définition. — On appelle *centre de gravité* d'un corps le point de ce corps auquel est appliquée la résultante de toutes les actions de la pesanteur sur ce corps.

35. Proposition II. — « Le centre de gravité d'une ligne droite
« est dans son milieu : cela est évident. »

Proposition III. — « Le centre de gravité d'un parallélogramme
« est à l'intersection de ses deux diagonales, ou, si l'on aime
« mieux, à l'intersection des deux lignes qui passent par les mi-
« lieux des côtés opposés. »

Fig. 30.   En effet, chaque diagonale comme AB (*fig*. 30), coupant la figure en deux parties égales, doit contenir le centre de gravité, lequel devra donc se trouver à leur intersection.

Fig. 31.   La même raison s'applique aux lignes *mn* et KL (*fig*. 31), qui passent par les milieux des côtés opposés.

Remarque I. — La même raison montrerait qu'un parallélipipède a son centre de gravité sur le plan *mm'nn'* (*fig*. 32), qui

Fig. 32. coupe en deux également les faces opposées. Au reste, il serait aisé de voir que le centre de gravité d'un parallélipipède est à l'intersection de ses diagonales.

Remarque II. — Le centre de gravité d'un parallélogramme évidé comme un cadre est au même point que celui d'un parallélogramme plein, parce que nos raisonnements sur le parallélogramme plein s'appliqueront aussi à un simple cadre.

36. PROPOSITION IV. — « Le centre de gravité d'un triangle est « à l'intersection des lignes qui joignent chaque sommet au mi-« lieu du côté opposé. » (V. *les Compl.*)

Polygones. — On les décompose en triangles (*fig.* 73), dont on cherche les centres de gravité G, G', G''; ensuite on regarde les forces appliquées aux centres de gravité des triangles comme étant proportionnelles à leurs surfaces, on en cherche la résultante par les règles ordinaires, et son point d'application est le centre de gravité.   Fig. 73.

Cercle. — Le centre de gravité d'un cercle est évidemment au centre C de ce cercle (fig. 71); il en est de même d'un anneau tel que A.   Fig. 71.

37. PROPOSITION V. — « Le centre de gravité d'un prisme est « au milieu de la ligne qui joint les centres de gravité de ses « deux bases parallèles. » (Voir pour les démonstrations les *Compl.*)

PROPOSITION VI. — « Le centre de gravité d'une pyramide « triangulaire est à l'intersection des lignes qui vont de chaque « sommet au centre de gravité de la face opposée (*fig.* 74). » (V. *Compl.*)   Fig. 74.

Remarque I. — En géométrie, on montre que ce point G'' est aux trois quarts de SG à partir du sommet.

Remarque II. — Une pyramide quelconque se décompose en pyramides triangulaires, et on arrive à cette conséquence que dans tous les cas le centre de gravité d'une pyramide est sur la ligne qui joint son sommet au centre de gravité de sa base, et qu'il est aux trois quarts de cette ligne à partir du sommet.

Pour le *polyèdre*, on le décompose en pyramides, comme le polygone se décompose en triangles.

Comme le *cône* n'est qu'une pyramide d'une infinité de côtés, il s'ensuit que son centre de gravité est au quart de la droite qui va du sommet au centre de la base de ce solide.

Enfin, il est évident que le centre de gravité d'une sphère est au même point que son centre de figure.

PHÉNOMÈNES D'ÉQUILIBRE DUS A LA PESANTEUR.

38. *Définition*. — On dit que l'équilibre d'un corps est *stable* ou *instable*, suivant que ce corps revient ou non à sa position d'équilibre après qu'on l'en a dérangé tant soit peu.

Fig. 54.   *Explication*. — Ainsi, un œuf AB (*fig.* 54) qu'on parviendrait à faire tenir sur sa pointe serait en équilibre instable, parce que, pour peu qu'on vînt à le déranger de sa position, il se renverserait complétement, sans jamais y revenir. Mais le même
Fig. 53.   œuf, couché dans la position AB (*fig.* 53), offrirait l'exemple d'un équilibre stable, parce que cet œuf, mis dans une position un peu différente A'B', et ensuite abandonné à lui-même, reviendrait, après quelques oscillations, à son ancienne position AB.

Définition. — On appelle *équilibre indifférent* celui d'un corps qui, tant soit peu écarté de sa position d'équilibre, ne tend ni à y revenir ni à s'en écarter.

Exemple. — C'est le cas d'une poulie traversée à son centre de gravité par un axe fixe sur lequel elle peut tourner librement.

39. *Quant au problème* de déterminer les conditions pour qu'un corps posé sur un plan horizontal soit en équilibre, et les conditions pour que cet équilibre soit stable, ou instable, ou enfin indifférent, voir les *Compl.*

40. La *balance* est un instrument propre à trouver le poids d'un corps, ou, comme on dit, à *peser* un corps quelconque.

Fig. 57.   La balance ordinaire consiste en une barre d'acier AB (*fig.* 57) qu'on appelle fléau, et auquel sont suspendus deux bassins C et D, destinés, l'un à recevoir le corps qu'on veut peser, et l'autre à recevoir les poids qui doivent équilibrer ce corps. Le fléau doit être parfaitement mobile sur son milieu m. Pour que les poids mis dans l'un des bassins représentent exactement le corps mis dans l'autre bassin, il faut que les bras de levier Am et Bm soient parfaitement égaux. Comme il est très-difficile d'obtenir cette égalité, on emploie la méthode suivante, qui permet de s'en passer : Après avoir mis le corps que l'on veut peser dans un des bassins de la balance, on l'équilibre en mettant dans l'autre bassin des objets quelconques. Quand on a amené par ce moyen l'aiguille E à zéro, on ôte le corps de son bassin, et on y met à sa place des poids qui équilibrent les objets mis dans l'autre bassin, comme faisait le corps lui-même ; et quand cette seconde fois l'aiguille est encore à zéro, on est sûr que les poids employés représentent exactement le poids du corps que l'on avait à peser. Il faut, pour la légitimité de cette conclusion, que d'une pesée à l'autre les points A et B par où les crochets des bassins posent sur les couteaux extrêmes du fléau n'aient pas, en se déplaçant, altéré leurs distances au tranchant du couteau *m*; et cette condition a toujours lieu quand la balance est bien construite.

Il y a plusieurs autres sortes de balances, mais elles ne sont pas en usage pour les expériences.

PHÉNOMÈNES DES CORPS PESANTS EN MOUVEMENT.

41. Proposition. — « Si l'on abandonne un corps pesant à « la pesanteur sans lui donner aucune impulsion, il tombera en « suivant la verticale, et sa vitesse sera proportionnelle au temps « écoulé depuis l'origine de sa chute. »

Démonstration. — 1° Il est certain, d'après ce qu'on a vu, que la chute sera rectiligne ; mais je dis de plus que la vitesse sera proportionnelle au temps, c'est-à-dire qu'au bout de 2, 3 ou 4, etc., secondes, la vitesse du mobile sera 2, 3 ou 4 fois, etc., plus grande qu'au bout d'une seconde.

On peut prouver cela au moyen de la machine d'Atwood. La partie principale de cette machine est une poulie P (*fig.* 58). Sur cette poulie passe un fil de soie, aux extrémités duquel sont attachés deux poids égaux m et m'. Pour faciliter la rotation de la poulie P, son axe AB roule sur quatre roues C, D, E et F, qui jouissent elles-mêmes d'une grande mobilité. Il y a près de l'un des poids m une règle IK divisée en centimètres, qui sert à mesurer le chemin parcouru par ce poids quand on le met en mouvement. Le mouvement est produit par une petite masse μ en forme de fiche, que l'on pose sur le poids m. Par cette disposition, on a l'avantage d'avoir une chute aussi lente qu'on veut, ce qui est très-utile pour pouvoir en étudier commodément les lois. En effet, le poids de la fiche μ, s'il agissait sur la masse de

Fig. 58.

cette fiche seulement, la ferait tomber avec une vitesse trop rapide pour être bien étudiée ; mais comme ce petit poids a à faire mouvoir les corps m et m' en même temps que la fiche, la vitesse qu'il leur imprimera sera ralentie dans le rapport de la masse de m, m' et μ à celle de μ seulement. Enfin, à la machine est ordinairement adapté un compte-secondes, c'est-à-dire un mouvement d'horlogerie qui marque les secondes, et au moyen duquel on a la valeur du temps que dure la chute du poids m. Une pièce en cuivre, qui communique avec ce compte-secondes, soutient le poids m vis-à-vis la première division I de la règle IK ; et au moment où l'aiguille du cadran du compte-secondes marque zéro, une détente part, et laisse tomber cette pièce en cuivre ; moyennant quoi le poids m se met aussitôt à descendre jusqu'à ce qu'il vienne frapper un disque RH, que l'on fixe sur la règle IK au point de cette règle où l'on veut qu'il termine sa course. En notant la seconde marquée par l'aiguille du compte-seconde au moment précis où l'on entend le poids m frapper ainsi le disque R, on a le temps qu'a duré cette course.

Maintenant, pour vérifier notre théorème au moyen de cet appareil, il faut trouver la vitesse acquise du poids m à un point quelconque L de sa course, c'est-à-dire trouver le mouvement uniforme qui aurait lieu à partir de ce point L, si à ce même point la pesanteur cessait tout à coup d'agir sur ledit poids (V. p. 7). Pour cela, on fixe au point L, sur la règle IK, un anneau que peut traverser le poids m, mais qui est plus petit que la fiche μ ; alors, pendant le passage de m, cette fiche reste sur l'anneau L, et de L en R le poids se meut d'un mouvement uniforme. D'après cela, on placera d'abord l'anneau à un point L tel que le poids $m\mu$ y arrive en une seconde. Ensuite, quand on y sera parvenu, on remontera le poids avec sa fiche jusqu'au point I, puis on observera à quel nombre de secondes ce poids viendra frapper le disque R ; retranchant de ce nombre la seconde employée à parcourir IL, on aura le temps qu'aura duré le mouvement uniforme de L en R. Enfin, en lisant les divisions de la règle IK, on trouvera la valeur de l'espace LR, et, d'après le n° 5 de *Méc.*, en divisant celui-ci par le temps qu'il a duré, on aura la vitesse acquise (n° 8) par le poids m au moment de son passage en L, c'est-à-dire au bout d'une seconde. On trouvera de même la vitesse acquise au bout de deux secondes, au bout de trois secondes, etc., et on reconnaîtra ainsi que cette vitesse croît proportionnellement au temps.

PROPOSITION. — « La pesanteur est une force accélératrice « constante. »

En effet, une force accélératrice constante est celle qui imprime constamment, à chaque instant, la même petite impulsion au mobile, et qui par conséquent se reconnaît à ce qu'elle fait croître la vitesse de ce mobile par degrés égaux en temps égaux. Or c'est ce que fait la pesanteur; donc, etc.

Remarque. — On pourrait trouver, par le moyen de la machine d'Atwood, la mesure de la pesanteur indiquée par le n° 12 de la *Méc.* pour les forces accélératrices constantes. (V. *Méc.* de Poisson, 2e édition, n° 401.)

42. PROPOSITION. — « Pendant la chute d'un corps, les espa- « ces parcourus sont proportionnels aux carrés des temps em- « ployés à les parcourir. »

Explication. — Ainsi, si un corps parcourt un certain espace en tombant pendant une seconde, il en parcourra 4 fois davantage en tombant pendant 2 secondes, parce que 4 est le carré de 2; de même il en parcourrait 9 fois davantage pendant 3 secondes, parce que 9 est le carré de 3.... Ainsi de suite.

Il est facile d'imaginer comment on peut démontrer ceci par l'expérience au moyen de la machine d'Atwood.

Mais l'explication de cette loi ne peut se donner que par des démonstrations mathématiques. (V. les *Compléments.*)

43. *Corollaire.* — On conclut aisément des deux propositions précédentes, que *la vitesse dont un corps est animé en un point quelconque de sa chute est proportionnelle à la racine carrée de la hauteur d'où il est tombé au-dessus de ce point.* En effet, la vitesse, d'après la première proposition, est proportionnelle au temps. Or, retournant la deuxième proposition, on voit que le temps est proportionnel à la racine carrée de la hauteur parcourue. Donc, etc.

44. On peut démontrer cette proportion des espaces parcourus aux carrés des temps par l'expérience, au moyen de ce qu'on appelle le *plan de Galilée.*

Plan incliné de Galilée. — Ce qu'on appelle ainsi n'est, à vrai dire, qu'une ligne inclinée, sur laquelle on fait couler un mobile; c'est une rigole en bois, de vingt ou trente pieds de long, dont une des extrémités est plus basse que l'autre de neuf à dix pouces, et sur laquelle on fait rouler une petite boule de marbre ou de fer. En mettant un arrêt à diverses distances de l'extrémité supérieure, d'où l'on fait partir la boule, on pourra mesurer les espaces qu'elle parcourt. En même temps, avec une montre à secondes, on prendra note des temps que durent les diverses courses de cette boule, et il sera facile de constater que les carrés de ces temps sont entre eux comme les espaces parcourus pendant leurs durées.

45. *Pendule.* — On donne le nom de *pendule* à tout corps pesant suspendu par un point ou par plusieurs points rangés en ligne droite horizontale sur lesquels il a la facilité de tourner ou d'osciller.

Définition I. — On dit qu'un corps ainsi suspendu *oscille* lorsque son mouvement ne consiste qu'à s'écarter tantôt d'un côté et tantôt d'un autre de sa position d'équilibre.

46. En théorie on distingue le pendule simple du pendule composé.

Définition II. — Le *pendule simple* serait celui qui ne consisterait qu'en une seule molécule pesante suspendue par un fil sans pesanteur à un point fixe.

Définition III. — On appelle *pendule composé* toute réunion de plusieurs molécules pesantes formant un système de forme invariable, et suspendu librement à un point fixe ou à une droite horizontale fixe. Ordinairement le pendule composé (*fig.* 67) consiste en une masse de cuivre ll' en forme de lentille ou de boule fixée à une barre ou tige Fl métallique. Cette masse de cuivre s'appelle *la lentille* du pendule.

Fig. 67.

Définition IV. — Lorsqu'un pendule est suspendu à une droite horizontale fixe sur laquelle il peut osciller librement, on donne à cette droite le nom d'*axe de suspension*.

Cet axe de suspension est ordinairement le tranchant d'un couteau d'acier dont les deux moitiés posent sur deux plans horizontaux fixes, et au milieu duquel est fixé l'extrémité supérieure du pendule.

47. PROPOSITION. — « Un pendule une fois écarté de sa position

« d'équilibre devrait osciller sans cesse sans jamais se ralentir. »

Démonstration. — Pour démontrer cette proposition, il nous suffira de considérer le cas d'un pendule simple CA' (*fig.* 61) écarté plus ou moins de sa position de repos CL (*fig.* 61). Le pendule descendra le long de l'arc A'*m*' d'un mouvement accéléré, parce qu'à chaque point de cet arc tel que *m*, la pesanteur lui donnera une impulsion dans le sens de *m* vers *m*'. Cette impulsion est la composante *m*L de la pesanteur *mp* décomposée suivant le prolongement *mm*, du fil C*m* et suivant la tangente *m*L ; quant à la composante C*m*, elle est détruite par la résistance du fil C*m*. Le pendule arrivé au point *m*' dépassera ce point en vertu de sa vitesse acquise, et remontera l'arc *m*'A, mais d'un mouvement de plus en plus retardé, parce que la pesanteur, à chaque point de cet arc tel que D, exercera sur le pendule comme un petit choc propre à détruire une partie de sa vitesse ; ce petit choc est la composante DL de la pesanteur DP, décomposée comme tout à l'heure. En supposant les deux arcs *m*'*m* et *m*'D égaux, on voit par la symétrie de la figure que les composantes *m*L et DL sont égales, et qu'ainsi la pesanteur ôte au pendule, à chaque point du second arc, l'accroissement de vitesse qu'il lui avait communiqué à chaque point du premier. Le pendule aura donc perdu toute sa vitesse quand il sera au dernier point A du second arc. Mais, étant à ce dernier point dans le même état où il était au commencement en A', il recommencera le même mouvement qui le ramènera à ce point A' de départ, et il ne cessera d'aller ainsi de l'un à l'autre de ces deux points A et A'. *C. Q. F. D.*

48. *Remarque.* — Cette perpétuité de mouvement n'a jamais lieu dans la pratique, et l'on sait que le mouvement d'un pendule finit toujours par s'éteindre tout à fait après quelque temps. Cela tient à deux causes : premièrement, le frottement qui a lieu au point de suspension, et en second lieu la résistance de l'air que le pendule est obligé de déplacer pour exécuter son mouvement.

49. *Définition I.* — L'arc A'A parcouru par le pendule, en allant d'un côté à l'autre de la verticale CL, s'appelle une *oscillation*.

Définition II. — On appelle *demi-oscillation descendante* la partie A'L de l'oscillation que le pendule parcourt en descendant, et *demi-oscillation ascendante* la partie LA qu'il parcourt en montant. Ces deux parties ne sont pas égales ; la seconde est plus petite que la première, à cause du frottement et de la résistance de l'air dont nous avons parlé tout à l'heure.

50. *Lois du mouvement du pendule.* — Ces lois se réduisent à trois :

1° Les oscillations grandes ou petites d'un pendule s'exécutent toutes dans le même temps, ou, comme on dit, sont *isochrones*, pourvu qu'elles ne dépassent pas 4 ou 5 degrés.

2° La durée d'une oscillation est indépendante de la matière avec laquelle est composé le pendule.

3° Cette durée est proportionnelle à la racine carrée de la longueur du pendule.

Ces trois lois, dont on rend aisément raison par le calcul (V. *Méc.* de Poisson, 2ᵉ édit., t. I, p. 337), peuvent se constater par l'expérience de la manière suivante :

1° *Isochronisme.* — Pour constater cette première loi, il faut, après avoir mis un pendule en mouvement, compter ses oscillations, d'abord quand elles sont de 4 à 5 degrés, et noter combien il en fait en un temps déterminé, en une minute par exemple. Ensuite, comme ces oscillations diminuent sans cesse par les causes que nous avons assignées dans le numéro précédent, on attendra qu'elles ne soient plus que de 1 ou 2 degrés, et on comptera encore combien il s'en fait en une minute. On pourra de même attendre qu'elles ne soient plus que d'une fraction de degré ; on pourra même pousser l'observation jusqu'au cas où les oscillations étant devenues tout à fait insensibles à l'œil nu, on ne peut plus les observer qu'avec un microscope, et l'on trouvera que dans tous ces cas le nombre des oscillations exécutées en une minute est toujours le même.

2° *Seconde loi.* — Pour constater la seconde loi par l'expérience, on fait plusieurs boules égales avec des substances diverses, et l'on suspend ces boules à des fils de même longueur. Quand on a ainsi ces divers pendules, on compte le nombre d'oscillations que chacun d'eux fait en un temps déterminé ; et on en conclut la durée d'une de ces oscillations. Si l'on fait osciller les pendules dans l'air, comme cela se fait ordinairement, cette durée d'une oscillation n'est pas identiquement la même pour tous. On ne parvient à cette identité qu'en réduisant la durée qu'on a trouvée à ce qu'elle serait si l'oscillation avait lieu dans le vide, parce que l'air diminuant les poids des corps dans des proportions différentes, suivant leurs natures (comme nous le verrons au n° 82), diminue aussi diversement la durée de leur oscillation. On a des formules pour calculer cette diminution (V. *la Méc.* de Poisson, 2ᵉ édit., n° 191). M. Bessel (*Recherches sur la longueur du pendule à secondes*, Berlin, 1828), en appliquant ces formules à ses expériences, a constaté l'exactitude de la loi qui nous occupe ici. Newton l'avait fait avant lui. Mais en calculant l'action de l'air sur le pendule comme il le faisait, si ses expériences eussent été plus exactes, il n'aurait pas trouvé des résultats conformes à notre loi. C'est M. Bessel qui, le premier, a appris à calculer exactement cette action.

3° *Troisième loi.* — La meilleure manière de vérifier cette loi est de compter successivement, pour chacun des pendules que l'on veut comparer, le nombre d'oscillations qu'il fait en un temps déterminé, en deux minutes, par exemple, et de comparer ces nombres avec les mesures exactes des longueurs de ces pendules ; car on trouvera ainsi que ces nombres sont entre eux comme les racines carrées de ces mesures, du moins si ces pendules ont une forme approchant le plus possible d'un pendule simple, c'est-à-dire s'ils consistent en une boule attachée au bout inférieur d'un fil très-mince. Au reste, nous donnerons au n° 55 une règle pour calculer la longueur du pendule simple qui ferait ses oscillations dans le même temps qu'un pendule donné ; et ce sont les longueurs calculées par cette règle dont les racines carrées se trouvent, par l'expérience, être proportionnelles aux durées des oscillations, pourvu qu'on tienne aussi compte de l'influence de l'air signalée dans la loi précédente.

51. PROPOSITION. — « La théorie du pendule montre que la « pesanteur agit également sur tous les corps. »

Démonstration. — En effet, la deuxième des lois ci-dessus montre que les oscillations de la boule du pendule sont toujours de même durée, quelle que soit la nature de la substance de cette boule. Or, cependant, il est évident que la rapidité des oscillations d'un pendule dépend de l'action de la pesanteur sur l'unité de masse de la substance du pendule, de sorte que si cette action était plus intense sur une unité de masse de telle substance que sur une unité de masse de telle autre, le pendule oscillerait plus vite dans le premier cas que dans le deuxième ; donc, le pendule oscillant toujours avec la même vitesse, il s'ensuit que la pesanteur agit toujours avec la même intensité sur toutes les substances.

Ce raisonnement devient encore plus rigoureux avec les formules mathématiques.

52. *Remarque.* — C'est uniquement par l'observation du pendule que les savants ont constaté à diverses époques l'identité d'action de la pesanteur sur tous les corps. L'expérience du tube vide d'air, que nous avons décrite au n° 28, ne peut servir qu'à montrer que s'il existe une différence dans les actions de la pesanteur sur les corps, elle est assez petite ; mais cette expérience est trop grossière pour permettre d'en conclure que cette différence est nulle. Au lieu que, si petite que fût cette différence, l'observation du pendule finirait toujours par la manifester, parce que, si petite que fût la différence de la durée d'une oscillation d'un pendule à celle d'un autre de même longueur et de matière différente, cette différence se répétant à chaque oscillation finirait par devenir sensible au bout d'un très-grand nombre d'oscillations ; et si cette différence était autre que celle due à l'influence de l'air signalée dans la deuxième des trois lois ci-dessus, il faudrait en conclure que tous les corps ne sont pas également pesants.

53. Problème. — « Trouver l'intensité de la pesanteur en un « lieu quelconque, au moyen du pendule. »

Solution. — La solution de ce problème est fondée sur le principe qu'on ne peut établir que par le calcul, à savoir que, pour avoir l'intensité de la pesanteur, il faut prendre le carré du rapport de la circonférence de cercle à son diamètre, et multiplier ce carré par le rapport de la longueur du pendule au carré de la durée d'une oscillation. (V. Poisson, *loc. cit.*)

Ainsi, pour avoir l'intensité de la pesanteur, on mesurera exactement la longueur d'un pendule et la durée de son oscillation, puis l'on calculera le quotient de la première mesure, divisé par le carré de la seconde. Alors, pour avoir l'intensité de la pesanteur, il ne s'agira plus que de multiplier ce quotient par le carré du rapport de la circonférence de cercle à son diamètre, c'est-à-dire par le carré de 3,1415926. Le résultat de ce calcul sera le nombre de mètres exprimant la vitesse acquise en une seconde par un mobile sous l'action de la pesanteur dans le lieu où l'on se trouve. Ce sera donc, d'après le n° 12 de la *Méc.*, la mesure de la pesanteur. Borda, membre de l'Académie des sciences, trouva, en 1790, qu'à Paris cette mesure était $9^m,8088$.

Remarque. — Ce calcul suppose que le pendule dont il s'agit est un pendule simple : car dans un pendule composé ce n'est pas sa longueur même qu'il faut faire entrer dans la troisième loi du n° 50 ; c'est ce que l'on comprendra aisément d'après la proposition suivante.

54. Proposition. — « Chaque molécule d'un pendule composé,
« excepté certaines molécules particulières, oscille autrement
« que si elle était isolée. Il n'y a d'exception que pour certaines
« molécules. »

Démonstration. — En effet, supposons d'abord que nous n'ayons qu'un pendule composé de deux molécules l et L (*fig.* 66) réunies par un fil sans pesanteur FL. Il est clair, d'après la troisième loi du n° 50, que si ces molécules étaient suspendues au point F chacune par un fil particulier, la molécule l oscillerait plus vite que la molécule L. Par conséquent, lorsque ces molécules sont attachées au même fil, comme nous le supposons, L tendra à retarder l, et l tendra à accélérer L ; d'où il résultera évidemment une vitesse intermédiaire que prendra le pendule FlL. Or un pendule d'une longueur intermédiaire à Fl et FL prendrait aussi une vitesse intermédiaire à celles des pendules Fl et FL. Donc on peut concevoir un point entre l et L qui oscillerait par sa liaison, avec les molécules l et L, de la même manière que si, sollicité par la pesanteur, il était suspendu seul au point F.

Fig. 66.

Le raisonnement précédent ne s'appliquerait plus avec la même clarté au cas d'un système quelconque de molécules Flp (*fig.* 67). Cependant, même dans ce cas, on conçoit au moins que les molécules telles que m, situées très-près du point de suspension F, oscilleraient, si elles étaient seules, plus vite que les molécules très-éloignées telles que p ; qu'ainsi ces deux sortes de molécules étant réunies, les premières tendront à accélérer les

Fig. 67.

secondes, et les secondes à retarder les premières, de sorte qu'aucune ne conservera sa vitesse propre. On conçoit aussi que cette conservation de la vitesse propre n'aura lieu que pour certaines molécules telles que C, situées dans une position intermédiaire. Au reste, cette question ne peut être traitée à fond que par le calcul. On peut le voir dans la *Méc.* de Poisson, 2ᵉ éd., n° 395 et suivants.

Il montre que, dans un pendule composé, il y a toujours une suite de molécules rangées en ligne droite, qui oscillent de la même manière que si elles étaient isolées. Cette rangée de molécules forme une ligne droite horizontale et perpendiculaire au plan dans lequel oscille le pendule.

Remarque. — Celle de ces dernières molécules qui est sur la même verticale que le centre de gravité du pendule, est ce qu'on appelle son *centre d'oscillation*. La position de ce centre varie avec la forme du pendule; ainsi, pour un pendule tel que celui représenté fig. 67, consistant en une tige F*t* terminée par une lentille dont le centre est C', le centre d'oscillation serait à peu près en C.

Fig. 67.

55. Problème.— « Trouver la longueur du pendule simple qui « ferait ses oscillations dans le même temps qu'un pendule com- « posé donné. »

Le calcul fait connaître la longueur du pendule simple qui ferait des oscillations de même durée que tel pendule composé que ce soit. Mais on l'obtient aussi sans calcul, en cherchant par l'expérience quels sont les deux points du pendule composé qui, étant pris chacun à son tour pour point de suspension, donnent la même durée d'oscillation; car la distance de ces deux points est la longueur du pendule simple demandé. C'est une propriété qu'on ne peut démontrer que par le calcul. (V. Poisson, *loc. cit.*).

Remarque. — Ce serait ici le lieu de s'occuper de la résistance que l'air exerce sur le pendule en mouvement, et dont nous avons parlé dans la deuxième loi du n° 50. Mais, 1° on conçoit *à priori* qu'elle ne peut être que bien peu de chose; 2° on établit, par des calculs que nous ne pouvons donner ici, que cette résistance n'influe pas sur la durée de l'oscillation, et ce calcul montre que, si d'un côté la demi-oscillation descendante dure plus dans l'air que dans le vide, la demi-oscillation ascendante dure moins, vu que la longueur de cette demi-oscillation est encore plus diminuée que sa vitesse par la résistance de l'air; par conséquent ces deux demi-durées dans l'air font la même durée totale que dans le vide. (V. *Méc.* de Poisson, 2ᵉ éd., nᵒˢ 190 et 399, ainsi que *Ann. de phys. et de ch.*, 2ᵉ série, t. IV, p. 249.)

56. Proposition. — « La pesanteur est moindre à l'équateur « qu'au pôle, et a, dans les lieux intermédiaires, une valeur « moyenne qui augmente sans cesse à mesure que l'on s'appro- « che du pôle, et diminue à mesure qu'on se rapproche de « l'équateur. »

C'est ce que l'on a trouvé en déterminant l'intensité de la pesanteur par le moyen précédent (*pag.* 48) en différents pays.

Cette variation s'explique par la forme de la terre; car on établit en astronomie, 1° que la terre est un sphéroïde aplati vers les pôles; 2° que l'action de la pesanteur sur un corps diminue à mesure qu'il s'éloigne du centre de la terre. Or, sur un sphéroïde aplati aux pôles, plus tel ou tel objet placé à sa surface est loin des pôles, plus cet objet est éloigné du centre de ce sphéroïde : donc plus aussi l'objet ainsi placé sera faiblement attiré par le centre de ce même sphéroïde.

De plus, la rotation de la terre sur son axe produit une force centrifuge, dont la composante parallèle à la pesanteur étant, comme on va le voir par une expérience bien simple, plus grande près de l'équateur que près du pôle, diminue plus la pesanteur à la première de ces deux régions qu'à la deuxième.

L'expérience dont nous voulons parler est celle de la rotation autour d'un axe fixe CD (*fig.* 75) d'un cercle AB en ressort d'acier très-flexible : ses points latéraux A et B prennent des positions A' et B' de plus en plus éloignées de l'axe. Cette expérience montre que la force centrifuge donne une composante perpendiculaire à la courbe d'acier ACB, d'autant moindre que le point que l'on considère sur cette courbe est plus près du pôle C; car il est clair que ce n'est que parce que cette composante est plus grande en B qu'en C, que le point B' s'éloigne plus du centre que les points voisins de C'. (V. *Méc.* de Poisson, 2ᵉ édition.)

Fig. 75.

57. *Rotation de la terre manifestée par le pendule.* On sait que pendant qu'on fait tourner une tige horizontale au moyen d'un tour en l'air sur lequel elle est fixée par une de ses extrémités seulement, si on vient à imprimer à l'extrémité libre de cette tige un mouvement d'oscillation dans un plan déterminé, le plan de ces oscillations reste fixe, et ne participe aucunement à la rotation du tour en l'air. M. Foucault, comparant le fil d'un pendule à la tige que nous venons de dire, et la terre au tour en l'air, conçut l'idée de manifester ainsi la rotation de la terre par la déviation du plan d'oscillation d'un pendule. L'expérience réalisa parfaitement cette idée ingénieuse. Ainsi, 1° on suspend une grosse boule de plomb à un fil de fer de 50 à 60 mètres. 2° On dispose par terre une couronne de sable en forme de circonférence de cercle dont le centre répond à la position de repos de cette boule. 3° On écarte celle-ci de cette position de toute l'étendue du rayon de cette couronne, et on l'arrête en cet écart par un fil de lin attaché à un point fixe. 4° Enfin, au moyen de la flamme d'une bougie, on brûle ce fil; alors la boule de plomb se met à osciller, en laissant à chaque oscillation une trace de son passage sur la couronne de sable, au moyen d'un stylet dont cette boule est armée à sa partie inférieure. Or, au bout d'un certain temps, on voit la boule tracer sur le sable des sillons fort éloignés de celui de la première oscillation; ce qui prouve que, pendant ce temps, la terre a tourné sous le pendule d'une certaine quantité.

CHAPITRE II.

ÉTATS D'ÉQUILIBRE ET DE MOUVEMENT DES MOLÉCULES PONDÉ-
RABLES, DUS PRINCIPALEMENT AUX FORCES MOLÉCULAIRES IN-
SENSIBLES A DISTANCE.

SECTION PREMIÈRE.

MESURES DES FORCES QUI PRODUISENT CES ÉTATS.

58. La présente section sert comme de préliminaire aux deux autres, qui seront, la première sur l'équilibre, et la deuxième sur le mouvement. Il y a deux espèces de forces autres que les forces moléculaires insensibles à distance, qui concourent toujours plus ou moins avec celles-ci à la production des phénomènes. Ces deux espèces de forces sont, comme nous avons dit, 1° les *forces purement extérieures*, telles que les chocs et les *pressions;* 2° la *pesanteur*. En effet, on sait déjà que cette dernière est présente à tous les phénomènes de l'équilibre et du mouvement des molécules pondérables; et je vais prouver, dans la proposition suivante, qu'il en est de même des forces extérieures appelées *pressions*.

Pression atmosphérique. — Tout corps éprouve sur chaque point de sa surface une pression normale due au poids de l'atmosphère.

Démonstration. — En effet, d'abord, pour ce qui est de la surface supérieure du corps, la proposition est évidente; mais, pour une face latérale, la pression qu'elle éprouve vient du principe de l'égalité de pression en tous sens dans les fluides, que nous démontrerons plus bas, n° 75. Car, d'après ce principe, dès qu'un point d'un fluide éprouve une pression, alors chaque point de ce fluide fait contre tous les points qui l'entourent un effort égal à cette pression. Or les points de l'atmosphère placés à la surface supérieure du corps que l'on considère éprouvent une pression égale au poids de l'atmosphère; donc les autres points placés contre chaque face latérale de ce corps font contre elle un effort égal à cette pression. Le même raisonnement prouverait que la face inférieure ou la base du corps éprouve aussi une pression pareille.

Cette pression se prouve, au reste, très-bien par l'expérience des *hémisphères de Magdebourg*. On appelle ainsi deux hémisphères en cuivre A et B (*fig.* 79) de 5 ou 6 pouces de diamètre, qui peuvent s'appliquer l'un sur l'autre, de manière à faire une boîte sphérique hermétiquement fermée. Une bande annulaire en cuir, pressée entre les bords des deux hémisphères, achève de rendre cette fermeture parfaite. L'hémisphère inférieur est soudé sur un pied en cuivre percé d'un canal, au moyen duquel l'intérieur de la sphère peut communiquer avec le dehors; cette communication peut être interrompue, quand on le veut, au moyen d'un robinet. On fait le vide dans la sphère par ce canal. Si ensuite, après avoir fermé le robinet, deux hommes vigoureux saisissent l'appareil, l'un par le pied de l'un des hémisphères et l'autre par l'anneau A, ils ne pourront jamais séparer ces hémisphères, tant est forte la pression de l'atmosphère qui les réunit. De plus, cette impossibilité de séparer les hémisphères ayant lieu dans quelque direction qu'on les tire, il s'ensuit que l'atmosphère exerce sa pression en tous sens. Enfin, ces hémisphères cessent d'adhérer ensemble dès que l'on ouvre le robinet pour laisser rentrer l'air entre elles.

Corollaire. — Puisque chaque point de l'atmosphère est pressé également en tous sens, il suffit de connaître la valeur de cette pression dans un sens, par exemple de haut en bas, pour la connaître dans tous les sens. Or le baromètre fait connaître la valeur de la pression qui s'exerce de haut en bas, puisqu'il fait connaître le poids de l'atmosphère qui produit cette sorte de pression. Donc cet instrument fait connaître en même temps la pression exercée par l'atmosphère dans tous les sens. On voit aussi par là qu'un baromètre renfermé dans une chambre monte à la même hauteur que s'il était à l'air extérieur, à cause que les fermetures d'une chambre ne sont jamais hermétiques; c'est ce que nous avons dit n° 33.

Remarque. — Cela semble infirmer la preuve de l'attraction tirée de l'adhérence des deux plans de glace donnée au n° 9;

mais, pour conserver à cette preuve toute sa force, il suffit de faire l'expérience dans le vide en suspendant les deux plans de glace A et B (*fig.* 68) sous la cloche de la machine pneumatique, et faisant ensuite le vide; car quand le vide est fait, la pression atmosphérique est supprimée, et les deux glaces n'en restent pas moins adhérentes ; tandis qu'en mettant les hémisphères dans le vide, leur adhérence cesse.

Fig. 68.

Avant que de parler des phénomènes d'équilibre et de mouvement qui font l'objet du présent chapitre, donnons des notions préliminaires sur la mesure des forces qui produiront ces phénomènes.

59. *Forces moléculaires*. — Je n'entends pas par là plutôt une attraction qu'une répulsion existante entre deux molécules, ni plutôt des forces insensibles que des forces sensibles à distance ; de sorte que dans chacun de ces deux genres de forces moléculaires, les unes sensibles à distance et les autres insensibles à distance, il faut distinguer deux espèces, l'une attractive et l'autre répulsive. En étudiant la gravitation universelle, nous n'avons vu qu'un exemple d'attraction moléculaire sensible à distance; mais, en traitant de l'électricité, nous verrons des exemples de deux espèces de forces moléculaires sensibles à distance, l'une attractive et l'autre répulsive.

Quant aux forces moléculaires insensibles à distance, nous en avons déjà parlé dans la constitution intime des corps (n° 9); mais il faut ajouter ici quelque chose sur leur mesure, afin d'en donner l'idée aussi complète qu'il convient pour l'intelligence de ce chapitre. Nous commencerons par les attractions.

60. 1° *Mesure de l'attraction moléculaire*. — En physique, nous n'avons guère d'autre manière de mesurer l'attraction que d'apprécier la résistance qu'elle oppose à la rupture des corps solides.

Le procédé qu'on emploie pour mesurer la ténacité d'une substance consiste à la tirer en fils plus ou moins gros, ou à la travailler, soit en cylindre, soit en prisme. On attache solidement ce fil, ce cylindre, ou ce prisme, par son extrémité supérieure, tandis qu'on suspend à son extrémité inférieure un plateau horizontal destiné à recevoir des poids. Ensuite on met peu à peu, et avec précaution, des poids sur ce plateau, jusqu'à ce que le corps se rompe. Pour lors, en divisant le nombre des grammes qui ont produit cette rupture par le nombre de millimètres carrés de la section ou de la base du corps mis en expérience, on a une valeur numérique de la *ténacité* de ce corps.

Mais il est difficile que les valeurs numériques ainsi obtenues donnent une idée comparative de l'attraction moléculaire des corps sur lesquels on a opéré. En effet, la ténacité d'une substance dépend de deux choses : 1° de son attraction moléculaire ; 2° de la manière dont les molécules sont disposées les unes par rapport aux autres. Il faudrait donc, pour se procurer des valeurs comparatives de l'attraction moléculaire de plusieurs substances, ne soumettre au procédé précédent que des fils ou cylindres de ces substances, où la disposition des molécules serait la même. Or il est très-difficile de s'assurer de cette identité de disposition. Aussi, les tableaux que l'on a formés des valeurs numériques de la ténacité de diverses substances par le procédé que nous venons de dire, sont loin de représenter leurs attractions moléculaires.

On trouve même, en parcourant ces tableaux, que la ténacité d'une même substance varie avec les différents états de cette substance ; par exemple, on trouve que le fer tiré à la filière a plus de ténacité que le fer fondu ; que le fer en fil non recuit en a plus que le fer en fil recuit ; que la tôle a plus de ténacité dans le sens du laminage que perpendiculairement au laminage, etc.

Remarque. — Cependant, au moyen des expériences précédentes, on constate au moins que l'attraction varie avec la nature des molécules : cela montre une différence essentielle entre l'attraction et la gravitation universelle ; car nous avons vu que celle-ci est indépendante de la nature des corps mis en présence les uns des autres.

61. 2° *Mesure de la répulsion moléculaire*. — Nous avons déjà dit, n° 17, que cette répulsion est due, au moins en partie, à la chaleur, en montrant que la propriété la plus générale de celle-ci est d'augmenter le volume des corps.

On a profité de cette propriété pour mesurer la température.

Définition I. — On appelle *température* l'intensité de la chaleur. Ainsi on dit qu'un corps est à une très-haute température

FORCES MOLÉCULAIRES. 57

lorsqu'il est extrêmement chaud, et qu'il est à une température très-basse lorsqu'il est très-froid.

Définition II. — Les *thermomètres* sont des instruments destinés à mesurer la température. Nous allons faire connaître celui qui est le plus en usage : c'est le thermomètre à mercure.

Thermomètre à mercure. — La figure 45 représente le thermomètre à mercure. On l'appelle ainsi, parce que le mercure AC qui remplit en partie l'appareil est le corps dont les dilatations mesurent la température ; seulement, la figure ne représente pas les degrés que tout thermomètre doit avoir le long de sa tige.

Fig. 45.

Pour former ces degrés, on se procure deux points fixes, dont on divise ensuite la distance en plusieurs petites parties égales, qui sont les degrés. Ces deux points fixes sont, l'un celui de la glace fondante, et l'autre celui de l'eau bouillante sous la pression de 76 centimètres du baromètre. Ainsi, on place le thermomètre que l'on veut graduer dans de la glace pilée, ou de la neige que l'on a amenée à se fondre peu à peu. Quand ce thermomètre aura bien pris la température de cette glace ou neige fondante, on verra le sommet de sa colonne de mercure s'arrêter au même point du tube tant que toute la neige ne sera pas fondue ; et de plus, quelque nombre de fois et dans quelque circonstance que ce soit que l'on recommence l'opération, ce sera toujours le même point du tube auquel s'arrêtera le mercure. Dans l'espèce de thermomètre que nous décrivons, on marque 0 à ce point. Ensuite on obtient un autre point fixe sur le tube par le moyen de l'ébullition de l'eau, parce que ce changement d'état de liquide à l'état de vapeur se fait encore à une température qui est toujours la même, du moins toutes les fois qu'on fait bouillir l'eau sous la même pression atmosphérique. Ainsi, que l'on mette sur le feu un vase plein d'eau dans lequel il y ait un thermomètre, l'on verra celui-ci monter jusqu'au moment où l'eau commence à bouillir ; mais, à partir de ce moment, le thermomètre s'arrêtera à un point fixe, tant qu'il restera de l'eau bouillante dans le vase. Dans l'espèce de thermomètre que nous décrivons, on marque 100 à ce point fixe, quand la pression atmosphérique accusée par le baromètre est de 28 pouces ou $0^m 76$. Ensuite on divise l'intervalle compris entre 0 et 100 en cent degrés égaux, que l'on prolonge même au-dessous de 0 et au-dessus du point fixe 100; et, en numérotant tous ces degrés, on a ce qu'on appelle un *thermomètre centigrade*. Nous verrons au n° 167 comment on ferait si le baromètre ne marquait pas 28 pouces au moment de la construction d'un thermomètre.

Souvent, au lieu de marquer 100 au point de l'ébullition, on marque 80, et l'on divise en 80 degrés l'intervalle compris entre ce point et celui de la glace fondante, auquel on met toujours 0. On a pour lors ce qu'on appelle un *thermomètre de Réaumur*.

Dans l'une et l'autre manière, on fait précéder du signe moins — les nombres de degrés des températures inférieures à zéro; par exemple, une température de 15 degrés centigrades ou Réaumur au-dessous de zéro s'indiquerait ainsi, — 15°.

Les physiciens étrangers se servent souvent d'un thermomètre à mercure connu sous le nom de *thermomètre de Fahrenheit*, et dont la tige est autrement graduée que celle des précédents. Dans le thermomètre de Fahrenheit, il est marqué 32 au degré de la glace fondante, et 212 à celui de l'eau bouillante sous la pression barométrique d'environ 764 millimètres. (V. le journal *l'Institut*, n° 854.) Par conséquent l'intervalle de ces deux points est divisé en 180 parties.

Remarques I. — Quelques mois après la graduation d'un thermomètre, si on le replonge dans la glace fondante, on retrouve ordinairement que l'extrémité de la colonne de mercure, au lieu de revenir à 0, s'arrête un peu au-dessus. Il est facile de voir que ceci tient à l'instrument qui a reçu quelque altération, et non à ce que la glace ne se fondrait pas toujours à la même température; parce que si l'on fait subir ainsi une nouvelle immersion au même instant dans un même vase plein de glace fondante à divers thermomètres construits à différentes époques, l'élévation de la colonne de mercure au-dessus de zéro ne sera pas la même dans tous ces thermomètres; elle sera ordinairement d'autant plus grande que la construction de ces thermomètres datera depuis plus longtemps, et dans les thermomètres de même âge elle sera diverse quand ils seront faits avec différentes espèces de verre. Ce phénomène a lieu soit que l'on chasse l'air de l'extrémité du tube thermométrique, soit qu'on l'y laisse. Il paraît

FORCES MOLÉCULAIRES. 59

qu'avec le temps la boule, ou, autrement dit, le réservoir du thermomètre, se contracte et diminue de volume ; mais on ne connaît pas trop la cause de cette contraction. M. Despretz est un des physiciens qui se soit le plus occupé de ce phénomène. (Voyez le journal *l'Institut*, t. V, p. 251.)

Remarque II. — Quelquefois, dans la construction des thermomètres, on emploie l'esprit-de-vin coloré par un peu de carmin, à la place du mercure. Ce qui précède s'applique aussi bien à la construction des thermomètres à esprit-de-vin qu'à celle des thermomètres à mercure.

62. *Définition I*. — On appelle *comparables* des thermomètres qui, placés simultanément dans le même lieu ou dans des lieux de même température, marquent le même nombre de degrés.

Définition II. — On dit que deux substances suivent la même *loi de dilatation* lorsque les accroissements que prend l'une en passant à des températures de plus en plus élevées sont entre-eux dans les mêmes rapports que les accroissements que prend l'autre aux mêmes températures.

PROPOSITION. — « Deux thermomètres construits d'après les « principes précédents sont comparables quand ils sont faits « avec des matières qui suivent les mêmes lois de dilatation, « quand bien même ils seraient de dimensions et de formes diffé- « rentes. »

Démonstration. — Soient donc deux thermomètres (*fig.* 152 et *fig.* 151 *bis*), tous deux en verre et faits avec des liquides de la même loi de dilatation. Supposons que A et B soient les points de la glace fondante, que A' et B' soient ceux de l'eau bouillante, et enfin que A" et B" soient les deux points où se tiennent les colonnes liquides dans ces deux thermomètres pour la température commune à laquelle on les suppose actuellement soumis. Je dis que si on a divisé BB' et AA' en 100 degrés numérotés, les sommets A" et B" du liquide répondront au même numéro.

Fig. 152 et fig. 151 *bis*.

En effet, divisons par la pensée la totalité du verre et du liquide qui composent les deux thermomètres en une infinité de petites parties égales entre elles : quelle que soit la quantité de chaleur qui a porté les extrémités des colonnes de liquide de nos deux thermomètres de A et B en A" et B", une dilatation un certain nombre de fois plus petite que la dilatation qu'elle aurait prise dans l'eau bouillante, il en sera évidemment de même pour chacune des autres parties infiniment petites. de liquide, puisque toutes ces parties sont identiques pour la dimension et la forme, et que par hypothèse elles suivent toutes la même loi de ~~dilatation. Ainsi~~ les deux dilatations du liquide de notre premier thermomètre, qui ont amené sa colonne l'une en A″ et l'autre au point de l'eau bouillante A′ sont entre elles comme les deux dilatations qui ont amené le liquide du second thermomètre l'une en B″ et l'autre au point de l'eau bouillante B′. Il en est de même des deux enveloppes en verre de ces thermomètres, c'est-à-dire que les dilatations produites dans la première enveloppe par les deux températures de l'eau bouillante et des points A″ B″ sont entre elles comme celles de la seconde enveloppe. [*et des deux masses de liquides*] Or la dilatation apparente du liquide dans chaque thermomètre n'est que la différence de la dilatation réelle de ce liquide à celle de l'enveloppe de verre. Donc on peut dire que les deux dilatations AA′ et AA″ du premier thermomètre sont entre elles comme les deux dilatations apparentes BB′ et BB″ du second. Donc si AA″ est le cinquième, par exemple, des 100 degrés renfermés dans AA′, auquel cas A″ marquerait 20 degrés, pareillement BB″ sera le cinquième des 100 degrés renfermés en BB′, et B″ marquera aussi 20 degrés.

Remarque I. — On voit que si nos deux thermomètres étaient faits de matières qui ne se dilatassent pas de la même manière, le raisonnement précédent ne serait plus applicable. Dans ce cas, les thermomètres ne seraient plus comparables ; à moins que la différence des lois de dilatation des liquides ne compensât celles de leurs enveloppes.

Remarque II. — M. Regnault a fait voir que divers thermomètres à mercure faits avec différentes espèces de verres, et réglés sur la glace fondante et l'eau bouillante, s'accordent depuis 0 jusqu'à 100 degrés, mais qu'ils divergent notablement quand on les compare dans des températures de plus en plus élevées au-dessus de 100 degrés. Ainsi ces verres ne suivent pas la même loi de dilatation. Ce savant a de plus trouvé que, bien que les thermomètres à mercure faits avec des verres identiques divergent aussi un peu lorsqu'ils ont été travaillés différemment par le souffleur de verre, cependant ces divergences, même au-dessus de 100 degrés, sont assez petites pour être négligées.

Remarque III. — Les thermomètres à alcool s'accordant assez bien, comme on sait, dans les températures atmosphériques avec les thermomètres à mercure, il paraît que l'alcool et le mercure suivent à peu près la même loi de dilatation dans les limites des températures de l'atmosphère.

Différence de l'origine de l'attraction et de celle de la répulsion.

63. Ce qui précède porte à regarder la répulsion des molécules, non pas comme une vertu qui leur soit inhérente, comme une force ayant son siége et son origine dans ces molécules mêmes, mais bien comme l'effet d'une cause extérieure à ces mêmes molécules, et qui est la chaleur; tandis que l'attraction dont on a traité plus haut sera pour nous une véritable vertu inhérente aux molécules, et qui émane de leur substance même. Cependant nous verrons par la suite, liv. II, n° 126, d'autres considérations qui prouvent que les corps jouissent de répulsions qui leur sont propres.

Remarque. — Il est évident, du reste, que la répulsion due à la chaleur peut être appelée comme l'attraction *force moléculaire*, puisqu'elle agit de molécule à molécule dans toute l'étendue du corps. Pour plus de développements, voyez les *Compl.*

64. *Observation.* — Nous verrons dans le deuxième livre comment on peut expliquer cette répulsion des molécules pondérables causée par la chaleur. Quant à l'attraction aussi bien qu'à la gravitation, on ne peut y assigner jusqu'à présent d'autre cause immédiate que la volonté et la toute-puissance de Dieu, qui, en créant la matière, a doué ses diverses parties de cette si surprenante et inexplicable propriété de s'attirer, de se rechercher mutuellement, de se porter les unes vers les autres.

Nous connaissons complétement les lois de la gravitation et des répulsions électriques sensibles à distance; mais il s'en faut que nous connaissions aussi parfaitement celles de l'attraction et de la répulsion, dont on s'occupe dans le présent chapitre. Tout ce que nous en savons, c'est qu'elles diminuent si rapidement, qu'elles cessent d'être sensibles dès que la distance des molécules entre lesquelles elles s'exercent devient appréciable. Cependant, avec ce peu de données, en soumettant ces forces au calcul pour voir les diverses conséquences d'équilibre et de mouvement qui résultent de leur action sur un système de molécules pondérables, on a retrouvé la plupart des phénomènes que l'expérience avait fait connaître, et on en a prédit beaucoup d'autres qui étaient inconnus, et que l'expérience a vérifiés toutes les fois qu'on a réussi à la faire ; mais il est bien certain que l'on ira bien plus loin encore, si l'on parvient à découvrir complétement la loi que suivent les attractions et répulsions dont il s'agit ici. Cependant tous ceux qui ont approfondi ces calculs et la multiplicité des phénomènes dont ils sont l'objet, avoueront sans peine que toujours il restera un fonds inépuisable de découvertes à faire ; car il peut arriver, comme il n'est arrivé que trop souvent, que les ressources de l'analyse mathématique n'allant pas assez loin, on soit obligé de s'arrêter devant une explication de phénomènes que l'on voit près de sortir des calculs, et d'attendre que les efforts prolongés des générations suivantes apportent enfin à cette science le perfectionnement qui lui manque ; mais, outre cela, que de découvertes et d'explications resteront à chercher, parce que les phénomènes qui devraient en faire l'objet n'auront encore fixé l'attention de personne, tant est au-dessus de tout calcul le nombre des combinaisons des causes des phénomènes dans le monde physique !

Tout est donc calculable s'il n'est pas déjà calculé, me dira-t-on ; ainsi chaque phénomène est une suite inévitable des propriétés de la matière. Ainsi, si la science des calculs était assez puissante, si l'esprit de l'homme pouvait suffire à suivre toutes les conséquences de ces propriétés et savoir l'état de l'univers dans tous ses détails à une époque donnée, nous verrions que le grain de poussière que le vent emporte suit dans son vol une route déterminée ou rigoureusement définissable, que le point et l'époque de sa chute ou de sa pose n'ont également rien d'indéterminé. Nous verrions qu'il en est de même de l'orage qui vient éclater sur une province et la ravager, et de tout ce que les hommes appellent des fléaux et des effets de la juste colère de Dieu.

Il faut avouer que celui qui croirait pouvoir tirer des sciences un pareil argument contre le dogme de la providence de Dieu ferait preuve d'un aveuglement sans exemple.

Car enfin, quelque rigoureux que soient les calculs qui déduisent tous les effets dont sont capables les forces moléculaires et les molécules sur lesquelles elles agissent, rien dans ces calculs ne montre qu'un être intelligent et libre ne puisse intervenir, et, par son action sur la matière, donner occasion aux forces moléculaires de produire des phénomènes qui n'auraient pas eu lieu sans cet être intelligent et libre. C'est ce que l'homme fait chaque jour dans les ateliers des artistes et les laboratoires des chimistes et des physiciens. Or l'univers est le laboratoire de Dieu; et si l'on admet que la main du chimiste, guidée par son intelligence, puisse, en transportant à son gré les substances de son laboratoire, produire pour ainsi dire tout ce qu'il veut, combien plus ne doit-on pas admettre que la main toute-puissante de Dieu, en dirigeant à son gré la course des éléments, puisse les mettre en position de produire d'eux-mêmes, c'est-à-dire uniquement par leurs propriétés naturelles, tout ce que son adorable providence juge convenable pour sa gloire, pour la conservation de ceux qu'il veut protéger et le châtiment de ceux qu'il veut punir. Ainsi un orage dévastateur, une épidémie ou quelque autre fléau vient à éclater sur une province; il se peut que ce ne soit tout simplement que le résultat naturel de l'action mutuelle des substances qui entrent dans la composition de ce monde, et qu'ainsi son événement ne dépende pas plus des crimes que des vertus des hommes; mais il se peut que Dieu ait rassemblé des diverses parties de l'univers les éléments de ce fléau sur une province coupable, et que ces éléments produisent ensuite d'eux-mêmes les maux qui l'accablent; et même, dans le cas où ce fléau serait purement un effet naturel, on ne peut nier que Dieu puisse, s'il le veut, en dissiper les éléments ou les neutraliser par des éléments contraires, puisque l'homme y réussit quelquefois, quoique sa puissance ne soit absolument rien auprès de celle de Dieu.

Je sais bien que les anciens, dans leur pieuse et vénérable simplicité, ont regardé souvent comme des effets dus à l'action immédiate de la providence de Dieu, des phénomènes que les calculs des modernes ont montré n'être simplement que des résultats réguliers des lois ordinaires de la nature inerte. Mais parce que ces phénomènes n'étaient pas des effets momentanés d'un dessein particulier de la Providence, s'ensuit-il qu'en général aucun événement physique ne puisse être un pareil effet? Non-seulement les théories modernes ne peuvent rien contre la doctrine qui enseigne que Dieu fait souvent agir sa puissance d'une manière actuelle et particulière dans les vues de sa providence; je dis, de plus, qu'elles sont au moins aussi propres que quoi que ce soit pour nous donner une idée sublime de cette providence dans le grand œuvre de la création, en nous montrant le Créateur pourvoyant dès l'origine des choses à une infinité d'effets divers par un ou deux principes d'une admirable simplicité. En effet, que les calculs et les théories se perfectionnent tant qu'on voudra, pour déduire les vérités physiques les unes des autres et en faire une chaîne parfaite, il faudra bien pourtant que cette chaîne ait un premier anneau d'où tous les autres dépendent. Ainsi, dans l'état actuel des sciences, ce premier anneau se compose de la gravitation et de l'attraction dont sont douées les molécules pondérables, ainsi que des forces électriques et de la répulsion dont sont douées les molécules impondérables. Or, ce premier anneau, qui en est l'auteur? Son existence n'est-elle pas contingente? Ne conçoit-on pas que ces attractions ou répulsions auraient bien pu ne pas exister telles qu'elles sont? Dieu seul en est donc l'auteur, elles sont donc de son choix; mais s'il les a choisies, c'est qu'il en a vu toutes les conséquences, c'est qu'il a vu que c'étaient elles qu'il fallait prendre pour produire tout ce qu'il se proposait de produire. Et l'on s'enthousiasmera pour un homme à qui un trait soudain de génie aura fait trouver par un seul principe bien simple la solution de mille difficultés qui avaient arrêté jusque-là ses devanciers, ainsi que le moyen d'arriver à une foule prodigieuse de résultats heureux! et l'on n'adorera pas la sagesse, bien autrement profonde, de Dieu, lorsqu'on nous le présentera n'ayant besoin que d'une loi ou deux, qui ne semblent d'abord rien, pour remplir l'univers d'un nombre infini de phénomènes aussi surprenants par leur diversité que par leur belle harmonie!

Je ne veux pas dire pourtant que ce petit nombre de lois ou principes d'où les géomètres déduisent par leurs savants calculs tous les phénomènes connus, soient vraiment les lois et les principes posés par le Créateur ; mais au moins ces principes, tout hypothétiques qu'ils sont, montrent un enchaînement qu'on n'aurait jamais soupçonné entre les phénomènes de la nature, et s'ils ne sont pas les véritables principes, ils en donnent toujours une idée sublime, puisque ceux-ci ne peuvent que réunir à un bien plus haut degré la simplicité et la fécondité.

Entrons maintenant dans l'étude des phénomènes d'équilibre et de mouvement d'un système de molécules pondérables, dus principalement aux forces moléculaires insensibles à distance. Je dis principalement dus à cette espèce de force, parce que, comme nous le verrons, les forces moléculaires sensibles à distance et les forces extérieures y ont souvent une certaine part. Nous allons d'abord commencer par l'équilibre.

SECTION DEUXIÈME.

DE L'ÉQUILIBRE D'UN SYSTÈME DE MOLÉCULES PRINCIPALEMENT DÛ AUX FORCES MOLÉCULAIRES INSENSIBLES A DISTANCE.

Nous partagerons ce paragraphe en deux articles : dans le premier on s'occupera des distances et actions mutuelles des molécules de l'intérieur d'un corps dans l'état d'équilibre, ou du moins de l'effet définitif de la valeur de ces distances et de ces actions sur le volume, les dimensions et la force de ressort de ce corps ; le deuxième article sera consacré à l'étude de la forme et de l'action de la surface de ce corps dans cet équilibre de toutes ses molécules. Le premier article se subdivisera lui-même en deux parties, parce qu'il y a deux causes étrangères bien distinctes, capables d'influer sur la distance et l'action mutuelle des molécules de l'intérieur d'un corps, à savoir : 1° les forces extérieures tendant, soit à comprimer, soit à étendre, soit enfin à tordre le corps, et 2° la température dont l'élévation ou l'abaissement augmente ou diminue, comme nous l'avons vu, cette distance et cette action. La première partie contiendra tout ce qui est relatif à la compressibilité, l'extensibilité ou l'élasticité des corps ; la deuxième renfermera tout ce qui est relatif à la dilatation et con-

66 ÉLÉMENTS DE PHYSIQUE, LIV. I.

densation des corps. Enfin, le deuxième article de la présente section comprendra tout ce qui se rapporte à la *capillarité*.

ARTICLE Ier. — DES DISTANCES ET RÉACTIONS MUTUELLES DES MOLÉCULES DE L'INTÉRIEUR D'UN CORPS DANS L'ÉTAT D'ÉQUILIBRE.

Ire PARTIE. — *Influence des forces extérieures sur ces distances et ces réactions.*

65. Non-seulement les distances et les réactions des molécules entre elles varient avec la grandeur des pressions extérieures, mais souvent même ces distances et ces réactions changent au point que le corps passe de l'un des trois états gazeux, liquide et solide, à l'autre. Ainsi nous avons dans cette partie à traiter deux questions : premièrement, quel état d'un corps répond à telle ou telle pression; et secondement, déterminer le volume et les pressions ou réactions intérieures d'un corps répondant à telle pression extérieure.

§ Ier. — DE L'INFLUENCE DES PRESSIONS EXTÉRIEURES SUR L'ÉTAT GAZEUX, LIQUIDE OU SOLIDE.

QUESTION I. — *Diminution de pression.*

66. PROPOSITION. — « Lorsqu'on supprime toute pression sur « un liquide en le transportant dans un espace vide, 1° il se « forme tout à coup de la vapeur; 2° cette vapeur jouit d'une « certaine force élastique. »

Fig. 123.
Pour démontrer ceci, la manière la plus simple de s'y prendre est de faire le vide dans un ballon de cristal A (*fig.* 123) garni d'un collet en cuivre, auquel soient adaptés deux robinets à côté l'un de l'autre, *t* et *r*. On visse une fiole B pleine d'éther à l'un de ces collets, et dès qu'on ouvre son robinet on voit l'éther bouillir, et on entend sa vapeur se précipiter en sifflant dans le ballon. En faisant communiquer le second collet *t* de ce ballon avec le sommet d'un tube barométrique CD, on voit la colonne de mercure de celui-ci descendre en E plus ou moins, et accuser ainsi la force élastique de la vapeur. Si le ballon était parfaitement vide d'air,

VAPORISATION DANS LE VIDE.   67

cette force serait égale à la différence de la colonne de mercure E à la colonne F d'un vrai baromètre.

Remarque I. — Quand il ne s'agit que de trouver l'élasticité que la vapeur d'un liquide a dans le vide, on prend simplement un tube que l'on remplit à quelques lignes près avec du mercure : on achève de le remplir avec ce liquide, puis, le bouchant avec le doigt, on le renverse dans un bain de mercure en la position verticale GA (*fig.* 99). Le liquide évaporable qui a passé en H remplit de sa vapeur la chambre barométrique AH, et la différence PR de la colonne de mercure CH avec la colonne BP d'un baromètre ordinaire est la mesure de l'élasticité demandée.

Fig. 99.

Ainsi, si cette différence est de 20 millimètres par exemple, on dit que la force de la vapeur est de 20 millimètres. Nous reviendrons là-dessus au n° 163.

67. *Remarque II.* — Dans ce passage subit d'un liquide à l'état de vapeur, il se produit toujours du froid. Aussi, si l'on tient dans la main la fiole de la fig. 123 pendant l'ébullition susdite, on sentira un froid considérable : nous reviendrons, au reste, là-dessus au n° 254 du deuxième livre.

Fig. 123.

Remarque III. — Si on ne laisse le robinet *r* (*fig.* 123) que très-peu de temps ouvert, dès qu'on le rouvrira une seconde fois, on entendra encore le même sifflement produit par l'éruption de la vapeur qu'on avait entendu la première fois ; et si on referme et rouvre ainsi plusieurs fois successivement ce robinet, on entendra encore ce sifflement un grand nombre de fois, pourvu qu'à chaque fois on ne le laisse durer que très-peu de temps. Mais enfin, après avoir diminué de plus en plus, il cessera tout à fait, et on pourra laisser le robinet *r* continuellement ouvert sans qu'il s'élance de nouvelles vapeurs en A, quoique la fiole B contienne encore de l'éther liquide ; l'espace A est alors ce qu'on appelle *saturé* de vapeurs.

Fig. 123.

Remarque IV. — La proposition précédente peut s'étendre aux solides aussi bien qu'aux liquides; car nous décrirons plus bas, n° 162, une expérience qui prouve que la glace s'évapore dans l'espace. Mais, en attendant, on peut remarquer que cette vérité est indiquée par ce qui arrive naturellement lors d'un temps de gelée très-prolongée, car alors les glaçons même placés loin de toute cause de destruction finissent par diminuer sen-

5.

68   ÉLÉMENTS DE PHYSIQUE, LIV. I.

siblement, et même disparaître tout à fait. Tout le monde sait qu'un linge imprégné de glace finit par la perdre et se sécher entièrement, sans s'être pourtant jamais dégelé. L'expérience du n° 254, liv. II, produit le même effet.

Il y a peu de solides dont on puisse constater directement l'évaporation ; on ne l'admet que par analogie pour les autres corps.

PROPOSITION. — « Les forces élastiques dans des espaces satu-
« rés par différents liquides sont différentes, quoique dans les
« mêmes circonstances. »

Fig. 99.   En effet, si on met à côté du tube H (*fig.* 99) un troisième tube, dont la partie supérieure soit saturée par un autre liquide que H, la colonne de mercure, dans ce nouveau tube, sera d'une autre hauteur que dans le tube H.

68. PROPOSITION. — « Quand on offre à un liquide un espace
« vide de plus en plus grand, il s'en change en vapeur une quan-
« tité de plus en plus considérable par une ébullition conti-
« nuelle. »

Fig. 77.   On peut démontrer ceci au moyen de l'appareil de la fig. 77. Ce sont deux tubes HB' et RC assez longs et verticaux, dont les extrémités inférieures communiquent avec le bas d'une sorte de petit corps de pompe EE', dans lequel se trouve du mercure. En pressant ce mercure par un piston P, on force ce liquide à monter dans les deux tubes, dont l'un H est toujours ouvert, et dont l'autre porte à son sommet un robinet double AI, représenté en détail par la fig. 80. Ce robinet est composé de deux robinets, dont

Fig. 80.   l'intérieur AI (*fig.* 80) tourne dans l'extérieur CB. Quand ce double robinet est ouvert, le mercure peut monter jusque dans l'entonnoir D : puis, après avoir fermé ce robinet, on peut faire sor-

Fig. 80.   tir le mercure de l'entonnoir D par l'issue I (*fig.* 80), pour le remplacer par de l'éther ou tout autre liquide évaporable. Ensuite, faisant faire plusieurs tours de suite au robinet double IC

Fig. 80.   disposé comme le représente la fig. 80, on introduit l'éther goutte par goutte dans la chambre barométrique que l'on a formée en F, en faisant descendre le mercure par le moyen du piston P : pour notre proposition, il faut en avoir introduit jusqu'à ce qu'il y en ait une couche d'une certaine épaisseur sur le sommet de

Fig. 77.   la colonne de mercure S (*fig.* 77). Alors, en faisant descendre de plus en plus cette colonne au moyen du piston P, on voit la

VAPORISATION DANS LE VIDE. 69

couche d'éther bouillir et diminuer de plus en plus par une évaporation toujours nouvelle. *C. Q. F. D.*

Passons à présent aux vapeurs formées dans des espaces pleins d'air.

69. PROPOSITION. — « Les phénomènes d'évaporation des pro-
« positions précédentes ont encore eu lieu quand l'espace que
« l'on présente au liquide est plein d'air; seulement l'évapora-
« tion est alors très-lente, de sorte qu'il n'y a pas d'ébullition
« proprement dite dans ce cas. »

L'appareil de la fig. 77 que nous venons de décrire peut encore servir pour démontrer cette proposition. A cet effet, il n'y a qu'à laisser entrer de l'air ou tout autre gaz dans la chambre barométrique SF, et l'amener au point d'élasticité qu'on désire, en faisant convenablement manœuvrer le piston P. La valeur de cette élasticité est égale à la différence de la colonne S à la colonne K, *augmentée* de celle du baromètre ordinaire, la raison de cette *augmentation* est que l'atmosphère tout entière pèse sur cette colonne K. Ensuite on introduit en S une couche d'éther ou de tout autre liquide évaporable par le procédé décrit ci-dessus, n° 68. Alors cette couche s'évapore, la colonne S descend peu à peu, et on abandonne l'appareil à lui-même. Quand la colonne S ne descend plus, il faut la rétablir, au moyen du piston P, à son point primitif: la mesure de la force élastique qui règne en FS après ce rétablissement est la différence de hauteur qu'a pour lors la colonne S, non pas avec la colonne K, mais avec cette dernière colonne, augmentée, comme tout à l'heure, de celle du baromètre ordinaire. En comparant cette élasticité de la vapeur formée ainsi dans l'air à celle qui se forme en même temps dans le vide, et que nous avons appris à mesurer n° 66, *Remarque I*, on trouve que ces élasticités sont égales.

Fig. 77

Remarque I. — Tous les auteurs antérieurs à 1845 se sont contentés, pendant plus de trente ans, de décrire l'appareil de M. Gay-Lussac, analogue au précédent, et d'annoncer que par cet appareil on peut vérifier que l'évaporation se fait dans l'air comme dans le vide; de sorte que, pendant tout ce long cours d'années, cette loi n'a eu d'autre vérification que les expériences grossières que chaque professeur fait dans sa classe rapidement et sans précision. Ce n'est qu'en 1845 que M. Regnault, frappé de ne trouver nulle part aucune preuve de cette loi si universellement admise depuis tant d'années, voulut la soumettre à une vérification précise dans son *Mémoire sur l'hygrométrie* (*Ann. de chimie et de phys.*, 3ᵉ série, t. XV, p. 129), et il trouva que cette loi est au moins approximative pour l'évaporation de l'eau depuis 0° jusqu'à 30°; mais qu'il y a lieu de douter si cette loi se maintiendrait pour des températures élevées et pour tous les liquides autres que l'eau.

70. *Remarque II.* — La lenteur de l'évaporation dans l'air paraît tenir en partie à ce que les molécules de vapeur, pour s'élever entre les molécules d'air, sont obligées de se détourner à chaque instant de leur route pour suivre tous les interstices que laissent entre elles ces molécules d'air. C'est surtout à cette transformation lente et spontanée d'un liquide au milieu de l'air qu'on donne le nom d'évaporation; et quand l'évaporation devient rapide, soit par la disparition de la pression atmosphérique comme au n° 65, soit par l'action de la chaleur comme au n° 161, elle prend le nom d'ébullition ou de vaporisation.

On conçoit que si l'air se renouvelle très-rapidement à la surface d'un liquide, cela accélérera l'évaporation; car la couche d'air contiguë au liquide s'en ira sitôt que ses interstices seront pleins de vapeur, pour faire place à une nouvelle couche dont les interstices étant vides peuvent recevoir de nouvelle vapeur; et ainsi de suite. C'est ce qui fait que, par un grand vent, un linge mouillé exposé à l'air est presque tout de suite séché, et qu'il est d'autant plus vite sec, que, toutes choses égales d'ailleurs, le vent est plus violent.

71. PROPOSITION. — « Si, au lieu de supprimer entièrement,
« on ne fait que diminuer de plus en plus la pression atmosphé-
« rique supportée par un liquide, il arrive un moment où ce li-
« quide entre en ébullition. »

Ceci se démontre par l'expérience suivante : On met un verre plein d'eau sous la cloche d'une pompe ou machine pneumatique, et on diminue de plus en plus la pression de l'air sur cette eau en faisant jouer la machine. Or, au bout d'un certain temps, on voit l'eau bouillir. On conçoit qu'il en doit être ainsi, car, d'après l'expérience de la proposition précédente, l'eau tend toujours à produire une vapeur d'une certaine tension ; par conséquent cette vapeur se formera aussitôt qu'à force de faire jouer la machine, on aura diminué la pression de l'air au point de n'être plus dans le cas de résister à cette tension. Si on continue à faire jouer la machine, on extraira bien cette vapeur; mais comme elle sera aussitôt remplacée par d'autre vapeur, jamais la force élastique ne diminuera sous la cloche.

QUESTION II. — *Augmentation de pression.*

72. PROPOSITION. — « La compression d'un espace *saturé* de « vapeur fait retourner celle-ci à l'état liquide. »

Pour démontrer cette proposition au moyen de l'appareil de la fig. 77 déjà décrit ci-dessus n° 68, on introduit dans la chambre barométrique FS, supposée vidée d'air, une goutte ou deux d'éther; et si on a réussi à mettre une quantité d'éther assez petite, elle sera tout à l'état de vapeur en cette chambre, ou du moins n'y fera qu'une couche excessivement mince. Or, en faisant monter la colonne de mercure S au moyen du piston P, on verra sur le sommet de cette colonne croître de plus en plus une couche liquide d'éther; ce qui prouve bien notre proposition.

Remarque. — Le même phénomène a lieu quand l'espace où est le liquide évaporable est plein d'air : seulement, la vapeur redevenue liquide ne se précipite pas si bien que dans le vide, mais reste plus ou moins suspendue dans l'air sous forme de brouillard léger.

73. PROPOSITION. — « Dans un espace *saturé*, la vapeur y est « à son maximum de tension. »

En effet, supposons, dans l'expérience de la proposition précédente, que l'on fasse en sorte qu'au commencement de l'expérience la chambre barométrique FS ne renferme qu'une partie assez petite de toute la vapeur qu'elle peut contenir. Alors, pendant qu'au moyen du piston P on fera monter la colonne S, on sera un certain temps avant de voir naître la moindre couche de liquide sur le sommet de cette colonne, et pendant tout ce temps la différence des deux colonnes S et K diminuera, ce qui prouve que la tension régnant en FS augmente. Mais à partir de l'instant où une couche de liquide apparaîtra en S, cette

72   ÉLÉMENTS DE PHYSIQUE, LIV. I.

différence des deux colonnes restera de même valeur, à moins qu'il n'y ait un peu d'air dans la chambre barométrique. La tension de la vapeur augmente donc jusqu'à ce que l'espace soit saturé de vapeur; mais à partir de cette saturation, cette tension conserve sans altération la valeur *maximum* qu'elle a atteinte, ce qui prouve notre proposition.

Remarque I. — La valeur de cette tension maximum est donnée, comme nous l'avons dit n° 66, par le nombre de millimètres que la colonne de mercure du baromètre a de plus que la colonne HC (*fig.* 99). Nous reviendrons sur cela à la fin du présent article Ier; mais nous pouvons dire dès à présent que la valeur de ce maximum de tension varie avec la température : ainsi, par exemple, cette valeur est pour l'eau

	millim.		
De	6,9	à	5°
De	9,4	à	10°
De	12,8	à	15°
De	17,3	à	20°
De	144,6	à	60°

On voit sans doute bien comment on pourrait trouver ces valeurs par ce que nous avons dit n° 66; mais, aux n°^{s} 162 et suivants, nous donnerons en détail des procédés plus parfaits pour trouver toutes les diverses valeurs du maximum de tension des vapeurs à toutes les températures.

74. *Remarque II.* — Il y a bien peu de substances que l'on puisse aujourd'hui regarder comme gaz permanents, puisque toutes celles que l'on regardait autrefois comme telles ont été liquéfiées par des procédés convenables, excepté l'hydrogène, l'oxygène et l'azote. Ces procédés consistent à remplir le fond d'un tube avec des substances solides ou liquides, dont la réaction chimique produise le gaz que l'on veut étudier. Le reste du tube est vide et hermétiquement fermé. Par suite de cette réaction chimique, le gaz arrive en quantité de plus en plus grande dans l'espace vide du tube; alors ce gaz finit par être en si grande quantité dans cet espace, qu'il y est excessivement comprimé, et cette compression devient à la fin si forte, que le gaz se liquéfie. La fig. 410 représente à peu près l'appareil dont

LIQUÉFACTION DES VAPEURS PAR PRESSION.   73

M. Thilorier se sert pour liquéfier l'acide carbonique. ABCD est un cylindre de fer contenant un vase cylindrique IZ en cuivre. On remplit celui-ci d'acide sulfurique concentré, et l'on remplit de carbonate de soude l'espace compris entre ce vase IZ et les parois AB et CD du cylindre. On revêt ensuite cet appareil d'un couvercle muni d'un robinet R, et l'on ferme ce robinet. Comme le cylindre AD n'est que suspendu sur deux tourillons mobiles S et T, on peut le balancer fortement pour faire tomber l'acide IZ sur le carbonate de soude. Aussitôt le gaz carbonique commence à se dégager de ce carbonate. Alors on visse en E un tube recourbé EFG, qui fait communiquer le cylindre avec le réservoir en fer KH, et le gaz, en se rendant dans ce réservoir, s'y liquéfie par la compression que son accumulation y produit.

§ II. — INFLUENCE DES PRESSIONS EXTÉRIEURES SUR LE VOLUME ET LE RESSORT DES CORPS.

75. Nous traiterons cette question d'abord pour les fluides, et ensuite pour les solides. Quant aux fluides, plusieurs propriétés de leur équilibre sont communes aux gaz et aux liquides, et c'est par elles que nous commencerons ; ensuite nous exposerons celles particulières aux gaz, et enfin celles particulières aux liquides.

QUESTION I. — *Des fluides, soit gaz, soit liquides.*

1° *Des propriétés d'équilibre communes aux gaz et aux liquides.*

La propriété fondamentale de toute la théorie de l'équilibre des fluides, et qu'ils doivent à la manière dont leurs molécules réagissent les unes sur les autres, consiste en ce qu'on appelle le *principe d'égalité de pression en tous sens.*

Voici ce principe :

PROPOSITION. — « Dans une masse fluide en équilibre, la pres« sion qu'on exerce sur un de ses points se transmet également « en tous sens sur chacun de ses autres points. »

Explication. — Pour nous faire une idée précise du principe de l'égalité de pression en tous sens, remplissons de liquide un

Fig. 81. vase ABCD (*fig.* 81) jusqu'en EF, et supposons placé sur le liquide un piston EF qui ferme exactement le vase, et qui soit chargé d'un poids P. Enfin, pour simplifier les idées, imaginons que notre liquide soit une substance sans pesanteur. Dans cet état de choses, chaque point liquide, comme I, contre lequel s'appuie le piston, sera pressé d'une certaine quantité, et réagira en pressant de la même quantité le point correspondant du piston dans le sens perpendiculaire II'. Or notre principe consiste en ce que tout autre point G ou H, pris sur les parois du vase, sera pressé de la même quantité par le liquide dans les sens perpendiculaires GG' ou HH'.

Cette pression transmise s'exerce de la même manière dans l'intérieur du liquide; et si l'on y considère une portion NORKS du liquide, terminée par diverses faces planes, chaque point de ces faces éprouvera aussi de dehors en dedans la même pression que le point H.

Ainsi, on voit que, par le principe de l'*égalité de pression en tous sens*, il faut entendre qu'une masse fluide éprouvant sur quelques-unes de ses molécules, dont la réunion forme une petite portion de plan LI ou ON, une certaine pression normale à ce plan, il résultera de cette pression que si on partage cette masse en deux parties A et B au moyen d'un plan idéal, et que l'on considère une petite portion de ce plan égale à IL ou ON, et que j'appellerai m, la partie A exercera sur les molécules de B, renfermées dans m, une pression qui 1° sera la même dans quelque sens ou direction que soit mené le plan de séparation ; 2° sera normale à ce plan, et 3° sera égale à la pression exercée sur IL ou ON.

Démonstration. — La raison générale se tire de la parfaite mobilité des molécules fluides; car, d'après cette mobilité, aucune molécule d'un fluide ne peut être en équilibre que quand elle est pressée également en tous sens. Il est bien vrai que, mathématiquement parlant, il suffirait pour l'équilibre d'une molécule éprouvant dans un sens une certaine pression, qu'elle éprouvât une pression égale dans le sens directement contraire; mais ce cas serait celui d'un équilibre instable, qui n'est pas physiquement réalisable. (V. *Compl.*)

Au reste, l'expérience confirme le principe de l'égalité de pres-

LIQUÉFACTION DES VAPEURS PAR PRESSION. 75

sion d'une multitude de manières : nous ne citerons pour exemple que la presse hydraulique. Cette machine est représentée, au moins pour ses parties principales, dans la fig. 82. Elle consiste principalement en deux corps de pompe de diamètres inégaux, remplis d'eau, fermés par des pistons P et p, et communiquant entre eux par un canal CC'. Le plus petit corps de pompe est dans un réservoir R plein d'eau. Quand on élève le piston p, la soupape S se ferme pour interrompre la communication avec le grand corps de pompe, et au contraire la soupape S' s'ouvre, et l'eau du réservoir R passe dans le corps de pompe pour suivre le piston P dans son ascension. Quand on presse le même piston p, celui-ci, en descendant, ouvre la soupape S, tandis qu'au contraire la soupape S' se ferme. Cela posé, l'expérience montre qu'en pressant le piston p avec une certaine force, il faut, pour la contre-balancer, appliquer sur l'autre piston P une force autant de fois plus grande que la surface de ce piston P vaut de fois celle du piston p. Par exemple, si l'une des surfaces égale 20 fois l'autre, il faudra mettre sur le piston P un poids de 20 kilogrammes pour contre-balancer une force d'un seul kilogramme exercée sur p. Par ce moyen, on peut exercer une pression énorme sur un objet B placé sur le piston P, en appliquant une force médiocre au levier A.

Fig. 82.

Cette machine montre bien clairement qu'il suffit de faire éprouver à quelques points seulement d'un liquide une certaine pression, pour que chacun des autres points éprouve la même pression. En effet, la base du piston P étant égale à vingt fois, celle de p peut être considérée comme composée de vingt parties égales chacune à cette base de p, et on pourra regarder la pression que l'ensemble de ces vingt parties éprouve comme la résultante de vingt forces égales à celle de p, et appliquées chacune à une de ces vingt parties ; ce qui montre bien qu'il suffit que la surface de p éprouve une certaine pression, pour que chacune des vingt surfaces pareilles qui composent la base de P éprouve la même pression.

76. Passons maintenant à l'équilibre des *fluides pesants*, et disons d'abord ce qu'on appelle *surfaces de niveau* dans ces corps.

Définition. — On appelle *surface* ou *couche de niveau* dans un fluide pesant, toute surface réelle ou idéale qui couperait perpendiculairement toutes les directions des actions que la pesanteur exerce sur les diverses molécules du fluide.

Remarque. — Cette surface est toujours un plan horizontal quand on ne considère qu'une assez petite partie des eaux qui recouvrent le globe terrestre, et c'est une surface courbe quand on en considère une grande étendue, comme celle de l'Océan. Cela est évident.

PROPOSITION. — « Pour l'équilibre d'une masse de fluide pesant, « il faut que tous les éléments d'une même couche de niveau « éprouvent tous la même pression. »

Fig. 92. En effet, soit ab (*fig.* 92) une couche de niveau, c'est-à-dire une couche horizontale infiniment mince, et considérons dans cette couche une aiguille $xruy$ composée d'une rangée rectiligne d'éléments : supposons que ces éléments soient cubiques, et que leurs faces ns et mt soient verticales.

D'après le principe précédent, les pressions que le liquide environnant exerce sur les diverses faces de cette aiguille leur sont normales, et il est évident que les deux pressions horizontales qui s'exercent sur les faces rx et yu, situées aux extrémités de l'aiguille, doivent être égales pour qu'il y ait équilibre. Mais, d'après le principe précédent, la pression que le liquide environnant exerce sur chaque face d'un élément tel que $nsrx$ ou $mtuy$ se transmettant aux autres faces de cet élément, il est facile d'en conclure que l'égalité des pressions horizontales des faces rx et yu entraîne celle des pressions verticales que supportent les faces nx et my. C. Q. F. D.

(Pour plus de développement, voir les *Compl.*)

PROPOSITION. — « Dans une masse de fluide pesant il faut, pour « l'équilibre, que les divers éléments d'une couche de niveau aient « tous même densité. »

En effet, soient deux éléments nr et mu cubiques et égaux pris dans une même couche de niveau. Pour soutenir chacun de ces éléments, il faut que la pression du liquide inférieur contre la base de cet élément surpasse celle du liquide supérieur d'une quantité égale à son poids. Or les pressions du liquide supérieur contre les faces xn et my de nos deux éléments sont égales et doivent se conserver égales quand on passe de la couche ab à toute autre

LIQUÉFACTION DES VAPEURS PAR PRESSION. 77

couche *hi*; ce qui ne peut être qu'autant qu'elles subissent les mêmes variations en passant d'une couche à l'autre. Donc la quantité dont la pression de la base de l'élément *rs* surpasse celle de sa face opposée *nx*, égale celle dont la pression de la base de l'autre élément *tu* surpasse celle de sa face opposée *my*. Donc les poids, et par suite les densités de ces éléments, ont même valeur. C. Q. F. D.

77. Remarque I. — Cette proposition est vraie pour tous les fluides, soit liquides, soit élastiques.

Corollaire. D'après la proposition précédente, on voit que si l'on a dans une fiole plusieurs liquides de densités différentes, ces liquides se disposeront toujours par couches horizontales; et, pour la stabilité de l'équilibre, les couches de liquides les plus denses seront les plus inférieures. Si on agite la fiole fortement, on pourra bien parvenir à mêler un peu les liquides momentanément; mais au bout de quelques instants de tranquillité ils se retrouveront disposés par couches horizontales.

78. Remarque II. — Ce corollaire n'a pas lieu pour les gaz : c'est ce que Berthollet a vérifié au commencement de ce siècle. Ce chimiste plaça dans les caves de l'Observatoire deux ballons A et H, en cristal (*fig.* 91), l'un plein d'hydrogène H, et l'autre plein d'acide carbonique A. Ces deux ballons étaient réunis par un tube étroit, et placés de manière que le gaz le plus lourd A fût en bas. Néanmoins, au bout de quelques jours, Berthollet trouva ses deux gaz complétement mêlés ensemble. Ce fait, qui est analogue à l'évaporation dans l'air, que nous avons vue au n° 68, paraît bien difficile à expliquer.

Fig. 91.

79. Proposition. — « Dans un vase plein d'un fluide pesant, « en équilibre, chaque élément ou partie infiniment petite de ses « parois éprouve une pression normale, qui est égale au poids « d'un filet de liquide ayant pour hauteur celle du niveau au- « dessus de cet élément, et une base égale à ce même élément. »

Explication. — Soit AM (*fig.* 83) un vase plein d'une certaine quantité d'eau, dont le niveau est AB; prenons un élément quelconque OC de la surface de ce vase; menons une ligne CD perpendiculaire à cet élément, et par ce même élément tirons une droite OKI parallèle au niveau AB; je dis que l'élément OC éprouvera dans la direction CD une pression égale au poids d'un filet

Fig. 83.

d'eau qui aurait une base de même étendue que lui, et pour hauteur la hauteur du niveau AB au-dessus de IO.

Démonstration. — En effet, partageons la masse de liquide comprise entre le niveau AB et la parallèle OI en une infinité de tranches horizontales par des plans AB, A'B', A"B", etc., infiniment rapprochés. Alors on pourra regarder chacune de ces tranches, telle que la première ABB'A', par exemple, comme un faisceau de petits filets verticaux pareils au filet Ex, ayant pour base un élément x égal à OC, et pour hauteur l'épaisseur de la tranche. Cela posé, chaque filet comme Ex, d'une tranche telle que la tranche ABA'B', presse l'élément qui lui sert de base de tout son poids, et cette pression se fait sentir sur OC, d'après le principe précédent. Donc l'élément OC ressentira une pression totale qui sera égale à autant de fois le poids d'un petit filet, tel que Ex, qu'il y a de tranches au-dessus de cet élément OC ; pression qui revient bien au poids d'un filet ayant une hauteur égale à celle du niveau AB au-dessus de ce même élément OC, et une base qui lui soit égale.

Remarque I. Quant aux filets m, n, p, etc., pris sous l'élément OC jusqu'au fond du vase, ils tendent bien aussi à exercer, par leur poids, une pression sur l'élément OC ; mais elle est détruite par le poids des filets r, s, t... qui vont du fond du vase jusqu'à ce même élément OC.

Fig. 84.

Remarque II. — La même chose résulterait si, au lieu d'un élément de la surface extérieure, on prenait un élément BC (*fig.* 84) de la surface d'une portion A du liquide, telle qu'il plairait de se la représenter dans l'intérieur de ce liquide ; ainsi CB éprouverait, dans la direction CI, une pression égale au poids d'un filet qui aurait une hauteur égale à celle du niveau MN au-dessus de CB, et une base égale à ce même élément BC.

Remarque III. — La démonstration précédente s'applique aussi bien au cas où la masse liquide remplirait entièrement une enceinte solide complétement fermée, de manière à ce qu'aucune portion de sa surface n'offrit ce qu'on appelle une surface libre, qu'au cas où le liquide serait contenu dans un vase ouvert et présenterait une surface libre : de plus, cette même démonstration ne présuppose rien sur la position et la forme de cette surface libre.

Nous ne ferons qu'énoncer quelques corollaires qui se déduisent trop aisément de notre proposition pour que nous ayons besoin de les démontrer.

80. *Corollaire I.* — Quelle que soit la forme d'un vase ABCD (*fig.* 85, 86 et 87), rempli d'eau jusqu'au niveau AB, son fond CD supportera toujours une pression égale au poids d'une colonne d'eau A'B'CD, qui aurait pour hauteur celle du niveau, et pour base le fond même CD. Il est aisé de voir, d'après cela, qu'avec une quantité d'eau déterminée on peut exercer la pression qu'on veut sur le fond d'un vase. Ainsi, pour que cette pression soit égale au poids de l'eau employée, il faut donner au vase la forme cylindrique ou prismatique de la *fig.* 85 : cela est évident. Mais si l'on prend un vase comme celui de la *fig.* 86, dont la base soit égale à celle du vase cylindrique de la *fig.* 85, et dont le corps soit au contraire tellement étroit qu'en y versant notre quantité d'eau, elle y aille à un niveau mn cinq ou six fois plus élevé que dans la *fig.* 85, alors la pression sur le fond de la *fig.* 86 sera cinq ou six fois plus grande que sur le fond de la *fig.* 85, parce que la pression dans la *fig.* 86 sera égale au poids d'une colonne CDmn', égale à cinq ou six fois la colonne CDA'B', dont le poids représente la pression de la *fig.* 85.

Fig. 85, 86, 87.

Fig. 85.
Fig. 86.
Fig. 85.

Fig. 85.
Fig. 86.
Fig. 85.
Fig. 86.
Fig. 85.

Par la même raison, on voit que, prenant un vase comme celui de la *fig.* 87, de même base que celui de la *fig.* 85, mais assez évasé pour que la même quantité d'eau n'y aille qu'à un niveau très-peu élevé, la pression produite sur un fond sera très-peu de chose.

Fig. 87.
Fig. 85.

Corollaire II. — La paroi CD d'un corps flottant (*fig.* 88), ou d'un vase (*fig.* 89) tel que ABCD, est poussée de bas en haut avec une force égale au poids d'une colonne d'eau qui aurait pour hauteur celle du niveau mn au-dessus de CD, et une base égale à la paroi même CD.

Fig. 88.
Fig. 89.

81. PROPOSITION. — « La pression que supporte une paroi
« latérale est égale au poids d'une colonne liquide qui aurait
« pour hauteur verticale la profondeur du centre de gravité de
« la paroi au-dessous du niveau, et pour base horizontale une
« surface égale à la paroi elle-même. » (*Voy.*, pour la démonstration de cette propriété, la *Mécanique* de Poisson, 2ᵉ édit., t. II, p. 566.)

Centre de pression. — Le point d'application de la résultante de toutes les pressions élémentaires sur une des faces d'un vase, est ce qu'on appelle le *centre de pression*. Quand il s'agit d'une face latérale, il est toujours placé plus bas que le centre de gravité, puisqu'il coïnciderait avec lui, si les forces n'allaient pas en croissant à mesure que l'on descend.

82. Proposition. « Un corps plongé dans un fluide y perd « une partie de son poids égale à celui du volume du fluide qu'il « déplace : c'est ce qu'on appelle le *principe d'Archimède*.

Ce principe n'a lieu que pour le cas où le corps plongé est en repos; car la perte de poids que ce corps éprouve, quand il se meut dans un fluide, n'est plus égale à ce que pèse le volume de fluide déplacé. (*Voy. Ann. de phys. et de chimie*, 2° série, t. XLVII, p. 242 et suiv.) Mais pour un corps en repos il est facile de s'assurer de la vérité du principe d'Archimède, soit par le raisonnement, soit par l'expérience.

Fig. 94.
Pour démontrer ce principe par l'expérience, on suspend à l'un des bassins AB d'une balance (*fig.* 94) le corps P, que l'on veut plonger dans un fluide. Ce corps est ordinairement un cylindre en cuivre, et l'on met sur le même bassin un petit seau en cuivre d'une capacité exactement égale au volume du cylindre P. Ensuite on équilibre parfaitement le tout, en mettant des poids convenables dans l'autre bassin de la balance. Quand l'équilibre est bien établi, on fixe le bassin AB, soit en le tenant avec la main ou autrement, et on approche un vase plein d'eau du corps P, de manière à ce que celui-ci plonge entièrement dans le liquide. Quand cette immersion a lieu, on rend au bassin AB sa mobilité; aussitôt on voit la balance trébucher et pencher du côté des poids placés dans l'autre bassin : donc le corps P a perdu de son poids par son immersion. Mais si maintenant on remplit exactement d'eau le petit seau C, on verra l'équilibre des deux bassins de la balance se rétablir parfaitement. Par conséquent, la perte que le corps P avait faite par son immersion dans l'eau était précisément égale au poids d'un volume d'eau égal au sien.

83. On peut se convaincre de l'exactitude et de la généralité du principe d'Archimède, par une considération bien simple et qui s'applique à tous les cas, quelle que soit la forme du corps

plongé dans le fluide. En effet, c'est un axiome de mécanique, que quand un système de points, liés entre eux d'une manière variable, est en équilibre, cet équilibre ne sera pas détruit si l'on vient à lier entre eux quelques-uns de ces points d'une manière invariable. Ainsi, avant de plonger notre corps dans le fluide donné, je puis me représenter dans l'intérieur de ce fluide une portion de sa substance d'un volume et d'une forme exactement pareils au volume et à la forme du corps, et concevoir cette portion de fluide solidifiée sans que l'équilibre cesse d'avoir lieu. Or, cette portion de fluide solidifiée étant en équilibre, il faut que son poids soit contre-balancé par une force qui lui est égale, contraire, et appliquée sur la même verticale que son centre de gravité. Donc toutes les pressions exercées par le fluide environnant sur la portion solidifiée que nous considérons se réduisent à une *poussée* égale au poids de cette portion : maintenant, si nous concevons cette même portion de fluide remplacée par le corps que l'on veut immerger, le fluide environnant exercera sur ce corps les mêmes pressions qu'il exerçait sur ladite portion ; donc tout corps plongé dans un fluide éprouvera de la part de celui-ci une poussée égale au poids du volume de fluide déplacé. (V. *Compléments,* pour l'équilibre des corps flottants.)

84. *Aérostats.* — On appelle aérostats, des machines qui, par leur peu de pesanteur spécifique, peuvent flotter dans les airs en vertu du principe d'Archimède.

On distingue deux espèces d'aérostats, les *montgolfières* et les aérostats à gaz hydrogène.

Montgolfières. — Ces aérostats sont ainsi nommés du nom de leur inventeur, le fameux Montgolfier. Ils consistent en un vaste ballon de papier ayant un diamètre de plusieurs pieds et une ouverture de un ou deux pieds carrés à sa partie inférieure. On attache un panier en fil de fer dans l'intérieur de ce ballon, un peu au-dessus de l'ouverture que nous venons de dire. On remplit ce panier de matières combustibles, telles que de la paille, du papier, des étoupes, etc., et on met le feu à ces matières. Alors l'air chaud qui s'élève sans cesse de ce foyer pénètre dans le ballon, et le gonfle entièrement. Or, la chaleur dilatant les corps, l'air chaud qui remplit le ballon est spécifiquement moins pesant que l'air froid qui l'environne. Ainsi, il pourra se faire que le poids de cet air chaud, plus celui de l'enveloppe et du panier, soient moindres que le poids de l'air déplacé par le ballon, c'est-à-dire moindres que la poussée de l'atmosphère; par conséquent, le ballon obéira à cette poussée et s'élèvera.

Aérostat à gaz hydrogène. — C'est un ballon de taffetas gommé que l'on remplit de gaz hydrogène ou de gaz d'éclairage, qui n'est que l'hydrogène combiné à un peu de charbon. Comme ce gaz est 14 fois plus léger que l'air ordinaire, on voit que l'enveloppe du ballon et les objets que l'on voudra y attacher pourront peser 12 à 13 fois autant que le gaz hydrogène renfermé dans ce ballon, sans que celui-ci cesse de s'élever.

Lorsqu'un ballon est rempli de gaz moins pesant que l'atmosphère (que ce soit de l'air chaud ou de l'hydrogène), ce ballon ne s'élève pas indéfiniment, mais il finit toujours par s'arrêter, parce que, comme nous le verrons au n° 89, les molécules de l'atmosphère sont de plus en plus écartées à mesure qu'elles sont situées plus haut, ou, comme on dit, l'air de l'atmosphère est d'autant plus raréfié qu'il appartient à des régions plus élevées. Ainsi, le ballon s'arrête lorsqu'il arrive dans des couches d'air assez raréfiées pour que la différence des poids de l'air extérieur et du gaz intérieur soit justement égale au poids de l'enveloppe et des objets qui y sont attachés.

Fig. 90. 85. PROPOSITION. — « Si des vases ABC et ADE (*fig.* 90), com-« muniquant entre eux, contiennent chacun une masse liquide « homogène et pesante, les hauteurs des niveaux DE et BC doi-« vent être en raison inverse des densités de ces liquides, pour « qu'il y ait équilibre. »

Démonstration. — En effet, soit A'A" la surface de jonction des deux liquides; pour lors les deux liquides la presseront en sens contraire, avec des forces égales aux poids des deux colonnes qui auraient cette surface A'A" pour base, et les hauteurs des niveaux pour leurs hauteurs. Or, si la matière d'une de ces colonnes est, par exemple, quatorze fois moins pesante que celle de l'autre, il faudra bien que sa hauteur soit, par compensation, quatorze fois plus haute que celle de cette autre pour former le même poids. Donc, etc.

Remarque. — Cette proposition n'a plus lieu quand un des

APPLICATION DE CE QUI PRÉCÈDE. 83

deux fluides pesants est un fluide élastique, parce qu'alors, comme nous le verrons, l'homogénéité n'existe pas dans un gaz pesant en équilibre; ses diverses couches sont de diverses densités, du moins quand il s'agit d'une colonne de gaz d'une hauteur considérable, ce qui a toujours lieu quand il faut équilibrer une colonne liquide par une colonne de gaz, vu que les gaz sont infiniment moins pesants que les liquides.

86. *Du siphon.* — Les effets produits par le siphon dépendent, comme ceux du baromètre, de la pression atmosphérique combinée avec la pesanteur des liquides.

Le siphon est un tube recourbé BSB' (*fig.* 93); BS est la courte branche, B'S est la grande branche; AT est le tube d'aspiration. Fig. 93.

Supposons que la petite branche BS plonge dans un vase plein d'eau, et qu'en aspirant l'eau par l'ouverture T, en même temps qu'on tient B' bouché, on fasse venir l'eau dans toute l'étendue du tube BSB'. Si ensuite on ôte le doigt de l'orifice B', on verra le liquide s'écouler par cet orifice sans s'arrêter, jusqu'à ce que le vase M soit vide, ou du moins jusqu'à ce que l'extrémité inférieure de la branche SB ne plonge plus dans l'eau.

Pour expliquer cet écoulement continu, considérons dans la grande branche la colonne NB', dont le sommet N est situé sur le plan du niveau B. D'après le principe du n° 78, ce sommet n'éprouvera aucune pression de la part de la pesanteur du reste du liquide.

Quant à l'air, celui qui presse le niveau B transmettra en N, par l'intermédiaire du filet recourbé BSN, la pression atmosphérique qui poussera NB' de haut en bas, mais elle sera détruite par l'air qui presse B' de bas en haut. Il ne reste donc que le poids de la colonne NB', en vertu duquel elle tombera. Mais elle ne peut tomber sans que le reste du liquide la suive, car alors le *vide* se formerait en N, et le liquide NS s'y précipiterait poussé par l'air, dont la pression en B pousse sans cesse le filet BSN.

2° *Des cas en particulier.*

87. PROPOSITION. — « Le volume d'un gaz est sensiblement en « raison inverse de la pression qu'il éprouve. Cette proposition « est ce qu'on appelle la *loi de Mariotte.* »

Explication. — Ainsi, lorsqu'un gaz occupe un certain volume sous la pression de l'atmosphère, je prétends qu'il en occupera un deux fois ou trois fois, etc., plus petit sous une pression deux fois ou trois fois, etc., plus grande, ou, comme on dit, sous deux ou trois, etc., atmosphères. J'ai dit *sensiblement*, parce que, comme nous le verrons, la proportion inverse entre les volumes et les pressions d'un gaz n'est pas parfaitement exacte.

Démonstration. — Pour la démonstration de cette loi, on peut employer avec avantage l'appareil de la figure 77 décrit au n° 68. On se rappelle qu'il consiste en deux tubes verticaux, dont les extrémités inférieures communiquent entre elles et avec un cylindre à piston contenant du mercure. On fait monter ce mercure, quand on veut, dans ces deux tubes, en le foulant avec le piston. L'un des tubes est ouvert, et l'autre garni d'un robinet à l'extrémité supérieure. Après avoir fait monter le mercure jusqu'à une certaine hauteur, on ferme le robinet, et, en baissant ou élevant le piston, on peut rendre la pression de l'air enfermé dans le tube à robinet FS plus grande ou plus petite que celle de l'atmosphère, et l'on verra que cette pression varie toujours sensiblement en raison inverse du volume de cet air. Pour cela il faudra : 1° mesurer la pression de cet air FS. Cette mesure est égale à la différence qui existe entre la colonne S et non pas la colonne K, mais bien cette colonne K augmentée de celle du baromètre, parce que l'atmosphère pèse de tout son poids sur cette même colonne K. 2° Il faut savoir quel est le volume de l'air FS répondant à chaque pression; ce volume est accusé par le nombre de centimètres de l'espace CS, du moins en supposant le tube FS bien calibré. Or, en comparant entre elles ces valeurs des pressions et des volumes correspondants de la quantité d'air soumise à l'expérience, on verra qu'elles vérifient sensiblement la loi de Mariotte.

Définition. — On appelle *manomètre* tout instrument destiné à mesurer les pressions supportées par les gaz. Ainsi, l'appareil de la figure 77 est un vrai manomètre.

88. *Remarque I.* — Il faut bien observer que, dans ce qui précède, on suppose que la compression du gaz en expérience soit assez lente pour ne pas en élever la température, comme cela aurait lieu par une compression violente et subite (V. liv. II, n° 259). D'après cela on voit que, dans l'expérience de Mariotte,

la quantité de chaleur des molécules du gaz n'est plus la même après la compression ou la dépression qu'auparavant. Mais si, pendant la compression du gaz, la chaleur de ses molécules restait la même, sa force élastique croîtrait plus rapidement que dans l'expérience de Mariotte.

Remarque II. — *Mariotte*, en France, à la fin du dix-septième siècle, énonça, dans son *Traité des eaux*, la loi qui porte son nom, en indiquant le genre d'appareil propre à la vérifier, mais sans donner aucun résultat numérique d'expérience. Boyle en Angleterre, vers la même époque, fit des expériences constatant cette propriété de l'air. Ces expériences, pareilles à celle décrite ci-dessus, sont consignées dans son ouvrage intitulé *Defensio contra Linum;* c'est une réponse aux objections qu'avait faites Linus contre un autre petit écrit de Boyle sur l'élasticité de l'air. Depuis un siècle et demi, différents savants, soit en France, soit à l'étranger, ont fait bien des expériences pour étudier cette loi; et enfin, depuis le travail de MM. Arago et Dulong, présenté en 1829 à l'Académie des sciences, on regardait la loi de Mariotte comme définitivement démontrée, au moins pour l'air. Quant aux autres gaz, d'autres physiciens s'en sont occupés à diverses époques peu éloignées, soit avant, soit après les expériences de MM. Arago et Dulong, et ils ont trouvé que la loi de Mariotte n'était pas suivie exactement par tous les gaz. (V. les *Compl.*) M. Regnault a repris cette question vers 1840 (v. *Relation des expériences pour les machines à vapeur*), et il a montré que, même pour l'air, la loi de Mariotte n'est pas parfaitement exacte. Mais les différences de la vérité à la loi de Mariotte sont si faibles, surtout quand les gaz sont loin du point de eur liquéfaction, qu'on peut regarder cette loi comme sensiblement vraie.

Remarque III. — Un corps étant d'autant plus dense que son volume est plus petit, on voit que la densité d'un gaz augmente proportionnellement à sa pression ou à son élasticité, puisque celle-ci est aussi d'autant plus grande que le volume est plus petit.

Remarque IV. — M. Regnault pense que quand, par sa dilatation, un gaz diminue de plus en plus de densité et d'élasticité, celle-ci devient nulle avant celle-là. MM. Poisson et Biot arrivent au même résultat par de savantes considérations sur la constitution de l'atmosphère; ils trouvent que cette condition est nécessaire pour que l'atmosphère ne se se dissipe pas dans l'espace. (V. les *Compl.*) Selon ces savants, la couche infiniment mince qui termine le haut de l'atmosphère, quoique ayant une certaine densité, aurait pourtant perdu son élasticité. D'après Poisson, cette annihilation de l'élasticité serait produite par la liquéfaction de l'air au moyen du froid des hautes régions, et non pas par la distance mutuelle des molécules, qui, devenue très-grande, aurait réduit à rien la répulsion des molécules d'air.

Remarque V. — D'après la fin de la Remarque II, on ne peut guère s'attendre à ce que les vapeurs suivent la loi de Mariotte, même d'une manière approximative. Cependant, dans les applications, les physiciens sont dans l'usage d'y conformer leur calcul.

Constitution de l'atmosphère et mesure des hauteurs par le baromètre.

89. *Problème.* — « On demande de déterminer la manière dont « les molécules d'air sont distribuées dans toute la hauteur de « l'atmosphère. »

Solution. — Je dis que ces molécules seront à des distances d'autant plus grandes les unes des autres, que ces mêmes molécules appartiendront à des régions de plus en plus élevées dans l'atmosphère, ou, ce qui revient au même, que les densités de l'air dans les diverses régions de l'atmosphère sont d'autant moindres que ces régions sont plus hautes. En effet, il est certain que dans une région inférieure l'air est pressé par une bien plus grande colonne atmosphérique que dans une région supérieure ; donc, d'après la loi de Mariotte, il faut que dans cette région inférieure les molécules d'air soient plus près les unes des autres que dans la région supérieure. (V. les *Compléments*.) C. Q. F. D.

90. PROPOSITION. — « La connaissance de la loi suivant la-« quelle la densité de l'air diminue à mesure que l'on s'élève « dans l'atmosphère, met à même de mesurer par le baromètre « les hauteurs des montagnes. »

En effet, une pareille loi n'est autre chose qu'une règle qui dit comment la densité de l'air en un point varie quand la hauteur de ce point varie, tellement que la variation éprouvée par l'une de ces deux choses, densité et hauteur, étant connue, on puisse calculer la variation correspondante qu'a dû éprouver l'autre. Or, en se transportant avec un baromètre du pied d'une montagne au sommet, cet instrument fait connaître la variation éprouvée par la densité de l'air d'une station à l'autre. En effet, la colonne de mercure du baromètre donne la force élastique de l'air dans le lieu où est ce baromètre. Donc, en observant de combien varie cette colonne du pied de la montagne au sommet, on saura la variation éprouvée par la force élastique d'un de ces endroits à l'autre, et par conséquent aussi la variation éprouvée par la densité de l'air, puisque par la loi de Mariotte ces deux choses varient de la même manière. Si donc on connaît la loi dont il est question dans l'énoncé de notre proposition, alors de cette différence de densité on conclura par le calcul la différence de hauteur des deux stations, c'est-à-dire la hauteur de la montagne. (V. les *Complém.*)

91. — *Machine pneumatique*. On appelle ainsi une machine destinée à faire le *vide*, c'est-à-dire à pomper ou extraire l'air d'une capacité quelconque.

Cette machine consiste principalement en deux corps de pompe AC et BE, fig. 103, réunis par un canal *nu*. Cette machine est ordinairement fixée sur le bord d'une table, comme on le voit fig. 104. Le trou x, fig. 103, du canal *nu*, communique par un canal particulier avec un autre trou pratiqué au milieu de la table; c'est sur cet autre trou que l'on place la cloche ou que l'on visse le ballon de verre dans lesquels on veut faire le vide. Pour que les bords de la cloche s'appliquent bien sur la table, on fixe sur celle-ci une glace circulaire qu'on appelle la *platine* de la machine. Le trou de la table correspond à un trou pareil percé au centre de cette glace, et l'extrémité du canal qui va de x à ce trou se relève à ce centre, le traverse, et lui est soigneusement mastiqué. C'est ce que l'on peut voir à la fig. 101. On n'a représenté dans cette figure qu'un corps de pompe AC, et l'on y voit la platine en LL'. La surface de cette platine doit être parfaitement dressée aussi bien que les bords de la cloche X, pour que ces objets joignent si parfaitement qu'ils ne laissent pas passer d'air du tout, du moins quand ces bords ont été enduits d'un peu de suif. Les deux corps de pompe contiennent des pistons P

$$\log\left(\frac{h}{H}\right) = \frac{gz}{R(\alpha\theta)}$$

et E (*fig*. 103), que l'on a fixés aux extrémités de deux crémaillères ; ensuite, en tournant de côté et d'autre la roue dentée K au moyen de la manivelle *mm'*, on fait alternativement monter et descendre les crémaillères T, T', et par conséquent les pistons P et E. Il s'agit à présent d'expliquer comment le vide se fait par ce mouvement. Pour cela, ne considérons qu'un corps de pompe CA (*fig*. 101). On voit dans cette figure la construction détaillée du piston PP'. Il y a, dans son intérieur, une petite cavité contenant la soupape *s*, connue sous le nom de *clapet*. Ce clapet consiste en une petite plaque de cuivre qui ferme le trou pratiqué au centre de la base du piston. Pour que la fermeture soit plus exacte, la face inférieure du clapet est garnie de cuir, et un ressort en hélice qui entoure la tige du clapet appuie sa base sur le trou du piston. La partie PP' de ce piston est composée de rondelles ou anneaux de cuir bouilli fortement serrés entre les deux bases supérieure et inférieure du piston. Ces rondelles sont percées vers leurs bords P' d'un trou dans lequel la tige de cuivre *t*C passe à frottement un peu dur. L'extrémité inférieure C de cette tige est destinée à fermer au besoin le trou O du fond du corps de pompe, et vers l'extrémité supérieure il y a un arrêt *r*, qui ne permet jamais à cette extrémité *t* de sortir beaucoup au-dessus du couvercle du corps de pompe.

Tout ceci compris, supposons que le piston PP' monte : dans cette ascension, ce piston élèvera un peu la tige *t*C, et le trou O sera ouvert. L'air de la cloche X suivant le canal *v*O passera par ce trou O dans l'espace CP, qui augmente pendant toute l'ascension du piston. Supposons maintenant que ce piston étant arrivé au plus haut de sa course, on le fasse redescendre : dès le premier instant de cette descente, la tige *t*C s'abaissera ; et le trou O se fermant, l'air placé entre la base du corps de pompe et celle du piston sera enfermé et comprimé par celui-ci pendant sa descente. Mais cet air ainsi comprimé forcera le clapet S à s'ouvrir, et passera ainsi au-dessus du piston pendant tout le temps de la descente de celui-ci, jusqu'à ce que la base de ce piston vienne frapper le fond du corps de pompe ; à cet instant le clapet se refermera, et l'on aura de cette manière extrait une première quantité d'air de la cloche X. Si on recommence ensuite à faire monter le piston pour le faire redescendre immédiatement après, on extraira une seconde quantité d'air de la cloche X. En continuant ainsi à extraire à chaque coup de piston une nouvelle quantité d'air, on approchera autant qu'on le voudra de produire le vide sous la cloche X; mais, mathématiquement parlant, jamais on ne l'obtiendra entièrement.

92. En effet, supposons, par exemple, que le volume du corps de pompe AC soit 1 neuvième du volume de la cloche X, de sorte que cette cloche contienne les 9 dixièmes des deux capacités réunies de son volume et de celui du corps de pompe; on voit qu'à chaque coup de piston on n'extraira qu'un dixième de l'air contenu dans ces deux capacités réunies, et il en restera encore les 9 dixièmes dans la cloche. Ainsi, après chaque coup de piston, il reste dans la cloche les 9 dixièmes de ce qu'elle contenait avant ce coup de piston. Or, en prenant sans cesse les 9 dixièmes d'une chose, on ne pourra jamais arriver à un vide mathématiquement parfait. Cependant, sans les imperfections de la machine pneumatique, dont nous parlerons tout à l'heure, on pourrait arriver à réduire l'air de la cloche à tel point que, pour les expériences, cela revint tout à fait au même que si l'on avait le vide au parfait; et, d'après ce qui précède, on peut calculer combien il faudrait donner de coups de piston pour que l'élasticité de l'air de la cloche ne fût égale qu'à telle fraction de millimètre de mercure que l'on voudra. (V. les *Compléments*.)

Au reste, sans faire de calcul, on peut, au moyen d'un appareil particulier adapté à la machine, reconnaître, à chaque coup de piston, à quel degré on a réduit l'élasticité de l'air de la cloche X. Ce petit appareil s'appelle l'*éprouvette* de la machine pneumatique. Cette éprouvette consiste en une petite cloche en verre dDd' (*fig.* 101) sous laquelle est un tube recourbé iD', dont on voit bien la forme en doi (*fig.* 106). Ce tube, qui n'a pas 2 décimètres de hauteur, est ouvert en d et fermé en i; et il contient du mercure noi qui remplit entièrement la branche oi, tandis qu'il ne monte que jusqu'en n dans la branche do, lorsque l'air de l'atmosphère presse de tout son poids sur ce mercure. On voit à la *fig.* 107 ce tube recourbé doi mis en place; il est attaché à une lame de cuivre So divisée en millimètres. L'intérieur de l'éprouvette communique, comme on voit à la *fig.* 101, avec l'intérieur de la cloche X et des corps de pompe par un canal au mi-

Fig. 101.
Fig. 106.

Fig. 107.

Fig. 101.

lieu R duquel est un robinet qui permet d'interrompre ou de rétablir cette communication à volonté. On voit ce robinet représenté en R (*fig.* 107). Tant que l'air remplit l'éprouvette au même degré d'élasticité que l'atmosphère, le mercure *noi* du tube de cette éprouvette se tient jusqu'au sommet *i* ; mais dès qu'à force de pomper on a réduit l'élasticité de l'air à ne surpasser plus de beaucoup 1 décimètre, le mercure commence à descendre dans la branche *oi*, et le niveau *n* à monter dans la branche *do* ; plus on pompe, plus les deux colonnes de mercure approchent d'être au même niveau *n'i'* (*fig.* 106), mais elles n'y arrivent jamais mathématiquement, d'après ce que nous avons dit. Quelquefois l'éprouvette est remplacée par un baromètre à cuvette HH' (*fig.* 105), dont la chambre barométrique H'*h* communique avec l'enceinte X, où l'on veut faire le vide.

93. Outre cette cause mathématique que nous avons déjà dite, il y a aussi plusieurs causes physiques qui empêchent d'arriver à un vide parfait. La première, ce sont les vapeurs qui s'échappent des diverses pièces de l'appareil pendant que l'on pompe ; car les molécules d'humidité qui étaient engagées entre celles de la surface de ces pièces diverses se dégagent dans le vide et l'empêchent de se parfaire. En second lieu, quelque soin que l'on prenne, la jonction des soupapes n'est jamais si parfaite qu'elle ne laisse passer aucune molécule d'air qui nuise aussi au vide.

De toutes les causes de l'imperfection du vide des machines pneumatiques, celle qui vient des soupapes est la principale, c'est-à-dire que la majeure partie du fluide élastique qu'on ne peut extraire de la cloche d'une machine pneumatique, vient de ce que ce fluide n'a plus assez de force pour soulever la soupape du piston qui le comprime. Voici le moyen imaginé par M. Babinet pour parer à cet inconvénient :

Soient B et C (*fig.* 108 et *fig.* 109) les fonds des deux corps de pompe d'une machine pneumatique, et soit A (*fig.* 108) la platine de cette machine. Outre les robinets que nous avons fait connaître, M. Babinet en place un entre les deux corps de pompe en D (*fig.* 108 et *fig.* 109). Ce robinet est percé de deux trous, l'un en I et l'autre en *x*. Ces trous sont percés dans des directions perpendiculaires à la longueur du robinet, et perpendiculaires entre elles. De plus, outre les trous ordinaires E et E' pratiqués aux fonds des corps de pompe, on en pratique un autre en F dans le corps de la pompe C, lequel communique avec le trou E de l'autre corps de pompe par un canal FUE. Cela posé, quand le robinet D est tourné dans un certain sens représenté *fig.* 108, le canal EE' est ouvert dans toute sa longueur, et le canal FU est fermé en x; au lieu que quand ce robinet est tourné dans l'autre sens, représenté *fig.* 109, c'est, au contraire, le canal EE' qui est fermé en I, et le canal FU qui est ouvert dans toute sa longueur. D'après cela, quand le robinet est tourné comme dans la *fig.* 108, le vide se fait, comme à l'ordinaire, par le mouvement des deux pistons; mais lorsqu'on a poussé de cette manière le vide aussi loin que possible, pour le pousser plus loin on tourne le robinet comme le représente la *fig.* 109; alors le corps de pompe B ne communique plus avec la cloche placée sur la platine, mais seulement avec le trou F de l'autre corps de pompe : ainsi, quand le piston de C descend, il chasse en B l'air qu'il avait extrait de la cloche par son ascension précédente ; et cela ayant lieu à chaque fois que le piston C descend, il s'ensuit qu'après un certain nombre de fois on aura un pareil nombre de quantités d'air qui auront été chassées en B où elles se sont accumulées, de sorte qu'à la fin elles feront une quantité d'air totale suffisante pour lever la soupape de B et s'échapper au dehors.

Fig. 108.

Fig. 109.

Fig. 108.

Fig. 109.

Quand on a fait le vide autant qu'on le désire, on tourne d'une certaine manière le robinet I (*fig.* 104) placé entre l'éprouvette D et les corps de pompe AB de la machine, et par ce moyen on ferme l'espace contenu dans cette éprouvette et sous la cloche X. En tournant le même robinet d'une autre manière et ôtant le bouton y, on peut rendre l'air à la cloche X et à l'éprouvette D. Pour comprendre ceci, il faut connaître la construction du robinet Iy. Ce robinet est percé d'un petit trou transversal g (*fig.* 102), comme à l'ordinaire. Mais il est de plus percé d'un canal longitudinal hZB qui reste ouvert en B, et que l'on ferme en h par un bouchon de cuivre Zy. Quand on tourne ce robinet de manière que l'orifice B soit du côté de la cloche et s'ouvre précisément au centre du canal qui conduit au centre de cette cloche, il est évident qu'il n'y a pour lors qu'à ôter le bouchon y pour que l'air extérieur puisse arriver sous cette cloche et sous l'éprouvette.

Fig. 104.

Fig. 102.

92   ÉLÉMENTS DE PHYSIQUE, LIV. I.

Lorsqu'au contraire on tourne ledit robinet de manière que l'orifice B soit du côté des corps de pompe AB, l'éprouvette et la cloche sont fermées, c'est-à-dire que toute communication de leur intérieur avec l'extérieur est interrompue. Du reste, il y a des marques convenables sur la tête I du robinet, et au moyen desquelles on peut reconnaître si le robinet est ouvert ou fermé.

94. *Pompe à compression.* — Il y a plusieurs espèces de pompes à compression. La première espèce, semblable pour l'extérieur à la machine pneumatique, a deux corps de pompe et une platine sur laquelle est fixé le récipient en verre où l'on veut comprimer l'air. Mais comme elles sont peu en usage, nous passons à celles de la seconde espèce.

Fig. 110.   95. La seconde espèce de pompe à compression ne consiste qu'en un corps de pompe HP (*fig.* 110) que l'on visse sur le vase EF où l'on veut comprimer l'air. Dans ce corps de pompe est un piston P entièrement plein. Au bas de ce corps de pompe est une soupape *s* qui s'ouvre de haut en bas, et à sa partie supérieure est un trou O dont on va voir l'utilité.

Quand le piston descend, il comprime l'air placé entre lui et la soupape *s*; alors celle-ci finit par s'ouvrir, et l'air comprimé passe dans le vase EF. Ensuite on relève le piston; aussitôt la soupape *s* se referme, et l'air placé entre elle et le piston se dilate jusqu'à ce que le piston soit parvenu au-dessus du trou O; à ce moment, ce trou laisse passer dans le corps de pompe l'air extérieur, qui sera après cela comprimé par une nouvelle descente de piston, et ainsi de suite.

Fig. 111.   96. Quand on veut comprimer un gaz particulier dans un vase, on remplace le trou O par une soupape TT' (*fig.* 111) placée près de la soupape *s*. Cette soupape TT' s'ouvre de dehors en dedans; on visse en T un tuyau qui communique avec le réservoir ou la source qui doit fournir le gaz à comprimer, et l'on conçoit qu'en faisant monter et descendre le piston P comme nous l'avons ex-
Fig. 110.   pliqué pour la figure 110, on comprimera le gaz autant que l'on voudra dans la capacité EF.

97. *Pompe aspirante.* La pompe aspirante est un appareil au moyen duquel on élève l'eau d'un puits ou d'un étang en extrayant, au moins en partie, l'air contenu dans cet appareil. La

SUR LES POMPES.

fig. 113 donne une idée de sa construction. FF′ représente le niveau de l'eau qu'il s'agit d'élever. IG est un tuyau vertical plus étroit que le reste de l'appareil, et qu'on appelle *tuyau d'aspiration*. OP est un tuyau vertical appelé *corps de pompe*. A la jonction de ces deux tuyaux est une soupape s qui s'ouvre de bas en haut. Dans le corps de pompe se meut un corps pp' qui en remplit exactement l'intérieur, et qu'on appelle *piston*. Ce piston est percé d'un trou fermé par une soupape s' qui s'ouvre de bas en haut. Enfin I′ est un *tuyau de conduite* par où sort l'eau qu'on a élevée. Pour expliquer l'effet de cette pompe, observons qu'au commencement tout étant en repos, les soupapes s et s' se tiennent naturellement fermées par leur propre poids. Ceci compris, supposons que l'on commence par faire monter le piston : par là on augmentera l'espace compris entre ce piston et la soupape s. Ainsi, l'air qui s'y trouve, en s'étendant, diminuera de ressort; il ne contre-balancera donc plus le ressort de l'air placé sous la soupape s, lequel par conséquent soulèvera cette soupape. Alors le piston montant toujours, tout l'air qui lui est inférieur se dilate pour remplir le vide; la pression en E diminue, et, par la pression atmosphérique qui s'exerce au dehors en G et G′, l'eau monte dans le tuyau d'aspiration jusqu'à ce que le piston s'arrête. Quand le piston est arrivé au plus haut où peut l'amener la manivelle qui le meut, la soupape s se ferme, et l'eau se tient en colonne immobile dans le tuyau d'aspiration pendant tout le temps qu'on fera descendre le piston. Par cette descente, l'air contenu dans le *corps de pompe* est comprimé, et au bout de quelques instants sa force devient suffisante pour soulever la soupape s' du piston, et cet air s'échappe au dehors pendant le temps de la descente du piston. Lorsque celui-ci est arrivé au point le plus bas auquel peut l'amener la manivelle qui le meut, on recommence à l'élever comme la première fois; et cette nouvelle ascension du piston produisant les mêmes effets que la première, la colonne d'eau contenue dans le tuyau d'aspiration montera de nouveau. Si la machine est bien construite, c'est-à-dire si le tuyau d'aspiration n'est pas trop long, sa colonne d'eau finira par monter jusqu'au-dessus de la soupape s, et même jusqu'au-dessus du piston placé au point le plus bas de sa course. Quand les choses en sont là, le piston en s'élevant emporte avec lui l'eau qui couvre sa face supérieure, laquelle se rend ensuite à sa destination par le tuyau de conduite l'.

98. Pour que cet effet ait lieu, il faut que le tuyau d'aspiration ne s'élève pas à plus de 32 pieds au-dessus du niveau FF', parce que l'eau ne peut s'élever à plus de 32 pieds dans le vide. Quant à la valeur précise qu'on peut donner au tuyau d'aspiration, elle dépend de la position des points extrêmes de la course du piston.

On trouve ainsi que, pour qu'une pompe aspirante fasse tout son effet, il faut que le carré de la moitié de la distance entre le plus haut point de la course du piston et le niveau de l'eau, soit moindre que le jeu du piston multiplié par la hauteur à laquelle l'eau s'élèverait dans le vide. (V. les *Compl.*)

99. *Pompe foulante.* — La pompe foulante est un appareil qui fait monter l'eau où l'on désire, en comprimant ce liquide avec plus ou moins de force. Le corps de pompe H (*fig.* 115) porte à sa base une soupape, ou plus simplement une plaque métallique cc', percée d'un grand nombre de petits trous. Cette soupape ou cette plaque est plongée dans l'eau un peu au-dessous de son niveau. Immédiatement au-dessus de ce niveau est l'origine du tuyau d'ascension GI, qui s'élève jusqu'à la hauteur à laquelle on désire conduire l'eau. Ce tuyau d'ascension est muni, à sa partie inférieure, d'une soupape *s*, qui s'ouvre de dedans en dehors du corps de pompe. Enfin, un piston P sans ouverture se meut dans le corps de pompe. Supposons ce piston placé au fond du corps de pompe de manière à être au moins en partie dans l'eau ; si on l'élève, l'eau le suivra dans le corps de pompe en passant par les trous de la plaque cc' ou par sa soupape, qui s'ouvre de bas en haut. Cette ascension de l'eau est causée par la pression que l'atmosphère exerce sur la surface de l'eau tout autour du corps de pompe. Quand le piston sera arrivé en haut du corps de pompe, celui-ci sera rempli d'eau. Mais à présent, si l'on fait descendre le piston, il comprimera cette eau, qui, en conséquence, ouvrira la soupape *s* et passera, au moins en partie, dans le tuyau d'ascension ; je dis au moins en partie, parce que, dans le cas où la plaque cc' a des petits trous au lieu d'une soupape, une partie de l'eau s'échappera par ces trous. On élèvera ainsi, à chaque coup de piston, le liquide d'une certaine quantité dans le tuyau d'as-

cension, et, en quelques coups, elle sera arrivée à la hauteur que l'on désire.

100. *Pompe aspirante et foulante*. — Cette pompe est un appareil par lequel on élève l'eau en en extrayant au moins en partie l'air, et comprimant ensuite l'eau qui y est entrée. Elle ne diffère de la pompe foulante qu'en ce que la base G (*fig.* 116) du corps de pompe ne plonge pas dans l'eau, mais est munie d'un tuyau d'aspiration GR, dont on extrait, au moins en partie, l'air par le mouvement du piston. Lorsque le piston s'élève, le ressort de l'air GR n'étant plus contre-balancé par l'air raréfié GP, lève la soupape *s* et passe en GP, et l'eau suit cet air en s'élevant dans le tuyau d'aspiration de quelque chose au-dessus du niveau extérieur. Quand le piston s'arrête au plus haut de sa course, la soupape *s* se referme par son poids, et ce piston, en descendant, comprime l'air enfermé dans le corps de pompe GP. Cet air comprimé finit par ouvrir la soupape *s'* du tuyau d'ascension, et s'échappe par là. On voit donc qu'à chaque coup de piston on extraira une partie de l'air du tuyau d'aspiration, et que l'eau s'y élèvera à chaque fois d'une nouvelle quantité, jusqu'à ce qu'enfin elle arrive au-dessus des soupapes *s* et *s'*. Quand les choses en sont là, pour lors, à chaque fois que l'on descend le piston, on refoule l'eau contenue dans le corps de pompe, et on la force de passer par la soupape *s'* dans le tuyau d'aspiration, où elle s'élèvera de plus en plus jusqu'à ce qu'elle atteigne la hauteur qu'on désire.

Fig. 116.

3° *Des liquides en particulier; leur compressibilité.*

101. Proposition. — « On peut démontrer par l'expérience « que les liquides sont compressibles. »

Dans les siècles précédents, plusieurs physiciens tentèrent de prouver cette proposition, notamment les académiciens de Florence, et Canton en Angleterre; mais ils ne purent arriver à aucun résultat bien concluant. Notre siècle fut plus heureux. Les trois principales entreprises faites de notre temps à cet égard furent celles de M. Oersted, en Suède, Colladon et Sturm, à Genève (*Ann. de phys. et de chim.*, 2ᵉ série, t. XXII, p. 192, et t. XXXVI, p. 113), et de M. Regnault, à Paris (*Expér. pour les mach. à vap.*). Leurs procédés étant très-analogues entre eux, nous nous contenterons de faire connaître celui de M. Oersted.

Fig. 117. L'appareil dont se sert ce savant est représenté *fig.* 117. La partie principale en est $o'z$, laquelle est composée d'un *manomètre* oo' et d'un *piézomètre* $t'z$.

Le manomètre est un tube en verre ouvert à l'extrémité inférieure o, et fermé à la partie supérieure o'. Ce tube doit être bien cylindrique, et divisé en parties égales et numérotées sur sa longueur. Le piézomètre est un petit vase en verre qui a deux parties distinctes, la capacité zz et le col tt'. Celui-ci porte des divisions numérotées, égales en volume, et dont on connaît parfaitement le rapport avec le volume total du piézomètre. C'est dans le piézomètre que l'on met le liquide dont on veut mesurer la compressibilité : on introduit aussi dans le col de ce piézomètre une petite goutte de mercure, ou on y ménage une petite bulle d'air qui se tienne vers le milieu de sa longueur tt'. Cette goutte ou cette bulle s'appelle l'*index* du piézomètre. On place alors celui-ci dans le vase cc', et on visse le col PP'. Dans ce col PP' est un piston S destiné à presser l'eau qu'on introduit dans le vase cc'.

Cette pression, par la propriété des liquides, se transmet dans tous les sens sur le manomètre et le piézomètre. La colonne d'air qui remplissait d'abord toute la longueur du manomètre se raccourcit par l'effet de cette compression, et l'eau monte dans ce tube à un numéro qui indique à combien d'atmosphères est égale la pression qu'on exerce. L'index I, pendant qu'on exerce cette pression, descend d'une certaine quantité qui indique la compressibilité du liquide en expérience. M. Oersted a trouvé de cette manière que, pour une atmosphère, la quantité dont descend l'index, exprimée en millionièmes du volume primitif du liquide en expérience, avait les valeurs suivantes (V. *Ann. de phys. et de chim.*, t. XXXVII, p. 104) :

> Pour le mercure............ 1
> Pour l'eau................. 45

M. Oersted a trouvé aussi, dans ses expériences, que la contraction de l'eau est proportionnelle à la pression qu'on lui fait subir.

102. M. Regnault prend un piézomètre P (*fig.* 116 *bis*), placé Fig. 116 dans un cylindre en cuivre A qui a environ 1 décimètre de diamètre et 4 de hauteur. Le tube *s* communique avec un réservoir où se trouve de l'air comprimé à un degré connu, et c'est ce gaz qui est destiné à exercer sur le liquide en expérience la pression qu'on désire. (V. *Compl.*)

Question II. — *Des Solides.*

103. Comme la compressibilité des solides dépend beaucoup de ce qu'on appelle la porosité, nous allons traiter séparément de la compressibilité des corps poreux et de celle des solides non poreux.

Compressibilité des corps poreux. — La compressibilité des corps poreux est facile à constater par l'expérience.

En effet, il suffit de presser seulement dans les doigts une éponge ou un morceau de liége pour en réduire notablement le volume. Ceci s'explique, en ce que les parois des pores de ces corps étant très-flexibles, ils plient sous la pression qu'on exerce. Ainsi, par le rapprochement de leurs parois, les pores de ces corps diminuent plus ou moins, et le volume entier du corps en devient notablement moindre.

Remarque. — Il y a cependant des corps poreux qui ne peuvent être comprimés : telle est la pierre ponce, etc. Ce sont des corps dans lesquels les parois des pores, étant très-peu flexibles, se brisent plutôt que de plier sous les pressions qu'on exerce.

104. *Compressibilité des corps non poreux.* — La difficulté de faire des expériences qui constatent directement la quantité dont se contracte un corps solide sous une force comprimante donnée, a obligé les physiciens à chercher de combien s'allonge une tige sous l'effort d'une traction plus ou moins grande, parce qu'on admet que cet allongement serait égal au raccourcissement qu'éprouverait la tige sous une compression égale à la traction employée.

On a ainsi obtenu les trois lois suivantes :

Proposition. — « 1° Les allongements d'une tige sont pro« portionnels aux forces de traction qui les produisent ; 2° ces « mêmes allongements sont aussi proportionnels à la longueur

« primitive de la tige; 3° ils sont en raison inverse de la section
« transversale de la tige. »

Plusieurs physiciens ont vérifié ces lois par l'expérience.
M. Savart fit à cet égard les expériences les plus nombreuses et
les plus soignées. Pour constater ces lois, il suspendait par un
bout les tiges qu'il voulait soumettre à l'expérience, et à l'autre
bout il attachait les poids dont l'effort devait allonger ces tiges.

105. *Observation I.* — Les lois précédentes n'ont lieu qu'autant que les tractions exercées sur les tiges ne dépassent pas
certaines limites. Ainsi, dans des expériences sur des lames de
cuivre de $3^{millim}.45$ de largeur sur $0^{millim}.9$ d'épaisseur et sur un
fil de cuivre de $2^{millim}.4$ de diamètre, M. Savart a trouvé qu'en les
soumettant à des tractions plus grandes que 30 kilogr., leurs
allongements n'étaient plus proportionnels à ces tractions.

Observation II. — C'est par une méthode semblable à celle
de M. Savart que MM. Colladon et Sturm ont trouvé leurs résultats, par exemple qu'une barre de verre s'allongeait de 11 millionièmes pour une traction d'une atmosphère.

106. *Corollaire.* — « Lorsque les molécules contiguës d'un
« corps ont été très-peu écartées les unes des autres, leur ten-
« dance pour revenir sur elles-mêmes et reprendre leur position
« d'équilibre est proportionnelle à la quantité dont elles sont
« écartées. »

En effet, on vient de voir que, lorsqu'on tire un fil, ses allongements sont proportionnels aux accroissements des tractions.
Or, ces accroissements des tractions étant précisément contre-balancés par la tendance des molécules pour revenir à leur position d'équilibre, et l'allongement du fil étant dû à la quantité
dont les molécules ont été écartées les unes des autres, il s'ensuit que quand les molécules contiguës d'un fil ont été très-peu
écartées les unes des autres, leur tendance pour revenir sur elles-mêmes est proportionnelle à la quantité dont elles ont été écartées.

On voit pourquoi nous disons *très-peu* écartées. C'est que,
d'après la première des deux observations ci-dessus, si l'écartement était considérable, la proportionnalité en question n'aurait
plus lieu.

107. *Remarque.* — Les expériences de MM. Savart, Sturm et

Colladon ne donnent que la *compressibilité linéaire* des solides ; on admet en général qu'en la triplant on a ce qu'on appelle la *compressibilité cubique*. Par le procédé indiqué n° 102, M. Regnault a obtenu immédiatement la compressibilité cubique des solides, en même temps que celle des liquides sur lesquels il a expérimenté.

108. Proposition. — « Un fil étant suspendu verticalement
« par son extrémité supérieure qu'on suppose solidement fixée,
« si on le tord par son extrémité inférieure, la force de torsion
« avec laquelle il tendra à revenir à sa position naturelle sera
« proportionnelle au nombre de degrés dont on aura tourné
« cette extrémité inférieure. »

Explication. — Ainsi, supposons que l'on ait tracé sur une table un cercle AB (*fig.* 122) divisé en degrés, et que l'on ait suspendu au-dessus du centre de ce cercle un fil DE légèrement tendu par le petit poids cylindrique CD ; enfin supposons que ce cylindre CD porte une aiguille Cc'. Si, prenant le cylindre DC par le milieu avec deux doigts, on le fait tourner de manière à faire parcourir à l'extrémité c' de l'aiguille un certain nombre des degrés du cercle AB, il est clair que par là on tordra le fil DE ; et notre proposition consiste en ce que la force avec laquelle ce fil tendra à se détordre pour ramener l'aiguille à sa position primitive est proportionnelle au nombre de degrés dont on aura dérangé l'aiguille Cc'. (Pour la démonstration, V. les *Compléments*.)

Fig. 122.

Coulomb a montré par l'expérience la vérité de notre proposition, et il a donné la manière de mesurer exactement la force de torsion ; mais comme ces expériences consistent à observer les oscillations, nous n'en parlerons que quand il sera question des phénomènes de mouvements produits par les forces dont nous étudions ici l'équilibre.

Nous renvoyons aux *Compléments* pour une connaissance plus approfondie de l'influence de la pression sur le ressort et le volume des corps, et nous passons à celle de la température.

DES DISTANCES ET RÉACTIONS MUTUELLES DES MOLÉCULES DE L'INTÉ-
RIEUR D'UN CORPS DANS L'ÉTAT D'ÉQUILIBRE.

II° PARTIE. *Influence de la température sur ces distances et ces réactions.*

109. Nous avons déjà vu, n° 18, que la température, en variant, augmente ou diminue le volume des corps, c'est-à-dire fait varier la distance mutuelle de leurs molécules, et même cette variation va quelquefois jusqu'à produire un changement d'état, c'est-à-dire à faire passer le corps de l'un des trois états, solide, liquide ou gazeux, à l'autre.

Ainsi nous aurons à chercher :

1° A quelle température répond tel volume d'un corps? et 2° à quelle température répond tel changement d'état d'un corps? la pression exercée sur le corps étant supposée invariable dans chaque recherche. (Cette supposition de l'invariabilité de la pression vient de ce que l'on a déjà examiné quelle influence la pression exercée sur un corps a sur son volume et son changement d'état.) Chacune de ces recherches fera l'objet d'un paragraphe séparé.

§ I. INFLUENCE DE LA TEMPÉRATURE SUR LE VOLUME DES CORPS.

Pour connaître cette influence, on voit qu'il suffit de savoir :

1° La manière dont varie le volume d'un corps en passant d'une température à une autre; c'est ce dont nous nous occuperons dans une première question, intitulée *Dilatation des corps*.

En second lieu, il faudra savoir quelle est la vraie grandeur du volume du corps proposé, au moins pour une certaine température convenue. Mais comme en général on ne peut guère, dans la pratique, se procurer immédiatement que le poids d'un corps, on voit que ce second problème ne pourra se résoudre qu'en cherchant quel est, à la température convenue, le rapport du volume au poids du corps, c'est-à-dire, d'après le n° 29, quelle est la densité de ce corps. C'est ce que nous ferons dans une deuxième question, intitulée *Densité des corps*. A la rigueur,

DILATATION DES CORPS.

cette recherche de la densité des corps aurait dû être placée au chapitre où nous avons traité de la pesanteur; mais elle exige si nécessairement, comme on le verra, la connaissance de la dilatation, que nous n'aurions pu alors nous en occuper; c'est pourquoi nous avons été réduit dans ce chapitre à ne donner guère autre chose que la définition de la densité.

Question I. — *Dilatations.*

110. Posons avant tout quelques détails préliminaires nécessaires pour l'intelligence de cette question.

Définition I. — On appelle *dilatation cubique* d'un corps ce dont le volume de ce corps augmente en passant d'une température à une autre plus élevée.

Définition II. — On appelle *coefficient de la dilatation cubique* le nombre par lequel il faut multiplier le volume qu'un corps a à la température 0, pour obtenir l'augmentation de ce volume à chaque degré de chaleur.

Définition III. — On appelle *dilatation linéaire* d'un corps l'augmentation que telle ou telle de ses dimensions, considérée seule, reçoit en passant d'une température à une autre plus élevée, sa forme restant toujours semblable à elle-même.

Définition IV. — On appelle *coefficient de la dilatation linéaire* d'un corps le nombre par lequel il faut multiplier la grandeur qu'une des dimensions de ce corps a à 0 de température, pour avoir ce dont elle augmente pour un degré de chaleur.

111. Proposition. — « Le coefficient de la dilatation cubique « est triple du coefficient de la dilatation linéaire. »

Car soit a, b, c, les trois dimensions d'un corps à zéro, ces dimensions deviendront $a+da$, $b+db$, $c+dc$, à 1 degré de chaleur, d étant le coefficient de la dilatation linéaire; donc le volume du corps à cette température sera $(a+da)(b+db)(c+dc)$, ou bien $abc + 3dacb + 3d^2 abc + d^3 abc$. Or, d étant toujours très-petit, comme nous le verrons par l'expérience, d^2 et d^3 sont insensibles; donc, en les regardant comme zéro, on aura $abc + 3dabc$ pour le volume du corps à 1 degré; d'où l'on voit que le coefficient de la dilatation cubique est $3d$. *C. Q. F. D.*

112. Passons à présent à la mesure de la dilatation de chaque espèce de corps.

1° *Dilatation des gaz*. — Après que divers physiciens tels qu'Amontons et autres eurent essayé en vain de donner un coefficient de la dilatation des gaz, M. Gay-Lussac, en 1802, donna 0,00375 pour valeur de ce coefficient. (V. tome XLIII, *Ann. de chimie*, 1re série). Par la suite, M. Gay-Lussac, dans ses cours publics, a expliqué un autre procédé pour mesurer la dilatation qu'il a prétendu lui avoir donné le même résultat que celui consigné dans son mémoire de 1802; il n'a, du reste, rien écrit sur cet autre procédé, mais on le trouve decrit dans tous les traités de physique postérieurs à 1802, et surtout dans le grand traité de Biot, t. I, p. 182 et suivantes. La valeur 0,00375 fut admise de tout le monde sans contradiction pendant près de quarante ans. On accorda cette confiance au chiffre de M. Gay-Lussac d'autant plus volontiers que M. Dalton publia, à peu près vers la même époque, à Manchester, un travail d'après lequel il prétendait avoir trouvé ce même chiffre. M. Rudberg, en Suède, est le premier qui, vers 1840, montra, par des expériences faites avec beaucoup de soin, que le coefficient 0,00375 était trop fort de presque 1 quarantième de sa valeur. Ce résultat étonna beaucoup le monde savant, car la confiance dans le travail de M. Gay-Lussac était telle, que MM. Dulong et Petit, en 1816 (*Ann. de chim. et de phys.*, t. I et VII), ayant entrepris de comparer le thermomètre à air au thermomètre à mercure, ne crurent pas nécessaire de calculer, par leur méthode, le coefficient de la dilatation de l'air; et s'ils firent quelques expériences pour cela, ce fut moins, comme ils le disent eux-mêmes, pour obtenir ce coefficient que pour s'assurer de la bonté de leur méthode par l'accord de ses résultats avec ceux de M. Gay-Lussac; et s'ils ont, en effet, cru reconnaître cet accord comme ils le prétendent, c'est une illusion tout à fait inconcevable. Mais ce qui est encore plus étonnant, c'est que tous les traités de physique publiés depuis 1802 aient sans cesse répété que Dalton avait trouvé les mêmes chiffres que Gay-Lussac, quoique Gilbert, dès 1803, annonça et prouva dans ses *Annales* que c'était par une erreur de calcul que Dalton prétendait avoir trouvé le même coefficient que Gay-Lussac : en redressant cette erreur, les expériences de Dalton donnent 0,00392 au lieu de 0,00375. Si ce n'étaient qu'aux auteurs élémentaires qu'on pût faire ce reproche, on le concevrait, parce que ceux-ci ne font qu'extraire ce qu'ils trouvent dans les grands ouvrages et les mémoires ou recueils scientifiques de leur époque, pour le mettre à la portée des étudiants. Mais ce reproche s'adresse aux auteurs du premier ordre, à ceux qui sont occupés à faire avancer la science par leurs propres recherches, comme on peut le voir dans le grand *Traité de physique* de M. Biot, publié en 1816, t. I, p. 188. Qui plus est, ce dernier auteur, loin d'avoir égard à la remarque de Gilbert, n'a fait qu'éloigner encore plus le public de suspecter le moins du monde le coefficient 0,00375, en disant, p. 189, que Tobie Mayer l'avait trouvé exactement de la même valeur que Gay-Lussac.

Quelques mois après la publication du mémoire de M. Rudberg, M. Magnus, à Berlin, et M. Regnault, à Paris, publièrent les résultats de leurs recherches sur la dilatation des gaz, et trouvèrent à peu près le même coefficient que M. Rudberg. Le mémoire de M. Magnus est imprimé dans le t. VI des *Ann. de chim. et de phys.* M. Regnault a aussi inséré son mémoire dans ce recueil; mais il l'a publié depuis encore en 1847, avec plus de développement dans sa *Relation des expériences des machines à vapeur.* On trouve aussi, dans cette *Relation*, un exposé succinct des procédés de Rudberg, p. 16 et suivantes, et de ceux de M. Gay-Lussac, p. 66. Nous allons donner une idée très-succincte des travaux de M. Regnault.

113. Problème. — « On demande le coefficient de dilatation « de l'air ou de tout autre gaz, depuis 0° jusqu'à 100°. »

On peut voir dans les *Compléments* le détail des expériences faites par M. Regnault pour résoudre ce problème. La fig. 120 donne une idée de ses appareils. Il y a ici deux manières de résoudre le problème. En effet, quand on chauffe un gaz contenu dans un ballon de verre, on peut permettre à ce gaz d'augmenter de volume sans que sa pression augmente, ou le contraindre de conserver le même volume, ne permettant alors à la chaleur que d'augmenter la pression ou l'élasticité de ce gaz. Le premier cas aurait lieu, par exemple, pour un gaz contenu dans un ballon *b* (*fig.* 125), qu'on ne fermerait que par une simple goutte de mercure, comme faisait M. Gay-Lussac. Dans son appareil, le gaz *b*

Fig. 120.

Fig. 125.

Fig. 120.

n'était jamais soumis qu'à la pression exercée par l'atmosphère contre la goutte de mercure *i*. Mais le second cas aurait lieu pour un gaz contenu dans le ballon A (*fig.* 120) fermé par la double colonne de mercure ETK, si à mesure que l'on chauffe ce gaz on versait en K une quantité de mercure de plus en plus grande pour retenir le gaz par cette pression croissante, et l'empêcher de s'étendre par l'effet de la chaleur au delà de D; on peut aussi réaliser, avec cet appareil, la dilatation à pression constante : il suffit d'en retirer du mercure par le robinet G : par là on diminue la colonne de mercure K à mesure qu'elle tend à s'élever par l'effet de la dilatation du gaz; et on maintient à une valeur constante la différence entre cette colonne K et la colonne E, ce qui rend la pression de A pareillement constante.

114. Au moyen de ces procédés, M. Regnault a cherché dans ces deux cas le coefficient de dilatation de plusieurs gaz. Voici le tableau des coefficients de dilatation obtenus par ces deux genres d'expériences de 0° à 100°.

	Sous volume constant.	Sous pression constante.
Hydrogène.............	0,3667	0,3661
Air atmosphérique.......	0,3665	0,3670
Azote..................	0,3668	»
Oxyde de carbone.......	0,3667	0,3669
Acide carbonique........	0,3688	0,3710
Protoxyde d'azote.......	0,3676	0,3718
Acide sulfureux.........	0,3845	0,3903
Cyanogène.............	0,3829	0,3877

Pour plus de développement, voy. les *Compléments*.

115. *Corollaire I.* — On voit donc que la même élévation de température communiquée à une masse d'air n'exerce pas rigoureusement la même action sur ses molécules, selon que celles-ci peuvent se dilater ou qu'elles ne le peuvent pas. On voit en effet, par le tableau précédent, que l'on obtient presque toujours des valeurs notablement différentes pour le coefficient de dilatation d'un même gaz, suivant que l'expérience a été faite sous volume constant ou sous volume variable; il n'y a d'exception que pour l'oxyde de carbone, et ce semble aussi pour l'hydrogène.

116. *Corollaire II.* On voit aussi, par le tableau précédent, que les coefficients sont en général peu différents les uns des autres pour les divers gaz, surtout si l'on met hors de la compa-

DILATATION DES CORPS.   105

raison les gaz liquéfiables, à savoir l'acide carbonique, l'acide sulfureux et le cyanogène. Cependant les différences de ces coefficients ne sont pas assez petites pour qu'on puisse regarder comme exacte la loi qu'avait cru pouvoir poser M. Gay-Lussac, en énonçant que les gaz et les vapeurs ont tous les mêmes coefficients de dilatation.

M. Regnault a étudié la dilatation des gaz sous diverses pressions avec l'appareil de la fig. 120. A cet effet, avant de fermer le tube oI, il donnait au gaz du réservoir AB l'élasticité qu'il désirait au moyen d'une machine pneumatique ou d'une machine à compression adaptée à ce tube oI. (V. les *Compl.*)

Fig. 120.

117. *Dilatations sous diverses pressions.* — On pensait aussi généralement, d'après M. Gay-Lussac, que chaque gaz conservait le même coefficient de dilatation sous toutes les pressions; mais M. Regnault a montré que ce coefficient augmente ou diminue en général, selon la pression de ce gaz. Il n'a trouvé d'exception que pour l'hydrogène. Ce dernier paraît avoir le même coefficient de dilatation sous toutes les pressions. Nous avons déjà vu au corollaire I que ce gaz a aussi le même coefficient sous volume constant que sous pression constante.

118. *Dilatation des vapeurs.* — D'après les travaux de M. Regnault, il paraît que les gaz s'éloignent d'autant plus de la loi de Gay-Lussac qu'ils sont plus comprimés, et par conséquent plus près de leur liquéfaction. De là il suit qu'il est très-probable, comme l'observe M. Regnault, que les vapeurs ont des coefficients de dilatation très-différents de celui de l'air, à moins qu'elles ne soient très-loin de l'état de saturation.

119. *Thermomètre normal.* — M. Regnault donne ce nom au thermomètre à air que représente la *fig.* 120. Cet appareil, une fois rempli d'air, peut en effet servir à accuser les variations de la température; car dès que l'on connaît le coefficient de l'air, on sait de combien l'air renfermé dans cet appareil varie en force ou en volume pour 1° de variation de température. On pourra donc, par une simple proportion, trouver le nombre de degrés que vaut tel ou tel changement de température, lorsqu'on connaîtra la variation de la force ou du volume de l'air A correspondant à ce changement.

Fig. 120.

Remarque I. — M. Regnault a trouvé par l'expérience que le thermomètre normal s'accorde assez bien avec le thermomètre à mercure depuis 0° jusqu'à 100°.

Remarque II. — En remplissant le globe A de l'appareil *fig.* 120 d'un autre gaz, il devient un thermomètre à gaz différent de l'air.

La comparaison de ces thermomètres à gaz entre eux et avec le thermomètre à mercure a montré à M. Regnault que l'air, l'hydrogène et l'acide carbonique suivent la même loi de dilatation (n° 62).

120. *Lois de Gay-Lussac.* — Ces lois sont au nombre de deux : selon la première, les gaz se dilatent toujours de la même quantité pour chaque degré du thermomètre à mercure, depuis 0° jusqu'à 100°. C'est ce que constate l'expérience pour l'air, l'hydrogène et l'acide carbonique, comme nous venons de le dire dans les deux remarques précédentes.

La deuxième établissait que le coefficient de dilatation est le même pour tous les fluides élastiques; les expériences du n° 114 ont démenti cette loi. Cependant, vu la petitesse de la différence des coefficients de l'air, de l'hydrogène et de l'acide carbonique, on peut regarder ladite loi comme au moins approximative pour ces gaz.

121. *Rapport à la quantité de chaleur.* — Quand on croyait que tous les gaz se dilatent de la même quantité pour un même accroissement de chaleur, on en concluait que cette dilatation était indépendante de la nature des gaz, et qu'ainsi ces corps se dilataient de quantités proportionnelles aux accroissements de chaleur; mais, vu la différence des coefficients de dilatation des divers gaz, M. Regnault remarque que cette conclusion n'est plus admissible. Cependant, 1° comme les différences entre ces coefficients sont en général très-petites, surtout celles de l'air, de l'hydrogène et de l'azote, qui, malgré la différence énorme de leurs autres propriétés, ne dépassent pas 1 centième; et 2° comme tous les gaz, excepté l'acide sulfureux, suivent la même loi de dilatation (n° 119, *Rem. II*), il s'ensuit que si ladite conclusion n'est pas rigoureusement exacte, elle l'est au moins très-approximativement. De là et du n° 119, *Rem.* I, il résulte que le thermomètre à mercure marche proportionnellement aux accroissements de chaleur.

2° « *La dilatation des liquides* est en général inégale pour des

« accroissements égaux de chaleur, de sorte qu'il n'est presque
« aucun liquide dont la dilatation soit régulière. »

122. En effet, nous venons de voir, au n° précédent, que le thermomètre à mercure a une marche à peu près proportionnelle à celle de la température. Or si l'on fait plusieurs thermomètres avec divers liquides, en s'y prenant exactement comme nous l'avons dit pour faire un thermomètre avec du mercure, on trouve que, excepté celui fait avec de l'esprit-de-vin, presque aucun ne marche comme le thermomètre à mercure; et encore le thermomètre à esprit-de-vin ne s'accorde plus lui-même avec celui à mercure dans les hautes températures. Notre proposition est encore prouvée par toutes les recherches qu'on a faites sur les dilatations des liquides.

123. Ces recherches ont montré, en deuxième lieu, que le coefficient de dilatation est très-différent pour les différents liquides.

124. Enfin, elles ont montré que les liquides se dilatent environ quatre ou cinq fois moins que les gaz.

125. L'eau est de tous les liquides celui qui se dilate le plus irrégulièrement; on trouve même, en abaissant la température de plus en plus, qu'après s'être continuellement contractée jusqu'à la température d'environ 4 degrés, elle finit ensuite par se dilater en passant à des températures de plus en plus inférieures à 4 degrés, jusqu'à ce qu'elle se congèle. L'eau ne paraît pas la seule qui jouisse de cette propriété; nous y reviendrons plus loin. (V. n° 126, *Rem. II.*)

126. Problème. « On demande de mesurer le coefficient de « la dilatation des liquides. »

La *Solution I* est celle des thermomètres. On conçoit en effet que si dans un thermomètre fait avec un liquide sur le modèle du thermomètre à mercure les degrés sont des parties connues du volume de sa boule, il n'y aura plus qu'à corriger, de la dilatation du verre, l'étendue des degrés que ce thermomètre aura parcourue par une certaine élévation de température, pour en conclure le coefficient demandé.

Solution II par les pesées. — La méthode des pesées, pour trouver le coefficient de dilatation cubique d'un liquide, consiste à peser ce qu'une capacité en verre peut contenir de ce liquide à 0 degré et à une température plus élevée que 0 degré, telle que 100 degrés, par exemple. La seconde pesée donne un poids moindre que la première, parce que la chaleur, en dilatant le liquide plus que le verre, en fait sortir une certaine quantité hors de la capacité susdite.

Après avoir corrigé de la dilatation du verre la différence de ces deux pesées, on en déduit aisément le coefficient cherché. (V. les *Compl.*)

C'est par cette méthode que M. Pierre a obtenu les résultats consignés dans les *Annales de chimie et de physique*, t. XV, 3º série.

Fig. 138.

La *Solution III*, qui n'a été employée que pour le mercure, consiste à remplir de ce liquide les deux branches d'un tube recourbé ATT'A' (*fig.* 138), et à mesurer les hauteurs des deux colonnes de mercure A'T et AT amenées, l'une à 0 degré et l'autre à 100 degrés; car, d'après l'hydrostatique, ces deux hauteurs devant être en raison inverse des densités des deux colonnes, on en pourra conclure le changement de densité qu'éprouve le mercure en passant de 0 degré à 100 degrés, et par conséquent le coefficient de la dilatation cubique.

Remarque I. — On peut encore résoudre le problème de la dilatation du liquide par la méthode des pesées hydrostatiques données au nº 141, pour déterminer les densités. C'est ce qu'a fait M. Hallström. (*Ann. de phys. et de chim.*, 2ᵉ série, t. XXVIII, p. 56.)

Remarque II. — La connaissance des dilatations de l'eau étant fréquemment nécessaire, on en a dressé des tables étendues. Pendant longtemps on s'est servi de celles de M. Biot (*Traité de phys.*, t. I, p. 425); mais aujourd'hui on les a abandonnées pour prendre celles de MM. Hallström, Despretz et Pierre, avec lesquelles elles sont loin de s'accorder.

On reconnaît, par l'inspection de ces tables, combien est vraie la proposition du nº 125; car, pour peu qu'on les examine, on voit que le volume de l'eau ne croît pas du tout de quantités égales pour des accroissements égaux de chaleur, et même que de 0º à 4º il y a contraction au lieu de dilatation. (V. ci-après, nº 150, et liv. II, nº 293.)

3º *Dilatation des solides.* — Parmi les expériences diverses qu'on a entreprises pour résoudre ce problème, nous ferons seulement connaître succinctement celle de MM. de Laplace et Lavoisier, et celle de MM. Dulong et Petit.

127. *Solution I.*—Voici de quel appareil à peu près se sont servis MM. Lavoisier et de Laplace. Cet appareil est fait pour mesurer la dilatation linéaire d'une barre métallique BB' (*fig.* 127) ; elle s'appuie par une de ses extrémités sur un obstacle fixe FE ; par l'autre bout, elle pousse, en se dilatant par la chaleur, l'extrémité L d'un levier coudé LCL', mobile autour du centre fixe C ; l'autre extrémité L' de ce levier fait tourner la lunette AB mobile sur le point N, et l'on place devant cette lunette, mais à une grande distance, une ligne ou échelle DD divisée en parties numérotées, sur lesquelles l'observateur vise avec la lunette ; la ligne BL'', prolongement idéal de la lunette, est ce qu'on appelle le *rayon visuel* de l'observateur. Alors si la barre se dilate d'une certaine quantité, par exemple d'un millimètre, elle fera marcher de cette quantité le bout L du levier ; par suite, l'extrémité L'' du rayon visuel AL'' parcourra une certaine étendue sur l'échelle, et cette étendue sera d'autant plus grande que l'échelle sera à une plus grande distance ; par exemple, si cette distance AL'' vaut 100 fois CL, alors, pour un pas d'un millimètre fait par le point L, le point L'' en fera évidemment un de 100 millimètres ou d'un décimètre. Ainsi la plus petite dilatation qu'éprouvera la barre, bien qu'imperceptible elle-même, produira sur l'extrémité du rayon visuel AL'' un mouvement très-visible.

Fig. 127.

Cette barre est placée dans une caisse GH, établie sur un fourneau. On commence par remplir cette caisse de glace ou de neige fondante, et quand la barre en a bien pris la température, on regarde à quel nombre répond le point L''. Ensuite on allume du feu sous la caisse, et au fur et à mesure que l'on voit, par les thermomètres placés dans la caisse, l'eau qu'elle contient, et par conséquent la barre, passer à des températures de plus en plus élevées, on note les nombres de l'échelle DD par lesquels passe l'extrémité L'' du rayon visuel AL' ; d'où l'on conclut, par une proportion, de combien la barre se dilate pour les différents degrés de température auxquels on fait les observations.

Solution II. — MM. Dulong et Petit, qui ont obtenu la dilatation absolue du mercure par la troisième solution donnée pour les liquides, ont de plus cherché sa dilatation apparente dans le verre par la méthode donnée à la deuxième solution du problème de la dilatation des liquides. On conçoit, en effet, que cette dilatation mesurée par la quantité de mercure que la chaleur a fait sortir du vase de verre n'est que la différence des dilatations absolues du vase de verre et du mercure qui le remplit. Par conséquent, dès que la dilatation du mercure est connue, on peut en conclure celle du verre. Enfin, ces deux dilatations étant connues, on peut en conclure celle d'un troisième corps, tel qu'une baguette de fer qui serait immergée dans le mercure qui remplit le vase de verre; car la quantité de mercure qui sortirait alors de ce vase par l'action de la chaleur serait le résultat des trois dilatations du fer, du mercure et du verre, et on conçoit qu'avec un peu de calcul on peut en déduire la première de ces trois dilatations, lorsque les deux dernières sont connues. (V. les *Compl.*)

Remarque I. — M. Regnault a mesuré, comme on vient de le dire, la dilatation du verre et du cristal, et il a dressé une table de leurs dilatations, depuis 10 degrés jusqu'à 350 degrés. (Voy. p. 237 de la *Relat. des Expér. des mach. à vap.*) D'après cette table, le coefficient de la dilatation cubique à 10 degrés est 0,0000227 pour le verre, et 0,0000263 pour le cristal. Le coefficient du verre reste à peu près invariable à toutes les températures, et ne commence à croître un peu qu'au-dessus de 100 degrés, mais celui du cristal croit assez rapidement avec la température; à 100 degrés il est 0,0000276, et à 350 degrés il est 0,0000313.

128. *Remarque II.* — Il suffit de connaître la dilatation d'un métal pour en déduire celle de tout autre métal. Pour cela, on réunit l'une à côté de l'autre deux règles K*m* et K*n*, l'une d'un des métaux et l'autre de l'autre métal (*fig.* 130), par une traverse en fer K vissée fortement à l'une de leurs extrémités; et leurs extrémités opposées portent des lames de cuivre divisées AA' et BB' : en observant de combien la chaleur du liquide de la caisse PR écarte les divisions d'une barre de celles de l'autre, on voit la différence des dilatations de ces deux barres, et l'une étant supposée connue, on peut en déduire l'autre. Cet appareil est ce qu'on appelle le *pyromètre de Borda.*

129. *Description du vernier.* — Pour apprécier avec plus d'exactitude de combien l'une des règles s'est plus dilatée que

DILATATION DES SOLIDES.

l'autre, on emploie un moyen inventé par un Français nommé Vernier, et qui est aussi ingénieux que simple. Ainsi, supposons qu'on veuille aller jusqu'aux cinquièmes de millimètre. On prendra pour lors BB' (*fig.* 131) égal à 4 millimètres, que l'on marquera et numérotera exactement. Ensuite on divisera en cinq parties égales la règle AA' (*même fig.*) égale à BB', de sorte que chacune de ces cinq divisions soit plus petite de 1 cinquième de millim. qu'une division de BB'. Après que, par l'effet de la chaleur, les deux extrémités des barres seront séparées comme on le voit *fig.* 131, on comptera le nombre des divisions de B'B comprises de l'extrémité B' jusqu'à l'extrémité A'. Ici, dans notre *fig.* 131, on n'en trouve qu'une. Ensuite, pour évaluer la distance du n° 1 de BB' au n° 0 de AA', on cherchera l'endroit où il y a un trait de division dans BB' qui coïncide parfaitement avec un trait de division de AA'. Dans la *fig.* 131, c'est le trait n° 3 de BB' et celui n° 2 de AA' qui coïncident ensemble ; alors 2 est le nombre de cinquièmes de millimètre que vaut la distance du n° 1 de BB' au n° 0 de AA' ; ainsi la distance des extrémités B' et A' de nos barres vaudra 1 millimètre et les 2 cinquièmes d'un millimètre. La raison de ceci est toute simple ; car, dans notre *fig.* 131, les n°s 2 et 3 de nos deux règles coïncidant, l'intervalle des n°s 0 et 1 de ces règles sera la différence des deux divisions de la règle BB' comprises entre ses n°s 1 et 3, aux deux divisions de AA' comprises entre 0 et 2 ; et cette différence sera bien de 2 cinquièmes de millimètre, puisque celle d'une division de AA' à une division de BB' est de 1 cinquième de millimètre.

On voit donc qu'en général le n° de la règle AA', qui coïncide avec une division de BB', marque combien de cinquièmes de millimètres il faut ajouter aux millimètres qui précèdent le 0 de cette règle AA'. On applique ce procédé de Vernier à la mesure des arcs de cercle (*fig.* 132) aussi bien qu'à celle des lignes droites.

Dans ce que nous avons expliqué sur les *fig.* 130 et 131, nous supposions les lames AA' et BB' égales : ce n'était que pour fixer les idées, car cela n'est pas nécessaire ; elles sont ordinairement inégales, comme à la *fig.* 133.

On confond aujourd'hui les inventions de Nonius et de Vernier ; mais c'est à tort, car elles diffèrent l'une de l'autre, comme on peut le voir dans leurs ouvrages. L'invention de Nonius ou plutôt Nugnez, mathématicien portugais, se trouve dans un ouvrage de ce savant sur le crépuscule, publié dans le courant du seizième siècle, et Vernier a décrit la sienne dans un ouvrage publié en 1631, et intitulé *la Construction, l'usage et les propriétés du nouveau quadrant mathématique.* Je ne sais pas si l'instrument de Nonius a jamais été en usage, mais il ne l'est nullement aujourd'hui. (V. *Compl.*)

130. Les solides ne se dilatent pas tous également, car les recherches des physiciens ont donné des nombres différents pour les coefficients de dilatation de différents solides.

« La dilatation des métaux est uniforme depuis 0 degré jusqu'à 100 degrés, mais elle devient croissante de plus en plus à
« mesure que l'on passe à des températures de plus en plus éle-
« vées au-dessus de 100°. »

Du moins c'est ce que MM. Dulong et Petit ont trouvé pour le fer, le platine et le cuivre.

Remarque. — Dans une certaine étendue de l'échelle thermométrique, l'acier trempé se contracte au lieu de se dilater, à mesure que l'on élève la température. Cela vient de ce que le refroidissement soudain qu'on a fait subir à l'acier par la trempe a tout d'abord amené sa surface seule à une basse température, tandis que, à l'intérieur, la masse a conservé longtemps encore sa température élevée, et par conséquent son volume dilaté. La surface de l'acier n'a donc pas pu se contracter par son refroidissement subit, et ses molécules se sont arrangées de manière à ce qu'elle conservât toute l'étendue du volume occupé par la masse intérieure, encore très-chaude. Mais dans les instants suivants, pendant que cette masse se refroidissait lentement, la surface ne changeant plus sensiblement de température, ne pouvait plus par conséquent changer de volume. Ainsi, après que le refroidissement s'est étendu à toutes les molécules de l'acier, celui-ci a conservé le même volume qu'il avait à la haute température à laquelle on l'avait amené avant la trempe. Dans cet état les molécules sont dans une tendance continuelle à occuper un volume plus petit. Mais ensuite quand on le chauffe de nouveau, cela mettant ses molécules en mouvement, elles cèdent à la tendance qu'elles ont à occuper un volume plus petit, et il en ré-

DILATATION DES SOLIDES. 113

sulte une contraction qui les rapproche sans cesse du volume convenable à leur température actuelle.

« La dilatation des solides est beaucoup moindre que celle des liquides : on peut le constater en comparant les tables de dilatations qu'on a dressées pour ces deux sortes de corps. Cette vérité se prouve encore en remplissant de liquide un vase dont le col soit un tube d'un très-petit diamètre. Car, de quelque nature que soit le liquide, et de quelque substance que soit fait le vase, la chaleur fait toujours sortir de celui-ci une certaine quantité de liquide. D'après les expériences des savants, les métaux sont environ trois fois moins dilatables que les liquides.

131. *Pendule compensateur.* — La dilatation des métaux fait que la longueur du pendule d'une horloge varie avec la température. On voit donc que ses oscillations étant plus ou moins rapides, suivant que la chaleur diminue ou augmente (V. n° 50), l'horloge doit avancer dans le premier cas, et retarder dans le second cas. Pour remédier à cela, on suspend la lentille du pendule (n° 54, *Rem.*) par plusieurs barres métalliques, dont les unes s'allongeant dans un sens par la chaleur, et les autres dans un sens opposé, se compensent, et maintiennent le centre d'oscillation (*loc. cit.*) à la même hauteur.

Le nombre de ces barres peut varier : supposons qu'il n'y en ait que quatre AB, A'B', II, I'I' (*fig.* 135), plus la tige OL de la lentille. Soit N le point de suspension. Sur ces quatre barres, les deux plus courtes II et I'I' doivent être d'une même espèce de métal; et les deux autres, ainsi que la tige, d'un autre métal moins dilatable que le premier. Supposons, par exemple, que les premières soient en cuivre et les autres en fer. On voit que par la disposition de l'appareil dessiné (*fig.* 135), tandis que les barres de fer AB, A'B' et OL, en se dilatant, tendent à abaisser la lentille, la dilatation des barres de cuivre II et I'I' tendra à l'élever; et même il est évident que si les deux longueurs de ces espèces de barres sont en raison inverse des coefficients de leurs dilatations linéaires, celles de cuivre relèveront la lentille précisément autant que celles de fer l'abaisseront, et qu'ainsi le centre d'oscillation restant à la même hauteur, l'horloge sera invariable.

Fig. 135.

Fig. 135.

132. *Remarque.* — Quoique dans ce qui précède nous ayons

8

vu qu'en général les corps se dilatent par la chaleur, il en est pourtant quelques-uns qui font exception.

En premier, les substances végétales et animales se contractent et se retirent par la chaleur. Ainsi, un fil de chanvre, un cheveu, des objets en bois, etc., se contractent quand on élève leur température. Cela vient de ce que cette élévation de température dessèche ces corps, et leur fait perdre une partie de l'eau cachée entre leurs molécules; alors celles-ci au départ de cette eau se rapprochent entre elles, et le corps diminue de volume.

En second lieu, l'argile et les autres terres ont aussi la propriété de se contracter par la chaleur, soit parce que ces terres aussi bien que les substances organiques perdent en s'échauffant de l'humidité placée entre leurs molécules, soit parce que les divers éléments chimiques de l'argile, par l'action d'une forte chaleur, passent à une combinaison plus intime entre eux.

Cette seconde raison du retrait de l'argile est fondée sur ce que l'argile, quand une fois elle a été ainsi contractée par une forte chaleur, ne revient plus jamais à son ancien volume.

Question II. — *Densité des corps.*

133. Nous avons dit (n° 29) qu'on appelle densité ou pesanteur spécifique d'une substance le nombre qui marque combien de fois un volume de cette substance pèse autant qu'un pareil volume d'une autre substance prise pour terme de comparaison. Cette autre substance, qui sert d'unité de densité, est l'eau distillée prise à son maximum de condensation, lequel a lieu à 4° environ au-dessus de 0. On prend aussi quelquefois l'eau à la température 0 pour unité ou mesure des densités. Ainsi, dans cette question, il s'agit de trouver combien un corps quelconque pèse de fois plus qu'un pareil volume d'eau. Nous commencerons par les vapeurs et les gaz.

1° *Des gaz et des vapeurs.* — J'observe que la densité d'un gaz dépendant de la pression à laquelle il est soumis, aussi bien que de la température, il faut d'abord chercher la densité qu'a ce corps à une certaine température, telle que 0, et à une certaine pression, telle que 0^m76, et ensuite voir comment on pourra en déduire la densité qu'a ce même corps à toute autre pression et température.

134. Pour avoir la densité d'un gaz à la température de 0° et à la pression de 0^{m}76, il suffit de peser ce qu'un ballon de verre peut contenir du gaz proposé à la température de 0° et sous la pression de 0^{m}76, puis ce que pèse un volume pareil d'eau au maximum de densité ; et, en divisant le premier poids par le deuxième, on aura la densité du gaz.

135. D'après cet énoncé si simple du procédé à suivre pour mesurer la densité des gaz, on ne soupçonnerait pas les difficultés qu'on rencontre pour le pratiquer. Elles sont cependant très-grandes. MM. Biot et Arago, au commencement de ce siècle, s'efforcèrent de les vaincre ; ils obtinrent pour la densité de l'air à 0°, et sous 0^{m}76, le nombre 0,0012995 (*Traité de physique* de Biot), et divers autres nombres pour les autres gaz. M. Dumas, dans ces dernières années, reprit cette question ; enfin, quelque temps après, M. Regnault entreprit à ce sujet des expériences très-soignées, et il trouva 0,0012932 pour la densité de l'air rapporté à l'eau prise au maximum de densité. Quant aux autres gaz, il trouva la densité

De l'azote............	0,00125617
De l'oxygène.........	0,00142980
De l'hydrogène.......	0,00008958
Du gaz carbonique....	0,00197741

Toutes ces densités répondent à 0° et à la pression 0^{m}76. (V. *Relation des expériences des machines à vapeur*, p. 157.)

Si l'on veut avoir une idée des précautions délicates qu'exigent ces recherches, on peut recourir aux *Compléments* du présent traité ; on y verra aussi comment, connaissant pour la température 0° et la pression 0^{m}76 la densité d'un gaz qui suit la loi de Mariotte, n° 87, et celle de Gay-Lussac, voyez le n° 120, on peut calculer ce que devient cette densité à telle autre température et telle autre pression que l'on veut.

136. *Remarque.* — On est dans l'habitude de ne prendre que la densité de l'air relativement à l'eau, et de rapporter les densités des autres gaz à celle de l'air, parce que l'on regardait comme invariable sous toutes les températures et pressions le rapport de densité de deux gaz. On conçoit, en effet, que si ces

116   ÉLÉMENTS DE PHYSIQUE, LIV. I.

deux gaz se dilataient de la même manière par la chaleur, et éprouvaient les mêmes changements de volume par un changement donné de pression, le rapport de leur densité serait invariable; mais nous avons vu qu'il n'en est pas ainsi, et surtout que les coefficients de dilatations des différents gaz diffèrent notablement entre eux. On ne peut donc pas, à la rigueur, regarder comme invariable le rapport des densités de deux gaz. Il suffirait d'une ligne de calcul pour achever d'éclaircir ceci. (V. *Compléments*.)

137. Problème. — « On demande de trouver la densité des « vapeurs. »

Solution I. — Quand la substance dont on veut étudier la vapeur n'attaque pas le mercure, on peut mesurer sa densité par la méthode suivante, que M. Gay-Lussac a longtemps décrite dans ses cours, et qu'il a fait connaître pour la première fois dans un travail sur les vapeurs, lu en novembre 1811 à l'Institut.

Fig. 141. L'appareil de ce procédé est représenté (*fig.* 141). Le lieu où se produit la vapeur à étudier est une cloche de verre HG, remplie de mercure jusqu'à son sommet, et plongeant par son orifice dans un bain de mercure que contient un vase en fer NC. Cette cloche est divisée en parties égales en volume par des traits tracés et numérotés sur sa surface. Pour introduire sous cette cloche la vapeur qu'on désire, on se procure une petite ampoule de verre A. On la pèse bien exactement pendant qu'elle est vide; ensuite on la remplit du liquide qu'on veut étudier, puis on en ferme l'extrémité ouverte en fondant cette extrémité à la flamme d'un chalumeau; enfin on pèse l'ampoule ainsi remplie, et en prenant la différence de ces deux pesées on a le poids de liquide soumis à l'expérience. On fait donc passer sous la cloche HG cette petite ampoule qui gagne aussitôt le sommet H, à cause de sa pesanteur spécifique, moindre que celle du mercure. Cela fait, on recouvre la cloche HG d'un manchon de verre NMM', qu'on remplit d'une huile fine jusqu'au-dessus du sommet de la cloche. Alors on allume du feu dans le fourneau F, sur lequel repose le vase de fer C. La chaleur fait bientôt crever l'ampoule, aussitôt son liquide se répand, et forme une vapeur qui force le mercure de la cloche à descendre jusqu'à un certain niveau V. Il faut chauffer jusqu'à ce que tout le liquide de l'ampoule se soit changé en vapeur. On est sûr qu'on en est là quand on trouve que l'élasticité de la vapeur de la cloche HG est notablement moindre que le maximum de tension, répondant à la température accusée par les thermomètres du manchon. Quand on est arrivé à ce point, et que la température de l'appareil est devenu fixe, on prend note : 1° de cette température, accusée par les thermomètres x et y placés dans le manchon; 2° du volume de la vapeur, par le numéro de la cloche auquel répond le niveau V; 3° enfin de l'élasticité de cette vapeur, par la hauteur du niveau V au-dessus de celui du vase C. Pour mesurer cette hauteur, on approche du manchon, dans une position bien verticale, une règle divisée rr', munie d'une part d'un voyant p, qui peut en parcourir la longueur; et d'autre part, à son extrémité inférieure, d'une pointe en fer que l'on amène à ne faire que toucher la surface su du mercure dans le vase C. Quand cette règle est ainsi fixée, on fait glisser le voyant p jusqu'à ce que le rayon visuel oE rase la surface V du mercure dans la cloche, et la distance de ce voyant à l'extrémité de la pointe de fer donne l'élascité de la vapeur HV. Au moyen de ces données, on a donc, sous une pression et à une température déterminées, le poids et le volume de la vapeur soumise à l'expérience; alors on n'a plus qu'à diviser ce poids par le poids d'un pareil volume d'eau au maximum de densité, poids que nous apprendrons à déterminer dans le n° suivant; et l'on aura la densité de la vapeur pour la pression P et la température t, sous lesquelles on a expérimenté. Ensuite, au moyen de la loi de Mariotte et de celle de la dilatation des vapeurs (n° 118), on ramènera aisément cette densité à ce qu'elle doit être sous une autre pression P' et une autre température t', pourvu que ces pressions et températures ne soient pas bien différentes les unes des autres, et soient assez loin de répondre au point de saturation. (V. n° 88, *Rem.* V.)

138. *Solution II.* — La solution qu'on vient de donner ne peut s'appliquer aux substances qui attaquent le mercure; mais la solution suivante, qui est due à M. Dumas, s'applique à toutes les substances.

M. Dumas introduit quelques grammes de la substance qu'il veut étudier dans un petit ballon en verre de 4 ou 5 pouces de diamètre; ensuite il effile le col de ce ballon en le tirant à la lampe d'émailleur, et il ne conserve à l'orifice qu'un diamètre d'un millimètre environ. Cela fait, il plonge ce ballon dans un bain d'une substance qui puisse s'élever, sans bouillir, à la température à laquelle il veut faire l'expérience, et dans certaines expériences il a été à plus de 400° mesurés avec des thermomètres à air. La chaleur doit être poussée jusqu'à 30 ou 40° au-dessus de la température de l'ébullition du corps renfermé dans le ballon. Tout ce corps se réduit en vapeur, et pour qu'il ne s'en dépose pas sur l'orifice du bec du ballon, on l'entoure de charbons ardents ; on est sûr que tout ce corps est effectivement réduit en vapeur quand on ne voit plus et qu'on n'entend plus s'échapper de vapeur par le bec du ballon. Alors d'un trait de chalumeau M. Dumas ferme le petit orifice du ballon, et en même temps prend note de la température du bain aussi bien que de la presssion atmosphérique. Quand l'appareil est refroidi, il pèse le ballon avec ce qu'il contient encore de la substance dont il étudie la vapeur, puis il casse la pointe du ballon sous l'eau ou sous le mercure, et mesure l'air qui a pu rester avec la vapeur. Maintenant, afin de déterminer la capacité du ballon par la méthode que nous verrons au n° 147, il le pèse plein d'eau distillée ; enfin, pour avoir le poids du verre du ballon, il fait une dernière pesée de ce ballon n'étant rempli que d'air pur et de sa pointe qu'il a cassée : bien entendu qu'avant ces deux dernières pesées on débarrasse le ballon par des lavages convenables de la substance ou vapeur condensée qui y était restée sous forme liquide ou solide. Avec ces données, et au moyen des lois de la dilatation des corps et des principes de Mariotte et d'Archimède, il est facile de calculer pour 0° de température et 0^m76 de pression le poids et le volume de la vapeur soumise à l'expérience ; et la division de l'un par l'autre donne la densité de cette vapeur (V. *fin du* n° 29.)

139. *Remarque I.* — En comparant la densité de la vapeur d'eau avec celle de l'air trouvée ci-dessus, n° 135, M. Gay-Lussac a reconnu qu'elle en est les 5/8 sous la même pression et sous la même température.

D'après la valeur de la densité de la vapeur d'eau que l'on vient d'apprendre à trouver, on conclut que l'eau, en se vaporisant à la température de 100° sous la pression de 0^m76, prend un volume environ 1700 fois plus grand, c'est-à-dire qu'un pouce cube d'eau donne à peu près un pied cube de vapeur.

M. Dumas a trouvé que la densité de la vapeur de mercure est presque égale à 7 fois celle de l'air ; il ne s'en faut pas d'un quarante et unième.

Remarque II. — Avant M. Gay-Lussac, on croyait que les corps les plus volatils donnaient les vapeurs les plus denses ; mais en comparant entre elles les densités de vapeurs mesurées par ce savant, on trouve que cela n'est pas toujours vrai.

Remarque III. — M. Regnault a étudié en particulier la densité de la vapeur d'eau à diverses tensions et à diverses températures. Il a suivi dans cette étude trois procédés différents : les deux premiers ne sont, pour ainsi dire, que ceux de M. Gay-Lussac et de M. Dumas, plus ou moins modifiés.

Par leur moyen il a trouvé que la densité de la vapeur d'eau, comparée à celle de l'air, reste invariable tant que cette vapeur est éloignée de l'état de saturation, et qu'ainsi elle suit alors les lois de Mariotte et de Gay-Lussac, comme l'air. Mais par le procédé analogue à celui de M. Gay-Lussac, M. Regnault a reconnu que quand la vapeur d'eau approche de son état de saturation, elle se contracte plus rapidement que l'air, parce que sa densité, comparée à celle de l'air, augmente.

Solution III. — Le troisième procédé destiné à étudier la vapeur d'eau à l'état de saturation, consiste à faire passer une certaine quantité d'air saturé de vapeur aqueuse au travers de tubes remplis de matière dessiccative qui absorbent cette vapeur à son passage, et à recueillir l'air après ce desséchement pour en connaître le volume.

De l'augmentation de poids de ces matières dessiccatives on conclut le poids de la vapeur : quant à son volume, on le déduit aisément de celui de l'air recueilli. Avec ce poids et ce volume de la vapeur, on obtient aisément sa densité. Par ce procédé, M. Regnault a reconnu que la vapeur d'eau à l'état de saturation ne suit assez bien les lois de Mariotte et de Gay-Lussac que depuis 0° jusqu'à 20° : c'est aussi ce qu'avait trouvé M. Schmeddink quelques années auparavant ; car, en examinant sa table des densités de la vapeur d'eau à l'état de saturation prises par rapport à celles de l'air, on voit que jusqu'à 20° la densité de la vapeur reste à peu près constante et égale à ce qu'avait trouvé M. Gay-Lussac, savoir, 0,622 ; mais qu'à 20° elle est de 0,630, et qu'elle augmente à partir de là jusquà 44°, où elle est 0,652. (V. *Compl.*)

140. *Corollaire.* — A un certain degré de chaleur la densité de la vapeur d'un liquide est presque égale à celle de ce liquide.

Car, supposons un espace enfermé par des parois fixes et inextensibles, dont une partie soit occupée par une certaine quantité d'eau, par exemple. Celle-ci formera une vapeur plus ou moins dense, qui remplira le reste de cet espace. Si l'on chauffe, il se formera continuellement de nouvelles vapeurs qui s'ajouteront aux anciennes. Or on conçoit que cette addition continuelle de nouvelle vapeur aux anciennes puisse en augmenter la densité jusqu'à approcher de celle du liquide. Il est facile d'éclaircir cela par quelques lignes de calcul. (V. les *Compléments*.)

Aussi M. Cagnard de la Tour a reconnu par ses expériences décrites au t. XXI, p. 127 et 178 des *Ann. de phys. et de chim.*, qu'à un certain degré de chaleur la densité de la vapeur d'un liquide est presque égale à celle de ce liquide lui-même. Son procédé consiste à remplir au quart ou à moitié environ un tube de verre très-épais de 3 ou 4 millimètres de diamètre intérieur avec le liquide qu'on veut étudier, et de fermer ce tube à la flamme du chalumeau. Ensuite, si l'on soumet ce tube à une chaleur toujours croissante, il arrive un moment où le liquide disparait entièrement, et se réduit tout en vapeur. Cette expérience ne réussit que très-difficilement pour l'eau, non-seulement à cause de la rupture des tubes, mais aussi parce qu'à une haute température l'eau attaquant le verre fait perdre aux tubes leur transparence ; on empêche en partie cet inconvénient en dissolvant dans l'eau un peu de potasse. De cette manière, M. Cagnard de la Tour a reconnu qu'à la température de la fusion du zinc l'eau se change tout en vapeur dans un espace quadruple du volume qu'elle occupait à l'état liquide. (*Annales de physique et de chimie*, t. XXI, pag. 182.)

2° *Des liquides.*

141. Problème. — « On demande de déterminer la densité « des liquides. »

DES ARÉOMÈTRES. 121

Solution. — Il y a trois manières de résoudre ce problème : les pesées hydrostatiques, les pesées, directes et l'usage des aréomètres.

1° On pèse d'abord un corps quelconque, comme à l'ordinaire, dans l'air, et l'on regarde le résultat ainsi obtenu comme le poids de ce corps dans le vide, parce que ce dont il s'en faut que cette pesée dans l'air égale celle qu'on ferait dans le vide étant très-peu de chose, on le néglige. Ensuite on suspend le corps par un fil très-fin à l'une des extrémités du fléau de la balance (*fig.* 137); Fig. 137. et, le plongeant successivement dans l'eau et dans le liquide dont on désire la densité, on le pèse à chacune de ces immersions. En soustrayant successivement les deux poids ainsi obtenus de celui obtenu par la pesée dans l'air, on a le poids de l'eau et du liquide en question sous un même volume égal à celui du corps. Ainsi, en divisant le second de ces deux poids par le premier, on aura la densité du liquide proposé si les pesées ont toutes été faites à la température 0°. Mais si elles ont été faites à des températures différentes, il faut les ramener par le calcul à la température 0°; ce qui est facile lorsqu'on connaît les dilatations cubiques de l'eau, du liquide en expérience, et du corps qu'on y a plongé.

142. 2° *Pesées directes.* — Pour ce second procédé, il faut avoir un flacon en cristal dont le col et le bouchon, pareillement de cristal, sont usés à l'émeri, et assez bien travaillés pour entrer l'un dans l'autre toujours de la même quantité exactement. On pèse ce flacon vide avec son bouchon, après cela on le pèse rempli d'abord d'eau distillée, et ensuite du liquide dont on veut connaître la densité, ayant soin que pendant chaque pesée le flacon soit bien bouché par le bouchon de cristal, pour qu'il n'entre pas plus de liquide à une fois qu'à une autre. En diminuant ces deux dernières pesées de la première, on obtient le poids de deux volumes égaux, l'un de l'eau, l'autre du liquide proposé; et si toutes les pesées ont été faites à la température 0°, le quotient de ces deux poids donnera la densité que l'on désire. Mais si les pesées ont été faites à des températures différentes, il faut répéter tout ce que nous avons dit tout à l'heure pour ce cas dans les pesées hydrostatiques.

3° *Aréomètres.* — On appelle *aréomètres* des instruments avec lesquels on obtient la densité des liquides en les faisant flotter dans ce liquide et dans l'eau distillée. Il y a deux sortes d'aréomètres : l'aréomètre à volume constant, et l'aréomètre à volume variable.

L'*aréomètre à volume constant* est celui dont la partie immergée est toujours de même volume dans toutes les expériences; on le voit représenté fig. 143. V est un volume creux en cuivre, en fer-blanc ou en verre; *t* est une tige très-fine terminée par un petit plateau *e*, destiné à recevoir des poids. Sous le volume V est attachée une petite masse de plomb qui sert de lest. Par le moyen de ce lest, quand on plonge l'appareil dans un vase plein de liquide comme le représente la fig. 143, il s'y tient tout droit. Pour trouver la densité d'un liquide, il faut d'abord que l'on connaisse exactement le poids de l'appareil, et, de plus, que l'appareil soit construit de manière que, plongé dans un liquide, le volume V ne s'y enfonce pas tout entier. Alors on plonge l'aréomètre dans l'eau distillée, et on ajoute assez de poids sur le plateau *e* pour qu'il s'enfonce jusqu'à une marque *f* faite sur la tige. D'après le principe d'Archimède, le poids de l'instrument, plus ces poids additionnels, représentent le poids d'un volume d'eau égal à la partie *f*L de l'instrument. On trouverait de même le poids d'un volume du liquide dont on désire la densité égal à cette même partie *f*L de l'aréomètre. En divisant donc ces deux poids l'un par l'autre, on aura la densité qu'on cherche, si toutes ces opérations ont été faites à la température 0°; mais si elles ont été faites à des températures différentes, on répétera pour lors tout ce que nous avons dit dans ce cas pour les pesées hydrostatiques.

143. L'*aréomètre à volume variable* est celui dont la partie immergée est plus ou moins grande, suivant le liquide où on le plonge. C'est un appareil en verre représenté dans la fig. 142. AB est une tige graduée, C est une boule creuse, D est un peu de mercure ou de plomb qui sert de lest. En vertu de ce lest, lorsqu'on met cet instrument dans un liquide, la tige s'y tient verticalement. Le poids de cet appareil étant toujours le même, il s'enfonce toujours dans le liquide où on le plonge jusqu'à ce qu'il en ait déplacé un volume qui ait lui-même ce poids, ce qui exige qu'il s'enfonce plus ou moins, suivant que le liquide est moins ou plus dense. Les densités des liquides sont donc en rai-

son inverse des volumes que l'aréomètre déplace dans ces liquides. Ainsi, sa tige devrait porter sur toute sa longueur des nombres qui fussent inversement proportionnels aux parties de l'aréomètre immergées dans les divers liquides, ce qui n'exige que quelque peu de calcul. (V. *Compl.*) Mais, au lieu de cela, M. Gay-Lussac a trouvé plus simple de marquer les nombres directement proportionnels à ces volumes, pour en déduire les densités par une division. Ceci est très-facile à obtenir. Il suffit, à cet effet, de mettre d'abord, dans la boule terminale D de l'aréomètre, assez de mercure pour que, plongé dans l'eau, il s'y enfonce jusqu'au point qu'on désire; et l'on marque 100 à ce point. Puis, pour avoir des volumes égaux à 80, 70, 60, etc., ou à 110, 120, etc., il faut ôter du mercure ou en ajouter de manière à faire passer le poids de l'appareil par les valeurs 80, 70, etc., ou 110, 120, et marquer ces mêmes nombres sur la tige de l'aréomètre aux points jusqu'où il s'enfonce dans l'eau, pour chacune de ces valeurs de son poids. Enfin, on rendra de nouveau à l'instrument le poids qu'il doit avoir pour s'enfoncer dans l'eau jusqu'à 100, et il n'y aura plus qu'à sceller l'appareil. On peut aussi obtenir cette graduation en changeant la densité de l'eau, au lieu de changer le poids de l'aréomètre; car, en dissolvant diverses quantités de sel dans l'eau dont la densité est représentée par 100, on peut faire passer sa densité par les valeurs $100 \times \frac{100}{80}, 100 \times \frac{100}{70}$, etc. Si la tige est bien cylindrique, il suffira d'obtenir deux des numéros susdits; car en répétant la distance qui les séparera sur le reste de la tige, celle-ci sera toute graduée. Pour avoir la densité d'un liquide avec cet appareil, que M. Gay-Lussac appelle *volumètre*, il faut diviser 100 par le nombre jusqu'où il s'enfonce dans le liquide.

L'alcoolomètre de M. Gay-Lussac, tout semblable pour l'extérieur à l'appareil précédent, en diffère par sa graduation. En effet, les nombres 100, 95, 90, 85, marqués sur la tige, indiquent les points jusqu'où l'alcoolomètre s'enfonce dans des mélanges d'eau et d'alcool qui, sur 100 parties en volumes, en contiennent 100, 95, 90, d'alcool pur. Mais pour conclure de l'immersion de cet appareil la proportion d'alcool que contient une eau-de-vie, il faut avoir égard à la température, parce que celle-ci influe sur le point d'affleurement. M. Gay-Lussac a donné tous les renseignements nécessaires pour cela dans son Instruction pour l'usage de l'alcoolomètre centésimal.

144. Pèse-liqueurs. — Les instruments connus sous le nom de pèse-liqueurs sont des espèces d'aréomètres dont on se sert dans le commerce; ils ne diffèrent de l'aréomètre à volume variable représenté (*fig.* 142) que par la graduation de la tige AB. Cette graduation est même différente, suivant l'objet des différents pèse-liqueurs. En général, cet objet est de reconnaître s'il y a beaucoup ou peu d'eau mêlée dans le liquide qu'on veut employer; mais, suivant que ce liquide est un acide ou de l'esprit-de-vin ou un sirop, etc., la graduation dont nous venons de parler est différente : toutefois, cette graduation ne donne point la valeur précise de la densité du liquide où on le plonge; et, dans le fait, cela n'est pas nécessaire au commerçant. Les deux pèse-liqueurs le plus en usage sont l'*aréomètre de Baumé* et celui de *Cartier*.

Fig. 142.

1° *Aréomètre de Baumé.* — C'est celui dont on se sert pour les liquides plus pesants que l'eau. Pour graduer cet instrument, on le plonge d'abord dans l'eau pure, et l'on marque zéro au point jusqu'où il s'y enfonce; ensuite on le plonge dans une dissolution qui contient 15 parties de sel ordinaire sur 85 d'eau, et l'on marque 15 sur le point jusqu'où il s'enfonce alors. On conçoit que ce nouveau point est placé plus bas sur la tige que le point 0, parce que l'eau salée étant plus dense que l'eau pure, l'aréomètre s'y enfoncera moins que dans celle-ci. On divise l'intervalle des deux points ainsi marqués sur la tige en 15 parties égales, et l'on continue les divisions au-dessous du n° 15. D'après cela, on comprend le sens de cette expression, par exemple : *un acide a* 28 *degrés de l'aréomètre de Baumé*; cela veut dire un acide où l'aréomètre de Beaumé ne s'enfonce que jusqu'au point numéroté 28.

145. 2° *Aréomètre de Cartier.* — Cet aréomètre est employé pour les liquides plus légers que l'eau. Ce sont surtout ces instruments auxquels le nom d'aréomètre convient, puisqu'ils sont destinés à mesurer la légèreté des liqueurs spiritueuses (Αραιος, léger). Pour les graduer, on les plonge dans une dissolution de 10 parties de sel dans 90 parties d'eau en poids, et l'on met 0 au point d'affleurement qui a lieu dans cette dissolution; ensuite

on le plonge dans l'eau pure, et l'on marque 10 au nouveau point d'affleurement. Enfin, on divise l'intervalle de ces deux points en 10 parties égales, et l'on prolonge cette division jusqu'au sommet du tube.

Remarque. — C'est par le premier des trois procédés indiqués au numéro 141 que l'on a déterminé le *gramme*, c'est-à-dire l'unité ou la mesure de poids aujourd'hui adoptée en France, et qui est, comme on sait, ce que pèse un centimètre cube d'eau distillée, et réduite au maximum de densité. La commission chargée de ce travail a trouvé que la nouvelle unité de poids, ou le gramme, répondait à 18^{grains} 82715 de l'ancien poids de marc.

146. *Corollaire.* — Par là on peut trouver le poids d'un volume quelconque d'eau à 0 de température sans le peser, pourvu qu'on ait la valeur exacte de ce volume à cette température : en effet, avec cette valeur on connaîtra ce qu'il entre de centimètres cubes dans le volume proposé, quand la température est celle du maximum de densité ; et chaque centimètre cube d'eau pesant un gramme, on en conclura le nombre de grammes que pèse ce volume plein d'eau.

Nous donnerons encore comme application de ce qui précède la solution du problème suivant :

147. Pour résoudre le problème de trouver le volume d'un vase ou d'un corps, on cherchera, par une première pesée, ce que pèse de grammes le vase vide ou le corps dont il s'agit, suspendu dans l'air. Puis, dans une seconde pesée, on cherchera ce que pèse de grammes ce vase plein d'eau ou ce corps suspendu dans l'eau. La différence de ces deux pesées donnera en grammes le poids d'un volume d'eau égal à celui du vase ou du corps, c'est-à-dire le nombre de centimètres cubes que vaut ce vase ou corps. Si l'on voulait procéder en toute rigueur, il y aurait quelques petites corrections à faire à ces résultats, qu'on peut voir dans les *Compléments*.

3° *Des solides.* — Il y a trois manières de résoudre ce problème.

148. *Pesées hydrostatiques.* — Pour trouver la densité d'un corps solide par ce moyen, on le pèse d'abord dans l'air, et ensuite dans l'eau, comme nous l'avons dit au n° 141. En soustrayant la seconde pesée de la première, on a, d'après le principe

d'Archimède, le poids d'un volume d'eau égal à celui du corps. Ainsi, en divisant le poids de ce corps dans l'air par le reste de cette soustraction, on aura la densité demandée, du moins en supposant, comme nous le faisons ici, qu'on ait opéré à la température 0°.

Pesées directes. — On pèse un flacon plein d'eau distillée, tel qu'il est décrit n° 141. Mais ensuite, dans une seconde pesée, on introduit dans ce flacon le corps proposé, et on achève de le remplir avec de l'eau; puis on pèse ce flacon ainsi rempli. Enfin, on retire le corps du flacon, et on le pèse ensuite dans l'air. On voit, d'après cela, qu'en prenant la différence des deux premières pesées, on a ce que le corps pèse de plus ou de moins qu'un volume d'eau égal au sien. Donc, diminuant ou augmentant le poids de ce corps de cette différence, on aura le poids d'un volume d'eau égal à celui du corps. Ainsi, en divisant par le poids de ce volume d'eau le poids du corps, on aura la densité requise, en supposant, comme nous le faisons, qu'on ait opéré à la température 0°.

149. *Aréomètres.*—Dans la question actuelle, c'est de l'aréomètre à volume constant, décrit au n° 141 et à la fig. 143, dont on se sert. On commence par mettre sur le plateau e le corps proposé, et on ajoute à côté de lui sur ce plateau des poids, jusqu'à ce que le point f marqué sur la tige t vienne au niveau de l'eau. Ensuite, pour peser ce même corps dans l'eau, on le transportera dans le petit panier qui est au bas de l'aréomètre; seulement, s'il est plus léger que l'eau, on retournera ce panier comme on le voit dans la fig. 144. D'après les principes des n°s 82 et suivants, notre corps, ainsi placé dans l'eau, éprouvera de la part de ce liquide une poussée ascensionnelle égale à ce que pèse un volume d'eau pareil à celui de ce corps. Pour empêcher cette poussée de faire monter l'instrument, et pour maintenir son point f au niveau de l'eau, il faudra ajouter de nouveaux poids en e. Supposons qu'il faille pour cela 5 grammes de plus que quand le corps était sur le plateau e, on voit qu'alors 5 grammes seront ce que pèse un volume d'eau égal à celui du corps proposé. Enfin, on ôtera le corps tout à fait, et on le remplacera par des poids mis sur le plateau e, en assez grande quantité pour que le point soit toujours à fleur d'eau. Supposons qu'il faille pour cela 15

Fig. 144.

grammes de plus à présent que quand le corps était en *e* ; il est clair qu'alors ces 15 grammes seront le poids de ce corps. Ainsi, en divisant ces 15 grammes par les 5 grammes que pèse un volume d'eau égal à celui du corps proposé, on aura 3 pour la densité de ce corps, en supposant qu'on ait opéré à la température 0°.

Remarque I. — Pour les corps qui sont solubles dans l'eau, il faut, dans les expériences décrites dans le problème précédent, remplacer l'eau par un liquide dans lequel ces corps ne soient pas solubles. On obtient ainsi le nombre de fois que ces corps sont plus denses que ce liquide; et comme on sait combien celui-ci est plus ou moins dense que l'eau, on en conclut combien ces mêmes corps sont aussi plus ou moins denses que l'eau.

Pour les corps susceptibles de s'imbiber, les procédés précédents donnent des densités plus ou moins grandes, suivant qu'on les a laissés plus ou moins s'imbiber d'eau; de sorte qu'il est difficile d'avoir des valeurs exactes de ces densités.

Remarque II. — On a trouvé, par les procédés qu'on vient de décrire, qu'une même substance a, sous l'état solide, diverses densités, suivant sa contexture. Ainsi, le fer et l'or fondus ont une autre densité que quand ils ont été forgés ; la chaux carbonatée à l'état de marbre a une autre densité qu'à l'état de cristal limpide, etc.

150. *Remarque III.* — On a trouvé par ces procédés que la densité de la glace est d'un dixième environ moindre que celle de l'eau. L'eau augmente donc de volume en passant à l'état solide; ce qui s'accorde avec ce que nous avons vu n° 125 et n° 126; nous y reviendrons t. II, n° 293. Il paraît qu'elle n'est pas la seule substance qui présente ce phénomène. Ainsi la fonte de fer, le bismuth, l'antimoine et le soufre se dilatent en se solidifiant. (*Voy.* Biot, t. I, p. 207.) C'est à cause de cette moindre pesanteur spécifique de la glace qu'elle flotte à la surface de l'eau sans s'enfoncer.

Le phénomène de l'augmentation de volume de l'eau et des substances que nous venons de dire paraît en opposition avec la manière d'agir de la chaleur; car, en général, les corps augmentent de volume avec la température et se contractent par le refroidissement, même quand on pousse la chaleur jusqu'à faire fondre ces corps, ou qu'on pousse le froid jusqu'à la congélation ; le mercure, par exemple, éprouve une grande contraction dans sa congélation. Cette anomalie singulière de l'eau et autres substances est difficile à expliquer : on ne peut guère s'en rendre compte qu'en admettant que les molécules se tournent pendant la solidification, et se groupent de manière à laisser entre elles de grands espaces vides.

La force avec laquelle l'eau congelée tend à augmenter de volume est très-considérable ; elle est évidemment égale à la pression qu'il faudrait faire éprouver à la glace pour diminuer son volume d'un dixième, puisque la densité de la glace est d'un dixième plus petite que celle de l'eau, comme nous l'avons dit. Aussi, lorsque les vases dans lesquels la congélation a lieu sont fermés ou seulement terminés par un orifice étroit, les vases sont brisés ; et cette force d'expansion est capable de rompre les enveloppes les plus résistantes, telles que des canons de fer.

C'est à l'augmentation de volume de l'eau dans la congélation qu'est due l'action de la gelée sur les plantes : lorsque ce liquide, renfermé dans les tubes capillaires dont elles sont formées, vient à se congeler, l'augmentation de volume déchire ces enveloppes et détruit complétement leur système organique.

C'est encore à la même cause qu'est due l'action destructive de la gelée sur les pierres ; cette action provient uniquement de la congélation de l'eau qui en a pénétré les pores : en effet, cette eau, logée dans les pores de la pierre, se dilatant par la congélation, brise ces pores, et la pierre s'en va en poussière ou par écailles. On appelle *gélives* les pierres qui ont ce défaut, et *délitement* ce genre de destruction des pierres.

§ II. — INFLUENCE DE LA TEMPÉRATURE SUR LE CHANGEMENT D'ÉTAT DES CORPS.

1° *Liquéfaction des vapeurs par le froid.*

151. Proposition. — « Lorsqu'on refroidit de plus en plus un
« espace plein de vapeur, celle-ci finit par revenir à l'état li-
« quide. »

Démonstration. — Cette propriété peut se démontrer de la

HYGROMÉTRIE.   129

manière la plus simple, en faisant préparer à un souffleur de verre une boule creuse A (*fig.* 145) d'un certain diamètre, et terminée par un tube BC d'un diamètre beaucoup plus petit. Il est facile de faire en sorte que cet appareil, que je suppose entièrement fermé, soit vide d'air, et ne contienne que de l'éther ou tout autre liquide de C en B, avec de la vapeur de ce liquide dans tout le reste de la cavité BA : cela étant, il n'y a qu'à faire passer cet appareil d'un milieu plus chaud à un autre plus froid, pour voir aussitôt la colonne liquide BC prendre un accroissement sensible, lequel ne peut évidemment venir que d'une partie de la vapeur qui a repris l'état liquide par le refroidissement. Quand le liquide BC est de l'éther, il suffit qu'après avoir tenu l'appareil quelques instants entre ses mains, on l'expose ensuite à l'air pour voir se produire l'effet qu'on vient de dire.

Fig. 141

Corollaire I. — Ce principe explique un phénomène bien connu ; car on sait qu'il suffit d'exposer un corps froid à la vapeur qui s'élève au-dessus d'un liquide en ébullition, pour voir ce corps se couvrir d'une sorte de rosée. Cela vient de ce que le contact de ce corps refroidit rapidement la vapeur qui vient le frapper, et ce refroidissement faisant reprendre à celle-ci l'état liquide, la force à se déposer en forme de rosée sur la surface du corps.

Corollaire II. — Quand on peut se procurer un corps notablement plus froid que l'atmosphère, comme une carafe d'eau au moment où elle sort d'un puits profond ou d'une cave en été, on voit sa surface se couvrir en peu de temps de gouttelettes et de rosée.

Ce fait s'explique encore de même : il vient de ce que le refroidissement produit par cette carafe force à retourner à l'état liquide une partie de la vapeur d'eau qui se trouve toujours en plus ou moins grande quantité dans l'atmosphère. C'est même là un moyen de trouver la force élastique de la vapeur, ce qui fait l'objet de l'hygrométrie.

152. *Remarque.* — Si l'espace contenant la vapeur qu'on fait refroidir n'était pas saturé, les premiers degrés de refroidissement n'auraient pas alors pour effet le retour d'une certaine quantité de vapeur à l'état liquide, ils n'aboutiraient qu'à contracter cet espace si son volume était variable ; mais si l'espace contenant la

9

vapeur était de volume invariable comme la boule AB de la
Fig. 145. *fig.* 145, alors les premiers degrés de refroidissement ne feraient
que diminuer l'élasticité de la vapeur qui s'y trouve. Dans l'un
et l'autre cas, en continuant toujours de refroidir, il viendra à
la fin une époque où la vapeur reviendra à l'état liquide par suite
de ce refroidissement ; et à partir de cette époque l'espace contenant la vapeur sera saturé de vapeur, puisque, par les premières portions de vapeur qu'il rend à l'état liquide, cet espace
montre qu'il a plus de vapeur qu'il n'en peut contenir.

REMARQUE. Nous allons, dans les pages suivantes, nous occuper de diverses applications des principes précédents, en commençant par les *hygromètres*.

Construction et usage des hygromètres.

153. *Définition I.* — On appelle *hygrométrie* cette partie de la physique qui s'occupe de mesurer la vapeur d'eau contenue dans l'atmosphère, et d'apprécier son action sur les divers corps de la nature.

Comme la seconde partie de l'objet de l'hygrométrie nous jetterait dans un grand nombre de détails dont plusieurs n'appartiennent pas à la physique, nous ne traiterons que de la première partie.

Définition II. — On appelle *hygromètre* tout instrument propre à faire connaître si l'atmosphère est saturée de vapeur, ou de combien il s'en faut qu'elle ne soit à cet état de saturation.

Il y a plusieurs sortes d'hygromètres, mais nous nous contenterons de faire connaître l'hygromètre connu sous le nom d'*hygromètre à cheveu*. (Pour les autres, voir les *Compl.*)

154. *Hygromètre à cheveu*. — Cet hygromètre est aussi connu sous le nom d'*hygromètre de Saussure*. On le voit représenté,
Fig. 149. au moins pour ses parties principales, dans la *fig.* 149. Il consiste en un cheveu ABC, dont l'extrémité inférieure est fixée sur la base de l'instrument : sa partie supérieure passe sur une petite poulie B, fixée au haut de l'appareil. Quand cette poulie tourne, elle fait mouvoir l'aiguille BE qui lui est attachée, et lui fait parcourir les degrés du quadrant OO'. Un petit poids C, suspendu au

HYGROMÉTRIE. 131

bout du cheveu, le tend très-légèrement; il ne faut pas que ce poids soit trop considérable, parce qu'il doit donner au cheveu l'entière liberté d'obéir aux variations de longueur que tend à lui faire subir le changement d'humidité dans l'air. Quand l'humidité augmente, le cheveu s'allonge, et l'aiguille marche vers l'extrémité O du quadrant; au contraire, quand l'humidité diminue, le cheveu se raccourcit, et l'aiguille marche vers l'extrémité opposée O' du quadrant; sur celui-ci sont des degrés numérotés que l'on détermine de la manière suivante : D'abord, pour le degré d'humidité extrême, on place l'appareil sous une cloche de verre dont les parois intérieures sont tout humectées, et sous laquelle on met des vases pleins d'eau à côté de l'hygromètre. Pendant le séjour de celui-ci sous la cloche, le cheveu s'allonge de plus en plus, et quand il cesse de s'allonger, on marque 100 au point où s'est arrêtée l'aiguille. Ensuite on essuie la cloche, on la sèche bien, on ôte les vases pleins d'eau, et on les remplace par des corps très-desséchants tels que des morceaux de chaux vive ou de chlorure de calcium, que l'on arrange autour de l'hygromètre; puis l'on recouvre ces corps et cet hygromètre avec la cloche bien séchée. Le cheveu commence alors à se raccourcir de plus en plus; et quand on voit qu'il ne se raccourcit plus, on marque zéro au point où s'est arrêtée l'aiguille dans cette nouvelle circonstance : c'est là le point de sécheresse extrême. Enfin on divise l'intervalle de 0 à 100 en 100 parties égales que l'on numérote, et l'hygromètre est gradué. M. Regnault désire voir les physiciens renoncer au point de la sécheresse absolue, parce que, selon lui, ce point est inassignable par l'hygromètre à cheveu. Il se base en ceci sur ce qu'ayant suivi un hygromètre pendant longtemps, il l'a vu éprouver encore quelque raccourcissement au bout de trois mois dans un bocal où il maintenait continuellement une sécheresse absolue. Il croit, d'après cela, que le point auquel paraît s'arrêter au bout de quelque temps l'hygromètre dans la sécheresse absolue, n'appartient pas au cheveu dans son état normal, mais qu'alors commence une altération du cheveu qui se continue peut-être indéfiniment, quoiqu'en suivant une marche de plus en plus lente. En conséquence, M. Regnault voudrait qu'au point de sécheresse absolu on substituât celui où la vapeur n'est que $\frac{1}{2}$ de ce qu'elle serait au point de saturation (*Ann. de*

9.

chimie et de physique, 3ᵉ série, t. XV, p. 182 et 192), parce que jamais l'atmosphère ne descend jusqu'à cette fraction.

Pour que le cheveu de l'hygromètre soit plus susceptible d'être impressionné par les variations d'humidité de l'air, il faut lui faire subir une préparation convenable ; et comme il y a des cheveux dont les dilatations et contractions sont irrégulières, il faut en préparer plusieurs à la fois pour pouvoir choisir entre eux celui qui ira le mieux. On prend donc un certain nombre de cheveux sans défaut, le plus unis et le plus homogènes possible ; on les met dans une lessive légèrement alcaline, à peine tiède ; par là on les dépouille de l'enduit gras qui les protége contre l'humidité, et c'est après cette préparation qu'on pourra prendre celui qui paraîtra le meilleur pour en faire un hygromètre, en suivant le procédé que nous avons indiqué.

155. L'hygromètre à cheveu fait bien voir par sa marche si l'air est plus ou moins humide ; mais il ne fait pas connaître son degré précis de saturation. Ainsi, il est bien vrai que quand l'hygromètre marque 100°, on peut être sûr que l'air est saturé de vapeur, c'est-à-dire que cette vapeur y a le maximum de tension qui répond à la température alors existante dans l'air ; mais pour tout autre degré que l'hygromètre marquerait entre 100° et 0°, égal à une certaine fraction de 100, la tension de la vapeur ne serait pas égale à cette fraction du maximum de tension, autrement dit, la marche de l'hygromètre n'est pas proportionnelle à celle de l'humidité de l'air : car, d'après les expériences de M. Gay-Lussac, on trouve que sous une température de 10° centésimaux, quand l'hygromètre marque

$$
\begin{array}{lll}
100° \text{ la tension de la vapeur est } 9{,}5 \text{ mill.} &= 1 \text{ maximum.} \\
90° \quad — \quad — \quad 7{,}6 &= 4/5 \text{ du maximum.} \\
80° \quad — \quad — \quad 6{,}4 &= 2/3 \quad — \\
70° \quad — \quad — \quad 4{,}7 &= 1/2 \quad — \\
60° \quad — \quad — \quad 3{,}2 &= 1/3 \quad — \\
50° \quad — \quad — \quad 2{,}4 &= 1/4 \quad — \\
40° \quad — \quad — \quad 2 &= 1/5 \quad — \\
30° \quad — \quad — \quad 1{,}3 &= 1/7 \quad — \\
\end{array}
$$

A une autre température peu différente de 10°, il est probable que la table précédente ne s'écarterait pas beaucoup de la vérité. Cependant, à la rigueur, cette table ne peut servir que pour la température de 10°, car d'une température à une autre le même degré de l'hygromètre répond à des degrés différents de saturation d'humidité.

Bien plus, il paraîtrait, d'après M. Regnault, que cette table ne peut servir avec certitude que pour l'hygromètre avec lequel M. Gay-Lussac l'a construite. (Voy. *Ann. de physique et de chimie*, 3ᵉ série, t. XV, p. 171 et 189.)

Il n'est donc pas possible, comme l'observe M. Regnault, page 172, de dresser une table unique qui s'applique exactement à tous les hygromètres; et il faut que chaque observateur fasse lui-même la table de son hygromètre. (Voir *Compl.*)

Des effets de la condensation de la vapeur aqueuse dans l'air.

156. *Du serein.* — Le serein est une vapeur humide qui paraît tomber quelquefois le soir par un ciel très-serein, après une journée de grande chaleur en été.

Cet effet vient de la condensation ou liquéfaction que fait éprouver à la vapeur de l'atmosphère le refroidissement qui a lieu après le coucher du soleil dans les circonstances que nous venons de dire, conformément à la remarque du n° 152. Pour plus de développement, V. les *Compléments*.

157. *Des brouillards.* — Les brouillards ne diffèrent du serein que parce qu'ils ont lieu à toute heure, obscurcissent l'air par leur abondance, et ne tombent pas ordinairement en petite pluie fine, mais restent suspendus dans l'air; aussi les brouillards sont dus à une cause semblable à celle du serein, ils sont comme celui-ci l'effet d'une condensation d'une certaine quantité de vapeur produite par le refroidissement de l'air qui la contenait. Les brouillards ont lieu tantôt par un vent du midi, tantôt par un vent du nord; et les uns et les autres sont faciles à expliquer; car si après quelques jours de gelée ou au moins de froid assez intense, pendant lesquels se sont considérablement refroidis le sol et l'air, il arrive un vent chaud du midi contenant de la vapeur, ce vent, par son contact avec ce sol et cet air froid, subira un abaissement de température considérable, et cet abaissement condensera la vapeur qu'il contient par les raisons que nous avons données n° 152, *Rem.*; ainsi cette vapeur, en passant de l'état

de gaz invisible à l'état de particules liquides et visibles, obscurcira plus ou moins l'air. Mais si un vent du nord très-froid passe sur des endroits chargés de vapeurs; si, par exemple, il traverse les mers, il condensera encore une partie de la vapeur qu'il rencontrera, par l'abaissement de température qu'il lui fera éprouver en se mêlant avec l'air qui la contient, et produira sur ces parages du brouillard plus ou moins épais; il pourra même en transporter sur d'autres contrées, qui se verront ainsi couvertes en un instant de brouillards excessivement froids.

La suspension des brouillards dans l'air est un phénomène dont on ne connaît pas encore de raisons bien plausibles, et qui aurait cependant bien besoin d'explication; car les particules d'eau liquides dont ils sont composés, étant beaucoup plus denses que l'air, devraient tomber promptement. Il paraît que ces particules ont, comme on dit, la forme *vésiculaire*, c'est-à-dire la forme de bulles excessivement petites, consistant en une surface sphérique d'eau très-mince qui ne renferme que de l'air dans son intérieur. Cette forme n'empêchant pas que la densité des particules qui composent le brouillard ne surpasse celle de l'air, ne peut évidemment pas lever la difficulté de la suspension des brouillards.

Remarque. — Ce qui précède explique l'espèce de fumée aqueuse qui s'élève au-dessus d'un vase plein d'eau chaude. En effet, il s'élève au-dessus de ce vase une vapeur d'une tension égale au maximum répondant à la température de cette eau chaude. Mais la température de l'air étant beaucoup plus basse dès que cette vapeur s'y élèvera, elle se refroidira; par conséquent elle se condensera, et deviendra visible sous forme de fumée.

C'est surtout dans la fumée qui s'élève au-dessus d'une tasse de café à l'eau, que l'on voit bien la forme vésiculaire de cette fumée, parce que sur le fond noir du café ces globules se dessinent d'une manière très-distincte.

C'est encore par la même cause que l'haleine des animaux devient visible en hiver.

Des nuages. — Les nuages ne paraissent être que des brouillards qui flottent dans l'atmosphère à une hauteur plus ou moins grande au-dessus du sol; leur formation s'explique par les raisons que nous venons de donner en parlant des brouillards, c'est-à-dire que, quand par suite des courants qui règnent dans les régions élevées de l'atmosphère, il s'y fait un mélange d'air froid et d'air chaud chargé de vapeurs, l'abaissement de température de celui-ci condensera une partie de sa vapeur, comme nous l'avons expliqué pour le serein, et produira des nuages plus ou moins considérables. Il peut aussi s'en former sans courants d'air, parce que, comme nous le verrons au n° 219 du liv. II, les hautes régions de l'air sont toujours très-froides ; par conséquent, quand les vapeurs qui s'élèvent de la terre, des plantes, des rivières, des lacs et des mers arrivent dans ces régions en trop grande abondance, elles s'y condensent et y forment des nuages.

La suspension des nuages offre encore plus de difficulté que celle des brouillards, à cause de leur élévation ; car à cette hauteur la densité de l'air, est encore moindre que près du sol, comme nous l'avons vu n° 89.

Remarque. — Au reste, cette difficulté n'est pas particulière aux nuages aqueux, elle est commune à tous les nuages ou amas de matières très-divisées : ainsi les solides réduits en poussière impalpable forment, comme on sait, des nuages de poussière qui flottent dans l'air ou qui, s'ils sont dans une masse de liquide, y restent longtemps suspendus.

Pluie. — Quelquefois cette suspension devient impossible, soit par la trop grande abondance de vapeur qui s'est condensée, soit par quelque autre cause ; et alors les nuages tombent en gouttes plus ou moins grosses, ou, comme on dit, se résolvent en *pluie*.

Neige. — Si le froid de l'air est tel que les nuages, au lieu d'être des amas de particules liquides, soient un amas de particules de glace infiniment petites, celles-ci pourront se réunir en flocons plus ou moins considérables, et en tombant ils formeront ce qu'on appelle de la *neige*.

158. *Cause des vents.* — Cette chute des nuages qui se résolvent en pluie est une des principales causes de ces agitations de l'air, quelquefois si violentes, qui sont connues sous le nom de *vent*. En effet, concevons qu'en peu de temps presque tous les nuages qui couvraient un pays de plusieurs lieues se résolvent en pluie. Cette chute formera sur le sol une couche d'eau d'une

petite épaisseur. Or, quoique l'on ne connaisse pas bien les propriétés de la forme vésiculaire sous laquelle l'eau est dans les nuages, l'on est fondé à croire qu'elle a sous cette forme une densité moindre qu'à l'état liquide où elle se trouve sur le sol après la chute de la pluie. Ainsi cette chute a nécessairement laissé un grand vide dans la portion de l'atmosphère qu'occupaient les nuages, et l'air environnant, en se précipitant dans ce vide pour le remplir, a produit un vent plus ou moins impétueux.

L'autre cause qu'on assigne plus ordinairement aux vents est l'influence de la température; et en effet, on verra au livre II, n° 219 et suivants, que les rayons du soleil traversent l'air sans l'échauffer, et que celui-ci ne s'échauffe que par son contact avec le sol, dont ces rayons élèvent la température. Supposons donc que toute la couche d'air d'une épaisseur de quelques pieds qui pose sur le sol se soit ainsi échauffée, sa densité étant devenue moindre, cette couche ne tardera pas à s'élever dans les hautes régions de l'atmosphère. Mais toutes les parties de la surface de la terre ne s'échauffent pas également, et même l'eau est, comme l'air, simplement traversée par les rayons du soleil; ainsi la surface de la mer ne s'échauffe pas par ces rayons. Par conséquent l'air qui repose sur ces endroits de la terre se précipitera sur le lieu d'où l'air échauffé s'est élevé pour remplir le vide formé par cette ascension, ce qui produira plus ou moins de vent.

On voit, dans les appartements où l'on fait du feu, un exemple en petit de ces agitations de l'air dues à la chaleur. Car dans ces appartements l'air qui repose sur le feu se dilatant, s'élève : une partie monte par la cheminée et entraîne avec elle la fumée, tandis que l'autre monte dans le haut de l'appartement. En même temps l'air qui pose sur le plancher, et l'air qui peut passer sous la porte ou par les autres ouvertures, se précipite vers la cheminée pour remplacer celui qui s'est élevé; ainsi il se fait dans l'appartement deux courants en sens contraires, l'un chaud dans le haut de l'appartement, qui, après s'être élevé de la cheminée, se répand sous le plafond en s'éloignant de cette cheminée ; et l'autre froid dans le bas de l'appartement, qui, en suivant le plancher, arrive à la cheminée.

159. *De la rosée.* — La rosée est cet amas de petites gouttes d'eau que l'on voit souvent le matin sur les plantes et autres ob-

jets placés à terre sans aucun abri. Ce phénomène, qui est encore une condensation de la vapeur de l'air, ne réussit bien que pendant les nuits d'été où le ciel est pur et sans nuages. Il tient à ce qu'alors les objets placés à terre *rayonnent*, c'est-à-dire perdent beaucoup de leur chaleur en la lançant dans les espaces célestes ; c'est ce que nous expliquerons au numéro 233 du livre II. Par ce rayonnement, les corps placés à la surface de la terre arrivent à une température plus basse que celle de l'air, qui rayonne beaucoup moins. Alors la vapeur de l'air en contact avec ces corps subit un abaissement de température. Cette vapeur se condensera donc par le refroidissement sur la surface des corps, et y formera un amas de gouttelettes plus ou moins considérable. On remarque souvent des corps sur lesquels il y a peu ou même point de rosée, tandis qu'autour d'eux tous les autres en sont couverts ; cela vient de ce que tous les corps ne rayonnent pas autant les uns que les autres, comme nous le verrons au n° 233, liv. II, et aussi de ce que dans certains corps la chaleur se propageant avec grande facilité (V. n° 242, liv. II), ils réparent, aux dépens du sol et de l'air avec lesquels ils sont en contact, les pertes de chaleur qu'ils font par le rayonnement, et par conséquent baissent peu en température.

Le vent empêche la rosée, parce que, expulsant sans cesse l'air ancien qui s'était refroidi sur les corps pour le remplacer par de l'air nouveau encore plein de sa chaleur, il réchauffe continuellement ces corps, qui ne peuvent plus alors condenser la vapeur ; les nuages empêchent aussi la rosée, parce qu'ils nuisent au rayonnement des corps placés à terre ; ils leur renvoient leur chaleur, et ils rayonnent eux-mêmes vers ces corps. Enfin, il paraît aussi que pour peu que l'air soit obscurci par la plus légère vapeur, il n'est plus perméable à la chaleur.

La même cause qui produit la rosée en été produit les *gelées blanches* du printemps et de l'automne aussi bien que le *givre* d'hiver ; toute la différence qu'il y a, c'est que dans le phénomène de la rosée la température descend seulement assez pour que la vapeur passe à l'état de gouttelettes liquides, tandis que dans les autres phénomènes elle se refroidit jusqu'à passer à l'état solide sous forme de petite neige.

C'est encore la même cause qui produit en hiver l'espèce de rosée et même quelquefois l'eau que l'on voit couler sur les murs lorsque, après un temps de forte gelée assez long, le vent du midi chaud et humide vient à souffler pendant quelques jours. Dans ce cas, quoique la température de l'air se soit beaucoup élevée par l'arrivée de ce vent, les murs, à cause de leur masse considérable et de la difficulté avec laquelle la chaleur se propage dans leur intérieur (V. n° 242, liv. II), restent encore froids pendant assez longtemps. Alors la vapeur de l'air par son contact avec ces murs subira un refroidissement considérable, qui, d'après l'explication donnée pour le serein, la fera retourner à l'état d'eau liquide qui tapissera les murs.

Enfin, un phénomène qui dépend encore du même principe est l'espèce de rosée ou même l'espèce de givre qui couvre l'intérieur des fenêtres d'un appartement après une nuit de froid assez vif en hiver. En effet, le contact de l'extérieur des fenêtres avec l'atmosphère, et plus encore le rayonnement de ces fenêtres, quand l'air est pur (V. n° 233, liv. II), refroidissent les carreaux de manière à ce qu'au bout de quelques heures ils se trouvent à une température beaucoup plus basse que celle de l'appartement; alors la vapeur de l'air de cet appartement se refroidissant par son contact avec les carreaux, se liquéfiera sur leur surface et même s'y gèlera, si le froid est assez vif pour cela.

160. *Réflexions sur les indications du baromètre.* — Il est naturel de demander si les variations du baromètre répondent assez bien à l'arrivée des météores que nous venons de décrire, mais surtout de la pluie, pour que l'on puisse les prédire à la seule inspection de cet instrument. Le fait est qu'en général, quand le baromètre monte, le temps marche à la sécheresse, et qu'au contraire à l'approche de la pluie le baromètre descend. On ne sait pas trop la cause de ce phénomène; d'ailleurs il manque quelquefois, de sorte qu'il ne peut pas servir de règle absolument infaillible pour prévoir le beau ou le mauvais temps. Mais les indications du temps beau ou mauvais, écrites sur les baromètres d'appartement, sont encore bien moins infaillibles que la règle que nous venons de donner, parce que ce n'est pas précisément quand le baromètre est à telle hauteur ou à telle autre que la pluie ou la sécheresse arrive, mais bien quand il monte ou quand il descend, et cela à quelque point de son échelle que se fasse cette montée ou cette descente.

2° *Évaporation par la chaleur.*

161. Proposition. — « A mesure qu'on élève la température « d'un liquide, il s'en vaporise une nouvelle quantité à chaque ac- « croissement de chaleur. »

Démonstration. — Cette proposition se démontre encore aisément par l'appareil indiqué ci-dessus (*fig.* 145); car, à mesure qu'on élève sa température de quelques degrés, on voit la colonne BC diminuer de plus en plus par la disparition d'une partie du liquide qui se répand en vapeur dans l'espace A.   Fig. 145.

Corollaire. — A chaque nouveau degré de chaleur d'un espace fermé où il reste du liquide pour l'entretenir à l'état de saturation, la force élastique de la vapeur de cet espace croît plus vite que dans le cas où il ne resterait pas de liquide.

En effet, dans ce dernier cas, la force élastique de la vapeur augmenterait d'une certaine quantité que nous avons étudiée en parlant de la dilatation; mais à cette quantité s'ajoute nécessairement la force de la vapeur formée par la nouvelle quantité de liquide qui s'évapore.

162. *Remarque.* — « La proposition précédente, réunie à celle « des n°⁸ 151 et 72, conduit à la suivante. »

Proposition. — « Dans un espace dont toutes les parties ne sont « pas à la même température, la tension de la vapeur est partout « égale à la plus basse de celles qui règnent dans l'espace total. »

En effet, si la vapeur régnant dans l'endroit le plus chaud pouvait acquérir une tension plus grande que le maximum de tension dont est susceptible la vapeur la plus froide, celle-ci céderait à la pression de cette vapeur plus chaude, qui, par là, en condenserait en liquide une plus ou moins grande partie. Ainsi, que l'espace contenant la vapeur soit, par exemple, deux boules A et B (*fig.* 151) réunies par un tube C, et dont l'une A est main-   Fig. 151. tenue à une température plus chaude que l'autre B : la vapeur chaude remplira la boule A et une partie AC du tube; le reste CB de ce tube et la boule B seront remplis par la vapeur froide. Alors, si la vapeur AC surpasse en tension la vapeur BC, celle-ci cédera à la pression de cette vapeur AC, et même pourra en venir à se condenser en plus ou moins grande partie, jusqu'à ce que AC s'affaiblissant en s'étendant n'ait plus que la même tension que BC.

163. *Remarque I.* — C'est de la propriété énoncée dans la proposition précédente que dépend l'opération qu'on appelle *distillation.* Pour distiller de l'eau, par exemple, on la fait chauffer dans un vase en cuivre appelé *cucurbite :* de son couvercle, appelé *chapiteau*, part un tube qui se rend dans un seau en cuivre placé à quelque distance de la cucurbite et plein d'eau froide: ce tube s'appelle serpentin, parce qu'il est tourné en spirale, de manière à descendre dans le seau en serpentant. L'eau de la cucurbite, mise en ébullition par la chaleur, se rend en vapeur chaude dans le serpentin; et là, l'abaissement de température qu'elle reçoit de l'eau du seau, joint à la pression qu'elle reçoit de la vapeur de la cucurbite, la condense à l'état liquide. Il ne passe dans le serpentin que l'eau pure, tandis que toutes les matières salines et calcaires qu'elle contenait auparavant restent dans la cucurbite.

Remarque II. — D'après le corollaire du n° 161, on voit que ce n'est que par des recherches faites tout exprès que l'on peut connaître la tension de la vapeur à chaque degré de chaleur dans un espace saturé. Ces recherches ont été faites par divers physiciens, notamment par Dalton, à Manchester, en 1805, et par Regnault, en 1847, à Paris. Les procédés suivis dans ces recherches pour mesurer la force élastique de la vapeur, consistent presque tous, comme au n° 66, dans l'emploi d'un baromètre dont la chambre barométrique contient le liquide dont on veut étudier la vapeur, qui y est soumise à une température déterminée. Le plus souvent on se sert, comme on voit fig. 99 et 148, de l'espèce de baromètre que nous avons appelé à cuvette, n° 32, et quelquefois aussi du baromètre à syphon, fig. 120, surtout quand on veut soumettre la vapeur à une haute température, comme on le voit fig. 147, où S est la chambre barométrique. Dans la fig. 120, on voit adapté à la chambre barométrique CD un ballon qui contient quelques fractions de grammes du liquide dont on veut étudier la vapeur. Au n° cité 66, nous avons dit que dans ces expériences la force de la vapeur se mesure par la différence des deux colonnes de mercure de l'appareil représenté fig. 99; il en est de même de celui de la fig. 148, et l'on voit bien que dans les appareils des fig. 120 et 147 il faut, avant de prendre cette différence, augmenter la colonne du tube ouvert de la hauteur qu'a le baromètre au moment de l'expérience. C'est en entourant d'un *mélange réfrigérent* (n° 252, liv. II) la chambre barométrique BD, fig. 148, ou le ballon A de la fig. 120, que l'on reconnaît qu'il existe encore une vapeur d'une certaine tension dans ces enceintes à plusieurs degrés au-dessous de 0°, et qu'ainsi la glace est susceptible de vaporisation, comme nous l'avons annoncé à la *Remarque IV* du n° 66. M. Regnault a trouvé ainsi pour la vapeur aqueuse à une température de

Fig. 120 et 147.

Fig. 148. Fig. 120.

```
     0°  une tension de 5 millim. environ.
  —  1°                4
  —  5°                3
  — 10°                3
  — 15°                1 1/3
```

Le signe — est employé pour désigner les températures au-dessous de zéro. On peut voir les détails de ces expériences dans les *Compléments*. On y trouvera aussi un précis du procédé employé par M. Regnault pour les très-hautes températures, lequel dépend de la proposition suivante :

164. PROPOSITION. « Lorsque la température d'un liquide a « atteint le degré auquel la tension maximum de sa vapeur ré- « pondant à ce degré égale la pression de l'air sur sa surface, ce « liquide entre en ébullition, et sa température reste fixe pendant « tout le temps de cette ébullition. »

Démonstration. — En effet, dès que la température est au degré qu'on vient de dire, la force élastique de la vapeur qui tend à se former en un point quelconque de l'intérieur du liquide étant égale à la pression atmosphérique qui s'oppose à son développement, triomphera de cette pression, et la vapeur se formera ainsi non-seulement à la surface du liquide, mais encore sur la plupart des points de l'intérieur de ce liquide. De plus, si on a placé un thermomètre dans le liquide, on le verra monter jusqu'à ce que l'ébullition ait lieu, mais se tenir ensuite au degré qu'il aura ainsi atteint pendant tout le temps que le liquide bouillira ; or ce phénomène est précisément ce qu'on appelle ébullition ; donc, etc.

165. *Corollaire.* — On voit que le point de l'ébullition d'un

liquide n'est pas un point de température fixe, puisqu'il dépend de la pression exercée sur ce liquide, laquelle peut être plus ou moins grande.

D'après cela, on peut accélérer ou retarder facilement l'ébullition d'un liquide; il suffit pour cela de diminuer ou d'augmenter la pression exercée sur sa surface. 1° Nous avons déjà vu un exemple (n° 71) d'ébullition accélérée. De même, sur les hautes montagnes, telles que le mont Blanc, par exemple, l'eau ne peut arriver à 100°, et se met à bouillir dès qu'elle est à une température de quelques degrés au-dessous de 100, parce que, sur ces montagnes, la pression atmosphérique est toujours au-dessous de $0^m,76$, et que les tensions maximum de la vapeur d'eau inférieures à $0^m,76$ répondent à des températures inférieures à 100° : c'est seulement à 100° que la tension maximum est de $0^m,76$.

166. 2° Pour retarder l'ébullition de l'eau, on se sert d'un vase hermétiquement clos, connu sous le nom de *marmite de Papin*. C'est un vase cylindrique de métal, dont les parois sont très-épaisses; l'orifice en est fermé par une soupape sur laquelle on peut exercer une pression aussi grande que l'on veut par une vis ou par un levier qui passe sur cette soupape, et qui supporte à son extrémité des poids plus ou moins considérables. L'eau renfermée dans cet appareil peut être portée à de très-hautes températures sans bouillir, parce que la vapeur qui se forme à la surface de l'eau, et qui est retenue par la soupape, exerce sur cette surface une pression qui empêche l'ébullition. Si, lorsque la températures s'est élevée à plus de 200 degrés, on ouvre la soupape, aussitôt l'eau entre en une violente ébullition, et s'élance avec une vitesse énorme par l'ouverture qui lui est offerte sous la forme d'un jet de vapeur de 20 à 30 pieds; en même temps la température du vase subit en quelques instants un abaissement considérable, ce qui est l'effet de l'évaporation prompte de l'eau, comme nous le verrons au n° 284 du liv. II.

167. Comme la pression atmosphérique varie dans un même lieu d'un temps à un autre, on voit que le point thermométrique de l'ébullition d'un liquide tel que l'eau n'est pas un point fixe pour tous les temps. Cette remarque est importante dans la confection des thermomètres, comme nous l'avons dit au n° 61, pour y marquer le point de l'ébullition de l'eau d'un nombre

convenable; car on voit que si l'on y marquait toujours 100, on ferait le plus souvent une erreur.

Le moyen de marquer convenablement ce nombre est de consulter les tables qui ont été dressées, et qui donnent la température correspondante à chaque maximum de tension de la vapeur d'eau; d'après ces tables, quand il s'agit d'une tension peu éloignée de 0^m76 ou 28 pouces, laquelle répond à 100 degrés, la température augmente ou diminue d'un degré centésimal à chaque accroissement de deux centimètres et demi dans la colonne barométrique. (Voyez la table de M. Regnault dans sa *Relation des expériences pour les machines à vapeur*, p. 624.)

168. *Tension de la vapeur d'eau pour les températures élevées.* — Le procédé de M. Regnault pour mesurer cette tension est fondé sur le principe énoncé plus haut (prop. du n° 164). Ainsi, M. Regnault remplit d'eau un vase métallique fermé A, *fig.* 126. La partie vide de ce vase communiquait, par un tuyau, avec un autre vase B dans lequel on comprimait de l'air jusqu'à lui faire acquérir une force élastique connue; et quand les thermomètres t et t', plongés convenablement (*) dans le vase, cessaient de monter, il prenait note de la température fixe indiquée alors par leur tige. Ce savant a pu ainsi construire une table des tensions de la vapeur, où sont inscrites les valeurs que la tension de la vapeur d'eau acquiert à chaque degré du thermomètre jusqu'à plus de 200°. A cette température de 200°, la tension de la vapeur est de plus de 15 atmosphères, et elle croît de presque $\frac{1}{3}$ d'atmosphère par degré, tandis qu'à 230° elle est de près de 30 atmosphères et croît de plus de $\frac{1}{2}$ atmosphère.

Fig. 126.

169. *Machines à vapeur.* — Une application importante qu'on a faite de la force élastique de la vapeur d'eau à une haute température est celle de la machine à vapeur.

Définition. — On appelle *machine à vapeur* celle dont toutes les pièces sont uniquement ou au moins principalement mises en mouvement par la vapeur d'eau.

---

(1) *Explication de la fig.* 126. A, cornue en cuivre rouge; CD, col de la cornue; EF, manchon en cuivre dans lequel passe continuellement un courant d'eau froide; B, ballon en cuivre; MN, manomètre (n° 87); G, tuyau en plomb qui se rend à une pompe à air; IK et HL, tubes en fer fermés en bas, pleins de mercure, et destinés à recevoir les thermomètres t et t'.

Description. — Les machines à vapeur sont très-variées, mais je me contenterai de faire connaître la partie principale de celle qui est le plus en usage, et que l'on doit à Wat.

Fig. 165. Cette machine consiste principalement en une cavité cylindrique II′ (*fig.* 165), dans laquelle la vapeur fait continuellement monter et descendre un piston P dont la tige G paraît au dehors, et communique le mouvement à toutes les autres pièces de la machine. La vapeur est formée dans une chaudière ; mais c'est dans un autre cylindre OKLM, enveloppant le cylindre II′, que la vapeur se rend immédiatement par un tuyau qui s'élève au-dessus du couvercle de la chaudière, et va s'ouvrir en un certain point du cylindre OKLM. En dehors des deux cylindres est une cavité ABCD, dans laquelle monte et descend sans cesse une pièce

Fig. 165. mobile ZRZ′, nommée *tiroir*. La *fig.* 165 montre le tiroir au plus
Fig. 164. haut degré de sa course, et la *fig.* 164 le montre au plus bas.
Fig. 165. Quand les choses sont comme dans la *fig.* 165, alors la vapeur placée en O″O′O entre les deux cylindres s'introduit par le trou N dans la cavité I supérieure au piston et force celui-ci à descendre, tandis que la vapeur qui était entrée auparavant en I′ sous le piston s'écoule par le trou V, et passe par le conduit UU′ dans un espace où jaillit sans cesse de l'eau froide, qui ensuite est extraite à travers les soupapes T et T′ par l'action d'une pompe X′. On appelle *condenseur* cet espace où l'eau froide se renouvelle sans cesse. Quand la vapeur se rend dans le condenseur, le froid qu'elle y éprouve la condense et la fait retourner à l'état liquide. Ainsi le vide se fait sous le piston, ce qui ne peut que favoriser sa descente ; quand le piston est descendu, alors le tiroir descend
Fig. 164. et se place comme dans la *fig.* 164 : dans ce cas, la vapeur entretenue toujours dans l'espace O″O′O se rend sous le piston par le trou V, suivant la route O′ORV ; en même temps la vapeur qui était entrée au-dessus du piston sortira par le trou N, descendra le long du canal ZZ′ qui est comme le dos du tiroir, et se rendra dans le condenseur, de sorte que le vide se fera au-dessus du piston, tandis qu'au-dessous se formera une force élastique considérable due à la vapeur : le piston remontera donc ; et l'on voit que cette alternative d'ascension et de descente continuera tant que la chaudière fournira de la vapeur.

Si la *fig.* 165 était complétée, on verrait que la tige G du piston imprime un mouvement de bascule à un immense balancier horizontal, et que ce balancier communique le mouvement qu'elles doivent avoir aux pièces Y, X, X' et à d'autres encore, auxquelles il s'attache par le moyen de tringles et de leviers convenables. Mais, pour comprendre aisément ce qui précède, le lecteur n'a qu'à supposer deux ouvriers occupés à mouvoir l'un la pièce Y, et l'autre X et X', comme cela avait lieu dans les premières machines de Newcomen.

170. Dans les machines à vapeur destinées à faire aller les chariots et les voitures, la vapeur dont on veut se débarrasser s'échappe dans l'atmosphère, au lieu de se rendre dans un condenseur. On appelle ces machines des *machines à hautes compressions*, parce que, pour que la vapeur s'échappe ainsi facilement dans l'air de l'atmosphère, il faut que la tension de la vapeur surpasse notablement celle de l'atmosphère; ce que l'on obtient en élevant convenablement la température de la chaudière.

Depuis Wat, on a construit des tiroirs plus simples que celui décrit ci-dessus, pour des machines où le cylindre contenant le piston n'est pas enveloppé par un autre cylindre. On peut en avoir une idée par la fig. 140, dont voici la description : P, piston; *adhf*, corps de pompe; *abcd*, partie de la paroi du corps de pompe plus épaisse que le reste de cette paroi; *ij*, *kl*, *mnop*, canaux creusés dans cette partie épaisse; *xq*, deux coquilles réunies en une par la traverse *yz*; *adut*, boîte à vapeur dans laquelle arrive la vapeur par un tuyau qui s'ouvre en *s*; *r*, orifice du tuyau par où s'échappe la vapeur.

Fig. 140.

Quelquefois les deux extrémités du canal *mnop* sont réunies en une, comme on le voit à la fig. 184 en *p*.

171. Cette figure représente les parties principales d'une *locomotive*.

Cdfe est le foyer; l'eau est répandue dans toute l'étendue *ghikl*; la vapeur qui s'en élève suit la route *ostuv*, pour entrer dans le cylindre *ab*, d'où elle sort par le tuyau *xy*, et s'échappe par la cheminée *z*. La fumée est conduite dans cette cheminée par un faisceau de tuyaux tels que *mn*, qui traversent l'eau de la chaudière.

En *α* est un excentrique, c'est-à-dire une plaque ronde que l'axe horizontal et perpendiculaire à la longueur de la machine qui est placé en α, traverse en un point distant de son centre d'une certaine quantité. Cet excentrique se meut avec l'axe auquel il est solidement fixé, et dans son mouvement il tourne dans l'anneau auquel est attachée la barre xϐ, laquelle a ainsi un mouvement continuel de *va et vient*. Quand on veut arrêter la locomotive, on peut, au moyen d'une manette qui n'est pas représentée sur la figure, détacher cette barre du levier εϐ. Quand on veut simplement ralentir la machine au moyen de la manivelle ζ, on diminue l'ouverture ρ par où passe la vapeur, au moyen d'une plaque qu'on appelle régulateur. Au contraire, quand on veut accélérer la locomotive, on ouvre le régulateur davantage. Aux deux extrémités de l'axe α, sont deux grandes roues qui, lui étant solidement fixées, tournent avec lui, et font marcher la locomotive.

172. L'impuissance des locomotives à vapeur pour franchir les montées, a suggéré à certains ingénieurs l'idée des locomotives et des chemins de fer *atmosphériques*. Les chemins de fer sont ainsi appelés, comme on sait, parce qu'ils ont deux barres de fer sur lesquelles roulent les roues de la locomotive, et qu'on appelle *rails*. Pour donner une idée d'un chemin atmosphérique, concevons un chemin de fer qui ait entre ses deux rails un canal qui s'étende dans toute sa longueur, et qui contienne deux pistons réunis par une barre dirigée dans l'axe de ce canal. Si celui-ci est fendu dans toute sa longueur, une tige de fer, attachée à la barre des pistons, pourra traverser verticalement cette fente horizontale. Concevons que l'on fixe l'extrémité supérieure de cette tige à l'essieu de la locomotive. Maintenant, qu'une lanière s'étende sur toute la longueur de cette même fente : si l'un des bords de cette lanière est solidement réuni dans toute son étendue à l'une des lèvres de la fente, l'autre bord, en retombant sur l'autre lèvre, fermera hermétiquement la fente, excepté à l'endroit où celle-ci est traversée par la tige susdite. Cela posé, au moyen d'énormes machines pneumatiques mues par la vapeur, on fera le vide dans toute la partie du canal qui précède les pistons, et dont je suppose l'extrémité bien fermée, tandis que l'air de l'atmosphère remplira toute la partie qui les suit, et dont je suppose l'extrémité complétement ouverte. Pour lors, notre couple

de pistons étant ainsi pressé sur sa face postérieure sans l'être sur sa face antérieure, s'avancera et entraînera avec lui sa locomotive.

Congélation et fusion produites par le changement de température.

173. Proposition. — « Pour chaque substance, le passage « de l'un à l'autre des deux états solide ou liquide a lieu à une « température qui, en général, ne varie jamais, par quelque cir- « constance que ce soit, et qui demeure la même depuis que ce « passage a commencé jusqu'à ce qu'il soit achevé. »

Cela est un résultat de l'expérience. En effet, quand on place un thermomètre dans un liquide que l'on refroidit de plus en plus (et nous verrons plusieurs moyens d'opérer ce refroidissement, n° 252, liv. II), on voit ce thermomètre baisser sans cesse; mais on observe que le degré marqué par cet instrument au moment où le liquide commence à se solidifier, est toujours le même, quelque nombre de fois et en quelques circonstances qu'on recommence l'expérience. En second lieu, dès que cette solidification commence, le thermomètre, qui jusque-là avait toujours descendu, s'arrête au degré en question, et cela pendant tout le temps qu'il reste encore du liquide non solidifié près de lui. Mais nous reviendrons sur cette dernière circonstance à la fin du liv. II.

174. De même, si on élève de plus en plus la température d'une substance à l'état solide, sa fusion arrive à une température qui est toujours la même, et qui est égale à celle qu'on avait trouvée en solidifiant cette substance, c'est-à-dire en la faisant passer de l'état liquide à l'état solide.

Remarque I. — Nous nous sommes servi de l'expression *en général* dans l'énoncé de la proposition ci-dessus; car lorsque le vase qui la contient est à l'abri de toute secousse et de la moindre agitation, l'eau pure peut être amenée jusqu'à 10° ou 12° au-dessous de 0, sans se congeler; c'est une sorte d'exception qui se présente dans quelques autres liquides, et surtout dans les corps gras.

Remarque II. — L'emploi du thermomètre ordinaire n'est guère possible dans les expériences de fusion ci-dessus, que quand il s'agit d'une température qui ne passe pas 400° environ, parce qu'entre 300° et 400° le mercure du thermomètre commence à bouillir et à se changer en vapeur. Mais quand il s'agit de la fusion de certains métaux, par exemple, on se sert du *pyromètre de Wedgwood,* ou de quelque autre instrument de ce genre.

175. Le *pyromètre de Wedgwood* consiste en trois règles de cuivre fixées sur une plaque de même métal, et formant entre elles deux rainures. Les règles n'étant pas tout à fait parallèles, ces rainures sont un peu plus larges à un bout qu'à l'autre; et leurs largeurs sont tellement ménagées, que si ces deux rainures étaient placées bout à bout, elles ne feraient qu'une seule rainure diminuant uniformément depuis un bout jusqu'à l'autre. Maintenant, pour juger de la température d'un foyer, on y jette un petit cylindre d'argile, qui avant l'action du feu remplissait exactement la rainure à son entrée, c'est-à-dire au bout le plus large. Or c'est un fait connu, que l'action du feu sur un cylindre d'argile contracte celui-ci à proportion de son intensité (n° 132). Ainsi, si au bout de quelque temps, retirant l'argile du foyer, on l'enfonce dans la rainure du pyromètre, il y pénétrera jusqu'à une certaine profondeur, dont on pourra prendre note par le numéro correspondant des divisions que portent les règles de cuivre. Mais ce numéro n'a aucun rapport avec les degrés du thermomètre centigrade, parce que l'on ne sait point auquel de ces degrés répond la première division du pyromètre de Wedgwood. Ce n'est que par le thermomètre à air, ou par la méthode de l'immersion décrite à la fin du n° 251, liv. II, que l'on peut évaluer les hautes températures en degrés centigrades.

Par ces moyens, M. Pouillet a mesuré exactement les températures auxquelles fondent les principaux métaux et plusieurs autres substances. Ainsi, selon lui, le fer pur se fond à 1600°, l'or pur à 1250°, l'argent à 1000°.

ARTICLE II. — DE L'INFLUENCE DE LA FORME DE LA SURFACE D'UN SYSTÈME DE MOLÉCULES TENUES EN ÉQUILIBRE PAR LES FORCES MOLÉCULAIRES INSENSIBLES A DISTANCE.

176. Le calcul montre que la forme de la surface d'un corps solide n'a aucune influence sur les phénomènes d'équilibre que présentent ses molécules. En effet, dans tous les calculs relatifs

aux solides, on néglige les termes dépendants de la plus ou moins grande courbure de leur surface. Or, néanmoins, ces calculs représentent tous les phénomènes connus qu'offre l'équilibre des corps solides : il s'ensuit donc que la forme de la surface du corps solide n'a aucune influence sur les phénomènes de l'équilibre de leurs molécules. Il n'en est pas de même de l'équilibre des liquides : la plus ou moins grande courbure de leur surface produit divers effets, dont l'ensemble compose cette partie de la physique qu'on appelle *capillarité*.

Capillarité.

177. Les divers phénomènes qui constituent l'*hydrostatique* proprement dite dépendent des conditions d'équilibre d'une particule quelconque de l'intérieur de la masse liquide que l'on considère, pourvu que la situation de cette particule intérieure soit telle, que les distances de ses divers points à la surface extérieure de cette masse surpassent le *rayon d'activité* des molécules. Nous entendons ici par particule de la masse, un groupe de molécules infiniment petit. Mais dès qu'il s'agit du cas d'une particule dont quelques points au moins sont à une distance de cette surface extérieure, moindre que le rayon d'activité, les forces qui agissent dans ce cas sur la particule que l'on considère ne sont plus les mêmes que dans le cas précédent, puisqu'il y a, dans ce nouveau cas, moins de molécules agissant sur la particule que l'on considère. Alors les conditions d'équilibre de cette particule ne sont plus les mêmes dans le second cas que dans le premier, et elles donnent lieu, dans ce second cas, à une autre classe de phénomènes connus sous le nom de phénomènes capillaires. Nous allons en dire quelques mots seulement dans les numéros suivants. On comprendra dans le 181 ci-après, pourquoi les considérations que nous venons de faire sur les molécules superficielles d'un corps n'aboutissent à rien dans les solides.

178. *Variation de la densité près de la surface des liquides.* — La densité d'un liquide est à peu près la même à tous les points de son intérieur ; mais près de sa surface la densité varie très-rapidement. La raison générale en est que les molécules, placées très-près de sa surface, ne sont pas soumises aux mêmes

150   ÉLÉMENTS DE PHYSIQUE, LIV. I.

forces que celles de l'intérieur. Nous l'avons déjà dit au numéro précédent, pour les molécules voisines de la surface libre du liquide. On peut voir, dans les *Compléments,* comment, en vertu de cette raison, la densité du liquide décroît rapidement depuis une profondeur égale au rayon d'activité jusqu'à la surface libre du liquide, où elle finit par devenir tout à fait nulle. Quant à la surface du liquide en contact avec la matière du vase qui le contient ou des corps qui y sont plongés, il est évident que cette matière en général exercera sur les molécules liquides voisines de cette surface des forces autres que celles qu'exercerait la matière du liquide lui-même, et fera que, depuis cette surface jusqu'à une distance égale au rayon d'activité, la densité variera, soit en augmentant, soit en diminuant, suivant l'action des corps en contact avec le liquide.

179. *Remarque.*—C'est, suivant la nature de cette action de la surface des corps solides en contact avec les liquides, que ces corps en sortent *mouillés* ou *secs*. Quand les corps sont mouillés par un liquide, c'est que les molécules de ce liquide en contact avec ces corps leur adhèrent plus qu'elles n'adhèrent aux autres molécules du liquide ; et c'est le contraire dans le cas où un corps sort net et sec du liquide où il a été plongé.

180. *Forme de la surface des liquides.* — Avant tout, nous avertirons les commençants d'une chose que quelques-uns n'ont peut-être jamais observée : c'est que la surface libre d'un liquide contenu dans un vase peut être une surface courbe AGB (*fig.* 153) ; cela s'observe quand le vase contenant le liquide est très-étroit. Ainsi, on n'a qu'à regarder attentivement l'extrémité B″ (*fig.* 152) de la colonne de liquide d'un thermomètre à esprit-de-vin, et on la verra terminée par une surface courbe concave. Dans les thermomètres à mercure, l'extrémité A″ (*fig.* 151 *bis*) de la colonne de mercure est terminée par une surface courbe convexe. On peut même dire que jamais la surface d'un liquide n'est entièrement plane ; car si l'on veut bien examiner vers les bords A et B (*fig.* 150) de la surface de l'eau contenue dans un vase, on verra qu'à cet endroit elle est courbée comme le représente la figure, seulement d'une manière beaucoup moins sensible. Enfin, en comparant différents tubes contenant tous un même liquide, on observera aisément que la courbure de la surface est d'autant

plus ou moins prononcée, que le tube est d'un diamètre plus ou moins petit. Dans les tubes larges, les parties centrales de la surface du liquide y sont planes, et il n'y a de courbure sensible qu'aux bords de cette surface. On peut voir les raisons de cette courbure dans les *Compléments ;* elles se tirent de l'action des molécules des parois du tube sur celles du liquide.

181. La surface libre d'une masse liquide peut donc affecter différentes formes, et les phénomènes capillaires ne consistent que dans les modifications que cette diversité de forme apporte dans les pressions que les molécules d'un liquide exercent entre elles, ou sur les corps solides avec lesquels elles sont en contact.

La différence entre les solides et les liquides sous le rapport qui nous occupe, consiste en ce que la force exercée sur une molécule par celles qui l'environnent dans les solides est tellement grande, que, quand il s'agit d'une molécule voisine de la surface de ces corps, la modification que reçoit cette force selon que la forme de cette surface est telle ou telle, n'en est qu'une très-petite partie; de sorte que cette force peut être censée la même pour toutes les formes de surface. Mais dans les liquides la même force étant excessivement atténuée, la modification dont il s'agit la change notablement, la rend capable d'effets différents, selon les diverses formes de la surface de ces liquides.

182. *Action de la surface des liquides.* — Soit AGB la surface libre d'un liquide, *fig.* 153. Si l'on considère un petit filet G normal à cette surface, et dont la longueur, quoique insensible, soit pourtant plus grande que l'épaisseur de la couche où la densité varie rapidement, toutes les molécules qui environnent ce filet agiront sur lui ; celles qui en sont le plus rapprochées le repousseront, et celles qui en sont le plus éloignées l'attireront. De toutes ces actions il résultera une force sollicitant le filet G dans la direction de la normale XY, et l'on montre dans les *Compléments* que cette force porte toujours le filet G du côté où est tournée la concavité de la surface AGB du liquide.

Fig. 153.

183. Si l'on conduit par l'extrémité intérieure du filet un plan DC parallèle au plan tangent TR mené par l'extrémité extérieure de ce filet, ce plan DC divisera tout le liquide en deux parties, dont l'une extérieure, AGBCD, s'appelle *ménisque*, et dont l'autre a toutes ses molécules dans l'intérieur du liquide. Celle-ci exerce

sur le filet G, dans la direction normale XY, une action indépendante de la forme de la surface AGB, et déterminée par les principes hydrostatiques des n°^{s} 76 et 77.

184. Mais le ménisque doit évidemment exercer sur G une force dont la valeur dépend de la forme de cette surface ABG, et l'on démontre par le calcul que cette force est nulle dans le cas d'une surface plane, et que, dans le cas d'une surface courbe, elle est d'autant plus grande que la surface du liquide a une courbure plus prononcée. Ainsi, la force qui sollicite G vers X serait plus énergique, si cette surface était HGI au lieu d'être AGB.

185. *Remarque.* — Si la densité ne variait pas plus, près de la surface qu'à l'intérieur du liquide, il est clair que G n'éprouverait aucune action dans le sens normal XY de la part de la couche contenue entre les deux plans CD et RT ; mais, vu la variation de densité signalée dans le numéro précédent, cette action n'est pas nulle.

Cependant, s'il s'agissait d'une tranche plane et horizontale $m'n'r'o'$, fig. 174, son action dans le sens vertical sur un filet normal I'C' serait nulle, lors même qu'elle serait composée de couches horizontales dont la densité varierait d'une couche à l'autre, mais serait invariable dans toute l'étendue d'une même couche. (V. les *Complém.*)

186. Proposition. — « Quand deux portions de la surface d'un
« liquide ont la même forme, elles doivent être sur la même ho-
« rizontale, ou, comme on dit, doivent être de niveau. »

En effet, soient A'A et E'E (*fig.* 175) ces deux portions semblables de la surface d'un liquide contenu dans un vase quelconque RS S'R', on pourra les concevoir réunies par un canal ABDE dont les deux bouts soient perpendiculaires à la surface du liquide. Comme l'action du liquide sur un quelconque de ses points sensiblement éloignés de sa surface est égale en tout sens, elle se détruit elle-même. De plus, les forces agissant sur les points des portions A'A et E'E de la surface du liquide sont égales, à cause de la similitude de ces portions. Donc, pour l'équilibre, il faudra que les actions de la pesanteur sur les deux branches ABC et CDE du canal se fassent équilibre; ce qui exige, d'après le n° 77, que ces deux branches soient de niveau, c'est-à-dire de même hauteur.

CAPILLARITÉ.   153

Corollaire. — Donc, quand la surface d'un liquide pesant est plane, elle doit être horizontale; car alors toutes les parties de la surface étant semblables, elles doivent être à la même hauteur.

Ainsi, quand le vase qui contient un liquide est assez large, comme alors pour tous les points qui ne sont pas très-près des parois il est d'expérience que la surface est plane, on voit qu'elle doit être horizontale.

187. *Ascension ou dépression des liquides dans les tubes étroits.* — Quand on plonge dans l'eau un de ces tubes de verre étroits que l'on appelle *capillaires* à cause de leur petit diamètre, on voit l'eau s'élever et y former une colonne B″I″ (*fig.* 177) d'autant plus grande que le tube a un plus petit diamètre intérieur. Le même phénomène a lieu lorsque le tube est soudé au bas du vase, comme dans la *fig.* 174, au lieu d'être plongé dans son intérieur. Nous avons déjà vu au n° 180 que la surface liquide est courbe dans toute son étendue à l'intérieur du tube, et presque toute plane à l'extérieur. Nous avons vu aussi que plus la surface *m*I*n* (*fig.* 174) est courbe, plus l'action du ménisque *m*I*nro* sur le filet IC aura de tendance à le faire monter. D'ailleurs, d'après ce que nous avons dit encore, le filet I′C′ ne recevra aucune impulsion pareille de la part de la couche *m′n′r′o′* dont il fait partie, puisque cette couche est plane et horizontale. (Voy. la remarque du n° 185). Donc, dans le canal I′DFI il faudra que la colonne FI s'élève plus que la colonne DI′ d'une certaine quantité BI, pour que le poids de cette quantité de liquide BI contre-balance l'action du ménisque : cette élévation devra être d'autant plus considérable que le tube sera plus étroit; car la courbure du ménisque, et par conséquent sa force, augmentent à mesure que l'intérieur du tube est plus resserré.

Fig. 177.

Fig. 174.

Fig. 174.

On expliquerait de même la dépression du mercure dans un tube étroit plongé dans un vase plein de ce métal (*fig.* 172), ou soudé au bas de ce vase.

Fig. 172.

C'est à l'action du ménisque *mn* sur le petit filet IC qu'est due l'ascension des liquides dans les tissus fibreux, comme, par exemple, de l'huile dans les mèches des lampes.

En approfondissant par les calculs les effets de cette action de la surface des liquides, on explique par son moyen une infinité de phénomènes divers. Parmi les plus curieux, on peut citer l'attraction mutuelle qui a lieu entre deux petites sphères flottantes, quand le liquide affecte la même sorte de courbure contre ces deux sphères, c'est-à-dire lorsqu'il est concave contre toutes les deux et convexe à la fois sur l'une et sur l'autre ; mais s'il est concave contre l'une et convexe contre l'autre, il y a répulsion entre les deux boules.

188. Il y a plusieurs autres phénomènes capillaires que nous omettons, pour ne pas dépasser les limites de ces éléments. Cependant nous ne pouvons quitter cet article sans donner une idée de l'*endosmose* qui doit dépendre des mêmes forces.

Fig. 180. L'endosmose consiste dans le passage d'un liquide au travers de la cloison qui le sépare d'un autre liquide. La *fig.* 180 représente l'endosmomètre propre à vérifier ce phénomène. *a*S est un tube de près d'un mètre de long et de quelques millimètres de diamètre intérieur ; *h* est un vase dont le fond *cd* est une portion de vessie ou de quelque autre membrane, soit animale, soit végétale. Ce vase et le tube S sont pleins d'alcool, par exemple, jusqu'en *n'*, et plongent dans un autre vase *ef* plein d'eau jusqu'en *n*. Dès que les choses sont ainsi disposées, l'eau commence à passer au travers de la vessie dans le vase *h* ; de manière qu'au bout d'un quart d'heure le niveau n'aura monté que de quelques millimètres, et au bout d'un jour il s'élèvera de 4 à 5 décimètres. L'endosmose aura lieu aussi quelque peu avec des plaques de terre cuite ou d'argile substituée à la vessie *cd*.

M. Poisson attribue ce phénomène à l'action capillaire des pores de la membrane *cd*, laquelle étant en raison inverse de leur diamètre et en raison de leur nombre, doit être très-considérable. (Voy. la *Nouvelle théorie de l'action capillaire*, par M. Poisson, p. 296).

SECTION TROISIÈME.

DU MOUVEMENT D'UN SYSTÈME DE MOLÉCULES, EU ÉGARD AUX FORCES MOLÉCULAIRES INSENSIBLES A DISTANCE.

189. Après avoir traité, dans un premier article, des mouvements d'une étendue quelconque, nous nous occuperons d'une

MOUVEMENTS DES CORPS ÉLASTIQUES.   155

manière spéciale, dans un second article, des mouvements d'une très-petite étendue que l'on peut appeler *mouvements sonores*, parce que, comme nous le verrons, ce sont eux qui produisent les phénomènes du son. Dans les mouvements sonores ou acoustiques, les molécules ne font que vibrer, c'est-à-dire aller et venir rapidement de côté et d'autre de leur positition d'équilibre, sans s'en écarter autrement qu'infiniment peu.

ARTICLE PREMIER. — DES MOUVEMENTS D'UNE ÉTENDUE QUELCONQUE.

Nous parlerons successivement des solides et des fluides.

Ire PARTIE. — *Des solides.*

§ 1er. — *Oscillation des corps élastiques.*

190. *Définition.* — On appelle *corps élastiques* ceux qui, déformés par une force quelconque, reviennent à leur forme première sitôt que cette force cesse d'agir.

Par exemple, supposons une lame d'acier AB (*fig.* 197), que l'on courbe en la tenant avec les mains ; on sait que sitôt qu'on lâchera cette lame, elle reviendra à la première forme droite qu'elle avait avant qu'on la courbât.

191. PROPOSITION. — « Le retour des corps élastiques à leurs « premières formes se fait par une suite d'oscillations. »

C'est ce que l'on verra plus bas, n° 193, où nous montrerons que si on tord un fil métallique suspendu par son extrémité supérieure et tiré à son extrémité inférieure par un poids, ce fil fera une suite d'oscillations tournantes à droite et à gauche avant de revenir à sa première position. Il en est de même pour une lame d'acier AB (*fig.* 197) : supposons que son extrémité étant bien fixée dans les mâchoires d'un étau, on tire de côté l'autre extrémité pour courber la lame ; aussitôt qu'on lâchera cette lame, elle retournera vers sa position primitive ; mais quand elle l'aura atteinte, elle la dépassera en continuant son chemin jusqu'à une petite distance, après quoi elle rétrogradera et oscillera ainsi quelque temps, de part et d'autre, de sa forme droite, avant de s'y arrêter. Il en est encore de même d'une bague de

156   ÉLÉMENTS DE PHYSIQUE, LIV. I.

Fig. 156.   fer AC (*fig.* 156), ou d'une boule d'ivoire que l'on déforme par un choc en la laissant tomber sur une table de marbre ; car alors, par le choc qu'elle éprouve contre cette table, elle s'aplatit un peu et devient AB, puis retourne à sa forme ronde AC ; mais quand elle l'a atteinte elle n'y demeure pas, et continue son mouvement en prenant une forme allongée AI ; puis elle revient à la forme aplatie, ainsi de suite.

192. PROPOSITION. « Si l'élasticité était parfaite dans les corps « élastiques, alors ces corps, une fois dérangés de leurs formes « d'équilibre naturel, ne s'y rétabliraient jamais d'une manière « fixe, mais oscilleraient sans cesse autour d'elles. »

En effet, j'entends ici par corps d'une élasticité parfaite celui dont les molécules, revenant à leur position d'équilibre naturel, après en avoir été dérangées par un choc, je suppose, reprendraient chacune une vitesse exactement égale et contraire à celle que leur avait communiquée ce choc. Ainsi,

Fig. 197.   supposons que la lame AB (*fig.* 197) reçoive un choc qui la force à prendre la forme AB'. Si l'élasticité était parfaite, la molécule placée à l'extrémité de cette lame, par exemple, revenue en B, serait animée d'une vitesse dirigée vers B", et précisément égale à celle que lui avait communiquée le choc ; car la force de ressort qui, pendant le mouvement de B en B", a détruit complétement l'impulsion de ce choc, devrait, dans un mouvement égal et contraire de B en B", produire une impulsion précisément égale et contraire à celle de ce choc, si rien ne s'opposait à elle pendant ce mouvement. Or, dans cette hypothèse, il est clair que l'extrémité de la lame revenue en B devrait aller vers la gauche à une distance BB" égale à celle de BB' qu'elle avait parcourue à droite, et faire ainsi indéfiniment des excursions égales à droite et à gauche de la position d'équilibre B.   *C. Q. F. D.*

193. *Oscillation de torsion d'un fil élastique.* — Nous avons dit, n° 108, à la fin, que Coulomb avait étudié par l'expérience

Fig. 122.   les oscillations d'un fil élastique ED (*fig.* 122). Ce fil, avons-nous dit, était tendu par un poids cylindrique CD suspendu à son extrémité inférieure, et portait une aiguille horizontale CC', destinée à parcourir les degrés du cadran AB. C'est au moyen de cet appareil que l'on démontre la proposition suivante.

Proposition. — « Les oscillations d'un fil élastique dues à sa tor-
« sion sont isochrones quand elles n'excèdent pas certaines limites. »

Explication. — Par *oscillations isochrones* on entend celles qui s'accomplissent toutes dans le même temps, quelle que soit leur étendue, ou, comme on dit, leur amplitude. Cependant il faut, comme le porte l'énoncé de notre proposition, que cette amplitude ne dépasse pas certaine limite. Cette limite dépend de la nature et de la longueur du fil. Par exemple, pour un fil de fer de 9 pouces de longueur, et d'un diamètre tel que 6 pieds de longueur ne pesaient que 5 grains, Coulomb a trouvé que les oscillations sont très-sensiblement isochrones quand leur amplitude ne dépasse pas une demi-circonférence; mais que si l'on tord assez le fil pour que ses oscillations deviennent beaucoup plus grandes, alors elles deviennent en même temps plus lentes, c'est-à-dire qu'elles exigent plus de temps pour s'accomplir.

Démonstration. — Pour démontrer cette loi de l'isochronisme par l'expérience, on se sert de l'appareil décrit tout à l'heure et dessiné fig. 122. On suspend donc, comme le représente cette figure, un fil chargé à son extrémité inférieure d'un poids cylindrique; et quand l'équilibre est bien établi, on tourne le cylindre de cinquante, soixante, et même un plus grand nombre de degrés, avec la précaution que dans ce mouvement son axe n'ait pas bougé; ensuite, on l'abandonne à lui-même : aussitôt les oscillations commencent, et on en compte d'abord un certain nombre, comme une dizaine par exemple, dès le commencement de l'expérience, moment où les oscillations sont les plus grandes; ensuite on en compte le même nombre vers le milieu de l'expérience, époque à laquelle les oscillations ont diminué sensiblement; enfin on en compte toujours le même nombre vers la fin de l'expérience, où les oscillations sont les plus petites; et comme on trouve que chacune de ces dizaines d'oscillations dure toujours le même temps, on en conclut que toutes ces oscillations sont isochrones.

Fig. 121.

194. *Corollaire*. — La force de torsion d'un fil est proportionnelle à l'angle de torsion. En effet, il est aisé de démontrer, par les principes des calculs différentiel et intégral, que les seules forces qui puissent faire faire à une aiguille CC' (*fig.* 122) des oscillations isochrones, sont celles qui sont proportionnelles à

Fig. 122.

l'angle que cette aiguille fait avec sa position d'équilibre.(V.*Compl.*)
Or les forces de torsion font faire des oscillations isochrones à
l'aiguille CC', donc elles sont proportionnelles à l'angle de torsion.

195. PROPOSITION. — « Aucune substance n'est parfaitement
« élastique. »

En effet, dans le cas d'une substance parfaitement élastique,
un fil fait de cette substance exécuterait des oscillations qui ne
cesseraient jamais. Or, de quelque matière que soit fait le fil ED
(*fig.* 122), ses oscillations cessent toujours au bout d'un certain
temps, et cette cessation ne peut être attribuée à la résistance de
l'air, comme on peut le voir dans le grand Traité de M. Biot,
t. I, p. 501 et suivantes; donc aucune substance n'est parfaitement élastique.

Fig. 122.

§ II. — *Choc mutuel des corps élastiques.*

Commençons par le choc d'un corps contre un plan inébranlable.

196. PROPOSITION. — « Après le choc normal d'un corps
« élastique contre un plan inébranlable, ce corps, dans le cas
« d'une élasticité parfaite, serait animé d'une vitesse égale et
« contraire à celle qu'il avait immédiatement avant le choc. »

Explication. — Par *choc normal*, j'entends celui que produit
contre un plan tout corps lancé dans une direction perpendiculaire à ce plan.

Fig. 156.   *Démonstration.* — Soit donc une boule CA (*fig.* 156) qui tombe
verticalement sur un plan horizontal MN. Cette boule, pendant
le temps très-court qu'elle restera sur le plan, se comprimera et
prendra la forme aplatie AB; mais quand cette compression sera
terminée, la boule reviendra à sa forme primitive; et si l'élasticité était parfaite, chaque molécule, comme B, une fois revenue
à sa première position C, y serait animée d'une vitesse égale et
contraire à celle qu'elle avait immédiatement avant le choc; car,
comme on l'a dit pour la lame de la deuxième proposition du
paragraphe précédent, la force du ressort qui pendant le mouvement de C en B a détruit complétement l'impulsion qui avait
lieu avant le choc, devra, dans un mouvement égal et contraire
de B en C, produire une impulsion égale et contraire à la pre-

mière. Donc, si on supposait la boule AC parfaitement élastique, on voit qu'après le choc elle serait animée d'une vitesse égale et contraire à la vitesse qui avait lieu avant le choc. *C. Q. F. D.*

Expérience. — Pour faire l'expérience, on a une boule d'ivoire A (*fig.* 157) attachée à un fil CA, et frappant contre un plan de marbre MN; après avoir écarté cette boule d'un certain nombre de degrés AB, on la voit remonter après le choc contre M, assez près du point B; ce qui s'en manque doit être attribué en majeure partie à l'imperfection de l'élasticité de l'ivoire.

Fig. 157.

197. PROPOSITION. — « Lorsqu'un corps élastique choque
« obliquement un plan inébranlable, il se réfléchit en faisant un
« angle de réflexion qui, dans le cas d'une élasticité parfaite,
« serait égal à l'angle d'incidence. »

Démonstration. — Supposons donc qu'une bille arrive de A′ (*fig.* 158) en A sur le plan MN avec une vitesse représentée en grandeur et en direction par AD, je dis que, dans le cas d'une élasticité parfaite, cette bille se réfléchirait dans la direction AF, de manière que l'angle de réflexion FAN égalerait l'angle d'incidence A′AM. En effet, par la règle du parallélogramme des forces, on peut remplacer l'impulsion ou le choc AD par deux autres forces représentées par AB perpendiculaire à MN, et par AE parallèle à MN. Or l'impulsion AE parallèle au plan ne tend évidemment qu'à faire glisser la bille sur le plan MN, sans qu'elle puisse recevoir aucun changement de ce plan; mais l'impulsion normale, qui est AB avant le choc, sera changée en une impulsion égale et contraire AC après le choc. (*Voyez* la proposition précédente.) Donc, après le choc, la bille sera animée de deux vitesses représentées par AE et AC, qui auront pour résultante AF. Maintenant, les deux parallélogrammes rectangles CAEF et BAED étant égaux à cause de AC = AB, il s'ensuit que l'angle EAF égale l'angle EAD; or évidemment l'angle EAD égale l'angle E′AA′; donc FAE = A′AE′. *C. Q. F. D.*

Fig. 158.

Expérience. — Pour faire l'expérience, il suffit de dresser bien verticalement, sur un billard ou sur une table bien horizontale, deux plans de marbre MN et NL (*fig.* 159), couverts d'une légère couche d'huile ou de noir de fumée; alors, en lançant la bille A contre le plan MN, elle se réfléchira vers le plan NL, et laissera une marque sur chacun de ces plans aux points B et

Fig. 159.

160   ÉLÉMENTS DE PHYSIQUE, LIV. I.

C dans lesquels elle les aura frappés. Maintenant, en tirant deux lignes du point B aux deux points C et A, on verra qu'elles font des angles à peu près égaux avec MN. Ce qui s'en manquera pour qu'ils soient égaux tiendra à l'imperfection de l'élasticité et au frottement.

Corollaire. — Il est aisé de voir, d'après cela, que, pour con-
Fig. 159. naître le point B (*fig*. 159) de la bande MN d'un billard que doit frapper une bille A pour atteindre un point donné I, il faut se placer en D, sur la perpendiculaire DI, et à une distance $OD = OI$; car alors, en visant la bille A, le point où le rayon visuel DA rencontrera la bande MN sera le point B demandé.

198. Proposition. — « Après le choc normal d'une bille en
« mouvement contre une bille en repos, la bille choquante de-
« meure immobile, et la bille choquée se trouve avoir une vitesse
« égale à celle que l'autre bille avait avant le choc. »

J'appelle ici *choc normal* celui qui a lieu quand la bille cho-
Fig. 160. quante B (*fig*. 160) prend, comme on dit, l'autre bille A *pleine*, c'est-à-dire lorsque la droite BB' parcourue par le centre B de la bille choquante est perpendiculaire sur la surface de la bille A, et par conséquent passe par le centre de cette bille A. Or, aussitôt que la bille choquante est arrivée en B', le choc commence et dure un certain temps, car il n'y a rien d'instantané proprement dit dans la nature. Pendant la durée de ce choc, la bille B' communique à chaque instant un nouveau degré de vitesse à la bille A; mais il est évident que, jusqu'à ce que leurs vitesses soient égales, ces deux billes se compriment de plus en plus l'une contre l'autre, et prennent des formes de plus en plus aplaties; bientôt après leurs vitesses sont égales, et leur valeur commune est évidemment la moitié de celle qu'avait la bille choquante avant le choc. A partir de ce moment des vitesses égales, les billes repasseront peu à peu de leur forme aplatie à leur forme ronde, en vertu de quoi elles se repousseront l'une l'autre; et cet aplatissement devant déployer la même force en se défaisant que celle qu'il avait employée pour se faire, on voit que la bille B' achèvera par là de perdre la moitié qui lui restait de son ancienne vitesse, et la bille A acquerra un nouvel accroissement de vitesse égal à cette moitié : donc, après le choc, la bille choquante demeurera immobile en B', et A sera animée d'une

MOUVEMENTS DES CORPS ÉLASTIQUES. 161

vitesse égale à celle que la bille choquante avait avant le choc.
C. Q. F. D.

Pour faire l'expérience, on a des billes égales B et A (*fig.* 161), Fig. 161.
attachées à des fils CB et CA. Après avoir écarté l'une d'elles B
de quelques degrés, on la laisse tomber sur l'autre, et l'on voit
qu'après le choc elle reste immobile à la place de la bille A, tandis que celle-ci s'élève à peu près du même nombre de degrés
que celui dont on avait élevé B.

Remarque. — Il serait facile de voir que si la bille choquée A
n'était pas en repos, mais avait seulement une vitesse v moindre que la vitesse V de la bille choquante, alors après le choc B
resterait animée de la petite vitesse v, et A aurait acquis la grande
vitesse V.

199. Proposition. — « Une bille, après en avoir choqué une
« autre obliquement, s'échappe parallèlement à la tangente me-
« née à cette autre par le point choqué. »

J'appelle *choc oblique* celui qui a lieu quand la ligne droite
DB' (*fig.* 160) parcourue par la bille choquante D est oblique à Fig. 160.
la surface de la bille choquée A, et par conséquent ne passe pas
par le centre A.

Soit donc B'E l'impulsion de la bille choquante D arrivée en
B' : je puis, en vertu de la règle du parallélogramme des forces,
remplacer le choc B'E par deux autres, l'un B'R normal à la
boule A, et l'autre B'F parallèle à la ligne Ik, tangente à cette
boule. Celui-ci ne recevra aucune influence du contact des deux
boules à cause de sa direction, mais la vitesse normale B'R passera de la boule B' à la boule A, en vertu de la proposition précédente. Ainsi, après le choc, la boule B' restera avec la seule
et unique vitesse B'F, en vertu de laquelle elle s'échappera parallèlement à la tangente Ik. *C. Q. F. D.*

Corollaire. — Il est aisé de voir qu'étant données trois billes
A, C et B sur un billard, pour trouver le point où il faut que la
bille B frappe la bille C pour que cette bille B continuant son
chemin aille rencontrer la bille A en un point assigné I, on doit,
après avoir placé ou imaginé une bille auxiliaire B' qui touche
A au point assigné I, mener ou se représenter une droite HO
qui toucherait à la fois B' et C; car le point O de contact de cette
droite avec C sera le point demandé. On voit de plus que, tan-

dis que B' s'échappera dans la direction B'*x*, en même temps A sera lancée dans la direction IAZ.

DES MOUVEMENTS D'UNE ÉTENDUE QUELCONQUE.

IIe Partie. — *Des fluides.*

De l'écoulement des fluides et des jets d'eau.

Fig. 181. 200. Proposition. — « Lorsqu'un liquide pesant contenu dans « un vase AB s'écoule par un petit orifice A (*fig.* 181) pratiqué « au bas de ce vase, la vitesse des molécules liquides à leur arri- « vée en A est la même que celle qu'acquerrait un point pesant « en tombant d'une hauteur égale à la hauteur CO du niveau du « liquide au-dessus de l'orifice. »

Ce théorème, connu sous le nom de *théorème de Toricelli*, ne peut être établi rigoureusement que par un calcul qu'on peut voir dans la *Mécanique* de Poisson, 2e édit., t. II, p. 730. Cependant on se sent porté par la simple réflexion à admettre ce théorème, car il paraît naturel d'admettre que la chute simultanée d'un ensemble de molécules comme celles qui composent une masse liquide, fait acquérir à chacune d'elles la même vitesse que celle acquise par une molécule isolée tombant de la même hauteur. Au reste, ce principe se vérifie par l'expérience. En effet, la hauteur à laquelle une impulsion donnée à un point pesant peut l'élever est évidemment égale à celle d'où il devrait tomber pour acquérir une vitesse égale à cette impulsion. Donc si les molécules, à l'endroit A de leur sortie d'un vase, ont une vitesse ou une impulsion telle que nous l'avons dit, alors, dans le cas où l'orifice percé à cet endroit sera tourné en haut, ces molécules devront jaillir jusqu'à la hauteur du niveau B, et c'est aussi ce qui arrive, à quelque différence près ; encore est-il possible de rendre raison de ce peu de différence. Ce jet est vertical quand l'orifice A est horizontal, et il formé une courbe parabolique quand il est incliné, ce qui doit être, d'après ce qu'on a vu au n° 14 des *Notions de Mécanique*.

201. Nous venons de dire que, d'après le théorème de Toricelli, la hauteur du jet vertical serait toujours égale à l'élévation

du niveau au-dessus de l'orifice. Ceci n'est vrai que théoriquement, mais dans la pratique cette hauteur est toujours plus ou moins au-dessous du niveau. Cela tient 1° au frottement de l'eau contre les tuyaux de conduite ; 2° à la résistance de l'air que le jet d'eau est obligé de fendre ; 3° aux gouttes qui, après s'être élevées, retombent sur celles qui s'élèvent.

PROPOSITION. — « La vitesse avec laquelle un liquide sort de « l'orifice percé au bas du vase qui le contient est proportionnelle « à la racine carrée de la hauteur du niveau de ce liquide au-« dessus de cet orifice. »

En effet, par le théorème de Toricelli, cette vitesse est égale à celle d'un corps qui tomberait de ladite hauteur. Or, d'après le n° 43, la vitesse de ce corps serait proportionnelle à la racine carrée de cette hauteur. Donc,...

Remarque. — Au moyen de cette proposition, il est facile de calculer la quantité d'eau fournie par un orifice circulaire, pourvu que l'on connaisse en lignes son rayon r, la hauteur h du niveau de l'eau au-dessus du centre de cet orifice, et le nombre $19^{met. cub.},2$ qui représente la quantité d'eau fournie en vingt-quatre heures par un trou d'un pouce de diamètre dont le centre est placé à 7 lignes au-dessous du niveau de l'eau. (Voy. les *Compléments*.)

202. *Forme de la veine fluide*. — On appelle *veine fluide* la masse de fluide KC (*fig.* 112), comprise depuis l'orifice K du vase d'où s'écoule le liquide, jusqu'au réceptacle P où il est reçu.

Fig. 112.

Avant M. Savart, on admettait unanimement que la veine fluide diminuait de diamètre depuis l'orifice d'écoulement jusqu'à une petite distance égale au diamètre de cet orifice ; qu'ensuite, à partir de cette distance, le diamètre de la veine augmentait jusqu'à l'extrémité de cette veine ; et c'est ce qu'on désignait par le nom de *contraction de la veine fluide*. D'après les observations de M. Savart, la veine fluide ne subit pas à proprement parler de contraction, mais bien une simple diminution continuelle de diamètre : seulement, cette diminution est d'abord très-rapide depuis l'orifice jusqu'à une très-petite distance de cet orifice, et continue ensuite d'une manière insensible depuis cette distance jusqu'à la fin. Nous allons, au reste, dans le problème

164 ÉLÉMENTS DE PHYSIQUE, LIV. I.

suivant, rapporter ce qu'il y a de principal dans le Mémoire de M. Savart. (*Ann. de phys. et de chim.*, t. LIII, p. 337 et suiv.)

203. PROBLÈME. — « On demande de déterminer la forme de « la veine fluide. »

Solution. — Voici à peu près textuellement ce qu'on trouve dans le Mémoire de M. Savart pour la solution de ce problème :

Il n'est personne qui n'ait observé que les veines fluides, tombant verticalement de haut en bas, se composent de deux parties d'un aspect tout différent; que l'une, celle qui touche à l'orifice, est limpide, transparente et, en apparence, immobile; que la seconde, qui est d'un plus grand diamètre, a un aspect louche comme laiteux, et qu'elle est recouverte de nodosités qui changent continuellement de forme et de position. La partie limpide des veines tombant verticalement de haut en bas se présente à l'œil sous une forme régulière, dont le diamètre, d'abord égal à celui de l'orifice, va en décroissant suivant une loi très-rapide jusqu'à une petite distance, et ensuite de plus en plus lente jusqu'au point où naît la partie trouble et agitée. Cette partie trouble et gonflée de la veine, considérée dans son ensemble et dans une assez grande étendue, a une forme déterminée qu'on n'avait pas encore aperçue (*fig.* 406 *bis*); elle présente des renflements ou ventres ($vv'v''$...) régulièrement espacés, qui ont

Fig. 406 *bis*. l'aspect de fuseaux allongés dont la surface est irrégulière et onduleuse. La moitié supérieure du ventre le plus élevé nv' enveloppe l'extrémité inférieure du jet limpide ab, qui se perd insensiblement à peu près au milieu de ce même ventre en b, et qui, au-dessous de ce point, semble se transformer en un tuyau creux bo d'un plus grand diamètre, qui régnerait dans toute l'étendue de la partie trouble en devenant de plus en plus diaphane à mesure qu'il s'éloignerait du point où il prend naissance, et dont le diamètre serait un peu moindre que celui des nœuds $nn'n''n'''$... Lorsque l'eau contenue dans le vase est parfaitement calme, et que l'orifice a été travaillé avec soin, la forme de la veine telle que nous venons de la décrire est facile à constater, même avec de l'eau pure; mais les particularités du phénomène sont d'une observation plus commode lorsque l'eau est d'une teinte foncée, par exemple lorsqu'elle a été colorée avec une dissolution d'indigo dans l'acide sulfurique.

MOUVEMENTS DES CORPS FLUIDES.   165

Pour mettre complétement à découvert la constitution de la veine fluide, M. Savart a eu recours à un fait connu depuis longtemps. Voici ce fait : Quand deux roues d'un même nombre de rais, et montées sur le même axe, tournent en sens contraires avec des vitesses égales, on aperçoit une roue fixe, dont le nombre des rais est égal à la somme des rais des deux roues.

D'après ce principe, M. Savart a imaginé un appareil propre à donner une fixité apparente aux diverses parties de la veine. Cet appareil est représenté *fig.* 405 *bis*; il se compose de deux cylindres A et B mobiles sur des axes qui traversent les montants MM : l'inférieur porte une poulie B destinée à recevoir une corde qui passe sur une roue motrice qu'on n'a pas représentée dans le dessin, et qui imprime au cylindre un mouvement de rotation dans le sens qu'on désire. Une courroie sans fin CD, de couleur noire, est passée sur les cylindres A et B; elle est traversée par des bandes parallèles blanches et horizontales d'un centimètre de largeur, et écartées de 7 centimètres. La hauteur totale de l'appareil est de $1^m,65$, hauteur suffisante pour qu'on puisse examiner la structure de la partie limpide et des deux premiers ventres de la partie trouble d'une veine lancée par un orifice de 6 millim., sous la charge de 10 centimètres. Si l'on regarde le jet dans une direction telle qu'il se trouve placé entre l'œil et la courroie, tandis qu'elle est animée d'un mouvement ascensionnel d'une vitesse convenable, et qu'on ne peut déterminer que par tâtonnement, on aperçoit une image présentant deux parties bien distinctes: l'une inférieure, qui se compose de bandes transversales noires et fixes, et qui correspond à la partie trouble de la veine; l'autre supérieure, correspondant à la partie limpide qui paraît immobile comme quand on la regarde directement, mais avec cette différence que, vers son extrémité inférieure, ses bords présentent des saillies à peu près uniformément espacées, et qui deviennent d'autant plus fortes qu'elles sont plus voisines de l'extrémité même du jet. Cette dernière partie de l'image correspond à la moitié supérieure du premier ventre de la portion trouble de la veine; et il résulte de là que cette moitié supérieure est formée par des renflements annulaires qui descendent le long du jet. La figure 409 *bis* représente une veine produite par un orifice de 6 millim. de diamètre sous la charge

Fig. 405 *bis*.

Fig. 409 *bis*.

de 10 cent., et telle qu'on la voit par ce procédé. En comparant cette figure à la figure 406 *bis* qui représente la même veine vue directement, on s'explique sans peine toutes les particularités de la constitution réelle et apparente des veines liquides lancées par des orifices circulaires.

En résumé, il est évident : 1° que la partie trouble des veines est composée de gouttes qui exécutent des vibrations pendant leur chute, puisque les longueurs des bandes *bbbb*... croissent et décroissent périodiquement en restant toujours inscrites dans les ventres qu'on aperçoit à l'œil simple, ce qui suppose que chaque goutte fait les mêmes oscillations que nous avons décrites au n° 191 sur la *fig.* 156; 2° que l'apparence d'un tuyau creux occupant l'axe de la veine est donnée par les gouttes *cccc*... d'un moindre diamètre, qui sont toujours intercalées entre les gouttes *bbb*...

204. M. Savart attribue la constitution de la veine fluide à une certaine intermittence de l'affluence de la masse liquide du réservoir vers son orifice, de sorte que ce liquide se porterait alternativement avec une plus grande et avec une moins grande abondance à cet orifice pour s'écouler au dehors. Selon ce savant, cette intermittence dans la vitesse de l'écoulement n'aurait d'autre cause que la pesanteur, qui ferait osciller toute la masse. Ainsi, à partir du moment où l'on ouvre l'orifice pratiqué au centre du fond du réservoir, la colonne de liquide qui est directement au-dessus de cet orifice étant la première à s'écouler, le niveau de la partie centrale du liquide doit s'abaisser un peu, dit M. Savart, en même temps que la partie la plus extérieure de la masse du fluide se trouve par là à un niveau plus élevé. Mais une réaction des molécules fait en quelques instants passer le liquide à une disposition en sens inverse, dans laquelle les bords de l'eau s'abaissent au-dessous du niveau du centre, lequel en même temps s'élève un peu. Ce serait par ces élévations du centre que se feraient les étranglements *ooo*... et les solutions de continuité *ccc*, tandis que ce serait aux abaissements de ce même centre que seraient dus les renflements *rr'r"* et les gouttes *bbb*.

205. M. Plateau, de Bruxelles, explique autrement le phénomène dont il s'agit. D'après un ensemble de recherches de ce

MOUVEMENTS DES CORPS FLUIDES. 167

savant sur les formes d'équilibre stable que peut prendre une masse fluide soustraite à la pesanteur, il résulte que la forme cylindrique satisfait à cette condition tant que sa longueur n'est égale qu'à trois ou quatre fois son diamètre ; mais quand la longueur devient plus considérable, alors l'équilibre est instable, et, par suite de la réaction moléculaire, le cylindre liquide se renfle en certains endroits également espacés et séparés par des étranglements qui s'amincissent continuellement jusqu'à ce que la rupture ait lieu. Par cette rupture, le cylindre se résout en autant de sphères qu'il y avait de renflements, entre lesquelles sont de petites sphérules formées de la matière des étranglements.

Ceci est applicable à la veine fluide ; car cette veine au sortir de l'orifice est un cylindre liquide, dont les parties inférieures vont plus vite que les supérieures, puisque dans la chute des corps pesants la vitesse est continuellement accélérée. Par suite de cette accélération le cylindre, subit un allongement qui, d'abord, y produit les renflements $rr'r''$ et les étranglements ooo, et qui finit par résoudre ce cylindre en sphères bbb séparées par les sphérules ccc.

206. *Remarque I*. — Lorsqu'on fait tomber la veine fluide sur le centre d'un disque horizontal d'un diamètre à peu près double du sien, bien avant qu'elle se résolve en goutte, on la voit s'épanouir sur ce disque en une nappe en forme de cône très-ouvert. Cette nappe vibre continuellement en s'élevant et s'abaissant, en même temps que son diamètre subit une série perpétuelle d'allongements et de raccourcissements qui alternent et se succèdent avec une très-grande rapidité. Ces vibrations sont assez rapides pour produire un son.

207. *Remarque II*. — M. Savart a tâché de prouver que tout ce qui précède a encore lieu dans l'écoulement des gaz, en adaptant au robinet d'un réservoir plein d'air comprimé une petite caisse contenant de la poussière fine de lycopode, et renversant ensuite ce réservoir pour que la veine gazeuse descende verticalement. Cette veine devient visible par la poussière qu'elle entraîne, et, selon M. Savart, elle offre beaucoup de ressemblance avec celle que donnent les liquides. Lorsqu'on lui présente un disque, elle s'épanouit et forme une nappe vibrante, comme celle de la remarque précédente. De sorte que, selon ce savant, l'é-

coulement des gaz est sujet à la même intermittence que les liquides ; mais il avoue que l'explication qu'il a donnée pour ceux-ci ne serait pas applicable aux phénomènes de ceux-là, qu'il dit être jusqu'ici inexplicables.

ARTICLE II. — DES VIBRATIONS INFINIMENT PETITES DES MOLÉCULES DES CORPS, OU DE L'ACOUSTIQUE.

208. *Définition I.* — L'*acoustique* est cette partie de la physique qui a pour objet de déterminer les lois suivant lesquelles le son se produit et se propage.

PROPOSITION. — « Pour la production du son, il faut toujours « que les parties diverses des corps sonores soient animées d'un « mouvement vibratoire, n° 189, plus ou moins énergique. »

Pour s'assurer de la vérité de cette proposition, il suffit d'observer les corps sonores avec un peu d'attention, quand ils rendent un son. Ainsi, après avoir pincé une corde un peu longue, ou pendant qu'on passe un archet sur elle, si on l'observe lorsqu'elle résonne, on la verra s'agiter très-rapidement de part et d'autre de sa position d'équilibre, tout le temps que le son se fait entendre. Lorsque la corde est petite, on ne voit plus aussi bien ces agitations pendant qu'elle résonne ; mais en posant des petits chevalets de papier sur cette corde, on les voit s'agiter vivement pendant que la corde résonne. De même si l'on fait rendre un son à une lame, à une plaque métallique, à une cloche de verre ou de métal, à un timbre, etc., souvent le mouvement vibratoire sera assez fort pour qu'on le voie directement ; et, dans tous les cas, on le rendra sensible, soit en répandant du sable fin sur ces corps, lequel s'agitera considérablement pendant tout le temps que durera le son, soit en approchant doucement une pointe d'acier ou une boule d'ivoire suspendues par un fil (*fig.* 185) près de leurs surfaces ; car alors on entendra une suite rapide de petits chocs contre eux, lesquels chocs sont produits par la surface de ces corps, qui vient battre contre la pointe ou la boule.

Fig. 185.

Enfin, dans les instruments à vent, c'est la colonne d'air renfermée dans ces instruments qui vibre. Pour le prouver on tend médiocrement une feuille très-mince de papier végétal sur un anneau; puis l'on porte cet anneau suspendu horizontalement par un fil dans un tuyau d'orgue pendant qu'il résonne, et aussitôt on entend le bruit du papier que l'air vibrant du tuyau fait frémir.

209. Proposition II. — « La sensation du son n'est due qu'à « ce que le mouvement vibratoire des corps sonores se commu- « nique à l'air environnant, et s'y propage jusqu'à l'oreille. »

Cette proposition se démontre par l'expérience suivante : On place sur la platine AB (*fig.* 404) d'une machine pneumatique un timbre *m*. Un petit marteau, mu par un mouvement à ressort contenu dans la caisse CD, est destiné à frapper ce timbre. Quand le ressort est monté, sitôt qu'on lève l'arrêt OIS, le petit marteau part, et le timbre sonne ; pour arrêter cette sonnerie il suffit de rabaisser l'arrêt OIS. Ce petit appareil pose sur des coussinets de drap, afin que le mouvement du son ne se communique pas à la platine de la machine pneumatique. On recouvre ensuite cette platine d'une cloche en verre N garnie d'une boite à cuir R, dans laquelle passe à frottements très-durs une tige FE. Enfin, on fait le vide ; et quand il est fait, on tourne la tige FE pour lever l'arrêt OIS. Aussitôt le petit marteau part, et on le voit s'agiter, mais on n'entend aucun son, pourvu qu'on ait soin de lever la tige FE de suite, pour qu'elle ne touche aucunement à la sonnerie.

Fig. 404.

Si l'on fait revenir l'air petit à petit sous la cloche N, on entend le son du timbre, d'abord très-faiblement, et ensuite de plus en plus énergiquement, à mesure que l'air rentre davantage sous la cloche.

Après ces préliminaires, nous allons entrer dans l'étude proprement dite des phénomènes de l'acoustique ; nous commencerons par les phénomènes de la propagation du son dans un seul milieu que nous supposerons d'abord s'étendant indéfiniment, et ensuite complétement limité en tous sens. Après cela nous étudierons la propagation du son dans divers milieux successifs.

Ire Partie. — Vibration d'un milieu qui s'étend indéfiniment.

210. Nous avons déjà dit au n° 189 qu'un mouvement vibratoire est celui d'un corps dont les molécules ne font qu'aller et venir de part et d'autre de leur position d'équilibre ; nous ajoutons à présent que la somme de cette allée et de cette venue est ce qu'on appelle une *vibration*. L'*oscillation* est cette venue ou cette allée elle-même.

211. *Mode des vibrations d'un milieu indéfini.* — Pour plus de simplicité, avant de considérer une masse d'air indéfinie en tous sens, concevons seulement une colonne d'air OX (*fig.* 187) qui s'étende indéfiniment à droite et à gauche, puis en une section de cette colonne supposons une lame CC qui vibre en allant sans cesse de CC en C'C' et de C'C' en CC.

Fig. 187.

Dans sa première oscillation cette lame, en allant de A en A', poussera vers la droite l'air qui est devant elle. Ainsi, quand la lame est arrivée en A', elle a devant elle une certaine étendue d'air A'x, dont les molécules sont serrées entre elles et animées de diverses vitesses dirigées à droite. C'est ce qu'on appelle une *onde condensée*. Cette onde se propage vers la droite dans toute la colonne A'O en laissant tout en repos derrière elle à gauche, c'est-à-dire que cet état de condensation vers la droite passera des molécules de la partie A'x de notre colonne aux molécules suivantes indéfiniment. Partageons en effet toute la colonne XO en tranches infiniment petites et égales : chaque tranche d'air de l'onde A'x choquant la tranche qui est devant elle à droite, produira ce que nous avons dit être produit au n° 198 par une bille d'ivoire qui en choque une autre parfaitement égale : la tranche choquante communiquera son état à la tranche choquée, et se réduira à celui de cette tranche choquée. De sorte que pendant le temps que la lame C'C' sera retournée en CC, l'onde condensée aura quitté l'étendue A'x pour en occuper à la suite une autre xu exactement égale, et ainsi de suite à chaque oscillation de la lame.

212. Maintenant on conçoit qu'en s'en retournant en CC la lame produira une *onde dilatée* qui suivra indéfiniment l'onde condensée, parce qu'en reculant ainsi à gauche de C' en C notre lame tend à faire devant elle à droite un vide dans lequel l'air se précipite en se dilatant.

213. *Longueur de l'onde.* — Il est facile de voir que la longueur de l'onde A'x est égale au chemin que le son fait dans le temps de la première oscillation de notre lame, car la condensation qui règne dans la première tranche x de l'onde au moment où cette lame arrive en A' n'est que la première condensation qu'avait formée en CC le premier pas de notre lame. A la rigueur, c'est donc l'onde A'x, plus A'A, qui est égale au chemin qu'a fait le son pendant la première oscillation de la lame; mais la quantité A'A n'étant que l'excursion de cette lame, est infiniment plus petite que le chemin du son, et on la néglige.

Il est au reste évident que ce chemin, et par conséquent l'onde A'x, est égale à la vitesse du son multiplié par le temps ou la durée de l'oscillation AA'.

214. *Ordre des densités et des vitesses dans l'onde.* — La lame CC, pendant la première moitié de son oscillation, étant continuellement poussée dans le sens de son mouvement par sa force de ressort, se mouvera de plus en plus vite jusqu'à ce qu'elle soit arrivée au milieu de son oscillation; mais à partir de ce milieu la force de ressort agissant en sens contraire du mouvement, elle n'arrivera en C'C' qu'avec une vitesse sans cesse décroissante. Ainsi la condensation et la vitesse de la première tranche placée à l'extrémité x de l'onde ayant été produites par le premier élan très-faible de la lame, seront elles-mêmes infiniment faibles. La tranche située à l'autre extrémité A' de l'onde sera aussi, dans ce cas, comme ayant été frappée par la lame au dernier moment de son oscillation, c'est-à-dire au moment où elle n'avait presque plus de mouvement. Au contraire, la condensation et la vitesse qui règnent au milieu de l'onde ayant été produites au moment où la lame arrivait au milieu de son oscillation, c'est-à-dire à son maximum de vitesse, seront elles-mêmes de vrais maximums. Les autres tranches auront des condensations et des vitesses intermédiaires.

215. *Oscillations de chaque molécule.* — Chaque molécule d'air s oscille continuellement de s en s' et de s' en s, comme la lame le fait entre A et A'. En effet, la tranche HH', dont s fait partie, éprouve successivement toutes les modifications de densité et de vitesse des diverses tranches de cette onde; car quand une onde en s'avançant traverse cette tranche, celle-ci devient successivement la première, la deuxième, la troisième, etc., et enfin la dernière tranche de cette onde. D'après cela, pendant tout le temps qu'une onde condensée traverse la tranche HH′, la molécule *s* est dirigée à droite, comme le sont les vitesses régnantes en une pareille onde ; mais quand cette onde sera passée, la molécule *s* sera en *s'*, je suppose, et il surviendra une onde dilatée, pendant tout le passage de laquelle cette molécule reviendra de *s'* en *s* en se dirigeant vers la gauche, comme la vitesse régnant dans une onde dilatée.

216. Ces développements sur le mouvement vibratoire des molécules d'une colonne d'air n'offrent rien que de très-facile et d'assez satisfaisant ; mais quand on veut passer de là à une masse d'air indéfinie en tous sens, alors si le cas que l'on considère est celui où l'on suppose que le mouvement imprimé aux molécules voisines du centre de cette masse soit parfaitement symétrique tout autour de ce centre, les développements ci-dessus montrent que le mouvement se propagera en ondes sphériques qui marcheront à la suite les unes des autres en s'éloignant sans cesse de leur centre commun, où est la source du mouvement, et que ces ondes seront alternativement des ondes condensées et des ondes dilatées. Mais ce cas n'a presque jamais lieu dans la pratique, au moins relativement aux sons continus ou notes musicales, car ordinairement le son est produit par les allées et les venues continuelles d'un corps qui agite l'air : c'est ce que fait, par exemple, le diapason. Or, quand une branche d'un diapason vibre, elle ne pousse à chaque instant les molécules d'air que dans un sens. Le calcul est ici le seul qui puisse nous éclairer ; et il nous apprend que, dans tous les cas, la propagation du son se fait de la même manière, soit quant à la vitesse de propagation et à la forme sphérique de l'onde, soit quant à la direction définitive des oscillations des molécules d'air.

217. Problème. — « On demande de déterminer le nombre de « vibrations que font les molécules de l'air lorsqu'elles rendent tel « ou tel son. »

Ce problème se résout de plusieurs manières. Nous allons commencer par celle où l'on fait usage de la *sirène* : c'est un instrument ainsi appelé, parce qu'il a la propriété d'exciter des vibrations sonores dans l'eau et les divers fluides.

Fig. 190. Cet instrument est représenté par la figure 190. On le place sur une soufflerie d'orgue, et le vent qui entre dans la caisse

ACOUSTIQUE. 173

FPP'F' par le tuyau YY' produit le son en passant par les trous UV, U'V', etc. Ces trous sont pratiqués, les uns dans la table fixe TT' qui ferme la caisse que nous venons de dire, les autres dans un plateau mobile PP' qui recouvre cette table. Ce plateau fait corps avec le bas de l'axe X. Cet axe, dont les deux extrémités sont reçues dans de petites cavités fixes, peut tourner sur ces deux extrémités avec la plus grande facilité; et en tournant il entraîne avec lui le plateau PP', qui ne touche pas absolument la table, mais en est à une très-petite distance. Pour que le vent de la soufflerie puisse mettre le plateau en mouvement, les trous de ce plateau et ceux de la table sont inclinés en sens contraires sur le plan de cette table, comme le représente la figure 193, où l'on voit trois trous représentés en section sous les lettres UUU, et représentés en plans près des trois lettres U'U'U'. L'axe X porte à sa partie supérieure une vis sans fin, dans laquelle engrènent les dents d'une roue RR'. Cette roue a 100 dents, et elle est recouverte d'un quadrant D (*fig.* 192) où sont marqués 100 degrés numérotés d'unité en unité. A chaque tour du plateau de la sirène, l'aiguille du quadrant D parcourt un degré. De plus, il y a derrière la roue RR' (*fig.* 190) un petit levier qui part de son centre, avec lequel il fait corps, et va jusqu'aux dents d'une seconde roue CC'. Ce levier, tournant avec la roue RR', pousse à chaque tour une dent de la roue CC'. Les dents de cette roue sont en même nombre que les degrés du quadrant D' (*fig.* 192) qui la recouvre. Ceux-ci sont numérotés de centaine en centaine, et l'aiguille du quadrant D' parcourt un degré à chaque fois que celle de D fait un tour entier. Enfin, en poussant le bouton B (*fig.* 190), on fait toucher les dents de la roue RR' au filet de la vis sans fin, et, en poussant le bouton B', on les en sépare; de sorte qu'alors les aiguilles des quadrants ne marchent plus.

Fig. 192.

Fig. 190.

Fig. 192.

Fig. 190.

218. Il s'agit à présent de donner l'explication du son produit par la sirène quand son plateau tourne sur sa table. Ne considérons d'abord qu'un trou de cette table, et supposons qu'il y en ait dix dans le plateau. Alors, chaque fois qu'un trou du plateau quittera celui que nous considérons dans la table, celui-ci se fermant, il arrivera que les molécules d'air supérieures au plateau ayant un certain élan, s'élèveront au-dessus de ce plateau; ce qui produira un vide ou au moins une raréfaction à cette partie du

plateau, tandis que les molécules inférieures au plateau se pressant contre lui feront une condensation à sa partie inférieure; mais quand le trou suivant du plateau arrivera sur celui de la table, l'air condensé de dessous ce plateau se débandera et passera au-dessus; de sorte qu'alors c'est dessous le plateau qu'il se formera une dilatation de l'air, tandis qu'il se condensera au-dessus. On voit donc que, pour chaque trou du plateau, il se formera une véritable vibration sonore de l'air. Ainsi, dans notre hypothèse, on aura dix vibrations pour chaque tour du plateau. Or, comme le mouvement du plateau peut être rendu de plus en plus rapide, il s'ensuit que la sirène doit rendre des sons qui montent par degrés, ou plutôt par nuances insensibles, depuis le plus grave jusqu'au plus aigu, et c'est en effet ce que l'expérience confirme. Maintenant, il est clair que ce que nous venons de dire pour expliquer le son rendu par un trou de la table TT' s'applique à tout autre trou qui serait pratiqué à cette table. Ainsi, s'il y a dix trous à cette table, l'instrument produira dix sons à la fois qui n'en feront qu'un seul, dix fois plus intense que s'il n'y avait qu'un seul trou.

219. D'après cela, pour trouver le nombre d'oscillations par seconde répondant à tel son que ce soit, on mettra la sirène en jeu, et l'on accélérera ou ralentira le mouvement du plateau jusqu'à ce que la sirène rende bien la note que l'on veut. Pour lors, continuant toujours de produire ce son d'une manière bien soutenue, on poussera le bouton B pour faire engrener la roue RR' avec la vis sans fin, et *au même instant* on lâchera l'aiguille des secondes d'une bonne montre à secondes. Ensuite, au bout d'un certain temps, au bout de deux minutes, par exemple, on arrêtera en même temps cette aiguille et la roue RR' en poussant le bouton B'. Cela fait, l'inspection des deux quadrants D et D' de la sirène donnera le nombre de tours faits par le plateau en 2', d'où l'on conclura le nombre d'oscillations faites par seconde. Par exemple, si l'aiguille des centaines D' en marquait 4, l'aiguille des unités 80, cela signifierait que le plateau a fait 480 tours en 2 minutes ou 120 secondes; ce qui fait 4 tours pour 1 seconde ou 40 oscillations par seconde, puisque chaque tour donne 10 oscillations. Voyez, au reste, les *Ann. de phys. et de chim.*, 2e série, t. XII, p. 167.

On produit aussi des sons en plaçant cet instrument entièrement dans l'eau, et en y dirigeant un courant de ce liquide qui traverse la caisse YU.

220. M. Savart est arrivé au même but que M. Cagnard-Latour par un autre procédé. Ce procédé consiste à imprimer un mouvement rapide de rotation à une roue dentée de 3 ou 4 décimètres de diamètre, et portant plusieurs centaines de dents. Pendant cette rotation, on présente le bord d'une carte aux dents de la roue, qui, par leurs chocs sur cette carte, produisent un son plus ou moins élevé, suivant qu'on fait tourner la roue plus ou moins vite. Pour compter le nombre de chocs exercés contre cette carte en une seconde, on se sert d'un compteur exactement semblable à celui de la *fig.* 190; mais, au lieu de le fixer sur une table TT', on l'adapte à l'extrémité de l'axe de la roue dentée, de manière que l'arbre X soit dans le prolongement de cet axe et participe à ses mouvements. Alors, pendant que la roue dentée tourne, son axe fait tourner la vis sans fin placée à l'extrémité de X, et cette vis, faisant tourner les roues C et R, accuse, comme nous l'avons expliqué dans la sirène, le nombre des tours de la roue dentée, et par conséquent le nombre de chocs reçus par la carte en une seconde.

Fig. 190.

221. Lorsqu'on prend des roues plus grandes (d'un mètre de diamètre, par exemple), on peut, au moyen du grand nombre de dents dont elles sont garnies, produire des sons d'une acuïté excessive.

222. Pour les sons graves, M. Savart se sert encore de la rotation d'une roue verticale et très-grande; mais cette roue n'est pas dentée, parce qu'ici ce sont les rais de la roue qui produisent le son, et voici comment : Il y a de chaque côté de la roue une petite planche horizontale, fixe et dirigée vers le centre de la roue; ces deux petites planches laissent entre elles un intervalle dont la largeur ne surpasse guère que d'un millimètre l'épaisseur des rais, et dans lequel passe chacun de ces rais à son tour pendant la rotation de la roue. Alors l'air que chaque rais entraîne avec lui pendant cette rotation se trouve tout arrêté par les deux petites planches, et il en résulte un choc de l'air qui produit une sorte d'explosion.

Quand ces explosions se répètent assez rapidement pour que

la sensation produite sur l'oreille par l'une se lie avec la sensation produite par l'autre, il en résulte un son d'une gravité et d'une force qui étonne toujours ceux qui l'entendent ; et avec un compteur, adapté à l'extrémité de l'axe de la roue, on peut évaluer le nombre des oscillations de ce son par seconde ; on peut aussi, comme l'a fait M. Savart, réduire à un seul de ces rais la roue dont nous venons de parler : alors l'appareil ne consiste plus qu'en une barre qui, tournant dans un plan vertical, passe plusieurs fois à chaque seconde dans l'intervalle des petites planches que nous venons de décrire.

Lorsque la barre commence à décrire ses révolutions, la vitesse étant peu considérable, on entend d'abord des coups séparés les uns des autres, et qui ressemblent à des explosions extrêmement faibles ; mais lorsque la vitesse devient plus grande, les coups deviennent de plus en plus intenses, au point qu'on serait tenté de croire que la barre frappe contre un corps solide ; en même temps on entend un son extrêmement grave, qui paraît d'abord très-faible, et qui ensuite acquiert une intensité extraordinaire lorsque les chocs sont assez voisins les uns des autres pour que les impressions produites par chacun d'eux sur l'organe de l'ouïe durent assez longtemps, et se superposent d'une manière convenable. Néanmoins, avec l'appareil dont il s'agit, le nombre des tours ne pouvant guère être plus grand que de 25 à 30 par seconde, on perçoit toujours chaque choc indépendamment du son continu, de sorte que le son est toujours de la nature de ceux qu'on appelle sons ronflants.

223. *Remarque I.* — Ayant ainsi des moyens de compter les vibrations des corps sonores, on a conçu l'idée d'évaluer numériquement les sons : on prend pour valeur numérique d'un son le nombre de vibrations que ce son fait par seconde.

224. *Corollaire I.* — D'après cela et d'après les dernières lignes du n° 213, on voit que la longueur de l'onde formée par un son est égale à la vitesse du son que nous verrons être de 340^m ; divisée par la valeur de ce son.

Corollaire II. — M. Cagnard-Latour a trouvé avec la sirène que les valeurs numériques des huit notes d'une gamme sont proportionnelles aux quantités suivantes :

ut	ré	mi	fa	sol	la	si	ut
1	$\frac{9}{8}$	$\frac{5}{4}$	$\frac{4}{3}$	$\frac{3}{2}$	$\frac{5}{3}$	$\frac{15}{8}$	2

Ces nombres indiquent les rapports que doivent avoir entre eux les nombres de vibrations exécutées en une seconde par huit sons faisant une gamme exacte. Ainsi, 1 qui répond à *ut*, et $\frac{9}{8}$ qui répond à *ré*, signifient que pour que deux sons soient l'un par rapport à l'autre un *ut* et un *ré*, ou, comme on dit en musique, fassent une seconde, il faut que les deux nombres de vibrations qui ont lieu en une seconde de temps pour produire ces deux sons soient entre eux comme 1 est à $\frac{9}{8}$, c'est-à-dire que le nombre de vibrations qui produit *ré* devra être plus fort de $\frac{1}{8}$ que celui qui produit *ut*; de même pour une tierce *ut*, *mi*, il faut que les deux nombres de vibrations soient entre eux comme 1 est à $\frac{5}{4}$, c'est-à-dire que le nombre de vibrations qui produit *mi* devra surpasser de $\frac{1}{4}$ celui qui produit *ut*, ainsi de suite.

Corollaire III. — D'après les valeurs numériques précédentes de la gamme, on voit que quand un son s'élève au-dessus d'un autre d'une *seconde*, c'est-à-dire de l'intervalle de *ut* à *ré*, il doit faire neuf vibrations pendant que l'autre en fait huit, comme l'indiquent les termes de $\frac{9}{8}$ placés sous *ré*; s'il s'élève au-dessus d'un autre d'une *tierce*, c'est-à-dire de l'intervalle de *ut* à *mi*, il doit faire quatre vibrations pendant que l'autre en fait cinq comme l'indiquent les termes de $\frac{5}{4}$ placés sous *mi*, ainsi de suite. Et enfin, pour qu'un son soit l'*octave* d'un autre, il faut qu'il fasse deux vibrations pendant que l'autre en fait une.

225. *Remarque II.* On désigne ordinairement les notes de la gamme du violoncelle par ut_1, $ré_1$, mi_1, etc., c'est-à-dire en mettant le chiffre 1 à chacune; et l'on augmente ce chiffre d'une unité, de deux unités, etc., pour désigner la première, la deuxième, etc., octave de chaque note de cette gamme du violoncelle: ainsi mi_2 est la première octave de mi_1, sol_3 la deuxième octave de sol_1, etc.

Définition. — On appelle *harmoniques* d'un son donné ceux qui ont pour valeur la suite naturelle des nombres 2, 3, 4, 5, 6..., en supposant qu'on ait pris 1 pour valeur de ce son donné.

226. *Définition*. — On appelle *intervalle* entre deux sons le rapport des nombres de vibrations qu'ils font dans le même temps.

Remarque I. — On ne peut s'empêcher de remarquer combien ce mot d'*intervalle* usité en musique a été mal traduit ici par les mathématiciens; car, d'après la définition de ce mot, l'intervalle d'une note à elle-même serait 1, ce qui est absurde, puisqu'on ne conçoit aucun intervalle d'une chose à elle-même. Il aurait été mieux d'appeler intervalle entre deux sons le rapport de la différence de leurs nombres de vibrations au plus petit de ces nombres.

Remarque II. — Les intervalles rapportés ci-dessus ne sont pas les seuls dont on fasse usage en musique; on emploie encore ce qu'on appelle les *dièses* et les *bémols*. Diéser une note, c'est multiplier le nombre de ses vibrations par $\frac{25}{24}$; et la bémoliser, c'est en prendre les $\frac{24}{25}$.

Définition. — Tout intervalle qui s'approche plus de l'unité que $\frac{24}{25}$ s'appelle un *comma*.

227. Problème. — « On demande de mesurer par l'expérience la vitesse du son dans l'air. »

Ce problème peut être résolu en prenant note du temps qui s'écoule depuis le moment où l'œil d'un observateur voit agir la cause d'un son, jusqu'au moment où son oreille perçoit ce son, puis mesurant la distance de cet observateur au lieu de l'origine du son. Cette manière a été souvent employée par diverses réunions de savants dans différents siècles, et récemment par les ordres du Bureau des longitudes en 1822. Dans cette expérience, on plaça deux canons, l'un à Villejuif et l'autre à Montlhéry; et les observateurs, placés à chaque station, notaient soigneusement le nombre de secondes écoulées depuis le moment où ils voyaient la lumière du canon de l'autre station, jusqu'au moment où ils en entendaient le son. Ensuite, en divisant par ce nombre de secondes la distance des deux stations qui fut mesurée exactement par l'un d'eux, ils trouvèrent que la vitesse du son était de 340^m88 par seconde.

228. Cette vitesse est celle qui convient aux circonstances atmosphériques de cette expérience, pendant laquelle le thermomètre marquait 16 degrés centigrades, le baromètre placé à Vil-

ACOUSTIQUE.   179

lejuif marquait 75^{centim}·85, et l'hygromètre de Saussure 78 degrés. Mais cette vitesse varie avec ces circonstances, suivant des lois qui se déduisent de l'expression donnée par le calcul pour cette vitesse. (V. la *Méc.* de Poisson, 2º éd., t. II, p. 714. Si, d'après ces lois, on réduit par le calcul la vitesse de 340^{m}88 à ce qu'elle serait sous la pression de 0^{m}76 et pour la température 0º, on trouve 331^{m}12.

229. M. Savart ne trouve pas cette manière de mesurer la vitesse du son suffisamment exacte pour mériter la confiance qu'on lui accorde ordinairement (V. l'*Iustitut*, nº 284). Ce savant préférerait la méthode fondée sur ce que (comme nous l'avons montré nº 224) la vitesse du son égale la longueur de l'onde sonore, divisée par le nombre des oscillations exécutées en 1″. La longueur de l'onde sonore se mesure par un procédé que nous expliquerons quand nous parlerons des tuyaux d'orgue. Quant aux nombres de vibrations faites en une seconde, nous avons expliqué la manière de le trouver ; et en divisant cette longueur par ce nombre, on trouvera la vitesse du son avec une approximation bien plus grande, selon M. Savart, que par tous les autres procédés. (V. l'*Institut*, nº 288 ; V. le Mém. de M. Dulong, *Ann. de chim. et de phys.*, 2º série, tome XLI, p. 139.)

230. PROPOSITION. — « Tous les sons ont la même vitesse. »

En effet, lorsque plusieurs observateurs écoutent un concert à diverses distances, ils entendent tous la même mesure et la même harmonie : ainsi, en se propageant au loin, tous les sons se succèdent dans le même ordre et aux mêmes intervalles, ce qui suppose nécessairement qu'ils marchent avec la même vitesse ; car si les sons graves, par exemple, prenaient l'avance sur les sons aigus, la mesure serait bientôt rompue, et ce qui serait une harmonie à 10 pas serait à 100 pas une cacophonie. M. Savart observait avec raison que cette expérience montre seulement que les sons ne diffèrent pas beaucoup de vitesse, parce que, selon lui, l'oreille n'est capable d'apprécier les altérations de la mesure que quand elles sont considérables.

231. PROPOSITION. — « Lorsqu'on imprime en même temps
« divers mouvements oscillatoires très-petits à différents endroits
« d'un même système de molécules, ils se propagent chacun
« dans toute la masse sans se confondre ni s'altérer. »

En effet, lorsque des sons différents sont rendus en même temps par divers instruments, comme dans un concert, l'oreille distingue tous ces sons. Or chaque son arrive à l'oreille par une série d'ondes sphériques dont le centre commun est l'instrument qui le produit; donc toutes ces ondes se croisent dans l'air sans se confondre, sans se nuire, et sans qu'aucune onde altère les vitesses ni les directions des mouvements oscillatoires, non plus que les condensations ou les dilatations dont les autres sont composées. Donc, lorsqu'on imprime..., etc.

Remarque. — C'est ce fait que l'on désigne sous le nom de la *coexistence des petits mouvements*. On en voit encore un exemple quand on jette des pierres à différents endroits d'une pièce d'eau, car chaque pierre devient aussitôt le centre d'un système d'ondes qui se propagent indéfiniment : or on voit ces divers systèmes d'ondes se croiser à la surface de l'eau sans se confondre ni s'altérer.

232. *Réflexion du son.* — Quand les vibrations qui se propagent dans un milieu indéfini arrivent à la surface d'un corps différent de ce milieu, elles sont au moins en partie renvoyées ou, comme on dit, réfléchies par cette surface.

Par exemple, supposons que le milieu mis en vibration soit l'air, et que le corps contre lequel le son arrive soit un mur, je dis que ce son sera renvoyé dans l'air par ce mur. Ceci est un résultat de l'expérience si connue des échos; ainsi on sait que si une personne est placée à une distance convenable d'un mur, tout son instantané qu'elle produit lui revient plus ou moins rapidement. Le mouvement vibratoire des molécules, qui s'était avancé vers le mur jusqu'à l'atteindre, s'est ensuite éloigné de ce mur par une sorte de rétrogradation, et c'est ce qu'on appelle *réflexion*.

Remarque. — Nous avons dit qu'il fallait se placer d'une manière convenable pour que l'écho se produisît bien; c'est qu'en effet la production de l'écho exige certaines conditions que nous allons déterminer dans le problème suivant.

233. Problème. — « On demande de déterminer les conditions nécessaires pour la production d'un écho. »

Solution. — A cet effet, observons que l'expérience montre qu'il n'est guère possible de distinguer un son d'un autre, à

ACOUSTIQUE.   181

moins qu'il ne s'écoule un dixième de seconde de l'un à l'autre. Donc, pour qu'il y ait écho distinct, il faut que le son, en se réfléchissant, ne revienne au plus tôt à l'oreille qu'un dixième de seconde après qu'il a été émis, c'est-à-dire que l'aller et le retour doivent, pour être exécutés, exiger un dixième de seconde au moins. Or, en une seconde, le son parcourt environ 340 mètres ; donc cet aller et ce retour doivent faire 34 mètres ; mais le chemin ainsi parcouru en allant et en revenant est double de la distance du mur à celui qui a émis le son : cette distance doit donc être de 17 mètres, moitié de 34, c'est-à-dire environ de 50 pieds.

Toutes les fois que cette distance sera moindre, les sons directs et les sons réfléchis se confondront plus ou moins, et il n'y aura que ce qu'on appelle une *simple résonnance*.

234. PROPOSITION. — « Le son se réfléchit en faisant l'angle « d'incidence égal à l'angle de réflexion. »

Explication. — On veut dire par là que la direction CB (*fig.* 136) de la propagation du son lorsqu'il vient frapper le mur OX en un point B, et la direction BZ' de cette propagation lorsque le son se réfléchit au même point, font des angles égaux OBC et XBZ' : le premier s'appelle l'*angle d'incidence*, parce que c'est l'angle que fait la direction du son en venant tomber sur le mur au point B ; et l'autre s'appelle l'*angle de réflexion*, parce que c'est l'angle que fait la direction du son en se réfléchissant à ce même point.   Fig. 136.

Démonstration. — Cette proposition ne peut être démontrée que par un calcul qui ne peut trouver place ici ; mais elle est démontrée aussi par l'expérience de plusieurs manières.

La manière la plus simple est d'établir l'un devant l'autre deux miroirs paraboliques M et M' (*fig.* 388), bien perpendiculairement à la ligne des foyers f et f'. On place une montre au foyer f de l'un des deux ; et en mettant l'oreille au foyer f de l'autre, on entend très-bien le mouvement de la montre, quoiqu'en se plaçant en un point intermédiaire entre f et f', on n'entende rien, du moins en se bouchant l'oreille tournée vers la montre. Or on sait par la géométrie que les lignes qui vont l'une du foyer f à un point du miroir M, et l'autre de ce point à l'autre miroir parallèlement à ff', font des angles égaux entre eux. Donc dans   Fig. 388.

cette expérience les angles d'incidence et de réflexion sont égaux entre eux.

Fig. 292.

235. *Remarque.* — Lorsqu'une onde sonore AMX (*fig.* 292) émanée de E vient contre un corps SB, tandis que la partie SIB de cette onde qui frappe le corps est plus ou moins réfléchie devant lui, les parties de la même onde SM et BX extérieures à ce corps continuent leur chemin derrière lui, et pénètrent jusqu'en D. La propagation du son dans l'air en cette circonstance diffère de celle de la lumière ; car tandis que l'œil placé derrière un corps devant lequel est une lumière, comme une bougie, par exemple, ne la voit pas, l'oreille placée derrière le corps devant lequel on fait résonner un timbre l'entend parfaitement. Cette différence de la lumière au son a bien moins lieu dans l'eau que dans l'air. Ainsi M. Colladon choisit sur le lac de Genève deux stations séparées l'une de l'autre par un mur épais qui s'élevait au-dessus du niveau de l'eau, et ces deux stations étaient choisies de manière que la ligne droite, allant de l'une à l'autre, rasait l'extrémité latérale du mur. Ensuite M. Colladon, placé à l'une des stations, écoutait dans l'eau, alternativement à droite et à gauche de cette ligne droite, le bruit que son aide faisait dans l'eau à l'autre station. Dans cette expérience, M. Colladon a trouvé que le son était bien moins intense lorsque le mur était interposé entre lui et le corps sonore, que lorsqu'il ne l'était pas. (V. *Ann. de chim. et de phys.*, 2ᵉ sect., t. XXXVI, p. 256.)

II° Partie. — Vibration d'un milieu fini, tel qu'un corps quelconque.

236. Nous allons maintenant étudier les mouvements vibratoires des molécules d'une masse de dimensions finies, et nous nous bornerons aux cas qui offrent le plus d'intérêt : nous commencerons par les gaz. Ainsi, nous allons étudier les vibrations d'une colonne d'air ou de tout autre gaz renfermé dans un tuyau.

1° *Vibrations des gaz dans les tuyaux.*

PROBLÈME. — « On demande de donner des moyens de faire
« résonner les tuyaux pleins d'air. »

Solution. — Le moyen le plus ordinaire est celui qu'on emploie dans les tuyaux d'orgue. Ainsi, supposons que la *fig.* 202 représente un tuyau d'orgue. La partie MN de cet appareil est le tuyau proprement dit ; le reste NP' est ce qu'on appelle l'embouchure du tuyau. Cette embouchure se compose d'un *pied* PP', par où entre le vent qui doit faire résonner le tuyau. Ce pied est presque entièrement fermé par une plaque *ac*. Cette plaque ne laisse de passage au vent entré par le pied que par une fente *c* longue et étroite, qui s'étend le long de la paroi de l'embouchure perpendiculairement à la longueur du tuyau. Cette fente s'appelle *la lumière*. Tout contre cette lumière il y a une autre ouverture étroite qui lui est parallèle, et qui est pratiquée dans la paroi *bb'* de l'embouchure. On donne le nom de *bouche* à cette ouverture. La *lèvre supérieure b'* de cette bouche est taillée en biseau.

237. Maintenant, pour faire résonner un tuyau d'orgue construit comme nous venons de le dire, on le fixe sur une petite caisse en bois, en enfonçant l'extrémité de son pied dans un trou pratiqué sur cette caisse : au moyen d'un soufflet, on envoie le vent par un tuyau qui se rend à cette caisse. M. Savart, dans ses expériences, se sert d'un moyen différent pour faire résonner la colonne d'air renfermée dans un tuyau. (V. *Ann. de phys. et de chim.*, t. XXIV, p. 60 et suiv.) Ce moyen consiste simplement à présenter l'orifice de ce tuyau à un corps sonore en vibration, par exemple à un timbre d'horloge qu'on fait vibrer en en frottant les bords avec un archet. On peut, si on le veut, remplacer ce timbre par une lame de verre ou de métal que l'on tient d'une main, tandis que de l'autre on passe un archet sur l'un des bords. Mais, pour que ce procédé réussisse, il faut que les dimensions du tuyau soient convenablement assorties au timbre que l'on a à sa disposition, ou bien au mode de vibration qu'on imprime à la lame. Quand les dimensions du tuyau sont ainsi bien convenables, celui-ci *renforce* le son du

timbre ou disque auquel on le présente d'une manière qui étonne toujours ceux qui l'entendent pour la première fois. Quand ces tuyaux sont larges et approchant de la forme d'un vase, on les appelle *vase renforçant*.

238. Les deux procédés que nous venons de donner pour faire résonner un tuyau, celui de l'embouchure et celui d'un timbre ou d'une lame vibrante, ne sont pas foncièrement différents ; car l'embouchure, composée de la lumière et du biseau que nous avons décrits, ne doit être considérée que comme un instrument qui, pris seul, rendrait un son à l'unisson de celui du tuyau auquel cette embouchure est adaptée. Nous avons vu, en effet, au n° 206 et 207, qu'un jet de fluide lancé contre un biseau comme celui de l'embouchure d'un tuyau, s'y divise en deux lames fluides qui sont dans une vibration continuelle, et rendent un son plus ou moins sensible.

239. « *Mode de vibration* des molécules de l'air *dans un tube* « quelconque. »

Fig. 188. *Solution*. — Soit AC (*fig.* 188) un tube dont l'embouchure est en A, et concevons que d'une des manières susdites on mette en vibration la couche d'air AB placée à l'entrée de ce tube AC : on trouve par le calcul qu'alors la colonne d'air AC est bientôt partagée en plusieurs parties égales par des tranches Nn, Vv, N'n', etc., perpendiculaires à la longueur du tube, dont les unes, nN, nN', n''N'', sont immobiles pendant tout le temps de la durée du son, tandis que les autres vV, v'V', qui alternent avec les premières, oscillent chacune continuellement de part et d'autre de sa position d'équilibre. Les premières tranches s'appellent les *nœuds* de la colonne fluide, et les autres s'appellent les *ventres*. Si on considère deux ventres voisins vV et v'V' situés de part et d'autre d'un même nœud, on trouve qu'ils s'approchent ensemble et s'éloignent ensemble de ce nœud nN'. De là il suit que quand les deux ventres situés des deux côtés du nœud Nn se rapprochent, alors, dans le même temps, les deux ventres situés de part et d'autre du nœud suivant N'n' s'éloignent l'un de l'autre.

De plus, c'est à chaque nœud que le gaz éprouve les maximum de condensation et de dilatation alternatives, tandis que la densité est invariable à chaque ventre; mais le mouvement y est plus grand que dans les tranches voisines. L'intervalle d'un ventre au suivant s'appelle *concamération*.

Enfin, la première tranche à l'embouchure est toujours une tranche mobile, c'est-à-dire un ventre ; et à l'extrémité opposée c'est aussi un ventre, si le tube est ouvert; tandis que c'est un nœud, si le tube est fermé à cette extrémité.

Remarque. — Tous ces résultats sont vérifiés par l'expérience, comme nous allons le voir dans le problème suivant.

240. Problème. — « On demande de déterminer par l'expé-
« rience la manière dont vibre une colonne de gaz renfermée
« dans un tuyau. »

Solution. — Quand on fait vibrer l'air renfermé dans un tuyau, on trouve qu'on peut lui faire changer de ton, soit en soufflant plus ou moins fort dans ce tuyau, soit en faisant varier la grandeur de la bouche de son embouchure. Or, supposons qu'en soufflant d'abord le plus doucement possible on commence par faire résonner le son le plus grave que puisse produire le tuyau sur lequel on opère (1), et que l'on monte ensuite graduellement de ce son à des sons de plus en plus aigus en soufflant de plus en plus fort, ou en diminuant la bouche par le rapprochement du biseau et de la lèvre; si on écoute alors attentivement pour les apprécier le plus exactement possible, on trouvera que ces sons peuvent être respectivement représentés par la suite naturelle des nombres 1, 2, 3..., lorsque le tuyau est ouvert, et par la suite des nombres impairs 1, 3, 5..., lorsqu'il est fermé ; et, quelque effort que l'on fasse pour produire un son intermédiaire à ces sons, on n'y parviendra jamais.

Or, quand le tuyau qu'on fait ainsi résonner a sur sa longueur des trous pratiqués de distance en distance, que l'on peut ouvrir et fermer à volonté par des obturateurs qui y sont adaptés, on trouve que quand tous ces trous étant fermés le tuyau fait entendre le premier son, c'est-à-dire le son le plus grave qu'il puisse produire, il est impossible d'ouvrir aucun trou sur la longueur du tuyau sans changer le son ; ce qui prouve que, pour le premier son, la colonne d'air du tuyau n'est en aucun point à la même

---

(1) En général, quand un corps est susceptible de rendre plusieurs sons, le plus grave de tous s'appelle le *son fondamental*.

pression que l'air extérieur de l'atmosphère; puisque aussitôt qu'on met en communication un point de cette colonne avec cet air extérieur, il y a un dérangement. Pour le second son, c'est-à-dire celui qui s'élève le moins au-dessus du son fondamental, on trouve, si le tube est ouvert, qu'on peut ouvrir le trou placé au milieu du tuyau, mais aucun autre, sans changer le son produit; et si c'est un tuyau fermé à son sommet, on ne peut ouvrir que le trou placé au tiers de la longueur du tuyau à partir de ce sommet, sans changer le son. Ainsi, à ce point, la densité de l'air de la colonne renfermée dans le tuyau est de pression invariable et égale à celle de l'air extérieur : ce point est donc un ventre, et l'on voit que pour le deuxième son la colonne d'air est partagée en deux concamérations (V. n° 239) quand le tuyau est ouvert, ou trois demi-concamérations quand il est fermé. On reconnaîtrait de même que pour le troisième son il y a deux ventres qui partagent la colonne d'air en trois concamérations, si le tuyau est ouvert, ou en cinq demi-concamérations s'il est fermé. Par conséquent, pour un tuyau ouvert qui rend successivement des sons représentés par 1, 2, 3..., la colonne d'air offre respectivement 1, 2, 3... concamérations; et pour un tuyau fermé dont les sons divers sont 1, 3, 5..., la colonne d'air offre respectivement 1, 3, 5... demi-concamérations.

Fig. 204.
241. Enfin, si l'on fait résonner de plus en plus fort, comme il vient d'être dit, un tuyau m (*fig.* 204), long d'environ 30 pouces sur $\frac{1}{2}$ pouce de diamètre, dans lequel soit un piston a que l'on peut mouvoir par la tige T, et si, pendant que l'on fait résonner le tuyau, on enfonce le piston, cela fera changer le son; mais si pendant qu'on l'enfonce ainsi on rencontre une position de ce piston pour laquelle le son redevienne ce qu'il était la première fois, c'est qu'au point correspondant à cette position la colonne d'air offrait un nœud pendant qu'elle vibrait cette première fois. On voit en effet qu'à ce point la tranche d'air était alors immobile pendant les vibrations de la colonne, puisqu'on a pu remplacer cette tranche par la surface inébranlable du piston sans que cela ait fait changer le son. On démontre ainsi que pour le son le plus grave la colonne d'air vibrante a un nœud à son milieu, et qu'en général, au milieu de chacune des concamérations reconnues tout à l'heure, il y a toujours un nœud.

242. *Remarque.* — On voit que dans les tons élevés un même tuyau peut monter par intervalles assez petits d'un ton à l'autre, car de la valeur des parties égales d'un tube à celle des parties de ce même tube partagé en un nombre de parties plus grand d'une unité, la différence est peu de chose si ce nombre est un peu grand, tandis qu'elle est considérable si ce même nombre est petit. Cela explique pourquoi le musicien qui sonne du cor ne peut tirer que des tons éloignés les uns des autres dans les sons graves; mais, à mesure que le ton s'élève, les sons qu'il peut rendre deviennent de plus en plus rapprochés, au point qu'on puisse même à la fin moduler les demi-tons.

243. PROPOSITION. — « La longueur de l'onde du son le plus
« grave rendu par un tuyau long et de petit diamètre, est égale
« au tuyau s'il est ouvert, et au double de ce tuyau s'il est fermé
« à un bout. »

Démonstration. — En effet, nous avons vu, n° 224, le moyen de trouver la longueur de l'onde produite dans l'air par un son quelconque. Ainsi, par ce moyen on déterminera la longueur de l'onde répondant au son le plus grave rendu par un tuyau; puis, comparant à cette longueur celle du tuyau, on les trouvera égales en général.

On vérifierait de même que, dans les sons plus élevés, l'onde a pour longueur une concamération. Cette propriété est au reste une conséquence de celle expliquée au n° 240, puisque, d'après ce n°, les sons rendus par un tuyau suivent la même progression que les concamérations.

244. PROBLÈME. — « On demande la loi suivant laquelle le son
« varie selon les dimensions des tuyaux où l'air est mis en vibra-
« tion. »

D'après la proposition précédente, l'acuïté du son, ou, ce qui revient au même, le nombre de vibrations d'une colonne d'air par seconde, est inversement proportionnel à la longueur du tuyau qui contient cette colonne. Mais comme les résultats du n° 243 ne se vérifient que dans le cas des tuyaux minces et fort longs, il s'ensuit que la proportion inverse des longueurs n'a aussi lieu approximativement que dans ce cas.

Une loi beaucoup plus exacte et plus générale est celle que M. Savart appelle *la loi des dimensions homologues*; elle consiste en ce que les nombres des vibrations faites à chaque seconde par des masses d'air de formes semblables sont inversement proportionnelles aux dimensions de ces masses.

On appelle volumes de *formes semblables* ceux dont le plus petit est pour ainsi dire le portrait de l'autre en petit, de manière que les faces et les arêtes de ce volume aient entre elles les mêmes inclinaisons et proportions mutuelles que celles de l'autre volume.

Afin que la loi des dimensions homologues soit vraie, il faut, quand ce sont des tuyaux d'orgue, que la similitude règne jusque dans les moindres détails de l'embouchure.

Pour vérifier cette loi, il suffit de faire construire des tuyaux ou des cavités quelconques qui jouissent en effet de la similitude que nous venons de dire; et, en les faisant résonner, on trouve qu'en effet l'acuité de leurs sons est précisément en raison inverse des dimensions homologues de ces tuyaux ou de ces cavités.

Cette loi n'a pas lieu seulement pour les masses d'air, elle s'étend aussi à toutes sortes de substances autres que l'air, comme on peut le vérifier sur les lames métalliques dont nous allons parler au n° 251.

Nous allons maintenant passer aux vibrations des lames ou tiges et des plaques élastiques.

2° *Lames, tiges et plaques vibrantes.*

245. Nous commencerons par les vibrations longitudinales des lames ou des tiges élastiques, à cause de leurs analogies avec celles des colonnes d'air que nous venons d'étudier; nous examinerons ensuite les phénomènes des vibrations transversales.

Définition. — On appelle vibrations longitudinales les vibrations des tiges dans lesquelles les molécules ne font qu'osciller parallèlement à la longueur de ces tiges.

Le moyen le plus simple de les produire dans une tige élastique est de la frotter dans le sens de sa longueur avec un drap mouillé, ou avec un drap plein de poussière de colophane.

Problème. — « On demande de déterminer les mouvements « moléculaires qui ont lieu dans une tige que l'on fait vibrer lon- « gitudinalement. »

246. Nous ne considérerons que le cas d'une tige libre par les deux bouts, parce que c'est le cas le plus simple et le plus clair; car, dans tout autre cas, les vibrations de la tige que l'on considère se mêlant à celle du support auquel on a fixé une de ses extrémités ou ses deux extrémités, il en résulte toujours des phénomènes compliqués; et, d'après les expériences de M. Savart (*Ann. de phys. et de chim.*, t. XIV, p. 116), il paraît qu'il est impossible de tirer un son d'une tige quand elle est fixée par un bout à un obstacle tout à fait immobile.

Prenons donc une tige par le milieu avec deux doigts d'une main, tandis que de l'autre main nous la frotterons dans le sens de sa longueur. Alors il est clair que dans cette expérience les molécules du milieu de la tige ne prendront aucun mouvement parallèle à la longueur, puisqu'on les tient entre les doigts; mais on sentira ce milieu de la tige éprouver un gonflement (V. Savart, *Ann. de phys. et de chim.*, tome XIV, p. 129). Ainsi, les molécules de la tige s'accumulent vers son milieu et s'en retirent ensuite pour s'y accumuler de nouveau, et ce milieu est un vrai nœud. Il est aisé de s'assurer que dans cette expérience il n'existe pas d'autre nœud, parce qu'il est impossible de prendre un autre point de la tige avec les doigts sans changer le son qu'elle rend. Par conséquent, dans le cas que nous supposons, les molécules des deux moitiés de la tige s'approchent toutes au même instant du milieu et s'en éloignent à l'instant suivant, pour s'en rapprocher au troisième instant, ainsi de suite.

247. En agissant comme nous venons de dire, on a le son *fondamental*, c'est-à-dire le son le plus grave que l'on puisse obtenir : nous pouvons le désigner par ut_1. Mais au lieu de placer les deux doigts de la main qui tient la tige, en son milieu, si on les pose au milieu de l'une de ses moitiés et qu'on promène le drap vers la jonction de ces moitiés, le son monte d'une octave et l'on a ut_2; si on les place au milieu de l'un des tiers extrêmes de la même tige, le son devient sol_2, etc. Ainsi la série des sons correspond à celle des nombres naturels 1, 2, 3, etc.

Dans la première des deux expériences que nous venons de décrire, c'est-à-dire dans celle où l'on produit le son ut_2, on peut tenir avec les doigts les milieux des deux moitiés de la tige pendant qu'elle vibre, le son ne change pas; mais on ne peut en faire autant sur aucun autre point. De même, dans la seconde expérience, on peut tenir avec les doigts les milieux des trois tiers de la tige vibrante sans altérer le son, ainsi de suite. Par conséquent, quand une tige vibre longitudinalement, elle se partage en plusieurs parties égales dont chacune offre un nœud en son milieu, tandis que les molécules des deux moitiés de cette partie s'approchent ou s'éloignent toutes ensemble de ce nœud, comme si cette même partie vibrait séparément pour rendre le son fondamental correspondant à sa longueur. Ainsi la gravité du son produit par des vibrations longitudinales est proportionnelle à la longueur vibrante. Mais l'épaisseur de la verge vibrante ne fait rien, car des verges d'une même substance et d'épaisseurs différentes rendent le même son, pourvu qu'elles soient de même longueur. (Savart, *Annales de phys. et de chim.*, t. XIV, p. 128.)

Pour faire les expériences ci-dessus, il faut prendre des tiges fort longues, parce que les vibrations longitudinales donnant des sons fort aigus, on ne pourrait les apprécier aisément si on prenait de médiocres tiges.

Ce sont donc les mêmes lois pour les tiges que pour les tuyaux d'orgues.

248. *Remarque.* — Si l'on répand une couche de sable fin et sec sur les faces d'une règle qui vibre longitudinalement, il y trace aussitôt un certain nombre de lignes nodales, perpendiculaires à la longueur de la règle, et qui offrent ceci de particulier que celles d'une face de la règle correspondent toujours à peu près au milieu des intervalles qui séparent celles de la face opposée. Le nombre de ces lignes est d'autant moindre que la largeur et l'épaisseur des règles sont plus grandes, la longueur et la matière de celles-ci restant les mêmes : ainsi ces lignes n'accusent pas les nœuds des vibrations longitudinales, puisque celles-ci ne varient pas avec les dimensions transversales des règles.

M. Savart, dans son Mémoire inséré au t. LXV des *Ann. de phys. et de chim.*, prouve que ces lignes nodales sont dues à un mouvement transversal des molécules qui accompagnent toujours les vibrations longitudinales. Le défaut de correspondance des lignes d'une face avec celles de l'autre montre que ce mouvement ne se compose que de demi-oscillations, c'est-à-dire que d'oscillations qui ne s'exécutent que d'un côté de la longueur de la tige.

M. Savart pense que ces inflexions transversales sont produites par des contractions longitudinales, par la même raison que quand une barre est comprimée dans la direction de son axe, il arrive un moment où elle affecte tout à coup un plus ou moins grand nombre de courbures alternatives.

Nous allons maintenant passer aux vibrations transversales des lames et des plaques vibrantes.

249. Dans les *lames* les trois dimensions sont fort inégales. La première dimension, beaucoup plus grande que les deux autres, s'appelle *longueur;* la deuxième dimension, intermédiaire aux deux autres, s'appelle *largeur;* et la troisième, ordinairement plus petite que la largeur, s'appelle *épaisseur*. Quand les deux premières dimensions sont à peu près égales et toutes deux beaucoup plus grandes que la troisième, qui conserve le nom d'épaisseur, on a ce qu'on appelle une *plaque*.

Nous commencerons par les vibrations transversales des lames.

On produit ces sortes de vibrations en frottant le bord des lames et des plaques avec un archet perpendiculairement à leur plan. Du reste, cette manière de produire les vibrations transversales peut être variée, soit par la vitesse de l'archet, soit par sa pression, soit par le point de la lame ou de la plaque auquel on l'applique, soit par les points de lame ou de la plaque que l'on tient d'une main, tandis que de l'autre on fait mouvoir l'archet. Quand les lames sont suffisamment minces, on les met en vibration en dirigeant un courant d'air sur elles. Ainsi, dans l'*harmonion*, les sons qu'on veut faire entendre sont produits par de petites lames de cuivre qui ferment presque exactement autant d'ouvertures pratiquées sur la caisse d'une soufflerie ; le vent qu'on y envoie, s'efforçant de sortir par ces ouvertures, soulève les petites lames de cuivre, et les fait vibrer et résonner.

250. Problème. — « On demande les lois des vibrations trans« versales des lames élastiques. »

Solution. — Une pareille lame produit différents sons, suivant la manière dont on s'y prend pour la mettre en vibration.

Parmi tous ces sons il y en a un qui est plus grave que tous les autres, et qu'on appelle le *son fondamental*.

Ce à quoi tient cette production de plusieurs sons par une lame vibrante, c'est que cette lame se partage par des *nœuds* (V. n° 239) en plusieurs parties vibrantes dont le nombre est plus ou moins grand, suivant la manière dont on s'y prend pour faire vibrer la lame. Pour vérifier ceci par l'expérience, on fixe la lame dans une direction horizontale, et on répand dessus du sable fin et bien sec. Alors, en frottant avec un archet la lame sur un de ses points parallèlement à son épaisseur, on la fait entrer en vibration, et l'on voit aussitôt le sable s'agiter et s'accumuler sur certaines lignes droites perpendiculaires à la longueur de la lame. Ce qui prouve que ces lignes sont des nœuds de vibrations.

251. Ceci compris, supposons que l'on compare plusieurs lames de diverses dimensions, mais placées toutes dans la même circonstance, c'est-à-dire ou toutes libres à leurs deux bouts, ou toutes libres à un bout et fixées à l'autre, etc. Si nous comparons les sons de même ordre dans ces lames, c'est-à-dire les sons pour lesquels le nombre de nœuds est le même dans toutes ces lames, on trouve, quand ces lames sont de même substance :

1° Que la largeur n'a aucune influence sur le son produit; il est le même dans plusieurs lames de largeurs différentes, dont les autres dimensions sont les mêmes dans toutes les lames.

2° Les nombres de vibrations exécutées dans 1″ par plusieurs lames de même largeur et épaisseur, mais de longueurs différentes, sont entre eux en raison inverse des carrés de ces longueurs.

3° Les nombres de vibrations de plusieurs lames de mêmes longueurs et d'épaisseurs différentes, sont en raison directe de ces épaisseurs.

4° Les nombres de vibrations de plusieurs lames formant des solides semblables, sont en raison inverse de leurs dimensions homologues : il est aisé de voir que cette loi est une suite des deux précédentes.

252. Problème. — « On demande les lois de vibrations trans-
« versales des plaques élastiques. »

Une plaque produit différents sons, suivant la manière dont on s'y prend pour la faire vibrer.

Parmi tous ces sons, il y en a un qui est plus grave que tous les autres, et que l'on appelle *son fondamental*.

Ce à quoi tient cette production de plusieurs sons par une plaque, c'est qu'elle se partage par des *lignes nodales* en plusieurs parties vibrantes, dont le nombre et la forme varient suivant la manière dont on s'y prend pour la faire vibrer. L'expérience se fait très-facilement de la manière suivante : D'abord, on a pour supporter la plaque une croix bien fixée, dont les quatre branches sont égales et horizontales. Aux extrémités de ces branches, s'élèvent quatre petits cônes de liége sur lesquels on pose la plaque par des points qui doivent se trouver sur les lignes nodales qu'on veut produire. Ensuite on a de plus une espèce de compas en bois à deux ou trois branches, que l'on tient d'une main en en appuyant les pointes sur deux ou trois points nodaux de la plaque, tandis que de l'autre main on frotte la plaque sur un point de son contour perpendiculairement à sa surface. Alors, si l'on a eu soin de répandre préalablement du sable bien sec sur la plaque, on voit ce sable s'agiter et s'arranger de manière à donner la figure plus ou moins compliquée que forment les lignes nodales de la plaque.

253. Les figures que l'on obtient ainsi sur une même plaque paraissent tellement diversifiées, qu'au premier coup d'œil on ne voit pas comment ces figures peuvent être toutes soumises à une même loi. C'est cependant ce que M. Savart a reconnu avoir lieu pour toutes les plaques de formes régulières, triangles équilatéraux, carrés, pentagone, hexagone, etc. Ainsi, M. Savart a trouvé qu'une plaque de forme régulière ne donne que trois sortes de figures géométriques. La première sorte n'est composée que de lignes parallèles aux côtés de la plaque ; la seconde ne paraît composée que de lignes parallèles aux rayons menés, soit aux sommets, soit aux milieux des côtés de la plaque ; enfin, la troisième sorte de figures nodales est formée par la superposition des deux premières.

M. Savart, au reste, distingue avec raison les figures théoriques d'avec les figures acoustiques qui ont réellement lieu. Une figure théorique est celle que l'on obtient en dessinant sur une feuille de papier un polygone égal à la plaque, et traçant dans ce polygone des lignes parallèles, les unes à ses côtés, et les autres aux rayons symétriquement distribués que nous avons dits. Or la figure que l'on obtient sur la plaque avec du sable, n'est presque jamais parfaitement identique avec cette figure théorique. Pour avoir cette figure acoustique, il faut ordinairement supposer que les angles ou plusieurs des angles opposés par le sommet dans la figure théorique, se désunissent et s'arrondissent plus ou moins.

Quand au lieu de comparer entre eux, comme nous venons de le faire, les différents sons produits par une même plaque, on compare les sons formés par une plaque avec ceux formés par une autre plaque, on trouve que, pour les plaques de même substance et de même forme, les nombres de vibrations répondant au son fondamental ou à la même figure acoustique, sont entre eux comme les épaisseurs de ces plaques quand elles ont même surface, et en raison inverse des surfaces ou des carrés des côtés quand elles ont même épaisseur; d'où il est facile de conclure que, dans les plaques formant des solides semblables, les nombres de vibrations sont inversement entre eux comme les côtés homologues.

Nous allons passer maintenant aux cordes vibrantes.

3° *Cordes vibrantes.*

254. Problème. — « On demande les lois des vibrations trans- « versales d'une corde tendue entre deux points fixes auxquels « sont attachées ses deux extrémités. »

Pour établir ces lois par l'expérience, on se sert ordinairement d'un appareil appelé *monocorde* ou *sonomètre*. Il consiste en une longue caisse en bois mince et sonore de 3 ou 4 pieds de longueur sur 7 à 8 pouces de largeur. Cette caisse est portée horizontalement sur quatre pieds. Une corde qui, le plus souvent, n'est qu'un fil de cuivre ou d'argent, est tendue sur cette caisse ; deux chevalets fixés aux deux bouts de la caisse, et sur lesquels passe la corde, élèvent celle-ci de 12 ou 15 lignes au-dessus de la caisse. L'une des extrémités de la corde est accrochée à une attache qui se trouve à l'un des bouts de la caisse ; l'autre extrémité de cette corde passe sur une poulie fixée à l'autre bout de la caisse, et supporte des poids plus ou moins considérables qui servent à tendre la corde. Si l'on pince ou frotte avec un archet cette corde pour la faire vibrer, on rend un son qui est beaucoup renforcé par la caisse du monocorde. M. Savart voudrait qu'au lieu de fixer la corde dont on veut étudier les vibrations sur une caisse, on la fixât sur une forte poutre placée verticalement contre une muraille, parce que lorsqu'on fait usage d'une caisse, celle-ci, en résonnant avec la corde, influe par ses vibrations sur celles de cette corde. (V. n° 306 de l'*Institut*, p. 391.) Maintenant voici comment on fait les expériences :

1° Avec cet instrument, nous allons montrer qu'une corde en vibrant se divise quelquefois en plusieurs parties égales, séparées par des *nœuds acoustiques*. Pour cela, on place sous la corde un chevalet dont la distance à l'une des extrémités de cette corde soit une partie aliquote de toute sa longueur. Puis on divise le reste de cette corde en parties égales à cette distance, en y plaçant de petits anneaux de papier passés dans cette même corde. Alors, pendant qu'on appuie le doigt d'une main sur la corde à l'endroit du chevalet, si avec l'autre main on fait vibrer la partie aliquote de la corde qu'on a déterminée avec le chevalet, on voit que pendant tout le temps de cette vibration les petits anneaux de papier resteront immobiles. Mais si, outre ces anneaux placés aux points de division des parties aliquotes de la corde, on en a mis d'autres aux milieux de ces parties, ces autres anneaux s'agiteront vivement pendant tout le temps qu'on fera vibrer la première partie aliquote formée par le chevalet.

Si, par exemple, le chevalet est placé en B, *fig.* 201, au tiers de la corde An', cette corde vibrera en prenant la forme AD$vv'n'$, où l'on voit que n et n' seront immobiles, et seront par conséquent des *nœuds*, tandis que v et v' seront très-agités, et représenteront par conséquent ce que nous avons appelé des *ventres* de vibrations.

Fig. 201.

2° Si l'on compare les sons produits ainsi avec celui que l'on obtient lorsqu'on fait vibrer directement la portion de corde sur laquelle sont les petits anneaux de papier, soit en la pinçant, soit en la frottant avec un archet, on reconnaît que ce dernier son étant pris par ut, les autres sont ut$_2$, sol$_4$, ut$_3$, etc., fa$_3$, etc., suivant que le nombre des ventres correspondants est 2, 3, 4, etc., c'est-à-dire que ces sons peuvent se représenter en chiffres par 1, 2, 3, 4, 5, etc.; car telles sont les valeurs des notes ut_1, ut'_2, sol_2, etc... Quand on prend 1 pour ut_1, le son 1 est ce qu'on appelle le son *fondamental* de la corde.

3° On peut vérifier que les nombres de vibrations faites en 1″ par plusieurs cordes de même substance et de même diamètre sont en raison inverse de leurs longueurs; et pour cela on fait vibrer une corde en la frottant avec un archet, et on observe attentivement la note de musique qu'elle fait alors entendre. Puis on fait passer sous la corde un petit chevalet mobile, et, l'ayant placé au milieu de la corde, on presse celle-ci avec le doigt sur ce chevalet, tandis qu'avec l'autre main on fait vibrer une des deux moitiés de la corde en la frottant avec l'archet. Alors, en écoutant le son rendu par cette moitié, on trouve qu'il est sensiblement l'octave aiguë du son rendu auparavant par la corde entière. Or le nombre de vibrations d'un son dans 1″ est moitié de celui de son octave aiguë; ainsi, le nombre des vibrations d'une corde en 1″ est en raison inverse de sa longueur. En plaçant le chevalet mobile au tiers de la corde, on trouvera de même que le nombre des vibrations faites en 1″ par ce tiers est sensiblement triple de celui de la corde entière, ainsi de suite.

J'ai dit *sensiblement*, parce qu'une oreille bien exercée reconnaît que les sons produits par les sous-divisions d'une corde sont tous un peu plus graves que ne l'indique la théorie. Cette discordance de la pratique avec la théorie est attribuée par M. Savart à la rigidité de la corde; car, dans la réalité, la corde dont on se sert a toujours une certaine rigidité, tandis que, dans la théorie, on la suppose parfaitement flexible. (V. le n° 308 de l'*Institut*, p. 391.)

4° Les nombres de vibrations faites en 1″ par deux cordes de même nature et de même longueur sont en raison inverse de leurs diamètres. En effet, si l'on tend l'une à côte de l'autre deux cordes de même substance sur le sonomètre avec des poids égaux, on trouve que les valeurs numériques de leurs notes, déduites de leurs intervalles musicaux, sont en raison inverse des diamètres. Pour connaître le rapport des diamètres des deux cordes, il faut peser une même longueur de ces deux cordes, et les racines carrées des poids que l'on trouve donnent le rapport des deux diamètres. Ceci est une suite des principes de la géométrie.

5° Enfin, si l'on a tendu l'une à côté de l'autre sur un sonomètre deux cordes de même longueur et de même diamètre, avec des poids égaux quand elles sont de densités différentes, ou avec des poids différents quand elles sont de même densité, on reconnaît, aux notes qu'elles rendent quand on les fait vibrer, que les nombres de leurs vibrations en $1''$ sont en raison directe des racines carrées des tensions, et en raison inverse des racines carrées des densités de ces deux cordes.

235. Passons maintenant aux *phénomènes des sons concomitants*. Quand on donne un coup d'archet sur une corde tendue, on entend aussitôt un son bien prononcé; mais si on écoute bien attentivement, on reconnaît que ce son est accompagné de deux ou trois sons plus faibles et plus aigus qui font partie de ses *harmoniques*. (Voy. p. 177, n° 225.)

On appelle *sons concomitants* ces sons harmoniques qui accompagnent toujours le son principal rendu par une corde vibrante.

Problème. — « On demande d'exprimer en notes de musique « et en nombre les sons concomitants. »

Pour déterminer les sons concomitants, il ne faut qu'une oreille exercée; car alors, si on écoute attentivement une corde qui vibre et qu'on représente le son fondamental par *ut*, on trouvera qu'on entend distinctement et à la fois les trois sons

$$ut_1 \; mi_3 \; sol_2,$$

ce qui est une sorte d'accord parfait.

Maintenant il est facile d'évaluer ceci en nombres. En effet, *ut* étant 1, nous avons vu que *mi* égalait $\frac{5}{4}$ et *sol* $\frac{3}{2}$; donc mi_2 égalera le double de $\frac{5}{4}$, c'est-à-dire $\frac{5}{2}$, et mi_3 le double de $\frac{5}{2}$ ou 5. De même nous avons vu que *sol* égalait $\frac{3}{2}$; donc *sol* sera 3. Ainsi le son fondamental étant désigné par 1, ses concomitants le seront par 3 et 5. Ce sont les deux premiers harmoniques impairs. Il y en a qui prétendent démêler le son 6.

Problème. — « On demande quelle explication on peut donner « des sons concomitants produits par une corde vibrante? »

Solution. — Un son n'étant que le résultat d'un mouvement vibratoire, il est clair que le phénomène des sons concomitants ne peut consister que dans la coexistence de plusieurs mouvements vibratoires divers dans les différentes parties du corps sonore. Ainsi on conçoit que, pendant qu'une corde $F'mF$, *fig.* 163, en vibrant, passe de la forme $F'hF$ à la forme $F'h'F$; chaque moitié, par exemple la moitié de gauche, passe de la forme $F'a'_,h$ à la forme $F'a'h'$; de sorte qu'en définitive cela revient à dire que la corde passe de la forme $F'a'_,ha_,F$ à la forme $F'a'h'aF$. De même, pendant le passage de l'une de ces formes à l'autre, on peut supposer que chaque tiers de la corde oscille en son particulier; qu'ainsi le tiers $Fa'_,$, par exemple, passe de la forme $F'U_,a'_,$ à la forme $F'UO'a'$, en même temps que les deux autres tiers passent de la forme $a'_,V_,a_,U_,'F$ à la forme $a'VaU'F$. On peut aussi imaginer que, pendant ce mouvement, les quatre quarts de la corde oscillent chacun en son particulier; ainsi de suite.

Mais maintenant comment, parmi tant de mouvements dont la coexistence est possible, n'y en a-t-il que certains qui se produisent plutôt que d'autres? C'est ce dont on ne connaît encore aucune bonne raison.

256. *Remarque.* — Le phénomène des sons concomitants se produit aussi dans les vibrations des autres corps. Ainsi, on réussit quelquefois à faire produire à un tuyau d'orgue simultanément le son fondamental et son octave; on peut, avec une plaque carrée de cuivre, produire à la fois deux sons à la quinte l'un de l'autre; enfin, avec les timbres et les cloches, on ne peut presque jamais produire de sons bien purs, parce qu'il se forme toujours plusieurs sons en même temps. (M. Savart a examiné ce genre de phénomène dans un mémoire inséré dans les *Annales de physique et de chimie*, t. XXXVI, p. 187. V. aussi l'*Institut*, t. VII, p. 316 et suiv.)

IIIe Partie. — Vibrations de plusieurs milieux en rapport les uns avec les autres.

257. Proposition. — « Le mouvement vibratoire d'un corps

« sonore se communique et se propage dans tous ceux avec les-
« quels il est en contact. »

En effet, dans l'expérience décrite au n° 209, pendant qu'on voit le petit marteau du timbre s'agiter dans le vide sans rien entendre, si l'on pousse la tige qui traverse la boîte à cuir jusqu'à ce qu'on lui fasse toucher la branche OI de l'arrêt OIS, *fig.* 404, on entendra parfaitement le son. Cette expérience, qui vérifie notre proposition pour les corps solides, tels que la tige FE, réussirait également bien si la tige FE, au lieu d'être en cuivre, était en fer ou en toute autre substance. Cependant on voit, par l'expérience de la proposition du n° 209, qu'il y a certains corps solides, tels que le drap, qui ne transmettent pas le son, puisque, quand le timbre était posé sur des coussinets de drap, on n'entendait rien au dehors. On démontre encore la transmission du son dans les corps solides par bien d'autres expériences que la précédente. (V. le mémoire de M. Savart, *Ann. de phys. et de chim.*, t. XXV, p. 12, 138 et 225.)

Fig. 404.

Quant aux liquides, notre proposition peut se vérifier au moyen du même petit timbre CmD; il suffit de le placer avec ses coussinets de drap au fond d'un vase plein d'eau. Aussitôt qu'on lève l'arrêt OIS, le petit marteau s'agite, et l'on entend le timbre distinctement, quoique avec beaucoup moins d'intensité que dans l'air. On connaît, au reste, les expériences des cailloux frappés l'un contre l'autre par un plongeur sous l'eau, et entendus par ceux qui sont sur le rivage. On peut encore citer à l'appui de notre proposition les expériences ci-dessus, n° 235, de M. Colladon. (*Ann. de phys. et de chim.*, t. XXXVI, p. 242.)

Enfin, pour les gaz, l'expérience du n° 209, rappelée tout à l'heure, prouve notre proposition au moins pour l'air. En effet, quand on fait rentrer l'air dans la cloche, on entend au dehors le son produit par le petit timbre m, quoique la tige EF ne communique pas avec lui. Ainsi, cet air de la cloche N, mis en vibration par le timbre m, met lui-même en vibration les parois en verre de cette cloche, lesquelles font vibrer ensuite l'air extérieur. On peut disposer cette expérience de manière à pouvoir être répétée pour les autres gaz et pour les vapeurs au moyen d'un ballon en cristal à double robinet AC, *fig.* 183, dans lequel on a suspendu une petite clochette avec un ou deux fils de chanvre

Fig. 183.

non tordus. Après avoir fait le vide dans ce ballon, si on l'agite, on n'entend pas la sonnette. Mais ensuite, si on introduit dans ce ballon le gaz qu'on désire, on entend très-bien la sonnette dès qu'on agite suffisamment le ballon. La même expérience réussit aussi parfaitement, quand au lieu de gaz on introduit quelque vapeur dans le ballon : cette introduction est très-facile au moyen des deux robinets A et C. Car, ayant rempli l'intervalle entre ces deux robinets avec le liquide dont on veut introduire la vapeur, et ayant fermé le robinet A, on n'a qu'à ouvrir le robinet C pour remplir de vapeur le ballon où je suppose qu'on avait préalablement fait le vide.'

Corollaire. — Les gaz et les vapeurs sont donc capables d'ébranler par leur vibration les corps solides, tels que les enveloppes de verres où ils sont enfermés dans ces expériences.

258. Nous allons maintenant étudier l'action d'un milieu indéfini en vibration sur les corps qui s'y trouvent. Ce milieu indéfini pourrait être un fluide quelconque; mais, dans ce qui va suivre, nous ne parlerons que de l'air.

Remarque. — Il faut observer ici qu'il y a à distinguer deux effets de l'action des vibrations d'un milieu tel que l'air sur les corps qui y sont placés : l'un, qui n'a pas toujours lieu d'une manière sensible, et que nous allons étudier ; l'autre, qui a toujours lieu, consiste simplement en ce que l'onde sonore, arrivée par l'air sur le corps que l'on considère, y pénètre au moins en partie, poursuit son chemin dans l'intérieur de ce corps, jusqu'à ce qu'elle sorte de ce corps pour continuer à se propager dans l'air. Il est, en effet, d'expérience journalière que, quelque enfermé que nous soyons dans une chambre, les sons assez intenses qui sont produits au dehors arrivent jusqu'à nous au travers des murs et des fenêtres de cette chambre. Ceci vient de ce que quand une onde sonore arrive par l'air contre un corps, elle se partage en deux parties : l'une qui se réfléchit dans l'air, et l'autre qui pénètre dans l'intérieur du corps. Mais, outre cet effet, il en est un autre énoncé dans la proposition suivante.

259. PROPOSITION. — « Quand un corps rend un son dans
« l'air, tous les corps qui l'environnent à une certaine distance
« entrent en vibration s'ils offrent assez de surface et de flexibi-
« lité, mais principalement s'ils peuvent rendre l'unisson ou l'un

« des harmoniques, n° 225, de celui qu'on produit près d'eux. »

1° *Expériences des cordes.* — C'est sur les cordes que l'on se contentait autrefois de prouver cette vérité par l'expérience. La meilleure manière de faire cette expérience est celle que M. Biot indique dans son grand *Traité de phys.*, t. II, p. 45. Il faut pour cela avoir un *sonomètre* et une *guitare*. Mais si l'on n'a qu'un sonomètre, on peut tendre sur ses chevalets deux cordes dont on accordera l'une à l'unisson de l'autre, ou de sa moitié, ou de son tiers, ou etc.; et sitôt que l'on fera vibrer l'une de ces cordes, on verra les petits anneaux de papier qu'on aura mis sur l'autre s'agiter plus ou moins vivement.

2° *Expériences des membranes.* — Jusqu'à M. Savart, on ne connaissait pas d'autres expériences que les précédentes sur la communication des vibrations par l'air. « Mais, dit M. Savart (*Ann. de phys. et de chim.*, t. XXVI, p. 7), les cordes étaient peut-être, de tous les corps sonores, ceux qui convenaient le moins pour faire des expériences sur la communication des vibrations par l'air; car elles présentent au fluide qui vient les frapper une surface qui a si peu d'étendue, qu'il n'est pas étonnant qu'elles ne puissent être ébranlées sensiblement par les ondulations de l'air que lorsqu'elles se trouvent placées dans les conditions les plus favorables à leur mouvement, c'est-à-dire à l'unisson du son ou de l'un des harmoniques du son produit près d'elles.

Mais si l'on prend, par exemple, une feuille mince et circulaire de papier, de 2 ou 3 décimètres de diamètre, et qu'on la tende avec soin par son contour sur un anneau, ou, mieux encore, sur le bord d'un vase, tel qu'un grand verre à pied; qu'ensuite on dispose cet appareil si simple de manière que la membrane ait une direction horizontale, afin qu'on puisse employer du sable fin et sec pour y constater la présence du mouvement, on observe, lorsqu'on approche de cet appareil, à 1 ou 2 décimètres de distance par exemple, une lame de verre en vibration, que la membrane entre en mouvement, et que le sable qu'on a répandu sur sa surface supérieure y trace des figures qui sont quelquefois d'une régularité parfaite, et qui se forment souvent avec tant de promptitude, que l'œil n'a pas même le temps d'apercevoir les circonstances qui accompagnent la transformation de la couche légère de poussière en un plus ou moins grand nombre de lignes de repos.

Corollaire. — On explique par là la perception des sons par l'organe de l'ouïe. En effet, cet organe est fermé par une membrane qu'il peut tendre ou relâcher, suivant qu'il est affecté d'une manière ou d'une autre. On conçoit donc que l'air mis en vibration par un corps communique ces vibrations à la membrane du tympan, et nous mette ainsi en état d'apprécier le son qui en résulte.

3° *Expérience à trois dimensions notables.* — Une expérience qui n'étonne pas moins que la précédente quand on en est témoin pour la première fois, et qui prouve encore très-bien notre thèse, est celle des diapasons. On fixe deux diapasons chacun sur un *vase renforçant* en bois (n° 237, vers la fin). Quand on passe l'archet sur l'extrémité des branches d'un diapason ainsi fixé, il rend un son très-fort et très-pur. Supposons que les deux diapasons fixés sur leurs vases sont à l'unisson l'un de l'autre. Pour lors, si les ayant posés à une distance de trois ou quatre pieds l'un de l'autre, et fait vibrer l'un d'eux avec l'archet, on arrête au bout de quelques secondes ses vibrations en portant la main sur ses branches, aussitôt on entend résonner l'autre; preuve qu'il a été mis en vibration par le premier.

Remarque. — On peut rapporter à ce genre d'action le phénomène suivant que présentent les veines fluides telles que *abo*,

Fig. 406 *bis.* *fig.* 406 *bis*, dont nous avons décrit la forme n° 203. Si, à l'aide d'un instrument à cordes et à archet, l'on produit, dans le voisinage d'une veine, un son qui soit à l'unisson de celui qui résulte du choc de la partie trouble *bo*, contre une membrane tendue, à l'instant où le son se fait entendre, le point *n* d'où partent les gouttes remonte vers l'orifice *a*, ou, en d'autres termes, la partie continue *an* du jet se raccourcit, et cette diminution de longueur peut aller même au delà des deux tiers de la longueur primitive : en même temps le diamètre du jet paraît augmenté, et il en est de même de celui des ventres v, v', v''... de la partie trouble, qui eux-mêmes changent complétement d'aspect. Ils sont alors beaucoup plus réguliers, plus ramassés; de sorte que les étranglements n, n', n''... qui les séparent sont plus allongés, et paraissent d'un moindre diamètre. Cette action des ondes sonores est tellement énergique, qu'à une distance de plus de 20 mètres le son d'un violon détermine une diminution de longueur de la partie continue *an* de la veine presque aussi grande que celle qui a lieu pour des distances beaucoup moindres, et pour une même intensité de son. Des sons à l'octave et à la quinte graves, à la tierce mineure, à la quarte superflue et à l'octave aiguë de celui que donne le choc de la partie trouble *bo* contre un corps *renforçant*, produisent sur la veine des modifications analogues à celles que nous venons de décrire, mais toutefois avec beaucoup moins d'énergie; et il est des sons qui n'agissent en aucune manière sur ses dimensions et l'aspect qu'elle présente.

260. Nous allons terminer cette troisième partie par la réaction mutuelle de deux corps qui vibrent ensemble à une certaine distance l'un de l'autre.

Quand on fait résonner en même temps deux corps à une certaine distance l'un de l'autre, il en résulte sur l'ouïe une sensation qui dépend des nombres de vibrations qu'ils font dans le même temps. Cette sensation est connue sous le nom de *battements* ou de *sons résultants*.

Problème. — « On demande d'expliquer le phénomène des « sons résultants et des battements. »

On explique ordinairement ce phénomène par la superposition périodique des ondes des deux sons qu'on fait résonner ensemble. Voici comme M. Biot s'exprime à cet égard dans le t. II, p. 47 de son *Grand Traité de Physique* :

Supposons que l'on fasse résonner à la fois, par deux cordes placées l'une près de l'autre, les deux sons *ut* et *sol* d'une même octave. Les nombres des vibrations de ces sons dans un même temps sont 2 et 3 ; il y aura des époques où elles arriveront ensemble à l'oreille, et d'autres où elles y arriveront séparées. Pour les distinguer, représentons les instants qui répondent aux milieux des vibrations par des points également espacés sur une même ligne.

Sol . . . .
Ut . . . .
Son résultant. . . . . .

Les époques de ces coïncidences sont évidentes, les intervalles qui les séparent sont doubles de ceux qui séparent les vibrations de *ut*; l'oreille sera donc affectée par leur retour périodique comme elle le serait par un son plus grave d'une octave que *ut*. C'est en effet ce qui arrive. Pour observer ce phénomène, il faut que les deux sons soient parfaitement justes et soutenus quelque temps sans aucune altération; autrement, le retour de leurs coïncidences, n'étant plus régulier, ne pourrait plus produire l'effet d'un son appréciable. Cette expérience s'exécute avec la plus grande facilité sur l'orgue, dont les sons joignent à une justesse mécanique l'avantage de pouvoir être prolongés indéfiniment. Elle offre même une épreuve sûre, et depuis longtemps usitée, pour reconnaître si cet instrument est exactement d'accord.

Lorsqu'on fait vibrer ensemble deux tuyaux qui donnent des sons très-rapprochés, comme, par exemple, l'*ut* et l'*ut* dièse, on entend à de petits intervalles un renflement très-sensible dans le son; c'est ce phénomène remarquable que les organistes appellent le *battement*. Il est facile d'en donner l'explication : lorsque nous entendons à la fois deux sons, dont l'un fait 24 vibrations, tandis que l'autre en fait 25, il est évident qu'à chaque 24 vibrations du premier, ou à chaque 25 vibrations du second, les ondes sonores recommencent à partir ensemble, et leurs commencements viennent ensemble frapper l'oreille; et c'est cette coïncidence qui produit le battement. Ainsi, plus les sons diffèrent entre eux, plus les battements sont fréquents; et, au contraire, plus les sons approchent de se confondre, plus les battements sont rares.

M. Savart, tout en admettant que l'explication qu'on vient de donner pour les sons résultants et les battements est bien fondée, la regarde cependant comme insuffisante. Il résulte des expériences de ce savant, que les battements sont produits par l'influence qu'exercent l'un sur l'autre les mouvements vibratoires des deux corps qu'on met en expérience. Ainsi, quand on observe deux cordes d'une contre-basse qu'on fait vibrer de manière à produire des battements, on voit les oscillations de ces cordes tantôt augmenter et tantôt diminuer d'une manière sensible; ces maximums et minimums se succèdent périodique-

ment, et répondent aux maximums et minimums d'intensité du son qui produisent le battement. En serrant le chevalet de l'instrument, on altère beaucoup le nombre des battements ; d'où il paraît que c'est par l'intermédiaire de ce chevalet que les deux cordes réagissent l'une sur l'autre. Dans l'état actuel de la science, dit M. Savart, il est impossible de déterminer *à priori* le nombre des battements ou les sons résultants qui se produiront dans tel cas donné ; ce nombre devant dépendre du mode d'union des corps qui résonnent simultanément. (Voy. le *Journal de l'Institut*, n° 314.)

CONCLUSION DU LIVRE PREMIER.

On peut regarder ce qui précède comme le développement de cette seule et unique thèse : Les corps ne sont que des assemblages de particules infiniment ténues, séparées par de petites distances, et exerçant les unes sur les autres des attractions et des répulsions qui diminuent rapidement à mesure que ces petites distances augmentent. Les deux moyens d'établir cette thèse de plus en plus solidement sont : 1° le calcul ou le raisonnement, ce qui est au fond la même chose ; et en second lieu, l'observation. Le calcul montre les phénomènes qui devraient résulter d'une constitution des corps telle que celle que nous venons de dire, et que nous avons développée plus au long au commencement du traité, pag. 14 et suiv. Quant à l'observation, elle mesure avec exactitude les phénomènes existant réellement dans la nature ; et c'est la parfaite coïncidence des phénomènes indiqués par le calcul avec ceux donnés par l'observation qui prouve de plus en plus la vérité de notre thèse, ou, si l'on veut, de notre système sur la constitution intérieure des corps.

Il ne faudrait pas croire que ce système, non plus qu'aucun système adopté aujourd'hui dans les sciences, est sorti *à priori* et tout d'un jet de la tête de quelque savant, avec tous les détails qui le complètent entièrement : quand je dis *à priori*, je veux dire avant toute mesure exacte des phénomènes qui se passent sous nos yeux. Ce serait là un système tel qu'on l'entend dans le sens où l'on prend ordinairement ce mot dans le langage, et l'on sait que dans le discours il y a toujours une sorte de défaveur attachée à ce mot de système. Dans le fait, une pareille conception ne pourrait être qu'un jeu d'imagination plus ou moins bizarre, un vrai roman, parce qu'il n'est pas donné à l'homme de découvrir ainsi tout d'un coup et *à priori* les lois de la nature jusque dans leurs moindres détails ; l'invention a une tout autre marche.

Ici c'est l'observation qui commence, c'est elle qui donne l'éveil aux physiciens, et qui leur suggère une première idée du système qu'ils doivent adopter. C'est ainsi qu'une foule de phénomènes, tels que la divisibilité des corps, la diminution de volume dans certains cas, etc., suggèrent une première idée du système atomistique, c'est-à-dire du système où l'on regarde les corps comme des assemblages d'atomes ; et tant qu'on ne sent pas la nécessité ou l'avantage de modifier cette première idée, on en reste là. Mais l'observation vient-elle à faire connaître quelque phénomène sur lequel on n'avait pas encore interrogé le calcul, ou quelque circonstance jusque-là inaperçue d'un phénomène cependant anciennement connu, alors on examine si ce phénomène ou cette circonstance peut se déduire mathématiquement ou au moins logiquement du système qu'on avait adopté. Dans le cas où l'on trouve qu'il en est ainsi, le système est conservé sans modification ; dans le cas contraire, on cherche quelle modification il faudrait adopter pour obtenir les conséquences qu'on désire, et quelquefois il se passe bien du temps avant qu'on les obtienne ; enfin, au fur et à mesure qu'on les obtient, les modifications successives que reçoit ainsi le système adopté le perfectionnent d'âge en âge, et il finit par acquérir un des plus grands degrés de probabilité qu'on puisse désirer.

Le système que nous avons développé dans le premier livre a été ainsi successivement perfectionné, et il approche rapidement du maximum de probabilité que nous venons de dire ; mais il s'en faut bien qu'il en soit de même, au moins pour le moment, de tous les autres systèmes que nous aurons à développer dans le reste de la physique.

Nous sommes au reste bien éloignés de dire que tout est expliqué dans les phénomènes qui se rapportent au premier livre. Ainsi, on ne peut expliquer cette différence des liquides aux gaz, consistant en ce que la différence de densité des liquides les range toujours par couches séparées et distinctes, tandis que les gaz, même les plus différents en densité, se mêlent toujours de manière à faire un tout homogène ; on ne peut expliquer la suspension des nuages dans l'atmosphère, ni des poussières fines, soit dans l'air, soit dans l'eau ou tout autre liquide bien moins dense qu'elle ; on ne peut expliquer les sons concomitants, ni la différence entre deux voyelles différentes prononcées sur le même ton et avec la même force (*Voy*. cependant le n° 661, t. II, de la *Méc*. de Poisson); enfin, on ne finirait pas si l'on citait tous les phénomènes qui sont encore sans explication. Peut-être s'étonnera-t-on de voir que nous rangions parmi ces phénomènes quelques-uns de ceux sur lesquels nous semblons avoir néanmoins donné des développements explicatifs; mais c'est que, pour peu qu'on y réfléchisse, on verra bien que ces développements ne sont pas de vraies explications, mais des vues, des aperçus plus ou moins propres à mettre sur la voie de ces vraies explications. Non-seulement plusieurs des phénomènes du premier livre n'ont pu être encore expliqués ni calculés, mais, de plus, jusqu'à quel point peut-on compter sur les calculs et les explications de ceux qui l'ont été? Certes, je crois qu'il faut ici se bien tenir sur la réserve, quand on voit que dans le phénomène le plus modeste, celui de l'équilibre d'un filet d'eau dans un tube de la grosseur d'une épingle, un géomètre aussi célèbre que Laplace a oublié une circonstance essentielle, malgré ce que ses devanciers avaient fait pour lui préparer les voies; et lorsqu'on réfléchit que jusqu'au travail récent de M. Poisson sur cette matière, la théorie de Laplace a été regardée, au moins par quelques auteurs d'une grande autorité, comme l'explication définitive du phénomène, sur laquelle il n'y avait enfin plus à revenir, ne peut-on pas conclure de là, et d'autres exemples que je pourrais citer, que ce vaste univers, l'ouvrage de la puissance infinie de Dieu, sera jusqu'à la fin du monde, pour l'homme, un objet inépuisable de méditations et de recherches, par lesquelles il enrichira, il est vrai, de plus en plus son esprit de connaissances utiles, mais sans jamais pouvoir atteindre le terme de ses travaux? Qu'elle est donc vraie et profonde cette parole de l'Ecclésiaste : « *Mundum tradidit disputationi eorum, ut non inveniat homo opus quod operatus est Deus ab initio usque ad finem!* » C'est dans le sein de Dieu, c'est là seulement que tout nous sera dévoilé, et que nous verrons sans effort et à découvert les causes et les raisons de toutes choses.

LIVRE SECOND.

DES CORPS IMPONDÉRABLES.

Nous suivrons dans ce livre le même ordre que dans le précédent : ainsi, dans un premier chapitre, nous étudierons les phénomènes dépendant des forces sensibles à distance que nous offrent les corps impondérables ; et dans le chapitre suivant, les phénomènes dépendant de leurs forces insensibles à distance. Le premier chapitre traitera des phénomènes *électriques* et *magnétiques;* et le deuxième, de ceux de la *lumière* et de la *chaleur*.

CHAPITRE PREMIER.

DES PHÉNOMÈNES ÉLECTRIQUES ET MAGNÉTIQUES.

SECTION PREMIÈRE.

SUR LA NATURE DES FLUIDES ÉLECTRIQUES ET LES LOIS DE LEUR ACTION.

1. *Définition.* — On appelle *électricité* un fluide impondérable qui se développe momentanément à la surface des corps, et leur donne, momentanément aussi, la propriété d'attirer et de repousser les corps légers.

PROPOSITION. — « Le frottement développe toujours l'électri« cité sur certains corps, et ne la développe pas sur d'autres, à « moins qu'on ne prenne certaines précautions. »

En effet, si l'on se procure diverses règles de différentes substances, et qu'après les avoir frottées avec un morceau de drap on les présente à de petits corps légers, tels qu'une balle de sureau A (*fig.* 206), suspendue à un fil AB, on trouve que quelques-unes de ces règles l'attirent, et que les autres n'ont sur elle aucune action.

Fig. 206

Remarque. — Le petit instrument dont nous venons de faire usage s'appelle *pendule électrique.*

2. L'*électroscope de Coulomb* est plus délicat et plus sensible que cet instrument. Il consiste en une aiguille horizontale gg' (*fig.* 398), très-légère, et suspendue par un fil de cocon fm dans une cage en verre. Cette aiguille est terminée par un petit disque de clinquant g. Si l'on introduit dans cette cage un corps électrique c par le trou C' pratiqué à son couvercle, on verra ce corps attirer l'aiguille. Quelquefois, c'est-à-dire quand l'électricité du corps est forte, il suffit de le présenter à l'aiguille gg', en le tenant en dehors de la cage, pour qu'il attire cette aiguille au travers du verre qui la renferme.

Fig. 398.

3. *Définition.* — On a appelé *idioélectriques* les corps qui peuvent s'électriser par le frottement, sans qu'il soit besoin d'employer aucune précaution particulière ; et *anélectriques,* ceux qui ne le peuvent pas.

Remarque. — Cette dénomination n'est plus guère en usage aujourd'hui, parce qu'elle signifie, d'après son étymologie, des corps d'espèce électrique ou d'espèce non électrique, tandis que les corps ne sont pas plus d'espèce électrique les uns que les autres.

Proposition. — « Les corps anélectriques s'électrisent par le « frottement, quand on prend des précautions particulières. »

En effet, quoique le cuivre ne s'électrise ordinairement pas quand on le frotte sans attention avec la première chose venue, néanmoins, si on fixe un morceau de cuivre au bout d'un manche idioélectrique, comme un manche de verre, et qu'on frotte ce morceau de cuivre avec du verre ou quelque autre matière convenable, il attirera ensuite les corps légers.

Proposition. — « Tous les corps anélectriques laissent l'élec« tricité s'écouler librement à leur surface, tandis que les corps « idioélectriques ne lui laissent pas cette liberté. »

Pour prouver cette proposition, on prend un manche de verre AB (*fig.* 207), ou de toute autre matière idioélectrique, et ayant à son extrémité une garniture de cuivre AC, dans laquelle on peut visser une tige en cuivre ou en toute autre matière anélectrique. On frotte la garniture de cuivre AC, ce qui développe, comme on vient de le voir, l'électricité. Or on trouve qu'il y a

Fig. 207.

de l'électricité répandue jusqu'au bout D de la tige de cuivre ; car en présentant, comme ci-dessus, ce bout ou tout autre point de la tige CD au disque *g* (*fig*. 398) de l'électroscope, on reconnaît qu'il est attiré, tandis que le bout B du manche de verre ne donne aucun signe d'électricité.

Fig. 398.

4. *Définition I.* — Dans la théorie de l'électricité, les corps s'appellent *conducteurs plus ou moins parfaits*, selon qu'ils donnent plus ou moins de liberté à l'électricité pour s'écouler à leur surface ou dans leur intérieur.

Corollaire I. — Tous les métaux sont conducteurs de l'électricité ; car, de quelque métal que soit faite la tige CD (*fig*. 207), l'expérience précédente réussit aussi bien qu'avec une tige en cuivre.

La terre est un corps conducteur, parce que, dès que dans l'expérience précédente on touche la terre avec la tige CD après l'avoir électrisée, celle-ci perd aussitôt ses propriétés électriques ; ce qui vient de ce que le fluide électrique de cette tige, se répandant sur la terre, s'étend et s'affaiblit au point de devenir tout à fait insensible. Il ne faut qu'un instant de contact avec la terre pour que la tige de cuivre CD perde toute son électricité. Ainsi, 'électricité s'écoule avec une rapidité extrême sur les corps conducteurs ; c'est ce que nous prouverons encore mieux au n° 63.

L'eau est aussi un corps conducteur de l'électricité ; mais pour le rendre bon conducteur, il faut y mettre un peu d'acide, comme nous le verrons aux n°s 38 et 39.

Les corps des animaux, et par conséquent le corps humain, sont conducteurs ; car il suffit de toucher avec la main la tige CD (*fig*. 207), pour faire disparaître les propriétés électriques qu'on lui avait communiquées dans l'expérience de la proposition précédente ; ce qui vient de ce que le fluide de cette tige se répand sur le corps de celui qui le touche, et de là sur la terre.

Fig. 207.

Corollaire II. — L'air sec n'est pas conducteur de l'électricité ; car, sans cela, aucune expérience d'électricité ne pourrait réussir. Si en effet l'air était conducteur, alors dans l'expérience précédente, par exemple, l'électricité de la tige CD se dissiperait dans l'air à mesure qu'on la produirait par le frottement, et cette expérience ne réussirait jamais.

Dès que l'air est humide, les expériences d'électricité cessent de réussir, ou ne réussissent que difficilement. Ainsi, la vapeur d'eau est un corps conducteur de l'électricité ; et même ceux qui expérimentent beaucoup sur l'électricité ont lieu de reconnaître que l'eau conduit mieux l'électricité à l'état de vapeur qu'à l'état liquide.

Le verre, la gomme et les résines ne sont pas conducteurs ; car en prenant un bâton fait de quelqu'une de ces diverses substances, si on le frotte à un bout seulement, ce bout donnera des signes d'électricité, et l'autre n'en donnera pas.

La soie ne conduit pas non plus l'électricité ; car si on enveloppe d'un morceau de soie un bout d'une tige de cuivre pour la tenir d'une main par ce bout, tandis que de l'autre main on la frotte avec un autre morceau de soie, cette tige donnera des signes d'électricité ; ce qui n'arriverait évidemment pas si la soie était un corps conducteur.

Définition II. — Les corps non conducteurs de l'électricité se désignent quelquefois par l'épithète d'*isolants*, parce que, dans les expériences électriques, quand un appareil est soutenu par quelqu'un de ces corps, c'est comme s'il ne communiquait ni à la terre ni à aucun corps autre que l'air, puisqu'alors il ne peut leur céder son électricité : il est comme isolé de tous ces corps.

Au contraire, on dit qu'un appareil électrique est *en communication avec le sol*, quand il tient à la terre par un ou plusieurs corps conducteurs.

Corollaire I. — Les corps qui *isolent* le mieux perdent cette propriété dès qu'ils sont humides, puisque nous avons vu que l'humidité conduit l'électricité. Aussi, pour que les expériences électriques réussissent, il faut parfaitement dessécher tous les appareils en les essuyant et les chauffant avec soin.

Corollaire II. — Il ne faut pas croire qu'il y ait une ligne de démarcation absolument tranchée qui sépare les corps conducteurs des corps isolants : on peut aller du meilleur *conducteur*, tel qu'un métal, au plus parfait *isolant*, comme la gomme laque, par des nuances insensibles. On peut dire qu'il n'y a pas de corps d'une conductibilité parfaite, c'est-à-dire qui n'offre absolument aucune résistance au fluide électrique ; comme aussi l'on peut dire qu'il n'y a pas de corps d'une force isolante absolue, c'est-à-dire qui ne laisse passer aucunement l'électricité. Ainsi, entre la gomme

ÉLECTRICITÉ.   213

laque et les métaux, on peut ranger les autres corps plus ou moins près de l'un ou de l'autre de ces extrêmes, suivant leur nature. Par exemple, en touchant un conducteur électrisé, tel que la tige de cuivre CD (*fig.* 207), avec un cylindre en bois ou en marbre, son électricité ne disparaîtra pas tout de suite, mais seuement au bout de quelques instants. Ces sortes de corps sont appelés *conducteurs imparfaits*.

Fig. 207.

Corollaire III. — On voit que l'ancienne division des corps en corps idioélectriques et corps anélectriques revient à celle des corps en bons et mauvais conducteurs, et que si les corps idioélectriques n'exigent aucune précaution pour s'électriser par le frottement, cela vient de ce que, n'étant pas conducteurs, leur fluide reste à l'endroit où on l'a formé par le frottement; tandis que si l'on tient à la main, sans précaution, un corps anélectrique, le fluide qu'on y formera s'écoulera, aussitôt sa formation, sur le bras de celui qui le tient, et de là sur la terre.

5. Proposition. — « L'air très-raréfié ou le vide des machines « pneumatiques est conducteur de l'électricité produite par la « machine électrique. »

La machine électrique est l'appareil représenté par la *fig.* 211 : nous le décrirons au n° 9; on l'appelle ainsi, parce qu'il donne du fluide électrique en abondance, quand, au moyen de la manivelle M, on fait tourner la roue TT' pour la faire frotter contre les coussins F et F'.

Fig. 211.

Ceci compris, pour prouver notre proposition, on prend le tube de verre dont nous avons parlé au n° 28 du livre Ier, et l'on y fait le vide; ensuite on place ce tube de manière qu'un de ses bouts touche à la machine électrique et l'autre à la terre. Alors, aussitôt qu'on fait tourner la roue T, on voit comme un ruisseau de feu qui descend dans l'intérieur du tube, et qui n'est autre chose que le fluide électrique qui s'écoule dans le vide. Pour bien voir cette expérience, il faut la faire dans l'obscurité.

La lumière de cette expérience a quelque chose de léger, de fugace et de faible qui la caractérise.

6. Proposition. — « Les molécules d'une même portion de « fluide électrique se repoussent entre elles. »

Pour démontrer ceci, on peut se servir de l'électroscope de Coulomb (*fig.* 398). Si, après avoir électrisé un corps conducteur

Fig. 398.

par le frottement, en prenant les précautions que nous avons dites précédemment, on le présente au petit disque g, on le verra se porter contre ce corps; et après l'avoir touché un instant, il en sera repoussé et s'en tiendra à une distance plus ou moins grande. Or il est clair que le corps électrisé et le disque g étant de matières conductrices, le fluide électrique de l'un se communiquera à l'autre, et cela dans un instant, d'après ce que nous avons vu au corollaire I du n° 4; de sorte que tous les deux seront chargés de molécules électriques provenant d'un même fluide, c'est-à dire du fluide qui auparavant était tout entier sur le corps électrisé. Donc les molécules d'un même fluide électrique se repoussent. Il est, au reste, facile de constater qu'après avoir touché ce corps électrisé, le disque g est aussi électrisé; car si on lui présente un corps à l'état naturel, celui-ci l'attirera. Il est également aisé de s'assurer que la répulsion qui existe entre le corps électrisé et g, après leur contact, vient de l'électricité que g a prise dans ce contact; car cette répulsion cesse aussitôt que l'on enlève l'électricité du disque g en le touchant avec la main.

7. Proposition. — « Il y a deux espèces d'électricités, et les « molécules d'une espèce attirent celles de l'autre espèce. »

Fig. 398.
En effet, supposons qu'on ait électrisé, comme dans l'expérience précédente, le disque g (*fig.* 398); ensuite, prenons plusieurs cylindres de différente nature, l'un de verre, l'autre de résine, le troisième de soufre, etc.; puis électrisons tous ces cylindres en les frottant, et en prenant les précautions indiquées au n° 3 pour ceux d'entre eux qui seraient conducteurs. Maintenant, si l'on présente successivement ces cylindres au disque électrisé g, les uns le repousseront et les autres l'attireront; si, par exemple, le bâton de verre le repousse, on trouvera que celui de résine l'attirera. Donc l'électricité de ce dernier cylindre n'est pas de même nature que celle du premier. Or, 1° il est clair que les cylindres qui auront agi diversement sur le disque g ont des électricités d'espèces différentes; 2° quant aux cylindres qui auront agi de la même manière sur le disque g, si on les soumet à diverses expériences électriques, on les verra s'y comporter tous de la même manière. Ces cylindres ont donc tous la même électricité. Ainsi, il n'y a que deux espèces d'électricité.

Maintenant je dis que les molécules électriques d'une espèce attirent celles de l'autre espèce. Pour démontrer cela, j'observe d'abord que lorsqu'on touche un corps conducteur, tel que la tige de cuivre CD, par exemple (*fig.* 207), avec un corps élec- Fig. 207. trisé, l'électricité que prend alors CD est de même espèce que celle de ce corps électrisé. Cela est évident, comme nous l'avons dit au n° 6, quand ce corps électrisé est lui-même conducteur; mais il est aisé de se convaincre que cela a encore lieu quand ce n'est pas un corps conducteur, parce qu'en soumettant ce corps électrisé, et la tige CD qui l'aura touché, à plusieurs expériences qui soient pareilles pour tous les deux, on verra qu'ils se comportent tous deux de la même manière. Cela posé, qu'on prenne un corps qui donne de l'électricité vitrée, un bâton de verre, par exemple: si on touche avec ce bâton la balle de sureau A (*fig.* 206) Fig. 206. suspendue à un fil de soie AB, celle-ci sera électrisée *vitreusement*. Or, dans cet état, elle est attirée dès qu'on lui présente un corps électrisé *résineusement*, tel qu'un bâton de résine qu'on a préalablement frotté. Donc les électricités d'espèces différentes s'attirent.

Remarque. — Cette connaissance des deux espèces d'électricités différentes qui existent dans la nature ne remonte qu'au dix-huitième siècle; c'est Dufay, physicien français, qui en fit la découverte en 1733. (*Voir* les Mémoires de l'Académie des sciences pour 1733.)

C'est ce savant qui le premier découvrit la différence entre l'action du verre électrisé et celle de la résine électrisée, et il proposa de l'expliquer en attribuant ces deux actions différentes à deux fluides différents. Franklin proposa plus tard d'expliquer cette même différence par la production et par la soustraction d'un même fluide, et il voulait que dans le verre le frottement produisît un surcroît de fluide, tandis que dans la résine le frottement enlevait une partie du même fluide : c'est pourquoi il appelait positive l'électricité du verre, et négative celle de la résine. Quoique la doctrine de Franklin n'ait pas prévalu, ces dénominations sont pourtant restées en usage, et nous nous en servirons de temps en temps. Ainsi, pour nous, les mots *vitré* et *positif* seront synonymes, ainsi que les mots *résineux* et *négatif*.

Définition. — On appelle *fluide neutre* ou *fluide naturel* le

216   ÉLÉMENTS DE PHYSIQUE, LIV. II.

résultat de la combinaison des deux électricités vitrée et résineuse.

8. PROPOSITION. — « Le fluide neutre est répandu partout, « jusque dans l'intérieur même des corps. »

Explication. — Ainsi, pour avoir l'idée du fluide neutre que nous venons de définir, il faut se représenter un fluide d'une étendue immense qui remplit même tous les espaces célestes, dans lequel sont plongés tous les corps, et qui pénètre ceux-ci de manière à remplir tous les intervalles de leurs molécules sans y adhérer aucunement.

Démonstration. — Pour démontrer ceci, on frotte un bâton de cire d'Espagne, et on le présente à cinq ou six pouces d'une des extrémités m d'une tringle mn (*fig.* 402) portée par un pied de verre. On voit diverger les deux petites pailles aa' et bb' suspendues à chaque extrémité de cette tringle, et prendre les positions AA' et BB'. Or il est facile de reconnaître que les pailles AA' sont électrisées positivement, et les pailles BB' négativement. Pour cela on frotte un autre corps, par exemple un bâton de verre, pour l'électriser; ensuite, en le présentant successivement à chacune des extrémités de la tringle, toujours soumise à l'influence du bâton de résine, on trouve que ce bâton de verre attire les petites pailles suspendues à l'une de ces extrémités, tandis qu'il repousse celles de l'autre. Ainsi, les deux moitiés de la tringle sont électrisées en sens contraires. Or le bâton de résine en présence duquel se sont manifestées ces deux électricités est trop loin de la tringle pour lui avoir rien communiqué; d'ailleurs, par cette communication, si elle avait pu avoir lieu, le bâton de résine n'aurait communiqué que du fluide résineux à la tringle; de plus, ce fluide serait resté sur la tringle, dont il aurait continué de faire diverger les pailles, même après l'éloignement du bâton de résine; tandis que dans notre expérience la tringle manifeste deux électricités différentes, et que leur effet sur les pailles disparaît dès qu'on éloigne le bâton de résine. Ainsi, ces deux électricités étaient dans la tringle avant l'expérience; le bâton de résine n'a fait que les séparer, en attirant la vitrée et repoussant la résineuse : aussi ce sont les pailles voisines du bâton de résine que repousse le bâton de verre dans l'expérience que nous venons d'indiquer. On conçoit, d'après cela, que quand le bâton de

Fig. 402.

ÉLECTRICITÉ.   217

résine disparaît, ces deux électricités de la tringle se rejoignent, et ne produisent plus rien sur les pailles.

Nous reviendrons sur cette expérience au n° 16 et suiv.

Remarque. — Quoique cette expérience ne réussisse bien qu'autant que la tringle est de substance conductrice, on admet néanmoins notre proposition pour les corps non conducteurs, soit par analogie, soit surtout parce que les effets de l'expérience précédente sur ces corps ne sont pas nuls, mais sont seulement modifiés comme on doit s'y attendre, d'après la difficulté que les fluides électriquesont alors à se mouvoir.

Proposition. — « Lorsque deux corps isolés sont frottés l'un
« contre l'autre, après cette friction ces deux corps sont toujours
« électrisés différemment l'un de l'autre. »

Pour le démontrer par l'expérience, on prend deux disques ou deux tiges de matières différentes, et garnis, s'il est nécessaire, de manches isolants (*fig.* 403). Ensuite, les prenant par leurs manches isolants, on les frotte ensemble, et on les présente successivement, soit au disque *g* de l'électroscope de Coulomb (*fig.* 398), soit à une balle de sureau suspendue à un fil de soie, après avoir préalablement électrisé ce disque ou cette petite balle, comme au n° 6 ou 7. Alors on voit l'un de ces corps attirer et l'autre repousser ce disque ou cette petite balle électrisée.

Fig. 403.

Fig. 398.

Ce qui précède nous met en état de donner une première idée de la machine électrique.

9. *Machines électriques.* — On appelle ainsi des machines destinées à procurer toute l'électricité dont on a besoin pour les expériences qu'on veut faire sur ce fluide.

Machine ordinaire. — La machine électrique le plus en usage consiste en un plateau de verre PP' (*fig.* 211) que l'on fait tourner au moyen de la manivelle M. Cette manivelle est attachée à l'extrémité d'un axe XX', qui traverse la roue à laquelle il est fortement fixé. Cette roue tourne à frottement entre quatre coussins, dont deux sont en F et les deux autres en F'. AB et A'B' sont deux cylindres en cuivre portés sur quatre pieds en verre $l,l,l'l'$. Aux extrémités de ces cylindres voisines de la roue, sont deux mâchoires en cuivre *m* et *m'*, dont les branches embrassent cette roue : l'intérieur de ces mâchoires est garni de pointes dirigées contre la roue, et qui en approchent de très-près.

Fig. 211.

Quand on veut faire fonctionner la machine, on commence par sécher parfaitement la roue et les pieds de verre en les chauffant et les essuyant avec soin; ensuite on met en mouvement la roue, ou autrement dit le plateau.

Alors l'électricité qui se développe sur le plateau par le frottement des coussins ~~passe sur~~ les mâchoires m, m', qui embrassent la roue à droite et à gauche; ~~de là l'électricité~~ se répand sur les conducteurs, où elle s'accumule jusqu'à ce qu'elle soit en équilibre avec celle du plateau; mais ce n'est que plus bas, au n° 19, que nous pourrons avoir une idée précise de cet équilibre, aussi ~~bien que de la transmission de l'électricité du plateau sur les mâchoires m, m'~~. Si la roue tourne, par exemple, de F en m', les points de cette roue pendant leur trajet de F en m' pourraient perdre une partie de leur électricité avant que de la céder à la mâchoire m'. Pour remédier à cela, on revêt cette roue d'un double quart de cercle en taffetas gommé T', qui recouvre cette portion de la roue des deux côtés. Il y a un quart de cercle tout pareil en T.

Machine hydroélectrique. — Dans cette machine, l'électricité est produite par le frottement exercé contre les becs métalliques e (*fig.* 167) par les gouttelettes d'eau très-petites que les jets de vapeurs cd entraînent avec eux, en s'élançant avec violence hors de la chaudière A. Par ce frottement, l'eau s'électrise vitreusement et dépose son électricité sur le conducteur d, contre lequel elle vient frapper; en même temps les becs e s'électrisent négativement. Pour remplir de ces très-petites gouttes d'eau la vapeur qui s'élève de la chaudière A, les tuyaux d'échappement ec, par où elle sort, passent dans une boîte réfrigérante b, que l'on entretient pleine d'eau froide. Ce froid condense en partie cette vapeur, et procure cette pluie excessivement fine qui va frapper le conducteur d. Quand cette machine fonctionne bien, on peut tirer de la boule I des étincelles énormes, et sa puissance surpasse de beaucoup les machines ordinaires.

D'après les expériences de M. Faraday, il paraît qu'aucun fluide élastique, soit vapeur, soit gaz, ne peut donner d'électricité par son frottement contre un autre corps, s'il ne renferme aucune parcelle de quelque matière étrangère.

10. Proposition. — « Les forces que deux molécules électri-

« ques exercent l'une contre l'autre sont en raison inverse du
« carré de leur distance. »

Coulomb se servit, pour démontrer cela, d'un instrument particulier, connu sous le nom de *balance électrique* (*fig.* 212). Cet instrument est en tout semblable à l'*électroscope* de la fig. 398, que nous avons décrit au n° 2 ; seulement cette balance est plus grande, et l'aiguille EF (*fig.* 212) y est suspendue par un fil d'argent et non par un fil de cocon, comme dans l'électroscope.

Fig. 212.
Fig. 398.
Fig. 212.

Pour examiner les variations de l'action électrique au moyen de cet instrument, connu sous le nom de *balance électrique de Coulomb*, il faut que l'aiguille soit faite d'une substance idioélectrique, de gomme laque, par exemple : on adapte à l'une des extrémités de cette aiguille une balle de sureau F, et l'on porte dans la cage, tout contre cette première balle, une autre balle H de même substance.

Ensuite on électrise ces deux balles, en les touchant toutes deux à la fois avec un corps chargé d'électricité. Aussitôt la force de l'électricité agit pour écarter les balles de sureau ; mais la balle F portée par l'aiguille, en s'écartant de l'autre balle, tord le fil de plus en plus, et bientôt la force de cette torsion devient assez considérable pour contre-balancer la répulsion que l'électricité exerce entre ces deux balles ; alors on voit s'arrêter la balle portée par l'aiguille après quelques oscillations. Ainsi, nous retiendrons en principe général que quand l'aiguille a cessé de se mouvoir, c'est que la force de torsion est égale à l'action électrique des deux balles de sureau.

Pour apprécier la quantité dont les balles s'écartent, on divise le contour de la cage en 360° ; alors, en examinant le degré auquel la balle de l'aiguille correspondait avant d'être repoussée, et celui où elle correspond après, on en conclut le nombre de degrés dont cette balle s'est écartée de l'autre balle. Prenons pour exemple une des expériences de Coulomb, où ce nombre était 36°. La force de torsion se mesurant par la quantité dont on a tordu le fil, cette force, et par conséquent l'action électrique des deux balles, était alors mesurée par 36°. Ensuite Coulomb fit tourner la pince *r*, qui tenait le sommet du fil *mn*, dans un sens contraire à celui dans lequel avait tourné l'aiguille. Pour savoir de combien cette pince tournait, il avait divisé le contour de la plaque *rn* traversée par la pince en 360°, et l'extrémité supérieure de cette pince portait une aiguille destinée à parcourir ces degrés. L'ensemble de cette aiguille et de la pince s'appelle l'*index de la balance* : Coulomb fit donc tourner cet index de 126° ; et, en observant la balle de l'aiguille aussitôt après, il vit qu'elle ne s'écartait plus de l'autre que de 18°. En ajoutant ces 18° de torsion aux 126° dont il avait tourné l'index, Coulomb vit ainsi que la torsion totale du fil, et par conséquent l'action électrique des deux balles, était de 144°. Ainsi, lorsque la distance des balles était de 36, leur répulsion était également de 36° ; mais quand la distance est devenue moitié moindre, c'est-à-dire à 18°, leur répulsion est devenue quadruple, car 144 est quadruple de 36. On verrait de même que, la distance devenant trois fois moindre, la répulsion devient neuf fois plus grande ; ainsi de suite.

Enfin, avec le même instrument, Coulomb a fait voir que les attractions électriques variaient également en raison inverse des carrés des distances.

Ces notions préliminaires posées, nous allons entrer dans l'étude des phénomènes d'équilibre et de mouvement que nous présentent les forces électriques.

SECTION DEUXIÈME.

DES PHÉNOMÈNES DES FLUIDES ÉLECTRIQUES EN ÉQUILIBRE, HORS DE L'ACTION DES FORCES ÉTRANGÈRES A L'ÉLECTRICITÉ.

11. Dans cette section, nous ne considérerons que les phénomènes où les corps électrisés qui serviront aux expériences sont sans action sur les fluides électriques, et ne sont par conséquent que comme des récipients dans lesquels ces fluides peuvent se mouvoir plus ou moins facilement, selon la plus ou moins grande conducibilité de ces corps.

ÉLECTRICITÉ.

Article Ier. — Équilibre de l'électricité sur un seul corps.

12. Proposition. — « Dans un corps conducteur électrisé, toute l'électricité se tient à la surface de ce corps. »

Pour démontrer cette proposition, on prend deux sphères de cuivre parfaitement égales et isolées, que l'on tient en contact l'une avec l'autre pendant qu'on les fait communiquer avec une machine électrique; de cette manière, on est bien sûr qu'elles prennent des quantités d'électricité égales. Ensuite on les sépare et on les touche en même temps, l'une avec une sphère métallique pleine et isolée, et l'autre avec une sphère métallique et isolée aussi, mais creuse et de parois aussi minces que l'on peut, ou avec une sphère de résine revêtue d'une légère feuille d'or collée sur sa surface. Après ce contact, on applique un instant sur chacune des premières sphères ce qu'on appelle un petit *plan d'épreuve*, c'est-à-dire un petit disque en clinquant de quelques lignes de diamètre fixé au bout d'un manche en gomme laque, et portant ensuite ce petit disque dans la *balance de Coulomb* contre la balle électrisée F de cette balance, *fig.* 212 : on voit de combien de degrés celle-ci est repoussée. Or on trouve sensiblement le même nombre de degrés pour ces deux sphères; donc on leur avait enlevé des quantités égales d'électricité, en les touchant l'une avec une sphère pleine, et l'autre avec une sphère creuse de même grandeur; ~~donc celles-ci n'ont pris de l'électricité que par leur surface~~. De plus, si on mesure de la même manière les forces électriques de ces deux sphères, l'une pleine et l'autre creuse, on les trouve égales; donc le fluide électrique est disposé de la même manière sur ces deux sphères. Or il est tout à la surface dans la sphère creuse, donc il est aussi tout à la surface dans la sphère pleine.

Fig. 212.

Au reste, notre proposition est démontrée, par le calcul, être une conséquence rigoureuse de la loi en raison inverse du carré des distances, suivant laquelle se repoussent les molécules d'un même fluide électrique. (Voy. *Compléments.*)

13. *Épaisseur de la couche électrique.* — Hormis le cas d'une sphère, la couche électrique d'un corps électrisé n'est pas d'égale épaisseur en tous ses points : le calcul seul et

l'expérience peuvent faire connaître l'épaisseur de la couche électrique à chaque point de la surface d'un corps. Pour les calculs, voy. les *Mém.* de Poisson. Pour l'expérience, elle consiste à déterminer d'abord la force de l'électricité au point du corps que l'on considère par la méthode du n° 12. Ensuite, en prenant la racine carrée de cette force, on a un résultat proportionnel à l'épaisseur qu'a la couche électrique au point qu'on a choisi, parce qu'on démontre par le calcul que la force d'une pareille couche est proportionnelle au carré de son épaisseur.

14. *Des pointes.* — L'équilibre de l'électricité est impossible sur une pointe, et tout le fluide que l'on veut y déposer s'écoule par son extrémité. On trouve en effet, par le calcul, que pour l'équilibre du fluide électrique sur un cône, il faudrait que la tension électrique fût infiniment plus grande au sommet que sur le reste de la surface. Ainsi, une pointe n'étant qu'un cône très-aigu, il faut en conclure qu'il ne peut y avoir si peu d'électricité que ce soit à un de ses points sans qu'il y en ait une d'une tension infinie à son extrémité. Or une force électrique infinie ne pourra jamais être arrêtée par l'air; donc, dès qu'il y aura de l'électricité à quelque endroit d'une pointe, la force infinie qui en résultera aussitôt à l'extrémité de cette pointe ouvrira un passage dans l'air, par lequel s'écoulera toute cette électricité.

Pour constater ceci par l'expérience, il n'y a qu'à placer une pointe de quelques pouces de longueur sur un des conducteurs AB ou A'B (*fig.* 211) de la machine électrique; car alors, si la pointe est bien proportionnée à la machine, quand on fera tourner la roue de verre, la machine ne donnera ni étincelle ni aucun signe d'électricité, parce que tout le fluide s'écoulera au fur et à mesure qu'il sera fourni par la roue. Le plus souvent, la pointe ne donnant pas assez d'issue au fluide, les effets de la machine ne sont que notablement diminués par cette pointe, mais non pas annulés.

Fig. 211.

15. *Remarque I.* — Cette propriété des pointes de laisser échapper l'électricité est connue sous le nom de *pouvoir des pointes;* nous y reviendrons aux n°^{s} 18 et 29.

Remarque II. — Les angles des conducteurs présentent des phénomènes analogues à ceux des pointes.

Remarque III. — Coulomb a aussi trouvé que les cylindres

longs et très-minces produisent le même effet que les pointes, mais que des cylindres très-courts et très-minces ne laissent pas échapper l'électricité.

C'est à cause de cette propriété des pointes et des parties anguleuses des corps, qu'on arrondit toujours les extrémités de ceux qu'on destine à conserver leur électricité.

ARTICLE II. — ÉQUILIBRE DE L'ÉLECTRICITÉ SUR PLUSIEURS CORPS.

16. PROPOSITION. — « Quand on présente un corps électrisé à
« un corps conducteur isolé, il décompose l'électricité neutre de
« ce conducteur isolé, en amenant l'un des fluides à sa partie
« antérieure, et repoussant l'autre fluide à la partie opposée. »

En effet, le fluide neutre de tout corps n'est qu'un composé de deux électricités différentes, sur lesquelles tout corps électrisé agira de deux manières opposées : il résulte de là que si on présente un corps électrisé vitreusement, je suppose, à un conducteur isolé, ce corps électrisé attirera la partie résineuse du fluide neutre qui est dans le conducteur, et repoussera la partie vitrée. Ainsi, ce corps conducteur sera électrisé résineusement dans sa partie antérieure, et vitreusement dans la partie opposée ; mais sitôt qu'on retirera le corps électrisé, les deux fluides résineux et vitreux du conducteur se recombineront, et ce conducteur cessera d'être électrisé. L'électricité développée ainsi sur un conducteur, par la seule présence d'un corps électrisé plus ou moins éloigné, s'appelle *électricité par influence*. Nous en avons déjà donné une idée au n° 8, et, pour vérifier ceci par l'expérience, on peut recourir à l'expérience de ce numéro.

Remarque. — Lorsque l'on retire le corps conducteur de l'influence du corps électrisé, il est bien clair qu'alors ses deux fluides doivent se recombiner en sorte qu'il revienne à l'état naturel ; c'est aussi ce que l'expérience confirme. (Voy. n° 8.)

17. PROBLÈME. — « On demande d'expliquer ce qui arrive
« dans le cas où l'on touche un corps conducteur à l'état naturel
« avec un corps électrisé. »

Dans ce cas, une partie des fluides du corps conducteur se décompose ; et si le corps électrisé était vitré, par exemple, alors des deux fluides du corps conducteur, le résineux se combinerait avec une partie du fluide du corps électrisé, et ferait du fluide neutre, tandis que le vitré resterait sur ce corps conducteur. Ainsi, l'état définitif des deux corps serait le même que si une partie de l'électricité du corps électrisé avait passé sur celui qu'on a mis en contact avec lui.

18. *Influence des pointes.* — Supposons qu'un corps conducteur, soumis à l'influence d'un corps électrisé, soit terminé par une pointe assez longue, et prenons d'abord le cas où ce conducteur est isolé. On voit alors que le fluide neutre de ce conducteur une fois décomposé par influence, sa partie de nature différente de celle du corps électrisé s'accumulera de manière à produire eune tension infinie sur la pointe (n° 17), et à ne pouvoir y être maintenue par l'air, s'élancera sur le corps électrisé, et neutralisera une certaine quantité de son fluide, tandis que l'autre partie du fluide neutre décomposé restera sur le conducteur. Ainsi, l'état définitif des choses sera le même que si le corps électrisé avait partagé son électricité avec le conducteur au travers de l'air. C'est ce phénomène qu'on désigne en disant que les pointes ont le pouvoir de *soutirer* l'électricité. Dans le cas où le conducteur armé de pointe ne serait pas isolé, il est évident qu'il *soutirerait* le fluide du corps électrisé jusqu'à le désélectriser entièrement.

19. *Remarque.* — Le cas que nous venons d'examiner est celui de la machine électrique. Alors le corps électrisé est le plateau; les cylindres en cuivre, étant terminés par des pointes dirigées contre ce plateau, représentent le corps conducteur que nous venons d'examiner. Ces pointes n'ont pas pu être représentées dans la *fig.* 211 de la pl. 5; elles sont placées sur les mâchoires m et m', et dirigées en dedans, c'est-à-dire vers le plateau. Ainsi, on comprend à présent comment ces cylindres se chargent de plus en plus d'électricité vitrée à mesure que le plateau tourne, jusqu'à ce qu'enfin le fluide vitré de ces mêmes cylindres et celui du plateau, agissant aussi fortement l'un que l'autre sur le fluide neutre, se contre-balancent exactement.

Fig. 211.

20. *De la foudre.* — C'est par la propriété ci-dessus, reconnue dans les corps armés de pointes, que Dalibard a constaté l'identité de la foudre avec l'électricité. Il fit construire une cabane,

sur le toit de laquelle s'élevait une barre en fer de 40 pieds de longueur, et isolée dans sa partie inférieure. D'autres physiciens, en répétant ces expériences de Dalibard, recouvrirent le support isolant de la barre avec une espèce de chapeau métallique fixé sur le bas de cette barre pour garantir ce support de la pluie. Plusieurs physiciens virent avec cet appareil que quand un nuage orageux passait au-dessus de la barre en fer, cette barre devenait électrisée, de manière qu'il était possible d'en tirer des étincelles en en approchant le doigt. Mais l'électricité de l'appareil changeait de nature suivant les nuages qui passaient au-dessus de lui. Ainsi, on a vu cette électricité changer cinq à six fois de suite en une demi-heure. Pour ne pas être obligé d'aller visiter l'appareil sans cesse et souvent sans utilité, Canton imagina d'y adapter un petit appareil extrêmement ingénieux : ce sont trois timbres (*fig.* 214), T, T$_1$, T$_2$, suspendus à une même tige métallique, le premier T par un fil de soie, les deux autres par une chaîne métallique : de plus, le timbre T communique au sol par une autre chaîne attachée sous sa partie inférieure; entre ces timbres pendent de petites sphères métalliques b, b', suspendues à des fils de soie. D'après cela, il est clair que si la tige AB est mise en communication avec le conducteur vertical qui reçoit l'électricité de l'atmosphère, cette électricité se transmettra aux deux timbres extrêmes T$_1$ T$_2$ par le moyen des chaînes métalliques qui les suspendent. Alors les petits globules b, b' seront attirés vers les timbres, et viendront les toucher; mais aussitôt après ils en seront repoussés, et ils seront au contraire attirés par le timbre T communiquant au sol; ils se porteront donc vers lui, se déchargeront, et iront se recharger de nouveau par le contact des timbres extrêmes. Ces oscillations continuelles des petits globules feront sonner les timbres, et l'on sera ainsi averti de la présence de l'électricité. Cet appareil se nomme un *carillon électrique*.

Fig. 214.

Ces détails expliquent aussi pourquoi un corps léger placé sur une table où il n'est pas isolé, et auquel on présente un corps électrisé, monte et descend continuellement entre ce corps et la table par une sorte de danse que l'on appelle *danse électrique*.

21. Proposition. — « Pendant qu'un corps conducteur isolé

« est sous l'influence d'un corps électrisé, si l'on touche ce corps
« conducteur pour le faire communiquer avec le sol, alors des
« deux fluides qui avaient été décomposés, celui qui est de
« même nom que le corps électrisé disparaît, et il ne reste que
« le fluide de nom différent. »

Fig. 216.   En effet, prenons le cylindre de cuivre VR, isolé sur un pied de verre (*fig.* 216), et présentons-le à une machine électrique M, chargée d'électricité vitrée. Aussitôt les deux moitiés de ce cylindre se constitueront en des états électriques opposés : la partie R voisine de la machine sera résineuse, et la partie V sera vitrée (n° 16). Maintenant, si nous touchons avec la main l'extrémité V pour la faire communiquer avec le sol, on conçoit aisément que l'électricité de cette partie du cylindre qui, étant repoussée par M, ne cherche qu'une issue pour s'échapper, s'écoulera en effet par la main : aussi on verra tomber l'une contre l'autre les deux petites pailles pendues à cette extrémité V, et il n'y aura que celles pendues à l'extrémité R qui resteront divergentes. Mais ce qui étonne toujours ceux qui voient faire cette expérience pour la première fois, c'est que ce sont encore les deux pailles de V qui tombent l'une contre l'autre, en quelque point du cylindre qu'on mette le doigt, fût-ce même en R. La raison de ceci est très-simple : lorsqu'on met le doigt en R, l'influence de M décompose le fluide neutre de ce doigt, repousse la partie vitrée dans le sol, et attire la partie résineuse qui passe sur le cylindre et neutralise l'électricité vitrée de V. Du moins, voilà en gros et au résumé ce qui a lieu ; car, pour bien analyser ce qui se passe ici, il faudrait tenir compte de toutes les actions électriques de M, de R et de V sur le doigt ; mais ce qui précède suffit pour donner au moins une idée de la chose, et montrer un peu pourquoi, en définitive, il ne reste que le fluide de R sur l'appareil.

Une des applications les plus utiles des propriétés précédentes est la construction des *électromètres* ou *électroscopes*.

22. *Des électromètres.* — Ce sont des appareils destinés à déceler l'électricité des corps et à en faire connaître la nature ; mais ils ne sont pas propres à donner une mesure exacte de l'intensité de cette électricité ; il n'y a que l'électromètre de Coulomb qui puisse servir à cette fin : nous l'avons décrit au n° 2, sous le

ÉLECTRICITÉ.   227

nom d'*électroscope de Coulomb*. Ces appareils consistent tous en deux petits conducteurs mobiles bb' (*fig.* 217), ou oo' (*fig.* 218), ou IK (*fig.* 219), très-légers, et suspendus à une garniture en cuivre fixée au sommet d'une cloche en verre (*fig.* 217 et 218) ou au goulot d'un flacon (*fig.* 219). On enduit ordinairement la partie supérieure de ces vases de vernis, pour mieux isoler la garniture de cuivre. Enfin, il y a ordinairement dans la cloche deux conducteurs fixes qui sont deux boules de cuivre s et s' (*fig.* 217), ou deux lames d'étain ee' (*fig.* 218). Ces conducteurs sont destinés à recevoir les deux petits conducteurs mobiles, parce que, quand on les électrise, la répulsion, qui les fait alors diverger, pourrait les porter contre les parois de la cloche de verre; et comme le verre n'est pas conducteur, ces petits corps conducteurs mobiles resteraient attachés à la cloche.   Fig. 217.
Fig. 218.
Fig. 219.
Fig. 217 et 218.
Fig. 219.
Fig. 217.
Fig. 218.

23. Quand on veut donner une plus grande sensibilité à l'appareil, on prend pour les deux petits conducteurs mobiles deux lames d'or battu, parce que cet or étant, comme on sait, d'une très-grande minceur, les deux lames sont d'une excessive légèreté. L'appareil se nomme alors *électroscope à lames d'or*; c'est lui qui est représenté dans la *fig.* 224; seulement, on voit dans cette figure deux plateaux réunis ff, dont nous ne parlerons qu'au n° 32.   Fig. 224.

24. *Manière de se servir des électromètres.* — Quand on veut simplement reconnaître si un corps est électrisé, il suffit de le présenter à la garniture en cuivre qui est au sommet de l'appareil; car alors si, quelque près qu'on l'approche de cette garniture, les deux pailles ou lames d'or ne s'écartent pas, c'est que le corps n'est pas électrisé; si elles finissent par s'écarter, c'est qu'alors le corps est électrisé, et qu'il décompose par influence électrique le fluide neutre de l'électromètre, attirant vers lui le fluide de nom différent du sien, et repoussant sur les pailles ou lames d'or celui de même nom.

Quand on veut reconnaître l'espèce d'électricité d'un corps, il faut, avant tout, électriser l'électromètre. Voici comment cela se fait : On électrise par frottement un corps dont on connaisse l'électricité, par exemple, un bâton de cire à cacheter, qu'on sait bien s'électriser résineusement par le frottement; on présente ce corps électrisé, que je suppose être DC (*fig.* 219), à la   Fig. 219.

15.

garniture en cuivre T de l'électromètre TA, alors ses pailles I et K s'écartent; ensuite on touche un instant avec le doigt le point T, en tenant toujours CD présent à l'électromètre; aussitôt l'électricité résineuse des pailles s'échappe par le doigt, et celles-ci tombent l'une à côté de l'autre; enfin on ôte le bâton CD, mais seulement après avoir retiré le doigt qu'on avait posé sur T, et l'électricité vitrée que ce bâton avait jusque-là tenue concentrée sur la garniture de cuivre T se répand jusque sur les pailles I et K, lesquelles s'écartent sur-le-champ. On voit que de cette manière l'électromètre est toujours chargé d'une électricité contraire à celle du corps dont on s'est servi pour l'électriser.

25. L'électromètre étant ainsi chargé d'une électricité connue, et ses pailles étant plus ou moins divergentes, supposons qu'on veuille, par son moyen, déterminer l'espèce d'électricité dont un corps est chargé. Pour cela, on présentera ce corps à l'électromètre, d'abord d'assez loin pour qu'il n'exerce pas d'action sensible sur les pailles I K, et ensuite on l'approchera de plus en plus, jusqu'à ce qu'il commence à imprimer quelque mouvement à ces pailles; s'il les écarte, c'est qu'il sera chargé de la même espèce d'électricité que les pailles I et K : cela est évident; mais s'il les rapproche plus ou moins, il pourra être ou à l'état naturel, ou bien chargé de l'électricité d'espèce contraire à celle des pailles. En effet, premièrement, un corps à l'état naturel que l'on présenterait à l'électromètre recevrait l'influence de l'électricité de celui-ci, que je suppose vitrée; par conséquent la partie résineuse du fluide neutre de ce corps viendrait vers l'électromètre, et l'autre partie serait repoussée; mais, à son tour, cette partie résineuse réagirait sur l'électricité vitrée de l'électromètre, et, l'attirant vers le sommet de l'appareil, elle en dépouillerait plus ou moins les pailles, dont la divergence diminuerait ainsi plus ou moins. En second lieu, il est évident que cet effet serait encore, à bien plus forte raison, produit par un corps préalablement électrisé d'une manière contraire à l'électromètre. Ainsi, quand le corps que l'on présente à cet appareil diminue plus ou moins la divergence de ses pailles, on ne peut rien en conclure; mais en rapprochant ce corps davantage de l'électromètre, s'il arrive que ses pailles, après s'être réunies tout à fait,

recommencent à diverger de plus en plus à mesure que l'on approche le corps, c'est que celui-ci est électrisé contrairement à l'électromètre, c'est-à-dire résineusement ; car cette nouvelle divergence vient de ce que le corps, après avoir réuni le fluide vitré primitif de l'appareil à son sommet, opère dans cet appareil une nouvelle décomposition de fluide neutre, dont il attire la partie vitrée vers le sommet, mais dont il repousse la partie résineuse sur les pailles, ce qui les fait diverger de nouveau.

26. *Des paratonnerres.* — Les paratonnerres sont des appareils qu'on place sur les édifices pour les préserver des coups de la foudre. Ils se composent de deux parties principales : la première est une tige métallique de 27 pieds ou 9 mètres, fixée verticalement sur le toit de l'édifice, et terminée vers le haut en pointe bien aiguisée.

La seconde partie d'un paratonnerre est ce qu'on appelle son *conducteur.* C'est une longue barre carrée, en fer, qui descend du pied de la tige le long du toit et des murs de l'édifice jusque dans le sol. Cette barre est destinée à conduire la matière électrique de la foudre dans le sol. Ce conducteur du paratonnerre doit aller plonger dans un puits intarissable ou dans tout autre espace souterrain considérable qui soit bien conducteur de l'électricité. Si l'on ne peut faire autrement, on le fait rendre dans des cavités considérables que l'on pratique en terre et que l'on remplit de braise de boulanger ou de coke, lesquels conduisent bien l'électricité.

Cela posé, il est très-facile de se rendre compte des effets du paratonnerre. En effet, représentons-nous un nuage électrisé placé au-dessus d'un paratonnerre, et supposons, pour fixer les idées, que son électricité soit vitrée ; alors celle-ci décomposera le fluide neutre de l'édifice, la partie résineuse viendra vers la pointe de la tige, par laquelle elle s'élancera dans l'air, et ira neutraliser en partie l'électricité contraire du nuage orageux. Ce torrent ascensionnel de fluide devient quelquefois sensible dans l'obscurité par une aigrette lumineuse qu'on aperçoit à l'extrémité de la pointe. En même temps la partie vitrée du fluide neutre de l'édifice s'écoulera par le moyen du conducteur dans le sol, où elle se perdra. Ainsi toutes les deux parties du fluide décomposé par le nuage dans l'édifice ayant un libre écoulement, ne pourront produire aucune explosion. Cependant, si la puissance électrique du nuage était extraordinaire, il pourrait se faire que ni la pointe ni le conducteur ne donnassent un assez libre passage aux deux électricités pour s'écouler, et alors la partie résineuse, s'accumulant sur la tige ou les parties les plus élevées du conducteur, pourrait finir par y exercer une assez grande attraction sur le fluide vitré du nuage pour déterminer celui-ci à faire explosion; mais on voit qu'alors la foudre ne tomberait que sur la tige et les conducteurs qui la conduiraient dans le sol, où elle se perdrait; de sorte que l'édifice, même dans ce cas, serait encore préservé.

Cependant il faut faire tout son possible pour éviter ce cas, et, à cette fin, on doit être fidèle à donner à toutes les parties de l'appareil les dimensions que l'expérience a apprises; c'est la première condition exigée pour que les paratonnerres ne soient pas plus dangereux qu'utiles.

La deuxième condition est que la pointe soit bien aiguë, car si elle est plus ou moins émoussée, elle ne donnera plus une issue aussi facile à l'électricité attirée par le nuage.

La troisième condition est que le conducteur communique parfaitement au sol, pour donner un écoulement très-libre à l'électricité repoussée par le nuage.

La quatrième est que dans toute l'étendue de l'appareil il n'y ait aucune solution de continuité; car s'il en existait en un endroit, il se tirerait une étincelle en cet endroit qui pourrait démolir ou brûler les parties de l'édifice voisines de ce même endroit.

Reprenons l'équilibre de l'électricité d'un corps conducteur communiquant au sol, et soumis à l'influence d'un corps électrisé.

27. PROPOSITION. — « Pendant tout le temps qu'un corps con-
« ducteur communiquant au sol reste soumis à l'influence d'un
« corps électrisé, l'électricité de ce conducteur est *dissimulée.* »

En effet, on appelle *électricité dissimulée* celle dont les effets sont tellement contre-balancés par une électricité contraire placée sur quelque autre corps, que celui qui est recouvert de cette électricité dissimulée ne donne pas plus de signe électrique que s'il était à l'état naturel. Or supposons que, pendant qu'on tient

Fig. 219. le corps conducteur IT (*fig.* 219) sous l'influence du corps électrisé CD, on touche ce corps conducteur avec le doigt pour le faire communiquer au sol : aussitôt les pailles I et K, qui, avant ce contact du doigt, étaient dans un état de divergence plus ou moins grande, tombent à leur position de repos. Néanmoins ce corps TI, quoique ne donnant plus aucun signe d'électricité, possède encore, comme nous savons, un fluide électrique; seulement il est tout entier retenu sur l'extrémité T de ce conducteur par l'action de CD; tellement que si l'on fait disparaître ce corps CD après avoir préalablement ôté le doigt de dessus ce conducteur, les pailles I et K reprendront leur divergence. Donc, pendant tout le temps de l'action de CD, le fluide de TI reste *dissimulé*.

Définition. — On appelle *électricité libre* celle qui n'est ni dissimulée ni neutralisée par une autre.

28. PROPOSITION. — « Si l'électricité d'un corps isolé est en-
« tièrement dissimulée par l'influence d'un autre corps électrisé,
« elle ne le sera plus qu'en partie quand on éloignera un peu cet
« autre corps électrisé. »

En effet, après avoir ôté le doigt de dessus le corps conducteur T, si, au lieu de faire disparaître tout à fait le corps CD (*fig*. 219), on ne fait que l'éloigner un peu de la position qu'il avait quand il dissimulait entièrement le fluide de IT, les pailles I et K ne reprennent pas, il est vrai, toute leur divergence, mais elles la reprennent en partie, et en partie d'autant plus grande que l'on éloigne davantage ce corps CD.

Fig. 219.

29. PROPOSITION. — « Quand le fluide d'un corps est dissimulé
« en tout ou en partie par l'influence d'un autre corps électrisé,
« réciproquement l'électricité de celui-ci est dissimulée aussi, au
« moins en partie, par le fluide du premier corps. »

En effet, lorsqu'on présente un corps électrisé M (*fig*. 220) muni de deux petites pailles HH' à un corps conducteur AB qui est isolé, et qu'on a touché un moment pour ne lui laisser qu'un fluide de nom différent du fluide de M : alors ce fluide de nom différent est dissimulé par l'action du corps M. Mais je dis qu'il dissimule à son tour une partie de l'électricité de ce corps M; car, tant que celui-ci reste devant AB, ses pailles n'offrent qu'une certaine divergence de H à H', par exemple, tandis que, quand M était loin de AB, elles en offraient une plus grande, telle que de

Fig. 220.

F à F', et elles reprennent cette divergence plus grande dès qu'on éloigne de nouveau M de AB; ce qui démontre bien la proposition énoncée.

L'électrophore, le condensateur et la bouteille de Leyde sont des applications des principes précédents trop intéressantes pour ne pas en dire un mot.

30. *De l'électrophore.* — L'électrophore consiste en un plateau métallique P (*fig.* 221) muni d'un manche de verre m, et en un gâteau de résine G. Pour se servir de cet appareil, on frotte ou frappe vivement le gâteau G avec une peau de chat : par là on développera une couche d'électricité résineuse qui demeure dans les molécules de la superficie du gâteau ; ensuite on pose le plateau P sur le gâteau. Pour lors l'électricité résineuse de celui-ci décompose le fluide neutre de ce plateau, repousse la partie résineuse à la surface supérieure du plateau, et attire à la surface inférieure la partie vitrée : c'est ce que l'on a représenté par des signes + et — tracés sur les deux faces du plateau, à savoir le signe + pour représenter le fluide vitré, et le signe — pour représenter le fluide résineux. Le fluide vitré, quoique attiré par le gâteau, ne s'y répand pourtant pas, parce que la couche d'air placée entre le plateau et le gâteau l'en empêche. Cette couche vient de ce que deux corps superposés, tels que P et G, ne se touchent pas si parfaitement, qu'il n'y ait entre eux quelque espace où l'air reste en couche mince. Cette couche, toute mince qu'elle est, ne laisse pas que d'offrir un obstacle suffisant à la tendance de l'électricité de P pour se porter sur G, parce que cette électricité, appuyant également sur tous les points de cette couche d'air, ne peut la percer nulle part, et n'a d'autre effet que de la comprimer plus ou moins. Maintenant, pendant que le plateau est ainsi sur le gâteau, on touche du bout du doigt le dessus du plateau ; par ce contact on enlève l'électricité résineuse de ce plateau, et il ne lui reste que l'électricité vitrée. Aussi, si, en prenant ce dernier par son manche de verre m, on l'enlève loin du gâteau, on le trouvera chargé partout d'électricité vitrée, avec laquelle on pourra ensuite électriser un autre corps ou faire toute autre expérience que l'on voudra. Comme on n'a par là rien enlevé de l'électricité résineuse du gâteau, on voit qu'après avoir dépouillé le plateau de son électricité vitrée, on

pourra le replacer sur ce gâteau, puis en toucher encore une fois le dessus avec le doigt, et l'enlever de nouveau, chargé d'une nouvelle quantité d'électricité vitrée égale à peu près à la première. On peut recommencer cette opération un très-grand nombre de fois, et l'on aura à chaque fois sur le plateau une nouvelle quantité d'électricité vitrée. C'est pourquoi on appelle cet instrument *électrophore*, c'est-à-dire porte-électricité, parce qu'on a en lui un réservoir d'électricité qui ne s'épuise que très à la longue, au fur et à mesure que l'électricité du gâteau, à force de temps, se dissipe peu à peu dans l'air. A chaque fois qu'on enlève le plateau de dessus le gâteau, il faut avoir soin de le tenir bien parallèle à ce dernier, parce que si on l'incline d'un côté plus que de l'autre, l'électricité vitrée s'élance par ce côté plus incliné sur le fluide résineux du gâteau, et le plateau perd ainsi son électricité, en même temps qu'une partie de celle du gâteau est neutralisée.

Pendant que le plateau demeure sur le gâteau de résine, l'électricité vitrée qui reste à ce plateau après qu'on l'a touché est entièrement dissimulée, et ne peut donner aucun signe de son existence : elle ne se manifeste que quand on enlève le plateau pour le soustraire à l'influence du gâteau.

31. *Du condensateur.*—1° Le condensateur est un instrument destiné à condenser autant que possible l'électricité sur une surface.

Cet instrument consiste en deux larges plateaux métalliques. Ils sont ordinairement en cuivre; mais, pour éviter la confusion, nous supposerons l'un en acier et l'autre en cuivre; d'ailleurs tous deux sont parfaitement polis et unis. L'un d'eux, celui en cuivre par exemple, est porté par un pied de métal ou de bois.

La position de ce plateau est alors horizontale, et on y place un carreau de verre qui dépasse le plateau de toutes parts; ensuite on applique le plateau d'acier sur ce carreau : du milieu de ce plateau d'acier s'élève un manche de verre ou de gomme laque, au moyen duquel on peut l'enlever.

2° Concevons maintenant que ce plateau d'acier communique avec une machine électrique par une chaîne ou une tringle, et, après avoir éloigné ce plateau de celui en cuivre, supposons qu'on fasse faire un premier tour à la roue de la machine électrique pour l'électriser. L'électricité vitrée développée par ce premier tour se répandra sur le cylindre de la machine et sur le plateau d'acier, et y produira une certaine tension. Ensuite, si l'on applique le plateau d'acier sur celui en cuivre recouvert du carreau de verre, alors l'électricité vitrée du plateau d'acier décomposera le fluide naturel du plateau en cuivre, attirera et fixera la partie résineuse sur la superficie de ce plateau, repoussera la partie vitrée, qui s'écoulera et se perdra dans la terre.

3° Mais aussitôt l'électricité résineuse du plateau en cuivre réagira sur l'électricité vitrée de la machine et du plateau d'acier; elle l'attirera, et en fixera une partie sur la surface inférieure de ce plateau d'acier; alors la tension électrique de sa surface supérieure et de la machine électrique subira une diminution.

4° Cette diminution serait moins considérable si le plateau en cuivre était isolé, parce qu'alors la partie vitrée de son fluide naturel ne pouvant plus se perdre, contre-balancerait la partie résineuse, qui n'attirerait plus une si grande partie de l'électricité de la machine sur la surface inférieure du plateau d'acier.

5° Le même raisonnement aurait lieu si l'on faisait faire un deuxième tour à la roue de la machine, puis un troisième, puis un quatrième, etc.

6° Donc la tension électrique produite à chaque tour sur la machine et la superficie du plateau d'acier appliqué sur le plateau de cuivre est moins grande que si ce plateau d'acier était éloigné du plateau en cuivre, et ne pouvait avoir sur lui aucune influence; il faudra donc faire faire un plus grand nombre de tours à la roue pour arriver au maximum de tension électrique qu'il est possible de produire sur la machine électrique, et ainsi il y aura une plus grande quantité d'électricité accumulée sur le plateau d'acier. Au reste, il est facile de voir que tout ce surplus d'électricité sera condensé sur la surface inférieure du plateau d'acier dont il s'agit.

Enfin, on voit encore, par ce que nous avons dit au 4° de cette théorie du condensateur, que le fluide condensé serait moins considérable si le plateau de cuivre était isolé.

Supposons maintenant qu'avec deux baguettes de verre on enlève la chaîne qui sert de communication entre le plateau d'acier et la machine; alors le condensateur sera chargé de deux électricités, savoir : d'une grande quantité d'électricité vitrée du côté du plateau d'acier, et d'une moindre quantité d'électricité résineuse du côté du plateau de cuivre.

On le déchargera si l'on touche le plateau d'acier quand il est sur le plateau de cuivre ; car pendant que le fluide vitré du plateau d'acier s'écoule par le bras de celui qui touche le plateau, le fluide résineux du plateau en cuivre s'écoule par le support du condensateur.

Remarque. Le plateau d'acier que nous avons supposé placé sur le carreau de verre s'appelle *collecteur.*

32. Le *condensateur à lames d'or* est représenté dans la *fig.* 224, dont nous avons déjà parlé au n° 23. Ce n'est autre chose que l'électroscope dont nous avons parlé à la fin de ce numéro : seulement on a vissé à sa garniture en cuivre un condensateur *ff'*. Dans ce condensateur, le corps isolant placé entre les deux plateaux n'est autre chose qu'une légère couche de vernis à la gomme laque, appliquée sur chacun de ces plateaux. La perfection de l'appareil dépend de la manière dont leurs deux surfaces sont bien dressées, afin que l'application de l'un sur l'autre soit très-exacte, et qu'ils joignent bien l'un avec l'autre.

Fig. 224.

Dans cet appareil, le plateau *collecteur* (n° 31) est le plateau inférieur ; et pendant qu'on le charge d'électricité en touchant, par exemple, un instant sa tige *f'z* avec quelque conducteur *zs* très-faiblement électrisé, on doit faire communiquer le plateau supérieur avec le sol, soit en mettant le doigt dessus, soit par une chaîne qui, partant de *cc'*, traîne jusqu'à terre ; ensuite, quand on a chargé ainsi le condensateur, on enlève le plateau supérieur en le prenant par son manche *mc*, et le tenant bien parallèle au plateau inférieur. Il faut, pendant cette opération, éviter soigneusement de frotter les plateaux l'un contre l'autre, pour ne point produire d'électricité étrangère à l'expérience qu'on veut faire. Tant que le plateau supérieur était sur l'inférieur, les lames d'or étaient demeurées immobiles, vu la faiblesse de l'électricité de *zs* ; mais sitôt la disparition de ce plateau supérieur, elles s'écartèrent plus ou moins, et même quelquefois jusqu'à toucher les deux petites boules de cuivre placées à droite et à gauche, comme le représente la figure.

Si l'on voulait charger cet appareil avec une quantité d'électricité trop forte, les couches de vernis dont nous avons parlé ne lui offrant pas assez de résistance, cette électricité s'écoulerait dans le sol par communication du plateau supérieur, et la charge n'aurait pas lieu.

33. *Bouteille de Leyde*. — Cet instrument est au fond la même chose que le condensateur. Pour faire cet instrument, on remplit aux trois quarts une bouteille avec de la grenaille de plomb, ou de la découpure de cuivre, ou toute autre substance conductrice (*fig*. 225 *bis*); on colle sur la partie inférieure AB de cette bouteille une feuille d'étain, qui la recouvre entièrement jusqu'au delà des trois quarts de la hauteur de la bouteille ; on bouche celle-ci avec un bouchon de liége muni d'une tige en cuivre CD, qui pénètre jusqu'au fond de la bouteille. L'ensemble de cette tige et de la grenaille de plomb est ce qu'on appelle *la garniture intérieure de la bouteille*; la feuille d'étain collée sur cette bouteille est sa *garniture extérieure*.

Fig. 225 *bis*.

Supposons maintenant qu'ayant pris la bouteille par la garniture extérieure, on touche le cylindre d'une machine électrique avec la garniture intérieure, et qu'en même temps on fasse tourner la roue de la machine ; il est facile de prévoir ce qui arrivera, car on peut comparer les circonstances actuelles à celles du condensateur. En effet, la garniture intérieure est comme le plateau collecteur d'un condensateur en communication avec la machine : la garniture extérieure est l'autre plateau ; enfin le verre de la bouteille est le carreau de verre qui séparait les deux plateaux. Par conséquent, la superficie de la garniture intérieure se chargera de l'électricité vitrée fortement condensée, et quant à la garniture extérieure, une moindre quantité d'électricité résineuse recouvrira la surface par laquelle cette garniture extérieure est collée à la bouteille.

La bouteille étant ainsi chargée, si, pendant qu'on la tient d'une main par la garniture extérieure, on approche de la garniture intérieure l'autre main ou une tige métallique, on en tire une forte étincelle, et l'on reçoit une violente commotion à chaque bras, parce que le fluide vitré de la garniture intérieure s'écoule par le bras qui touche cette garniture, en même temps que le fluide résineux de la garniture extérieure s'écoule par l'autre bras.

Pour décharger la bouteille de Leyde sans recevoir de commotion, il faut prendre un arc métallique qu'on appelle *excitateur*; alors, pendant qu'on tient un des bouts de cet excitateur sur la garniture intérieure, on approche l'autre bout du sommet de la garniture extérieure, et il se tire une étincelle sans que la main qui tient l'arc métallique ressente rien, parce que, dans ses mouvements, l'électricité suit toujours le meilleur conducteur : ainsi le métal étant bien meilleur conducteur que la main, le mouvement des fluides s'accomplit entièrement dans l'intérieur de ce métal.

Le bocal ou la jarre électrique n'est qu'une bouteille de Leyde dont le col est très-large. On profite de cette largeur pour remplacer la grenaille de plomb par une feuille d'étain que l'on colle sur l'intérieur de cette bouteille. Pour lors la tige qui traverse le bouchon de la bouteille est terminée en bas par une petite chaîne qui flotte dans la bouteille.

34. *Des batteries.* — Une batterie électrique n'est qu'un assemblage de jarres électriques, dont les garnitures intérieures communiquent ensemble par des tringles de cuivre. Ainsi la *fig.* 225 représente neuf jarres de cette sorte. Toutes ces jarres sont contenues dans une caisse BBB'B', dont l'intérieur est tapissé par une feuille de plomb. Cette feuille et la poignée de la caisse communiquent ensemble, de sorte qu'en attachant à cette poignée une chaîne qui traîne à terre, on peut faire communiquer au sol les garnitures extérieures de toutes les jarres à la fois.

Fig. 225.

SECTION TROISIÈME.

DES PHÉNOMÈNES ÉLECTRIQUES DÉPENDANT DES FORCES ÉTRANGÈRES A L'ÉLECTRICITÉ.

35. Ce qui précède renferme la seule partie de la théorie de l'électricité vraiment complète; les phénomènes que nous y avons étudiés sont des effets calculables des forces que les molécules électriques exercent les unes sur les autres, et il ne peut rester ni doute ni obscurité sur le mode de production de ces effets. Il n'en est pas ainsi des phénomènes qui nous restent à étudier dans cette section.

Tout ce que l'on peut dire de général et qui se déduit de l'ensemble des faits, c'est que quand la cause de la chaleur (laquelle paraît ne pas différer essentiellement de celle de la lumière), les fluides électriques, et les forces soit mécaniques, soit chimiques dont sont douées les particules de la matière pondérable, sont, dans un corps, en des relations et des circonstances convenables, ces agents se font pour ainsi dire équilibre, et aucun ne se manifeste au dehors par des effets extraordinaires. Mais dès qu'on en altère un ou plusieurs, aussitôt les autres se manifestent par quelque phénomène particulier. Notre objet en la présente section devrait être d'examiner ceux que produisent les fluides électriques quand on met en jeu les actions chimiques, les pressions et divisions mécaniques, et la chaleur; mais, obligé de nous restreindre beaucoup, nous ne parlerons en détail que des phénomènes électriques dus aux actions chimiques des corps, et qui composent ce qu'on appelle le *galvanisme*. Nous y ajouterons seulement un mot sur les phénomènes *thermoélectriques*.

GALVANISME.

36. Quoique la partie de la physique que nous allons traiter porte le nom du célèbre Galvani, elle n'a pas eu dans son origine de plus opiniâtre adversaire. Le nom lui est pas moins resté, parce que c'est à l'occasion d'une observation de ce savant (V. n° 67) que Volta l'a créée en commençant par le principe suivant, qui est aujourd'hui presque universellement contesté.

Principe de Volta. — « Il suffit que deux corps hétérogènes « se touchent pour s'électriser, l'un positivement et l'autre néga- « tivement. »

Volta démontrait cette proposition avec le condensateur à lames d'or dont nous avons donné le dessin (*fig.* 224). V. le n° 32. Pendant qu'il tenait le doigt sur le plateau supérieur pour le faire communiquer avec le sol, il touchait la tige fz de l'autre plateau avec un métal différent du cuivre; et dès qu'après avoir retiré ce métal, il enlevait le plateau supérieur, on voyait les lames d'or diverger plus ou moins, suivant le métal qu'on avait choisi. Quand on veut répéter cette expérience, on prend ordinairement le zinc, parce qu'avec un appareil de cuivre c'est le zinc qui donne l'effet le plus sensible. Pour reconnaître l'espèce d'électricité à laquelle est due cette divergence des lames d'or, on suit ce qui a été dit au n° 25. Ainsi, après le contact du zinc, si l'on présente un bâton de cire préalablement frotté, la divergence des lames d'or augmentera; donc, dans le contact du zinc avec le cuivre, celui-ci s'électriserait négativement.

37. De là Volta concluait que lorsque deux métaux sont en contact, il y a une certaine force qu'il appelait *électromotrice*, et qui décompose le fluide naturel de ces métaux : selon lui, la partie vitrée se répand sur l'un des métaux, tandis que la partie résineuse se répand sur l'autre : par exemple, si l'un des métaux est du zinc et l'autre du cuivre, le zinc s'électrise positivement, et le cuivre négativement.

Quoique la théorie de Volta soit abandonnée aujourd'hui par le plus grand nombre des savants, l'instrument qu'il en a déduit, et qui est connu sous le nom de *pile voltaïque*, n'en est pas moins un de ceux qui ont le plus changé la face de la science, et qui lui rendent encore tous les jours le plus de services.

38. *Description de la pile voltaïque à colonne.* — Concevons deux disques égaux, l'un de cuivre et l'autre de zinc, et soudés ensemble de manière à former un seul et même disque, dont une face soit en zinc et l'autre en cuivre.

Une pareille réunion de disques est ce qu'on appelle *un couple de la pile*, et chacun des deux disques s'appelle *élément de la pile*. Cette pile est toute composée d'une suite de semblables couples, posés les uns sur les autres, de manière à former une petite colonne verticale. Dans cette pile, chaque couple est séparé du suivant par un morceau de drap humide, rond, et de même largeur que les couples. Pour rendre ces morceaux de drap meilleurs conducteurs, Volta mettait un peu d'acide dans l'eau avec laquelle il les humectait. De plus, toutes les faces de zinc des couples sont tournées d'un même côté, et les faces de cuivre sont tournées de l'autre côté; enfin, la pile est posée sur un support, qui peut être un corps conducteur ou un corps isolant.

39. La *pile à couronne* se compose de plusieurs arcs métalliques égaux; dans chaque arc, les deux moitiés sont l'une de cuivre et l'autre de zinc. Pour construire cette pile, on dispose

en rond, pas tout à fait fermé, autant de verres que l'on a d'arcs métalliques; chacun de ces verres doit être à une distance de ses voisins à peu près égale ou plutôt un peu inférieure à la longueur des arcs métalliques. On remplit à moitié ces verres d'eau acidulée; ensuite l'on place chaque arc de manière qu'il aille d'un verre au suivant, c'est-à-dire de manière que l'extrémité en cuivre trempe dans un verre, et l'extrémité de zinc dans le verre suivant. Il arrive alors que dans chaque verre plongent deux extrémités d'arcs, c'est-à-dire l'extrémité zinc de l'un de ces arcs et l'extrémité cuivre de l'arc suivant. Il faut avoir soin que les deux extrémités d'arcs, trempant dans le même verre, ne se touchent pas. Tous ces verres, réunis ainsi par des arcs métalliques, forment une ligne courbe dont une extrémité est le pôle vitré de la pile, tandis que l'autre extrémité en est le pôle résineux.

40. MM. Gay-Lussac et Thénard ont donné une pile beaucoup plus commode, qu'ils ont nommée *pile en auge*.

La *pile à auge* est représentée dans la *fig.* 228. C'est une caisse BB en bois, dont l'intérieur est entièrement revêtu d'une couche de résine épaisse de quelques lignes. Dans cette couche sont implantés les couples voltaïques de la pile perpendiculairement à la longueur de la caisse; et, pour mettre cet appareil en expérience, il suffit de remplir d'eau acidulée les petits intervalles vides que l'on a eu soin de laisser d'un couple au suivant.

L'eau acidulée dont on se sert ordinairement pour cette sorte de pile aussi bien que pour les suivantes contient $\frac{1}{16}$ d'acide sulfurique et $\frac{1}{20}$ d'acide nitrique.

On a encore depuis imaginé beaucoup d'autres piles, comme nous le dirons plus bas; mais les piles en couronne et en auge sont particulièrement propres à étudier l'arrangement des fluides électriques dans ces appareils, comme on va le voir dans les propositions suivantes. Cet arrangement est différent, selon que la pile est isolée ou que l'une de ses extrémités communique au sol. Commençons par le premier de ces deux cas.

41. Proposition. « La pile de Volta, isolée, a ses deux moi« tiés électrisées en sens contraires. »

Pour démontrer cela, on se sert de l'une des deux piles que nous venons de décrire. Supposons donc une pile en auge dont on a rempli les cellules d'eau acidulée, et que l'on tient isolée,

et prenons un électromètre à lame d'or, muni de son condensateur (*fig.* 224); mais adaptons sous son plateau inférieur une   Fig. 24.
tige de cuivre qui, partant du centre, se dirige parallèlement à ce plateau jusqu'à le dépasser d'un ou deux décimètres, et se courbe vers son extrémité en descendant de quelques centimètres. Il nous suffira de tremper un instant le bout de cette tige dans l'eau acidulée d'une des cellules de la pile, pour connaître l'intensité et la nature de l'électricité de cette cellule; car si, après cette immersion, on enlève le plateau supérieur du condensateur, on verra les lames d'or diverger, leur plus ou moins grand écartement marquera l'intensité de l'électricité cherchée, et en leur présentant de loin un bâton de résine frotté, on jugera de la nature de cette électricité suivant que ce bâton augmentera ou diminuera la divergence de ces lames, comme il a été dit au n° 25. On reconnaît par là : 1° que les deux moitiés de la pile sont électrisées en sens contraires; la moitié vers laquelle sont tournées les faces zinc est vitrée, et l'autre moitié résineuse; 2° que l'électricité est sensiblement nulle vers le milieu de la pile; 3° qu'à partir de ce point, la tension électrique croît continuellement jusqu'à l'extrémité de la pile où cette tension est à son maximum.

42. *Définition.* — On appelle *pôles* les extrémités de la pile. L'extrémité qui s'électrise vitreusement s'appelle le pôle *vitré*, ou pôle *positif*, ou pôle *zinc*; et l'autre pôle, pôle *résineux*, ou pôle *négatif*, ou pôle *cuivre*.

43. Proposition. — « La pile de Volta, communiquant au « sol par un de ses pôles, manifeste dans tous ses points l'élec- « tricité propre à l'autre pôle. »

Pour démontrer cela, il suffit de tremper un instant l'extrémité de la tige de l'électromètre, dont on a parlé à la proposition précédente, dans les cellules d'une pile à auges dont on a fait communiquer le pôle cuivre, par exemple, avec le sol; car alors on trouve que tous les points de cette pile sont électrisés vitreusement. Au pôle communiquant avec le sol, la tension électrique est nulle, puis elle croît successivement depuis ce pôle jusqu'à l'autre, où elle est à son maximum.

Remarque. — Ce qui précède ayant peu d'application, nous ne le développerons pas davantage. Dans le plus grand nombre des applications de la pile, c'est son électricité mise en circulation dont on emploie les effets divers. Aussi, nous allons nous en occuper en détail.

44. *Pile en circulation.* — Rien de plus facile que d'établir cette circulation. Pour cela, prenons deux fils de cuivre, et plongeons chacun d'eux dans un des pôles de la pile par une de ses extrémités. Si nous rapprochons ensemble les autres extrémités de ces deux fils, nous verrons une étincelle électrique partir de l'une à l'autre. Si l'on fait toucher ces deux fils ensemble, alors il est évident que les éléments de la pile étant des sources d'électricité toujours jaillissantes, il y aura un mouvement continuel des deux électricités traversant en sens contraires chaque point du circuit fermé que forme la pile et les fils qui en réunissent les pôles : on aura ce qu'on appelle un *courant électrique*.

45. *Définition.* — Par les mots de *sens du courant,* on est convenu d'entendre le sens dans lequel se meut l'électricité positive. Nous reviendrons là-dessus aux n°s 68 et 69.

Remarque. — Pendant cette communication des deux pôles d'une pile entre eux, cet appareil est propre à produire divers phénomènes que nous ferons connaître dans la section suivante. Cependant il y a un de ces phénomènes que nous allons faire connaître de suite, parce qu'on en a déduit un petit appareil nommé *galvanomètre*, qui nous sera utile dans ce qui nous reste à dire en la présente section ; mais, auparavant, il faut que nous disions un mot sur les aimants et sur les corps magnétiques.

46. *Définition I.* — On appelle *aimant* ou *pierre d'aimant* certaines masses ferrugineuses qu'on trouve dans la terre, et qui ont naturellement la propriété d'attirer le fer.

Définition II. — On appelle *corps magnétique* tout corps qui a la propriété d'être attiré ou repoussé par les aimants.

On appelle *aimant artificiel* des barres d'acier plus ou moins grandes que l'on a rendues capables d'attirer le fer par des procédés particuliers que nous ferons connaître au n° 118. Quand cette barre est extrêmement petite, on lui donne le nom d'*aiguille magnétique* ou *aiguille aimantée*.

La terre agit sur l'aiguille aimantée ; car quand celle-ci est posée sur un pivot ou suspendue à un fil de manière à se tenir horizontale et à pouvoir tourner librement, on la voit tourner toujours la même extrémité à peu près vers le nord.

Définition III. — On appelle *pôle austral* de l'aiguille aimantée celle de ses extrémités qu'elle tourne toujours au nord, et *pôle boréal* celle qu'elle tourne au midi : nous verrons au n° 82 pourquoi ces dénominations sont contraires à ce qu'il semble qu'elles doivent être.

Définition IV. — On appelle *méridien magnétique* la direction de l'aiguille aimantée qu'on supposerait indéfiniment prolongée sur le terrain : nous reviendrons sur toutes ces notions dans la deuxième partie de la section suivante. Nous allons maintenant faire connaître, dans la proposition suivante, le phénomène qui sert de fondement au galvanomètre.

47. Proposition. — « Quand on présente une aiguille magné-« tique à un courant électrique, il tend à la tourner en croix avec « lui, le pôle austral à gauche. »

Explication. — Pour saisir le sens de cette proposition, il faut se supposer couché dans le courant présenté à l'aiguille aimantée ; mais couché de manière, premièrement, que le courant entre par les pieds et sorte par la tête, et de manière, en second lieu, qu'on ait toujours la face tournée vers l'aiguille. Ceci supposé, je dis que l'aiguille se tournera toujours de manière à croiser la direction du courant en portant son pôle austral à gauche de l'observateur ainsi couché.

Démonstration. — Pour démontrer notre proposition, il suffit de prendre une aiguille ordinaire aimantée AB (*fig.* 249). Supposons que son pôle austral soit A, et que B soit son pôle boréal. Maintenant approchons au-dessus de cette aiguille un fil de cuivre dirigé parallèlement à AB, et dans lequel passe continuellement un courant électrique dirigé dans le sens indiqué par les petites flèches C et C'. Alors l'aiguille AB tournera, et, après quelques oscillations, s'arrêtera dans la position A' B'. Si, le fil de cuivre étant toujours dans la même position que nous venons de dire, on changeait seulement le sens du courant, de manière qu'il allât dans le sens indiqué par les petites flèches F' et F, aussitôt l'aiguille tournerait encore, et viendrait prendre la position A'' B''. Or, dans le premier cas, la gauche du courant, entendue comme nous venons de l'expliquer, est bien en A', et elle est bien en A''

16.

244   ÉLÉMENTS DE PHYSIQUE, LIV. II.

dans le second cas. L'expérience vérifie donc notre proposition.

Remarque. — Une des applications les plus utiles de la proposition précédente est celle qu'a faite Schweiger par l'invention du galvanomètre : nous allons faire connaître cet instrument, ainsi que ses usages.

48. *Galvanomètre multiplicateur.* — Cet appareil repose sur ce principe, qu'un courant fermé en anneau agit sur une aiguille aimantée placée à son centre pour l'amener à être perpendiculaire au plan de l'anneau. Ce principe est évidemment une conséquence de la proposition précédente. Ainsi on prend un petit cadre ou châssis en bois ou en cuivre *mnop*, d'une épaisseur *oz* un peu considérable (*fig.* 250), et l'on enroule sur l'épaisseur de ce cadre un fil de cuivre revêtu de soie. On fait faire un grand nombre de tours à ce fil sur l'épaisseur du cadre, et on laisse libres quelques pouces de ses extrémités *gf* et *g'i*. Ensuite on suspend à un fil de soie sans torsion S une aiguille aimantée *ab*, qui pend librement dans l'intérieur du cadre ; une autre aiguille *tv* de matière quelconque, mais très-légère, sert d'*index*. Cette aiguille étant fixée sur le même axe vertical que l'aiguille aimantée, tourne quand celle-ci tourne, et parcourt les degrés du cercle divisé *ux*. Le diamètre de ce cercle, qui porte le chiffre 0, est parallèle aux parties horizontales du fil enroulé sur le châssis en bois.

Ceci compris, tournons l'appareil dans la direction du *méridien magnétique,* pour que *ab* soit parallèle à la longueur *no* du cadre, et faisons circuler dans tous les tours du fil de cuivre un courant électrique qui entre par l'extrémité *i*, par exemple, et sorte par l'extrémité *f*. Il est évident que nous aurons ici à peu près l'équivalent d'un ensemble d'anneaux électro-dynamiques et parallèles à *mnop*. Or, d'après le principe que nous venons d'énoncer, l'action de chacun de ces anneaux électro-dynamiques tend à tourner l'aiguille perpendiculairement à son plan ; et, quelque faible que soit chacun d'eux, toutes leurs actions réunies pourront néanmoins tourner l'aiguille comme nous venons de le dire. Aussi il suffit d'attacher un disque de cuivre à l'extrémité *f*, et à l'extrémité *i* un disque de zinc, pour qu'en pressant entre ces deux disques un morceau de papier imbibé d'eau acidulée, l'aiguille tourne aussitôt avec vivacité. Ce mouvement de l'aiguille serait dû à l'électricité produite, selon la théorie de Volta, par le contact du zinc avec le fil de cuivre ; mais il paraît plus probable qu'elle est produite, comme nous le dirons bientôt, par l'action chimique de l'eau acidulée sur le zinc. En observant de quel côté l'aiguille tourne, on peut aisément reconnaître, au moyen de la proposition 47, le sens du courant, et par conséquent l'espèce du fluide donné par la source d'électricité placée à chacune des extrémités i et f du fil de cuivre.

49. Pour rendre le multiplicateur plus sensible, on suspend ordinairement deux aiguilles ab et $a'b'$ d'égales forces et situées en sens contraires, l'une en dedans du multiplicateur, et l'autre en dehors. L'avantage qui résulte de cette disposition est évident : en effet, d'abord le système de ces deux aiguilles recevra des actions contraires du magnétisme terrestre, puisqu'à chaque extrémité de ce système sont deux pôles magnétiques de noms contraires, sur lesquels conséquemment un quelconque de ces pôles de la terre exerce des actions contraires. Ainsi, on aura par là annulé l'effort que la terre fait pour retenir les aiguilles magnétiques dans leur direction naturelle. En second lieu, on augmente au contraire l'action du courant électrique, car celle-ci a maintenant lieu sur deux aiguilles ab et $a'b'$, au lieu qu'auparavant elle n'avait lieu que sur une seule.

50. *Remarque.* — Il semblerait que plus le fil d'un multiplicateur fera de tours, plus il sera sensible. Mais il n'en est pas ainsi, à cause d'un principe constaté par M. Pouillet, et d'après lequel l'intensité d'un courant électrique est en raison directe du diamètre du fil métallique qu'il parcourt, et en raison inverse de la longueur de ce fil. D'après ce principe, on voit qu'à mesure qu'on fait faire plus de tours au fil d'un multiplicateur, il y a deux causes opposées qui se développent de plus en plus: l'une, favorable, est l'accroissement du nombre des tours du fil, et l'autre, défavorable, est l'allongement du chemin parcouru par le courant électrique. La sensibilité du multiplicateur n'est que le résultat de la différence de ces deux causes. Or, cette différence a un maximum qui arrive plus tôt ou plus tard, selon le courant électrique que l'on a ; de sorte que le même multiplicateur n'est pas également avantageux dans toutes les expériences: en quelques-unes, il ne faut faire faire qu'un petit nombre de tours au fil de l'appareil, mais prendre ce fil d'un fort diamètre ; et dans

d'autres il faut prendre un fil fin, et lui en faire faire un plus grand nombre.

Le fil auquel sont suspendues les deux aiguilles aimantées est ordinairement un fil de soie plate ; mais quand on veut donner à l'appareil le dernier degré de sensibilité, on suspend ses aiguilles avec un fil de soie tel qu'il sort du cocon.

51. *Boussole des sinus.* — Le plus souvent, on n'a besoin que d'avoir une idée vague de l'intensité du courant sur lequel on expérimente, et alors il suffit de voir l'écart de l'index, lequel est plus ou moins grand, suivant que le courant est plus ou moins intense. Mais si l'on veut une estimation précise, il faut donner à l'appareil la disposition que M. Pouillet a donnée à celui qu'il a nommé *boussole des sinus.*

La *boussole des sinus* n'est qu'un galvanomètre multiplicateur à une seule aiguille, et dans lequel le châssis *mnop* étant mobile se ramène en chaque expérience dans la direction de l'aiguille aimantée, lorsque celle-ci a été déviée par l'action du courant électrique ; et il est facile de voir que le sinus du nombre de degrés dont on a fait tourner ce châssis est proportionnel à la force du courant. (V. *les Compléments.*)

Fig. 250.

Le *galvanomètre différentiel* est aussi destiné à évaluer l'intensité des courants. C'est un appareil tout semblable à celui de la *fig.* 250, mais dont le châssis *mnop* est enroulé par deux fils de cuivre de même diamètre, de même longueur, et semblables, le plus possible, en toutes leurs propriétés. Quand deux courants circulent en sens contraire dans ces deux fils, si l'aiguille reste à 0°, c'est que ces courants sont égaux ; mais si elle éprouve une déviation, celle-ci accuse la différence des courants. Nous verrons *aux Compl.* comment on peut par là graduer exactement le galvanomètre.

Les appareils analogues aux trois que nous venons de décrire sont connus sous le nom de *rhéomètres.*

Remarque. — Au moyen du galvanomètre multiplicateur, nous pouvons maintenant nous livrer à l'étude de la pile en circulation. Cette étude nous conduit à parler d'une science qui, bien que récente, a déjà pris un grand développement : c'est l'*électrochimie.*

52. Faire connaître les phénomènes électriques produits par les

actions chimiques, et réciproquement les phénomènes chimiques produits par les courants électriques, est précisément l'objet de la science qu'on a appelée *électrochimie*. Nous allons donner les deux principes fondamentaux de cette science dans les propositions suivantes :

Proposition I. — « Toutes les fois que deux corps se combi-
« nent, leurs molécules, en se réunissant, s'électrisent en sens
« contraire. »

Cette proposition peut se prouver, soit par le condensateur, soit par le galvanomètre. Voici comme M. Pouillet le prouve par le premier procédé (*Ann. de phys. et de chim.*, t. XXXVI, p. 401). Il prend le condensateur dessiné *fig.* 224, et décrit ci-dessus, n° 32, et pose sur son plateau supérieur, ou sur une lame de cuivre attachée à ce plateau, un cylindre de charbon à deux bases bien parallèles et bien planes, dont la supérieure a été préalablement allumée. En même temps le plateau inférieur communique au sol, et l'on entretient la combustion de la base supérieure du charbon en dirigeant sur elle un courant d'air ou d'oxygène. Au bout de quelques minutes, le condensateur est chargé; alors on supprime la communication du plateau inférieur avec le sol, puis on enlève, après cette suppression, le plateau supérieur, et l'on voit les lames d'or diverger plus ou moins. Il sera facile de reconnaître l'espèce d'électricité de ces lames d'après ce qui a été dit au n° 25, et par suite celle du charbon, que l'on trouvera toujours négative. On peut conclure de là que l'oxygène, dans cette circonstance, prend l'électricité positive; mais on peut le constater par l'expérience : il suffit pour cela de placer un charbon sur un disque métallique communiquant au sol, et de le présenter sous la lame de cuivre du condensateur indiquée tout à l'heure : à cet effet, cette lame dépasse de plusieurs pouces le plateau supérieur auquel elle est attachée. L'oxygène qu'on dirige sur le sommet embrasé du charbon s'élève par l'effet de la chaleur, sous forme d'acide carbonique, jusqu'à ladite lame, sur laquelle il dépose son électricité, qu'on trouve toujours être positive. M. Pouillet a fait une autre expérience de ce genre pour la combustion de l'hydrogène, et il l'a trouvé électrisé négativement, et l'oxygène encore positivement. Son hydrogène était renfermé dans une vessie garnie d'un bec métallique à robinet.

Fig. 224.

En mettant le feu au jet d'hydrogène émis par ce bec pendant qu'il pressait la vessie, il avait une flamme résultant de la combinaison de cet hydrogène avec l'oxygène de l'atmosphère ; alors, suivant qu'il voulait étudier l'électricité de l'hydrogène ou de l'oxygène, il faisait communiquer avec le bec de la vessie, ou avec l'air enveloppant la flamme, la lame que nous avons dit être attachée au condensateur.

Pour confirmer cette expérience par le galvanomètre, on attache aux deux extrémités de son fil les deux substances que l'on veut combiner. Pour cela, M. Becquerel attache une petite cuiller de platine à l'un des bouts du fil de son multiplicateur, et une pince de même métal à l'autre bout. Puis, après avoir versé dans la cuiller un peu d'eau-forte ou d'autre *acide,* il prend avec la pince un petit morceau de potasse ou d'autre *alcali* (1) qu'il trempe dans l'acide, et aussitôt on voit tourner l'aiguille du galvanomètre multiplicateur d'une manière qui, appréciée d'après la proposition du n° 47, montre que l'acide a pris l'électricité positive, et l'alcali l'électricité négative. On se sert du platine dans cette expérience, parce que si l'on prenait un autre métal, l'acide aurait une action sur lui qui se mêlerait avec celle exercée sur l'alcali, qui est la seule qu'on veut étudier ici.

53. Proposition II. — « Dans toute décomposition chimique
« d'un corps, des deux parties de ce corps qui se séparent, celle
« qui pendant la combinaison s'électrisait positivement s'électrise
« ici négativement, et l'autre positivement. »

---

(1) Pour entendre ces expressions, il faut connaître le partage des corps en trois classes, adopté par les chimistes, à savoir les *acides,* les *alcalis* ou *bases salifiables,* et les *corps neutres.*

Les *acides* sont des corps dont les principaux ont une saveur piquante, et font passer au rouge les couleurs bleues végétales. Les plus connus de ces corps sont le vinaigre ou acide acétique, l'eau-forte ou acide azotique, l'huile de vitriol ou acide sulfurique.

Les *alcalis* ou *bases salifiables* sont des corps dont les principaux ont une saveur âcre et brûlante, ou très-amère, verdissent le sirop de violette, et ramènent au bleu les couleurs végétales rougies par les acides.

On appelle *sels* les combinaisons des acides et des alcalis ; et quand ceux-ci sont combinés ensemble dans les proportions convenables, le sel est dit *neutre,* parce que souvent, dans ces proportions, les propriétés acides et alcalines se détruisent tellement les unes les autres, que le sel résultant n'en manifeste aucune.

Cette proposition nous offre le contraire de la précédente, et elle paraîtrait au premier abord en être une conséquence, parce qu'il semble que si le mouvement qui a opéré la combinaison de deux corps a décomposé d'une manière le fluide qui résidait sur la surface de contact de ces deux corps, le mouvement contraire qui opérerait ensuite la séparation de ces deux mêmes corps devrait décomposer le fluide neutre en sens contraire. Mais, comme l'observe M. Pouillet, on ne sait pas assez ce qui se passe dans ces mouvements des molécules des corps qui se combinent ou se séparent, et d'où viennent les électricités qui se manifestent alors, si elles viennent du fluide neutre ou d'ailleurs, pour qu'on puisse s'appuyer sur ce raisonnement. Voilà pourquoi le même savant a voulu vérifier par l'expérience nos deux propositions dans ses mémoires. (*Ann. de phys. et de chim.*, t. XXXV et XXXVI.) Pour démontrer la présente proposition, M. Pouillet a pris des composés de deux substances, dont l'une fût évaporable par la chaleur, et dont l'autre fût fixe. Alors il lui a suffi de mettre sur la lame du plateau supérieur de son condensateur un creuset de platine élevé à une haute température. Puis il a versé dans ce creuset quelques gouttes d'eau tenant en dissolution de la potasse ou tout autre alcali. Dans le cas où cet alcali était un corps fixe, l'eau s'évaporait en se séparant de l'alcali qui restait dans le creuset; en même temps l'électromètre à condensateur se chargeait d'une forte électricité; quelquefois même ses lames d'or s'écartaient de suite, sans qu'il fût besoin de séparer les deux plateaux. Dans ce cas, le creuset prenait l'électricité vitrée. Mais dans le cas où l'alcali était de l'ammoniac, cet alcali étant infiniment plus volatil que l'eau, c'était lui que la chaleur faisait monter le premier en l'atmosphère, et l'électricité négative que prenait alors le creuset venait de l'eau. Il est vrai que dans ces expériences il y a non-seulement décomposition, mais encore évaporation; et l'on pourrait attribuer à cette évaporation l'électricité qui se manifeste, comme le prétendait Volta. Mais M. Pouillet s'est assuré que quand on ne versait dans le creuset que de l'eau pure ou quelque autre corps indécomposable par la chaleur, l'électromètre ne donnait aucun signe d'électricité.

M. Pouillet a répété des expériences semblables sur des oxydes solides, c'est-à-dire des corps composés d'un métal et d'oxygène, en les décomposant par la chaleur solaire concentrée sur eux au moyen d'une grande lentille à échelon (V. *infra*, n° 164), et toutes ont vérifié notre proposition.

Corollaire. — D'après cela, et d'après ce que nous avons vu dans la proposition I sur la combinaison de l'hydrogène et de l'oxygène, on voit que dans la décomposition de l'eau, qui est le résultat de cette combinaison, l'hydrogène sera positif et l'oxygène négatif.

54. Proposition III. — « Dans les décompositions chimiques, « le même corps donne de l'électricité positive ou négative, se- « lon la nature de l'autre corps d'avec lequel il se sépare. »

En effet, lorsque dans les expériences de la proposition précédente on se sert d'eau contenant en dissolution un acide au lieu de dissolution alcaline, on trouve encore que la séparation de l'eau d'avec l'acide, opérée par la chaleur du creuset de platine, donne de l'électricité; mais l'eau, qui précédemment prenait l'électricité négative, prend ici l'électricité positive.

55. — *Remarque I.* Pour énoncer cette relation de deux corps, on se sert des épithètes d'électropositif et d'électronégatif; ainsi,

Définition. — On donne le nom d'*électropositif* ou d'*électronégatif* à un corps par rapport à un autre, suivant qu'en se séparant de cet autre il s'électrise positivement ou négativement.

Remarque II. — Les corps sont plus ou moins électropositifs ou électronégatifs, c'est-à-dire que certains corps sont électropositifs par rapport à presque tous les autres corps, et ne sont électronégatifs que par rapport à un petit nombre, tandis que c'est le contraire pour d'autres corps, et que d'autres tiennent comme une sorte de milieu. On trouve, dans les livres de chimie (V., par exemple, Thénard, 6e édit., t. I, p. 18), la liste des corps simples (c'est-à-dire qui ne sont pas des composés de plusieurs autres), rangés dans un ordre à peu près tel que chacun est électronégatif par rapport à ceux qui le suivent, et électropositif par rapport à ceux qui le précèdent. C'est par la décomposition des corps, au moyen de la pile (n° 58), qu'on a pu dresser de pareilles listes.

Remarque III. — Dès que les principes de l'électrochimie parurent, ils amenèrent d'importantes modifications dans la construction de la pile; et à mesure que ces principes s'étendirent en

GALVANISME.   251

se perfectionnant, et prévalurent dans le monde savant, on vit se multiplier de plus en plus les diverses sortes de piles. Nous allons faire connaître les principales :

56. *Pile Wollaston.* — La pile Wollaston est représentée dans la *fig.* 229. A, A', A", etc., sont les couples voltaïques destinés à être plongés dans les bocaux B, B' B", etc., pleins d'eau acidulée. La *fig.* 231 représente deux bocaux v et v', tels que ceux B, B', etc., de la *fig.* 229, et qui contiennent deux couples vus de profil et en détail. Dans cette *fig.* 231, S'L'C'O'$e'yx'$ est la partie en cuivre du premier couple, c'est-à-dire du couple de gauche, tandis que S'Z'I' en est la partie en zinc; ce sont les deux éléments, l'un en cuivre, l'autre en zinc, de ce couple de gauche. On voit que cette pile n'est que la pile à couronne, dans laquelle on a donné au cuivre le double d'étendue qu'au zinc. Wollaston a voulu par là favoriser le développement de l'électricité. La *fig.* 412 offre une modification de la pile à la Wollaston, qui dispense de l'emploi de bocaux de verre; les feuilles de cuivre des divers couples servent elles-mêmes de bocaux. Ainsi v, v' v'' et v''', représentent dans cette figure des vases en cuivre; ZZ_1, $Z'Z'_1$, etc., sont des plaques de zinc vues par leurs épaisseurs. Des bords de chaque plaque de zinc, comme ZZ_1, et de chaque vase de cuivre, comme fe', partent des petits arcs de cuivre, tels que c' et S'L', qui se réunissent dans des godets pleins de mercure, tels que g', ou sont serrés ensemble par des visses de pression, de manière à joindre chaque vase de cuivre avec le zinc placé dans le vase suivant.

Fig. 231.
Fig. 229.
Fig. 231.

Fig. 412.

Tous les éléments de zinc tiennent à une grande traversé AB en bois, au moyen de laquelle on peut les enlever pour pouvoir vider les vases de cuivre quand on a fini les expériences.

Il est facile d'expliquer l'effet de ces piles par les principes précédents. Pour cela, il faut partir d'un fait établi par l'expérience en chimie : c'est que dès qu'on plonge une lame de zinc dans de l'eau aiguisée avec un peu d'acide sulfurique, celle-ci est aussitôt décomposée ; son hydrogène se dégage sous forme de bulles, et son oxygène se combinant avec le zinc forme de l'oxyde de zinc, qui, s'emparant de l'acide sulfurique, donne du sulfate de zinc. Ainsi, dès qu'on plonge dans l'eau acidulée les couples d'une pile, on suppose, d'après les principes de la chimie, que le premier effet de la présence du zinc de ces couples est la décomposition de l'eau, son hydrogène se dégageant, et son oxygène se portant sur le zinc ; qu'ensuite le second phénomène chimique qui se produit est l'oxydation du zinc, c'est-à-dire sa combinaison avec l'oxygène ; qu'enfin le dernier fait chimique est la salification de l'oxyde de zinc, c'est-à-dire sa combinaison avec l'acide sulfurique de l'eau acidulée pour donner le sel qu'on appelle sulfate de zinc. Chacune de ces trois actions chimiques produit deux électricités contraires, n° 52 et suiv. Cela étant, on voit, d'après le corollaire de la fin du n° 53, que des deux quantités d'électricité égales et contraires que produit la première de nos trois actions chimiques, c'est-à-dire la décomposition de l'eau, la positive se répandra avec l'hydrogène dans le liquide, et la négative se portera avec l'oxygène sur le zinc ; mais les deux électricités égales et contraires produites par l'oxydation du zinc, n° 52, prop. I, se réuniront, pour former du fluide neutre, sur la place même où elles auront pris naissance, parce que l'oxyde formé sur lequel reste l'électricité positive, et le zinc non oxydé sur lequel se rend la négative, demeureront réunis. Il en est de même des deux électricités égales et contraires produites par la combinaison de l'oxyde de zinc avec l'acide sulfurique ; le sulfate de zinc, quoique se dissolvant dans l'eau, ne s'y répand pas assez vite pour que l'électricité positive qu'il tient de l'acide, et la négative que le zinc tient de l'oxyde, ne se réunissent pas. Maintenant, pourquoi n'en est-il pas de même des deux électricités produites par la décomposition de l'eau ? Il paraîtrait que cela tient, 1° à ce que, dans cette décomposition, l'oxygène et l'hydrogène sont de suite séparés, l'oxygène étant, sitôt sa formation, pris par le zinc, et l'hydrogène s'élevant de suite, par sa légèreté spécifique, dans le liquide ; 2° à ce que le fluide négatif de l'oxygène reçu par le zinc passe de suite sur le cuivre, qui, devenu par là négatif, attire l'hydrogène qui est positif, et le sépare ainsi de l'oxygène retenu par le zinc.

Pile de Munch. — La pile de Munch est du même genre que celle de Wollaston. Cette pile est composée d'une série de plaques verticales alternativement en cuivre et en zinc. La *fig.* 203 en offre une coupe faite par un plan horizontal qu'on aurait mené par le milieu de ces plaques ; les plaques de cuivre sont

Fig. 205.

représentées par des lignes droites simples, et celles de zinc par des lignes droites doubles. Les plaques de cuivre sont réunies à leur zinc par des soudures placées en A′, B′, C′, D′ pour les plaques de rangs impairs, et en A, B, C, D pour celles de rangs pairs. Enfin, on a une auge en bois un peu plus grande que la pile, dans laquelle on met de l'eau acidulée autant qu'il en faut pour qu'en y plongeant la pile elle soit presque entièrement dans l'eau, mais non pas submergée. Cette pile est très-commode, et son action est assez durable, surtout si on a soin d'amalgamer ses zincs. Pour opérer cet amalgame, il suffit d'humecter le zinc d'eau acidulée avec un peu d'acide sulfurique, puis de le tremper un instant dans un bain de mercure, où on le frotte quelque peu. Le zinc sort de là tout brillant, et imprégné à sa surface d'une couche de mercure. On ne se rend pas encore bien compte des effets du mercure dans les piles (V. *Compl.*); ce qu'il y a de plus étonnant, c'est que quand les zincs d'une pile sont ainsi amalgamés, l'action de l'eau acidulée sur eux est insensible tant que ses pôles ne communiquent pas entre eux; mais elle entre dans une grande activité sitôt que cette communication est établie.

Du reste, la théorie de cette pile est la même que celle de Wollaston; sa plus grande énergie paraît tenir à ce que les feuilles de cuivre et de zinc, ne laissant entre elles qu'un très-petit espace, l'hydrogène, en allant du zinc au cuivre, porte sur celui-ci le fluide positif dont il est chargé, sans en presque rien perdre en chemin dans le liquide acidulé.

Un point commun à toutes les piles précédentes, dites *à un seul liquide*, est de devenir inactives au bout d'un quart d'heure plus ou moins, ce qui n'arrive pas pour les piles à deux liquides séparés, dites piles à diaphragmes.

On s'explique difficilement cette différence. (V. *Compl.*)

57. *Piles à diaphragmes.* — Les piles à diaphragmes, ou, comme on dit, les piles à courants constants, sont des piles où l'on fait usage simultanément de deux liquides différents, séparés par un diaphragme poreux.

Pile de Daniel. — Dans cette pile, l'un des liquides est une dissolution aqueuse de sulfate de cuivre; l'autre est ordinairement de l'eau aiguisée avec un peu d'acide sulfurique. La *fig.* 413, dont nous avons déjà décrit en détail tout ce qui concerne le

Fig. 413.

vase de cuivre dans le numéro précédent, peut donner une idée de ces piles. Dans cette figure, ZZ représente une grande plaque de zinc, que l'on introduit dans un sac de toile de vaisseau *a*. On remplissait autrefois l'intérieur III de ce sac par une solution aqueuse de sulfate de zinc ou de sel marin, tandis que l'espace compris entre ce sac et le cuivre *bdef* était le sulfate de cuivre. Mais aujourd'hui on préfère donner au vase de cuivre une forme cylindrique. Au lieu du sac de toile, on y place un vase poreux en terre cuite qu'on remplit d'acide sulfurique très-étendu, dans lequel plonge une lame de zinc; enfin, la solution de sulfate de cuivre se met entre le vase de cuivre et ce vase poreux. Tel est ce qu'on appelle un *couple* ou un *élément* de Daniel. Une pile de Daniel est une série de pareils éléments, dans laquelle le vase de cuivre de chaque élément et la lame de zinc de l'élément suivant sont réunis par des rubans métalliques. L'eau est ici, comme précédemment, décomposée par la présence du zinc, qui s'empare de son oxygène et fournit ainsi l'électricité négative. L'hydrogène se rend, au travers du diaphragme poreux, dans le sulfate de cuivre; celui-ci, qui est un composé d'acide sulfurique et d'oxyde de cuivre, subit, comme l'eau, une décomposition dont on ne voit pas trop la cause; l'acide sulfurique passe au travers du diaphragme, et vient se combiner avec le zinc oxydé par l'oxygène de l'eau, et l'hydrogène de celle-ci décompose l'oxyde du cuivre en s'emparant de son oxygène et laissant le cuivre à l'état métallique, qui fournit ainsi l'électricité positive. Ces passages des substances que nous venons de dire au travers du vase poreux sont regardés à peu près comme inexplicables.

Pile de Bunzen. — Cette pile ne diffère de la précédente qu'en ce que dans chaque élément, 1° le vase de cuivre est remplacé par un vase de verre contenant un cylindre creux de charbon de coke dans l'intérieur duquel se place le vase poreux, et 2° la solution aqueuse de sulfate de cuivre est remplacée par de l'acide nitrique. Deux fils ou rubans de cuivre sont attachés l'un au charbon et l'autre au zinc : le premier est le fil positif, et le second est le fil négatif. Pour faire une pile de *Bunzen* avec un certain nombre de ces éléments, on réunit les fils de chacun avec ceux des deux éléments entre lesquels ils se trouvent par des visses de pression qui serrent fortement l'un contre l'autre les deux fils réunis ensemble, et il faut que les deux fils réunis ainsi ensemble soient toujours l'un positif et l'autre négatif. Ici, comme dans tous les cas où l'on se sert de zinc amalgamé, la pile est sans effet sensible tant que ses deux pôles ne communiquent pas ensemble ; mais elle entre en activité dès que cette communication est établie.

La théorie de cette pile est semblable à celle de la précédente. Ainsi l'eau du vase poreux est décomposée : son oxygène se porte sur le zinc, qui se change en définitive comme ci-dessus en sulfate de zinc ; son hydrogène se porte sur l'eau-forte ou acide azotique, s'empare d'une partie de l'oxygène de quelques-unes des molécules de cet acide, et transforme ces molécules en acide azoteux qui reste dissous dans le bocal. Les deux électricités contraires produites par toutes ces actions chimiques se détruisent comme précédemment sur la place où elles ont pris naissance, excepté celles de la première action chimique, c'est-à-dire de la décomposition de l'eau : la négative s'en va avec l'oxygène sur le zinc, et s'échappe par le fil négatif ; la positive est portée par l'hydrogène dans l'acide azotique, d'où elle passe sur le charbon, et s'échappe par le fil positif.

58. Jusqu'ici nous n'avons étudié que les phénomènes électriques produits par les actions chimiques, ce qui n'est que la première partie de l'électrochimie. Donnons, par la proposition suivante, une idée des actions chimiques produites par l'électricité.

Proposition. — « On peut décomposer les corps en les tra-
« versant par un courant de fluide électrique sans tension appré-
« ciable. »

Ainsi je dis que l'on peut décomposer l'eau, par exemple, en deux gaz différents par l'action de l'électricité. La manière ordinaire de disposer l'expérience est représentée *fig.* 409. EACF est un vase en verre de la forme d'un entonnoir. Le fond de ce vase est formé par de la résine. Ce fond de résine est traversé par deux petites pointes de platine IO et I'O'. On remplit le vase AEF avec de l'eau acidulée, et on dispose sur les deux pointes I, I' deux tubes BA et DC, ouverts en A et C, mais fermés aux sommets B et D. Il faut s'y prendre de façon que ces tubes soient, au commencement de l'expérience, pleins d'eau pure jusqu'à

Fig. 409.

leurs sommets B et D. Enfin on attache aux pointes I, I' deux fils de cuivre OP et O'R, que l'on fait se rendre chacun à l'un des pôles d'une pile voltaïque. Aussitôt on voit des bulles de gaz s'échapper des deux pointes I, I', et monter aux sommets des tubes, où ces gaz occupent les espaces Bu et Dv; au bout d'un certain temps, les deux tubes sont remplis de gaz, et quand on examine ces gaz, on trouve que celui qui a été fourni par le pôle positif est de l'oxygène, tandis que l'autre est de l'hydrogène; et, effectivement, la chimie nous apprend que l'eau est un composé de ces deux gaz.

L'appareil se dispose un peu autrement quand il s'agit de décomposer des corps solides. Mais nous nous contenterons de l'expérience précédente.

Pour expliquer cette action chimique de la pile, il faut se rappeler (n°s 53 note, et 55) que les éléments d'un corps composé de deux autres sont toujours l'un électronégatif, c'est-à-dire électrisé négativement, et l'autre électropositif, c'est-à-dire électrisé positi-

Fig. 299 *bis*. vement. Cela posé, soient N et P (*fig.* 299 *bis*) les extrémités des deux pointes de platine, la première négative et la seconde positive, et soient ab la première molécule d'eau à partir du pôle négatif, cd la seconde molécule d'eau, et gh la dernière molécule; chacune de ces molécules aura deux parties, l'une sera d'oxygène, et l'autre d'hydrogène. La première substance étant électronégative, nous l'avons représentée par des signes —, et l'autre étant électropositive, nous l'avons représentée par des signes +. Cela posé, le pôle N attirant a et repoussant b, décomposera la molécule ab : son hydrogène a se rendra en N, et son oxygène b se rendra en cd, où il se combinera avec c, et d'où il chassera d par la répulsion qu'exercent deux corps qui ont la même électricité ; d ira donc en ef, où il se combinera avec e, et d'où il chassera f, ainsi de suite jusqu'à la dernière molécule gh, dont l'oxygène h se rendra en P. Ainsi, après cette première action, il y aura de l'hydrogène en N et de l'oxygène en P ; et de plus il y aura une nouvelle file de molécules d'eau entre P et N. Cette nouvelle file subira encore une action semblable à celle qu'a subie la première file, et ainsi de suite, tant qu'il y aura de l'eau ; et l'on voit que dans cette suite d'actions l'oxygène semble suivre le fluide négatif du courant électrique dans son mouvement,

GALVANISME. 257

comme nous l'avons dit au n° 56, tandis que l'hydrogène semble suivre le fluide positif.

Remarque I. — C'est, comme nous l'avons dit au n° 53, par la décomposition des corps opérée au moyen de la pile, qu'on a dressé la liste des corps simples dont nous avons parlé à ce numéro. Et en effet, des deux substances dont se compose un corps, si l'une, dans le moment de sa séparation d'avec l'autre, s'électrise positivement, il est clair qu'elle doit être attirée par le pôle négatif et s'y rendre, tandis qu'au contraire celle qui s'électrise négativement doit se rendre au pôle positif.

Remarque II. — L'appareil que nous venons de décrire *fig.* Fig. 409. 409 est connu sous le nom de *voltamètre*, parce que l'on prend pour mesure de la force du courant d'une pile, la quantité de gaz qu'il fournit par la décomposition de l'eau en un temps donné.

On donne le nom d'*électrodes* aux fils I et I', et en général à tous conducteurs employés pour amener le fluide de la pile à un point déterminé; on les appelle aussi *réophores*. On a encore adopté le nom d'*électrolyte* pour le corps que l'on veut décomposer par un courant, et le nom d'*électrolysation* pour indiquer ce genre de décomposition.

59. *Galvano-plastique.* — Une des applications les plus heureuses qu'on ait faites dans ces derniers temps de l'électro-chimie, est connue sous le nom de galvano-plastique. La galvano-plastique est l'art de se procurer des moules et des reliefs métalliques par la décomposition galvanique d'une dissolution de cuivre, ou, si on le veut, d'un autre métal. Ainsi, en faisant communiquer le pôle négatif d'une pile à une médaille A (*fig.* 255), et le pôle po- Fig. 265. sitif à une plaque de cuivre B, plongées toutes deux dans une dissolution de sulfate de cuivre, le courant décomposera ce sulfate, le cuivre se déposera sur la médaille, et l'acide sulfurique, en dissolvant la plaque B, entretiendra la solution dans son degré de saturation de sulfate. Si le courant est assez faible, au bout de quelques jours la médaille sera couverte d'une certaine épaisseur de cuivre parfaitement solide et résistante; et, en la détachant de la médaille, on y trouvera tous les plus petits détails de celle-ci reproduits avec une grande exactitude. Si le courant était trop fort, le dépôt de cuivre serait cassant ou pulvérulent.

Afin que le cuivre ne se dépose que sur la face de la médaille que l'on veut reproduire, il faut recouvrir de cire son autre face et ses bords, ainsi que le fil par lequel elle est suspendue dans la solution.

Enfin, pour qu'on puisse détacher le dépôt de cuivre de la médaille, il faut passer celle-ci sur une flamme de bougie résineuse qui y dépose une légère couche de noir de fumée, et cette couche suffit pour empêcher l'adhérence.

Pour prendre ainsi l'empreinte en cuivre d'un objet en plâtre ou autre mauvais conducteur, on passe sur celui-ci une couche de plombagine, dont le pouvoir conducteur suffit pour faire réussir l'opération.

Si l'on ne veut que bronzer un objet, on suivra le même procédé; seulement, l'opération devra durer bien moins longtemps. Pour dorer ou argenter, c'est encore le même procédé; pour lors, la solution doit être une solution d'or ou d'argent, dans laquelle plonge une plaque d'or ou d'argent communiquant avec le pôle positif, tandis que l'objet à dorer communique avec le pôle négatif.

Phénomènes thermo-électriques. — Les phénomènes électriques que produit l'application de la chaleur aux corps, sont de deux sortes : les uns sont connus sous le nom de phénomènes *pyroélectriques,* ils consistent en ce qu'il suffit de chauffer quelques instants certains cristaux, comme la tourmaline, par exemple, pour que leurs deux moitiés se constituent en deux états électriques opposés, l'un positif et l'autre négatif. Les autres phénomènes électriques produits par la chaleur sont connus sous le nom de phénomènes *thermo-électriques.* La proposition suivante va en donner une idée :

60. PROPOSITION. — « Dans tout circuit composé de deux arcs
« métalliques de natures diverses, et réunis l'un à l'autre par deux
« soudures, il se produit un courant électrique toutes les fois qu'on
« établit une différence de température dans ces deux soudures. »

Fig. 252.   Pour démontrer cette propriété, l'appareil de la *fig.* 252 est ce qu'il y a de plus commode; sa base ss' est en bismuth, et le reste est en cuivre; ab et $a'b'$ sont deux aiguilles aimantées égales, qu'on place en sens contraires pour qu'elles fassent un système sur lequel la terre ne puisse guère agir. Dès qu'on chauffe une des soudures s, s', on voit le système de ces deux aiguilles tourner de manière à indiquer un courant qui semble sortir de la soudure chauffée pour entrer dans le cuivre, et parcourir ainsi tout le circuit métallique.

Remarque I. — On peut ainsi produire des courants électriques dans un arc métallique fait d'un seul métal, pourvu qu'en en tordant ou contournant une partie, on rende celle-ci moins propre à la propagation de la chaleur que le reste de l'arc. Ainsi, que l'on réunisse les deux extrémités d'un fil de platine aux deux bouts du fil d'un galvanomètre, et qu'on tourne en hélice une partie de ce fil de platine, il suffit de présenter la flamme d'une bougie à l'un des bouts de cette hélice, pour qu'il se manifeste un courant dirigé vers cette hélice.

Remarque II. — Les courants thermo-électriques ne sont bien transmis que par les conducteurs métalliques, et ils ne se transmettent pas au travers des liquides. On appelle *hydroélectriques* les courants qui traversent facilement l'eau acidulée.

Poissons électriques. — Nous ne terminerons pas ce paragraphe, relatif aux diverses manières de produire de l'électricité, sans parler de certains poissons qui jouissent de la singulière propriété de faire éprouver des commotions électriques quand on les touche. La *torpille* est le plus connu de ces poissons; c'est une espèce de *raie* qui fréquente les côtes de la Vendée et de la Provence. Le *gymnote* est le plus terrible de ces animaux : c'est une sorte de grande *anguille* qui habite l'Amérique méridionale, dans l'Orénoque, etc. Enfin, l'Afrique a aussi son poisson électrique, la *silure* ou *malaptérure*, qui ressemble un peu à une grosse carpe ou plutôt à un *barbeau*, excepté que sa peau n'a point d'écailles : il habite le Nil, et les Arabes l'appellent d'un nom qui, dans leur langue, signifie *tonnerre*. Les organes par lesquels ces animaux produisent de l'électricité sont cachés sous leur peau, et ils diffèrent selon les espèces, tant par la forme que par la position. On s'est assuré, surtout pour la torpille, que c'est bien de l'électricité que ces organes produisent; mais on ne peut encore expliquer cette production, ni dire précisément si elle peut ou non se rapporter à quelqu'une des manières de produire de l'électricité décrite ci-dessus.

M. Matteucci s'est beaucoup occupé de cette question; on

peut voir divers extraits de ses mémoires dans les tomes XII et suivants du journal *l'Institut*. Ce savant, étendant ses recherches sur les autres classes d'animaux, s'est efforcé d'établir que chez tous ces êtres il existe un courant d'électricité musculaire qui va de l'intérieur des muscles à leur surface. (V. le journal *l'Institut*, t. XII, p. 90; t, XV, p. 90; t. XVII, p. 155; t. XVIII, p. 388.) Enfin, dans ces derniers temps, en 1849, M. de Humboldt annonça par lettre à l'Institut de France une expérience de M. du Boys-Reymond, de Berlin, pour prouver cette électricité animale dans l'homme. Selon ce physicien, il suffit de plonger un doigt de chaque main dans deux vases d'eau salée, où se rendent les extrémités du fil du galvanomètre. Dès qu'on roidit les muscles de l'un des bras, l'aiguille se met en mouvement, de manière à accuser un courant qui irait de la main à l'épaule du bras tétanisé. (Voir. le journal *l'Institut*, t. XVII, p. 161.) M. Despretz en France, et M. Matteucci en Italie, n'ayant pu répéter cette expérience d'une manière satisfaisante, ont pensé que les physiciens allemands s'étaient fait illusion. Cependant M. Buff de Giessen, en faisant une chaîne de plusieurs personnes, paraît avoir obtenu une déviation de 15°. (V. le journal *l'Institut*, t. XVIII, p. 41.) Ces expériences, si elles finissaient par s'accréditer, et celles de M. Matteucci sur l'électricité musculaire, nous ramèneraient aux idées de Galvani; car, selon lui, la grenouille récemment tuée n'entre en convulsion au moment où l'on fait communiquer les nerfs aux muscles.(n° 67) que parce que l'électricité sécrétée par cet animal passe des uns aux autres, comme l'électricité de la bouteille de Leyde passe de la garniture intérieure à la garniture extérieure, quand on fait communiquer ensemble ces deux garnitures.

61. *Observation.* — Tels sont les phénomènes électriques dépendant de l'action des forces étrangères à l'électricité. On ne sait presque rien sur leur vraie cause. Parmi eux, les phénomènes galvaniques sont ceux qu'on a le plus étudiés, et ils offrent un des exemples les plus propres à donner une idée de la philosophie des sciences physiques, de ses chances et de ses garanties. Trois théories se sont efforcées de les expliquer: la théorie de Galvani, celle de Volta, et la théorie chimique. Tout le monde a pensé dès le commencement que l'électricité animale de Galvani était une

erreur, et la plupart pensent aujourd'hui de même sur la force électro-motrice de Volta. Quoi qu'il en soit de ces deux théories, toutes deux ont cependant eu des résultats bien différents : la première n'a rien produit d'utile ; la seconde, au contraire, a conduit Volta à des inventions qui ont entièrement changé la face de la science et des arts. D'où vient cette différence? C'est que les idées de Volta l'engagèrent, lui et les autres savants, dans une multitude d'expériences diverses qui firent découvrir un grand nombre de faits importants. C'est donc dans l'expérience que la science a une garantie sûre des vérités qu'elle renferme ; et les principes théoriques imaginés pour lier ces vérités entre elles, n'acquièrent de certitude qu'à proportion que les vérifications expérimentales de leurs conclusions deviennent de plus en plus nombreuses. Si ces principes sont faux, tôt ou tard l'expérience démentira quelques-unes de leurs conclusions, ou donnera des phénomènes là où, d'après ces principes, il devrait ne rien y avoir ou y avoir autre chose, ce qui est arrivé à la théorie de Volta. Alors on se trouve conduit à une autre théorie qui embrasse tous les faits connus, et que l'on doit suivre jusqu'à ce que de nouveaux démentis de l'expérience la fassent abandonner ; mais si elle se soutient pendant plusieurs siècles, et si les vérifications expérimentales de ses conclusions deviennent innombrables, cette dernière théorie devient vraiment incontestable. C'est ce qui a lieu pour la théorie de la gravitation universelle, dont les conclusions, vérifiées par les observations astronomiques, sont sans nombre. Sans cela, il y a toujours quelque chance d'erreur à courir dans une théorie physique. Nous sommes bien loin d'avoir une théorie à l'abri de ces chances, pour les phénomènes électriques dépendant de l'action des forces étrangères à l'électricité : ces modifications successives que les savants sont obligés d'apporter à leur théorie pendant un grand nombre d'années, avant que de pouvoir expliquer des faits aussi simples que ceux du galvanisme, sans jamais être absolument sûrs d'avoir trouvé le secret de Dieu, doivent leur faire compter la raison et le génie de l'homme pour bien peu de chose devant la suprême Intelligence, puisqu'un des moindres ouvrages qu'elle a faits comme en se jouant, suffit pour épuiser les efforts des esprits les plus élevés de plusieurs générations.

SECTION QUATRIÈME.

PHÉNOMÈNES DES FLUIDES ÉLECTRIQUES EN MOUVEMENT.

Nous partagerons cette section en trois articles : dans l'un, nous traiterons de la vitesse de l'électricité en mouvement; et dans les autres, de l'action des molécules électriques en mouvement sur les molécules environnantes; ce qui présente deux cas, suivant que celles-ci sont elles-mêmes de l'électricité, ou que ce sont des molécules d'autre matière.

ARTICLE Ier. — DE LA VITESSE DE L'ÉLECTRICITÉ.

62. *Déperdition de l'électricité.* — La vitesse avec laquelle l'électricité se meut dans les corps dépend de leur nature; elle serait nulle dans les corps qui seraient vraiment *isolants*; mais en général ce fluide s'écoule toujours plus ou moins par les *isoloirs* et par l'air : c'est ce qu'on appelle la déperdition lente de l'électricité.

63. PROPOSITION. — « L'électricité se meut dans les bons
« conducteurs avec une vitesse qui est, pour ainsi dire, infinie,
« quelles que soient la force et la charge électriques. »

En effet, quelque grand que soit l'arc métallique avec lequel on décharge une bouteille de Leyde, on ne remarque jamais le moindre intervalle entre le moment où l'on touche le bouton de la bouteille avec un des bouts de l'arc, et celui où l'étincelle paraît entre ces deux points. On prouve encore notre proposition en faisant faire la chaîne à un grand nombre de personnes : pendant que la personne qui est à l'une des extrémités de la chaîne tient par sa garniture extérieure une bouteille de Leyde préalablement chargée, on invite la personne qui est à l'autre extrémité à toucher le bouton de la garniture intérieure, et aussitôt toutes les personnes qui composent la chaîne reçoivent simultanément la commotion électrique.

Cependant l'électricité n'agit pas instantanément d'un bout à l'autre d'un conducteur : c'est M. Weatstone, d'Angleterre, qui

ÉLECTRICITÉ EN MOUVEMENT.

constata le premier cela en 1834. (V. le journal *l'Institut*.) Mais, comme le reconnaît lui-même ce savant, on ne peut guère compter sur la valeur qu'il conclut de ses expériences pour la vitesse de l'électricité, qu'il trouva de 46,000 kilomètres par seconde. MM. Fizeau et Gonnelle, de Paris, par un procédé plus susceptible d'exactitude, trouvèrent cette vitesse de 100,000 kilomètres par seconde dans les conducteurs de cuivre. (V. les *Compléments*.)

Art. II. — Action ou pression de l'électricité en mouvement sur les corps qu'elle traverse.

Les effets de cette action sont chimiques, ou physiques, ou physiologiques ; nous avons déjà parlé des premiers dans le n° 58, nous allons dire un mot des autres.

64. Proposition. — « Dans le cas de tensions électriques ex-
« cessives, l'électricité, dans son mouvement, rompt les corps,
« soit conducteurs, soit non conducteurs, dans lesquels elle se
« meut. »

On démontre cette proposition par des expériences que l'on fait avec l'*excitateur universel*, dessiné fig. 233. Cb et $C'b'$ sont deux tiges en cuivre portées chacune par un pied de verre ; on met entre les deux extrémités b et b' de ces tiges le corps que l'on veut soumettre à la décharge électrique, tel qu'un morceau de bois, etc. De l'extrémité de cet appareil C part une chaîne CC_iE qui va toucher la garniture extérieure E d'une batterie électrique, et de l'autre extrémité C' part une chaîne attachée à un petit excitateur B. Alors, aussitôt qu'on présente ce dernier au bouton I de la garniture intérieure de la batterie, la décharge électrique brise le corps placé en bb'.

Fig. 233.

On prouve encore notre proposition au moyen du perce-carte et du perce-verre.

Fig. 234 et 234 *bis.*

Le perce-carte, représenté fig. 234 et 234 *bis*, consiste en deux pointes de cuivre P et P', entre lesquelles on place une carte. Le manche CD qui les porte est de verre. Si, pendant que l'une P' de ces pointes est en communication avec la garniture extérieure d'une bouteille de Leyde, on approche de l'autre pointe nP le bouton m de sa garniture intérieure, la décharge

Fig. 234 bis. électrique, en allant d'une pointe à l'autre, perce la carte en *a*. Le trou qui se forme est représenté exactement dans la fig. 234 *bis*, pour montrer une circonstance remarquable : c'est que les bords de ce trou sont saillants extérieurement des deux côtés de la carte, comme si l'électricité était sortie de ces deux côtés à la fois. M. Oersted explique ce phénomène d'après sa manière de concevoir la décharge électrique : selon lui, cette décharge ne consiste pas en un torrent de fluide électrique qui parcourrait dans un certain sens tout le circuit métallique par lequel on fait communiquer ensemble les deux garnitures de la bouteille de Leyde. La décharge électrique consiste, selon M. Oersted, en une suite de petites décompositions et recompositions d'électricité neutre qui aurait lieu d'une molécule à l'autre dans toute la longueur du circuit ; de sorte qu'à l'approche du fluide vitré du bouton *m*, les premières molécules de *n* éprouvent une décomposition de fluide neutre, dont la partie résineuse se recompose aussitôt avec le fluide vitré de *m*, tandis que la partie vitrée agit sur les molécules suivantes de *n*P de la même manière. Ainsi, des deux côtés opposés de chaque molécule s'élancent sur les molécules voisines deux électricités différentes ; et ce seraient ces deux jets d'électricités contraires qui produiraient des saillies en sens contraires aux deux côtés du trou *a*.

Le perce-verre est un appareil à peu près semblable au précédent, entre les deux pointes duquel on met une lame de verre pour la percer par une décharge électrique. Au reste, il n'arrive que trop souvent que, sans appareil particulier, les deux électricités d'une bouteille de Leyde, quand on la charge trop, se précipitent l'une sur l'autre et percent le verre de la bouteille, ce qui la met hors de service.

C'est sur l'air que se vérifie le plus souvent notre proposition ; car, dans les expériences d'électricité, c'est ordinairement au travers de ce milieu que l'électricité s'élance d'un corps pour aller à un autre, ou simplement pour se dissiper dans l'atmosphère ; et quand sa tension est excessive, c'est ce qu'on appelle une *étincelle*, dont le bruit n'est autre chose que l'effet de l'ébranlement produit dans l'air par le trajet de l'électricité.

65. Proposition. — « L'électricité qui s'échappe d'un corps
« électrisé pour se porter sur un autre corps, produit de la cha-

« leur et de la lumière, en franchissant l'espace qui sépare ces
« deux corps. »

Nous avons déjà vérifié une partie de cette proposition au n° 5 ; car, dans l'expérience de ce numéro, l'électricité, en s'élançant d'un bout à l'autre du tube où nous avions fait le vide, a produit une grande traînée lumineuse. Mais une vérification plus facile est celle qui se fait en présentant le doigt à un corps électrisé ; car on en tire alors une étincelle qui non-seulement fait entendre un bruit comme nous venons de le dire à la fin de la proposition précédente, mais de plus répand une lumière plus ou moins vive. Les expériences suivantes prouvent de plus qu'il y a production de chaleur dans l'étincelle électrique, en même temps que production de lumière.

1° Supposons une bougie qu'on vient d'éteindre, et qui fume encore : si l'on tire une étincelle électrique au travers de la mèche encore fumante de cette bougie, elle se rallumera aussitôt.

2° Mettons un peu d'éther dans un petit vase en verre, au fond duquel se trouve un bouton de cuivre communiquant avec un manche de même métal. Si, pendant qu'une personne *isolée* tient ce vase par son manche d'une main, tandis que de l'autre elle communique avec la machine électrique, on vient à tirer une ou plusieurs étincelles à la surface de l'éther, celui-ci s'enflamme.

3° L'expérience de ce genre la plus connue est celle du pistolet de Volta. Ce petit appareil est un vase de cuivre ou de ferblanc représenté fig. 396. Il est percé d'une petite ouverture vers son fond. On fixe dans cette petite ouverture un tube de verre tt' ; dans ce tube, on passe un fil de cuivre terminé par deux petites boules de même métal b et b', dont l'une b' s'approche assez d'une autre boule c fixée sur la paroi intérieure du vase. On remplit ce vase d'un mélange d'hydrogène et d'oxygène. Cela fait, on bouche le vase avec un bouchon de liége A, et, le tenant d'une main par la partie opposée à la boule b, on présente celle-ci à la machine électrique ; aussitôt que l'étincelle part et traverse l'espace $b'c$, le mélange de gaz prend feu, détonne, et lance au loin le bouchon.

Fig. 396.

Remarque. — Les trois expériences précédentes peuvent être regardées comme donnant aussi des exemples des effets chimiques de l'action de l'électricité, puisque dans chacune l'inflammation de la matière employée ne consiste que dans la combinaison de cette matière avec l'oxygène.

66. Proposition. — « Les courants électriques, quand ils sont
« très-abondants, produisent de la chaleur et de la lumière dans
« les corps conducteurs qu'ils parcourent. »

En effet, quand on fait passer, comme nous l'avons dit à la p. 263, une décharge de batterie électrique par un fil de fer, elle l'échauffe, le fait rougir, et même le fond, si elle est très-considérable.

Mais c'est surtout par le moyen des piles voltaïques que se produisent ces phénomènes d'une manière frappante. Un fil de 25 à 30 centim. de longueur et d'environ un $\frac{1}{5}$ de millim. de diamètre, rougit et se fond d'un bout à l'autre, dès qu'il est parcouru par le courant d'une pile de Munch de 50 couples de 15 à 20 centim. carrés. Avec une pile de 60 couples de Bunzen, dont les deux réophores sont terminés chacun par une pointe de charbon de coke, on produit à ces pointes une lumière égale à celle du soleil, dès qu'on approche ces pointes suffisamment l'une de l'autre.

67. Proposition. — « Le trajet de l'électricité dans les mem-
« bres des animaux y produit des commotions et convulsions
« dont l'effet est plus ou moins considérable, suivant l'animal
« soumis à l'expérience. »

Démonstration. — C'est ce que l'on peut prouver en prenant d'une main la garniture extérieure d'une bouteille de Leyde chargée, et touchant ensuite sa garniture intérieure avec l'autre main. On peut aussi constater la même chose en mettant les deux mains sur les deux bouts d'une pile électrique; dès qu'on est dans cette position, les bras éprouvent un mouvement convulsif sensible. Mais il y a des animaux chez qui l'irritabilité à cet égard est telle, qu'un simple couple voltaïque suffit pour produire le mouvement dont il s'agit. On peut s'en assurer sur la grenouille par l'expérience. Pour cela, on coupe une grenouille en deux vers les reins, et l'on ne conserve que les membres postérieurs, que l'on dépouille de leur peau. Ensuite on met avec soin à découvert deux nerfs placés l'un près de l'autre, et que l'on appelle nerfs lombaires; ce sont comme deux filets blancs et parallèles, que l'on aperçoit aisément. Après cela, pour faire entrer les membres de la grenouille en convulsion, il suffit d'un seul arc métallique, dont une moitié soit en zinc et l'autre en cuivre ; car, en appliquant l'extrémité de zinc sur les nerfs lombaires et l'extrémité de cuivre sur les muscles des cuisses, ces membres entrent aussitôt en mouvement. Ces expériences ne réussissent bien que sur une grenouille récemment préparée ; car, au bout d'un quart d'heure ou d'une demi-heure, l'arc métallique ne produit presque plus rien, parce que l'irritabilité des muscles est tout à fait éteinte. Cependant, sur une grenouille très-forte, les expériences peuvent encore réussir plus d'une heure après la préparation. Cette expérience est celle de Galvani citée n° 36, et qui fut l'origine des découvertes de Volta.

Choc en retour. — On donne ce nom à la commotion qu'éprouve un animal placé à l'opposé d'une décharge électrique. Ainsi on suspend une grenouille près d'une des extrémités d'un cylindre de la machine électrique par un fil métallique, pour qu'elle *communique* avec le sol. Puis, quand on tire une étincelle à l'extrémité opposée de ce cylindre, cette grenouille tressaille aussitôt. La raison de ceci est facile. En effet, l'influence du cylindre électrisé vitreusement constitue dans un état résineux la grenouille, au moins dans ses parties les plus voisines du cylindre. Mais dès que l'étincelle a déchargé instantanément ce cylindre, son influence électrique étant brusquement détruite, l'électricité résineuse abandonne subitement la grenouille pour se perdre dans le sol, et produit ainsi une commotion dans cet animal. Il paraît que des animaux ont été frappés de mort par un pareil choc en retour sous une extrémité d'un nuage, quoique la foudre ne soit tombée qu'à l'autre extrémité.

Art. III. — Action de l'électricité en mouvement, (ou des courants électriques) sur l'électricité environnante.

68. Nous avons déjà vu, au n° 44, qu'on appelle *courant électrique* l'état électrique d'une certaine étendue en longueur conductrice de l'électricité, dont les deux extrémités aboutissent, l'une à une source continuelle d'électricité positive, et l'autre à une source pareille d'électricité négative.

Il y a deux manières de se représenter cet état. D'abord on peut supposer que l'électricité positive suit, dans toute sa longueur, l'étendue conductrice qui lui est présentée en la parcourant dans un sens, et que l'électricité négative suit cette même étendue pareillement tout du long, mais en sens contraire; de sorte que chaque point de ladite étendue est continuellement traversé en deux sens contraires par deux molécules électriques, l'une positive et l'autre négative.

Mais nous pensons qu'il vaut mieux concevoir que le courant a lieu par une suite de décompositions et recompositions successives d'électricité, pareilles à celles que nous avons expliquées n°˚ 58 et 64. Ainsi soient (*fig.* 222) *zz* un corps, source continuelle d'électricité positive, et *ee* un autre corps, source d'électricité résineuse ou négative; et représentons par ABMD l'étendue conductrice qui fait communiquer une de ces sources avec l'autre.

Fig. 222.

Le corps *zz* se couvrira d'une couche AB de molécules positives que je représente sur la figure par ce petit signe +; mais, aussitôt son apparition, cette couche décomposera le fluide neutre de l'espace voisin AB; c'est-à-dire qu'elle en attirera les molécules négatives que je représente sur la figure par ce signe —, et repoussera les molécules positives. Alors chaque molécule positive de la couche AB s'étant ainsi combinée avec une molécule négative, cette couche sera devenue neutre, et sera remplacée par une autre couche positive placée un peu plus loin en A'B'; de cette place, la vertu électrique positive passera de même un peu plus loin en A"B" par une nouvelle décomposition et une nouvelle recomposition de fluide, et ainsi de suite, tout le long de l'étendue AMD. Au lieu de commencer l'explication par AB, j'aurais pu la commencer par DE, et j'aurais toujours obtenu la même suite de compositions et de recompositions électriques.

Pour comprendre la division que nous allons faire du présent article, il faut se rappeler les notions que nous avons données des aimants et des corps magnétiques au n° 46.

Or, nous verrons que tout porte à croire que la vertu des aimants et des corps magnétiques vient de certains courants électriques qui existent naturellement autour des molécules de fer. Ainsi, nous diviserons cet article en trois parties: dans la première, nous traiterons de l'action des courants artificiels les uns sur les autres; dans la seconde, de l'action des courants naturels

ÉLECTRO-DYNAMIQUE. 269

sur d'autres courants, soit artificiels, soit naturels; enfin, dans la troisième, de l'action des courants sur l'électricité environnante en repos.

Définition. — On appelle *électro-dynamiques* les phénomènes de la première classe, et *électro-magnétiques* ceux de la seconde, *magnétiques* ceux de la troisième, et enfin phénomènes d'*induction* ceux de la dernière classe.

ACTION DES COURANTS SUR L'ÉLECTRICITÉ ENVIRONNANTE.

Ire Partie. *Des phénomènes électro-dynamiques.*

69. Proposition. — « Deux courants parallèles s'attirent ou se
« repoussent, selon qu'ils sont de même sens ou de sens con-
« traire. »

Démonstration. — Pour démontrer cette proposition, on peut faire usage de l'appareil suivant (*fig.* 405) : En C_1Z, il faut supposer une pile voltaïque dont l'électricité positive, entrant par Z, va se rendre dans le mercure que contient un trou A pratiqué dans une table. Dans ce même mercure se rend aussi le bout d'une lame de cuivre qui, au sortir de ce mercure, monte derrière une colonne en bois RU fixée sur la table, et se termine par un petit godet B. Sur le devant de la colonne est appliquée une autre lame de cuivre CC'C'', terminée aussi par un godet C. Ces deux godets sont destinés à recevoir les deux extrémités D et E d'un fil de cuivre MNP'P plié en carré, lesquelles sont terminées chacune par une pointe très-fine. Ce carré est ainsi suspendu sur ces pointes, et jouit d'une extrême mobilité. La lame CC'C'' plonge par son extrémité inférieure dans le petit bain de mercure F, lequel peut communiquer avec celui d'à côté, c'est-à-dire avec F', par le moyen d'un crampon de cuivre G qu'on peut ôter ou remettre à volonté. Enfin, F' communique avec F'' par une lame de cuivre à demeure fixe. On doit, au reste, entendre des petits bains de mercure A, A' A'', ce que nous venons de dire des bains F, F', F'', c'est-à-dire qu'ils communiquent ou peuvent communiquer entre eux de la même manière. Maintenant, pour prouver notre proposition, on a un

Fig. 405.

châssis en bois HH' H", sur le contour duquel passe un fil de cuivre tout couvert de soie : J est une des extrémités de ce fil; il entre dans le châssis par le trou H, va de H en H' et de H' en H", etc., et, après avoir fait ainsi plusieurs fois le tour du châssis, il en sort par un trou opposé à H. Lorsqu'on veut examiner l'action des courants de sens contraires, on fait tremper l'extrémité J dans le bain F''', et l'extrémité I dans le bain A"; alors le courant qui, entré dans l'appareil par le point A, est arrivé à la pointe D, suit le fil de cuivre qui aboutit à cette pointe et en parcourt les diverses parties, comme l'indiquent les flèches qu'on y voit. Seulement il faut être prévenu qu'en oo', où les diverses parties du fil se croisent, ces parties sont enveloppées de soie, et de même depuis o' jusqu'en L. Le courant arrive donc ainsi en C, d'où il suit la route CC'C'/F'F'", monte dans le fil du châssis, et, après en avoir suivi toutes les circonvolutions, il en sort par l'extrémité I, d'où il s'élance dans la lame de cuivre A"A' pour rentrer dans la pile C_iZ. Or, on voit bien que, par cette disposition, les deux courants PP' et HH' qui sont en présence l'un de l'autre sont en sens contraires. Aussi, quand on fait l'expérience, on voit le courant mobile PP' s'éloigner de HH' avec plus ou moins de rapidité, suivant la force de la pile.

Si, au lieu de faire plonger l'extrémité J en F''', on la fait plonger en A' en même temps qu'on introduit I en F^v, alors les deux courants HP' et PH' seront de même sens, et on les verra s'attirer.

On demandera sans doute à quoi bon tant de tours et de détours qu'on fait faire au courant dans le fil PP'MN : c'est parce que, comme nous le verrons, la terre exerce une certaine action sur les courants électriques. Or, sans connaître cette action de la terre sur un courant électrique, on peut voir que l'effet en sera nul sur le système de courant MNPP'; car si la terre agit d'une certaine manière sur les deux courants PP' et MN, elle agira absolument d'une manière égale et contraire sur les deux courants qui vont de L en o', et ces deux actions se contre-balanceront; de même l'action exercée sur oP et sur LN sera contre-balancée par celle exercée sur o'M et sur P'L.

Il est vrai que ces courants ne sont pas tous à la même distance de la terre ; mais cette différence de distance n'étant rien par rapport aux dimensions du globe terrestre, on peut la négliger. Le fait est qu'en suspendant un pareil cadre, on expérimente que la terre n'a aucune action sur lui.

Remarque.—Ces phénomènes et les suivants sont jusqu'ici inexplicables. Quand on parle en effet de l'action mutuelle de deux courants électriques, il faut s'entendre ; car, vu leur peu de masse, les fluides électriques mus par leur action mutuelle ne pourraient entraîner dans leurs mouvements les conducteurs qu'on emploie. Cette action mutuelle des fluides électriques ne pourrait déterminer un mouvement dans les conducteurs qu'autant que l'on admettrait une adhérence entre ces fluides et ces conducteurs.

Cette adhérence ne pourrait ici, comme dans les phénomènes électrostatiques de la deuxième section, être attribuée à l'air coerçant par sa pression et sa non-conductibilité le fluide électrique sur les corps conducteurs ; en effet, M. Ampère a constaté que les phénomènes qui nous occupent ici ont lieu dans le vide. (*Recueil d'observations électro-dynamiques*, 1822, p. 14.) Ce serait donc une force particulière exercée par les molécules métalliques sur les fluides en mouvement, qui retiendrait ceux-ci entre les molécules des conducteurs, tout en leur permettant d'aller de l'une à l'autre. On peut voir l'opinion d'Ampère à cet égard. (*Recueil d'observ. électro-dyn.*, p. 274-277, ou *Théorie des phénomènes électro-dyn.*, p. 129.) Mais, sans entrer dans la discussion des opinions émises là-dessus, nous nous contenterons de dire que les décompositions et recompositions du fluide neutre, qui ont lieu à chaque instant dans toutes les plus petites parties de deux fils métalliques (n° 68), déterminent entre ces parties pondérables des forces capables de leur imprimer des vitesses réciproquement proportionnelles à leurs masses. (*Théorie des phén. électro-dyn.*, p. 181, note.) On voit donc qu'il y a une grande différence entre les attractions ou répulsions électro-dynamiques et celles électrostatiques de la deuxième section. Ces dernières, il est vrai, ne peuvent réussir comme les premières qu'autant que l'électricité adhère de quelque manière aux corps qui agissent l'un sur l'autre. Quand ces corps sont non-conducteurs, cette adhérence est le résultat même de leur non-conductibilité ;

mais quand ils sont conducteurs, c'est l'air qui, en les pressant de toutes parts, retient l'électricité sur leurs surfaces. Sans cela, les fluides électriques, en cédant à leurs actions mutuelles pour se joindre ou se fuir, abandonneraient les corps où ils auraient été développés sans communiquer à ceux-ci aucun mouvement, à cause de l'infinie petitesse de leur masse. Aussi, selon M. Ampère (*Théorie des phénomènes électro-dyn.*, 1826, p. 181), l'on s'est assuré par l'expérience qu'il n'y a aucune attraction de corps légers conducteurs dans le vide.

70. PROPOSITION. — « Quand deux courants parcourent des li-
« gnes qui se croisent comme les lignes XY et UZ (*fig.* 236), ces li-
« gnes tendent à tourner l'une sur l'autre comme les deux bran-
« ches d'une paire de ciseaux, en suivant le plus court chemin
« qui puisse les réunir de manière à en faire deux courants de
« même sens. »

Démonstration. — Pour démontrer cette propriété, il faut détacher le châssis HH″ (*fig.* 405) de son pied S, transporter ce pied en R′, et replacer le châssis sur ce pied ainsi fixé en R′, de manière que les côtés HH′ et H″H‴, qui auparavant étaient verticaux, soient à présent horizontaux, comme on le voit à la *fig.* 406. Ensuite on ôte le carré PN de la *fig.* 405, pour le remplacer par un autre qu'on voit à la *fig.* 406. D'ailleurs, on doit se représenter tout le reste de la *fig.* 405 pour compléter la *fig.* 406. Ceci compris, on voit que le courant électrique entre dans le carré par la pointe D (*fig.* 406), descend jusqu'en O′, parcourt O′P′K et tout le reste du carré, comme il est indiqué par les flèches, jusqu'à la pointe E, d'où il sort en suivant la direction indiquée par la flèche qu'on voit en cet endroit E. Alors ce courant gagne la colonne qu'on a fait connaître dans la proposition précédente, mais qu'on a cru inutile de dessiner de nouveau ici, et il se rend ainsi au châssis, dans lequel il entre par le point H, pour en parcourir toutes les circonvolutions jusqu'à ce qu'il sorte par l'extrémité I.

Maintenant, pour se convaincre de notre proposition, il n'y a qu'à faire tourner avec la main le carré P′N comme une porte, pour que PN croise H‴H″; et sitôt qu'on lâche ce carré, on le voit tourner conformément à notre proposition.

Il est presque inutile de remarquer que la complication du

carré P'N a ici, comme dans la proposition précédente, pour but de se garantir de l'action de la terre.

Remarque. — Les deux propositions précédentes sont comme deux principes avec lesquels on peut, jusqu'à un certain point, expliquer tous les phénomènes variés d'équilibre et de mouvement que présente l'action mutuelle des courants électriques; je dis jusqu'à un certain point, car il est évident que ce but ne peut être atteint qu'en résolvant le problème de trouver la loi suivant laquelle agissent deux éléments ou portions infiniment petites de courants électriques. Mais comme ce problème ne peut être résolu par l'expérience, c'est par le calcul qu'il faut le traiter, et même par un calcul trop élevé pour qu'il puisse trouver place ici. Les propositions suivantes, par exemple, peuvent, jusqu'à un certain point, se déduire de celle qu'on vient d'établir.

71. Proposition. — « Deux courants de même sens, et sur le « prolongement l'un de l'autre, se repoussent. »

En effet, d'après la proposition précédente, il y a répulsion entre les deux côtés d'un angle, dont l'un est parcouru par un courant dirigé vers le sommet de cet angle, et l'autre par un courant qui fait ce sommet. Or, si on suppose que cet angle s'ouvre jusqu'à égaler deux angles droits, il offrira deux courants dirigés dans le prolongement l'un de l'autre. Deux courants dirigés ainsi doivent donc se repousser. C'est sur cette proposition que M. Ampère s'appuie pour expliquer le phénomène du moulinet électrique, et il ne croit pas qu'on puisse admettre l'explication qu'on donne ordinairement de ce phénomène. (*Ann. de Ch. et de Phys.*, 2ᵉ série, t. XX, p. 421.)

Rotation continuellement accélérée. — La figure 182 peut donner une idée de l'appareil propre à produire ce mouvement. AB est un vase en cuivre au centre duquel est fixée une tige en cuivre OH, qui passe à frottement dur dans un bouchon de liége CD. Le conducteur GIL est destiné à être placé par sa pointe I sur la coupe O, qui contient un peu de mercure. Comme le cercle GL est moins grand que le vase AB, il flotte dans l'eau acidulée dont ce vase est rempli pendant l'expérience. Enfin, on place la spirale MN sur la table ST, de manière qu'elle enveloppe le vase AB. Cette spirale est formée par un ruban de cuivre tournant plusieurs fois sur lui-même : ce ruban est revêtu de soie

Fig. 182.

dans toutes ses parties, excepté à ses deux extrémités M et U. Ceci supposé, on fera communiquer l'un des pôles d'une pile, le positif, par exemple, avec le bas H de la tige, et le pôle négatif avec l'une des extrémités de la spirale, avec l'extrémité R, par exemple, tandis que l'on fera communiquer l'autre P avec la bande métallique K soudée avec le vase AB. Aussitôt que tout est ainsi disposé, le courant, après être monté jusqu'à la pointe I du conducteur mobile, descend par les deux branches de ce conducteur dans l'eau acidulée du vase AB, et va de là jusqu'en K, d'où il entre dans la spirale par l'extrémité P, et enfin en sort par l'extrémité R pour rentrer dans la pile. Or, aussitôt que cette circulation électrique sera établie, on verra le conducteur mobile prendre un mouvement de rotation qui s'accélérera sans cesse, jusqu'à ce que la résistance du frottement et de l'eau acidulée mette un terme à cette accélération, et rende le mouvement uniforme. L'explication de ce singulier phénomène est facile. En effet, les deux parties de la spirale voisines des branches verticales du conducteur mobile, font avec ces deux branches deux angles droits ; et, d'après la proposition précédente, les côtés verticaux de ces angles tendent à s'incliner en sens contraire, pour amener leurs courants à être de même sens que ceux qui leur correspondent dans la spirale ; ces deux côtés verticaux sont donc poussés en sens contraire, et par conséquent le conducteur mobile dont ils font partie tournera sans cesse.

Corollaire. — Cette expérience prouve l'impossibilité d'expliquer les phénomènes électro-dynamiques par des forces inhérentes aux divers points des fils conducteurs, et qui ne dépendraient simplement que des distances mutuelles de ces points ; car, d'après un principe de mécanique connu sous le nom de principe des forces vives, dans un système de points animés de forces dépendant uniquement des distances, celles-ci ne peuvent jamais produire un mouvement indéfiniment accéléré. Il faut donc que les forces qui agissent dans l'expérience précédente dépendent d'autre chose que des distances mutuelles des points entre lesquels elles s'exercent ; et, en effet, les forces qu'il faut concevoir à chaque point des conducteurs étant développées par les deux fluides électriques en mouvement, doivent être telles ou telles, suivant les directions de ces mouvements : par conséquent, la valeur de la force qui s'exerce entre deux points de deux portions de conducteurs doit non-seulement dépendre de la distance de ces deux points, mais aussi des directions qu'ont les courants électriques à ces deux points. (Voyez l'ouvrage de M. Ampère, intitulé *Théorie des phén. électro-dynamiques*, p. 125 et 153.)

De tous les phénomènes nombreux et intéressants que présente l'action des courants, nous ne parlerons que du phénomène des solénoïdes, parce que c'est sur ce phénomène qu'est basée la théorie du magnétisme que nous adopterons.

72. *Définition.* — On appelle *solénoïde électro-dynamique* un système de courants de même sens en forme d'anneaux égaux, situés dans des plans perpendiculaires à la ligne droite ou courbe formée par la réunion de tous leurs centres de gravité, qu'on suppose très-approchés entre eux : cette ligne s'appelle l'*axe du solénoïde.*

Construction d'un solénoïde. — Pour réaliser la définition précédente, on n'a qu'à prendre un fil de cuivre, et le tourner en hélice, comme on le voit dans la *fig.* 238 ; seulement, il faut avoir soin de faire revenir ce fil dans l'intérieur de l'hélice, comme le représente encore la figure. De cette manière, supposons que le courant entre par l'extrémité P du fil, il arrivera droit au milieu de l'axe AB de l'hélice, et, parcourant une moitié de cet axe jusqu'au point B, ira de là en E, en F, en E', etc. ; il circulera ainsi dans tous les tours de l'hélice, jusqu'à ce qu'il arrive en A. Pour lors il ira de là encore une fois au milieu de l'axe AB, pour sortir du fil par le point N. Afin de sentir la nécessité de faire ainsi rentrer le fil en AB dans l'hélice, observons que le mouvement d'une molécule d'électricité qui parcourt une hélice telle que FEF'E', etc., a réellement deux mouvements : 1° elle tourne ou circule continuellement autour de l'axe BA, et 2° elle s'avance sans cesse parallèlement à BA. Donc, si l'on ne veut conserver que l'effet du premier de ces deux mouvements, c'est-à-dire du mouvement circulaire, pour avoir un vrai solénoïde, il faudra détruire le mouvement parallèle à l'axe de E en C par un mouvement de sens contraire de A en B, ce que l'on produit en faisant rentrer le fil de cuivre dans l'hélice, comme nous l'avons indiqué.

Fig. 238.

73. Proposition. — « Les *extrémités semblables* de deux solé-

276   ÉLÉMENTS DE PHYSIQUE, LIV. II.

« noïdes se *repoussent*, et les *extrémités différentes s'attirent.* »

On appelle *extrémités semblables de deux solénoïdes*, celles dans lesquelles l'électricité se meut dans le même sens, lorsque les solénoïdes sont dans des situations parallèles, et tournés du même côté par rapport à ces extrémités; tandis qu'on appelle *extrémités différentes* celles où les courants ont alors lieu en sens contraire.

Pour démontrer notre théorème par l'expérience, on suspend aux deux godets B et C de la *fig.* 405 un solénoïde en hélice, comme on le voit *fig.* 407; ensuite, prenant à la main un autre solénoïde HH' en hélice, dont le fil de cuivre a ses extrémités plongées l'une en A'' et l'autre en F'', c'est-à-dire aux mêmes endroits que les bouts I et J du carré de la *fig.* 405, on trouve qu'en approchant du point M (*fig.* 407) tantôt l'une, tantôt l'autre des deux extrémités H, H', il y a répulsion dans le cas où les extrémités en regard sont semblables, et attraction quand elles sont différentes.

Fig. 405.
Fig. 407.
Fig. 405.
Fig. 407.

74. *Remarque I.* — Les mêmes phénomènes auraient lieu quand même les solénoïdes se réduiraient chacun à un anneau.

Remarque II. — On trouve par le calcul que cette action d'une extrémité de solénoïdes sur une autre varie en raison inverse du carré de leur distance.

Remarque III. — Les trois propositions précédentes, ainsi que la majeure partie de ce qu'on lira sur les courants dans le présent article III, sont des découvertes de M. Ampère. On peut voir la description des ingénieux appareils dont ce savant s'est servi, dans les *Annales de physique et de chimie*, t. XV, p. 59 et 170; t. XVIII, p. 88 et 313; t. XX, p. 60; t. XXVI, p. 134, 246 et 390. Ceux que nous venons d'employer dans les propositions ci-dessus n'en sont qu'une simplification. M. Pinaud, professeur de la faculté de Toulouse, faisait flotter ces fils conducteurs comme on le voit *fig.* 235 et 241, au lieu de les suspendre comme ci-dessus.

Fig. 235.
Fig. 241.

75. PROPOSITION. — « Quand un *solénoïde mobile* ne peut que
« tourner dans un plan, par exemple dans un plan horizontal,
« l'action de tout *courant rectiligne* horizontal, ou de tout *cou-*
« *rant annulaire* situé dans un plan vertical, est d'amener l'axe
« de ce solénoïde à croiser perpendiculairement ce courant, de

ÉLECTRO-DYNAMIQUE.

« manière que le mouvement de l'électricité soit de même sens
« dans leurs parties voisines. »

Démonstration. — En effet, on n'a qu'à présenter au solénoïde PM de la *fig.* 407 le carré HH' H'' de la *fig.* 405, n° 69, en le tenant à la main pendant que les deux bouts de son fil de cuivre communiquent aux deux pôles d'une pile voltaïque, et l'on verra l'hélice PM tourner jusqu'à ce qu'elle soit perpendiculaire aux côtés du carré, et que ses courants soient de même sens que ceux de ce carré.

Fig. 407.
Fig. 405.

Corollaire. — Si le *solénoïde* était *fixe*, et que l'autre courant électro-dynamique fût mobile, alors ce dernier tournerait jusqu'à ce qu'il fût perpendiculaire au solénoïde; car l'action étant égale à la réaction, il s'ensuit que si le courant carré ou annulaire agit sur le solénoïde pour le diriger perpendiculairement sur lui, réciproquement le solénoïde réagit sur le courant annulaire pour l'amener dans une position perpendiculaire à sa longueur.

Remarque I. — Le même effet aurait lieu lors même que le solénoïde se réduirait à un seul anneau.

76. *Remarque II.* — Quand les plans des anneaux d'un solénoïde sont perpendiculaires ou *normaux* à son axe, l'action de ce solénoïde, soit sur un autre solénoïde, soit sur un courant ordinaire, pour l'attirer ou le repousser, ne réside que dans ses extrémités; et elle reste toujours la même, quelle que soit la forme du solénoïde entre ces extrémités, qu'il soit droit comme AB (*fig.* 238 *bis*), ou courbe comme CD (*fig.* 239) : c'est ce que prouve le calcul. Dans ce même cas des anneaux perpendiculaires à l'axe, le calcul montre encore qu'il n'y a aucune action produite par un solénoïde fermé, tel que serait le solénoïde CD (*fig.* 239), dont on réunirait les deux extrémités C et D, ou tel qu'est le solénoïde E (*fig.* 243); mais, pour cette exacte nullité d'action, il faut que le solénoïde fermé soit *homogène*, c'est-à-dire que les courants soient tous de même intensité et également espacés; car si en une certaine partie du solénoïde fermé les courants étaient plus intenses ou plus rapprochés les uns des autres que dans le reste, alors l'excédant d'intensité ou de nombre des courants ferait un solénoïde non fermé, de même longueur que cette partie qu'on pourrait séparer (au moins par la pensée) de tout le reste, lequel reste se-

Fig. 238 *bis*.
Fig. 239.

Fig. 239.
Fig. 243.

rait toujours un solénoïde fermé et homogène, et par conséquent n'ayant aucune action. Or ce solénoïde, ainsi séparé du reste par la pensée, n'étant pas fermé, agirait par ses deux extrémités comme nous l'avons dit.

En réunissant cette propriété des solénoïdes avec le résultat précédent, lequel n'attribue d'action à une partie quelconque d'un solénoïde qu'autant qu'elle est extrême, c'est-à-dire qu'elle n'est pas suivie d'une autre toute pareille, on voit que l'on peut dire en un seul énoncé qu'une partie *homogène* quelconque de solénoïde, qui est précédée et suivie de parties toutes pareilles, n'a jamais d'action. Cependant cela n'est vrai qu'autant que les courants du solénoïde sont bien *normaux* à son axe. C'est encore ce que montrerait le calcul.

Fig. 238 *bis.* Ainsi, dans le solénoïde AB (*fig.* 238 *bis*), supposons, par exemple, que les courants s'inclinent un peu tous dans le même sens; dans ce cas, il y aurait tout un flanc du solénoïde qui agirait comme l'extrémité A, et le flanc opposé agirait comme l'extrémité B : quoique le calcul de ces actions n'ait pas été fait, je suis persuadé que c'est là ce qu'on trouverait si on le faisait.

Définition. — Nous appelons *solénoïdes normaux* ou *solénoïdes proprement dits* ceux dont chaque courant a lieu dans un plan normal à l'axe; et *solénoïdes obliques,* ceux dont les courants sont obliques à l'axe.

ACTION DES COURANTS SUR L'ÉLECTRICITÉ ENVIRONNANTE.

IIe PARTIE. — *Des phénomènes magnétiques et électro-magnétiques.*

§ Ier. — CONSTITUTION INTÉRIEURE DES CORPS MAGNÉTIQUES.

Nous avons déjà défini ci-dessus, n° 46, ce qu'on entend par corps *magnétiques* et *aimants* : l'ensemble des propriétés de ces corps fait l'objet de cette partie de la physique qu'on appelle *magnétisme*. On donne aussi le nom de *magnétisme* à la vertu qu'a un aimant d'attirer le fer; ainsi l'on dira d'un aimant qui enlève plus de fer qu'un autre, que son *magnétisme* est plus considérable que celui de cet autre.

MAGNÉTISME.   279

Proposition I. — « Tous les corps conducteurs de l'électricité
« deviennent magnétiques pendant tout le temps qu'ils sont par-
« courus par un courant électrique. »

Pour le prouver, il suffit de présenter à de la limaille de fer
le châssis ou le solénoïde HH' (*fig*. 235 ou 241), pendant que l'é-
lectricité d'une pile galvanique parcourt les différents tours de
son fil de cuivre ; car on voit aussitôt la limaille s'élancer sur ce
fil, et y adhérer tant que le courant électrique a lieu. Mais cette
limaille retombe aussitôt que l'on interrompt ce courant.

Fig. 235.
Fig. 241.

Remarque. — Dans l'exposé que nous allons faire, en ce paragraphe, des phénomènes primordiaux que présentent les aimants, nous verrons se soutenir l'analogie entre eux et les courants électriques que l'on voit déjà manifestée par la proposition
précédente.

78. Problème. « On demande d'aimanter une barre de fer ou
« d'acier par les courants électriques. »

On peut faire l'expérience de la manière suivante : On enfile
dans un solénoïde en hélice, tel que celui HH' de la fig. 241,
une règle de fer dont un bout sorte de l'hélice de 2 ou 3 pouces,
et, en présentant cette extrémité à de la limaille de fer, on la
voit s'y élancer aussitôt. On peut même ainsi produire des aimants capables d'enlever plusieurs quintaux. La manière la plus
commode de disposer l'appareil pour cela est représentée par la
fig. 275. La partie BEA est un gros morceau de fer en fer à
cheval, dont les deux branches BB' et AA' sont enveloppées par
les tours nombreux d'un fil de cuivre recouvert de soie. On
plonge l'une des extrémités G et F de ce fil dans un des pôles
d'une pile, et l'autre dans l'autre pôle ; alors, en présentant une
masse de fer aux deux bouts B et A du fer à cheval, ils l'attirent
et la retiennent fortement, quand même elle pèserait plus d'un
quintal. Mais toute cette force disparaît dès qu'on interrompt le
courant électrique. Cet appareil est connu sous le nom d'*électro-
aimant*.

Fig. 241.

On peut s'y prendre de la même manière pour aimanter une
tige d'acier trempé. Mais quand on a placé cette tige dans le
solénoïde de HH' (*fig*. 241) et mis le courant électrique en activité,
la vertu magnétique ne s'y manifeste pas de suite ; il faut attendre
un certain temps, pendant lequel le magnétisme s'accroît petit

à petit. Mais aussi quand, après ce temps, la barre d'acier est aimantée, elle conserve son magnétisme pour toujours ; de sorte que l'on peut retirer cette barre du solénoïde, et, en la présentant à la limaille de fer, on la verra enlever cette limaille. Cette barre est devenue ce qu'on appelle un *aimant artificiel*.

Télégraphes électriques. — La rapidité avec laquelle les électro-aimants acquièrent et perdent leur vertu électrique, à quelque distance qu'ils soient de la pile voltaïque avec laquelle ils communiquent, a donné l'idée de les appliquer à la télégraphie. Pour faire concevoir cette application, nous nous contenterons de décrire le plus simple des télégraphes électriques, représenté *fig.* 383. Le cadran à aiguilles de cette figure est ce qu'on appelle le *cadran d'arrivée*, il est placé dans la ville où l'on veut faire arriver les nouvelles ; l'autre cadran est le *cadran de départ*, il est dans la ville d'où doivent partir les nouvelles. Ces deux disques sont en cuivre, et portent les vingt-quatre lettres de l'alphabet ; mais celui de départ est incrusté à sa circonférence de douze petits morceaux d'ivoire répondant aux douze lettres de rang pair, et laissant entre elles douze intervalles répondant aux impaires. o' est la pile voltaïque qui doit fournir l'électricité. Son réophore positif se rend à un ressort hi, qui porte l'électricité vers le centre du cadran de départ. Un second ressort km touche la circonférence de ce cadran. Un fil métallique kln se rend de ce second ressort à la station d'arrivée, et se réunit à une des extrémités du fil de l'électro-aimant g, dont l'autre extrémité se réunit à un autre fil métallique op, qui revient à la pile o' par son pôle négatif. Enfin, on voit au centre du cadran d'arrivée une roue dentée à dents inclinées, avec un levier ea mobile sur le point fixe e, et terminé en fourchette à deux branches ab et ac, lesquelles portent à leurs extrémités deux petites chevilles b et c. Un ressort f lève un peu la fourchette, de manière à en tenir la pièce de fer d un peu au-dessus de l'électro-aimant. Le cadran de départ peut tourner sur son centre, tandis qu'à l'arrivée le cadran est immobile, et il n'y a que la roue dentée qui puisse tourner, et entraîner avec elle l'aiguille c.

Maintenant, il est facile de voir que quand on fera tourner le cadran de départ dans le sens indiqué par la flèche d'une certaine quantité ; aussitôt, à la station d'arrivée, la roue dentée et son aiguille tourneront de la même quantité. En effet, quand le cadran de départ tourne, les parties de sa circonférence, qui sont alternativement de cuivre et d'ivoire, viennent successivement en contact avec le ressort *m* : à chaque instant où c'est une partie de cuivre qui touche ce ressort, l'électricité passe par son intermédiaire jusqu'à l'électro-aimant *g*. Celui-ci, acquérant aussitôt la vertu magnétique, attire la pièce de fer *d*, et abaisse ainsi la fourchette. Dès lors la cheville *b*, pressant sur la face inclinée de la dent qui est devant elle, la fait avancer, et la roue tourne d'un cran. Mais à l'instant suivant c'est une partie d'ivoire qui touche le ressort *m*, et alors le courant électrique est interrompu. Pour lors l'électro-aimant *g*, perdant de suite la vertu électrique, lâche la fourchette, qui est en même temps relevée par le ressort *f*. Par ce moyen, la cheville *c* presse sur la dent qui est devant elle, et la roue avance encore d'un cran ; ainsi de suite. Si donc on commence par mettre les deux cadrans d'accord comme le représente la figure, on voit que dès qu'à la station de départ on amènera une lettre déterminée de l'alphabet devant le repère *m*, aussitôt l'aiguille de la station d'arrivée se portera sur la même lettre. On pourra donc ainsi transmettre d'une station à l'autre complétement une phrase quelconque, en en transmettant successivement toutes les lettres.

79. *Force coercitive.* — On voit ici une grande différence entre l'acier trempé et le fer, ou même l'acier non trempé. Dans celui-ci, le développement du magnétisme se produit dès l'instant qu'il est soumis aux courants électriques, et ce magnétisme disparait sitôt là suppression des courants ; tandis que dans l'acier trempé il y a une résistance qui ralentit le développement du magnétisme, mais qui conserve pour toujours le magnétisme une fois acquis ; on appelle cette résistance *force coercitive.*

Remarque. — La trempe n'est pas la seule chose qui donne de la force coercitive. Ainsi l'oxydation, c'est-à-dire la combinaison du fer avec cette partie de l'air qu'on appelle *oxygène*, produit le même effet ; car le fer qu'on trouve dans les mines, qui est toujours oxydé, a une certaine force coercitive, puisqu'on en trouve souvent qui possède naturellement et conserve indéfiniment la propriété d'aimant. C'est ce que l'on appelle un *aimant naturel*, ou une *pierre d'aimant*. On peut aussi faire acquérir plus ou moins de force coercitive au fer par des moyens mécaniques, tels que la pression, la torsion, le laminage, etc.

80. PROPOSITION II. — « L'effet de la force coercitive ne peut
« dépasser certaine limite, qui varie d'un corps à l'autre. »

En effet, lorsqu'on aimante un barreau d'acier trempé au moyen d'un des procédés connus, le degré de vertu magnétique acquis ainsi par ce barreau d'acier trempé est plus ou moins considérable, suivant qu'on emploie un moyen plus ou moins puissant; et lorsqu'on soumet un barreau d'acier à des moyens d'aimantation de plus en plus puissants, par exemple à un courant électrique toujours plus intense, la force de ce barreau augmente sans cesse. Il est au reste facile de reconnaître cette augmentation, soit en présentant la barre aimantée à de la limaille qu'elle soulève en quantité de plus en plus grande, soit, comme nous le verrons au n° 102, en faisant osciller devant une de ses extrémités une aiguille aimantée, dont l'on voit les oscillations devenir de plus en plus rapides.

Mais si l'on a poussé ainsi l'aimantation à un très-haut degré, il arrivera que, quelque temps après l'aimantation, le magnétisme du barreau baissera, et tombera à un degré inférieur auquel il s'arrêtera : ce degré est toujours le même, quelque nombre de fois que l'on recommence cette opération. La force coercitive ne peut donc retenir le magnétisme que jusqu'à une certaine limite. Cette limite varie avec la qualité de l'acier, avec sa trempe, etc.

Définition. — On appelle *saturation magnétique* l'état d'un aimant dont la vertu magnétique a la plus grande intensité qu'elle puisse conserver après la disparition des causes qui l'ont produite.

Remarque. — Le magnétisme d'un corps aimanté est *inamissible*, c'est-à-dire que l'on peut toucher un pareil corps sans qu'il perde rien de sa vertu magnétique. Ainsi il n'en est pas, sous ce rapport, d'un barreau d'acier aimanté comme d'une tige métallique électrisée; car on sait que celle-ci perd son électricité dès qu'on y met la main.

81. PROPOSITION III. — « Il y a deux magnétismes, et les corps
« doués du même magnétisme se repoussent, tandis que ceux
« doués de magnétismes différents s'attirent. »

En effet, suspendons à un fil une aiguille magnétique AB dans une position horizontale (*fig.* 248), et présentons à une même extrémité de cette aiguille successivement chacune des deux extrémités d'un barreau aimanté : nous verrons cette extrémité de l'aiguille attirée par un des bouts, et repoussée par l'autre bout du barreau. Maintenant, supposons qu'après avoir ainsi présenté un grand nombre de barreaux aimantés à l'aiguille magnétique AB, *fig.* 248, on marque d'une S tous ceux qui auront repoussé l'extrémité A de l'aiguille, et d'une N tous ceux qui l'auront attirée. En présentant le pôle S de l'un de ces barreaux au pôle S d'un autre que je suppose suspendu horizontalement par le moyen d'un fil, on verra ces deux pôles se repousser, tandis qu'il y aura attraction toutes les fois que l'on présentera un pôle S à un pôle N. On voit donc qu'il se manifeste en N une vertu magnétique différente de celle qui se manifeste en S. D'ailleurs, tous les pôles marqués d'une même lettre dans l'expérience que nous venons de citer, doivent être regardés comme de même espèce, parce qu'ils agissent toujours de la même manière dans toutes les expériences autres que la précédente que l'on peut tenter sur le magnétisme.

82. *Remarque.* — Selon que nous l'avons dit au n° 46, on donne les noms de *boréales* et d'*australes* aux extrémités d'une aiguille ou d'une barre aimantée, parce que si on la suspend par le moyen d'un fil dans une position horizontale AB, *fig.* 248, et qu'ensuite on l'abandonne à elle-même, on la verra toujours tourner la même extrémité vers le même pôle de la terre; et si on la dérange de cette direction, elle reprendra toujours sa première position. Or on appelle *boréale* l'extrémité de l'aiguille qui se tourne au midi, et *australe* celle qui se dirige au nord, comme nous l'avons dit au n° 46. La raison de ces dénominations est qu'ici la terre agissant sur l'aiguille magnétique comme une barre aimantée, on doit regarder l'extrémité de l'aiguille qui est attirée par le pôle nord et repoussée par le pôle sud comme de même espèce que celui-ci, et l'autre extrémité comme semblable à l'autre pôle. On donne aussi le nom de *boréal* au magnétisme qui, d'après cette manière d'envisager la terre, domine dans le nord, et le nom d'*austral* à celui qui domine dans le midi.

83. PROPOSITION IV. — « Un aimant n'est que la réunion

« d'une infinité de petits aimants élémentaires possédant chacun
« les deux magnétismes. »

En effet, lorsqu'on divise un aimant en plusieurs morceaux, soit par des sections parallèles à sa longueur, soit par des sections perpendiculaires à cette dimension, on trouve que chaque fragment est encore un aimant complet ayant ses deux pôles, l'un boréal et l'autre austral : pour le vérifier, il suffit d'approcher tantôt un bout, tantôt l'autre bout de ce fragment à l'une des extrémités d'une aiguille aimantée et suspendue par un fil; car, en faisant l'expérience, on verra que si l'extrémité qu'on a choisie dans l'aiguille est, par exemple, l'extrémité boréale, cette extrémité est toujours attirée par le bout de ce fragment qui était tourné vers l'extrémité australe de l'aimant d'où il a été extrait, et qu'elle est repoussée par l'autre bout. Or, ceci ayant lieu, quelque petits que soient les fragments de l'aimant, il faut en conclure que l'aimant soumis à cette opération n'est autre chose qu'un assemblage d'aimants infiniment petits, dont chacun n'est peut-être composé que d'une molécule, mais qui peut aussi contenir un certain nombre de molécules.

Définition. — On appelle *éléments magnétiques*, les particules infiniment petites de l'acier qui forment les plus petits aimants à deux magnétismes qui existent dans cet acier quand on l'aimante.

Remarque. — Une barre d'acier aimantée ne doit son magnétisme qu'au fer, puisque le charbon que l'on combine au fer pour composer l'acier n'est pas magnétique. Ainsi on peut conclure de ce qui précède, que le fer est composé, comme l'acier, d'éléments magnétiques. Seulement, dans le fer, les deux vertus magnétiques de chaque élément ne restent séparées qu'autant que l'élément auquel elles appartiennent est soumis à une cause magnétisante, comme un courant électrique.

84. *Pôles d'un aimant.* — Nous prouverons, n° 104, que, bien qu'une barre aimantée agisse magnétiquement par tous ceux de ses points qui ne s'éloignent pas de son extrémité de plus de deux pouces, cependant toutes les actions de ces différents points voisins d'une extrémité ont une résultante répondant à l'un d'eux, lequel point s'appelle pôle *boréal* ou *austral*, suivant qu'il est près de l'extrémité boréale ou australe.

85. Proposition V. — « Les deux magnétismes d'un élément
« magnétique sont égaux. »

En effet, nous reconnaîtrons, par l'expérience n° 105, que la terre n'imprime aucun mouvement de translation à une aiguille aimantée. Il faut donc que les deux actions de la terre sur les deux moitiés boréale et australe d'un élément magnétique soient égales et contraires, et fassent ce qu'on appelle en mécanique un *couple*. Il est vrai que, pour conclure de là que les magnétismes des deux moitiés d'un élément magnétique sont égaux, il faudrait que ces deux moitiés fussent à la même place, parce qu'il est possible que l'action du globe sur un point magnétique change quand celui-ci change de place. Mais nous verrons encore par l'expérience, corollaire du n° 107, que quand même ce changement de place serait de plusieurs centaines de mètres, il n'en résulterait pas de variation sensible dans l'action du globe. Ainsi, nous pouvons regarder comme égaux les magnétismes d'un même élément magnétique.

86. Problème. — « Exposer les différentes manières de con-
« cevoir la constitution intérieure des aimants. »

Ces manières sont au nombre de deux : celle de Coulomb, proposée à la fin du dix-huitième siècle, et celle d'Ampère, proposée une quarantaine d'années plus tard. Coulomb, guidé par une certaine analogie entre les phénomènes magnétiques et électriques, attribuait ceux-là comme ceux-ci à deux fluides impondérables ; il nomma *boréal* celui qu'il supposa dominer dans le pôle nord de la terre, et *austral* celui auquel il attribua l'action magnétique du pôle sud. Selon Coulomb, les molécules d'un même fluide se repoussent, tandis que les molécules d'espèces différentes s'attirent. Dans ce système, chaque élément possède des quantités égales de ces deux fluides, qui, bien que pouvant se mouvoir plus ou moins dans cet élément suivant son degré de force coercitive, ne peuvent cependant pas quitter cet élément pour passer à un autre. Dans l'état naturel d'un morceau de fer, les deux fluides d'un même élément sont mélangés de manière à donner du fluide *neutre;* mais à l'approche d'une cause magnétisante, une partie de ce fluide *neutre* se décompose, et l'élément acquiert deux *pôles* magnétiques.

M. Ampère attribue les phénomènes magnétiques à des courants électriques faisant des circuits fermés autour des molécules des corps magnétiques. Comme c'est cette manière de voir que nous adopterons en ce traité, nous allons la développer en détail; et d'abord nous allons exposer, dans les observations suivantes, certains résultats des calculs de M. Ampère, d'après lesquels son hypothèse peut se ramener jusqu'à un certain point à celle de Coulomb.

87. *Observation I.* — Il résulte des calculs de M. Ampère, qu'un courant électrique en forme d'anneau peut être remplacé par une plaque recouverte de fluide magnétique d'une espèce sur une de ses faces, et de l'autre espèce sur l'autre face. Il faut que cette plaque ait son contour exactement égal à l'anneau, et son épaisseur infiniment petite.

La dose de magnétisme à concevoir sur les deux faces de la plaque est proportionnelle à l'intensité du courant existant dans l'anneau; et quant à l'espèce de magnétisme de chaque face, elle dépend du sens de ce courant. Ainsi c'est telle face qui doit être supposée avoir le fluide boréal quand le courant va dans un certain sens, et c'est l'autre face quand le courant va en sens contraire : nous verrons dans le numéro suivant la règle à suivre à cet égard. M. Ampère a trouvé par ses calculs (*Théorie des phén. électro-dyn.*, p. 13 et suiv.), 1° que l'action mutuelle de deux anneaux électro-dynamiques est parfaitement semblable à celle de deux plaques ainsi construites ; 2° que l'action d'un anneau électro-dynamique sur l'extrémité d'un solénoïde à courants circulaires infiniment petits, est exactement représentée par celle d'une pareille plaque sur le pôle d'un aimant.

Observation II. — Il y a ici une remarque particulière à faire sur les solénoïdes courbes, tels que celui de la *fig.* 263.

Fig. 263.

En effet, pour remplacer les anneaux d'un solénoïde de cette espèce par des plaques, le moyen le plus simple est de mener, au milieu de chaque intervalle qui sépare un anneau du suivant, un plan normal à l'axe courbe IJ (n° 72) de ce solénoïde. Ces plans normaux partageront le solénoïde en autant de plaques qu'il a d'anneaux; et, en recouvrant chacune de ces plaques de fluide boréal sur une de ses faces, et de fluide austral sur l'autre face, elle sera équivalente à l'anneau auquel elle répond, quoiqu'elle ne soit pas d'égale épaisseur dans toute son étendue, parce que la différence BC, *fig.* 263, qu'il y a entre le minimum MA et le maximum NC de l'épaisseur d'une plaque, est évidemment un infiniment petit du second ordre par rapport au diamètre MN de la plaque ; et M. Ampère montre dans l'ouvrage cité, p. 140, que cet infiniment petit du second ordre peut être négligé. Fig. 263.

Quant aux solénoïdes droits et homogènes, tels que celui de la *fig.* 261, ils peuvent être remplacés par des piles de plaques d'une épaisseur constante et égale à l'intervalle d'un anneau à l'autre, en supposant les plans de jonction de ces plaques menés aux milieux de ces intervalles.

Observation III. — Une condition essentielle pour que les observations précédentes aient leurs applications, c'est que les courants auxquels on les applique fassent des circuits fermés et solides, c'est-à-dire qu'aucune des parties d'un même circuit ne soit mobile, et susceptible de se déplacer par rapport aux autres. Or cette condition a presque toujours lieu; car quand même on n'emploierait pour conducteur qu'un fil de cuivre sans lui faire faire aucun repli sur lui-même, ce fil et la pile dont il réunirait les deux pôles composeraient toujours un circuit fermé.

La définition suivante nous sera utile pour les corollaires que nous avons promis.

Définition. — J'appelle courants *inactifs* d'un solénoïde, ceux de ses anneaux qui ne sont capables d'aucune action, comme nous avons dit au n° 76; et courants *actifs*, ceux qui en sont capables, comme les anneaux extrêmes d'un solénoïde non fermé (*loc. cit.*).

88. *Corollaire.* — « Un solénoïde fermé, hétérogène ou obli-
« que (n° 76, *Défin.*), jouit de deux actions différentes qu'il exerce
« par deux faces opposées. »

En effet, prenons le cas d'un solénoïde fermé où l'homogénéité seule soit détruite, mais non pas la normalité. Ainsi, supposons, par exemple, que notre solénoïde se compose de deux parties $C_iC'D_i$ et $C_iO_iD_i$, *fig.* 244, dont chacune soit homogène dans toute son étendue, mais dont l'une, $C_iC'D_i$, soit plus chargée de courants que l'autre $C_iO_iD_i$. D'après le n° 76, ce solénoïde ainsi conçu jouira, dans la partie $C_iC'D_i$, de deux actions opposées qu'il exercera par ses deux faces C_i et D_i. Fig. 244.

Maintenant, supposons un solénoïde fermé, *fig.* 245, dont on Fig. 245.

ait détruit la normalité. Soit $ab, a'b', a''b''$..., les plaques chargées de fluides qu'on peut substituer aux courants de ce solénoïde ; et, pour fixer les idées, supposons que leurs faces chargées de fluide boréal soient tournées en haut, et leurs faces chargées de fluide austral, en bas : il est facile de voir que le flanc $aa'a''$... de ce solénoïde sera austral, et que le flanc $bb'b''$... sera boréal ; car on voit que, tout le long du premier, certaines parties aO, a'I, etc., des faces australes seront à découvert, tandis que le long du second ce sont certaines parties b''L, b'T, etc., des faces boréales qui seront découvertes. Par conséquent il est évident que si le solénoïde fermé perdait à la fois sa normalité et son homogénéité, il acquerrait encore par là deux vertus magnétiques, l'une boréale, et l'autre australe.

Nous avons encore besoin du lemme suivant, soit pour achever de déterminer la constitution intérieure d'un aimant telle qu'on doit la concevoir dans la théorie d'Ampère, soit pour en faciliter l'énoncé dans la proposition qui suivra ce lemme.

89. *Lemme.* — « Un aimant quelconque, y compris la terre
« elle-même, agit sur un solénoïde, ou seulement sur un simple
« anneau électro-dynamique, comme sur un autre aimant. »

Explication. — C'est-à-dire que chaque pôle de l'aimant ou de la terre attirera une des deux faces de l'anneau ou une des deux extrémités du solénoïde, et repoussera l'autre.

Démonstration. — Pour démontrer cela, on prend un solénoïde comme celui de la *fig.* 407, ou un anneau comme celui de la *fig.* 408, que l'on suspend par ses deux points A et A' aux godets B et C de la *fig.* 405, que nous avons décrits au commencement du n° 69. Cela fait, occupons-nous d'abord de l'action de la terre. Pour la manifester, il ne faut qu'abandonner à lui-même, soit le solénoïde, soit l'anneau électro-dynamique que nous venons de dire ; car on voit alors ce solénoïde ou cet anneau tourner aussitôt qu'on y fait passer le courant électrique, et ne s'arrêter, après quelques oscillations, que quand son axe est parallèle à la direction que prend une aiguille magnétique librement suspendue. J'entends par axe d'un anneau, la droite idéale que l'on conçoit menée par son centre perpendiculairement à son plan. Le courant électrique va de l'est à l'ouest dans la partie inférieure de l'anneau suspendu, et par conséquent de l'ouest à l'est dans la partie supérieure, et la même chose a lieu dans chaque anneau du solénoïde.

Maintenant, pour démontrer la partie de notre lemme relative à l'action d'un aimant, il suffit de présenter à une des faces de l'anneau de la *fig*. 408, ou à une des extrémités du solénoïde PM, *fig*. 407, l'un des pôles (n° 84) d'un aimant. On verra en effet, entre cette face ou cette extrémité et ce pôle, se manifester une répulsion ou une attraction, selon que ce pôle est de nature à être tourné par la terre vers le même point cardinal que cette face et cette extrémité, ou vers le point opposé. Fig. 408.
Fig. 407.

Définition. — Nous donnerons le nom de *boréale*, soit à la face de l'anneau, soit à l'extrémité du solénoïde qui se tourne au midi, et le nom d'*australe* à l'autre.

Remarque. — Si l'on suppose que, dans l'expérience décrite dans la deuxième partie du lemme précédent, l'aimant soit un peu plus court que les diamètres de l'anneau électro-dynamique, et que l'on fasse coïncider cet aimant avec celui de ces diamètres qui est horizontal ; sitôt qu'on établira le courant électrique, l'anneau tournera jusqu'à ce que son plan devienne perpendiculaire à l'aimant, comme le montre la *fig*. 246. La face australe de cet anneau, ainsi placé, sera tournée vers le pôle boréal. Cette expérience offre le phénomène corrélatif de celui décrit au n° 47, et découvert par Œrsted. Fig. 246.

Corollaire. — Le lemme précédent, rapproché comme nous venons de le faire de la découverte d'Œrsted, ainsi que les n°s 81, 84 et 101, rapprochés des n°s 73 et 74, montrent que l'on peut considérer un aimant comme un solénoïde dans lequel on donne le nom d'australe à l'extrémité placée à gauche des courants qui le composent ; mais nous allons dire d'une manière plus précise, dans le problème suivant, de quelle réunion de courants on suppose formé l'intérieur d'un corps magnétique dans la théorie d'Ampère.

90. Problème. — « On demande par quelle constitution inté-
« rieure des corps magnétiques on peut expliquer l'action des cou-
« rants électriques sur eux. »

Solution. — D'après ce que nous avons dit n° 86, c'est en concevant des courants autour de chaque particule de fer ou de tout corps magnétique, que M. Ampère explique cette action.

Mais, maintenant, il faut bien que ces courants ne puissent exercer aucune attraction entre eux ; car les particules de fer ne s'attirent pas entre elles, comme on sait. Or les solénoïdes homogènes, fermés et normaux, jouissent justement de cette propriété, comme nous l'avons vu au n° 76. Ainsi nous supposerons inhérent à chaque molécule de fer, ou à chaque groupe infiniment petit de ces molécules, un solénoïde fermé, homogène et normal. Voici, selon M. Ampère (*Ann. de phys. et de chim.*, t. XXVI, p. 252), la manière la plus simple de se représenter cette espèce de solénoïde : Soit IJ (*fig.* 242) un petit groupe de molécules de fer, on peut le regarder comme une petite pile voltaïque, d'où il sortirait un jet de courants électriques par le côté A, lesquels, se recourbant sur eux-mêmes pour envelopper ce groupe de tous côtés, y rentreraient par le côté opposé B. La figure ne représente de ces courants qu'à droite et à gauche en I' et en J'; mais il faut s'en figurer aussi en avant et en arrière, en un mot, tout alentour. Cependant il faut concevoir que les parties extérieures de ces courants glissent sur la surface extérieure du groupe de molécules que l'on considère, ou du moins qu'ils se meuvent assez près de cette surface pour être censés adhérer sur elle. Cette sorte d'adhérence, dont nous avons parlé dans la remarque qui termine le n° 69, n'empêche pas que lesdits courants ne puissent tourner sur la surface du groupe de molécules ; mais elle fait que le solénoïde formé par l'électricité ne peut se transporter vers un côté ou un autre de l'espace, sans entraîner avec lui le groupe de molécules pondérables qu'il renferme. C'est là comme nous concevons la constitution d'un morceau de fer non aimanté. D'après cela, quand un morceau de fer sera en présence d'un morceau de fer, il n'y aura aucune action. Mais, dès qu'un courant électrique est en présence d'un pareil morceau de fer, aussitôt il agit sur les solénoïdes de ce fer, rend les uns hétérogènes en accumulant plusieurs de leurs courants sur un même endroit, et rend obliques les autres en inclinant leurs courants sur leurs axes, et même exerce ces deux actions à la fois sur la plupart. Ces actions sont faciles à se représenter, d'après le n° 87 ; car, pourvu que la condition assignée dans l'*Observation III* de ce numéro soit remplie, l'influence d'un courant électrique sur des morceaux de fer revient à celle d'une plaque chargée de

Fig. 242.

† Ce qui rend ces solénoïdes actifs, d'inactifs qu'ils étaient auparavant.

fluide austral sur une face, et de fluide boréal sur l'autre. Or on conçoit que, sous l'influence d'une telle plaque, les petits courants des solénoïdes des morceaux de fer n'étant eux-mêmes que de petites plaques de ce genre, se déplaceront ou se tourneront de manière à présenter autant que possible, à la plaque extérieure, leurs fluides de nom contraire à celui par lequel celle-ci regarde les morceaux de fer; et il est évident que si ces morceaux de fer sont assez légers, comme des parcelles de limaille, ils s'élanceront vers la plaque extérieure, ou plutôt vers le fil conducteur qu'elle présente. C'est ce que nous avons vu au n° 77.

On explique de même l'aimantation des n°s 78 et 79. En effet, le solénoïde dans lequel on introduit alors une tige de fer n'est, d'après le n° 87, qu'un assemblage de plaques planes comme celles que nous venons de dire. D'après cela, chacune des petites plaques dont les solénoïdes de la tige sont censés formés sera sollicitée, par celles du solénoïde extérieur, à prendre la même position que celles-ci. (Voy. *Compl.*)

Remarque I. — Dans cette théorie, M. Ampère appelle *élément magnétique*, une particule de fer ou de toute autre substance magnétique entourée d'un solénoïde fermé. Nous avons vu, n° 83, ce que c'est qu'un élément magnétique indépendamment de toute théorie.

91. *Remarque II.* — On voit que, selon Ampère, un aimant n'est autre chose qu'un corps magnétique conçu comme il vient d'être dit au commencement du numéro précédent, et dans lequel les solénoïdes fermés de ses éléments ont perdu leur homogénéité et leur normalité, pour tourner tous autant que possible les faces australes de leurs anneaux vers le pôle boréal de cet aimant.

92. *Remarque III.* — La désaimantation du fer, sitôt qu'il n'est plus soumis à la cause magnétisante qui l'avait aimanté, tient à ce que les actions mutuelles qu'exercent les uns sur les autres les courants des éléments magnétiques qu'on a dérangés de leur position d'équilibre, tendent à les y ramener, comme un ressort détourné de sa position naturelle tend à y revenir. Cet effet est empêché dans l'acier trempé, par sa force coercitive.

93. PROBLÈME. — « Dire quelle est la constitution magnétique « intérieure du globe terrestre. »

Les phénomènes du lemme du n° 89 ont conduit M. Ampère à

penser qu'un vaste courant circulaire d'électricité faisait le tour du noyau de la terre en allant de l'est à l'ouest. On comprend en effet que, dans cette hypothèse, un anneau électro-dynamique, présenté à la terre, est dans le même cas que le circuit mobile PM, *fig.* 406, que nous avons présenté dans le n° 70 au cadre électro-dynamique fixe HH''. Par conséquent, cet anneau devra tourner comme faisait le circuit PM, jusqu'à ce que la partie inférieure du courant de cet anneau aille, comme celui de la terre, de l'est à l'ouest. Dans cette même hypothèse, l'action du globe sur une aiguille aimantée sera évidemment pareille à celle d'un circuit électrique sur un solénoïde expliquée au n° 75.

94. *Remarque.* — Pour achever d'exposer théoriquement tout ce qui a rapport à la constitution intérieure d'un aimant, les définitions et le lemme suivants nous seront fort utiles.

Définition I. — J'appellerai *point magnétique* d'espèce *boréale* ou *australe* d'un anneau électro-dynamique, chaque point de sa face boréale ou de sa face australe que l'on suppose, d'après le n° 87, couvert de fluide magnétique.

Définition II. — J'appellerai *point magnétique neutre* d'un solénoïde chaque point de jonction de la face boréale ou australe d'un de ses courants avec la face d'espèce contraire du courant suivant. Ainsi chaque point neutre est composé de deux points magnétiques, l'un d'espèce boréale, et l'autre d'espèce australe.

Définition III. — Enfin, j'appellerai *magnétisme neutre*, ou *boréal* ou *austral*, l'ensemble de points neutres, ou d'espèce boréale ou d'espèce australe, offert par un système de courants quelconques.

95. *Lemme.* — La manière dont M. Ampère explique l'action des forces magnétiques sur les corps magnétiques (voy. n° 90), revient à dire que « toute force magnétique, celle, par exemple,
« d'un courant électrique agissant sur un morceau de fer, a pour
« effet de décomposer le magnétisme neutre de ce morceau de
« fer en attirant les points magnétiques d'espèce boréale d'un
« côté, et repoussant au côté opposé les points d'espèce aus-
« trale. »

En effet, on a vu, dans la fin du n° 90, qu'en vertu de cette force magnétique, les petits courants ou petites plaques des solénoïdes fermés qui entourent les éléments magnétiques ten-

MAGNÉTISME. 293

dent à se déplacer et tourner plus ou moins sur eux-mêmes, ce qui détruit évidemment l'homogénéité ou la normalité de ces solénoïdes. Quoique en général ces deux destructions aient lieu en même temps, cependant, par abstraction, étudions-les séparément, et considérons d'abord ce qui concerne l'homogénéité. Ainsi, supposons que dans une partie $C_,O,D_,$, *fig.* 244, d'un solénoïde, les courants soient moins serrés que dans le reste de la couronne. On peut concevoir ce solénoïde total comme la réunion de deux solénoïdes partiels homogènes, 1° un solénoïde homogène fermé, et ayant partout entre ses anneaux le même intervalle que celui qui règne entre les anneaux contenus dans la portion $C_,O,D_,$; et 2° un solénoïde homogène à deux bouts, composés des anneaux contenus dans la partie $C_,C'D_,$, et qui ne sont pas au nombre de ceux du solénoïde homogène fermé. Avant l'action des forces magnétisantes, quand les choses étaient dans leur état naturel représenté en I, ce solénoïde partiel à deux bouts était fermé, ses anneaux étaient plus espacés, et ses deux bouts $C_,$ et $D_,$ étaient réunis; par conséquent, ils se neutralisaient; mais en les séparant et tirant l'un de ces bouts d'un côté avec son magnétisme austral, et l'autre du côté opposé avec son magnétisme boréal, les forces magnétisantes ont décomposé le magnétisme neutre que ces deux bouts réunis faisaient, ce qui justifie notre énoncé : bien entendu que, pendant cette séparation des deux anneaux $C_,$ et $D_,$, les anneaux du même solénoïde partiel dans l'intervalle $C_,C'D_,$ doivent être censés s'être serrés tous les uns contre les autres. Quand même ce passage du solénoïde fermé homogène I au solénoïde fermé hétérogène $I_,$ ne serait pas effectué par des forces magnétisantes, comme nous venons de le concevoir, cela n'importerait en rien pour notre objet, qui est d'indiquer un mode d'action sur les courants du fer facile à énoncer, et qui, quoique pouvant n'être que fictif, mènerait pourtant au même résultat que l'action réellement exercée par les forces magnétisantes.

Fig. 244.

Considérons maintenant ce qui concerne la normalité. Ainsi supposons que les courants H'H, G'G,... du solénoïde J, aient été inclinés, et qu'ils aient pris les directions $H_,H_,'$, $G_,G_,'$... Je dis que cela peut encore être regardé comme une décomposition de magnétisme. En effet, dessinons l'élément J (*fig.* 244) en M

Fig. 244.

294 ÉLÉMENTS DE PHYSIQUE, LIV. II.

Fig. 245.
Fig. 244.
Fig. 245.

(*fig.* 245), et représentons le courant $G_i G_i'$ (*fig.* 244) par une plaque *ab* (*fig.* 245) que l'on ne voit que par son bord ou son épaisseur dans la figure; supposons de plus que $a'b'$ et $a''b''$

Fig. 245.
Fig. 244.
Fig. 245.

(*fig.* 245) soient de même deux autres plaques représentant deux courants de J_i (*fig.* 244). Avant que ces plaques fussent inclinées comme on le voit dans la *fig.* 245, la face aT et la face ob' dessinées dans cette figure coïncidaient parfaitement, et donnaient du magnétisme neutre; mais, en s'inclinant, elles se sont un peu désunies, car la partie oa de l'une et la partie Tb' de l'autre se sont montrées au jour. Ainsi le magnétisme neutre qu'offrait la réunion desdites faces a été décomposé, et a produit du magnétisme d'une espèce d'un côté en oa, et du magnétisme de l'autre espèce au côté opposé en $b'T$.

96. PROPOSITION ▨. — « Après une décomposition quelcon-
« que de magnétisme neutre, on doit toujours supposer qu'il en
« reste qui n'a pas été décomposé : autrement, la quantité du ma-
« gnétisme neutre qui a été décomposé dans un aimant n'est qu'une
« partie infiniment petite de celui qui est resté à l'état neutre. »

En effet, nous avons vu au n° 80 que la propriété de pouvoir être de plus en plus fortement aimanté que possède un corps magnétique est inépuisable. Or cette propriété ne peut s'expliquer qu'en admettant la proposition que nous venons d'énoncer; et, avec un peu de réflexion, on aperçoit sans peine que la théorie d'Ampère s'y prête très-bien. (V. *Compl.*)

97. *Remarque.* — Dans cette théorie, l'*état de saturation* dont nous avons parlé au n° 80 n'est que l'état dans lequel il y a équilibre entre la tendance qu'il faut concevoir dans les courants moléculaires pour retourner à leurs premières position, et la force coercitive qui s'oppose à ce retour. (V. *Compl.*)

98. PROBLÈME. — « Expliquer, dans la théorie d'Ampère, l'*ina-*
« *missibilité* du magnétisme dont il est parlé à la fin du n° 80. »

Solution. — D'abord, l'adhérence que nous avons dit, dans le n° 90, devoir exister entre les fluides électriques en mouvement, et les molécules pondérables autour desquelles ils circulent, est une première cause qui s'oppose à ce que ces fluides passent de ces molécules pondérables à d'autres. Secondement, on peut supposer la distance mutuelle des éléments magnétiques si grande, par rapport aux dimensions des courants qui circulent autour de ceux-ci, que ces courants ne puissent passer d'un élément à un autre. Ce passage sera pour lors, *à fortiori*, impossible d'un morceau de fer à un autre morceau de fer, ou à tout autre corps conducteur.

99. *Remarque.* — Enfin nous allons voir, par la proposition suivante, que la théorie d'Ampère satisfait parfaitement à la condition que les expériences du n° 85 imposent à la constitution intérieure des aimants.

PROPOSITION. — « Après une décomposition quelconque de
« magnétisme, le magnétisme austral qui en résulte est égal en
« quantité au magnétisme boréal qui résulte de la même décom-
« position. »

Car avant la décomposition les deux quantités totales de magnétisme austral et boréal étaient égales, puisqu'il n'y avait que du magnétisme neutre. Or la décomposition n'a pu changer ces quantités totales de magnétisme; donc, après cette décomposition, le magnétisme austral libre est de même quantité que le magnétisme boréal libre.

J'entends par magnétisme *libre* celui qui n'est engagé dans aucune combinaison avec un magnétisme différent qui le neutraliserait. (V. le n° 117).

100. *Remarque.* — Quand on compare la théorie de Coulomb à celle d'Ampère, que nous venons d'exposer en détail, ce qui frappe d'abord en faveur de cette théorie de Coulomb, c'est sa simplicité. Mais cette simplicité ne peut compenser l'incompatibilité avec un fait. Or nous allons faire connaître, dans la proposition suivante, un phénomène électro-magnétique que l'on ne peut expliquer dans la théorie de Coulomb, en attribuant aux fluides magnétiques les propriétés susdites.

Rotation d'un courant autour d'un aimant. — Cette rotation est analogue à celle du n° 71, et on la démontre par le même appareil (*fig.* 182).

Fig. 182.

Ainsi lorsque le conducteur GIL pose, par sa pointe I, sur la petite coupe O, et que l'on a mis les points K et H en communication avec les deux pôles d'une pile, si l'on place un aimant dans la position DEF, aussitôt le conducteur GIL se met à tourner comme dans l'expérience du n° 71. Ces deux expériences ne diffèrent qu'en ce que la spirale dont ce n° prescrit d'envelopper le vase AB est ici remplacée par l'aimant DEF. Dans la théorie de Coulomb, ce phénomène est inexplicable ; l'explication de ce phénomène est la même que celle du n° 71, il n'y a qu'à substituer à l'aimant employé ici un solénoïde vertical, ou simplement un anneau électro-dynamique horizontal placé entre les branches verticales du conducteur mobile, comme nous y autorise le corollaire qui termine le n° 89.

Par cette substitution, en effet, l'expérience actuelle revient à l'action d'un anneau électro-dynamique placé en E à l'intérieur du conducteur GL, comme l'expérience du n° 71 consistait dans l'action d'un anneau électro-dynamique MN, dont on enveloppait le vase AB à l'extérieur du même conducteur GL. Ainsi, en répétant ici les considérations du n° 71, on expliquera facilement la rotation imprimée à ce conducteur par l'aimant DF.

Corollaire.—De ce qui précède, on peut conclure l'inadmissibilité de la théorie de Coulomb. En effet, le succès de l'expérience précédente ne dépend pas de l'épaisseur du faisceau de barreaux aimantés que l'on place en DE. Par conséquent, on peut admettre qu'elle réussirait encore, si l'on employait un aimant infiniment mince et réduit à un simple fil magnétique placé dans l'axe CH de la figure, pourvu qu'il fût d'une intensité suffisante. Or, dans la théorie de Coulomb, chaque point de ce fil offrant une molécule de fluide magnétique boréale ou australe, ce point exercera sur tous ceux du conducteur GIL des forces qui se réduiront toutes à une résultante dirigée vers cette molécule magnétique. Par conséquent, dans la théorie de Coulomb, toutes les forces exercées par notre aimant sur les divers points du conducteur GIL, passant ainsi par l'axe CH, ne pourraient faire tourner ce conducteur autour de cet axe. Mais, dans la théorie de M. Ampère, notre fil revient, d'après le corollaire du n° 89, à un solénoïde infiniment mince, ou, plus exactement, à une réunion de solénoïdes de même axe et de différentes longueurs, comme nous le dirons à la fin du n° 103. Tout se réduit donc à calculer l'action de l'extrémité d'un solénoïde sur chaque point ou élément du conducteur GIL, car nous avons vu au commencement du n° 76 qu'un solénoïde n'a d'action qu'à ses extrémités. Or, d'après ses calculs, M. Ampère a trouvé que l'action de chaque extrémité d'un solénoïde sur un élément du conducteur GIL se réduit à une force appliquée au milieu de cet élément, perpendiculairement au plan qui passe par cet élément et l'extrémité du solénoïde. Par conséquent, il s'ensuit que cette action tend à faire tourner l'élément de fil conducteur autour de l'axe du solénoïde, ce que confirme l'expérience. On est d'abord étonné de voir que l'action de l'extrémité d'un solénoïde A (*fig.* 262), sur un point *m* d'un fil conducteur, se trouve être perpendiculaire à la droite *m*A qui irait de ce point à cette extrémité. Mais on en entrevoit aisément la raison, en ne considérant seulement que l'anneau extrême du solénoïde : en effet, soient *a* et *b* deux parties opposées de cet anneau comme les sens du courant y sont opposés, pour lors leurs actions sur *m* seront aussi des forces opposées *mb'* et *ma'*, qui auront une résultante *mo*, qui pourra être perpendiculaire à A*m*. On voit donc que si le calcul donne un résultat comme celui que nous avons dit, cela vient de ce que l'action électro-dynamique entre deux éléments de courants n'est pas seulement fonction de leurs distances, mais aussi de leurs directions, c'est-à-dire des angles qu'ils font avec cette distance; tandis que, dans la théorie de Coulomb, l'action mutuelle de deux molécules magnétiques n'est fonction que de leurs distances.

Fig. 262.

101. Pour terminer ce paragraphe, il ne reste plus qu'à dire comment varie l'action mutuelle de deux éléments magnétiques avec leur distance.

PROPOSITION. — « Les actions mutuelles des pôles de deux ai-
« mants varient en raison inverse du carré de leur distance. »

La démonstration de cette proposition repose sur un principe que nous établirons par l'expérience (*Coroll.* du n° 104), savoir, que tout le magnétisme de chaque moitié d'une aiguille aimantée se compose en une résultante appliquée à un pouce et demi de l'extrémité de cette moitié. Pour démontrer la proposition énoncée, on se sert de la balance de Coulomb, que nous avons décrite page 219, et que l'on désigne souvent par le nom général de *balance de torsion*.

On y suspend par un fil d'argent une longue aiguille aimantée à la place de l'aiguille électrisée EF (*fig.* 212) : avant tout, on fait en sorte qu'en même temps que cette aiguille est dirigée dans le méridien magnétique, le fil *nm* soit sans torsion.

Fig. 212.

Ensuite, on commence par mesurer l'action de la terre sur cette aiguille. Pour cela, on tourne l'index rn à différentes reprises, de manière à écarter un peu à chaque fois l'aiguille aimantée du méridien magnétique, et on examine pour chacun de ces écarts de l'aiguille la torsion du fil de suspension : on voit alors que cette torsion est proportionnelle à la quantité dont l'aiguille aimantée s'écarte du méridien magnétique. Supposons que cette torsion soit de 35° pour chaque degré dont s'écarte cette aiguille du méridien magnétique, comme l'avait trouvé Coulomb dans une expérience faite sur une aiguille de 24 pouces de longueur sur une ligne et demie de diamètre. Cela fait, on ramène l'aiguille EF au méridien magnétique ; l'on place près d'elle, dans la balance, une seconde aiguille aimantée GH égale à l'aiguille EF, de manière que ces aiguilles se croisent à un pouce environ de leurs extrémités : supposons que les extrémités qui se croisent soient de même espèce ; dès lors elles se repousseront à une distance d'un certain nombre de degrés, soit 24° ; et en ajoutant 35° à chacun de ces degrés pour tenir compte de l'action de la terre, on aura une somme qui sera la mesure de la répulsion des deux aiguilles à 24° de distance l'une de l'autre. Ensuite, en faisant tourner convenablement l'index rn, on rapprochera les aiguilles à 12° : la quantité dont on aura tourné rn, plus ces 12°, plus 12 fois 35 degrés dus à la terre, donnera la mesure de la répulsion des deux aiguilles dans cette seconde circonstance, et on la trouvera quadruple de la répulsion de la première fois : ces répulsions seront donc en raison inverse des carrés des distances correspondantes, 12° et 24°.

Enfin, en présentant l'une à l'autre les deux aiguilles aimantées par leurs extrémités de noms contraires, on démontrera notre proposition pour les attractions magnétiques, par des opérations semblables à celles que nous venons de décrire pour les répulsions.

Remarque. — Ce résultat de l'expérience est aussi une conséquence de la théorie d'Ampère, comme ce savant l'a démontré par le calcul, p. 105 de sa *Théor. des phén. électro-dyn.*, et il peut se déduire de la *Remarque II* du n° 74, réunie au *Coroll.* du n° 89.

§ II. — Distribution extérieure des forces des corps
magnétiques.

Premier cas, *d'un seul aimant.*

102. Considérons d'abord un fil d'acier long et mince, qu'on aurait aimanté à saturation par la méthode que nous expliquerons au n° 118. Pour étudier la distribution des forces extérieures d'un pareil aimant, on prendra une petite aiguille aimantée AB (*fig.* 255 *bis*) : on la suspendra horizontalement à des fils de soie ST d'un seul brin, tels qu'ils sortent du cocon, et on la laissera se diriger naturellement dans le méridien magnétique. Si on la dérange de cette direction, elle y reviendra par une suite d'oscillations plus ou moins rapides; et l'on trouve par le calcul que l'action des pôles de la terre sur l'aiguille aimantée est mesurée par le carré du nombre d'oscillations que fait cette aiguille en un temps donné, par exemple, en une minute. C'est exactement la même règle que celle donnée pour la pesanteur dans le problème du n° 53 du Ier livre, et cette règle se démontrerait de la même manière. Cela posé, si, lorsque l'aiguille est en repos dans le méridien magnétique, on place verticalement un fil d'acier aimanté CD dans le plan de ce méridien, de manière à ce qu'un des points de ce fil vertical soit directement vis-à-vis l'une des extrémités de l'aiguille, on verra que si on dérange cette aiguille de sa position naturelle, elle fait des oscillations bien plus rapides que précédemment. Dans ce cas, le carré de la somme des oscillations faites en une minute sera la mesure de la somme des actions de la terre et du fil d'acier aimanté; si donc on en retranche la mesure de l'action terrestre qu'on suppose avoir été obtenue auparavant en faisant osciller l'aiguille avant de lui présenter un fil d'acier aimanté, on aura celle de l'action que l'aiguille reçoit seulement du point I qui est devant elle dans le fil d'acier; car pour les points C et E de ce fil, placés plus haut ou plus bas, comme ils agissent très-obliquement, ils n'ont presque aucune influence sur les oscillations horizontales de l'aiguille aimantée.

En présentant de la même manière tous les autres points du

Fig. 255 *bis.*

fil d'acier à l'aiguille, on pourra mesurer les différentes actions de ces points sur l'aiguille ; et les nombres qu'on obtiendra ainsi représenteront les intensités magnétiques des différents points du fil d'acier. Seulement il y a une remarque à faire pour les points situés aux extrémités de ce fil. Ainsi, lorsque l'aiguille oscille précisément vis-à-vis une de ces extrémités, la force qui sollicite cette aiguille n'est que la moitié de celle qui agirait sur elle, s'il y avait dans le prolongement du fil d'acier un autre fil d'acier égal ; et par conséquent la force observée alors est, à peu de chose près, la moitié de celle qu'on obtiendrait si le fil aimanté était prolongé indéfiniment. Il faudrait donc doubler, dans cette circonstance, le carré du nombre d'oscillations faites par l'aiguille, pour avoir un résultat comparable à ceux relatifs aux autres points du fil d'acier.

Dans une expérience de ce genre, Coulomb employa une aiguille qui avait trois lignes de diamètre et six lignes de longueur, pour que sa grosseur et sa trempe empêchassent l'action du fil d'acier de troubler son magnétisme : le diamètre du fil aimanté était de deux lignes, et sa longueur avait vingt-sept pouces, afin que cette longueur empêchât l'action d'un des pôles de se mêler à celle de l'autre ; et, de peur que son action n'altérât le magnétisme de l'aiguille, il le présenta à celle-ci à huit lignes de distance. Alors il trouva qu'en prenant cinq points (*fig*. 276), A, C, D, E, F, dont les distances étaient AC = CD = DE = 1$^{po.}$, EF = 1$^{po.}$,5, les intensités magnétiques de ces points étaient représentées par ces nombres : 165 pour le premier, 90 pour le second, 48 pour le troisième, 23 pour le quatrième, et 9 pour le cinquième. Mais, à partir de ce cinquième point, l'intensité magnétique devenait insensible et s'affaiblissait toujours jusqu'au milieu du fil, où cette intensité était nulle. En élevant aux points ACDEF des perpendiculaires à AB proportionnelles à ces nombres, et en joignant leurs sommets, on a la courbe des intensités magnétiques du fil AB.

Fig. 276.

Remarque I. — Coulomb recommença l'expérience avec le même fil, en changeant seulement sa longueur. Il trouva pour lors, quelle que fût cette longueur, pourvu qu'elle excédât six ou sept pouces, que les trois premiers pouces et les trois derniers avaient toujours les mêmes intensités magnétiques que dans le fil entier de vingt-sept pouces de longueur. Mais, dans l'intervalle de ces deux portions extrêmes de chaque fil, l'intensité magnétique était insensible et même nulle vers le milieu du fil.

Remarque II. — Coulomb a reconnu par le même moyen que, dans une tige d'acier aimantée très-longue, il arrive souvent que le magnétisme change plusieurs fois de nature entre les trois premiers et les trois derniers pouces de la tige. Il est d'ailleurs facile de s'apercevoir si le magnétisme change de nature en passant d'un endroit à l'autre d'une tige d'acier, parce que, dans ce cas, l'extrémité de l'aiguille, qui était attirée par le premier endroit, est repoussée par le second.

Définition. — On appelle *points conséquents* les différents points d'une tige d'acier aimantée, où les forces magnétiques changent de nature. Ces points gênent dans une expérience, parce que l'action des uns est contrariée par l'action des autres.

La méthode d'aimantation, qui consiste à frotter simplement avec le pôle d'un seul aimant le fil d'acier qu'on veut aimanter, a surtout l'inconvénient de produire des points conséquents lorsqu'on applique cette méthode à des fils d'acier un peu longs.

103. *Remarque*. — Les géomètres n'ont point encore obtenu par le calcul les résultats que Coulomb a trouvés par l'expérience; et même, à proprement parler, sous le point de vue mathématique, le problème actuel est indéterminé; car, dans ce problème, il s'agit de calculer l'équilibre qui doit s'établir entre la tendance qu'ont les magnétismes de cet aimant à se réunir (n° 97), et la force coercitive qui s'y oppose. Il peut donc y avoir autant de cas d'équilibre que la force coercitive est susceptible d'intensités et de directions diverses : or la force coercitive étant comparable à une sorte de frottement, est susceptible (comme la résistance de frottement) d'une infinité d'intensités et d'une infinité de directions.

Ainsi notre problème pris en lui-même aurait une infinité de solutions, et ne pourrait, par conséquent, être résolu *à priori* par le calcul. Cependant il y a un cas qui, n'ayant qu'une solution, pourrait être calculé : c'est celui d'un aimant aimanté à *saturation*, comme l'observe M. Poisson, p. 260, t. V de l'*Acad. des sc.;* mais ce calcul n'a pas encore été fait.

Cependant on peut rendre jusqu'à un certain point raison de

302   ÉLÉMENTS DE PHYSIQUE, LIV. II.

la distribution extérieure des forces d'un aimant, comme on va le voir dans le problème suivant :

Problème. « Expliquer comment la distribution extérieure des « forces d'un aimant trouvée par l'expérience résulte de sa cons- « titution intérieure. »

Solution. — Nous avons vu qu'à l'intérieur un aimant AB (*fig.* 272) est la réunion d'une infinité de petits aimants ou éléments BA_1, B_1A_2, B_2A_3, etc., dont toutes les extrémités d'une espèce sont tournées d'un côté, et celles de l'autre espèce au côté opposé ; supposons que les extrémités boréales B, B'_1, B_2, etc., soient toutes à gauche, et les australes A, A_1, etc., à droite. Ces éléments magnétiques ne peuvent être d'égales intensités : car, supposons-les un instant égaux, et nous allons voir que leur influence mutuelle rendra bientôt ceux du centre plus forts que ceux des extrémités. En effet, prenons un élément quelconque, par exemple le troisième à partir de la gauche, à savoir l'élément B_2A_3, que je supposerai à gauche du milieu de la série. En considérant l'action que cet élément B_2A_3 éprouve de tous ceux qui viennent à sa suite, comme, dans tous ceux-ci, le pôle boréal est plus près de B_2A_3 que le pôle austral, on voit que chacun agira boréalement, c'est-à-dire repoussera le magnétisme boréal en B_2, et attirera en A_3 le magnétisme austral. Cet élément B_2A_3 augmentera donc de force par l'action de tous ceux qui suivent ; on verrait de même que les éléments qui précèdent B_2A_3 agissent dans le même sens sur lui, pour augmenter son magnétisme libre. Mais je dis que le quatrième élément B_3A_4 augmentera plus que le troisième en magnétisme libre, par l'action des autres. En effet, ce quatrième élément est ce que deviendrait le troisième, si, prenant le dernier $B_{n+1}A$, on le transportait, parallèlement à lui-même, à la tête de la série à gauche de BA_1 ; mais après cette translation l'élément $B_{n+1}A$ agirait évidemment dans le même sens qu'auparavant, pour augmenter le magnétisme libre de l'élément troisième, devenu quatrième ; seulement, étant maintenant plus près de celui-ci, il agirait plus fortement qu'avant la translation. L'élément magnétique que l'on considère est donc plus fortement aimanté au quatrième rang qu'au troisième.

Donc, à mesure que, partant de la gauche, on approchera du milieu de notre série d'éléments magnétiques, on passera d'un élément à un autre plus fortement aimanté ; mais au delà du milieu de la série c'est le contraire, parce que si l'élément B_2A_3, que nous venons de considérer, eût été au milieu de la série ou à droite de ce milieu, pour lors l'élément $B_{n+1}A$, après sa translation à gauche de BA_1, eût été plus loin de B_2A_3 qu'avant cette translation ; cette translation aurait donc diminué son action sur B_2A_3. Par conséquent, l'effet de la réaction mutuelle des éléments les uns sur les autres sera de constituer la file totale de ces éléments, de manière que leurs magnétismes libres iront en diminuant depuis le milieu de la file jusqu'aux deux extrémités, à droite et à gauche. D'après cela, si on considère l'intervalle o'', par exemple, qui sépare deux éléments consécutifs, cet intervalle sera entre deux quantités inégales de magnétisme : l'une, située à droite de l'intervalle, sera boréale, et l'autre, à gauche, sera australe. Dans les intervalles situés sur la moitié gauche de la file, ce sera le magnétisme boréal qui prédominera ; mais dans la moitié droite ce sera le magnétisme austral. Ainsi la première moitié paraîtra à l'extérieur ne contenir que du magnétisme boréal ; et la deuxième moitié, du magnétisme austral.

Corollaire I. — On voit qu'un aimant peut être considéré comme un faisceau de solénoïdes infiniment minces, et parallèles à son axe ; car le couple de deux points de cet aimant, placé sur une parallèle à son axe et à égales distances de son milieu, forme une aiguille qui possède à ses deux extrémités deux vertus magnétiques égales et contraires, l'une boréale et l'autre australe, précisément comme un solénoïde qui irait de l'un de ces deux points à l'autre. (V. n° 76, les premières lignes, et n° 89, *Coroll.*)

104. PROBLÈME. — « On demande de déterminer d'une ma-« nière précise le pôle d'un aimant dont on connaît la distribu-« tion des forces magnétiques. »

Prenons, par exemple, le fil d'acier aimanté représenté *fig.* 276. Il est évident que le pôle n'est autre chose que le point d'application de la résultante des forces magnétiques représentées par les perpendiculaires 165, 90, 48, 23, etc. (p. 300). Ainsi, en suivant les règles données par le calcul pour cette composition de forces, on trouvera la distance de ce point d'application de la résultante à l'extrémité de la barre, et on aura le pôle qu'on demande.

Fig. 276.

Corollaire II. — D'après cette solution, il résulte, de la remarque I du n° 102, que tous les fils d'acier aimantés ont leurs pôles à la même distance de leurs extrémités, quelle que soit leur longueur, pourvu qu'elle excède 6 ou 7 pouces. Quant aux fils ou aiguilles moindres que 6 ou 7 pouces, le même savant a trouvé que les pôles étaient à peu près au sixième de leur longueur.

Lorsqu'au lieu de simples fils d'acier ou de lames minces il est question de gros barreaux aimantés, les règles précédentes n'ont plus lieu; il faut alors déterminer les pôles magnétiques par la mesure directe des forces des différents points du barreau, en lui présentant la petite aiguille aimantée AB, fig. 255 *bis*, comme nous l'avons dit au n° 102. Dans tous les cas autres que celui d'un simple fil d'acier aimanté, la position des pôles dépend des dimensions et de la forme du corps que l'on aimante ; et même il y a une forme par laquelle toutes les forces magnétiques se contre-balancent parfaitement, et où par conséquent il n'y a plus de pôle : c'est la forme d'anneau. Ainsi, lorsqu'on soumet au procédé d'aimantation, que nous expliquerons au n° 118, un anneau d'acier, et que l'on fait l'opération avec soin pour que l'aimantation soit bien régulière après cette opération, cet anneau ne donne aucun signe de polarité. Ce phénomène, analogue à celui du n° 76, est une conséquence de la théorie, comme Ampère le prouve, pag. 97 et 186 de sa *Théorie des phénomènes magnétiques.*

105. *Magnétisme terrestre.* — D'après les n° 82, 89 et 93, nous pouvons considérer le globe terrestre comme un aimant immense. Ainsi il est à propos d'examiner, dans la question actuelle, la distribution des forces magnétiques que le globe exerce hors de lui.

Il y a cependant une différence essentielle entre la question du magnétisme de la terre et celle d'un aimant proprement dit ; car, dans l'étude de l'action d'un barreau aimanté sur une aiguille, on peut à peu près isoler l'action de l'un des pôles de celle de l'autre ; mais cela n'est pas possible pour la terre. Ainsi les actions du magnétisme terrestre ne se réduiront jamais à moins de deux résultantes de sens contraires. Nous allons voir qu'elles sont égales et parallèles; mais nous pouvons comprendre dès à présent qu'elles seront appliquées à deux points situés de part et d'autre, du milieu de l'aiguille, attendu que, d'après le n° 103, cette aiguille peut être considérée comme n'ayant qu'une sorte de magnétisme sur chacune de ses moitiés.

Couple magnétique de la terre. — Pour prouver que les deux actions opposées du magnétisme terrestre sur l'aiguille aimantée sont égales et parallèles, et font ce qu'on appelle en mécanique un *couple,* il suffit de montrer que cette égalité et ce parallélisme ont lieu séparément pour les composantes horizontales et pour les composantes verticales de ces actions de la terre. D'abord, pour les composantes verticales, on conçoit que si elles n'étaient pas égales et contraires, il en résulterait une altération dans le poids d'une aiguille d'acier produite par l'aimantation ; or, avec quelque soin que l'on pèse une pareille aiguille avant et après l'aimantation, on ne trouve jamais d'altération dans son poids. Ensuite, quant aux composantes horizontales, on prouve qu'elles font un vrai *couple* par l'absence de tout mouvement de translation horizontale. A cet effet, on suspend une planchette très-légère à un assemblage de fil de cocon TS (*fig.* 260); sur l'une des extrémités de cette planchette on place une aiguille AB, tournant sur un pivot, et sur l'autre un contre-poids P ; on place ces deux objets de manière qu'ils se contre-balancent, et qu'ils maintiennent la planchette dans une position horizontale. Aussitôt qu'après ces dispositions on abandonne la planchette à elle-même, l'aiguille tourne jusqu'à ce que sa direction AB soit précisément dans le méridien magnétique. Cependant, s'il existait une force de translation horizontale, il est évident qu'elle tirerait l'aiguille et tordrait le fil jusqu'à ce qu'elle eût amené dans sa direction le levier SR.

Fig. 260.

Pour que cette expérience réussisse bien, il faut que les fils de suspension n'aient qu'une force de tension insensible : voilà pourquoi on prend un assemblage de fils parallèles tels qu'ils sortent d'un cocon de ver à soie ; car chacun de ces fils n'a presque pas de torsion, et on la diminue encore beaucoup, si l'on a la précaution de les prendre très-longs.

Remarque. — Il est évident que les deux pôles déterminés au n° 104 sont les deux points d'application des forces qui composent le couple magnétique de la terre. Cherchons maintenant la direction précise de ces forces : elle se détermine au moyen des boussoles de déclinaison et d'inclinaison.

106. La *boussole de déclinaison* consiste principalement en une aiguille aimantée *ab* (*fig.* 247), portée sur un pivot *o* sur lequel [elle peut osciller horizontalement; abandonnons cette aiguille à elle-même, hors de l'influence de tout corps magnétique autre que la terre, jusqu'à ce qu'elle prenne sa position d'équilibre. Quand l'aiguille a atteint cette position d'équilibre, il est clair que le couple magnétique de la terre doit se trouver tout compris dans un plan vertical passant par le point de suspension de l'aiguille : ce plan est ce que nous avons appelé le *méridien magnétique*, n° 45.

Fig. 247.

La *boussole d'inclinaison* consiste en une aiguille aimantée *gg'* (*fig.* 258), traversée en son centre de gravité par un axe *mn* sur lequel elle peut tourner librement; mais comme cet axe est horizontal, on voit que le plan AXB de rotation de notre aiguille est nécessairement vertical. Cela posé, dirigeons ce plan AXB dans le méridien magnétique trouvé tout à l'heure avec la boussole de déclinaison, et nous verrons aussitôt l'aiguille *gg'* prendre une direction fortement inclinée sur l'horizon; et il est clair que cette direction est précisément celle de l'action magnétique de la terre. On appelle *inclinaison magnétique*, l'angle que l'action magnétique de la terre fait avec l'horizon : si on compare le méridien magnétique obtenu tout à l'heure avec le méridien géographique, on trouve en général une différence de quelques degrés entre ces deux méridiens.

Fig. 258.

On appelle *déclinaison magnétique*, l'angle compris entre les deux méridiens géographique et magnétique.

Pour déterminer ces deux éléments de la direction du magnétisme terrestre, il suffit d'observer dans chaque boussole à quel degré de son limbe tombe l'extrémité de la ligne des pôles de son aiguille, à condition que cette ligne rencontre l'axe de rotation de cette aiguille. On fait ce qu'on peut pour remplir exactement cette condition, et marquer aussi exactement aux bouts de l'aiguille ces extrémités de la ligne des pôles. Mais malgré cela, pour éviter toute erreur, on pratique le *retournement*, c'est-à-dire que, après avoir observé soigneusement à quel degré du

disque CD (*fig.* 247) correspond l'extrémité de l'aiguille qui tend Fig. 247.
vers le nord (supposons que ce degré observé soit le 21ᵉ à l'ouest),
on retourne l'aiguille de manière à ce qu'elle couvre le pivot
avec son autre chape, et on observe encore le degré du disque
où se trouve la même extrémité de l'aiguille. Supposons que ce
nouveau degré soit le 23ᵉ à l'ouest, pour lors on prendra un nombre qui tienne le milieu entre 21 et 23, savoir 22; et la déclinaison magnétique sera de 22° à l'ouest.

Mais quand il s'agit de l'inclinaison, la position que prend l'aiguille dépendant beaucoup de la position de son centre de gravité, il faut, après le retournement que nous venons d'indiquer, renverser les pôles de l'aiguille en l'aimantant une seconde fois en sens contraire de la première fois; et si l'axe mn (*fig.* 258) Fig. 258. passe bien par le centre de gravité de l'aiguille gg', comme nous l'avons supposé ci-dessus, l'inclinaison magnétique qu'on trouvera cette seconde fois sera sensiblement la même que celle trouvée la première fois; mais si les deux valeurs trouvées pour cette inclinaison sont différentes, leur moyenne sera la valeur véritable.

On trouve dans l'Annuaire du Bureau des longitudes pour 1851, que la déclinaison était à Paris de 20° 30′ 40″ le 4 décembre 1850, et que l'inclinaison était dans la même ville de 66° 37′ le 28 novembre 1850. (V. n° 110.)

107. *Corollaire.* — Le foyer d'où émanent les forces magnétiques de la terre peut être considéré comme à une distance infinie de nous.

En effet, ce foyer n'est autre chose que le point où concourent les directions qu'a la force magnétique de la terre en divers lieux du globe. Or, ces directions sont à peu près parallèles quand les lieux que l'on compare ne sont pas très-éloignés; car alors on trouve sensiblement les mêmes déclinaison et inclinaison magnétiques pour tous ces lieux : donc leur rencontre n'a lieu qu'à une distance infinie. Nous verrons d'une manière plus précise, au n° 114, ce qu'il faut penser de l'origine d'où émanent les forces magnétiques.

Aiguille astatique. — On appelle ainsi une aiguille aimantée qu'on a soustraite à l'action de la terre, parce qu'alors elle n'a plus la propriété de se tenir en équilibre dans une position fixe

308   ÉLÉMENTS DE PHYSIQUE, LIV. II.

et déterminée par cette action. Il y a plusieurs manières de rendre astatique une aiguille aimantée.

269. Le premier moyen qu'on a proposé pour cela, est d'amener l'axe $a'a$ (*fig.* 269) de l'aiguille gg' parallèle à la direction du magnétisme terrestre; ce qui peut s'exécuter au moyen d'un appareil dont la fig. 269 donne une idée suffisante à la seule inspection : par la vis V on peut faire tourner le limbe, CC′ et l'aiguille qu'il porte autour de l'axe vertical de tout l'appareil, tandis que par la vis V′ on peut faire basculer ce limbe et l'incliner, plus ou moins sur l'horizon. Il est vrai que si cet axe passe bien exactement par le centre de gravité, on aura, par ce procédé, amené l'aiguille gg' à être indifférente à toutes les positions qu'on pourra lui donner dans le plan CC′ : cependant, si ledit axe ne passe pas par le centre de gravité, il est facile de voir que l'on pourra encore amener l'aiguille à être ainsi indifférente à toutes sortes de positions dans le plan CC′; mais alors cet axe aa' ne sera pas parallèle au magnétisme terrestre. (V. *Compléments.*)

La seconde manière de rendre une aiguille astatique, c'est de contre-balancer l'action que la terre exerce sur elle par l'action contraire d'un aimant puissant. Pour cela, il n'y a qu'à placer celui-ci à une assez grande distance de l'aiguille, et dans le méridien magnétique qui passe par le centre de cette aiguille. Si, de plus, on a soin que ses pôles soient situés en sens contraire de ceux de la terre, il agira sur l'aiguille aussi en sens contraire de la terre; et en le mettant à une distance convenable, on conçoit qu'il pourra neutraliser complètement l'action de celle-ci. Il faut que le barreau soit assez puissant pour que cet effet ait lieu à une grande distance de l'aiguille, afin que son action sur un des pôles de celle-ci soit sensiblement égale à celle qu'il exercera sur l'autre.

Fig. 278. Enfin, le moyen le plus simple de rendre une aiguille AB (*fig.* 278) astatique, c'est de lui en associer une autre A′B′ parfaitement égale sur le même axe mn et en sens contraire; car alors de chaque côté s'exerceront deux actions de la terre égales et contraires, ce qui ne produira aucun effet. Nous avons déjà fait usage de cette méthode aux n°ˢ 49 et 60.

108. *Des pôles et de l'équateur magnétique de la terre.* — On appelle *pôles magnétiques* du globe des points de sa surface où

l'aiguille aimantée se tiendrait verticalement, c'est-à-dire qu'à ces points la force magnétique de la terre est parallèle à la pesanteur. Le capitaine Ross, dans son voyage de 1830, est parvenu à rencontrer le vrai lieu du pôle magnétique boréal : il l'a trouvé à 70° de latitude et 99° de longitude occidentale de Paris.

En partant de Paris, par exemple, et en allant de plus en plus au midi, on trouve que l'inclinaison diminue sans cesse, jusqu'à ce qu'enfin l'on rencontre un lieu dans les régions équatoriales où elle est nulle, c'est-à-dire où l'aiguille se tient horizontale. Si l'on continue à marcher toujours vers le pôle sud de la terre, pour lors l'aiguille se renverse. Ainsi, tandis que dans notre hémisphère l'aiguille d'inclinaison dirige son pôle austral en bas vers le nord, au contraire, dans l'autre hémisphère, c'est son pôle boréal qu'elle dirige en bas vers le midi ; et cette inclinaison renversée augmente sans cesse à mesure que l'on s'approche du pôle sud de la terre, de sorte que vers ce point il doit exister un lieu où l'aiguille se tient verticale. Ce lieu, qu'on n'a pas encore rencontré directement, a été déterminé indirectement par le petit nombre d'observations australes que l'on possède ; il paraît à peu près diamétralement opposé, comme cela doit être, au pôle boréal découvert par le capitaine Ross. Quelques-uns regardent comme probable qu'il existe encore d'autres pôles que ceux que nous venons d'indiquer ; mais cette opinion est généralement rejetée.

L'*équateur magnétique* est une ligne voisine de l'équateur géographique, et le long de laquelle l'aiguille aimantée abandonnée à elle-même se tient horizontalement. Cet équateur a été reconnu en réunissant par la pensée la suite des points de la terre où l'aiguille aimantée se tient horizontale, comme nous venons de le dire. La réunion des points où l'horizontalité de l'aiguille d'inclinaison a lieu donne une ligne qui forme à peu près un grand cercle de la sphère terrestre, incliné de 12° ou 13° sur l'équateur géographique. M. Biot, en 1816, en partant des observations connues alors, trouvait que l'équateur magnétique coupait l'équateur géographique d'un côté vers l'île Gallego, environ à 115° de longitude à l'occident de Paris, et du côté opposé vers 65° de longitude à l'est de Paris, dans les mers de l'Inde.

D'après les déterminations de M. Duperrey en 1824, les deux équateurs comprendraient entre eux un intervalle de 2° dans la longitude occidentale de 115°, et ce ne serait qu'à 170° de longitude occidentale qu'ils se rencontreraient.

109. M. Duperrey a aussi déterminé ce que l'on pourrait appeler les parallèles magnétiques, et qu'on appelle lignes *isoclines*. Ce sont les cercles à peu près parallèles à l'équateur magnétique, dont chacun a cette propriété que, sur tous ses points, l'aiguille d'inclinaison fait le même angle avec l'horizon. Le même savant a aussi déterminé les lignes *isogones*, c'est-à-dire d'égale déclinaison : ce sont des espèces de méridiens magnétiques qui vont d'un pôle magnétique à l'autre. Parmi ces lignes, on distingue particulièrement les *lignes sans déclinaison*, c'est-à-dire celles en chaque point desquelles l'aiguille aimantée horizontale se dirige exactement du sud au nord. On attachait autrefois une grande importance à cette dernière sorte de lignes.

En partant d'une de ces lignes sans déclinaison, et allant vers l'est ou vers l'ouest, l'aiguille aimantée prend une déclinaison de plus en plus grande jusqu'à un certain maximum, après quoi elle diminue jusqu'à ce que l'on rencontre une nouvelle ligne sans déclinaison ; mais, en général, la déclinaison varie très-irrégulièrement quand on passe d'un lieu à un autre suffisamment éloigné.

110. *Variations de la déclinaison et de l'inclinaison magnétiques.* — Avec le temps, sur chaque lieu de la terre, la déclinaison change de valeur; et des observations très-précises ont prouvé qu'il en est de même de l'inclinaison magnétique.

Ainsi, à Paris, dans le seizième siècle, la déclinaison était orientale, au lieu d'être, comme aujourd'hui, occidentale. Cette déclinaison orientale a diminué de plus en plus jusqu'à devenir nulle vers le milieu du dix-septième siècle ; après quoi elle est devenue occidentale, et a augmenté occidentalement jusque vers 1823, époque de son maximum, qui est de 22° 23'. Depuis cette époque, elle diminue de plus en plus : en novembre 1851, on l'a trouvée de 20° 25' à l'Observatoire.

Quant à l'inclinaison magnétique, elle a toujours été en diminuant jusqu'à présent. Ainsi il y a environ un siècle qu'elle était de 72°, et maintenant elle paraît encore diminuer de 3' par an :

en novembre 1854, on l'a trouvée de 66° 35' à l'Observatoire.

111. Ces variations, qu'on peut appeler *séculaires*, sont accompagnées de mouvements annuels, et même de mouvements diurnes. Ainsi, à Paris, d'après les observations de Cassini, l'aiguille de la boussole de déclinaison, tous les jours de midi à trois heures, a une plus grande déclinaison pendant l'été que pendant l'hiver. Ainsi l'aiguille s'écarterait de l'est lorsque le soleil se rapproche de nous, et s'en rapproche lorsque cet astre s'éloigne de nos contrées; mais ces variations ont besoin d'être encore étudiées. De plus, en observant la même aiguille aux différentes heures du même jour, on a reconnu que, chaque jour, cette aiguille s'éloigne du méridien géographique depuis le lever du soleil jusque environ à une heure et demie après midi, et qu'ensuite elle s'en rapproche jusqu'après neuf heures du soir: alors elle s'arrête toute la nuit, pour reprendre le même mouvement le lendemain. Ces variations ne sont jamais que d'un petit nombre de minutes.

112. *Perturbation de l'aiguille aimantée.* — Plusieurs causes naturelles troublent momentanément la régularité des variations diurnes; entre toutes ces causes, l'aurore boréale paraît la plus efficace. Ce phénomène a été décrit par plusieurs auteurs; M. Haüy me paraît l'avoir décrit plus clairement que les autres :

« L'aurore boréale, dit cet auteur, se montre presque toujours du côté du nord, en tirant un peu vers l'ouest. Elle commence ordinairement trois ou quatre heures après le coucher du soleil. Elle s'annonce par une espèce de brouillard qui présente à peu près la figure d'un segment de cercle, dont l'horizon forme la corde. La partie visible de sa circonférence paraît bientôt bordée d'une lumière blanchâtre, d'où résulte un arc lumineux ou plusieurs arcs concentriques, dont la distinction est marquée par des bordures composées de la matière obscure du segment: des jets et des rayons de lumière diversement colorés s'élancent ensuite de l'arc, ou plutôt du segment nébuleux, où il se fait presque toujours quelque brèche éclairée, qui semble leur donner une issue. Quand le phénomène augmente, et qu'il doit occuper une grande étendue, son progrès se manifeste par un mouvement général et une espèce de trouble dans toute la masse. Des brèches nombreuses se forment et disparaissent à l'instant dans l'arc et dans le segment obscur; des vibrations de lumière et des éclairs viennent frapper, comme par secousses, toutes les parties de la matière du phénomène qui occupent l'hémisphère visible du ciel. Enfin, lorsque cette matière parvient à sa plus grande extension, il se forme vers le zénith une couronne enflammée, qui est comme le point central dans lequel tous les mouvements d'alentour paraissent concourir. C'est là le moment où le phénomène se développe dans sa plus grande magnificence, tant par la variété des figures lumineuses qui se jouent de mille manières au haut de l'atmosphère, que par la beauté des couleurs dont plusieurs d'entre elles sont ornées. Le phénomène diminue ensuite par degrés, de manière cependant que les jets lumineux et les vibrations se renouvellent de temps en temps : mais, enfin, le mouvement cesse; la lumière qui occupait les parties méridionales, et celles de l'orient et de l'occident, se resserre et se concentre dans la partie boréale ; le segment obscur s'éclaircit, et finit par s'éteindre, tantôt subitement, tantôt avec lenteur, à moins qu'il ne se prolonge jusqu'à se fondre, en quelque sorte, dans le crépuscule du matin, comme cela a lieu dans la plupart des grandes aurores boréales. »

Le sommet de l'arc et la couronne enflammée qu'on aperçoit dans les aurores boréales sont toujours, à ce qu'il paraît d'après les observations, dans la direction du méridien magnétique, et le centre de la couronne n'est pas précisément au zénith; il est plutôt placé sur le prolongement de l'aiguille d'inclinaison. Quand une aurore boréale paraît, l'aiguille aimantée entre aussitôt en des agitations qui durent à peu près pendant tout le temps du phénomène, et après sa disparition elle reprend sa première direction. Cette influence des auréoles boréales sur l'aiguille aimantée a lieu à de très-grandes distances, et même jusque dans des contrées trop éloignées pour que leurs habitants puissent voir ce météore.

Cette action des aurores boréales sur l'aiguille aimantée a porté plusieurs physiciens à les regarder comme n'étant autre chose que des courants électriques occasionnés dans les hautes régions de l'atmosphère par des causes accidentelles, et dirigés par la vertu magnétique du globe. Une expérience de sir Humphry Davy avait donné quelque poids à cette opinion. Cette expérience est celle du mouvement que la présence d'un aimant imprime à distance à l'arc lumineux qui va d'un des réophores à l'autre d'une pile voltaïque puissante, lorsqu'on les éloigne l'un de l'autre de deux ou trois centimètres. Mais, selon M. Masson et beaucoup d'autres phyciciens, ce mouvement de l'arc voltaïque n'est que l'effet de l'attraction ordinaire de l'électricité par les corps en général. M. Olmsted, professeur des États-Unis, dans un Mémoire récent, revient à l'idée émise dans le siècle précédent par Mairan, en pensant que les aurores boréales sont d'origine *cosmique*, c'est-à-dire que, selon ce savant professeur, l'aurore boréale serait l'effet du passage, près de notre globe, de certains amas de matières nébuleuses qui auraient leurs cours dans les espaces célestes comme les astres, et qui manifesteraient leurs retours périodiques près de notre globe par les auroles boréales. Il est de fait que ces aurores réapparaissent périodiquement de siècle en siècle. M. Olmsted assigne à ces réapparitions, qu'il appelle *visitations*, une période de soixante-cinq ans environ, à compter depuis le milieu de la durée d'une visitation jusqu'au milieu de la suivante, car, selon lui, ces visitations durent à peu près vingt ans ; c'est-à-dire que pendant ces vingt ans les aurores sont plus fréquentes, et quelques-unes d'elles se montrent même jusque dans nos contrées. C'est surtout sur cette périodicité que M. Olmsted s'appuie pour combattre l'opinion précédente, et établir la sienne. M. Ampère voyait au contraire, dans cette périodicité, une forte raison d'attribuer les aurores boréales à des courants, à cause de son accord avec la périodicité des variations de la déclinaison et de l'inclinaison magnétiques.

En définitive, le phénomène des auroles boréales est un de ceux qu'on est le moins en état d'expliquer ; on ne sait pas même si ce phénomène a lieu dans l'atmosphère ou dans les espaces célestes.

113. *Remarque 1*. — Il faudrait maintenant faire connaître les moyens employés par les physiciens pour mesurer avec précision l'intensité magnétique : nous nous contenterons de dire que ces moyens consistent à compter les oscillations que fait en une minute l'aiguille, soit de déclinaison, soit d'inclinaison, dès qu'on l'écarte de sa position naturelle. Du nombre de ces oscillations, qui est plus ou moins grand, suivant que le magnétisme de la terre agit plus ou moins fortement, on conclut l'intensité de ce magnétisme, comme nous avons dit, au n° 53 du Ier Livre, que l'on mesure la pesanteur par les oscillations du pendule. (V. *Compl.*)

Par ces moyens, on a reconnu que le magnétisme est un peu plus considérable au pôle qu'à l'équateur.

114. *Remarque II.* — On a cherché à déterminer par le calcul quels seraient les effets magnétiques, inclinaisons, intensités, etc., produits par deux pôles ou centres d'actions placés dans l'intérieur du globe terrestre; et l'on a trouvé que la généralité des observations serait assez bien représentée par deux pôles situés sur un même diamètre de part et d'autre du centre du globe à une distance de ce centre infiniment petite, par rapport au rayon terrestre. Mais une partie trop considérable de ces observations échappe à cette disposition, pour qu'on puisse s'empêcher de conclure qu'il paraît impossible de représenter avec une exactitude suffisante l'ensemble des faits seulement par deux pôles égaux et contraires, placés symétriquement de part et d'autre du centre terrestre. (V. Pouillet, t. II, p. 735, 5e édition.) Il paraît qu'on ne pourrait arriver à cette représentation exacte qu'en plaçant encore d'autres pôles près de certaines localités.

Cette remarque confirme, du reste, le *Coroll.* du n° 107.

2e Cas. — *D'un système d'aimants et de corps magnétiques.*

115. Ce cas contient ce qu'il y a de réellement calculable dans la théorie du magnétisme. La question peut être ainsi posée : Un corps magnétique étant soumis à des forces magnétiques données, déterminer les grandeurs, les directions et l'arrangement ou la distribution des forces magnétiques qui se développeront dans ce corps, en supposant sa force coercitive nulle, ou du moins assez petite pour ne pas empêcher les causes qui agissent sur ce corps d'obtenir leur effet tout entier.

M. Poisson a traité ce problème par le calcul dans différents mémoires, comme il avait traité celui des influences électriques. Cet auteur a, il est vrai, adopté la théorie des deux fluides magnétiques; mais au moyen des n°ˢ 90 et suivants, et surtout au moyen du n° 95, nous pouvons faire passer littéralement dans la théorie des courants tous les calculs et toutes les explications des phénomènes qui font l'objet du présent paragraphe, tels que les ont donnés les auteurs qui ont suivi la théorie des deux fluides; seulement, partout où nous trouverons les mots de *fluides* ou de *molécules magnétiques*, il faudra y substituer les mots de *magnétisme* et de *points magnétiques*.

Ne pouvant faire connaître tous ces phénomènes, nous nous contenterons de traiter les questions suivantes :

PROPOSITION. — « Quand un morceau de fer doux est sous
« l'influence magnétique d'un des pôles d'un aimant, il se cons-
« titue en deux états magnétiques différents, de la même ma-
« nière qu'un corps conducteur isolé, en présence d'un corps
« électrisé, se constitue en deux états électriques opposés. »

Nous distinguerons ici deux cas, suivant que l'aimant à l'influence duquel on soumet le barreau de fer est un aimant ordinaire, ou bien est la terre elle-même.

En premier lieu, prenons un aimant ordinaire AB (*fig.* 264), et présentons-lui un petit barreau de fer VZ. Ensuite, pendant que ce petit barreau pend au bout de l'aimant, approchons au-dessous de lui de la limaille de fer; aussitôt on verra cette limaille attirée par ce même petit barreau, et elle adhérera en forme de touffe à sa partie inférieure. Ce n'est pas la force du pôle B de l'aimant qui a ainsi attiré cette limaille, car si on l'eût présentée à la même distance de ce pôle avant que VZ y fût, cette limaille fût restée immobile.

Fig. 264.

Au lieu de présenter de la limaille au petit cylindre VZ, on peut lui présenter un second petit cylindre, et il y adhérera; on peut ensuite approcher de ce second cylindre un troisième, qui s'y fixera encore; et ainsi de suite jusqu'à un certain terme au delà duquel la force magnétique, étant devenue insensible, ne puisse plus supporter le cylindre suivant. Pour désunir tout d'un coup tous ces cylindres adhérant les uns au bout des autres, il suffit de prendre le premier FZ, et de l'éloigner de l'aimant B; car alors chacun de ces cylindres perd sa vertu magnétique, et laisse tomber celui qui pendait à son extrémité.

Ces faits sont des conséquences toutes simples de nos principes n° 95, puisqu'en vertu de ces principes la présence d'un pôle d'aimant, par exemple d'un pôle austral, doit décomposer le magnétisme neutre de chaque élément magnétique, en attirant le magnétisme boréal et repoussant l'austral; tellement que le petit barreau de fer placé sous l'influence de ce pôle doit agir boréalement par l'extrémité la plus rapprochée de ce même pôle, et australement par l'extrémité opposée. C'est aussi ce que l'on confirme par l'expérience, en présentant les pôles d'une petite aiguille aimantée à ces deux extrémités du petit barreau de fer: on voit, en faisant l'expérience, que chaque extrémité repousse un pôle de l'aiguille et attire l'autre; mais l'une attire le pôle que l'autre repousse. Pour que cette expérience réussisse

Fig. 273. complétement, il faut que le barreau de fer FV (*fig.* 273) soit à une certaine distance du pôle A, sous l'influence duquel il est, afin que ce pôle n'agisse pas trop fortement sur l'aiguille.

116. Passons à l'action de la terre sur le fer doux.

La terre n'étant qu'un aimant immense, doit produire sur le fer des effets semblables aux phénomènes précédents. Aussi, si l'on présente à l'un des pôles d'une petite aiguille aimantée AB

Fig. 265. (*fig.* 263), à son pôle austral A par exemple, l'extrémité inférieure A' d'une barre de fer doux de deux ou trois pieds, que l'on tient verticale ou à peu près dirigée comme l'aiguille d'inclinaison, cette extrémité repousse l'aiguille; quand on descend la barre verticalement, de manière à ce qu'elle présente au pôle A successivement chacun des points de sa longueur, la répulsion subsiste toujours, quoiqu'en diminuant jusqu'au milieu de la barre : ensuite, si l'on continue de descendre la barre verticalement, il se manifeste une attraction exercée par tous les points de la moitié supérieure de la barre jusqu'à son sommet B'. Si l'on renverse cette barre de manière que son extrémité supérieure B' devienne inférieure, et que A' devienne supérieure, les actions changent en actions opposées; c'est-à-dire que pour lors l'extrémité A' et tous les points qui la suivent jusqu'au milieu de la barre attireront A, tandis qu'au contraire tous les autres points repousseront ce pôle.

Corollaire. — Ce qui précède peut expliquer jusqu'à un certain point l'existence des pierres d'aimant dans la terre; car l'action du magnétisme général de la terre doit aimanter toutes les substances qui en sont susceptibles, et par conséquent les morceaux de fer qui, dans les premiers temps de leur existence, pouvaient être à l'état de fer pur. Or, comme le fer abandonné à lui-même finit toujours par s'oxyder, les morceaux de fer aimantés dont nous venons de parler subiront donc l'oxydation, et finiront par conserver leur aimantation; car nous avons vu, au n° 79, que l'oxydation procure au fer une certaine force coercitive.

Remarque. — Quant à ce magnétisme général de la terre, M. Ampère l'explique, comme nous l'avons dit au n° 93, en admettant qu'il règne autour du centre de la terre des courants qui la parcourent dans le même sens que le soleil, c'est-à-dire de l'est à l'ouest. Ces courants seraient dus, selon M. Ampère, tant au contact des substances diverses dont le globe est composé, qu'à la variation de chaleur produite par la présence et l'absence successive du soleil; car nous avons vu dans les phénomènes thermo-électriques l'influence de cette variation de température sur le développement et la direction des courants.

117. Proposition. — « Lorsque deux corps doués de magné« tismes contraires sont en présence, leurs magnétismes se *dis«simulent* à l'extérieur l'un l'autre plus ou moins, selon leur dis« tance, d'une manière analogue aux phénomènes des électricités « dissimulées, n° 27. »

Ainsi, supposons que l'aimant BA (*fig.* 266) soutienne par l'attraction de son pôle austral A un petit cylindre de fer doux VF : si l'on approche tout près de A le pôle boréal B' d'un autre aimant, on verra aussitôt le petit cylindre se détacher et tomber. Il est vrai que si l'on présente sous ce pôle A ainsi couvert par le pôle B' des parcelles de fer très-légères au lieu du cylindre FV, ces parcelles pourront encore adhérer à sa surface; d'où l'on voit que A et B' ne se dissimulent qu'en partie : cela vient de ce que, quelque près que l'on approche les deux aimants l'un de l'autre, leurs pôles ne coïncident pourtant pas.

Définition. — On appelle *points magnétiques sensibles* ceux qui ne sont ni dissimulés ni neutralisés par aucun autre.

Souvent on appelle magnétisme *libre* ce que nous appelons ici magnétisme sensible; mais nous avons préféré restreindre le mot de *libre* à la circonstance indiquée au n° 99.

318   ÉLÉMENTS DE PHYSIQUE, LIV. II.

Maintenant, pour application pratique des principes ci-dessus, nous allons faire connaître, 1° les divers procédés pour aimanter une tige d'acier, et 2° ce qu'on appelle les armatures employées pour conserver et même renforcer avec le temps l'aimantation produite par ces procédés.

118. *Des méthodes d'aimantation.* — Ces méthodes se réduisent à trois, connues sous les noms de *méthode de la simple touche*, *méthode de la touche séparée*, et enfin *méthode de la double touche*.

Méthode de la simple touche. — Elle consiste à frotter le fil d'acier qu'on veut aimanter avec un des pôles d'un aimant, plusieurs fois dans un même sens, de manière à ce que la longueur de l'aimant soit, pendant tout le mouvement, perpendiculaire à celle du fil. Au bout de quelques frictions, ce fil acquiert deux pôles magnétiques, et manifeste toutes les propriétés des aimants. Ce phénomène est facile à expliquer.

En effet, supposons que l'on frotte le fil d'acier avec le pôle boréal de l'aimant en faisant glisser ce pôle de gauche à droite, et considérons un élément magnétique quelconque du fil d'acier. Lorsque l'aimant se trouvera à une petite distance de cet élément vers la gauche, le magnétisme austral de celui-ci sera attiré vers sa gauche, et le boréal sera repoussé vers la droite. Quand l'aimant sera précisément au-dessus de cet élément, son magnétisme austral sera au-dessus de lui, et le boréal au-dessous. Enfin, dès que l'aimant passera à droite de l'élément, le magnétisme austral de celui-ci en fera autant, et le magnétisme boréal passera à gauche. Ainsi les deux magnétismes de chaque élément suivront, par leur mouvement, ce pôle de l'aimant, en parcourant la surface de l'élément auquel ils appartiennent. Donc, quand l'aimant aura parcouru tout le fil d'acier, les éléments de ce fil seront tous aimantés australement du côté du point que l'aimant aura quitté le dernier, en glissant sur le fil, et les mêmes éléments seront aimantés boréalement de l'autre côté : ainsi le fil d'acier aura deux pôles situés à ses extrémités.

Méthode de la touche séparée. — Dans cette méthode, on emploie quatre aimants puissants : BF, AF', A'B' et A"B" (*fig.* 267).
Ces aimants sont des faisceaux de lames aimantées qu'on a réu-

Fig. 267.

nies par deux anneaux de cuivre, de manière que leurs pôles de même nom soient à une même extrémité du faisceau. Nous reviendrons sur ces faisceaux dans le n° 119, La lame ab, qu'on veut aimanter, est placée sur les deux premiers aimants, à savoir : son extrémité b sur le pôle boréal B du premier, et son autre extrémité a sur le pôle austral A du second. Ces deux aimants commencent déjà une certaine décomposition des deux magnétismes de la lame ba, en attirant dans chacun de ses éléments magnétiques le magnétisme austral vers la gauche, et le magnétisme boréal vers la droite. Ensuite, prenant d'une main l'aimant A'B', et de l'autre l'aimant A″B″, on pose leurs pôles B' et A″ au milieu de la lame ab, savoir : le pôle austral B' du premier à gauche, le pôle austral A″ du second à droite ; puis l'on promène simultanément et d'un mouvement très-uniforme les aimants, l'un B', depuis le milieu de la lame jusqu'à l'extrémité b, et l'autre A″, depuis ce même milieu jusqu'à l'extrémité a. Arrivé ainsi aux deux extrémités a et b en même temps, on enlève les aimants qu'on y a amenés, et, les reportant ensemble au milieu de la lame, on les frotte de nouveau le long des deux moitiés de la lame jusqu'à ses extrémités, et l'on recommence ainsi huit ou dix fois, ou plutôt jusqu'à ce que l'intensité magnétique de la lame ab n'augmente plus. Il est évident que ces frictions répétées sur chaque moitié de cette lame y produisent précisément l'effet de la simple touche expliqué tout à l'heure. L'expérience a appris que, pour produire le meilleur effet possible, il faut incliner les aimants A'B' et A″B″ de 25° à 30° sur la lame ab, pendant qu'on les promène sur cette lame. Cette méthode est assurément la meilleure qu'on puisse employer pour des lames d'acier dont l'épaisseur ne dépasse pas quatre ou cinq millimètres.

Méthode d'Æpinus ou de la double touche. — La méthode précédente n'est plus assez puissante pour développer tout le magnétisme possible dans une lame qui a plus de quatre ou cinq millimètres d'épaisseur. Dans ce cas, on emploie la méthode de la double touche, qui ne diffère de la méthode précédente que par le mouvement et l'inclinaison qu'on donne aux aimants mobiles G et G'. D'abord on incline davantage ces deux aimants ; on ne les relève que de 15 ou 20° sur ab. Ensuite, ayant mis entre leurs extrémités B' et A" une petite pièce de bois L (*fig.* 268), qu'on tient serrée avec ces extrémités, on fait glisser celles-ci, sans les séparer, depuis le milieu jusque vers un bout de *ab*, par exemple jusqu'en *a*; puis de *a* on leur fait rebrousser chemin jusqu'en *b* pour les faire revenir jusqu'en *a*, et ainsi de suite jusqu'à un assez grand nombre de fois, c'est-à-dire jusqu'à ce que *ab* n'augmente plus en intensité magnétique. Il faut de plus deux choses : 1° avoir soin à la dernière fois de revenir au milieu de *ab*, et 2° faire en sorte qu'il y ait eu autant de frictions sur une des moitiés de *ab* que sur l'autre. Pour expliquer l'effet de cette opération, supposons que les aimants B' et A" aillent de *b* en *a*, et considérons l'élément magnétique de *ab* placé actuellement sous L : il est évident que, par l'action simultanée des deux pôles A" et B', le magnétisme neutre de cet élément se décomposera plus ou moins selon la force de ces pôles ; le pôle A" attirant sa partie boréale à droite et repoussant sa partie australe à gauche en même temps que B' tend aussi à faire passer vers les mêmes côtés ces deux parties. Il est bien vrai que, soit avant, soit après le passage de L sur l'élément magnétique que nous considérons, l'action simultanée des pôles A" et B' tend au contraire à faire passer à gauche le magnétisme boréal de cet élément, et à droite son magnétisme austral ; mais cet effet, 1° est contrarié par les deux aimants F et F', 2° il n'est dû qu'à la différence des pôles A" et B' ; car si l'on considère un élément situé hors de ces pôles, situé vers *b* par exemple, on voit que A" attire à droite le magnétisme boréal de cet élément, tandis que B' le repousse à gauche, de sorte que pour un pareil élément les actions de A" et de B' se contrarient. Au contraire, pour un élément placé précisément sous L, les actions de A" et B' s'accordent et concourent au même effet, comme nous venons de le voir. Par conséquent, c'est toujours ce dernier effet qui l'emportera ; et, en définitive, tous les éléments de *ab* seront magnétisés boréalement à droite et australement à gauche.

Cette méthode étant plus puissante que celle de la touche séparée, doit être employée pour aimanter les barreaux d'acier un peu forts ; mais quand il faut aimanter une simple lame ou un fil d'acier, la touche séparée est préférable, parce qu'elle donne une aimantation bien régulière, tandis que la double touche y produirait des pôles presque toujours inégaux, et y développerait souvent des points conséquents. (*Voy.* n° 102.)

119. *Des armatures*. — On appelle *armatures* des pièces de fer destinées à conserver le magnétisme des aimants naturels ou artificiels.

Quand une lame ou un barreau aimanté à saturation est de bon acier et trempé convenablement, cet aimant artificiel conserve son magnétisme indéfiniment ; mais cela n'a lieu qu'autant que l'aimant dont il s'agit est libre de se tourner dans le sens où la terre l'attire, et qu'il est à l'abri de coups violents ou de toute autre cause capable de favoriser la tendance des magnétismes à se réunir, comme changements de température, etc. Les armatures servent à mettre les aimants à l'abri de ces causes : nous nous contenterons de faire connaître les deux principales sortes d'armatures qui sont en usage.

Pour les faisceaux tels que G et G' (*fig.* 268), on engage les extrémités des barreaux dont ils sont composés dans des masses de fer que l'on voit représentées en A' et B' pour le faisceau G, ou même encore en BIO pour le faisceau F, dont on n'a représenté qu'une portion. Afin d'expliquer l'effet de cette disposition, supposons que les extrémités des barres aimantées du faisceau F engagées dans la masse de fer IBO soient boréales ; pour lors on voit que ces extrémités, décomposant le magnétisme de la masse IBO, rendra australe toute la partie intérieure IO de cette masse, et boréale sa partie extérieure B. Or, à son tour, la partie australe IO réagira sur les barres aimantées et attirera leur magnétisme boréal, qui ne fera que s'accumuler ainsi plus qu'auparavant vers les extrémités de ces barres dans lesquelles il dominait déjà.

Fig. 268.

Quand on n'a à conserver que de simples barreaux aimantés AB et A'B' (*fig.* 270), on les place dans une boîte l'un à côté de l'autre, comme on le voit dans la figure, de manière que le pôle austral A de l'un réponde au pôle boréal B' de l'autre, *et vice versa*. Ensuite on applique aux deux bouts de ce couple des morceaux de fer doux $\alpha 6$ et $\alpha' 6'$. Par l'action des pôles A et B', $\alpha 6$ devient un aimant dont le pôle austral est α, et dont le pôle boréal est 6 ; de même pour $\alpha' 6'$. Or, chacun de ces derniers pôles, comme α par exemple, réagit sur l'aimant A'B' qu'il

Fig. 270.

touche, et attire de son côté le magnétisme boréal de cet aimant, de sorte que ce magnétisme qui domine déjà en B' ne fera qu'y dominer encore davantage.

§ III. ACTION DES AIMANTS SUR TOUS LES CORPS.

120. Le fer n'est pas le seul corps sur lequel les aimants peuvent agir. Jusqu'en 1846, on n'avait essayé le magnétisme des différents corps qu'avec des aimants de force peu considérable en comparaison des électro-aimants cités au n° 78 ; et par là on n'avait reconnu de magnétisme pareil à celui du fer que dans le nickel et le cobalt; on croyait que tous les autres corps étaient tout à fait étrangers au magnétisme. Mais, en 1846, M. Faraday a montré, en Angleterre, qu'en prenant des aimants assez puissants, tout corps est affecté par ceux-ci ; seulement certains corps sont attirés, comme le fer, par les aimants, tandis que les autres sont repoussés. M. Faraday a conservé aux premiers le nom de corps *magnétiques*, et il a appelé les autres *diamagnétiques*. (V. le *Journal de l'Institut*, t. XIV, p. 17.) Suivant le physicien anglais, le nombre des corps manifestant les propriétés magnétiques dans les circonstances ordinaires est très-limité, et consiste seulement dans le fer, le nickel, le cobalt, le manganèse, le chrome, le cerium, le titane, le palladium, le platine et l'osmium ; et quant aux autres corps, ils sont tous diamagnétiques dans les circonstances ordinaires. (V. *Journ. de l'Institut*, t. XIV, p. 32.)

L'expérience peut se disposer de la manière suivante : Sur les deux extrémités G et E (*fig.* 254) d'un électro-aimant GHFE, on pose deux prismes de fer BO et DS terminés en pointes tronquées; on ne laisse entre celles-ci qu'un intervalle de quelques millimètres. Ensuite on suspend devant cet intervalle une sphère z, à peu près de la même dimension. Cela fait, aussitôt qu'on établit le courant, on voit cette petite sphère se précipiter sur les pointes O, S, ou bien les fuir, suivant qu'elle est de matière magnétique ou diamagnétique. Si, au lieu de la sphère z, on approche la flamme d'une bougie de l'intervalle OS, on la voit s'incliner et se diriger horizontalement pour fuir cet intervalle, comme s'il s'en exhalait un courant d'air qui soufflât cette flamme. En suspendant une petite aiguille horizontale entre O et S, on la voit prendre la direction *axiale* OS ou une direction *équatoriale zg*, suivant qu'elle est magnétique ou diamagnétique.

La propriété des corps dont il s'agit ici change avec le milieu où ils sont plongés. Ainsi, un tube plein d'air suspendu horizontalement entre les pôles O, S, paraît être neutre quand il est dans l'air, c'est-à-dire dans un milieu de même nature que lui; il paraît magnétique dans l'eau, c'est-à-dire dans un milieu plus diamagnétique que lui; et, enfin, il paraît très-diamagnétique lorsqu'il est plongé dans un milieu magnétique tel qu'une dissolution ferrugineuse. (V. le *Journal de l'Institut*, t. XIV, p. 132.) De plus, il y a cela de remarquable qui distingue le magnétisme du diamagnétisme, à savoir que la polarité qu'on remarque dans le magnétisme du fer et des autres corps magnétiques n'a nullement lieu dans le diamagnétisme; les points divers de deux corps diamagnétiques, présentés l'un à l'autre sous l'influence de l'électro-aimant de l'expérience précédente, ne manifestent l'un à l'égard de l'autre aucune action quelconque, soit d'attraction, soit de répulsion. (V. *l'Institut*, t. XIV, p. 33.)

Enfin, cette même propriété dépend encore de la température; car M. Faraday, en dirigeant un courant d'air vertical près de l'axe horizontal OS, a vu ce courant repoussé ou attiré par cet axe, suivant que la température de ce même courant était suffisamment supérieur ou inférieur à celle de l'air ambiant. (V. le *Journal de l'Institut*, t. XIV, p. 13.)

On a fait bien des efforts pour expliquer ces phénomènes : les uns ont proposé de concevoir que l'influence des pôles O, S détermine dans les corps diamagnétiques des courants de sens contraires à ceux qu'ils déterminent dans le fer et autres corps magnétiques; d'autres pensent que, par l'effet d'une force comparable à la force coercitive, le magnétisme des éléments magnétiques des corps diamagnétiques décroît de la surface au centre de ces corps, contrairement à ce que nous avons vu pour les corps magnétiques, n° 103. On peut aussi voir dans les phénomènes de ce paragraphe, sinon un nouveau fluide, au moins dans les fluides déjà admis une action nouvelle et inconnue jusqu'ici, et tenant à quelque disposition ou circonstance qui, passant du positif au négatif, produit les attractions et répulsions que nous venons d'indiquer.

ACTION DES COURANTS SUR L'ÉLECTRICITÉ ENVIRONNANTE.

IIIe Partie. — *Cas où l'électricité environnante est en repos.*

121. *Induction.* — On a donné le nom de phénomènes d'*induction* aux phénomènes dont nous allons traiter dans cette troisième partie; ils sont produits par l'action qu'un conducteur où circule un courant électrique exerce sur le fluide neutre en repos d'un autre conducteur placé dans son voisinage : les propositions suivantes vont donner une idée de son action.

Proposition. — « Suivant qu'on soumet ou qu'on soustrait
« un corps conducteur à l'influence d'un courant électrique, ce-
« lui-ci y produit aussitôt un courant de sens contraire ou de
« sens pareil au sien, et qui, en tout cas, ne dure qu'un instant. »

Fig. 274. On peut démontrer cette proposition au moyen de deux systèmes de bobines DD″ et MM′ (*fig.* 274), dont les dernières M et M′, qui sont creuses, sont destinées à recevoir les premières D et D″ dans leur intérieur. Les deux bouts du fil de cuivre couvert de soie qu'on a enroulé sur les bobines D et D″ communiquent aux deux pôles P et N d'une pile, tandis que ceux du fil des bobines M et M′ sont réunis aux deux extrémités du fil d'un galvanomètre XY. Cela posé, quand on introduit les bobines CD et D″D″ dans les bobines MN et M′N′, on voit aussitôt l'aiguille UV tourner de plusieurs degrés ; mais si on laisse les bobines CD et D″D″ dans les bobines MN et M′N′, cette aiguille revient, après quelques oscillations, à sa position première. Ainsi l'introduction des petites bobines dans les grandes produit dans celles-ci un courant, mais, comme on voit, un courant qui ne dure qu'un instant ; de plus, en cherchant, d'après le mouvement de l'aiguille UV, à se rendre compte du sens du courant ainsi produit dans les grandes bobines, on trouve qu'il est contraire à celui du courant qui existe dans les petites bobines.

Mais dès qu'on retire ces petites bobines de l'intérieur des grandes, on voit aussitôt l'aiguille se remettre en mouvement, et, pour cette fois, la nature de ce mouvement indique que le courant produit dans les grandes bobines est de même sens que celui qui existe dans les petites.

Définition. — Dans ce genre d'expérience, on appelle *inducteur* le courant dont l'action détermine un courant instantané dans le conducteur voisin, et ce dernier se nomme courant *induit*. Ce courant induit est dit *direct* ou *inverse*, selon qu'il est de même sens que l'inducteur, ou de sens contraire.

Remarque. — En expérimentant sur des fils conducteurs, enroulés comme les précédents sur des bobines, on a reconnu une propriété singulière des piles voltaïques : c'est l'accroissement de force prodigieux qu'acquiert la décharge d'une pile par cette disposition. Ainsi, supposons que l'on plonge dans un même godet plein de mercure les deux fils qui partent des deux pôles d'une pile, il s'établira un courant ; et si l'on retire un des deux fils du mercure, l'interruption de ce courant produira une décharge électrique qui se manifestera par une étincelle ou par une commotion. Mais si l'on revêt ces fils de soie, et si l'un ou chacun d'eux, avant de se rendre au godet, fait à un endroit quelconque de sa longueur un très-grand nombre de tours très-serrés les uns près des autres sur une bobine, l'étincelle et la commotion seront incomparablement plus fortes qu'avant que les fils fussent ainsi enroulés. Si les tours des fils sur les bobines n'étaient pas serrés les uns près des autres jusqu'à se toucher, mais qu'il y eût de l'un à l'autre une distance plus ou moins considérable, il n'y aurait pas d'accroissement sensible dans l'étincelle ou la commotion électrique. On attribue ce fait à l'*induction* que les tours du fil enroulé sur la bobine exercent les uns sur les autres. Ce qui confirmerait cette explication, c'est que cette augmentation d'intensité électrique n'a lieu que quand on interrompt le courant; cette interruption doit, en effet, d'après la proposition précédente, former un courant induit qui, étant de même sens que le courant qu'on interrompt, doit s'ajouter à celui-ci ; tandis que quand on établit la communication des deux bouts d'un fil avec les deux pôles d'une pile pour avoir un courant électrique, l'action inductive de celui-ci produit un second courant, et ces deux courants étant ici de sens contraires, doivent se détruire ou au moins se nuire beaucoup.

122. Proposition. — « Suivant qu'on soumet ou qu'on sous-

326   ÉLÉMENTS DE PHYSIQUE, LIV. II.

« trait un corps conducteur à l'influence d'un aimant, celui-ci
« y produit un courant de sens contraire ou de sens pareil aux
« siens, mais qui, en tout cas, ne dure qu'un instant. »

Pour entendre cette proposition, il faut se rappeler ce que
nous avons dit du sens des courants d'un aimant dans le corollaire du n° 89. Nous supposerons donc qu'on ait ce corollaire
présent. Cela posé, pour démontrer notre proposition, il n'y a
qu'à substituer un aimant en fer à cheval au système DRD″
(*fig.* 274) des deux petites bobines du théorème précédent. Alors,
quand on introduit les deux branches de cet aimant dans les
deux grandes bobines MN, M'N', on voit l'aiguille UV s'écarter
aussitôt de quelques degrés de sa position; mais elle revient
presque tout de suite pour y demeurer en repos, si on laisse l'aimant dans les deux bobines.

Fig. 274.

Ainsi le courant produit dans les deux bobines n'a lieu que
pendant un instant, c'est-à-dire pendant le moment de l'introduction même de l'aimant dans ces deux bobines. Mais quand
on l'en retire, on voit l'aiguille UV se remettre en mouvement;
et si l'on cherche, d'après ces mouvements de l'aiguille, à se
rendre compte du sens du courant produit dans MN et M'N', on
reconnaît qu'au moment de l'introduction de l'aimant ce courant est de sens contraire à ceux de l'aimant, tandis qu'il est de
même sens que ceux-ci quand on retire l'aimant de l'intérieur
des bobines.

Remarque. — Les secousses que l'on reçoit dans l'expérience
de la *remarque* précédente sont beaucoup augmentées lorsque,
dans la bobine supposée creuse sur laquelle est enroulé le fil conducteur, on introduit un cylindre en fer doux. La raison en est
que ce cylindre devient un aimant qui perd tout à coup son magnétisme quand on interrompt le circuit électrique. Or cette cessation subite de magnétisme doit, d'après la *proposition* précédente, former dans le fil conducteur un courant induit qui, étant
de même sens que celui qui y existait déjà, en augmente plus ou
moins sa force.

123. *Machines magnéto-électriques.* — On a utilisé les principes précédents par un appareil dont on pourra prendre une idée
par la *fig.* 416.

Fig. 416.

Appareil de Clarke. — Deux bobines IK et LM sont fixées par

ACTION DES COURANTS ÉLECTRIQUES. 327

la traverse IL à l'axe de cuivre EF, et l'on fait tourner cet axe ou par la manivelle FG ou par un rouet. Les deux bobines consistent chacune en un cylindre en fer, sur lequel on a enroulé un fil de cuivre revêtu de soie ; ce fil communique par une de ses extrémités à l'axe EF, et par l'autre extrémité à l'espèce de virole en cuivre H, isolée de l'axe par une substance non conductrice de l'électricité. Enfin, les ressorts de cuivre VU et ST appuient leurs extrémités S et V, l'un contre l'axe et l'autre contre la virole ; de sorte que le pied T de l'un de ces ressorts représente une des extrémités du fil métallique des bobines, et le pied U de l'autre en représente l'autre extrémité.

Quand les bobines, par leur rotation perpétuelle, passent devant les pôles de l'aimant OXR, leurs cylindres de fer deviennent de vrais aimants, et ils perdent leur aimantation après ce passage. Ainsi l'apparition des bobines devant les pôles de OXR revient à l'introduction d'aimants dans ces bobines, tandis que leur disparition revient à la suppression de ces aimants introduits.

Par conséquent, chacun des deux points U et T donne à chaque instant de l'électricité : il est vrai que cette électricité change perpétuellement d'espèce ; mais on peut remédier à cela en substituant à la virole H de la *fig.* 416 la virole H de la *fig.* 417, qui est comme la première isolée de l'axe EF, mais qui porte un cercle de cuivre o'DCBAI, dont les deux moitiés sont séparées par de petits intervalles Io' et CB. L'une de ces moitiés o'DC communique par une vis o'o avec l'axe EF, et par conséquent avec une des extrémités du fil des bobines ; et l'autre moitié IAB communique avec l'autre extrémité de ce fil par un prolongement BB'. Maintenant supposons qu'on ait adapté la virole H de manière que le diamètre o'B soit parallèle à la traverse IL, et qu'au lieu des deux ressorts ST et VU de la *fig.* 416 on ait disposé les ressorts ST et VU de la *fig.* 417, de manière qu'ils appuient toujours leur sommet, l'un sur un des demi-cercles qu'on vient de dire, et l'autre sur l'autre. Il est évident que, pendant qu'on fera tourner l'axe EF, l'un de ces ressorts, par exemple le ressort ST, appuiera son sommet sur le demi-cercle communiquant à l'axe tant que le bout du fil des bobines qui communique à cet axe donnera une certaine espèce d'électricité, mais qu'il ne s'y ap-

Fig. 416.
Fig. 417.

Fig. 416.
Fig. 417.

puiera plus dès que ce bout de fil commencera à donner l'espèce d'électricité opposée : à cet instant ce ressort ST commencera à s'appuyer sur l'autre demi-cercle communiquant à l'autre bout du fil des bobines, pour recevoir toujours la même espèce d'électricité. Ainsi, par ce moyen, on aura toujours la même électricité au pied de chacun des deux ressorts.

Souvent on n'emploie qu'un demi-cercle de cuivre o'OC communiquant avec l'axe.

Fig. 417. *Définition.* — Toute pièce, comme la virole H de la *fig.* 417, qui a pour effet de faire changer de conducteur à l'électricité, s'appelle un *commutateur*.

Appareil de Pixii. — L'appareil que nous venons de décrire est connu sous le nom d'appareil de Clarke, quoique la manière dont nous en avons modifié le dessin, pour plus de clarté, offre une tout autre apparence au premier abord que l'appareil de Clarke lui-même. D'autres constructeurs d'instruments ont fait divers changements à celui-ci, et même cet appareil de Clarke n'est lui-même qu'une modification de celui de M. Pixii, le premier qui ait construit de ces sortes de machines : il est représenté
Fig. 275. *fig.* 275. E est un gros cylindre de fer plié en fer à cheval, dont les deux branches sont enveloppées par un fil de cuivre revêtu de soie. SDN est un aimant en fer à cheval, qu'on peut faire pirouetter sur l'axe DH au moyen de la roue dentée L L'.

Comme l'électricité qui se rend aux bouts G et F du fil de cuivre pendant ce mouvement change d'espèce à tout moment, M. Pixii fils, pour remédier à cet inconvénient, a ajouté à son appareil un commutateur appelé *bascule d'Ampère*. Les deux leviers *rr'* et *tt'*, liés ensemble par l'axe ZZ', en basculant sans cesse, appuient leurs griffes alternativement sur les extrémités de droite et de gauche des conducteurs représentés par les lignes pointillées de la figure; sur quoi il faut observer qu'aux points où ces lignes se croisent, les conducteurs qu'elles représentent sont séparés par une lame non conductrice du fluide électrique.

Remarque 1. — On peut, avec ces appareils, reproduire tous les effets de l'électricité ordinaire, étincelle, commotion, etc...
Fig. 416. Seulement, il faut avoir deux systèmes de bobines pareils au système LI, *fig.* 416, et que l'on puisse substituer l'un à l'autre en les vissant en A sur l'axe FA ; à savoir, un système de bobines à

ACTION DES COURANTS ÉLECTRIQUES. 329

gros fil pour les phénomènes physiques, et un système à fil fin pour les phénomènes chimiques et physiologiques. Cependant il est à remarquer que pour charger le conducteur ff', *fig.* 224, il faut employer les bobines à fil fin; pour opérer cette charge, après avoir mis en H, *fig.* 416, le commutateur HD, *fig.* 417, il faut porter les extrémités des fils qui partent de T et U, *fig.* 416, l'une dessous et l'autre dessus le condensateur ff', *fig.* 224. Cela étant, il suffit de faire faire un tour aux bobines pour charger le condensateur. Pour lors, dès qu'on enlève le plateau supérieur du condensateur, ses deux lames d'or divergent, et accusent de l'électricité résineuse ou vitrée, selon que le plateau inférieur a été touché par l'un ou l'autre des fils U et T. Ordinairement, la tension électrique est assez grande pour exiger entre les deux plateaux ff' une séparation plus considérable qu'une simple couche de vernis.

Fig. 224.
Fig. 416.
Fig. 417.
Fig. 416.
Fig. 224.

Remarque II. — C'est M. Faraday qui a découvert en Angleterre les phénomènes d'induction que nous venons de faire connaître. Il a publié sa découverte en 1831 dans deux mémoires insérés dans les *Annales de chimie et de physique*, 2e série, tome L, pag. 5 et 113. Ses travaux laissaient encore à désirer; ainsi ce savant n'avait pu obtenir la décomposition de l'eau par ses courants électriques d'induction. C'est M. Pixii fils (Hippolyte), constructeur d'instruments de physique à Paris, qui obtint en 1832 ce résultat, ainsi que tous les autres qu'on obtient avec l'électricité ordinaire, tels que étincelle, etc. (V. *Ann. de chimie et de phys.*, 2e série, t. L, p. 322; et t. LI, p. 72 et 76.)

Dans les mémoires cités, M. Faraday expliqua par des courants électriques d'induction les phénomènes découverts auparavant, en 1824 et 1825, par M. Arago : ces phénomènes consistent en ce que pendant qu'une aiguille aimantée *ab* (*fig.* 277) est suspendue horizontalement au-dessus d'un disque DEC, de cuivre ou de toute autre substance, si l'on fait tourner celui-ci dans son plan, il imprimera à cette aiguille une rotation pareille. Dans le cas, par exemple, où le disque tournerait dans le sens indiqué par la flèche DE, l'extrémité *a* de l'aiguille se transporterait en *a'*.

Fig. 277.

Pour expliquer ce phénomène, représentons toujours par une flèche (*fig.* 277 *bis*) le sens dans lequel se meut le disque.

Fig. 277 *bis*.

Alors AB étant la position actuelle de notre aiguille, on voit que tous les points du disque, tels que A',A", seront des points qui s'approchent du pôle A. Ainsi leur arrivée continuelle en A produira sans cesse un courant dans un sens contraire à ceux existant dans la partie inférieure de l'aiguille. Par exemple, si on suppose que ceux-ci ont lieu dans le même sens que le mouvement du disque, l'arrivée successive des points de ce disque sous A produira un courant qui ira dans le sens A,A',A", etc. Au contraire, pour les points A_1A_2, etc., qui se meuvent en s'éloignant du pôle A, leur départ continuel de dessous ce pôle produira un courant continuel dans le sens AA_1A_2; d'après cela, il y aura répulsion entre le pôle A de l'aiguille AB et la série des points du disque désigné par A,A',A", puisque ce pôle et cette série de points se présentent des courants de sens contraires. En même temps on voit qu'il y aura attraction entre le même pôle A et la suite des points A,A_1A_2, etc., parce qu'ils se présentent mutuellement des courants de même sens.

L'existence des courants sur lesquels est fondée l'explication précédente a été constatée par M. Nobili. A cet effet, ce physicien a appliqué les extrémités du fil d'un galvanomètre aux différents points d'un disque de cuivre tournant sous l'influence d'un aimant; et en observant ceux de ses points qui mettaient l'aiguille du galvanomètre en mouvement, il a pu dessiner la courbe que ces courants forment sur le disque en cuivre. (V. les *Annales de physique et de chimie*, t. L.)

124. *Observation.* — En réfléchissant sur l'ensemble de ce chapitre des forces sensibles à distance exercées par les corps impondérables, on voit qu'il laisse bien plus à désirer que celui des forces de cette espèce exercées par les corps pondérables; car dans celui-ci les corps pondérables et leurs forces étaient des êtres sur l'existence desquels il n'y avait aucune difficulté; au lieu que, dans notre chapitre des forces électriques, tout est basé sur l'existence de deux fluides que l'on pourrait contester.

Il est bien vrai que les calculs de M. Poisson ont commencé à donner un certain degré de probabilité à l'existence de ces deux fluides; car, en cherchant toutes les conséquences qui se déduisent mathématiquement de cette existence dans le cas de l'équilibre de ces deux fluides sur des corps conducteurs, il a retrouvé précisément tous les phénomènes que Coulomb avait constatés auparavant par l'expérience ; et même les nombres que M. Poisson a trouvés par ces calculs s'accordent, d'une manière vraiment étonnante, avec ceux que l'expérience avait donnés à Coulomb pour mesure des phénomènes qu'il avait observés.

Mais, en premier lieu, ces calculs ne se rapportent qu'aux phénomènes d'équilibre présentés par les fluides en question ; et jusqu'ici, malgré tous les efforts des savants, on est encore à savoir comment l'action mutuelle des courants électriques peut se déduire mathématiquement de notre hypothèse des deux fluides électriques.

En second lieu, ces mêmes calculs font entièrement abstraction de l'action exercée sur ces fluides par les corps pondérables, et par les agents impondérables de la chaleur et de la lumière.

Plusieurs savants ont à la vérité leurs vues à cet égard ; mais ces aperçus sont trop incertains et trop dénués de fondements fournis par de bonnes expériences, pour être proposés : tellement que ces aperçus, ou sont restés inédits, ou ne se trouvent que dans ces vastes collections de mémoires des sociétés savantes, que l'on peut regarder comme les archives de la science ; de sorte que sur ces divers points, comme sur beaucoup d'autres, on avoue sans difficulté son ignorance ; et je crois que l'on peut dire, à l'honneur des savants qui cultivent les sciences physiques, que cette espèce d'aveu est beaucoup plus en usage chez eux que dans les autres ordres de savants, quoique l'occasion en revienne aussi souvent chez les uns que chez les autres.

Autrefois, les physiciens eux-mêmes ne pouvaient se résoudre à rester sans réponse, et il fallait absolument tout expliquer. Aujourd'hui, on dirait qu'un sentiment toujours croissant de son ignorance, et de la faiblesse de son intelligence pour sonder les profondeurs incalculables des œuvres de Dieu, a inspiré à l'homme une réserve et une prudence extrêmes dans l'étude de la nature. Il est bien certain que la science ne peut que gagner infiniment à cela, car cette philosophie, pleine de circonspection, est le premier et le plus indispensable moyen de débrouiller un peu les ténèbres où nous sommes. Le second moyen est de consulter sans cesse l'expérience ; mais les difficultés qu'on y rencontre font que ce n'est qu'avec une extrême lenteur que l'on peut reculer de temps en temps les bornes de nos connaissances, et que le nombre des choses connues ne sera jamais qu'une très-petite partie de celui des choses à connaître. En effet, pour obtenir des résultats qui puissent nous éclairer, il faut des expériences exactes, et des expériences d'une exactitude d'autant plus grande qu'elles sont relatives à des forces plus délicates, telles que celles que les corps exercent sur l'électricité ; car on a pu voir dans le traité du galvanisme combien ces forces sont délicates. Or, en premier lieu, dans les expériences comme dans les objets d'art, la perfection absolue est interdite à l'homme, parce qu'il ne peut agir sur la matière que par l'intermédiaire des sens, et que, au delà d'une certaine limite, la différence de l'exactitude à l'erreur échappe aux sens, et même aux sens aidés de tous les secours de l'art. En second lieu, on est souvent obligé de renoncer même à aller jusqu'à la limite à laquelle pourraient atteindre nos organes, parce que telle est la nature des appareils fournis par les arts aux observateurs, que quand on veut augmenter l'avantage qu'ils donnent d'un côté, on augmente presque toujours l'inconvénient auquel ils sont sujets de l'autre. Ainsi, par exemple, veut-on augmenter la sensibilité d'un appareil destiné à mesurer des forces très-petites ? on augmente l'inconvénient de le rendre en même temps plus difficile à garantir des perturbations étrangères. Toutes les fois qu'on arrive à une loi précise de la nature, comme, par exemple, à celle que nous avons donnée pour les attractions électriques, n° 10, ce n'est qu'en saisissant par la pensée le résultat simple et fixe autour duquel paraissent osciller les résultats des expériences, et en négligeant les petites différences par lesquelles ces résultats sont tantôt un peu plus forts, tantôt un peu plus faibles qu'il ne faudrait pour avoir une loi simple qui les lie tous entre eux ; de sorte que cette loi précise est plutôt devinée par la sagacité de l'observateur, qu'elle ne lui est dévoilée par ses appareils. En effet, ces appareils, et en général tout mécanisme fait de main d'homme et destiné à tel ou tel effet, ne le produisent jamais exactement ; ils le produisent seulement d'une manière sensible, et encore pourvu que l'on ne sorte pas d'une certaine échelle, d'une certaine proportion de force, d'étendue ou de durée ; et c'est là la grande différence des œuvres de Dieu avec les ouvrages des arts. Les lois de la nature ne se sont jamais démenties et ne se démentiront jamais ; au lieu que dans un mécanisme fait de main d'homme, dès qu'on l'emploiera hors des proportions que nous avons dites, les effets produits seront de plus en plus erronés, et à la fin ne ressembleront plus à ce qu'on voulait produire, parce que la petite différence des valeurs qu'ont, de fait, les diverses parties de ce mécanisme avec les valeurs exactes qu'elles devraient avoir, se multiplie sans cesse à mesure qu'on excède les circonstances entre les limites desquelles ce mécanisme paraît marcher avec précision. Ainsi, dans une montre, il est clair que si tous les rouages et les ressorts y avaient des valeurs exactes, et que les aiguilles fussent revenues précisément à leur place primitive au bout d'une première durée de vingt-quatre heures, par la même raison, après une deuxième durée de vingt-quatre heures, ces aiguilles seraient encore revenues précisément à leur première place, et ainsi de suite, sans que jamais cette précision se démentît, du moins dans le cas où rien dans la montre n'aurait été altéré par quelque cause étrangère. Mais si les parties diverses de la montre n'ont pas exactement les valeurs qu'elles doivent avoir, alors la première fois les aiguilles ne seront pas revenues précisément à leur place primitive, mais en auront été à une petite distance ; la deuxième fois, elles en auront été à une distance deux fois plus grande, et ainsi de suite ; de sorte que, quelque petite que soit cette distance, à la fin elle se sera tant multipliée, qu'elle sera très-sensible. Dieu seul est précis, d'une précision infinie, d'une précision absolue dans toutes ses œuvres, parce que lui seul fait précisément ce qu'il veut : la précision ne consiste, en effet, qu'à faire exactement ce qu'on s'était proposé. Dieu, par un seul acte de sa volonté, a donné aux choses justement les valeurs qu'elles devaient avoir pour que les phénomènes s'accomplissent de manière à ce qu'ils dérivassent les uns des autres dans l'ordre qu'il avait arrêté de toute éternité, et cet ordre ne se démentira jamais. Aussi, pour celui qui a approfondi cette belle harmonie qui règne dans l'univers, quoi de plus propre que le caractère de perfection et de stabilité dont sont empreints tous ses détails, pour donner de Dieu la grande et noble idée qu'on doit en avoir ?

CHAPITRE II.

DE LA LUMIÈRE ET DE LA CHALEUR.

125. Il y a deux manières d'expliquer les phénomènes de chaleur et de lumière qui nous restent à examiner. L'une est connue sous le nom d'*émission*, et l'autre sous celui de *système de vibration*.

Dans le système de l'émission, on attribue les phénomènes dont il s'agit à deux fluides extrêmement subtils, dont les molécules, douées de la propriété de se repousser mutuellement, s'élancent, en vertu de cette répulsion, hors du corps chaud ou du corps lumineux dans lequel elles étaient. Outre cette répulsion, on suppose qu'il existe une attraction entre les molécules des corps et celles de la chaleur ou de la lumière. Dans ce système, la température et l'intensité de la lumière ne sont que la densité plus ou moins grande du fluide que l'on conçoit.

Dans le système des vibrations, on attribue les phénomènes de chaleur et de lumière aux vibrations d'un fluide impondérable appelé *éther*, et qui remplit tout l'espace, tant celui extérieur aux corps que celui qui, dans leur intérieur, sépare leurs molécules les unes des autres. Cet éther est composé de molécules qui ne se touchent pas, et sont maintenues à distance les unes des autres par des forces qui leur sont propres.

Ainsi, dans ce système, on voit que les phénomènes de lumière et de chaleur se rapprochent des phénomènes du son; car le son est produit par les vibrations de l'air, dans lequel un corps sonore propage tout autour de lui des ondes sonores; tandis que la chaleur et la lumière ne consistent que dans les vibrations de l'éther, dans lequel le corps chaud ou lumineux propage tout autour de lui des ondes calorifiques ou lumineuses.

126. PROBLÈME. — « Comment concevoir que les ondes

« lumineuses dans l'éther sont produites par un mouvement
« des corps différent de celui qui produit les ondes sonores dans
« l'air? »

Solution. — On conçoit que ce que nous avons appelé molécules dans tout ce qui précède, et que nous pouvions supposer jusqu'ici fait de matière continue, sans vide aucun, soit de la matière discontinue, c'est-à-dire soit composé de plusieurs parties disjointes, que nous appellerons *atomes*. Ainsi, de même que le corps est composé de molécules qui ne se touchent pas, de même à son tour la molécule est composée d'atomes qui ne se touchent pas non plus, et qui sont tenus en équilibre les uns devant les autres dans une même molécule par des forces attractives et répulsives qui sont propres à ces atomes et qui se contrebalancent. Il faut aussi supposer des attractions et répulsions régnant entre ces atomes et les molécules d'éther.

Cela posé, les vibrations de l'air sont produites, comme nous l'avons expliqué, par les oscillations des molécules, tandis que les vibrations de l'éther sont produites par les oscillations des atomes. Ne considérons, par exemple, que deux molécules, l'une formée par les atomes A, B, C et D, l'autre par les atomes A', B', C' et D' (*fig.* 279 *bis*). Le cas où il n'y aurait qu'oscillations des molécules serait celui où l'ensemble des atomes A, B, C et D, et celui des atomes A', B', C' et D', se rapprocheraient, puis s'éloigneraient l'un de l'autre pour se rapprocher après, et ainsi de suite indéfiniment, sans que pendant ce mouvement aucune des deux molécules se déformât, c'est-à-dire sans que la figure formée par les atomes qui composent une molécule changeât aucunement. Au contraire, le cas où il n'y aurait qu'oscillations des atomes serait celui où le centre de chaque molécule restant immobile, les atomes de cette molécule oscilleraient sans cesse autour de ce centre fixe, s'approchant et s'éloignant successivement et sans cesse les uns des autres. Enfin, quand ces deux mouvements, l'un moléculaire et l'autre atomique, ont lieu ensemble, il se produit en même temps des ondes dans l'air et dans l'éther.

Fig. 279 *bis*.

127. *Remarque.* — On peut observer que dans l'un et dans l'autre système on attribue les phénomènes que nous avons à étudier à des forces insensibles à distance.

Dans le système de l'émission, ces forces sont les actions qu'exercent les molécules de la lumière ou du calorique (1), soit sur elles-mêmes, soit sur les molécules de la matière pondérable. Dans l'autre système, les vibrations que l'on admet ne sont aussi que l'effet des forces insensibles à distance qu'on suppose exister, soit entre les molécules de l'éther, soit entre celles-ci et les molécules des autres corps. On voit aussi, d'après ce qui précède, que dans les deux systèmes on ne suppose pas de masse appréciable au fluide par lequel on explique les phénomènes du présent chapitre.

Plusieurs pensent que l'éther n'est autre chose que le fluide composé des fluides électriques positif et négatif, dont nous avons parlé n°s 7 et 8.

SECTION PREMIÈRE.

DE LA LUMIÈRE.

Nous suivrons le système des vibrations : pour achever d'en donner une idée suffisante quant à présent, il nous reste à ajouter deux choses :

1° C'est que, bien que l'éther soit répandu partout, néanmoins on suppose que sa densité n'est pas la même dans tous les corps ; ainsi on le suppose d'une autre densité dans le verre, par exemple, que dans l'air, ou dans tout autre corps, ou dans le vide.

2° On attribue, dans le système des ondes, les lumières de diverses couleurs à diverses longueurs de l'onde lumineuse, comme dans l'acoustique on attribue les diverses notes de la gamme aux diverses longueurs des ondes sonores.

A cette occasion nous allons établir la proposition suivante, qui servira de préliminaire à tout ce traité de la lumière.

128. PROPOSITION. — « La lumière blanche est un composé de « sept lumières diversement colorées, qu'on désigne par les noms « de *violet, indigo, bleu, vert, jaune, orangé, rouge.* »

---

(1) On appelle *calorique* le fluide auquel on attribue les phénomènes de la chaleur dans le système de l'émission.

SPECTRE SOLAIRE. 337

En effet, recevons les rayons du soleil OI (*fig.* 279) sur un miroir métallique M, qui les renvoie dans la direction IG, de manière à les faire entrer par le trou O'O'' dans une *chambre obscure* (1). Pour le succès de l'expérience, il faut 1° que le trou O'O'' n'ait qu'une ligne ou deux de diamètre, et 2° que le tableau *tt'* sur lequel on reçoit les rayons du soleil soit au moins à 5 mètres de l'ouverture O'O''. Tout étant ainsi disposé, nous verrons sur ce tableau un disque de lumière. Maintenant, mettons un prisme de verre SAA' près du trou O'O'' sur la direction des rayons solaires, et plaçons-le de manière que sa longueur soit perpendiculaire à la direction O'G, ce qui fait qu'il n'est représenté que par un triangle dans la *fig.* 279. Alors nous verrons le disque GG' changer de place, de forme et de couleur; il sera transporté en RU. Ainsi les rayons solaires, par l'action du prisme qu'ils traversent, sont déviés. De plus, en faisant attention à la forme de l'espace RU éclairé par la lumière qui a traversé le prisme, on la trouvera oblongue et colorée de sept couleurs disposées par bandes parallèles à la longueur du prisme, comme le montre la *fig.* 280; c'est cet espace oblong et coloré qu'on appelle *spectre solaire*. Cette image RU (*fig.* 279), étant beaucoup plus longue que GG', montre que les divers rayons qui composent le faisceau de lumière envoyé par le miroir MM n'éprouvent pas la même déviation de la part du prisme; car l'obliquité des rayons A'U et PR étant trop petite pour produire cette différence de longueur entre GG' et RU, il faut attribuer celle-ci à ce que le rayon A'U est plus dévié que le rayon RP. Ainsi les divers rayons envoyés par le miroir sur le prisme étant plus déviés les uns que les autres, sont donc séparés les uns des autres; et comme les couleurs qu'ils donnent en RU après cette séparation sont diverses, il s'ensuit que dans un faisceau de lumière chaque rayon pris séparément est d'une couleur particulière. *C. Q. F. D.*

Fig. 279.

Fig. 279.

Fig. 280.
Fig. 279.

129. PROPOSITION. — « Chaque couleur du spectre est une « couleur simple. »

---

(1) Dans tout ce qui suit, nous appellerons *chambre noire* un appartement dont tous les volets sont exactement fermés, de sorte qu'il n'y entre absolument de lumière que par un petit trou fait au volet.

On appelle *lumière simple* celle dont les rayons ne donnent jamais que la même couleur, à quelques épreuves qu'on les soumette. Or je dis que chacune des sept lumières du spectre est dans ce cas. En effet, présentons aux rayons PR (*fig.* 279) du spectre solaire un carton xy percé d'un petit trou, et faisons passer par ce trou une des sept lumières, le violet, par exemple, nous aurons de cette manière, derrière le carton xy, un rayon violet isolé de toutes les autres lumières. Maintenant nous pouvons faire subir différentes épreuves à ce rayon violet ainsi isolé, sans le décomposer jamais en d'autres couleurs. Ainsi, 1° si nous lui présentons un prisme pareil à celui qu'on a mis en SAA', la couleur qu'il donnera sur le tableau tt', après avoir traversé ce nouveau prisme, sera encore du violet; 2° si nous faisons passer ce même rayon à travers différents verres colorés, c'est encore du violet qu'il donnera après tous ces trajets, seulement il sera moins intense, et même certains verres l'absorberont entièrement ; mais avec aucun verre on ne pourra changer la couleur violette de notre rayon en une autre couleur. Enfin, que l'on fasse tomber notre rayon violet sur différents corps, par exemple sur des papiers de diverses couleurs, et tous ces corps ainsi exposés à la lumière violette la renverront sans l'altérer ; car tous, sans exception, paraîtront violets.

130. *Observation.* — La proposition suivante repose sur une propriété des lentilles de verre connue de tout le monde, et consistant en ce qu'elles concentrent en un même point, qu'on appelle leur *foyer*, les rayons de lumière qui tombent sur leur surface sans en altérer la couleur. Cette propriété est facile à constater. Ainsi, soit AB (*fig.* 281) une lentille vue par son épaisseur ; il n'y a qu'à faire tomber sur cette lentille un faisceau XY de rayons de lumière blanche ou colorée, et ces rayons, après avoir traversé la lentille, se croiseront en un même point F; il suffira de faire de la poussière de ce côté de la lentille pour rendre visible la marche de ces rayons ; et en présentant un papier au point F, on l'y verra briller d'une vive lumière de même couleur que la lumière incidente XY.

Passons maintenant à notre proposition.

PROPOSITION. — « On recompose la lumière blanche en réunissant les sept couleurs simples. »

Pour démontrer cette proposition, il suffit de présenter une lentille LL' (*fig.* 282) aux sept rayons PR, PU, du spectre solaire; car, d'après ce qui précède, elle réunira tous ces sept rayons à son foyer F. Or, si l'on présente un carton blanc à ce point, on y verra une lumière d'une éclatante blancheur, ce qui prouve bien notre proposition. Pour peu que l'on ne mette pas bien le carton à ce point F, on verra sur le carton des couleurs au bord de cette lumière d'une éclatante blancheur. Si l'on écarte beaucoup le carton du point F, on y verra un vrai spectre solaire; mais le spectre R'U' qu'on obtiendra au delà du foyer sera renversé par rapport à celui qu'on obtient en deçà : cela vient de ce que les rayons solaires se croisent au foyer F.

Fig. 282.

Ces préliminaires posés, nous diviserons ce que nous avons à dire en deux articles. Dans le premier, nous étudierons les phénomènes indépendants de la direction du mouvement oscillatoire des molécules de l'éther, mais dépendant seulement soit de la vitesse, soit du sens de ce mouvement, et surtout de la direction dans laquelle se propage ce mouvement. Dans le deuxième article, nous aurons égard à la direction des mouvements oscillatoires des molécules dont se compose l'onde lumineuse.

Ce simple énoncé montre par avance une différence entre les vibrations de la lumière et celles du son; car, dans le son, la direction des vibrations des molécules dont se compose une onde étant perpendiculaire à cette onde, coïncident avec la direction même de la propagation de cette même onde; de sorte que, dans ce cas, il n'y a pas lieu à distinguer les deux directions l'une de l'autre; mais nous verrons que, dans la lumière, on est forcé de concevoir que les molécules oscillent parallèlement à la surface de l'onde lumineuse.

D'après cela, on voit que si l'on se représente une de ces molécules comme faisant, je suppose, partie d'une onde verticale dans laquelle elle oscillerait horizontalement de droite à gauche, les propriétés des parties de l'onde situées à droite et à gauche de cette molécule seront différentes de celles des parties situées au-dessus ou au-dessous. Or on appelle *polarisation* cette qualité d'un objet qui offre diverses propriétés, suivant celui de ses points que l'on considère; par conséquent, notre second articl sera tout entier pour la polarisation de la lumière.

Article I⁰ʳ. — De la lumière, abstraction faite de sa polarisation.

Ire PARTIE. — *Propagation de la lumière dans un seul milieu.*

I⁰ʳ. — Optique.

131. Proposition. — « Dans un milieu homogène, la lumière
« se propage toujours en ligne droite. »

Pour se convaincre de cette proposition, il suffit de réfléchir que c'est sur elle qu'est fondée la manière la plus ordinairement employée pour aligner plusieurs points ou pour dresser les objets : car le plus souvent, pour s'assurer de l'alignement de plusieurs points, on place l'œil sur le prolongement de la droite qui passerait par le premier et le dernier; et si tous les points intermédiaires sont masqués, on en conclut qu'ils sont en ligne droite, tandis que si on en aperçoit quelques-uns, on en conclut que ceux-ci ne sont pas en ligne droite avec les autres. Or, soit dans les objets d'art, soit dans les opérations géodésiques, soit dans les observations astronomiques, les points, les lieux ou les astres ainsi alignés n'ont jamais manqué de jouir des diverses propriétés des lignes droites que démontre la géométrie; par conséquent notre proposition, sur laquelle s'appuie la manière de vérifier ces alignements, est incontestable.

Définition. — On appelle *rayon* de lumière chacune des lignes droites qui partent d'un point lumineux, et sont parcourues par la lumière qu'il lance de tous côtés. On entend par un *faisceau* de lumière une réunion de plusieurs rayons émanés d'un même point. Quand ce faisceau est très-mince, on l'appelle *pinceau* de lumière.

132. Proposition. — « L'intensité de la lumière, lancée par
« un point lumineux, décroît comme le carré de la distance
« augmente. »

Fig. 283.
Ainsi soit S (*fig.* 283) un point lumineux : si, après lui avoir présenté une surface en AB à une certaine distance SC, on lui présente la même surface en A'B' à une distance deux fois plus grande, je dis qu'en cette dernière position la surface sera quatre

PROPAGATION DE LA LUMIÈRE.   341

fois moins éclairée qu'en la première position. En effet, on sait par la géométrie que les sections parallèles AB et A'B', faites dans un cône A'SB', sont entre elles comme les carrés des distances SC et SC'. Ainsi, comme on suppose SC' égale à 2SC, et que 4 est le carré de 2, on voit que la surface A'B' sera quatre fois plus grande que AB. Or ce sont les mêmes rayons qui éclairent les deux sections AB et A'B'; et il est évident que le même nombre de rayons étant répandus sur une étendue ou surface A'B' quatre fois plus grande qu'une autre AB, il arrivera que chaque centimètre carré de cette surface A'B' en aura quatre fois moins que chaque centimètre carré de cette autre. Donc la clarté en A'B' sera quatre fois moindre qu'en AB.

133. PROPOSITION. — « La lumière se propage avec une si « grande vitesse, qu'elle vient du soleil à la terre en 8' 13". »

C'est par les observations de la planète Jupiter que l'on démontre cette vérité.

La planète de Jupiter, que je représente par J (*fig.* 284), est Fig. 284.
entourée de quatre petits astres dont un seulement est représenté sur la figure en B, et qui décrivent des lignes à peu près circulaires telles que BE, d'occident en orient. Ces quatre petits astres que Jupiter entraîne avec lui autour du soleil s'appellent les *satellites* de Jupiter. Supposons qu'un astronome placé sur la terre, que je représente par T, suive ces satellites; il observera que chacun d'eux, tel que B, devient invisible, ou, comme on dit, s'*éclipse* pendant une petite portion BC de sa course. Cette éclipse vient de ce que Jupiter, en arrêtant la lumière du soleil, que je suppose placé en S, laisse après lui un grand cône d'ombre JM. Alors, quand un satellite passe dans cette ombre, il devient tout à fait invisible. On entend par ce mot de révolution tantôt le retour du rayon JB du satellite B vers la même étoile du ciel, tantôt le retour de ce rayon à la même position par rapport à la distance JS de Jupiter et du soleil. La première révolution porte le nom de *sidérale*, et la seconde celui de *synodique* : il ne s'agit ici que de la révolution synodique. Par la comparaison de chaque éclipse d'un satellite à la précédente, on obtient le temps de sa révolution, et on trouve ainsi toujours la même durée pour cette révolution de chaque satellite, quelle que soit l'éclipse d'où on la déduit. Cette durée est à peu près

+ c'est ce qui lui arrive à chaque révolution »

de $42^h \frac{1}{2}$ pour le premier satellite, c'est-à-dire pour le plus rapproché de Jupiter. Ce nombre $42^h \frac{1}{2}$ est le temps qui s'est écoulé entre deux immersions successives du premier satellite dans l'ombre de Jupiter.

Ceci compris, supposons qu'ayant observé l'éclipse du premier satellite, répondant au moment où la terre était en M entre le soleil et Jupiter, on veuille calculer combien ce satellite s'éclipsera de fois jusqu'à ce que la terre se retrouve sur l'alignement de Jupiter au soleil, mais vers le côté opposé de ce dernier en N; il n'y aura qu'à chercher combien de fois le nombre $42^h \frac{1}{2}$ va dans le temps nécessaire à la terre pour passer de ce côté; ce qui donnera un certain quotient tel que 200, je suppose. Or, en notant l'époque précise de la 200e immersion des éclipses vues depuis le départ de M jusqu'à l'arrivée en N, on la trouvera en retard sur l'heure que donnerait le produit de 200 fois $42^h \frac{1}{2}$. Ce retard, qui est environ de $16' \frac{1}{2}$, est le temps que la lumière lancée par le premier satellite met à parcourir le diamètre MN; car ce diamètre est précisément tout ce que la lumière lancée par le satellite B parcourt à la dernière immersion de plus qu'à la première.

D'après la valeur connue de ce diamètre MN, la lumière fait presque 320,000 kilomètres par seconde. C'est Rœmer, astronome danois, qui mesura ainsi le premier la vitesse de la lumière en 1675.

Dans l'année 1850, MM. Foucault, Bréguet et Fizeau, firent à Paris quelques expériences pour mesurer la vitesse de la lumière, pareilles à celles que M. Wheatstone avait faites, seize ans auparavant, en Angleterre, pour mesurer la vitesse de l'électricité. (*Voy.* ci-dessus, n° 63.) C'est M. Arago qui, le premier, proposa d'appliquer à la vitesse de la lumière le procédé de M. Wheatstone, de la manière suivante : Soit (*fig.* 1) BA un rayon de lumière partant d'un objet fixe B; soit de plus en A un petit miroir tournant sur un axe fixé au point A perpendiculairement au plan de l'angle BAC; soit enfin en C un miroir fixe qui renvoie au point A tout rayon de lumière qui lui viendrait de ce point. Il suit du n° 137 que, dans sa rotation perpétuelle, le miroir A réfléchira en C le rayon BA toutes les fois qu'il sera perpendiculaire à la droite qui diviserait l'angle BAC en deux également; et

DES OMBRES. 343

si ce miroir tourne assez vite, la lumière qu'il a réfléchie sur le miroir C lui étant renvoyée par celui-ci, retrouvera ce miroir A dans une position sensiblement différente de celle dans laquelle elle l'avait quitté. Alors ce miroir A réfléchira une seconde fois le même rayon lumineux vers B, mais dans une direction un peu différente de AB. Maintenant on conçoit que, d'après cette différence et la vitesse de rotation du miroir A, on pourra calculer le temps que la lumière a mis pour aller de A en C et revenir de C en A. Les savants précités ont placé dans la direction AC un tube plein d'eau, de manière que quelques rayons du faisceau lumineux passassent dans ce tube, tandis que les autres passaient en dehors dans l'air. Pour lors, ils ont constaté que la lumière réfléchie de A en B se divisait en deux faisceaux, dont la divergence provenait de la différence des vitesses qu'a la lumière dans l'air et dans l'eau; et, d'après les résultats de leurs expériences, ils ont conclu que la vitesse de la lumière dans l'eau est plus petite que celle qu'elle a dans l'air.

134. *Des ombres*. — Lorsqu'un point lumineux n'a aucun corps opaque dans son voisinage, ou même à une certaine distance de lui, il remplit de sa lumière tout l'espace qui l'environne; mais il n'en est pas ainsi lorsqu'en quelque lieu de cet espace se trouve un corps *opaque;* pour lors, la lumière du point lumineux n'arrive pas dans la portion de ce même espace située derrière le corps, c'est-à-dire située du côté de ce corps opposé au point lumineux placé devant lui; et cette portion d'espace est ce qu'on appelle l'*ombre* du corps opaque : ceci fournissait même autrefois une objection contre le système des vibrations, parce que le son d'un timbre placé devant un corps arrive derrière ce corps d'une manière très-sensible. Mais on sait aujourd'hui que cette différence tient à ce que la longueur des ondes lumineuses est comme infiniment petite par rapport à celle des ondes sonores de l'air. Aussi avons-nous vu que dans l'eau, où les ondes sonores sont bien plus petites que dans l'air, le son n'arrive pas si sensiblement derrière les corps qui sont sur son passage (n° 234, liv. I). La théorie montre, en effet, que si une onde AMB (*fig*. 292) d'une très-petite longueur *m*M est interrompue par un corps SB placé sur son chemin, il y a repos absolu dans presque tout l'espace situé au delà, et renfermé dans le cône

Fig. 292.

S'EB', qui, ayant son sommet au centre E d'où est partie l'onde, embrasse ce corps en entier; il n'y a que les points de cet espace placés très-près de la surface BB' et SS' du cône, où il y ait du mouvement. Mais nous allons faire abstraction, pour le moment, de cette bordure étroite de l'ombre où pénètre plus ou moins le mouvement de la lumière. D'ailleurs, l'expérience constate l'existence de cette bordure; mais comme les phénomènes qu'elle présente sont dus à l'action mutuelle des rayons dont elle est composée, nous n'en parlerons que dans la troisième partie du présent article.

Cette même bordure nous oblige de distinguer l'*ombre géométrique* d'un corps, de son *ombre physique*. Cette dernière est celle qui a réellement lieu, tandis que l'ombre géométrique d'un corps placé devant une source de lumière est la portion de l'espace où aucun rayon de lumière envoyé par cette source ne pourrait arriver sans s'infléchir, c'est-à-dire sans cesser de se propager en ligne droite, comme le veut le n° 131 : c'est cette espèce d'ombre que nous traitons ici.

Cas d'un point lumineux. — Dans le cas où la source de lumière est un point, rien n'est plus facile que la détermination de l'ombre d'un corps. Ainsi, soit AA' le corps dont il s'agit (*fig.* 295), et L le point lumineux. Supposons que de ce point L on tire toutes les lignes LO, LO', etc..., que l'on mène tangentiellement au corps AA'. Toutes ces tangentes formeront la surface d'une espèce de cône OLO', enveloppant entièrement le corps AA'. Or il est évident qu'aucun rayon de lumière envoyé par L ne pourra pénétrer dans l'intérieur de la portion OAA'O' de ce cône; telle sera donc l'ombre du corps AA'.

Cas d'un corps lumineux. — Prenons à présent le cas où le corps opaque CD (*fig.* 294) a devant lui un corps lumineux AB d'une certaine étendue. Dans ce cas, ce corps opaque laisse encore derrière lui une ombre plus ou moins prolongée; mais, de plus, il a encore ce qu'on appelle une *pénombre*, c'est-à-dire un espace dont chaque point I (*fig.* 294) reçoit de la lumière d'une partie AF du corps lumineux, et n'en reçoit pas du tout de l'autre partie restante FB.

Pour déterminer l'ombre et la pénombre, l'on mène, depuis les bords opposés de AB jusqu'à ceux du corps CD, des lignes BCX,

BDY, ACX' et ADY'; il est évident qu'aucun des rayons de AB ne pénétrera dans l'espace CDE; ainsi ce sera le lieu de l'ombre. Mais à partir de là, depuis O, par exemple, jusqu'en O', ce sera la pénombre, laquelle ira en s'affaiblissant jusqu'en O', où elle n'existera plus du tout. En effet, prenons un point dans cet intervalle, ou plus généralement dans l'intervalle XCX', tel que le point I : ce point recevra tous les rayons de la partie AF de AB, laquelle partie va en augmentant sans cesse à mesure que I approche de I', comme on le voit en se représentant que dans ce mouvement du point I vers I' ce point fasse marcher avec lui les deux lignes IA et FI, que je suppose l'une aboutissant sans cesse en A, et l'autre passant constamment en C. Au contraire, la partie AF diminuerait sans cesse, si I s'approchait de I''.

On voit aussi qu'au delà de E, comme dans l'espace YX', quoiqu'il n'y ait pas d'ombre absolue, cependant, comme les deux pénombres se superposent dans une certaine étendue, cette étendue fera une place plus obscure que les environs, et remplacera l'ombre.

135. *Chambre obscure*. — D'après les mêmes principes, on pourrait résoudre le problème de déterminer l'ombre et la pénombre des bords du trou d'une chambre noire; mais nous préférons dire un mot sur un phénomène intéressant qui s'y rapporte. Ce phénomène consiste en ce que, si on présente un tableau blanc TT' (*fig.* 296) au-devant du trou OO_1, fait au volet VV' d'une *chambre obscure;* pour lors tout objet A_1C_1, placé au loin en dehors de cette chambre, se trouvera représenté en A'C sur le tableau dans une position renversée. Ce phénomène est facile à expliquer. En effet, chaque point de l'objet extérieur, tel que le point C_1, envoie un pinceau de lumière C_1CC', qui, après avoir traversé le trou OO_1, va former sur le tableau un petit rond CC' de lumière blanche, ou verte, ou rouge, ou etc., suivant que ce point C_1 est lui-même blanc, ou vert, ou rouge, ou etc. Or il est clair que l'ensemble de ces petits ronds de lumière fera, sur le tableau TT', un dessin semblable à l'objet A_1C_1; et, à l'inspection seule de la figure, on voit qu'à cause du croisement des rayons envoyés par cet objet à l'ouverture OO_1, l'image A'C sera renversée.

Fig. 296

En faisant l'expérience, on trouvera toujours que l'image A'C

346   ÉLÉMENTS DE PHYSIQUE, LIV. II.

est confuse, surtout si le tableau est assez près du trou. Cela vient de ce que les ronds de lumière formés sur le tableau par les pinceaux qu'envoient les points voisins l'un de l'autre, tels que A_I et B_I, empiètent les uns sur les autres, comme le montre la figure où l'on voit le rond AA' formé par le pinceau de A_I, recevoir en partie le rond BB' formé par le pinceau de B_I. Mais aussi on voit que si on éloignait le tableau, les pinceaux voisins $A_I AA'$ et $B'BB_I$ se séparant davantage l'un de l'autre, on diminuerait la confusion due à l'empiétement de l'un sur l'autre. Si l'on fait cette expérience par une nuit bien sereine, on verra sur le tableau les étoiles du ciel représentées par autant de points blancs.

§ II. — CATOPTRIQUE.

Fig. 297.

136. *Définitions préliminaires.* — Supposons qu'étant dans une chambre obscure où pénètre un faisceau RR' (*fig.* 297) de rayons solaires, on présente à ce faisceau un miroir MM', on remarquera deux choses : la première, c'est que la petite portion O, frappée par ce faisceau dans le miroir, sera visible de tous les points de la salle. Cela prouve qu'il s'élance de O des rayons *id*, ID, I'D', I''D'' dans toutes les directions : ces rayons sont ce qu'on appelle des rayons *irrégulièrement réfléchis*. La seconde chose que l'on observe est que, dans une certaine direction OL, il se réfléchit un faisceau de lumière à peu près aussi intense que celui de RO, qui vient directement du soleil, et qui va peindre en LL' sur le mur un disque de lumière qui, avec certains miroirs, est presque aussi éclatant que s'il était dû aux rayons venus directement du soleil. Ce faisceau OL est ce qu'on appelle le faisceau *régulièrement réfléchi;* on peut le rendre visible dans toute sa longueur, en répandant sur la route qu'il suit une poussière assez fine pour qu'elle puisse rester suspendue dans l'air. C'est cette réflexion régulière qui fait l'objet de la *catoptrique*.

On appelle *rayon incident* chaque rayon tel que RI, qui vient directement du soleil ou de la source de lumière que l'on considère pour frapper le miroir en un point I, qu'on nomme *point d'incidence*.

LUMIÈRE RÉFLÉCHIE.   347

Le *rayon réfléchi* est celui le long duquel la lumière du rayon incident continue son chemin à partir du point d'incidence; et, d'après ce que nous avons dit, il y a à chaque point d'incidence I un rayon régulièrement réfléchi IL, et une infinité de rayons irrégulièrement réfléchis *id*, ID, etc.

L'*angle d'incidence* est l'angle RIP, que fait le rayon incident RI avec la normale IP élevée au point d'incidence.

L'*angle de réflexion* est l'angle PIL que fait le rayon régulièrement réfléchi IL avec la même normale IP.

Le *plan d'incidence* est le plan de l'angle d'incidence, et le *plan de réflexion* est celui de l'angle de réflexion.

Dans ce paragraphe, nous étudierons d'abord la réflexion de la lumière sur un miroir plan, et ensuite sur un miroir courbe.

Question Ire. — *Réflexion de la lumière sur une surface plane.*

137. Proposition. — « L'angle d'incidence et l'angle de ré-
« flexion sont égaux, et situés tous deux dans un même plan
« perpendiculaire au miroir. »

La meilleure manière de démontrer cette vérité est de prendre pour miroir une surface SS' (*fig.* 298) parfaitement horizontale : la normale IP' est alors précisément dans la direction du fil à plomb. Supposons donc une étoile qui envoie à cette surface un faisceau de lumière E'I qui, en se réfléchissant régulièrement dans la direction IL', fera voir à tout œil placé dans cette direction une image de l'étoile. Prenons une lunette d'astronomie LL munie d'un cercle VV' divisé en degrés, minutes et secondes, que la lunette puisse parcourir en tous sens ; plaçons celle-ci de manière que son cercle VV' soit parfaitement vertical, et qu'elle puisse se diriger suivant O'R sur l'image de l'étoile. Après avoir fait tourner la lunette jusqu'à ce que cette image paraisse précisément sur son axe CL', notons exactement le nombre de degrés, minutes et secondes que contient l'angle PCO' que fait le fil à plomb PC avec cet axe CO'. Maintenant si, sans déranger le cercle VV', on fait tourner convenablement la lunette pour la diriger sur l'étoile même, on réussira à ce que celle-ci paraisse précisément sur l'axe EC de cette lunette. Si, dans cette nouvelle position, on note la valeur de l'angle LCP, on la trouve

Fig. 298.

exactement égale à celle qu'on a trouvée pour PCO'; de là il est facile de conclure la vérité de notre proposition. En effet, l'étoile étant à une distance immense, les deux rayons E'I et EC qu'elle envoie peuvent être censés parallèles, et par conséquent de même direction; de plus, CL' est dans la direction du rayon réfléchi IR; enfin la normale IP' est, comme nous l'avons dit, dans la direction du fil à plomb CP. Donc les lignes de la *fig.* LPL'C sont de mêmes directions que celles de la *fig.* EP'RI, et par conséquent les angles de la première sont égaux aux angles de la seconde. Or, dans la première, les angles LCP et PCL' ont la même valeur; donc, dans la seconde, les angles E'IP' et P'IR sont aussi égaux entre eux, ce qui est une des choses que nous avions à prouver. En second lieu, comme nous n'avons pas été obligés de déranger le plan du cercle VV' pour passer de l'image de l'étoile formée par les rayons réfléchis CL' à l'étoile même vue par les rayons directs CL, il s'ensuit que les trois lignes LC, CP et CL' sont dirigées dans le même plan vertical. Donc, comme ces trois lignes ont les mêmes directions que les trois lignes E'I, IP' et IR, on voit que celles-ci sont aussi dirigées dans un même plan vertical, c'est-à-dire perpendiculaire à la surface SS' du miroir, ce qui est l'autre chose que nous avions à prouver.

Corollaire. — Il est évident que la ligne IP' faisant deux angles égaux avec le plan SS', comme étant perpendiculaire à ce plan, si l'on retranche de ces deux angles les angles E'IP' et P'IR, qui sont aussi égaux entre eux, les restes E'IS et RIS' seront égaux; donc le rayon incident IR et le rayon réfléchi IE' font des angles égaux avec le miroir SS'.

On peut démontrer, au moins approximativement, dans un cours public, la même proposition au moyen de l'appareil de la *fig.* 421. ABCD est un miroir vertical établi au centre d'un limbe EN horizontal, dont tout le contour est divisé en degrés: un faisceau fixe de rayons solaires SO passe par deux trous ou fentes verticales J et J' d'une largeur d'un demi-millimètre, et se dirige perpendiculairement sur l'axe central FO. On peut faire tourner à volonté le miroir sur cet axe au moyen de l'alidade EF fixée au centre F perpendiculairement au miroir. En tournant cette alidade, on amène le miroir à faire tel angle que l'on veut avec le rayon SO; et, en lisant le nombre de degrés de l'arc GE, on a l'angle d'incidence de ce rayon. Cela fait, on amène sur le rayon réfléchi OK' une tige verticale G', qui peut se mouvoir parallèlement à elle-même de manière à parcourir tous les degrés du limbe. On juge que cette tige est bien sur le rayon réfléchi, quand on voit sur un tableau P' son ombre M'L' partager en deux également le petit espace éclairé que produit le rayon réfléchi sur ce tableau ; et, en comptant les degrés de l'arc EH', on a l'angle de réflexion, que l'on trouve sensiblement égal à l'angle d'incidence. Lorsqu'on fait usage d'une lampe placée en S, il faut donner aux ouvertures I et J plus de largeur aux dépens de l'exactitude, sans quoi on ne verrait presque pas l'image K'. D'ailleurs, en mesurant la hauteur du point I, on constate qu'elle est égale à celle des points J et O, et qu'ainsi le rayon incident et le rayon réfléchi sont sur un même plan horizontal avec la normale en O parallèle à EE'.

Remarque. — Une des applications les plus utiles de la loi de la réflexion, est celle qu'on en a faite pour fixer, dans les expériences d'optique, le rayon de lumière solaire sur lequel on opère. Cela s'obtient au moyen d'un appareil qu'on appelle *héliostat*. Il consiste en un miroir métallique qu'un mouvement d'horlogerie meut et tourne sans cesse vers le soleil, de manière qu'il réfléchisse ses rayons perpétuellement dans la direction fixe que l'on désire.

138. *Définition I*. — On dit que deux *points* L et L' (*fig.* 299) sont *symétriques* l'un de l'autre par rapport à un plan MK, quand ils sont placés sur une même perpendiculaire LL' à ce plan et à égales distances des deux côtés de ce plan, de sorte que NL = NL'. Fig. 299.

Définition II. — Deux *corps* sont dits *symétriques* l'un de l'autre par rapport à un plan, quand chaque point de l'un est le symétrique du point correspondant de l'autre. Cela posé, établissons la proposition suivante :

PROPOSITION. — « Un point lumineux et son image sont deux « points symétriques par rapport au miroir. »

En effet, soient L (*fig.* 299) un point lumineux, et LI un des rayons de lumière qu'il envoie sur le miroir MM'. Je dis que si l'on joint le point d'incidence I avec le point L' symétrique du Fig. 299.

350   ÉLÉMENTS DE PHYSIQUE, LIV. II.

point L par rapport au plan MK du miroir, le prolongement IR de la droite L'I sera la direction suivant laquelle se réfléchira le rayon LI. Pour démontrer cela d'après le corollaire qui termine le n° 137, il suffit de prouver que l'angle RIM de RI avec le miroir est égal à l'angle LIM' du rayon incident avec ce même miroir. Ceci est aisé; car, en vertu de la symétrie des deux points L et L', LN est égal à L'N, et de plus MN est perpendiculaire, ce qui donne l'angle A égal à B. Par conséquent, si l'on superposait le triangle LNI sur le triangle L'NI', on voit qu'ils coïncideraient; donc l'angle LIN égale l'angle L'IN; mais celui-ci égale évidemment RIM, car ces deux derniers angles sont formés par les mêmes droites RL' et MN : donc LIN = RIM, ce qu'il fallait démontrer.

On voit donc que tous les rayons LI, LI', etc., se réfléchiront suivant des directions IR, I'R', etc., qui paraîtront toutes émaner de L'. Par conséquent, si on suppose un œil placé en O dans le faisceau des rayons réfléchis RR', le petit pinceau qui entrera dans sa pupille pp' fera le même effet que si les rayons qui le composent lui étaient envoyés par un point lumineux qui serait placé en L'. L'observateur croira donc vraiment voir à cet endroit un point lumineux.

PROPOSITION. — « Un objet quelconque et son image sont sy-
« métriques l'un de l'autre. »

Fig. 300.   En effet, soit B (*fig.* 300) un objet quelconque placé devant un miroir MM'. Si d'un de ses points G on abaisse GN perpendiculaire sur le plan MN du miroir, et qu'on la prolonge d'une quantité G'N égale à elle-même, G' sera l'image de G. De même tout autre point S aura son image en un point S' qui lui est symétrique. Ainsi tous les rayons tels que BIO, envoyés par l'objet B, paraîtront, après s'être réfléchis sur le miroir, venir d'un objet B' symétrique de B; par conséquent, ce dernier aura pour image un corps qui lui est symétrique.

Corollaire. — D'après cela, comme deux corps symétriques ne sont pas égaux ni superposables l'un à l'autre, selon qu'on le démontre en géométrie, on voit qu'un corps et son image ne sont jamais de même forme : c'est ainsi qu'une personne borgne de l'œil gauche, par exemple, en se regardant dans un miroir verrait une figure borgne de l'œil droit.

139. Proposition. — « La quantité de lumière régulièrement « réfléchie va toujours croissant avec l'angle d'incidence. »

En effet, si, ayant l'œil en O (*fig.* 300), on regarde dans un verre dépoli MM', devant lequel est une bougie B, on n'apercevra aucune image de cet objet quand O et B étant assez élevés au-dessus du miroir, la lumière BIO qui va de l'un à l'autre par réflexion suit des lignes droites assez rapprochées de la normale IP. Mais si l'on abaisse l'œil en O″ en même temps que la bougie en B″, de manière que la lumière B″IO″ semble raser la surface du miroir, on apercevra une image assez nette située sur le prolongement de O″I.

Corollaire. — Comme cette expérience réussit sur tous les corps, comme sur une feuille de papier, sur une planche, etc., il faut en conclure que tous les corps réfléchissent régulièrement la lumière quand celle-ci leur arrive sous une grande incidence.

II° Question. — *Réflexion sur les miroirs courbes.*

140. Proposition. — « Les expériences qui démontrent les « lois de la réflexion pour les miroirs plans sont également con- « cluantes pour les miroirs courbes, et par conséquent les deux « espèces de miroirs sont soumises aux mêmes lois. »

En effet, soit un miroir courbe AB (*fig.* 304) sur lequel tombe un rayon de lumière La. Il est évident que, dans une petite étendue autour du point d'incidence *a*, la surface courbe du miroir se confond sensiblement avec son plan tangent MN. Donc les phénomènes de lumière qui ont lieu en ce point *a* doivent aussi se confondre avec ceux que produirait au même point un miroir plan situé dans la position MN. *C. Q. F. D.*

Corollaire. — D'après cela, lorsqu'un rayon de lumière La (*fig.* 304) tombe sur un miroir, pour avoir la direction suivant laquelle il se réfléchit, il faut par le point d'incidence mener une normale C*a* à la surface de ce miroir; et en faisant l'angle C*a*F de même grandeur et de même plan que l'angle L*a*C, la direction *a*F sera celle du rayon réfléchi.

Nous ne nous occuperons dans la question présente que des miroirs sphériques.

Miroirs sphériques. — On appelle ainsi tout miroir II' (*fig.* 301)

352   ÉLÉMENTS DE PHYSIQUE, LIV. II.

dont la surface n'est qu'une portion d'une sphère BB' d'un rayon plus ou moins grand. D'après le corollaire précédent, pour avoir la direction suivant laquelle se réfléchira un rayon de lumière SI (*fig.* 302 et 308), il suffit de tirer du centre C de la sphère, dont le miroir fait partie, une ligne CIO au point d'incidence I, laquelle sera la normale au miroir. Cela fait, en traçant un angle OIR de même grandeur et de même plan que l'angle OIS, la direction IR sera celle du rayon réfléchi.

Fig. 302 et 308.

Fig. 301.

Le *centre de figure* d'un miroir est le milieu A (*fig.* 301) de sa surface, et le *centre de courbure* est le centre C de la sphère dont il fait partie.

L'*axe principal* d'un miroir est la ligne droite indéfinie AL qui passe par le centre de figure et par le centre de courbure. Les lignes droites, telles que L'CA', menées par le centre de courbure C et un point quelconque A' de la surface du miroir, s'appellent *axes secondaires*.

Fig. 302.

On nomme *ouverture* d'un miroir l'angle MCM' (*fig.* 302) que font entre elles les lignes CM et CM' qui, menées du centre C et situées dans un même plan avec l'axe AC, embrassent le miroir.

Il est aisé de démontrer, par des considérations mathématiques, que quand l'ouverture d'un miroir est assez petite, telle que 20° ou 30°, tous les rayons SS' (*fig.* 312) qui tombent sur un miroir parallèlement à l'axe AC sont réfléchis en un même point F. (V. *les Compl.*) Il en est de même de tous les rayons (*fig.* 314) qui arriveraient sur le miroir parallèlement à un axe secondaire quelconque CM', pourvu qu'aucun de ces rayons ne soit pas trop éloigné de cet axe, ce qui exige que celui-ci ne fasse pas un trop grand angle avec l'axe principal. Il en est de même aussi de tous les rayons lancés par un point lumineux L', L ou L" (*fig.* 304) sur le miroir II'; tous ces rayons se réunissent par la réflexion en un seul point situé sur l'axe tiré du point lumineux au centre de courbure du miroir. Ainsi tous les rayons émanés de L' se réunissent en F', ceux de L en F, et ceux de L" en F", pourvu qu'aucun de ces rayons ne s'écarte pas beaucoup de l'axe tracé par le point lumineux d'où il vient.

Fig. 312.

Fig. 311.

Fig. 301.

On appelle *foyer* le point unique où le miroir réunit par la réflexion tous les rayons qu'il reçoit d'un point lumineux.

Le *foyer principal* est celui où se réunissent tous les rayons

LUMIÈRE RÉFLÉCHIE. 353

parallèles à l'axe, c'est-à-dire les rayons envoyés au miroir par un point lumineux situé sur cet axe, mais à une distance infinie.

On appelle *distance focale principale*, ou simplement distance focale d'un miroir, la distance AR (*fig.* 302), qui existe de son foyer principal R à son centre de figure A. On démontre par la géométrie que cette distance AR est égale à la moitié du rayon CA du miroir. (V. les *Compl.*) Dans les figures précédentes on n'a pris pour exemple que des miroirs concaves. Cependant tout ce que nous venons de dire a encore lieu quand un point lumineux envoie des rayons SL' (*fig.* 308) sur un miroir convexe. Seulement, dans ce cas, la lumière est réfléchie dans des directions RR' dont le foyer, au lieu d'être placé devant le miroir, est au contraire derrière celui-ci, c'est-à-dire en V; c'est ce que nous verrons au n° 143.

Fig. 302.

Fig. 308.

On donne le nom de *foyer virtuel* à celui auquel se réunissent ainsi les prolongements rétrogrades des rayons lumineux, et non pas ces rayons eux-mêmes.

Un miroir concave donne aussi un foyer virtuel, quand le point lumineux L (*fig.* 307) est suffisamment près de sa surface.

Fig. 307.

Tout ce qui précède suppose, comme nous l'avons dit, que les rayons incidents ne s'écartent pas beaucoup de l'axe tracé par le point lumineux d'où ils viennent. Quand un rayon s'écarte trop de cet axe, alors, après sa réflexion sur le miroir, il ne passe plus par le foyer commun aux rayons plus rapprochés du même axe : il y a pour lors *aberration*; car on appelle ainsi la déviation par laquelle certains rayons de lumière s'écartent du foyer où concourent les autres rayons émanés de la même source qu'eux. L'aberration que nous venons de signaler étant une suite de la forme sphérique du miroir, s'appelle *aberration de sphéricité*; elle peut avoir lieu de deux manières : soit par la trop grande ouverture du miroir, soit par le grand angle que l'axe tracé par le point lumineux ferait avec l'axe principal; car l'une et l'autre de ces dispositions donnent lieu à des rayons qui s'écartent beaucoup de l'axe tracé par le point lumineux. Ainsi, 1° dans la *fig.* 301, si le miroir allait jusqu'en B', le rayon LP, en se réfléchissant, ne passerait pas par le foyer F, mais en T, comme on peut s'en assurer en tirant la normale CP, et faisant l'angle TPC égal à l'angle CPL. 2° Si l'angle que l'axe L'CF' d'un point L' fait

Fig. 301.

23

avec l'axe principal LA est trop grand, on voit que les rayons, tels que L'I, qui tombent vers le bord I du miroir feront aussi de trop grands angles avec l'axe L'CF' pour que la réflexion les renvoie en F'; il y aura donc encore aberration. L'angle L"CL' compris entre les axes secondaires au delà desquels l'aberration commence à avoir lieu, s'appelle *le champ du miroir;* cet angle est 20° ou 30°.

Ces notions préliminaires une fois établies, nous allons étudier les phénomènes produits par les miroirs sphériques.

141. *Problème.* — « On demande de déterminer par une con« struction graphique toutes les apparences produites par les mi« roirs sphériques. »

Solution.—La solution de ce problème repose sur ce que dans un miroir sphérique les rayons parallèles à l'axe DX (*fig.* 309) se réunissent par la réflexion au milieu F du rayon de courbure CD, comme nous venons de le dire. Cela posé, pour connaître la position de l'image d'un objet quelconque, comme d'une flèche AB, du point A on mènera un rayon de lumière AE parallèle à l'axe ; ce rayon se réfléchira suivant EY, en passant, par le foyer F. Puis du même point A on mènera un autre rayon au sommet D de l'axe ; ce rayon se réfléchira suivant DZ de manière que l'axe divise l'angle ADZ en deux également, et le point de rencontre A' des deux rayons réfléchis sera l'image de A. Par une construction semblable, on trouvera l'image B' du point B. Ainsi, en prenant 'objet AB très-éloigné, on voit le miroir en donner une image A'B' renversée, rapetissée, et placée un peu en avant du foyer. Mais si on suppose que l'objet AB s'approche de plus en plus, on voit que l'angle ADZ augmentera de plus en plus et prendra des formes de plus en plus ouvertes, savoir : MDS, quand la pointe de la flèche sera en M, puis IDJ, quand cette pointe sera en I ; ainsi de suite. En même temps on voit que le rayon AE, le long duquel s'avance la pointe de la flèche, restera fixe ainsi que la direction EY, suivant laquelle ce rayon se réfléchit.

La ligne DZ descendant ainsi de plus en plus, sa rencontre A' avec EY descendra aussi de plus en plus vers Y ; par exemple, quand cette ligne DZ sera venue en DS, l'intersection sera descendue en O. Ainsi, à mesure que AB s'approchera de son image A'B', celle-ci s'approchera de AB en devenant de plus en plus grande, jusqu'à ce qu'enfin toutes deux coïncident ensemble quand elles seront arrivées au centre C. Mais si nous continuons d'approcher AB de C vers F, il est facile de voir, en suivant le mouvement de la ligne DZ, que l'image passera derrière la flèche, c'est-à-dire vers X, en fuyant toujours le miroir, jusqu'à ce qu'enfin la ligne DZ, prenant une direction DJ parallèle à EY, l'image s'éloigne à l'infini et disparaisse; ce qui arrivera évidemment quand la flèche sera arrivée au foyer F. Au delà, c'est-à-dire quand la flèche sera en V, la ligne DZ dont il s'agit prenant une inclinaison DL encore plus grande, cette direction DL, prolongée en haut, ira rencontrer le prolongement de EY en A''; de sorte qu'alors l'image A''B'' sera droite, agrandie, et derrière le miroir.

Corollaire. — La grandeur de l'image qu'on obtient au foyer d'un miroir concave pour les objets éloignés est proportionnelle au rayon de la sphère sur laquelle ce miroir est travaillé. En effet, si l'on suppose l'axe DX passant par le milieu de l'objet AB (*fig.* 309), le rayon incident AD et le rayon réfléchi DZ passeront par les extrémités A et B de cet objet, et le contiendront en entier. Or ces deux rayons contiennent aussi l'image A'B'. L'image et l'objet seraient donc vus sous le même angle par un œil placé au centre D du miroir. Ainsi, pour un objet éloigné, son image, vue d'une distance égale à la distance focale, sous-tendra le même angle que lui, et par conséquent sera d'autant plus grande que cette distance sera plus grande; ce qui revient à ce que nous avons avancé. On trouve, d'après cela, que le soleil sous-tendant un angle de trente minutes environ, son image est d'environ 3 pouces au foyer d'un miroir de 40 pieds de distance focale, comme celui d'Herschell.

Fig. 309.

142. Problème. — « On demande de vérifier par l'expérience « les indications de la théorie pour les miroirs sphériques. »

Rien n'est plus aisé que cette vérification; et d'abord, pour avoir le cas d'une source de lumière placée à une distance infinie du miroir, nous n'avons qu'à recourir au soleil. Ainsi, en présentant un miroir concave MM' (*fig.* 302 ou 311) aux rayons SS' du soleil, on obtient au-devant de ce miroir en R (*fig.* 302) ou en F' (*fig.* 311) une concentration de ces rayons qui produit beaucoup de lumière, et assez de chaleur pour allumer les corps combustibles. On peut s'assurer que ce point de concentration est au mi-

Fig. 302 ou 311.
Fig. 302.
Fig. 311.

23.

lieu du rayon en en mesurant la distance au miroir, et la comparant à la valeur du rayon de la sphère sur laquelle le miroir a été travaillé. On peut, au reste, déterminer par l'expérience ce rayon; il n'y a qu'à présenter une pointe au miroir, et chercher la position dans laquelle cette pointe et son image coïncident exactement; car, comme nous venons de le dire, la pointe, dans cette position, est évidemment au centre, et sa distance au miroir est égale au rayon.

Pour vérifier les autres indications de la théorie, il suffit de placer la flamme d'une bougie sur l'axe d'un miroir concave, en la tenant, pour commencer, à une grande distance de ce miroir; puis de recevoir son image sur un verre dépoli. Ensuite on approche de plus en plus la bougie du miroir en tenant toujours la flamme sur l'axe; et en cherchant à suivre l'image avec le verre dépoli, on reconnaît qu'elle subit toutes les modifications que nous avons indiquées.

143. PROPOSITION. — « Les miroirs convexes ne donnent jamais qu'une image A'B' (*fig.* 313) droite, et plus petite que « l'objet AB. »

Fig. 313.

En effet, dans ce cas, les rayons tels que BU et AD, parallèles à l'axe CY, prennent des directions DE et UV divergentes; mais les prolongements rétrogrades DF et UF de ces directions convergent vers un point F qui est le foyer du miroir, lequel est encore ici, comme tout à l'heure, au milieu du rayon de courbure CI. (V. *Compl.*) Pour avoir l'image de A, après avoir mené un rayon AD parallèle à l'axe, on tracera sa direction réfléchie en tirant une ligne FE qui, partant du foyer F, passe par l'incidence D. Ensuite, après avoir tracé le rayon AI qui tombe au centre I du miroir, on tirera une ligne IG faisant sous l'axe le même angle que AI fait au-dessus : ce sera la direction réfléchie de ce rayon IA. Donc la rencontre A' de FE avec le prolongement rétrograde IA' de cette direction réfléchie donnera l'image de A. On trouverait de même l'image de B; et l'on voit que l'image A'B' sera droite, et plus petite que l'objet.

Des caustiques. — Dans le cas le plus général, les rayons d'un point lumineux réfléchis par un miroir ne vont pas tous se rencontrer en un même point, mais ils se coupent successivement les uns les autres en différents points. Or on appelle *caustique* la

LUMIÈRE RÉFRACTÉE.   357

surface formée ainsi par les intersections successives des rayons d'un point lumineux réfléchis par un miroir.

Par exemple, les miroirs sphériques ne concentrent tous les rayons d'un point lumineux en un seul foyer qu'autant qu'ils ne sont qu'une petite portion de la sphère sur laquelle ils ont été travaillés ; mais si on avait un miroir QAQ' qui en fût (*fig.* 313 *bis*) Fig. 313 *bis*. une grande partie, et qu'on lui présentât un point lumineux L, les rayons réfléchis QM, PO, RS, MA, NB, OC, etc., seraient loin de passer tous au foyer F, et en se coupant successivement ils formeraient la courbe QTF. Les rayons réfléchis par la partie AM'Q' formeraient une autre portion QTF de la caustique. La *fig.* 313 *bis* ne nous offre qu'une ligne courbe ; mais les autres Fig. 313 *bis*. rayons du point L, en se réfléchissant, forment d'autres courbes semblables à celles-ci, et qui passent, soit au-dessus, soit au-dessous du plan de la *fig.* 313 *bis :* toutes ces courbes réunies Fig. 313 *bis*. forment une surface qui, dans les voisinages du point F, ressemble au pavillon d'un cor de chasse, et c'est cette surface qui est la caustique.

DE LA LUMIÈRE, ABSTRACTION FAITE DE SA POLARISATION.

IIe PARTIE. — *Propagation de la lumière d'un milieu dans un autre.*

DIOPTRIQUE.

Nous partagerons la dioptrique en deux paragraphes :
1° La dioptrique d'un rayon lumineux, où nous étudierons la route d'un seul rayon lumineux passant d'un milieu dans un autre ; 2° la dioptrique d'un faisceau de rayons lumineux, où nous suivrons un faisceau de rayons émanés d'un point lumineux dans leur mouvement à travers différents milieux.

§ I. — DIOPTRIQUE D'UN RAYON LUMINEUX.

144. Un rayon de lumière AB (*fig.* 314) qui doit passer de Fig. 314. l'air dans le verre VV', par exemple, étant arrivé à la surface du verre, se sépare en deux autres, dont l'un A'B se réfléchit dans

l'air, et dont l'autre BC continue son chemin dans le verre. De même, si ce dernier rayon doit ensuite passer de nouveau dans l'air, alors, étant arrivé en C à la deuxième surface du verre, il se divisera encore en deux autres, dont l'un CD continuera sa route, et dont l'autre CB' se réfléchira dans le verre ; et ce dernier, arrivé en B', se divisera encore en deux autres, dont l'un B'A'' continuera sa route dans l'air, tandis que l'autre B'C' se réfléchira dans le verre, ainsi de suite ; de sorte qu'un seul point lumineux A aura une infinité d'images produites par les divers rayons BA', B'A'', B''A''', etc.

. C'est aussi ce qu'il est aisé de confirmer par l'expérience avec une glace, en cherchant à voir l'image d'un objet dans une direction très-oblique.

La réflexion de la lumière, à la rencontre de la surface de séparation de deux milieux, se fait d'après les lois que nous avons expliquées dans la catoptrique ; ainsi, nous n'avons rien à ajouter sur ce phénomène. Mais le passage de la lumière d'un milieu dans un autre offre des phénomènes divers, qu'il nous faut maintenant examiner.

Nous supposerons d'abord que le rayon de lumière soit simple ; nous examinerons ensuite le cas où il est composé, comme la lumière blanche, de plusieurs autres rayons.

Fig. 316.
143. PROPOSITION. — « Quand un rayon de lumière LC « (*fig.* 316) pénètre dans un nouveau milieu NN'P', la route CR « qu'il y suit est telle, que 1° les trois droites CL, CR et la nor- « male PP' sont dans un même plan, et que 2° les *sinus* des « angles PCL et RCP' sont dans un rapport invariable. »

Fig. 421.
Pour démontrer ceci par l'expérience, dans un cours public on peut prendre l'appareil de la *fig.* 421, décrit page 348. Seulement, au lieu de placer un miroir au centre du limbe horizontal GN, j'établis un demi-cylindre vertical ABCDTR, dont l'axe FO réponde au centre du limbe. Ce demi-cylindre est fait de la substance transparente que l'on veut faire traverser par le rayon solaire SO. Ce rayon arrive perpendiculairement sur l'axe OF ; et si l'on commence par amener en G l'extrémité E de l'alidade EF, fixée perpendiculairement au plan ABCD, ce rayon SO continue son chemin tout droit en OL. Ainsi, un rayon perpendiculaire aux surfaces d'incidence et d'émergence d'un corps trans-

parent n'en éprouve aucune déviation. Mais dès qu'on tourne l'alidade d'un certain arc GE, le rayon émergent dévie, et prend une direction telle que OK. Pour connaître l'angle de cette nouvelle direction avec la normale EE', on fait mouvoir la tige verticale H*g* jusqu'à ce que son ombre divise en deux également le petit espace éclairé que produit le rayon OK en tombant sur le tableau P. Alors le *supplément* du nombre de degrés compris entre E et H donne l'angle cherché ; et en opérant ainsi pour diverses positions de l'alidade FE, on trouve toujours le même rapport entre les *sinus* des angles que font avec la normale EE' les rayons incidents et émergents. D'ailleurs, en mesurant la hauteur du point I', on constate qu'elle est égale à celle des points J et O, et qu'ainsi ces deux rayons sont dans un même plan horizontal avec la normale qu'on mènerait au point O.

Pour opérer sur les liquides, on remplace le demi-cylindre plein par un demi-cylindre creux en verre, dont la face plane ABCD soit excessivement mince ; et on remplit ce demi-cylindre du liquide qu'on veut soumettre à l'expérience.

M. Fresnel a donné des explications de ces lois et de celles de la réflexion, que l'on peut voir dans les *Compléments*.

146. Le phénomène que l'on vient de décrire est connu sous le nom de *réfraction*.

Définition I. — On désigne par l'épithète de *réfringent* la propriété qu'ont les milieux diaphanes de dévier la lumière.

Définition II. — Le rayon *incident* est la ligne droite qu'a suivie la lumière immédiatement avant d'entrer dans le milieu réfringent que l'on considère ; le point où se fait cette entrée est le *point d'incidence*, et le rayon *réfracté* est la ligne droite suivie par la lumière dans ce milieu réfringent.

Définition III. — On appelle *angle d'incidence* l'angle du rayon incident avec la normale menée par le point d'incidence à la surface du milieu réfringent ; et *angle de réfraction*, celui du rayon réfracté avec cette normale prolongée dans l'intérieur du milieu réfringent.

Définition IV. — Le *plan d'incidence* est celui de l'angle d'incidence, et le *plan de réfraction* est celui de l'angle de réfraction.

Remarque. — Les lois de la réfraction démontrées dans le n° 145 s'énoncent en disant que :

1° Le plan de réfraction coïncide toujours avec le plan d'incidence ;

2° Le rapport du sinus d'incidence au sinus de réfraction est constant.

Définition V. — Le rapport du sinus d'incidence au sinus de réfraction est ce qu'on appelle l'*indice de réfraction*.

Remarque. — L'indice de réfraction est différent pour les différents milieux réfringents, comme on peut le constater par l'expérience du n° 145 : en faisant cette expérience avec de l'eau, on trouve $\frac{4}{3}$ pour l'indice de réfraction de ce milieu.

Les lois de réfraction que nous venons d'énoncer dans la remarque précédente sont connues sous le nom de *lois de Descartes*.

147. *Observation I.* — Cette expérience pourrait aussi prouver, si l'on n'avait pas d'autre démonstration, que la vitesse de la lumière varie en passant d'un milieu dans un autre. En effet, le calcul établit (voy. les *Compl.*) que les vitesses d'un rayon de lumière dans deux milieux contigus sont entre elles comme les sinus que ce rayon fait avec la normale à la surface qui sépare ces deux milieux. Donc, comme ces sinus sont différents d'après l'expérience précédente, il faut admettre que les vitesses de la lumière dans les deux milieux le sont aussi.

Observation II. — Dans le système de l'émission, le calcul montre au contraire que les vitesses des deux parties, l'une incidente, et l'autre réfractée d'un rayon lumineux qui passe d'un milieu dans un autre, sont réciproquement proportionnelles aux sinus d'incidence et de réfraction. (V. le *Traité de Méc.* de Poisson, t. I, 2ᵉ édit., p. 305.) D'après cela, la vitesse de la lumière devrait être plus grande dans l'eau que dans l'air ; et comme nous avons vu le contraire établi par l'expérience (p. 343), il s'ensuit que le système de l'émission doit être rejeté.

Corollaire. — Il suit du phénomène précédent, que les longueurs des ondulations qu'un rayon de lumière exécute dans deux milieux différents qu'il traverse successivement, sont entre elles dans le rapport du sinus d'incidence au sinus de réfraction, c'est-à-dire comme les sinus des angles que la normale à la surface de séparation des deux milieux fait avec les deux directions différentes que ce rayon suit dans ces deux milieux.

En effet, d'après ce qu'on vient de dire, le rapport de ces sinus est égal à celui des vitesses de la lumière dans ces deux milieux, c'est-à-dire égal aux espaces qu'elle y peut parcourir en des temps égaux. Or c'est un principe général démontré par le calcul, que les longueurs des ondulations de tout mouvement vibratoire, dans deux milieux qu'il parcourt successivement, sont des espaces parcourus en temps égaux (voy. les *Compl.*) : donc le rapport desdits sinus est égal à celui des longueurs de ces ondulations. *C. Q. F. D.*

148. Proposition. — « L'indice de réfraction d'une substance « n'est pas le même pour les sept couleurs du spectre. »

En effet, d'après la première expérience que nous avons faite au commencement de ce chapitre, n° 128, pour prouver avec un prisme que la couleur blanche est composée de sept couleurs différentes, il résulte que, pour une même direction IB (*fig.* 318) des rayons incidents qui composent le rayon blanc IB qu'on envoie sur le prisme DEF, il y a sept directions diverses des rayons émergents BOC, BO'C', etc. Donc la réfraction que le prisme fait éprouver à ces sept couleurs n'est pas la même ; donc l'indice de réfraction d'une substance n'est pas le même pour les sept couleurs du spectre.

Fig. 318.

On énonce cette proposition en disant que ces sept couleurs ne sont pas également *réfrangibles*.

Corollaire. — Les sept couleurs n'ont pas la même vitesse dans la même substance ; en effet, d'après l'observation du n° 147, l'indice de réfraction pour une couleur n'étant que le rapport des vitesses que cette couleur a dans le vide et dans la substance à laquelle appartient cet indice, il s'ensuit qu'en entrant dans une substance, un rayon de lumière subit telle ou telle diminution de vitesse selon sa couleur.

Cette différence de vitesse des sept couleurs dans une même substance est une des plus fortes objections que l'on fait contre le système des ondes ; car il semble que toutes les couleurs, dans ce système, devraient avoir la même vitesse dans le même milieu, comme les divers sons ont tous la même vitesse dans l'air (voy. n° 230, liv. Ier). Cette objection n'est pas sans réponse, comme on peut le voir t. XLII, p. 147 des *Annales de physique et de chimie;* t. XV, p. 383; t. XVII, p. 192, en note; t. XXIII, p. 119 du même recueil, etc.; et dans le Mémoire de Fresnel sur la double réfraction. Le fond de la réponse consiste à dire que l'on ne retrouve la même vitesse pour toutes les longueurs d'ondes sonores en acoustique, que parce que l'on regarde comme négligeables les distances auxquelles s'étendent les forces des molécules matérielles : ceci est permis en acoustique, où les ondes ont des longueurs hors de toute proportion avec ces distances. Mais en optique les ondes sont si petites, qu'elles peuvent être en quelque proportion avec ces mêmes distances. Aussi, quand on ne néglige plus celles-ci, on trouve, d'après les calculs de MM. Fresnel et Cauchy, qu'une onde se propage d'autant moins vite qu'elle est plus courte.

Définition. — On appelle *dispersion* la différence du plus fort au plus faible des indices de réfraction des rayons partiels qui composent un même rayon passant du vide dans une substance réfringente. On appelle cette différence dispersion, parce que c'est, pour ainsi dire, elle qui donne la mesure de la quantité dont sont dispersés par leurs inégales réfractions les rayons partiels BOC, BO'C', etc. (*fig.* 318), qui composent le rayon incident BI.

Fig. 318.

149. PROBLÈME. — « On demande de déterminer d'une manière « précise l'indice ou le rapport de réfraction d'une substance « transparente. »

Solution. — Comme ce moyen exige beaucoup de détails et de calculs, nous ne pouvons que l'indiquer : il consiste à prendre un prisme fait de la substance que l'on veut étudier, et dont ABC (*fig.* 319) représente la coupe. Puis, se plaçant en un point R

Fig. 319.

avec un cercle de cuivre dont le contour soit divisé en degrés, et qui porte une lunette SO susceptible de tourner sur le centre du cercle pour prendre toutes les positions que l'on désire, comme SO, VT, *xy;* on vise successivement sur l'objet L et sur l'image L' qu'on en voit dans la direction RI. Pour rendre l'expérience et les calculs plus simples, on dispose l'appareil R, le prisme ABC et l'objet L de manière qu'ils fassent un triangle LIR, dont le plan soit perpendiculaire aux trois arêtes du prisme. Cela posé, en dirigeant la lunette sur l'image L' de L, on reconnaît qu'elle est dans ce plan même LIR. Ainsi le rayon réfracté et le rayon incident sont dans le plan même du triangle qu'on vient de dire, c'est-à-dire dans un plan perpendiculaire aux faces du prisme, ce qui est la première loi.

Ensuite, d'après le nombre de degrés que la lunette est obligée de parcourir pour aller de la direction RL à la direction RL', le calcul fait connaître quel doit être l'indice de réfraction propre au prisme AB. (V. les *Compl.*)

Comme on opère dans l'air, on n'aura, à la rigueur, que la réfraction due au passage de la lumière de l'air dans le prisme. Mais comme l'action réfringente de l'air est ordinairement très-petite par rapport à celle du prisme, on pourra en faire abstraction.

Au reste, par le calcul on peut tenir compte de cette action de l'air, quand on connaît l'indice de réfraction de l'air.

Quand on veut trouver la valeur que le rapport de la réfraction doit avoir pour le passage de la lumière du vide dans l'air, on prend pour ABC un prisme creux formé par des glaces, et dans lequel on fait le vide.

Comme la lumière se décompose en traversant le prisme ABC, l'observateur voit sept couleurs en L'; mais il s'attache ordinairement à la couleur qui occupe le milieu du spectre, c'est-à-dire au jaune verdâtre : c'est ce qu'on appelle le *rapport* ou l'*indice moyen de réfraction*. On peut, au reste, faire porter l'expérience sur la couleur qu'on veut, et on a alors la valeur de l'indice relatif à cette couleur.

Définition. — On appelle *dispersion totale d'une substance* la différence de l'indice de réfraction du violet extrême à l'indice du rouge extrême; et on appelle *dispersion partielle* la différence des valeurs de l'indice pour les rayons extrêmes d'une même couleur simple.

150. *Raies du spectre.* — Cette diversité des réfrangibilités des différentes couleurs du spectre était autrefois un grand obstacle à les mesurer avec toute la précision désirable, parce que le passage d'une couleur à l'autre se faisant dans le spectre par nuances insensibles, il était presque impossible à un observateur de définir exactement le point du spectre sur lequel ses observations avaient été faites; mais, depuis la découverte de Frauenhofer,

cette précision est très-facile. Ce célèbre artiste de Munich découvrit que le spectre solaire est rempli d'une multitude de raies noires toutes perpendiculaires à sa longueur, et dont chacune a une position absolument déterminée et invariable. Quand on a un prisme d'une grande force dispersive, il suffit, pour voir les plus apparentes de ces raies, de le placer verticalement dans une chambre obscure, à 5 ou 6 mètres d'une fente verticale et étroite pratiquée au volet d'une chambre obscure. Puis, approchant l'œil de ce prisme, on tâche d'y voir l'image déviée et irisée de la fente, que je suppose éclairée par la lumière blanche des nuées. Quand l'œil et le prisme vertical sont convenablement tournés, la fente apparaît comme un beau spectre solaire horizontal, sillonné par quelques raies noires verticales et étroites. Pour les voir en plus grand nombre et plus distinctement, on place devant le prisme une lentille achromatique, c'est-à-dire une lentille qui représente à son foyer (v. n° 165) les objets situés au loin de l'autre côté de ce foyer, en y produisant une image de ces objets parfaitement exempte de couleurs différentes de celles de ces objets mêmes. Alors, en présentant un écran blanc au foyer, on y voit un spectre rempli de raies noires verticales. Frauenhofer a désigné par B, C, D, E, F, G, H, les sept principales raies des sept couleurs du spectre; et quand on donne l'indice de réfraction d'une d'entre elles, cet indice se rapporte précisément à la raie désignée par la lettre répondant à cette couleur.

Le procédé employé par Frauenhofer diffère du précédent en ce que c'est par le moyen d'une lunette SO (*fig*. 319), que l'on place tout près du prisme (1) ABC, qu'on examine le spectre L' que forme la lumière LI'IV en se réfractant dans le prisme. Pour bien apercevoir les raies du spectre, il faut que la lunette opère un grossissement considérable.

Fig. 319.

Observation I. — Tant qu'on emploie la lumière solaire, on observe toujours les mêmes raies dans le spectre, de quelque substance que soit fait le prisme dont on se sert. Mais si l'on emploie une autre lumière, comme celle d'un quinquet ou celle d'une étoile, on trouve des raies qui ne ressemblent plus à celles

---

(1) Il faut que le lecteur supplée au défaut de la figure, car elle représente la lunette trop éloignée du prisme.

de la lumière solaire. La lumière produite par un courant électrique n° 66 donne au contraire des raies brillantes, et ces raies diffèrent suivant le métal que l'on fait fondre à cette source de lumière.

151. *Indices inverses.* — Il est d'expérience que la lumière, pour aller d'un point d'un milieu à un autre point situé dans un milieu différent, suit toujours la même route, dans quelque sens qu'elle parcoure l'intervalle de ces deux points, soit qu'elle aille du premier point au second, soit qu'elle aille du second au premier. Ainsi, quand dans l'appareil de la *fig.* 421, décrit au n° 145, on a disposé les trois lignes JG, OF et HI', de manière qu'en plaçant l'œil en J on voie I' coïncider avec O; si ensuite, sans rien déranger, on va placer l'œil en I', on verra encore coïncider O et J. Dans le premier cas, la lumière vient de I' en J, et, dans le second cas, elle va de J en I'; ou bien, en recourant à la *fig.* 316, qui n'est qu'une coupe de l'appareil de la *fig.* 421, dans le premier cas, la lumière va dans le sens LCR, et, dans le second cas, elle va dans le sens RCL; et, dans les deux cas, les deux sinus à considérer sont LD et RF. Ainsi, quand le rayon passe de L en R, l'indice de réfraction est $\frac{LD}{RF}$; mais quand le rayon va, au contraire, de R en L, l'indice est $\frac{RF}{LD}$. En général, N ou $\frac{N}{1}$ étant l'indice de réfraction quand la lumière passe d'un premier milieu dans un second, $\frac{1}{N}$ est l'indice de réfraction quand elle repasse du second dans le premier.

Fig. 421.

Fig. 316.
Fig. 421.

Observation. — Quand un rayon LI (*fig.* 320), en passant d'un milieu dans un autre, continue la même direction IR sans se réfracter, on dit que les deux milieux sont d'égales réfringences; mais ordinairement le rayon LI se réfracte en prenant une nouvelle direction IR, et il se rapproche (*fig.* 317) ou s'éloigne de la normale (*fig.* 321), suivant que le milieu où il entre a plus ou moins de réfringence que celui d'où il sort. Cette réfringence est ordinairement plus grande dans les milieux qui sont les plus denses, du moins quand l'excès de densité est énorme, comme celui des liquides par rapport au gaz, par exemple; mais on

Fig. 320.

Fig. 317.
Fig. 321.

trouve, dans bien des cas, plus de réfringence là où il y a moins de densité, quand la différence n'est pas énorme.

De ce qui précède, on peut aisément tirer le corollaire suivant :

Fig. 323.   152. *Corollaire.* — Lorsqu'un rayon de lumière LI (*fig.* 323) tombe sur une glace à faces parallèles, la direction de son émergence EM est parallèle à celle de son incidence.

Fig. 323.   C'est ce que l'expérience confirme ; car si, ayant laissé entrer un rayon de soleil LI (*fig.* 323) dans la chambre noire, on le fait tomber sur une glace à faces parallèles ABCD, on voit le rayon sortir de la glace dans une direction EM parallèle à LI. Néanmoins, ces deux directions ne sont pas dans le prolongement l'une de l'autre ; ce dont il s'en faut dépend de la direction du rayon et de l'épaisseur de la glace.

153. Problème. — « On demande de déterminer les valeurs « de l'angle de réfraction répondant aux limites 0° et 90° de « l'angle d'incidence. »

Solution. — D'abord, pour l'incidence égale à zéro, nous avons déjà vu, dans l'expérience du n° 145, que l'angle de réfraction correspondant est aussi zéro, c'est-à-dire que quand le rayon incident

Fig. 315. $L_2 I_2$ (*fig.* 315) coïncide avec la normale $N_2 I_2$, le rayon réfracté $I_2 R_2$ coïncide aussi avec le prolongement $I_2 N'_2$ de cette normale.

En second lieu, prenons le cas où l'angle d'incidence vaudrait 90°. Ce serait le cas, par exemple, où l'on aurait un morceau de

Fig. 325.   verre terminé par une surface courbe OIM (*fig.* 325), et où un rayon de lumière viendrait, dans une direction LI tangente à cette surface, raser ce morceau de verre. Dans ce cas, le rayon de lumière arrivé au point de contact I se réfracterait suivant la direction IB, et l'angle de réfraction BIN′ serait évidemment le plus grand qu'il puisse y avoir dans le verre. C'est ce qu'on appelle l'*angle limite.* Il est clair, au reste, que cet angle n'est pas le même pour toutes les substances réfringentes. Ainsi, pour le passage de la lumière de l'air dans l'eau, il est de 48° 35′ ; jamais la lumière ne peut pénétrer de l'air dans l'eau sous un plus grand angle de réfraction.

Réflexion totale intérieure. — De ce qui précède, il résulte

Fig. 316.   que si PP′ (*fig.* 316) étant la normale à la surface NN′ d'un volume NN′P′ de verre, par exemple, BCP′ est l'angle limite de cette substance, lequel est presque de 41°, tout rayon de lumière qui arriverait en C, par quelque point A compris entre N et B, ne pourrait sortir de ce morceau de verre par le point C ; car, supposé qu'il sortît suivant CL', on voit qu'alors réciproquement il y aurait un rayon incident L'C venu de L', dont le rayon réfracté AC ferait avec la normale CP' un angle plus grand que l'*angle limite*, ce qui est impossible. Le rayon CA venu de A ne sortira donc pas, mais il se réfléchira en entier dans la direction CA'. C'est ce que confirme très-bien l'expérience au moyen de l'appareil de la *fig.* 421, décrit pag. 358. Pour cela, il n'y a qu'à tourner la partie convexe BRC du demi-cylindre de cet appareil vers le trou J, par où entre le rayon solaire. Ce rayon, arrivé à la face plane de ce demi-cylindre, se partagera généralement en deux parties, l'une réfléchie, l'autre émergente qui subira une certaine réfraction ; mais, en tournant le demi-cylindre pour rendre sa face plane de plus en plus inclinée sur le rayon émergent, on arrivera à une position où ce rayon émergent sera complétement éteint, et il n'y aura plus que le rayon réfléchi qui aura beaucoup augmenté en intensité.

Fig. 321.

Observation. — Comme l'incidence sous laquelle a lieu la réflexion totale dépend non-seulement de l'action du corps transparent sur la surface duquel elle se fait, mais encore de l'action du corps transparent ou opaque appliqué contre cette surface ; il s'ensuit qu'on peut se servir de ce phénomène pour mesurer la force réfringente des corps opaques, en les appliquant à la surface de quelque corps transparent dont le pouvoir réfringent soit connu, et dans l'intérieur duquel on fera réfléchir en totalité un rayon de lumière.

C'est aussi ce qui a été exécuté par M. Malus.

Une application importante de ce qui précède est le phénomène du mirage.

134. *Du mirage.* — On appelle *mirage* un phénomène atmosphérique qui consiste en ce que l'observateur placé en un endroit PA de la campagne (*fig.* 329) voit les objets éloignés, tels que H, se réfléchir, et offrir des images renversées pareilles à celles que forment les objets placés au bord de l'eau.

Fig. 329.

Ce phénomène n'arrive que dans les vastes plaines des déserts, où les rayons du soleil échauffent fortement le sol, lequel ensuite communique sa chaleur aux couches d'air qui posent sur sa surface. Nous verrons en effet, 'au n° 219, que les rayons solaires n'échauffent pas immédiatement l'air, et que celui-ci ne reçoit de chaleur que du sol. Ceci admis, si nous décomposons par la pensée l'air en une infinité de couches très-minces C''', C'', O, C', C, on pourra regarder la température comme uniforme dans toute l'épaisseur d'une de ces couches; mais la température d'une couche sera plus élevée que celle de la couche supérieure. Or la densité, et par conséquent la réfringence de chaque couche d'air, diminue à mesure que la température de cette couche s'élève. D'après cela, considérons un rayon de lumière HI se dirigeant du haut d'un arbre, par exemple, sur le sol : tant que ce rayon parcourra des couches d'air assez élevées pour n'être guère plus échauffées les unes que les autres par le sol, ce rayon suivra une ligne dircte HI, parce que ces couches seront toutes de même densité. Il est bien vrai que nous avons établi, au n° 89 du livre Ier, que la densité d'une couche d'air varie avec la hauteur de cette couche; mais ceci n'est sensible que pour des hauteurs beaucoup plus grandes que celles que nous considérons ici. Notre rayon de lumière ira donc en ligne droite jusqu'au point I; mais, arrivé là, en passant à la couche d'air suivante, il passera d'un milieu à un autre milieu moins réfringent; il suivra donc une route IK plus écartée de la droite NN' normale à la surface de séparation de ces deux milieux (V. l'obs. du n° 151); de même au point K, en passant à la couche suivante encore, la réfringence diminuant, la direction KL du rayon s'écartera d'une nouvelle quantité de la normale; enfin, l'angle du rayon avec la normale augmentant toujours, il pourra arriver qu'à une certaine couche M, l'incidence égale l'angle limite dont nous avons parlé au n° 153. Il faudra pour cela que le rayon vienne d'un objet suffisamment éloigné pour que son obliquité soit assez considérable. Pour lors le rayon arrivé en M ne passera pas à la couche suivante, mais subira la réflexion intérieure dans la direction MN, et remontera de couche en couche; mais à chaque point N de passage d'une couche à la couche supérieure, il prendra une direction NO plus rapprochée de la normale, et par conséquent plus relevée que la direction précédente MN, puisqu'il passera d'un milieu à un milieu plus réfringent. Ainsi le rayon de lumière continuera à se relever toujours davantage, jusqu'à

MIRAGE. 369

ce qu'il arrive enfin à l'œil P du spectateur dans la direction PZ, et celui-ci verra sur cette direction une image de l'objet H.

§ II. DIOPTRIQUE D'UN FAISCEAU LUMINEUX.

155. Soit L un point lumineux (*fig.* 330) qui envoie un fais- Fig. 330. ceau de rayons lumineux LI', LI'', etc., sur la surface BI'C qui sépare deux milieux différents. Chaque rayon, tel que LI', sera réfracté dans une direction autre que la sienne, telle que I'L'.

Définition I. — On appelle *caustique par réfraction* la surface AL'L''L''' qui est tangente à tous les rayons de L'I', L''I'' qui ont été réfractés en traversant la surface BI'C de séparation de deux milieux, ou, si l'on veut, la surface formée par toutes les intersections successives des rayons réfractés.

La fig. 334 représente la caustique de réfraction pour une Fig. 334. goutte d'eau ABCD, dans le cas où tous les rayons incidents, tels que RB, T*m*, SA, etc., sont parallèles; sa construction géométrique est extrêmement facile en partant de la valeur $\frac{4}{3}$ de l'indice de réfraction de ce liquide. (V. les *Compl.*)

Définition II. — On appelle *image* par réfraction, ou *lieu apparent d'un point*, le lieu où se réunissent les directions de tous les rayons réfractés reçus par l'œil de la part de ce point.

156. « PROPOSITION. — L'image d'un point dont les rayons ont « été réfractés est le point de contact de la tangente menée de « l'œil à la caustique. »

Démonstration. — Soit MN (*fig.* 330) l'œil d'un observateur, Fig. 330. et menons, à partir du point M, la tangente MI' à la caustique AL'L''. Je dis que cet observateur verra en L' l'image du point L. En effet, toutes les tangentes MI', NE, menées de l'œil à la caustique étant très-rapprochées, auront toutes leur contact à peu près au même point L'. Or toutes ces tangentes, d'après la définition de la caustique, sont des rayons réfractés du faisceau envoyé par L; donc L' est le lieu où se réunissent les directions de tous les rayons réfractés reçus par l'œil de la part de L, donc c'est l'image du point L.

PROBLÈME. — « On demande comment on peut se passer de la « caustique pour trouver l'image réfractée, quand on veut se « contenter d'une simple méthode de tâtonnement. »

24

Pour résoudre ce problème, on se contente de chercher, au moyen d'un dessin fait par tâtonnement, les routes que doivent suivre deux rayons très-voisins pour arriver à l'œil après leur réfraction ; alors, en prolongeant les parties réfractées de ces rayons jusqu'à ce qu'elles se rencontrent, on a l'image cherchée. Ainsi, O étant le lieu de l'observateur (*fig.* 331), L le point lumineux, et BKE la surface réfringente, on cherchera par tâtonnement les routes LIO et LKO que doivent suivre deux rayons voisins pour arriver à l'œil. On voit dans la figure les deux normales *nn'* et *mm'* qui ont servi à déterminer les directions IO et KO des rayons réfractés. Cela fait, en prolongeant les parties IO et KO, on aura l'image L'.

Corollaire. — Les objets vus dans l'eau ou dans d'autres milieux plus réfringents que l'air paraissent plus élevés qu'ils ne le sont; ainsi, soit XY (*fig.* 332) la surface de l'eau, et L un objet placé dans ce liquide. Du point L, traçons toutes les routes LIA et LOB, suivies par deux rayons voisins qui passent de l'eau dans l'air. On voit qu'en prolongeant les parties réfractées IA et OB, on aura une image L' plus élevée que L.

On voit encore que si L est l'extrémité d'un bâton ML, ce bâton paraîtra d'une forme brisée MRL'.

On pourrait multiplier beaucoup les applications de la théorie qui nous occupe ; mais nous nous contenterons d'ajouter à ce que nous venons de dire l'explication de l'arc-en-ciel, des lentilles, et de quelques instruments d'optique qui en dépendent.

157. *Explication de l'arc-en-ciel.* — L'arc-en-ciel est, comme chacun sait, un arc composé de plusieurs bandes concentriques de diverses couleurs, qui paraît quelquefois dans les airs. Ce phénomène ne se montre jamais que dans un endroit où les rayons du soleil viennent frapper les gouttes de pluie qui y tombent, et il se passe toujours à l'opposite du soleil ; de sorte que le spectateur, pour le considérer, est obligé de tourner le dos au soleil. D'après cela, tout nous porte à croire, dès à présent, que le phénomène dont il s'agit est dû à ce que les rayons du soleil qui tombent sur les gouttes de pluie sont réfléchis et décomposés par celles-ci.

Pour nous faire une idée de ce que subit un rayon de lumière dans une masse liquide de forme ronde, prenons un vase cylindrique plein d'eau dont la projection soit représentée par le cercle ABC (*fig.* 333), et approchons ce vase du trou O du volet d'une chambre, obscure pour recevoir le pinceau de lumière OI qui entre par ce trou. Donnons par un miroir une direction horizontale à ce pinceau, pour qu'il soit perpendiculaire à la hauteur du vase. Alors, en regardant par en haut l'intérieur du vase, on verra le pinceau de lumière subir diverses inflexions et suivre la route OIABC... Pour rendre cela plus sensible, on peut répandre quelque poussière fine qui trouble un peu la transparence de l'eau. Ainsi le pinceau OI subit, à son entrée en I, une première déviation par la réfraction, et suit la route IA; au point A, une partie du pinceau se réfléchit suivant la direction AB, et l'autre sort du vase en se réfractant suivant AA'; au point B, une partie du pinceau se réfléchit suivant BC, et une autre partie sort en se réfractant suivant BB', ainsi de suite, jusqu'à ce que tous ces partages, éprouvés par le pinceau, l'épuisent et le rendent insensible. Si on présente des tableaux aux points A', B', C', etc., on y verra autant de petits spectres solaires, semblables à celui que nous avons décrit au n° 128; ce qui prouve que dans cette expérience la lumière est décomposée.

Fig. 333.

Maintenant on conçoit qu'il doit se passer quelque chose de semblable à tout ceci dans une goutte de pluie frappée par les rayons du soleil; de sorte qu'en représentant par le cercle DAEB... de la même *fig.* 333 une goutte de pluie, chaque rayon, tel que OI, envoyé par le soleil sur cette goutte, suivra, dans son intérieur, la ligne brisée IABC... avec toutes les réfractions et réflexions qui y sont marquées; et nous allons expliquer comment elles peuvent produire le phénomène de l'arc-en-ciel.

Fig. 333.

Dans ce qui suit, nous nous servirons du mot *incidence intérieure* pour désigner chaque point sur lequel le rayon de lumière viendra frapper l'intérieur de la surface de la goutte. Ainsi, I ne sera pas de ce nombre, parce que le rayon OI, venant de O en I, frappe l'extérieur de la surface de la goutte. Mais ce rayon, continuant son chemin de I en A, vient frapper sur le point A l'intérieur de la surface de la goutte; ainsi, A sera une incidence intérieure. Si on suit toujours le même rayon après qu'il s'est réfléchi suivant la direction AB, on verra que B est la deuxième incidence intérieure de ce rayon, ainsi de suite. D'après ce qui précède, nous voyons qu'à chacune de ces incidences intérieures A, B, C, etc., le rayon de lumière se divise en deux parties, l'une qui sort de la goutte, et l'autre qui se réfléchit. Or l'arc-en-ciel est produit par la partie de certains rayons solaires qui sort à la deuxième incidence. Pour comprendre ceci, il faut observer que, parmi tous les rayons RB, Un, 1″1, etc. (*fig.* 334), lancés par un même point du soleil, lesquels sont censés parallèles entre eux, à cause de l'éloignement immense de cet astre, tel fait un angle d'incidence RBL' qui est droit, tel autre un angle d'incidence Unn' qui est aigu, tel autre un angle 1″11' plus aigu, etc.; de sorte que l'on a, dans cette figure, des angles d'incidence de toutes les grandeurs. Or l'arc-en-ciel n'est formé que par ceux de ces rayons solaires qui tombent sous une certaine incidence, laquelle est différente pour les rayons de diverses couleurs. Afin de bien expliquer ceci, ne considérons que les rayons rouges. Supposons donc que RB, Un, etc., soient les divers rayons rouges parallèles lancés par un point du soleil : si l'on examine ce qui arrive aux parties de ces divers rayons qui sortent de la goutte à la deuxième incidence intérieure, le calcul montre qu'il y en a un, tel que Tm, dont la partie sortante V'T, est parallèle à la partie sortante n,U, de tout autre rayon nU infiniment rapproché de ce même rayon Tm; tandis que, pour tous les autres faisceaux, les rayons très-voisins qui les composent, tels que RB et S'n″, ont des parties sortantes V'V″ et Z'Z″, qui sont loin d'être parallèles. (V. les *Compl.*)

Fig. 334.

Le rayon Tm et ses voisins ont été appelés *efficaces* par Newton, parce que ce sont les seuls qui peuvent produire une sensation sur l'œil. En effet, supposons un œil placé en V″, par exemple : cet œil ne recevra qu'un simple rayon V'V″, qui vient du point V'; mais quant au rayon Z'Z″ envoyé par le point suivant Z', il ne pourra être reçu par l'œil placé en V″, vu la quantité notable dont sa direction Z'Z″ s'écarte de V'V″. Or un œil qui ne reçoit qu'un rayon ne peut éprouver de sensation appréciable ; donc l'œil placé en V″ ne recevra aucune sensation du rayon V'V″. Il n'en sera pas de même de V‴T, et de ses voisins. En effet, tous ces rayons, étant parallèles, ne se sépareront pas en allant vers un œil qui serait placé en T, ; ainsi cet œil, recevant à la fois plusieurs rayons, éprouvera une sensation appréciable.

158. Tout cela compris, pour mieux fixer les idées, supposons que les rayons du soleil couchant éclairent une réunion de gouttes de pluie ABC, A'B'C, A"B"C" (*fig.* 335). Pour le moment, ne considérons que les rayons rouges lancés par le centre du soleil, désignons ces rayons par SA, S'A', S"A", et imaginons qu'un observateur O soit convenablement placé pour regarder ces gouttes en tournant le dos au soleil; concevons une ligne droite HH' qui passe par le centre du soleil et par l'œil de l'observateur, et qui se prolonge à l'infini vers l'orient H : dans notre supposition, cette ligne sera horizontale. Concevons ensuite une seconde ligne OC qui coupe la première HH' dans l'œil de l'observateur, et qui fasse avec elle un angle égal à celui dont la direction des rayons *efficaces* émergents s'écarte de celle des rayons incidents SA, le calcul donne 42° 1' 40" pour valeur de cet angle dans le cas des rayons rouges; prolongeons indéfiniment cette ligne OC dans la nuée de gouttes; imaginons enfin que cette même ligne OC tourne autour de la première OH sans cesser de faire un angle de 42° 1' 40" avec OH, de manière qu'elle décrive ainsi une surface conique dont nous avons à considérer seulement la moitié supérieure OXZY; toutes les gouttes ABC, B'B'C', A"B" C", etc., dont se compose la nuée donneront des rayons efficaces CV, C'V', C"V". Mais ne fixons notre attention que sur les gouttes telles que ABC, dont le rayon efficace coïncide avec la ligne OC menée par l'œil de l'observateur, alors cet observateur verra le point C coloré en rouge. Ce que nous venons de dire pour une position de la ligne OC peut se répéter pour toute autre position de cette ligne, pour celle, par exemple, qui irait de O en Z; car alors, parmi toutes les gouttes de la nuée, celle dont le rayon efficace coïncidera avec cette direction OZ fera voir à l'observateur le point Z coloré en rouge; de même pour tous les autres points Z', Z" de l'arc CXZY. Ainsi, pour le centre du soleil, nous reconnaissons que l'observateur verra une ligne XZY colorée en rouge.

Mais ce que nous venons de dire par rapport au centre du soleil s'applique à tous les points du disque de cet astre; et en répétant la même construction pour chacun d'eux, et particulièrement pour les deux bords opposés, qui sont vus de la terre sous un angle de 30', il est évident que l'observateur, voyant une ligne rouge pour chaque point du soleil, verra pour leur ensemble une bande rouge dont la largeur soutendra à l'œil un angle de 30′, comme le disque du soleil lui-même.

159. Nous allons maintenant chercher la cause des autres couleurs de l'arc-en-ciel et de leur arrangement.

La lumière violette, par exemple, subissant, dans son passage de l'air dans l'eau et de l'eau dans l'air, une plus grande réfraction que le rouge, il est évident que pour cette lumière l'angle des rayons efficaces avec les rayons incidents sera plus aigu; aussi, d'après le calcul, cet angle, que nous avons dit être de 42° 1′ 40″ pour le rouge, est de 40° 17′ pour le violet.

Ainsi, pour avoir la position de l'arc violet, il faut mener par l'œil de l'observateur une ligne OD, faisant avec OH un angle de 40° 17′; et il est évident d'ailleurs que la bande violette X′DY′ sera vue comme la bande rouge d'une largeur correspondante à 30′.

Les couleurs intermédiaires au rouge et au violet donneront des arcs intermédiaires aux arcs XBY et X′DY′; l'ensemble de tous ces arcs formera une bande de diverses couleurs, telle qu'est l'arc-en-ciel.

L'arc-en-ciel dont nous venons de nous occuper est très-apparent et bien marqué; mais il est souvent accompagné d'un autre arc-en-ciel moins apparent qui lui est extérieur, et dans lequel les couleurs sont dans un ordre inverse. Ce second arc est dû à des rayons solaires S′I (*fig.* 336) qui subissent deux réflexions dans l'intérieur de la goutte AOB, sur laquelle ils tombent. L'une de ces réflexions a lieu en B, et l'autre en C; le rayon émergent est DE. Il y a pour ce cas comme pour le précédent certains rayons incidents, tels que S″I et ses voisins, qui, après leurs deux réflexions, donnent des rayons émergents DE sensiblement parallèles; tandis que les autres rayons donnent des rayons divergents : ainsi S‴*u* donnerait le rayon émergent *t*P, S′*o* donnerait DM, etc. Les rayons du faisceau S″I qui sortent de la goutte parallèles entre eux, sont ceux à qui est dû le second arc-en-ciel. On les désigne encore par la dénomination d'*efficaces*. (V. *Compl.*)

Il est, au reste, aisé de voir que dans le deuxième arc-en-ciel l'ordre des couleurs sera inverse du premier. Ainsi, dans le se-

Fig. 336.

cond arc-en-ciel, le rouge est en dedans et le violet en dehors, tandis que dans le premier c'est le contraire.

On conçoit que, mathématiquement parlant, il devrait y avoir une infinité d'arcs-en-ciel, puisqu'à la rigueur il y a une infinité d'incidences successives dans chaque goutte d'eau, et qu'à chaque incidence il y a de la lumière émergente capable de produire un arc-en-ciel; mais cette lumière diminue tellement d'intensité à chaque incidence, que déjà le second arc est à peine sensible. Cependant il paraît qu'on en voit quelquefois un troisième.

Par la même raison, la faiblesse de la lumière envoyée par la lune ne produit pas ordinairement d'arc-en-ciel; cependant on en aperçoit quelquefois de très-pâles.

160. *Des lentilles. Définition I.* — On appelle *lentille* des corps transparents taillés de manière à donner aux rayons lancés sur eux par une même source de lumière, des directions qui, prolongées s'il est nécessaire, passent toutes par un même point ou par des points rangés sur une même ligne.

Définition II. — Le lieu où se réunissent les directions de ces rayons de lumière s'appelle *foyer*.

Définition III. — Le foyer est dit *virtuel* quand ce sont seulement les prolongements rétrogrades BO, B'O, etc. (*fig.* 345), qui se réunissent en un même lieu, comme cela arrive quand la lentille BB' imprime des directions divergentes BC, B'C', etc., aux rayons qui lui arrivent de la source F.

Fig. 345.

Définition IV. — On appelle lentilles *divergentes* celles qui font diverger les rayons de lumière, comme dans la fig. 345; et *convergentes*, celles qui, comme LL' (*fig.* 352), font converger en un même point O les rayons EE', qui lui viennent d'une source suffisamment éloignée.

Fig. 345.
Fig. 352.

Définition V. — On appelle lentilles *sphériques* celles qui sont terminées par des surfaces sphériques, ou par une surface sphérique d'un côté et par un plan de l'autre. Dans tout ce qui suit, nous ne nous occuperons que des lentilles sphériques. Ainsi soit AA_1 (*V.* l'une des *fig.* 337, 338, 339, 340, 341, 342) un morceau de verre vu seulement par son épaisseur, et terminé par deux surfaces sphériques, l'une ARA_1, décrite du point C comme centre, et l'autre $A'R'A'_1$, décrite du point C' comme centre. On dé-

Fig. 337, 338, 339, 340, 341, 342.

montre aisément qu'en effet, sauf les cas que nous dirons tout à l'heure aux définitions VIII et IX, ces corps sphériques donnent aux rayons lancés sur eux par une même source des directions passant par un même point, pourvu que chaque surface de la lentille ne soit qu'une petite portion de la sphère sur laquelle elle est taillée.

Définition VI. — Il est facile de voir que dans toute lentille sphérique il existe un point R où l'épaisseur est à son maximum ou à son minimum; ce point est ce qu'on appelle le *centre de figure*, ou *centre optique* de la lentille.

Le *centre de courbure* est celui de la sphère sur laquelle la lentille est taillée : il y en a ordinairement deux, C et C', parce que la lentille est ordinairement terminée par deux surfaces sphériques.

Définition VII. — L'*axe principal*, ou simplement l'*axe* de la lentille, est la droite qui va du centre de figure au centre de courbure d'une lentille. Il est aisé de voir que quand il y a deux centres de courbure C, C', le centre de figure R tombe sur la droite CC' qui les joint.

Définition VIII. — On appelle *ouverture* de la lentille l'angle compris entre les lignes qui, partant d'un des centres de courbure et situées dans un même plan avec l'axe, embrassent la lentille. Cet angle ne doit pas être de plus de 20° à 30°. Quand il est plus grand, les rayons réfractés par les lentilles ont alors des directions qui ne passent plus toutes par un même point : il y a pour lors *aberration de sphéricité*. (Voy. p. 353.)

Fig. 343. *Définition IX.* — Lorsqu'un point lumineux L' (*fig.* 343) n'est pas sur l'axe principal, on appelle *axe secondaire* la droite L'F' menée de ce point lumineux au centre optique O de la lentille.

On peut démontrer que, quand l'axe secondaire d'un point lumineux ne s'écarte pas beaucoup de l'axe principal, tous les rayons envoyés par ce point sur la lentille reçoivent des directions passant toutes par un même foyer F' situé sur cet axe secondaire. (V. les *Compl.*)

Si l'axe secondaire s'écarte trop de l'axe principal, les directions des rayons réfractés par la lentille ne passent plus toutes par un même point; il y a pour lors aberration.

Définition X. — On appelle *champ de la lentille* le plus grand

LENTILLES. 377

angle que puissent faire entre eux les axes secondaires pour lesquels il n'y a pas d'aberration sensible. Cet angle n'est que de 20° à 30°.

Les propriétés de la présente définition, ainsi que celles de la définition précédente, ont encore lieu quand le point lumineux est à une distance infinie de la lentille, auquel cas les rayons incidents SS ou BB' (*fig.* 344) sont parallèles entre eux : ce qui donne encore lieu aux définitions et remarques suivantes. Fig. 344.

Définition XI. — On appelle *foyer principal* celui F (*fig.* 344) Fig. 344. des rayons SS parallèles à l'axe principal CR. (V. *Définit. VII.*)

Définition XII. — La distance CF du foyer F au centre optique C porte le nom de *distance focale principale*, ou simplement de *distance focale*.

Quand les rayons BB' sont parallèles à un axe secondaire XC, ils ont un foyer F' dont la distance au centre C est encore de même longueur que CF, pourvu que CX ne sorte pas du champ de la lentille.

161. PROBLÈME. — « On demande de déterminer par une cons- « truction géométrique les diverses apparences produites par « une lentille sphérique. »

Soit LL' (*fig.* 350) une lentille dont F et F' sont les foyers Fig. 350. principaux. D'un point B de l'objet BC je mène un rayon BO parallèle à l'axe FF', il se réfractera en F, suivant la direction OFM : du même point B je tire un rayon au centre optique A de la lentille, lequel continuera son chemin dans la direction BAX, parce qu'en ce point A les deux faces de la lentille sont parallèles, n° 152 : la rencontre B' des deux rayons émergents sera l'image du point B. On trouvera de même l'image C' du point C. Ainsi, on voit que quand l'objet BC est à une distance de la lentille plus grande que la distance focale AF', l'image est de l'autre côté de cette lentille dans une position renversée, et au delà du foyer F. Il est au reste aisé de voir que cette image est moins grande, aussi grande ou plus grande que l'objet, selon que la distance de celui-ci à la lentille est au contraire plus grande, aussi grande ou moins grande que le double de la distance focale AF.

Maintenant supposons que l'objet BC s'avance en passant successivement de B en D, en E, etc. Pendant ce mouvement le rayon BOFM ne bougera pas; mais on voit que le rayon BAX se redressera de plus en plus en prenant successivement les positions DY, EZ, etc. L'intersection B' de ces deux rayons s'éloignera donc de plus en plus en allant vers M. Ainsi l'image s'éloignera de plus en plus en s'amplifiant jusqu'à ce que l'objet arrive au foyer F', auquel cas le rayon passant par le centre A prend une direction DY parallèle à OM, et l'image a disparu en reculant à l'infini.

Mais quand l'objet arrive en E devant le foyer, on voit qu'alors le rayon passant au centre A a pris une position EZ tellement redressée, qu'elle ne rencontre plus OM vers M, mais bien vers l'autre extrémité M' en un point E'. Ce point s'appelle *foyer virtuel*. (V. n° 160, *Défin. III*.) En joignant l'image E' obtenue ainsi pour le point E avec l'image H' qu'on obtiendrait de même pour le point H, on voit qu'on aura une image totale E'H', droite, amplifiée, et située du même côté de la lentille que l'objet EH, mais plus loin que lui de cette lentille. Cette image s'appelle *virtuelle*.

Corollaire. — L'œil qui serait placé au centre optique de la lentille verrait l'image et l'objet sous le même angle.

Fig. 351.

En effet, on voit dans la figure que nous venons de construire que la moitié *n*B de l'objet (*fig.* 351) et celle de son image *n*'B' ou *n*'B" sont comprises entre l'axe *nn*' et le rayon BAB', lesquels forment deux angles qui sont bien évidemment égaux. Ainsi, à distances égales A*n* et A*n*', les longueurs *n*B et *n*'B' seront égales.

162. *Observation*. — On peut vérifier tous ces résultats par l'expérience : d'abord, rien n'est plus aisé que de déterminer la distance focale principale. Pour cela, on expose la lentille aux rayons du soleil, de manière que ceux-ci tombent parallèlement à l'axe, et de l'autre côté on présente un écran que l'on approche ou que l'on éloigne de la lentille jusqu'à ce que l'image du soleil y paraisse avec le plus d'éclat et de netteté ; la distance à laquelle cet écran est alors de la lentille est la distance demandée.

Deuxièmement, si l'on place à une distance très-éloignée de la lentille une bougie allumée, l'observateur placé de l'autre côté de la lentille voit une image renversée et rapetissée qui est

LENTILLES. 379

du même côté que lui par rapport à la lentille. Ensuite, à mesure qu'on approche la bougie, l'observateur voit l'image fuir la lentille en s'approchant toujours de lui, et en augmentant de plus en plus.

Troisièmement, quand l'objet est placé au foyer, son image, avons-nous dit, disparaît. On ne peut vérifier ce phénomène rigoureusement avec la flamme d'une bougie, parce que cette flamme ayant une certaine épaisseur, on ne peut en mettre tous les points simultanément à une distance de la lentille égale à la distance focale, de sorte que l'image de cette flamme ne disparaît jamais parfaitement. Pour bien réussir, il faut avoir deux lentilles *mn* et LL' (*fig.* 352). Par le moyen de la première, on concentre en O la lumière envoyée par une source quelconque *p*; cette concentration réduira la lumière à n'occuper sensiblement qu'un point en O' si la lentille *mn* a une distance focale suffisamment petite; ensuite on placera LL' de manière que son foyer coïncide avec le point O : alors on verra que les rayons EE' réfractés par cette nouvelle lentille seront parallèles, et ne donneront aucune image du point O. Il est bon, dans cette expérience, de mettre un diaphragme GG' pour arrêter les rayons colorés des bords.

Fig. 352.

Enfin, quand on approche encore davantage la bougie, l'observateur voit pour lors une image droite amplifiée, et située du même côté que la bougie.

163. Supposons à présent une lentille biconcave *mn* (*fig.* 353); pour lors un faisceau AO, BP de rayons parallèles à l'axe, donnerait, en sortant de la lentille *mn*, des rayons divergents OO', PP', dont les prolongements rétrogrades se rencontreraient en un point F, et c'est ce point F qui est ici le foyer de la lentille. On l'appelle *foyer virtuel* (V. n° 160). Cela posé, exécutons la construction précédente pour avoir l'image d'une flèche AB. Ainsi, du point A menons le rayon AO parallèle à l'axe. Ce rayon, en traversant la lentille, prendra une direction OO', dont le prolongement rétrograde passera au foyer F. Ensuite, de ce même point A je mène un rayon AX au centre C de la lentille ; ce rayon traversera la lentille sans changer de direction. Ainsi les rayons émergents OO' et CX paraîtront partir du point A'. Ce point sera donc l'image de A. On trouvera de même l'image B' de B. On

Fig. 353.

voit donc que la lentille *mn* donnera une image A'B' droite plus rapprochée et plus petite que l'objet. Cette image s'appelle *image virtuelle*. Cette image sera d'autant plus petite que l'objet sera plus loin ; car en rapprochant l'objet de A en I, on voit que le rayon qui passe par le centre prend une position IY plus redressée, ce qui donne une image I' plus grande que n'était A'B'.

164. *Lentilles à échelons*. — Ce sont des lentilles composées de plusieurs anneaux concentriques, dont les bords, se dépassant les uns les autres, forment comme des espèces d'échelons ou de gradins. La fig. 354 représente une lentille qui est vue de face en MN, et de côté en OR. Chaque anneau comme DD' est plan sur une face en D, et courbe sur l'autre face en *d*; les faces intérieures *l* ne devant pas laisser passer les rayons de lumière, sont dépolies. Les courbures *d*, *b*, *c*, etc., sont calculées de manière que tous les rayons réfractés par les divers anneaux se réunissent au foyer de la lentille AA'. De cette manière, on peut donner une étendue de deux pieds à l'appareil sans qu'il y ait aberration, et tout l'énorme faisceau de rayons solaires que sa surface peut recevoir est concentré en un très-petit espace. Aussi, avec une lentille à échelon de 20 à 24 pouces de diamètre et de 12 à 15 pouces de distance focale, on peut fondre le fer, l'or et le platine lui-même au soleil.

Fig. 354.

Ces appareils ont été proposés par M. Fresnel pour construire des phares sur les côtes de France. Ce mode a un avantage considérable sur les anciens phares; car, en plaçant une lampe à quatre mèches concentriques au foyer de ces lentilles à échelons, on obtient un faisceau de rayons parallèles qui va jusqu'à plus de douze lieues en mer sans cesser d'être visible.

165. *Lentilles achromatiques*.—On entend par *lentilles achromatiques* un système de lentilles qui donne des images achromatiques des objets; et par *images achromatiques*, celles qui ne sont point nuancées de couleurs étrangères à l'objet qu'elles représentent.

Explication. — Pour comprendre ces définitions, il faut savoir que les lentilles dont nous avons donné la théorie, p. 377 et suivantes, produisent, pour l'objet qu'on leur présente, une image bordée des couleurs de l'arc-en-ciel. Or, en appliquant sur cette première lentille une seconde lentille de forme et de

ACHROMATISME.   381

substance convenables, on empêche la formation de ces nuances irisées, et c'est cet effet qu'on appelle *achromatisme*.

Ces bordures irisées viennent de ce que les diverses couleurs dont est composé un même rayon incident *al* (V. *fig*. 356 et 357) sont réfractées suivant diverses directions *len*, *ldm*, par la lentille. Cela donne des images de diverses couleurs et de diverses grandeurs dont les bords, ne se recouvrant pas, envoient séparément à l'œil leurs diverses nuances. Cette aberration des rayons de diverses couleurs venant de leurs différentes réfrangibilités, s'appelle *aberration de réfrangibilité*.

Fig. 356 et 357.

Problème. — « On demande par quel moyen on peut corriger « l'*aberration de réfrangibilité*. »

D'après ce qui précède, on voit que ce problème se réduit à trouver un moyen pour que les sept couleurs du spectre aient leurs sept foyers au même point. La solution de ce dernier problème se tire de ce fait que, bien que certains milieux réfringents aient des indices moyens de réfraction (p. 363) à peu près égaux, ils produisent cependant des dispersions (p. 363) fort différentes : c'est ce qui arrive aux deux espèces de verres connues en France sous les noms de *verre ordinaire* et de *cristal*, et en Angleterre sous les noms de *crown-glass* et *flint-glass*. Supposons donc que HLE*a*H (*fig*. 355) représente une lentille de verre, et appliquons-lui un morceau de cristal plan concave, à savoir DGE*a*H; puis suivons la marche d'un rayon BL parallèle à l'axe de ce système de lentilles : les diverses parties de ce rayon, à leur entrée dans la lentille, s'inclineront, par suite de la réfraction. Représentons par L*a* la route que prendra la partie violette, et par L*o*' celle que prendra la partie rouge.

Fig. 355.

Maintenant il faut savoir que la dispersion dans le cristal est beaucoup plus grande que dans le verre, tellement que, bien que la puissance réfringente de ces deux substances soit à peu près la même pour les rayons moyens, c'est-à-dire pour les rayons tombant entre le jaune et le vert, néanmoins la puissance réfringente du cristal pour les rayons rouges est plus faible, et pour les rayons violets plus grande que celle du verre. D'après cela, le rayon L*o*', en passant du verre dans le cristal, passera d'un milieu plus réfringent dans un milieu moins réfringent, tandis que ce sera le contraire pour le rayon violet L*a*. Par conséquent, d'après ce que nous avons dit p. 365 , *obs.* , le rayon L*o'*, au lieu de continuer son chemin tout droit L*o'n*, s'éloignera de la normale *o'm*, et prendra la direction *o's ;* tandis que le rayon violet, au lieu de suivre son chemin tout droit *l*aO, se rapprochera de la normale *ar*, et prendra la direction *at*. Ainsi les nouvelles directions de nos deux rayons auront tourné d'une certaine quantité l'une vers l'autre ; et, en y réfléchissant, on voit que cette quantité dont elles auront tourné dépend de la courbure du morceau de cristal aussi bien que de celle du morceau de verre, lesquelles courbures peuvent être différentes, bien que la figure les suppose égales ; et on conçoit que les courbures puissent être telles que les deux directions *o's* et *at* se croisent en un certain point I. Ceci compris, il est certain que nos deux rayons au sortir du cristal, au lieu de continuer leurs chemins tout droits en I*sv* et I*tu*, s'inclineront sur l'axe CC' ; mais comme le violet I*t* est le plus réfrangible, il s'inclinera plus que l'autre, de sorte que les deux directions se rapprocheront encore d'une certaine quantité, qui dépendra, comme tout à l'heure, de la forme du morceau de verre et de celle du morceau de cristal ; et on conçoit que ces courbures puissent être telles que les deux directions définitives *t*F et *s*F du violet et du rouge se rencontrent en un même point F de l'axe, ou soient parallèles ; ce qui revient au même, parce que, comme on suppose l'épaisseur de la lentille assez petite pour être négligée, l'intervalle *st* des deux rayons émergents est censé insensible, ce qui fait coïncider ces rayons dans toute leur étendue quand ils sont parallèles. On peut voir, dans la dioptrique d'Euler (*Dioptrica Eulerii*), les calculs par lesquels ce savant a déterminé les courbures propres à produire cet effet. Nous n'avons considéré, dans ce qui précède, que les rayons violets et les rayons rouges : 1° parce que notre objet n'a été que de faire concevoir la possibilité de l'achromatisme, et 2° parce que l'on conçoit que si les deux verres qu'on emploie réunissent ces deux couleurs au même foyer F, il arrivera qu'ils y réuniront aussi, à très-peu près, les autres couleurs, puisqu'elles sont intermédiaires au violet et au rouge.

 166. L'achromatisme se pratique aussi, en physique, sur les prismes ; et l'on appelle *prisme achromatique* un prisme composé de plusieurs autres prismes CAD, CAB, etc. (*fig*. 358), dont les

Fig. 358.

indices de réfraction et les angles sont tellement choisis, qu'un faisceau de lumière blanche *lI*, après l'avoir traversé, n'offre aucune apparence de décomposition de couleurs, quoiqu'il soit dévié d'une certaine quantité, c'est-à-dire quoiqu'il sorte dans une direction R*s* différente de *lI*.

Pour cela, on calcule la forme que doivent avoir les prismes réunis entre eux pour que les sept couleurs, ou au moins le rouge RS et le violet VU d'un même rayon blanc *lI* sortent parallèles entre eux ; car alors on voit qu'il y aura toujours un autre rayon *l'*O, dont la partie violette OO'V'U' suivra en sortant la même ligne que la partie rouge RS de *lI* ; de sorte que l'œil placé en U' verra du blanc formé par la réunion des diverses couleurs des rayons qui tombent sur les divers points de l'espace OI. (V. les *Compl.*)

Observation. — Newton croyait l'achromatisme impossible, parce qu'ayant essayé de chercher par l'expérience comment on devait combiner un prisme de verre avec un prisme d'eau, pour qu'un rayon de lumière blanche ne subît aucune décomposition de couleur après avoir traversé ces deux prismes, il crut trouver qu'on ne pouvait y parvenir sans détruire en même temps la déviation de ce rayon. Or, comme l'existence du foyer dans une lentille ou dans un système de lentille tient à la déviation que la lumière y éprouve, il résultait donc de l'expérience de Newton qu'on ne pouvait jamais achromatiser les lentilles sans leur faire perdre leurs foyers, c'est-à-dire sans leur faire perdre toutes leurs propriétés. Euler pensait au contraire que l'achromatisme était possible ; et c'est en examinant par l'expérience les opinions d'Euler, que Dollond, célèbre opticien d'Angleterre, fut conduit à répéter l'expérience de Newton, qu'il trouva avoir été mal faite. Cette découverte devint le principe des lunettes achromatiques.

Ce qui précède nous met à même de faire connaître les principaux instruments d'optique, à la tête desquels nous plaçons l'œil.

167. *De l'œil.* — Nous allons d'abord décrire très-succinctement l'œil, et expliquer comment se fait en nous la sensation des objets par la vision.

L'œil n'est pour ainsi dire qu'une petite chambre obscure K (*fig.* 360), de forme ronde, et dont l'ouverture PP', destinée à

Fig. 360.

l'introduction de la lumière, s'appelle *pupille*. Cette ouverture est pratiquée dans une membrane de diverses couleurs chez les divers individus, et appelée *iris*. Devant la pupille est une membrane transparente A″B′C′, appelée *cornée transparente*, et derrière est placé un petit corps lenticulaire EG, aussi transparent. Ce corps, appelé *cristallin*, est destiné à réfracter la lumière comme une lentille; d'autres substances contribuent aussi à cet effet : ce sont l'*humeur aqueuse* et l'*humeur vitrée*. La première occupe tout l'espace IB′ situé devant le cristallin, et la seconde remplit tout le reste de la cavité IKH situé derrière le cristallin; enfin, les parois de cette cavité sont noires; seulement, vers le fond H, un nerf venant du cerveau donne naissance à une membrane blanche qu'on appelle *rétine* : c'est un épanouissement de ce nerf qui tapisse tout le fond de l'œil, et est destiné à transmettre à l'âme la sensation de la lumière qui pénètre dans l'œil.

Maintenant supposons un objet Anm situé devant l'œil, et tâchons d'expliquer comment se fait la sensation de la vision. Chaque point de cet objet, tel que le point A, envoie à l'œil un pinceau de lumière AB′C′; mais les rayons de ce pinceau sont réfractés par les substances réfringentes qui remplissent l'œil, surtout par le cristallin, et se réunissent en un certain foyer A′. On peut en dire autant des autres points n,m... de l'objet Anm; chacun d'eux aura son foyer en m', n',... et tous ces foyers feront une petite image A′$n'm'$. Si l'œil, par des contractions ou autres mouvements musculaires, parvient à faire en sorte que cette image tombe sur la rétine, il a une claire vue de l'objet Anm; mais s'il n'y réussit pas, la vision est confuse, parce qu'alors les rayons de lumière, arrivant d'un point de l'objet sur la rétine avant ou après avoir atteint le foyer, peignent sur cette rétine un petit cercle de lumière, au lieu d'un point. Ainsi l'image formée sur la rétine, étant formée de petits cercles qui empiètent les uns sur les autres, sera plus ou moins confuse; mais dans une bonne vue cela n'arrive que dans des positions de l'objet ou extrêmement rapprochées ou extrêmement éloignées. Ainsi, dans les cas ordinaires, il paraît que les choses s'arrangent toujours de manière à ce que le foyer de chaque point d'un objet tombe précisément sur la rétine, quelle que soit la distance de cet objet. C'est là une grande différence de l'œil à nos instruments d'optique composés de lentilles ; car pour que ceux-ci donnent une image nette de l'objet placé devant eux, il faut les modifier pour chaque objet, suivant la distance qui les sépare de celui-ci. On ne sait pas encore expliquer cette propriété de l'œil d'une manière pleinement satisfaisante.

Nous sommes irrésistiblement portés à supposer l'existence d'un point matériel sur le prolongement B'A de la direction A'B', suivant laquelle la lumière traverse l'intérieur de l'œil; et comme ces prolongements A'B'A, $m'C'm$, etc., donnent une disposition de points extérieurs A, m, etc., inverse de celle des points qui leur correspondent dans l'œil, on conçoit pourquoi, bien qu'il se forme dans ce dernier une image renversée, on voit cependant l'objet droit.

En vertu de cette habitude invincible de juger qu'il existe réellement un point sur le prolongement A'B', nous serons nécessairement trompés toutes les fois que la lumière ne sera pas venue en ligne droite à l'œil, mais aura suivi d'autres chemins, tels que BA' ou CA', etc., comme cela arrive quand, avant de nous parvenir, les rayons lumineux ont subi des réflexions ou des réfractions.

168. Problème. — « On demande comment l'âme peut juger « de la distance et de la grandeur des objets (*fig.* 360). » Fig. 360.

La première chose qui doit sans doute nous aider à former ce jugement, c'est le plus ou moins grand angle que font entre eux les rayons du pinceau lumineux envoyé par un point, suivant que celui-ci est plus ou moins éloigné ; car pour un point A plus éloigné que O, par exemple, les rayons AB' et AC' font un moins grand angle entre eux que les rayons OB' et OC'; par conséquent, pour que le foyer des premiers se forme sur la rétine, il faut que l'œil prenne d'autres dispositions que pour la formation du foyer des rayons de O sur cette même rétine ; et l'âme a là un premier moyen de s'apercevoir de la différence des distances de A et de O.

En second lieu, les deux yeux étant employés à la vision d'un même point, on a encore un autre moyen dans l'angle des deux axes optiques du point qu'on regarde, c'est-à-dire dans l'angle des lignes droites menées de ce point aux centres des pupilles des deux yeux ; car cet angle varie évidemment avec la distance du point qui en est le sommet. Aussi, quand nous n'employons qu'un œil à la vision, nous jugeons difficilement de la distance des objets qui sont à notre portée; c'est ce que chacun peut vérifier par l'expérience en essayant de travailler à quelque manipulation, en ne regardant ce qu'il fait qu'avec un œil, et tenant l'autre fermé. Pour peu que les objets soient éloignés, comme à 15 ou 18 pouces, on éprouve une difficulté à opérer qui ne vient que de la peine qu'on a à juger de la distance.

Enfin, pour les très-grandes distances, nous en pouvons juger par différentes circonstances qui sont particulières, et qui varient avec elles, telles que la petitesse sous laquelle paraît alors un objet, la teinte et le defaut de netteté que donne l'air de l'atmosphère aux objets lointains, ce que l'on désigne par le nom de *perspective aérienne*, et le plus ou moins grand nombre d'objets placés dans l'intervalle qui nous sépare de celui que nous regardons. C'est cette dernière circonstance qui fait qu'en mer, et généralement toutes les fois qu'il n'y a rien entre nous et l'objet éloigné que nous regardons, nous nous trompons toujours sur sa distance, et notre erreur consiste toujours, dans ce cas, à la croire plus petite qu'elle n'est.

Quant à la grandeur des objets, nous en jugeons par l'angle sous lequel nous les voyons, et par la distance à laquelle nous les croyons placés dans cet angle. Ainsi les deux axes optiques menés des points A et m font, au point I, un angle qui dépend de la grandeur de l'objet Am. De plus, il est clair que, selon que nous le supposerons placé dans cet angle en A et en O, nous le croirons de la grandeur Am ou de la grandeur Ot. On voit, d'après cela, que la grandeur et la distance d'un objet se jugent l'une par l'autre : aussi, quand nous n'avons aucune idée préalable de l'une ni de l'autre, nous tombons dans des erreurs extraordinaires; mais quand nous avons une idée préalable de l'une, nous nous en servons pour juger de l'autre.

169. Problème. — « On demande comment on peut expliquer « les vues des myopes et celles des presbytes, et comment on « peut y remédier. »

La *myopie* est un défaut de la vue qui fait qu'on ne voit distinctement qu'autant que les objets sont très-rapprochés des yeux. Ce défaut ne vient probablement pas de la même cause chez les diverses personnes qui en sont affectées : cependant on le regarde ordinairement comme l'effet d'un excès de courbure dans le cristallin et la cornée transparente, en vertu duquel les rayons de lumière, en entrant dans l'œil, sont trop fortement réfractés; de sorte que les rayons réfractés B'A' et C'A' se rencontrent avant d'arriver à la rétine.

Les *presbytes*, au contraire, ont besoin d'éloigner les objets de leurs yeux pour les voir avec netteté. On attribue ordinairement ce défaut à un aplatissement causé par l'âge dans le cristallin et dans la cornée transparente. Cet aplatissement diminuant la force réfringente de l'œil, les rayons réfractés B'A' et A'C' venant d'un même point extérieur A ne peuvent se rencontrer ni avant ni sur la rétine. On voit donc que, dans les deux cas, les rayons lancés par un même point A sur l'œil ne se rencontrant pas sur la rétine, vont peindre sur celle-ci un petit cercle de lumière; et tous les petits cercles qui correspondent ainsi aux divers points de l'objet extérieur se recouvrant plus ou moins les uns les autres, il en résulte une confusion dans l'image produite sur la rétine, et par conséquent sur la vision.

On conçoit, d'après ces explications, pourquoi le myope est porté à s'approcher, et le presbyte à s'éloigner au contraire des objets qu'il veut regarder : c'est que, suivant qu'un point lumineux est en A ou en O, les rayons AB' et AC', ou OB' et OC', sont moins ou plus divergents à leur entrée dans l'œil : d'où il suit que le myope, dont l'œil fait trop converger ces rayons en les réfractant, prendra de préférence la position O, parce que les rayons envoyés par le point O étant très-divergents, l'œil, malgré sa grande force pour les faire converger, ne réussira pourtant qu'à les réunir seulement sur la rétine. Quant aux presbytes, leurs yeux ayant perdu beaucoup de leur force convergente, il faut que les rayons émanés d'un point leur arrivent avec moins de divergence, et par conséquent leur arrivent de loin, pour qu'ils puissent les réunir sur la rétine.

Quelle que soit la cause des défauts des myopes et des presbytes, il est certain qu'on y remédiera en employant un verre convergent, n° 160, déf. IV, pour les presbytes, et un verre divergent pour les myopes; car, d'après le n° 161, un verre de la première espèce, tel que IS (*fig.* 361), donne pour un objet A Fig. 331.

placé à une distance moindre que la distance focale, une image E qui est toujours plus éloignée que cet objet, comme le veut le presbyte. Ensuite, d'après le n° 163, les verres divergents rapprochant toujours les objets, les myopes trouveront en eux un remède au défaut de leurs yeux, puisqu'ils ne voient que de près.

On peut même calculer la forme que doit avoir le verre pour remédier au défaut de telle ou telle vue en particulier. (V. les *Compl.*)

170. *Microscope*. — On appelle ainsi un appareil propre à rendre visibles les objets extrêmement petits; il y en a deux, le microscope simple et le microscope composé.

Microscope simple. — Le microscope simple, ou autrement dit la loupe, n'est uniquement qu'une lentille convergente d'un *court foyer*, c'est-à-dire d'une petite distance focale. Nous avons, en effet, montré au n° 161 que si l'on place l'œil vers F (*fig.* 351) devant une lentille LL dont le foyer est R, et que l'on regarde un objet nB situé un peu plus loin que ce foyer, on voit une image n''B$''$ plus ou moins agrandie, et comprise dans le même angle B$''$AC$''$ que l'objet lui-même. On peut calculer le grossissement produit par une loupe, en admettant que, pour la claire vision, il faille que la distance An'' soit de 10 pouces; du moins telle est la valeur de cette distance pour une vue ordinaire : elle est plus grande pour un presbyte, et plus petite pour un myope. (V. les *Compl.*)

Fig. 351.

171. *Microscope composé*. — Ce microscope a deux parties : la première est une petite lentille achromatique BB' (*fig.* 362), devant laquelle on place l'objet mn à une distance Bn un peu plus grande que la distance focale : on appelle cette lentille l'*objectif*. D'après ce que nous avons montré au n° 161, cet objectif fera une image $m'n'$ agrandie et renversée. La seconde partie est une autre lentille CC ou un système de lentilles que l'on appelle *oculaire*, et qui est placé devant l'image $n'm'$, de manière que la distance Cm' soit un peu plus petite que la distance focale. D'après le numéro cité, si l'on approche l'œil de l'oculaire CC, on verra au travers de celui-ci une image $m''n''$ de l'image $m'n'$, et cette image $m''n''$ sera encore agrandie et tournée dans le même sens que $m'n'$. L'oculaire et l'objectif d'un microscope sont renfermés dans un tuyau qui peut s'allonger plus ou moins, parce

Fig. 362.

qu'il est composé de plusieurs pièces mobiles les unes dans les autres.

On voit que, pour avoir la valeur du grossissement de cet appareil, il suffit de calculer séparément, par la formule que donne le calcul (V. *Compl.*) pour le microscope simple, le grossissement de l'oculaire ainsi que celui de l'objectif, et de multiplier ces deux grossissements l'un par l'autre : le produit sera le grossissement de l'appareil.

172. Quand on ne prend qu'une simple lentille pour l'oculaire, l'image de l'objet que l'on regarde paraît bordée de couleurs irisées, parce qu'à cause des diverses réfrangibilités des sept couleurs du spectre, au lieu d'une seule image en $m''n''$, il s'en formera sept parallèles entre elles, comme le montre la *fig*. 363, où φ_1 représente l'image violette, φ_2 l'image indigo, φ_3 l'image bleue, ainsi de suite. L'œil placé en O (*fig*. 363) verra bien du blanc en A vers le centre des images, parce qu'à cet endroit les couleurs des sept images se superposent exactement; mais aux bords, les couleurs ne se recouvrant pas exactement, se feront sentir à l'œil avec leurs diverses nuances. Pour remédier à cet inconvénient, on fait entrer dans l'oculaire un nouveau verre convergent que l'on place sur la route des rayons qui viennent de l'objectif B à la lentille C (*fig*. 362). En choisissant pour ce nouveau verre une place convenable que l'on peut calculer (V. *Compl.*), il imprime aux sept images la disposition représentée *fig*. 364, de manière que les extrémités V et R des images de diverses couleurs soient sur une même ligne droite avec le point O où l'on place l'œil; car alors celui-ci, voyant les sept images se recouvrir parfaitement, n'apercevra que du blanc partout. On a ainsi un *oculaire achromatique*. On voit donc que tout oculaire achromatique se compose au moins de deux verres convergents.

173. *Télescopes*. — On appelle ainsi des appareils catoptriques destinés à l'observation des objets éloignés; je dis des appareils catoptriques, parce que la partie principale d'un télescope est un miroir concave qu'on présente à l'objet éloigné qu'on veut observer.

Télescope de Grégory. — Ce télescope est représenté dans la *fig*. 366. MM' est un grand miroir concave métallique, et percé à

Fig 363.

Fig. 363.

Fig. 362.

Fig. 364.

Fig. 366.

son centre d'un trou CC'. Les rayons de l'objet éloigné LL', en tombant sur ce miroir, produisent vers le foyer une image mm' plus petite et renversée. (V. n° 141.) V est un petit miroir concave, placé de manière que mV surpasse un peu la distance focale. Ainsi, d'après le même n° 141, ce miroir V donnera vers It une image de mm' plus grande, et tournée en sens contraire de mm'; enfin, vers l'extrémité A de l'appareil est un oculaire achromatique, que l'on présente à cette dernière image pour la transformer en une plus grande encore XR. Pour amener l'image XR à avoir toute la netteté possible, on peut éloigner ou rapprocher un peu le miroir V par le moyen de la tige B'S.

Télescope de Cassegrain. — Ce télescope ne diffère du précédent qu'en ce que le petit miroir concave V est remplacé par un miroir convexe qu'on place en V'V'', c'est-à-dire avant que les rayons Cm' réfléchis par le grand miroir concave MM' aient formé leur image en mm' ; ce petit miroir convexe renvoie ces rayons par l'ouverture CC' en It, où ils forment une image pareille à celle du miroir de Grégory. Par cette disposition, l'appareil se trouve avoir moins de longueur, ce qui est un avantage réel : d'ailleurs le petit miroir convexe diminue un peu la convergence des rayons qu'il renvoie en It, et augmente ainsi de quelque chose les dimensions de l'image qu'on observe avec l'oculaire.

Télescope de Newton. — Dans ce télescope, on reçoit les rayons réfléchis par le grand miroir concave placé au fond de l'appareil (*fig*. 365) sur un miroir plan P qui renvoie l'image formée par ces rayons sur une ouverture latérale, et on l'examine ensuite avec un oculaire AB placé dans cette ouverture.

174. *Lunettes*. — On appelle ainsi des instruments dioptriques qui servent à observer les objets éloignés : ils ne sont composés que de lentilles diversement combinées, et ajustées dans un tube qu'on peut allonger ou raccourcir à volonté, en tirant ou enfonçant les pièces mobiles dont il est composé. Au bout du tube que l'on dirige vers l'objet à observer, sont les lentilles destinées à former une image de cet objet, et à l'autre bout où l'on place l'œil sont d'autres lentilles avec lesquelles on amplifie cette image pour l'observer. Les premiers forment ce qu'on appelle l'*objectif*, et les secondes l'*oculaire*.

LUNETTES. 391

Lunette d'approche. — Cette lunette a pour objectif une lentille convergente achromatique BB' (*fig.* 367), et pour oculaire un verre divergent RR'. Pour expliquer l'effet de cette lunette, je représente par L'L'$_1$ les rayons venus de l'extrémité supérieure de l'objet que je suppose très-éloigné, et par LL$_1$ les rayons venus de l'extrémité inférieure ; les premiers se réuniront en m' sur l'axe secondaire L'Am', et les seconds en m sur l'autre axe secondaire LAm (n° 160, *Déf.* ix.) On aurait ainsi une image mm' renversée et assez petite. Supposons un moment que l'on place le verre RR' sur le chemin des rayons, de manière que son foyer F des rayons parallèles, c'est-à-dire le foyer principal, tombe à l'endroit où se formerait cette image ; alors il est évident que les rayons de chaque faisceau zx, par exemple, se réfracteront tous dans une direction IT parallèle à l'axe cm. Mais, pour peu que l'on approche RR' de BB', il est facile de voir que ces rayons IT divergeront dans des directions dont les prolongements rétrogrades se rencontreront avec celui de l'axe cm quelque part en M (V. les *Compl.*); de même les rayons de l'autre faisceau L'L'$_1$ seront réfractés dans les directions IT', O' S', etc., dont les prolongements rétrogrades se rencontreront avec celui de l'axe cm' quelque part en M'. Ainsi on aura une image virtuelle MM droite, et dont il est facile de calculer le grossissement. (V. *Compl.*)

Fig. 367.

Lunette astronomique. — Cet instrument est représenté dans ce qu'il y a d'essentiel par la *fig.* 368. L'objectif BB' est une lentille convergente achromatique qui fait à son foyer une image renversée mm' de l'objet éloigné que l'on vise, et l'oculaire RR' est une loupe ou une réunion achromatique de loupes, avec laquelle on observe cette image. D'après ce que nous avons dit au n° 161, en approchant l'oculaire RR' de manière que m'O soit un peu moindre que sa distance focale, on verra une image nn' plus ou moins amplifiée de l'image mm'.

Fig. 368.

Il est facile de montrer que l'amplification d'une lunette s'obtient en divisant la distance focale de l'objectif par celle de l'oculaire. (V. *Compl.*)

Lunette terrestre. — Cette lunette n'est autre chose que la lunette astronomique, dont on remplace l'oculaire par un oculaire plus compliqué qui redresse les images que l'on a à observer. On conçoit, en effet, que dans les observations astronomiques il importe fort peu que les images des astres soient renversées ou droites ; mais, pour les observations faites sur les objets terrestres, il est nécessaire que ceux-ci soient vus dans leur position naturelle. Pour obtenir cet effet, on compose l'oculaire de quatre verres O', P, Q et R (*fig.* 369). Ainsi, supposons que mm' soit l'image formée par l'objectif que je suppose au loin vers H, en plaçant la lentille OO' à une distance Om plus petite que sa distance focale ; elle donnera, d'après le n° 161, une image virtuelle nn'. Maintenant, si l'on reçoit les rayons censés venus de cette image sur une seconde lentille PP' d'une distance focale plus courte que Pn, cette seconde lentille donnera, d'après le même n° 161, une image redressée de nn' placée en SD. Mais avant que cette image se forme, on présente aux rayons lumineux le verre convergent QQ' pour les raisons que nous avons dites au n° 172, et l'image, au lieu de se former en SD, se forme en AI. Alors, en plaçant devant cette image ainsi redressée une loupe RR' à une distance IR un peu moindre que sa distance focale, on la verra plus ou moins amplifiée.

Observation. — La clarté de l'image formée par l'objectif, c'est-à-dire la quantité de lumière concentrée sur cette image, est ce dont dépend principalement la possibilité de l'amplifier plus ou moins par des oculaires convenables. On voit, en effet, que si cette image n'est formée que par une faible lumière, l'oculaire en l'amplifiant répandra cette lumière sur une plus grande étendue, et pourra ainsi en affaiblir l'éclat au point qu'on ne puisse presque plus la voir. Du reste, la clarté dépend du diamètre de l'objectif, puisque plus son diamètre sera grand, plus il recevra de lumière du corps que l'on veut observer. Mais, d'après ce que nous avons dit à la définition VIII du n° 160, on ne peut pas non plus donner à une lentille un diamètre trop grand ; il faut, pour éviter les aberrations, conserver de certaines proportions entre les diamètres des objectifs et leur distance focale, que l'expérience a apprises. Voici ces proportions :

DAGUERRÉOTYPE. 393

	Ouverture de l'objectif.	Distance focale principale.	Amplification.
1	13 lignes.	9 pouces.	15 fois.
2	16	14	18
3	20	19	22
4	25	30	30
5	32	42	36
6	48	60	200
7	60	72	600
8	72	84	400 à 900
9	96	144	400 à 900
10	132	216	600 à 900

175. *Chambre noire*. — Cet appareil est une enceinte GHVF (*fig*. 370) dont les parois sont noircies, et qui n'a qu'une ouverture LL'. Dans cette ouverture est fixée une lentille convergente, et vis-à-vis cette lentille est un tableau A'T', qui n'est autre chose qu'une surface blanche placée ordinairement à une distance du centre C de la lentille égale à la distance focale principale de cette lentille. Or, d'après ce qu'on a vu, n° 161, pour chaque objet très-éloigné tel que T, la lentille C donnera une image en T'. Le tableau A'T' offrira donc la représentation de tout le paysage AT. Le tableau A'T' étant plan, il n'y aura que les objets tels que B, correspondant à l'axe BC de la lentille, qui auront une image parfaitement distincte.

Fig. 370.

Pour avoir une représentation nette sur tout le tableau, il faudrait que ce tableau fût une portion de surface de sphère dont le centre coïncidât avec le centre C de la lentille. C'est ce qui a lieu dans certaine chambre noire établie à demeure pour représenter les objets éloignés d'un endroit déterminé ; mais, dans les chambres noires portatives, le tableau est plan et de peu d'étendue. De plus, pour rendre ces chambres propres à représenter tantôt des objets éloignés, tantôt des objets rapprochés, la lentille C est portée par un tuyau mobile, qu'on fait sortir ou rentrer plus ou moins par une vis de rappel x, jusqu'à ce que l'image produite sur le tableau soit le plus nette possible.

Daguerréotype. — M. Daguerre, peintre français, a trouvé, en 1839, le moyen de fixer les représentations des objets que donne la chambre obscure sur une feuille de cuivre plaquée d'argent. Voici l'exposé abrégé de sa méthode : On commence par nettoyer et polir parfaitement ce plaqué d'argent ; pour cela, au moyen de tampons de coton, on frotte la surface d'argent successivement avec de l'huile d'olive et du tripoli de Venise délayé dans de l'eau légèrement acidulée par de l'acide azotique. Quand la plaque a été bien polie par un certain nombre de ces frictions alternatives, on l'expose à la vapeur d'iode pendant quelques minutes, jusqu'à ce que la surface d'argent ait pris une belle teinte jaune d'or. La pellicule d'iodure d'argent à laquelle est due cette couleur étant très-sensible à l'action de la lumière, il faut avoir bien soin de l'en préserver jusqu'au moment où l'on veut recueillir l'image qu'on désire. Cela fait, on adapte à l'ouverture AT' pratiquée au fond de la chambre obscure une lame de verre dépoli encadrée qui s'adapte exactement à cette ouverture, puis on fait mouvoir la lentille LL' jusqu'à ce que l'image de l'objet AT qu'on veut prendre soit parfaitement nette. Quand on a obtenu cette netteté, on ajuste la plaque d'argent iodurée dans un cadre exactement égal à celui de la lame de verre dépoli, et on substitue cette plaque ainsi encadrée à cette lame de verre. Alors on attend de 6 à 12 ou 15 minutes, plus ou moins, suivant l'intensité de la lumière de l'objet AT. Quand on pense avoir attendu suffisamment, on retire la plaque iodurée de la chambre noire, et quoiqu'il n'y paraisse rien, elle contient pourtant l'image que l'on désire; il ne s'agit que de la faire paraître. A cet effet, on expose ladite plaque pendant quelque temps au-dessus d'un peu de mercure que l'on chauffe jusqu'à 60 ou 75 degrés. Alors la vapeur de ce mercure, en attaquant la surface de l'argent, fait paraître l'image qu'on a prise dans la chambre noire. Dans cette image, les couleurs des objets ne sont pas conservées; il n'y a, comme dans un dessin au crayon noir, que du noir, du gris et du blanc; mais tous les effets d'ombre et de demi-teintes sont parfaitement conservés; les surfaces coloriées y sont représentées par des demi-teintes. Les clairs de cette sorte de dessins sont les endroits de la plaque où la lumière a agi sur l'iodure d'argent; et si l'on ne s'y opposait, le reste de la plaque, c'est-à-dire les parties noires qui contiennent l'iodure resté intact, serait bientôt attaqué et altéré par la lumière du jour. Pour s'y opposer, on lave la plaque daguerrienne d'abord dans de l'eau distillée, ensuite dans une dissolution d'hyposulfite de soude qui dissout l'iodure d'argent, après quoi on verse environ un litre d'eau bouillante sur cette plaque.

Pour prendre un portrait, après avoir ioduré la plaque d'argent pas tout à fait jusqu'à l'apparition de cette couleur jaune d'or dite plus haut, on expose cette plaque à la vapeur de quelques gouttes de brome étendues dans de l'eau, jusqu'à l'apparition complète de cette couleur.

La plaque ainsi préparée est si sensible à l'action de la lumière, qu'il suffit de la laisser quelques secondes adaptée à la chambre obscure, pour avoir le portrait qu'on désire.

Si, au sortir de l'hyposulfite de soude, on fait bouillir la plaque daguerrienne dans une bassine contenant une couche assez épaisse d'une dissolution de chlorure d'or et d'hyposulfite de soude, puis ensuite qu'on lave à l'eau bouillante, on fait disparaître en partie le miroitage qui nuit si fort aux images daguerriennes. C'est M. Fizeau qui a indiqué ce procédé.

176. M. Talbot, en Angleterre, indiqua, peu de temps avant M. Daguerre, un procédé de recueillir les images de la chambre noire sur papier, qui n'eut alors aucun succès, parce que le papier de ce savant ne donnait qu'une *image négative*, c'est-à-dire une image où les clairs sont représentés en noir et les ombres en blanc. Mais depuis on eut l'idée de produire de ces images négatives sur des glaces de verre. Appliquant ensuite sur celles-ci des papiers préparés d'après le procédé de M. Talbot, et faisant tomber la lumière au travers de la glace sur ce papier, il s'y forme en quelques minutes une *image positive*. Voici en peu de mots comme il faut s'y prendre :

1° Après avoir versé 15 gouttes d'iodure de potassium concentré dans un blanc d'œuf, on le bat dans une assiette avec une fourchette de buis jusqu'à en faire une mousse consistante. Ayant ramassé cette mousse vers une partie des bords de l'assiette, on incline celle-ci pour que l'albumine liquide s'écoule de cette mousse vers la partie opposée de cette assiette. On étend cette albumine liquide sur une glace de verre, de manière à en faire une couche d'une épaisseur parfaitement égale dans toute son étendue.

2° On dissout dans de l'eau distillée du nitrate d'argent et de l'acide acétique cristallisable dans la proportion de 35 grammes d'eau distillée, 12 grammes d'acide et 6 grammes de nitrate, puis on étend cette dissolution de 35 autres grammes d'eau distillée;

il faut répandre cette dissolution étendue sur la glace albuminée. Après l'avoir laissée égoutter et même sécher si l'on veut, on la tient à l'abri de la lumière jusqu'à ce qu'on l'adapte, comme une plaque daguerrienne, à la chambre obscure. Au bout de 6, 10 ou 15 minutes, plus ou moins, suivant l'intensité de la lumière, on retire la glace albuminée, et on la tient encore à l'abri de la lumière jusqu'à ce que l'opération suivante soit terminée.

3° Après avoir établi dans une position parfaitement horizontale la glace daguerréotypée, on verse dessus une dissolution de 49 grammes d'acide gallique dans 1000 grammes d'eau distillée. L'action de cet acide fait ressortir l'image négative. Quand celle-ci est bien visible, il faut laver la glace dans une dissolution de 5 gr. d'hydrosulfite de soude en 50 grammes d'eau; enfin laver à grande eau, et sécher.

M. Blanquart-Évrard a fait connaître à l'Académie des sciences, dans sa séance du 10 juin 1850, que le fluorure de potassium ajouté à l'iode, dans la première de ces trois opérations qui viennent d'être décrites, donne des images instantanées à l'exposition de la chambre noire.

Maintenant, quand on a ainsi une image négative sur une glace de verre, 1° on prend la feuille de papier qu'on veut photographier, et on l'étend sur de l'eau salée dans la proportion de un verre de chlorure de sodium concentré qu'on étend dans trois verres d'eau distillée ou filtrée. 2° Lorsque cette feuille est sèche, on l'applique par sa face salée sur une dissolution de nitrate d'argent dans la proportion de 20 grammes de nitrate en 100 grammes d'eau distillée. Cette seconde opération doit être faite à l'abri de la lumière, et la feuille nitratée doit être ainsi abritée jusqu'après l'opération suivante. 3° On applique cette feuille de papier, par sa face nitratée, sur la glace préparée par les opérations précédentes, et on laisse pénétrer la lumière sur ce papier au travers de cette glace seulement. Enfin, quand l'image positive est formée, on la lave dans une dissolution de 9 grammes d'hyposulfite de soude en 60 grammes d'eau distillée.

177. *Lanterne magique.* — Elle est destinée à donner sur un tableau T (*fig.* 371) l'image d'un objet B formée par une lentille convergente LL'. L'objet B est ordinairement translucide; c'est, par exemple, quelque peinture faite sur verre. On concentre sur cet objet B, le plus qu'on peut, les rayons lumineux d'une lampe P. Cette concentration se fait au moyen d'un miroir métallique concave M et d'une ou deux lentilles C,C'.

L'objet étant ainsi fortement éclairé, lance des rayons lumineux sur la lentille LL'; et en plaçant celle-ci à une distance de cet objet un peu plus grande que sa distance focale, elle donnera une image de celui-ci plus ou moins amplifiée (n° 161), qu'on pourra recevoir sur le tableau T.

178. *Fantasmagorie*. — Elle ne diffère de la lanterne magique que parce que le tableau T (*fig*. 371) et la lentille LL' sont mobiles. Ce tableau est ordinairement une toile blanche enduite de cire et très-unie. On commence par tirer le tuyau qui contient la lentille LL', afin de mettre celle-ci à la plus grande distance possible de l'objet B; alors cette lentille donne à peu près à son foyer une image de l'objet B (n° 161), qui est très-petite, et que l'on peut recevoir sur le tableau T en l'approchant convenablement. Ensuite, en renfonçant le tuyau qui contient la lentille LL', on éloigne et on amplifie de plus en plus l'image de l'objet B produite par cette lentille (*loc. cit.*); et en reculant au fur et à mesure l'appareil, ou reculant le tableau T pour augmenter leur distance mutuelle, on fait en sorte que l'image soit toujours reçue sur le tableau. Quand on est dans une obscurité parfaite, ces modifications de l'image produisent une illusion complète. L'apparition de cette image, d'abord en très-petite dimension et ensuite en dimension toujours croissante, fait l'effet de quelque chose qui, d'abord dans un lointain immense, s'approche ensuite de plus en plus jusqu'à se jeter enfin sur les spectateurs.

Fig. 371.

179. *Microscope solaire*. — Cet instrument est encore au fond la même chose que la lanterne magique et la fantasmagorie. Il est destiné à donner sur un tableau OO' (*fig*. 372) une image extrêmement amplifiée d'un objet placé en II' par le moyen d'une lentille achromatique LL' d'un foyer très-court. On éclaire cet objet en concentrant fortement sur lui les rayons du soleil SS', réfléchis dans la chambre obscure par le miroir MM. Ces rayons réfléchis MN sont d'abord reçus par une première lentille RR' d'un foyer de quelques pouces, qui leur donne un commencement de convergence. Ensuite une seconde lentille SU de quelques lignes de foyer achève de concentrer ces rayons sur l'objet

Fig. 372.

retenu en II′ entre deux plaques de cuivre P″P″ et P′P′. Ces deux plaques sont pressées l'une contre l'autre par des ressorts P″ et P″. L'objet II′ ainsi fortement éclairé lance ses rayons lumineux sur la lentille LL′, et en plaçant celle-ci à une distance de II′ un peu plus grande que sa distance focale, elle donnera sur le tableau OO′ une image extrêmement agrandie (n° 161). Pour amener la lentille LL′ à la distance que l'on veut, il suffit de tourner un petit bouton B′ placé devant elle; de même, pour amener le foyer de SU sur II′, il suffit de tourner le petit bouton B placé derrière cette lentille.

180. En prenant une pile de 50 ou 60 éléments de Bunsen, dont les deux réophores sont terminés par deux pointes de charbon, on produit entre ces deux pointes, quand on les rapproche l'une de l'autre, une lumière assez vive pour remplacer celle du soleil dans les expériences du microscope solaire. Pour rapprocher continuellement entre elles les pointes de ces deux charbons pendant qu'ils se consument, on emploie l'appareil représenté *fig.* 424; x et y sont les deux pointes de charbon.

Fig. 424.

On fixe le réophore positif en G. Le courant suit le cordon métallique GHS qui s'enroule autour de la bobine de fer S′T′, et a son extrémité soudée en S′. Ce courant, suivant toutes les parties de la boîte de cuivre KNPU, arrive en x sans pouvoir monter par le tuyau de cuivre aa', à cause de la virole isolante a, ni par le cordon RE qui est également isolant. De x le courant passe en y et sort par le bouton 6, auquel est fixé le réophore négatif de la pile. Un ressort en spirale, renfermé dans le tambour AB, fait tourner celui-ci, qui, entraînant avec lui les deux poulies JR et JF, enroule le cordon de la première en même temps qu'il déroule celui de la seconde, et sollicite ainsi continuellement les deux charbons l'un vers l'autre. Mais quand les deux pointes de charbon sont assez rapprochées pour que le courant électrique passe, l'électro-aimant S′T acquiert assez de magnétisme pour attirer à lui la plaque de fer LM, malgré le ressort qui, placé sous elle, la tient habituellement élevée tout au plus d'un millimètre au-dessus de S′S. Ce mouvement de LM fait basculer le levier MI″I sur son point d'appui e; et un petit onglet de fer I entrant alors dans la roue dentée QI′, la rend immobile. Or l'engrenage des dents du tambour AB, que montre la figure, fait qu'il ne peut tourner sans faire tourner en même temps cette roue dentée QI′; ainsi l'onglet I, en arrêtant celle-ci, arrête le tambour, et par conséquent les charbons, tant que le courant passe. Mais quand il ne passe plus, l'électro-aimant S′T′ perd sa force, le ressort du levier eL le relève; ce qui remet la roue QI′ en mouvement, et par conséquent rapproche les points x,y de nouveau : ainsi de suite. L'idée de régulariser la lumière de xy par un électro-aimant est de M. Foucault, et c'est M. Duboscq, opticien, qui a donné à ce régulateur la forme que nous venons de décrire.

DE LA LUMIÈRE, ABSTRACTION FAITE DE SA POLARISATION.

III° PARTIE. — *Des phénomènes de coloration dus à la destruction mutuelle de certains rayons.*

Les phénomènes de coloration que nous avons déjà étudiés n°ˢ 128 et 163, étaient plutôt dus à la déviation qu'à la destruction de certains rayons. D'ailleurs, c'était pour faire disparaître ces colorations que nous nous en occupions alors, vu que, dans ce qui précède, l'objet spécial de notre travail était de suivre les rayons de lumière dans leur propagation, et non les phénomènes de coloration. Mais ici, au contraire, nous allons donner les moyens de former et multiplier ces phénomènes de coloration.

1° *Interférences.* — Le principe des interférences peut s'énoncer ainsi :

181. PROPOSITION. « Deux rayons qui viennent se rencontrer
« en un même point sous des directions presque parallèles, se
« détruisent en ce point, toutes les fois que la différence des che-
« mins qu'ils ont parcourus pour y arriver est égale à un nombre
« impair de fois une certaine quantité que l'expérience a fait
« connaître : au contraire, quand cette différence égale un
« nombre pair de fois la même quantité, les deux rayons, en
« se rencontrant, ajoutent leurs clartés. Enfin, la quantité qui
« détermine ainsi la destruction ou l'addition des deux rayons
« est différente pour les sept différentes couleurs du spectre. »

Les expériences par lesquelles nous allons prouver cette vérité sont de M. Fresnel. (V. tom. V des *Mémoires de l'Académie des sciences*, p. 418 et 419.)

Pour la première expérience on adapte au volet de la cham-

400   ÉLÉMENTS DE PHYSIQUE, LIV. II.

bre obscure un verre coloré qui ne laisse entrer dans cette chambre qu'un faisceau de lumière simple, par exemple un faisceau de lumière rouge, et l'on fait tomber ce faisceau rouge sur une lentille A (*fig.* 287), qui en concentre tous les rayons en un seul point F. On reçoit les rayons émanés de ce point sur deux miroirs C*p* et CN, faisant entre eux un angle à peine sensible. D'après ce que nous avons vu (n° 138), si l'on abaisse sur le premier miroir C*p* une perpendiculaire F*p* et sur le prolongement C*p'* du second miroir une perpendiculaire F*p'*, et que l'on prolonge ces deux perpendiculaires de quantités égales à elles-mêmes, les extrémités P et P' de ces prolongements seront deux images du foyer lumineux F. Ainsi cette disposition revient à peu près au même que si l'on avait deux points lumineux P et P', d'où s'élanceraient différents rayons de lumière PL', PS... et P'L', P'S'...

Fig. 287.

En présentant au-devant des miroirs un tableau ZZ' sur lequel tombent les rayons réfléchis par ces miroirs, on aperçoit sur ce tableau des bandes ou franges alternativement brillantes et obscures. La bande du milieu en L' est claire, celle d'à côté à droite et à gauche en S et S'' est obscure, la troisième de chaque côté D et D est claire, et ainsi de suite. Au lieu de recevoir ces franges sur un carton, on peut ôter celui-ci, et regarder ces franges immédiatement avec une loupe BB ; on les aperçoit alors parfaitement bien dessinées, et l'on reconnaît par là qu'elles sont parallèles à la ligne d'intersection des deux miroirs, qui n'est dans la figure représentée que par un point C ; on reconnaît aussi que la frange du milieu L', l'intersection C et le milieu L des deux images PP' se correspondent sur la même ligne droite.

Pour vérifier le principe des interférences par cette observation, il faut prendre toutes les mesures nécessaires pour calculer les distances de chacune des franges S, D, etc., aux deux images P et P'.

Mais M. Fresnel n'a fait ces calculs que pour la sixième frange noire ; en les faisant pour les autres, on reconnaîtrait que la différence des distances des images PP' à une frange noire est égale à la quantité $0^{mm},000319$ prise une fois, ou trois fois, ou cinq fois, ou sept fois, etc., suivant que cette frange est la première, ou la deuxième, ou la troisième, ou la quatrième, etc., des franges noires ; ou, ce qui revient au même, suivant qu'elle est la première, ou la troisième, ou la cinquième, ou la septième, etc., de toutes les franges noires et brillantes formées par les deux miroirs. On reconnaîtrait aussi que la différence des distances des images PP' à une frange brillante est égale à la quantité $0^{mm},000319$ prise un nombre de fois égal à 2, ou 4, ou 6, etc., suivant que le rang de cette frange brillante, parmi toutes les franges, soit brillantes, soit obscures, est 2, ou 4, ou 6, ou, etc. Or les distances de l'une quelconque de nos franges, de L' par exemple, aux images P et P', sont égales aux chemins parcourus par les deux rayons de lumière envoyés par les deux miroirs sur ce point L', car, GF égalant GP, on voit bien que la distance PL' égale le chemin FGL'; on verrait de même que P'L' égale le chemin FHL'. Mais nous avons vu que les deux rayons qui arrivent en L' donnent de la clarté, que ceux qui arrivent en S donnent de l'obscurité, que ceux qui arrivent en D donnent de la clarté, ainsi de suite; donc, quand la différence des chemins parcourus par deux rayons est nulle, ils s'ajoutent; quand cette différence égale une certaine quantité, ils se détruisent; quand elle égale une quantité double, ils s'ajoutent; quand elle égale une quantité triple, ils se détruisent; ainsi de suite. C'est-à-dire qu'ils s'ajoutent ou se détruisent, suivant que la différence des chemins qu'ils ont parcourus égale un nombre pair ou impair de fois une certaine quantité que l'expérience prouve être diverse pour les diverses lumières. Les 0,000319 de millimètre ci-dessus appartiennet au rouge.

La seconde expérience décrite par M. Fresnel dans le même t. V de l'Académie des sciences, consiste à substituer un biprisme en verre KhX aux miroirs CM et CN. Il présenta ce biprisme à un point lumineux L formé par une lentille protégée par un verre rouge, pour ne laisser passer que de la lumière simple. Alors les rayons incidents Ld, LV, etc., furent réfractés de manière à donner deux images P et P' de ce point lumineux. En opérant ainsi on se retrouve avoir, comme avec les deux miroirs, deux faisceaux de rayons qu'on peut supposer émanés de P et P', et sur lesquels on peut faire les mêmes expériences, les mêmes raisonnements et les mêmes calculs que dans le cas de ces miroirs. (V. les *Compl.*)

M. Fresnel a trouvé ainsi $0^{mm}000317$ au lieu de $0^{mm}000319$ qu'il avait trouvé avec les miroirs; la différence de ces nombres est dans la limite des erreurs inévitables en ce genre d'expérience.

Observation I. — Les expériences et les calculs que nous venons de décrire n'ayant pas été achevés, il s'ensuit que ce qui précède est seulement une indication des moyens par lesquels chacun pourra s'assurer soi-même de la vérité du principe des interférences. Mais ce principe se trouve si bien confirmé par les nombreuses applications que MM. Fresnel et Young en ont faites, qu'il ne peut rester aucun doute à ce sujet.

Observation II. — La quantité $0^{mm},000319$ que nous avons donnée pour la différence des distances des images PP' à la première frange noire, n'a lieu que pour l'espèce de lumière rouge employée par M. Fresnel. Cette lumière appartenait plutôt à l'extrémité du rouge du spectre qu'au milieu de cette couleur. La quantité dont il s'agit serait un peu moindre pour le milieu du spectre, et pour le milieu des autres couleurs elle serait encore moindre. C'est ce qu'on peut conclure de la théorie que nous donnerons dans le n° 184, et des valeurs numériques rapportées dans le corollaire de ce numéro.

182. *Corollaire I.* En mesurant à différents endroits l'intervalle compris entre deux franges équidistantes du milieu L', telles que S et S'', on trouverait qu'il diminuerait à mesure que l'on approcherait des miroirs, et que la route SI suivie par chaque frange, telle que S, est une ligne courbe. Cette marche en ligne courbe de la lumière n'a pas été constatée par Fresnel dans l'expérience des deux miroirs relatée t. V des Mémoires de l'Académie des sciences; mais ce savant l'a constatée dans une expérience de diffraction que nous ferons connaître aux n°* 185 et 186.

183. *Corollaire II.* — Avant d'aller plus loin, nous pouvons remarquer que ce qui précède ajoute une nouvelle preuve à celle que nous avons donnée de l'inadmissibilité du système de l'émission n° 147, *Obs. II;* car, dans ce système, on ne conçoit pas comment deux molécules du fluide lumineux tombant sur un point peuvent donner de l'obscurité. M. Biot cherche néanmoins à l'expliquer, comme on peut le voir à la p. 468, t. II du *Précis de physique*, seconde édition. Dans le système des ondulations, rien de plus aisé à concevoir que cette destruction mutuelle de deux rayons de lumière; parce que, dans ce système, la lumière n'étant qu'un mouvement des molécules de l'éther, on conçoit que

si l'un des deux rayons tend à agiter ces molécules dans un sens, tandis que l'autre tend à les agiter en sens contraire, il ne se produira aucun mouvement, et par conséquent aucune lumière. C'est ce que nous montrerons en détail dans la proposition suivante. On ne conçoit pas non plus, dans le système de l'émission, comment la lumière qui produit les franges brillantes de l'expérience précédente peut suivre, comme nous l'avons vu, une ligne courbe ; au lieu que ceci est une conséquence du système des ondulations, comme M. Fresnel l'a montré par un calcul bien simple dans son mémoire sur la diffraction.

184. PROPOSITION. — « Le fait des interférences est une con-
« séquence immédiate du système des ondulations. »

Pour le prouver, il suffit d'observer que ce fait consiste en ce que deux rayons d'un même foyer de lumière qui sont déviés, de manière à concourir en un même point sous des directions presque parallèles, s'ajoutent ou se détruisent selon la différence de leurs longueurs; car on conçoit que, selon qu'en leur point de concours les molécules de ces deux rayons oscilleront dans le même sens ou dans des sens contraires, leurs mouvements s'ajouteront ou se détruiront. Or il est aisé de voir que cet accord ou ce désaccord des dernières molécules de nos deux rayons aura lieu selon que leurs longueurs différeront d'un nombre pair ou impair de demi-oscillations; il suffit pour cela de jeter les yeux sur les *fig.* 288, 289 et 290, qui représentent trois rayons AX, $A_,X_,$ et A'X' d'un même foyer : on les suppose dans ces *fig.* détachés de leur foyer et étendus l'un à côté de l'autre; chacun de ces rayons n'étant qu'une suite de demi-ondulations oscillant en même temps les unes dans un sens, les autres dans un sens contraire, on y a dessiné une suite de courbes ANB, BN'C, etc., qui tournent leurs concavités alternativement d'un côté et de l'autre, et dont chacune représente une demi-ondulation. Ces courbes N, $N_,$, s qui commencent ces rayons sont tournées toutes trois du même côté, parce que nos rayons appartenant à un même foyer doivent toujours commencer par le même genre d'oscillations. Mais pour les dernières oscillations GF, $G_,F_,$, d'abord il est clair qu'elles sont de même sens dans deux rayons égaux, tels que AG et $A_,G_,$, et qu'il en serait encore de même si l'on allongeait un de ces rayons d'un nombre pair de demi-ondes; mais on voit que si on augmente l'un d'eux d'une demi-ondulation pour lui donner la longueur A'H, sa dernière demi-onde sera de sens contraire à celle du rayon AG, et qu'il en serait de même si cet allongement était d'un nombre impair de demi-ondes.

Corollaire. — D'après ce qui précède, on voit que la quantité qui détermine la différence des chemins que doivent parcourir deux rayons pour se détruire ou s'ajouter, n'est que la demi-onde de l'espèce de lumière que l'on considère. Ainsi, en doublant la valeur 319 millionièmes de millimètre que M. Fresnel a trouvée pour cette quantité dans la lumière rouge sur laquelle il a opéré (V. n° 181), on aura 638 millionièmes de millimètre pour la longueur de l'onde lumineuse dans cette lumière. On aurait pu trouver de la même manière les longueurs des ondes des sept couleurs du spectre solaire, mais on peut aussi les déduire du phénomène des anneaux colorés, dont nous parlerons au n° 193; et comme Newton avait déjà exécuté toutes les mesures et les calculs relatifs à ce genre de phénomène, on s'est servi de ses résultats pour en déduire les longueurs des ondes des sept couleurs. Voici les valeurs de ces ondes en millionièmes de millimètre déduites des observations de Newton :

Violet.	Indigo.	Bleu.	Vert.	Jaune.	Orange.	Rouge.
423	449	475	521	551	583	620

Il est bien remarquable que ces nombres aient entre eux le même rapport que les racines cubiques des carrés des fractions trouvées en acoustique pour les valeurs des sept notes de la gamme données au n° 224, *Corol. II*, liv. I.

2° *Diffraction.* — On appelle diffraction le partage de la lumière d'un point lumineux en plusieurs faisceaux, éprouvé par cette lumière quand elle passe ou se réfléchit près du bord d'un corps quelconque.

185. Ainsi, devant le trou d'une chambre obscure plaçons un verre coloré VV' (*fig.* 291) qui ne laisse entrer dans cette chambre qu'une lumière simple, par exemple de la lumière rouge : concentrons cette lumière au foyer F d'une lentille LL' adaptée au trou du volet DD'. Par ce moyen, F devient un point lumineux d'où s'élancent différents rayons FF', FE, FF", etc. Plaçons un écran EC devant une partie EF" de ces rayons, et recevons l'ombre

de cet écran sur un tableau TT' ; nous verrons en GT' sur ce tableau l'ombre de l'écran EC; mais, de plus, nous apercevrons aussi au bord G de cette ombre une succession de bandes brillantes BB'... et de bandes sombres S, S',... lesquelles montrent que la lumière, en rasant le bord G, s'est divisée en plusieurs faisceaux distincts. Ces bandes s'appellent *franges*.

Quant à l'espace BT', bien qu'il n'offre pas de franges proprement dites, néanmoins il y pénètre un peu de lumière qui n'échappe pas à l'œil, pour peu qu'on y fasse attention. En mesurant pour différentes positions du tableau TT' les distances de ces franges à la ligne EG, on reconnaît que les routes qu'elles suivent sont des lignes courbes de l'espèce de celles que les géomètres appellent hyperboles.

186. On obtient encore des franges dans l'intérieur de l'ombre BT', quand les deux bords E et C de l'écran sont tellement rapprochés que celui-ci se réduit à un simple fil métallique.

Au lieu de présenter un fil métallique au faisceau F'FF, on peut lui présenter au contraire une petite ouverture étroite et longue pratiquée dans une feuille métallique, et cette expérience offre encore des franges parallèles à la longueur de cette ouverture.

Enfin, lorsqu'on reçoit une partie du faisceau F'FF'' sur un miroir pour la réfléchir sur un tableau, le bord de ce miroir produit encore sur ce tableau des franges semblables à celles produites par le bord E de l'écran EC.

187. Problème. — « On demande d'expliquer les phénomènes « de la diffraction. »

Nous allons faire connaître le fond de la solution de ce problème, que M. Fresnel a donnée le premier. Commençons par le cas le plus simple, celui d'un écran indéfini SB (*fig.* 292) placé devant un point lumineux E. Ce point est le centre d'une infinité d'ondes lumineuses qui se succèdent et se propagent continuellement dans tout l'espace environnant. Prenons une de ces ondes AMX au moment où elle vient rencontrer l'écran BS. Chacun des points *b*, *d*, *n*, etc., de cette onde peut être regardé comme un point lumineux envoyant de la lumière de tous côtés, excepté derrière lui, c'est-à-dire excepté dans l'espace compris entre l'arc AMX et le point F. La raison de cette exception ne peut être donnée d'une manière satisfaisante que par le calcul.

Fig. 292.

Cependant on peut dire que cela vient de la différence d'état où se trouvent les molécules d'éther placées devant et derrière le point M. En effet, les premiers sont en repos et sans vitesse, au lieu que les autres ont une vitesse acquise, en vertu de laquelle elles dérangent celles placées en M; maintenant on conçoit que, en résistant à ce dérangement, les molécules placées en M ne produisent d'autre effet sur celles qui sont derrière elles que de détruire leur vitesse et les réduire au repos, tandis qu'une fois lancées elles mettent en mouvement celles qui sont en avant. Ceci est analogue à ce que nous avons vu en acoustique, liv. I, n°s 210, 211. C'est en étudiant l'effet de toute cette lumière sur un point quelconque P du tableau TT', que l'on parvient à expliquer le phénomène de la diffraction. La ligne EP, tirée du foyer E à ce point, divise l'onde SA en deux parties, l'une MA, qui est d'une longueur indéfinie, et qui envoie sur P une certaine quantité de lumière dont je représente l'éclat par 1, et l'autre MS, dont la longueur est plus ou moins considérable, selon que l'on prend le point P plus ou moins éloigné de l'écran SR. Or, en cherchant à se rendre compte de l'action mutuelle des rayons uP, vP, etc., envoyés par cette onde MS sur le point P, on trouve que, par suite de leur interférence, l'éclat qu'ils produisent à ce point P est alternativement plus grand et plus petit que 1, à mesure que ce point P s'éloigne de l'écran. (V. les *Compl.*) Ainsi, quand la ligne EP passe tout près du bord de l'écran, son extrémité donne près de l'ombre de cet écran une frange claire, parce que son éclat surpasse 1; un peu plus loin de cette ombre, c'est une frange obscure, parce que son éclat est moindre que 1; ainsi de suite.

Les franges produites par diffractions dans l'ombre d'un fil de petit diamètre, sont dues à l'interférence des rayons envoyés dans l'ombre de ce fil par les deux parties de l'onde situées des deux côtés de ce même fil.

Enfin, les franges produites par une fente étroite sont dues à l'interférence des rayons lancés par les points de l'onde compris entre les deux bords de cette fente. Pour plus de détails, voyez le mémoire de Fresnel sur la diffr., *Ann. de chim. et de phys.*, t. XI, 2e série.

3° *Phénomène des réseaux.* — C genre de phénomène a été découvert par Fraunhofer, opti ie le Munich, sur différentes sortes de réseaux. Nous nous contenterons de dire un mot du cas le plus simple. Dans ce cas, le réseau consiste en un grand nombre de fils très-fins et très-rapprochés parallèlement les uns aux autres. On peut aussi prendre une lame de verre sur laquelle on a tracé au diamant plusieurs traits parallèles très-fins, et séparés par des intervalles égaux très-petits.

188. Pour produire le phénomène des réseaux, on laisse entrer un faisceau de rayons solaires dans une chambre obscure par une fente étroite et parallèle aux fils du réseau, et l'on reçoit d'assez loin ce faisceau sur le réseau, ce qui revient à faire tomber sur cet appareil un faisceau de rayons sensiblement parallèles. Ensuite on reçoit la lumière sur un tableau éloigné du réseau, et l'on aperçoit une série de vrais spectres irisés situés deux à deux à égales distances des deux côtés de la projection lumineuse de la fente sur le tableau. Ce phénomène est dû aux interférences des faisceaux de lumière lancés sur un même point du tableau par les intervalles qui séparent les fils du réseau. (V. *Compl.*)

Observation. — En calculant exactement ces interférences, on déduit de ce phénomène le moyen le plus simple et le plus expéditif d'évaluer les longueurs des ondes lumineuses des sept couleurs. Ce moyen est même susceptible sous un rapport de plus de précision que les autres, parce qu'en observant ces spectres d'un réseau avec une lunette achromatique, on y distingue parfaitement les raies du spectre dont nous avons parlé au n° 150. De sorte que, quand on a calculé une longueur d'ondulation lumineuse, on peut nettement déterminer l'espèce de lumière à laquelle elle appartient, en indiquant à quelle raie elle répond. (V. *Compl.*)

4° *Anneaux colorés des lames minces.* — Le phénomène des anneaux colorés dans les lames minces consiste en ce que les corps transparents donnent, lorsqu'ils sont réduits à une extrême minceur, des couleurs irisées plus ou moins vives : la dénomination de ces phénomènes est due à ce que c'est surtout dans une circonstance où ils se présentent sous forme d'anneaux, que Newton les a étudiés d'une manière toute particulière. Ainsi, en plaçant sur un verre bien plan une lentille convexe de 50 à 60 pieds de rayon, la mince lame d'air comprise entre ces deux verres offre une tache noire à leur point de contact, et une suite d'anneaux concentriques autour de cette tache qui présentent des couleurs diverses. Si, au lieu d'une lentille, on place sur le verre plan un autre verre plan, comme leur surface ne coïncide jamais parfaitement, il reste toujours entre eux quelque peu d'air distribué çà et là en couches très-minces, qui donnent des taches irrégulières de diverses couleurs.

189. Tous les corps transparents produisent des phénomènes semblables. Ainsi il n'est personne qui ne se soit amusé à faire des bulles en soufflant par un bout dans un tube d'un petit diamètre dont l'autre bout contient un peu d'eau de savon, et l'on sait que quand la bulle acquiert un grand volume, elle prend des couleurs irisées : c'est encore là le même phénomène, car en gonflant ainsi la bulle, on amincit extrêmement la couche d'eau savonneuse dont elle est formée. On produit des couleurs pareilles en versant une goutte d'huile sur de l'eau, parce qu'alors la goutte d'huile s'étend beaucoup ; et quand elle est venue à un certain degré de minceur, elle prend des couleurs variées.

Les corps solides réduits en lames minces donnent aussi de ces sortes de couleurs : ainsi, quand on souffle une boule de verre, si l'on pousse l'opération jusqu'à ce que la boule éclate, la minceur du verre est alors si grande, que le moindre mouvement de l'air suffit pour l'agiter, et il donne des couleurs irisées très-belles.

Les couleurs produites par les lames minces dans les expériences que nous venons d'indiquer sont produites par réflexion, c'est-à-dire par la lumière qui est réfléchie dans l'œil du spectateur qui la considère. Mais les lames minces donnent de plus d'autres couleurs par transmission, c'est-à-dire au moyen de la lumière qui vient à l'œil en passant au travers de la lame que l'on met en expérience. Pour les observer, il suffit de placer cette lame entre l'œil et la lumière, et alors il est facile de reconnaître que la lame qui paraît d'une certaine couleur par réflexion paraît d'une couleur complémentaire par transmission. On appelle *couleur* ou *lumière complémentaire* d'une autre celle qui, réunie avec cette autre, donnerait du blanc. Pour expliquer ces phénomènes, il faut les étudier sur la lumière simple ; c'est ce que nous allons faire.

190. Proposition. — « Quand on fait tomber de la lumière sim-

« ple sur une lame mince de nature transparente, cette lame ré-
« fléchit cette lumière ou ne la réfléchit pas, suivant son épais-
« seur. »

Pour démontrer ceci, il suffit de placer, comme nous avons dit tout à l'heure, un verre plan GG' (*fig.* 419) sur une lentille HTH' très-peu convexe, et de regarder les anneaux qui se forment autour du point T avec un verre coloré ne laissant passer qu'une des sept couleurs du spectre; ne laissant passer, par exemple, que de la lumière rouge. Alors on voit au point T une tache à peu près noire et entourée d'un cercle rouge; puis, à une certaine distance de là, en p et p', un anneau noir ou obscur d'une certaine largeur CE ou C'E', et entouré d'un anneau rouge; ensuite, à une distance un peu plus grande, en t et en t', un nouvel anneau obscur d'une largeur GN ou G'N', et entouré encore d'un anneau rouge, et ainsi de suite : c'est ce que l'on a tâché de représenter dans la *fig.* 373, où, faute de place, on n'a dessiné que la moitié des anneaux. Enfin, si l'on considère attentivement un anneau quelconque, on reconnaîtra qu'il n'est pas de même teinte dans toute sa largeur; le milieu de la largeur est plus brillant que le reste pour les anneaux lumineux, et plus sombre que le reste pour les anneaux obscurs. On voit donc que 1° une lame d'air d'une épaisseur mn (*fig.* 419) réfléchira la lumière rouge que l'on fera tomber sur elle ; 2° pour une lame d'air de l'épaisseur rp, il n'y aura pas réflexion ; 3° pour une épaisseur IK, il y aura réflexion, ainsi de suite; ce qui vérifie notre proposition pour l'air. Afin de la vérifier pour d'autres substances, on introduit entre les deux verres de l'eau ou tout autre liquide transparent, et après cette introduction on observe encore la même suite d'anneaux obscurs et lumineux que précédemment; seulement leurs diamètres sont moins ou plus grands, suivant que la substance transparente introduite entre les deux verres est plus ou moins réfringente.

Observation. — Newton se procurait les anneaux formés par la lumière simple d'une manière différente de celle que nous venons de décrire. Ayant décomposé par un prisme le faisceau de lumière solaire introduit dans une chambre obscure en ses sept couleurs simples, il recevait une de celles-ci sur une feuille de papier blanc; ensuite il approchait ses deux verres superposés de cette feuille qui les éclairait avec cette lumière simple, et les anneaux paraissaient aussitôt dans la lame d'air comprise entre les deux verres.

191. Problème. — « On demande d'expliquer les anneaux « colorés formés par la lumière blanche dans une lame mince « d'air ou de toute autre substance transparente renfermée entre « deux verres, l'un plan et l'autre sphérique-convexe. »

Ces anneaux offrent les différentes séries de couleurs qu'on voit ici.

1er anneau irisé. Noir, bleu, blanc, jaune, rouge;
2e — Violet, bleu, vert, jaune, rouge;
3e — Pourpre, bleu, vert, jaune, rouge;
4e — Vert, rouge;
5e — Bleu verdâtre, rouge;
6e — Bleu verdâtre, rouge, etc.

A partir de la cinquième série, ce sont toujours à peu près les deux mêmes couleurs bleu-verdâtre et rouge qui se répètent sans cesse, mais en pâlissant de plus en plus, jusqu'à se changer entièrement en blanc uniforme.

Rien n'est plus aisé à expliquer que ces couleurs diverses produites par la lumière blanche. En effet, la lumière blanche qui tombe sur notre lame mince est composée de sept lumières simples; et chacune de celles-ci fera son système d'anneaux alternativement lumineux et sombres. Or il faut savoir que les anneaux d'une couleur ont des diamètres différents de ceux d'une autre couleur. Par conséquent, en prenant un point quelconque de la lame d'air par où passe la partie la plus brillante d'un anneau d'un certain ordre et d'une certaine couleur, il arrivera, du moins en général, que ce point ne sera recouvert par aucun anneau de telle ou telle autre couleur, ou que, s'il est recouvert par quelque anneau de cette autre couleur, ce ne sera pas par sa partie la plus brillante, mais seulement par quelqu'une des parties voisines de son bord, soit intérieur, soit extérieur. Ainsi on peut dire, du moins en général, que ce point que nous considérons dans la lame d'air ne possédera pas toutes les couleurs du spectre, ou qu'il ne les possédera pas toutes au même degré, ce qui serait néanmoins nécessaire pour que ce point fût blanc; par conséquent il paraîtra coloré d'une teinte ou d'une autre, suivant

ANNEAUX COLORÉS.   411

la proportion des couleurs simples qu'il doit aux anneaux qui peuvent l'atteindre.

Il est de plus aisé de voir que ces phénomènes de coloration n'auront lieu que dans les points où la lame d'air qui nous occupe n'a qu'une très-petite épaisseur. (V. les *Compl.*)

192. PROBLÈME. — « On demande d'expliquer les anneaux « formés par une lumière simple tombant sur la lame d'air HT « H'G'G, *fig.* 419. »

Fig. 419.

Dans le système des vibrations, ce phénomène s'explique par l'interférence des rayons réfléchis sur la première surface de la lame d'air avec ceux réfléchis par sa seconde surface. Ainsi soit zg un rayon incident que l'on a représenté assez incliné dans la figure pour la commodité du dessin, mais que nous supposerons presque perpendiculaire à la lame d'air, pour prendre le cas le plus simple et le plus fréquent. Ce qui arrive de ce rayon sur la lame d'air en t se divisera en deux parties, l'une réfléchie tt_1t_2, et l'autre réfractée tH; celle-ci se réfléchira en partie, suivant la direction HGhh'. Ces deux rayons réfléchis tt_2 et Gh', se rendant à l'œil placé en O par des routes peu différentes, interféreront l'un avec l'autre. Néanmoins, leur effet sera précisément contraire à ce qu'indiquerait le principe des interférences, parce qu'il résulte des calculs de M. Poisson que quand un rayon de lumière se réfléchit à la surface d'un milieu plus dense que celui qui contient ce rayon, les vibrations lumineuses sont renversées par l'acte de la réflexion; de sorte qu'elles sont en sens contraire dans le rayon réfléchi de ce qu'elles auraient été si le rayon incident se fût simplement prolongé. D'après cela, pour reconnaître l'effet des rayons t_2 et h' qu'on peut supposer émanés de t, il faut prendre le contraire de l'effet qui serait dû à la différence tH + GH de ces rayons; car le premier t_2 ayant été réfléchi par un milieu $t\theta$ moins dense que gt, la réflexion ne renversera pas ses oscillations, tandis qu'elle les renversera dans le second h', parce qu'il a été réfléchi par un milieu Hη plus dense que tH. Or la somme de tH, plus GH, est égale à deux fois l'épaisseur qu'a la lame d'air au point t, du moins dans l'hypothèse que nous avons faite d'une incidence perpendiculaire; car, dans cette hypothèse, tH et GH seraient perpendiculaires à la surface NE de la lame d'air. Par conséquent, quand un rayon tombe perpendiculairement en un point t de notre lame d'ai, rselon que le double de l'épaisseur de cette lame en ce point t sera égal à un nombre pair ou impair de demi-ondulations, les rayons h' et t^2 se détruiront ou s'ajouteront. Ainsi, 1° au contact apparent T des deux verres de Newton où cette épaisseur est presque zéro, aussi bien qu'aux points p, p', t, t', etc., où cette épaisseur est, je suppose, égale à 2, 4, etc., demi-ondulations, nos deux rayons réfléchis se détruiront, et formeront, soit une tache noire, soit différents anneaux noirs; 2° pour les points m, m', s, s', etc., où l'épaisseur de la lame d'air est, je suppose, égale à 1, 3, etc., demi-ondulations, ces deux rayons formeront des anneaux brillants.

Il est facile de voir que le rayon h' est plus faible qu'il ne faut pour que son interférence avec le rayon t_2 donne un noir bien prononcé au point H; car le rayon GH ne va pas en entier jusqu'à h', et, arrivé en H, il s'en réfléchit une portion de G en y, puis de y en I, de I en F, de F en E, etc. Mais à chacun des points I, E, etc., une partie de la lumière qui y arrive traverse le verre supérieur, et donne les rayons émergents io, vv', etc., qui s'ajoutent avec le rayon h' pour détruire totalement le rayon t_2, du moins dans l'hypothèse d'une incidence presque perpendiculaire; car, dans cette hypothèse, les rayons h', o, v'... coïncident sensiblement avec t_2. Cette circonstance avait d'abord échappé à M. Fresnel; c'est M. Poisson qui la lui fit remarquer. (V. *Ann. de chim. et de phys.*, 2° serie, t. XXII, p. 337; et t. XXIII, p. 129.)

193. *Observation I.*—Après avoir rendu compte de la formation des anneaux réfléchis par l'interférence des rayons réfléchis à la première et à la seconde surface de la lame d'air, M. Young a démontré que les anneaux beaucoup plus faibles qu'on voit par transmission résultent de l'interférence des rayons transmis directement avec ceux qui ne l'ont été qu'après deux réflexions consécutives dans la lame mince, et qu'ils devaient être en conséquence complémentaires (p. 408) des annneaux réfléchis, conformément à l'expérience. Nous croyons inutile de donner cette explication, qui est semblable à la précédente; nous ferons seulement remarquer que l'extrême pâleur des anneaux transmis sous l'incidence perpendiculaire, tient à la grande différence d'intensité des deux systèmes d'ondes qui les produisent.

Observation II. — C'est en se procurant les valeurs exactes des diamètres des anneaux colorés et du rayon de courbure de son verre lenticulaire, que Newton parvint à mesurer l'épaisseur de la lame d'air répondant au premier anneau de chacune des sept couleurs du spectre (V. *Complém.*); et l'on voit, d'après le problème précédent, qu'il faut multiplier par 4 ces épaisseurs pour en déduire les longueurs des ondulations de ces sept couleurs, telles que nous les avons données au n° 184.

194. 5° *Anneaux colorés des miroirs concaves.* —Newton est le premier qui ait fait ces sortes d'expériences. Sa manière consiste à introduire dans la chambre obscure, par un trou de 4 ou 5 millimètres, un faisceau de rayons solaires que l'on reçoit sur un miroir concave en verre dont la seconde face soit bien étamée ; ce miroir renvoie ces rayons en les faisant converger vers son foyer. Or, si l'on présente un tableau blanc pour recevoir ces rayons, on voit autour du point lumineux où est le foyer une série d'anneaux colorés. Si la première surface du miroir est bien propre, sa force disséminante est très-faible, et les anneaux sont pâles ; mais dès que l'on ternit la première surface du miroir avec de la poussière ou de l'eau laiteuse qu'on laisse ensuite sécher, les anneaux prennent des couleurs très-vives et très-prononcées. C'est le duc de Chaulnes qui observa le premier cet effet. Dans cette expérience, les anneaux ont leur plus grand éclat quand on place le miroir de manière que le foyer des rayons réfléchis tombe précisément sur le trou de 4 à 5 millimètres par lequel le faisceau lumineux entre dans la chambre obscure.

L'explication de ces phénomènes est très-simple. En effet, la surface terne du miroir *cg* (*fig.* 418) recevant les rayons solaires *fa*, qui viennent du trou du volet de la chambre obscure, en dissémine une partie de tous côtés ; et ceux de ces rayons disséminés qui arrivent à la surface étamée du miroir en *o*, par exemple, sont réfléchis en *ogm* sur les points *m* qui entourent le foyer *f*. De plus, les rayons qui arrivent directement du trou du volet sur cette surface étamée du miroir en *b* sont réfléchis en *a* par celle-ci contre la surface terne, et sont disséminés en partie de tous côtés par cette rencontre. Ceux de ces derniers, tels que *am*, qui se dirigent vers les mêmes points que les premiers *ogm*,

Fig. 418.

interfèrent avec ces premiers rayons, et c'est cette interférence qui produit les anneaux colorés. (V. les *Compléments*.)

6° *Influence des écrans transparents sur l'interférence de deux rayons.* — Les franges produites par l'interférence de deux rayons émanés d'une même source sont déplacées quand on interpose un corps transparent sur la route d'un de ces rayons.

Fig. 287.

195. Ainsi, supposons que sur les deux miroirs CM et CM' (*fig.* 287) on fasse tomber les rayons émanés d'un même point F, comme au n° 181; la réflexion produite par ces miroirs offrira comme deux faisceaux qui sembleront émaner l'un de P' et l'autre de P, et leur concours donnera, comme nous avons vu *loc. cit*, des franges lumineuses sur le carton ZZ'. Or supposons qu'entre H et L' on présente un écran transparent, par exemple une lame de verre à faces parallèles qui soit seulement sur la route des rayons censés émanés de P', et non sur la route des rayons qui sont censés émanés de P. Par cette interposition, les franges L', S et S', D et D, etc., se déplacent d'une certaine quantité plus ou moins considérable, selon l'épaisseur de l'écran de verre.

Si l'on mettait une lame entre G et L' devant les rayons censés émanés de P, alors le déplacement des franges dépendrait de la différence des épaisseurs de ces deux lames; ce déplacement serait nul dans le cas où celles-ci seraient égales, et dans tout autre cas il serait d'autant plus grand que ces épaisseurs différeraient davantage. (*Ann. de phys. et de chim.*, t. Ier, p. 199, et t. X, p. 289.)

La raison de ceci se tire du corollaire que nous avons donné, n° 147. En effet, d'après ce corollaire, les ondulations de la lumière sont plus courtes dans le verre que dans l'air, et en général elles sont d'autant plus courtes dans les divers milieux, que ces milieux sont plus réfringents. Or il est bien clair que si les ondulations faites par le rayon P'L' dans l'épaisseur de l'écran sont plus courtes que celles que le rayon PL' fait au même instant dans l'air, alors le premier de ces deux rayons sera plus court que l'autre, en supposant qu'ils aient toujours fait un même nombre d'ondulations : voilà pourquoi leur rencontre ou la frange qui en résulte ne peut plus avoir lieu au milieu de L', car il n'y a que des rayons de même longueur qui peuvent se rencontrer à ce milieu L'; cette rencontre de nos deux rayons, ou la frange L' qui en résulte, avancera donc vers la gauche, c'est-à-dire du côté du rayon raccourci.

On peut même, par ce moyen, trouver le rapport des longueurs d'ondulations que la lumière fait dans l'air et les autres milieux réfringents, et par conséquent aussi le rapport de réfraction, car ce rapport est le même que celui des longueurs dont il s'agit ; mais, sans suivre cette application de la découverte de M. Arago, nous nous contenterons d'exposer l'explication de la scintillation que ce savant en déduit dans ses cours.

196. *Explication de la scintillation.* — On appelle *scintillation* cette espèce de vacillation ou de tremblement presque continuel de la lumière des étoiles. Mais on va voir que ce phénomène consiste plutôt en une succession de teintes de diverses intensités et de diverses couleurs, qu'en un mouvement proprement dit de la lumière de l'étoile.

Ainsi, supposons une étoile qui envoie divers rayons E'P', E"P" (*fig.* 374 *bis*) à l'œil d'un observateur. Ces rayons, vu la distance Fig. 374 b immense de l'étoile qui les envoie, peuvent être regardés comme parallèles, et, par suite du même éloignement, l'étoile n'est que comme un point mathématique. Soient AB l'orbite de l'œil de l'observateur, et P'CP" son cristallin : je dis que la scintillation provient de l'interférence des rayons qui, tels que E'P' et E"P", tombent sur les parties opposées P' et P" du cristallin.

En effet, si les deux rayons égaux E'P' et E" P" avaient traversé des milieux de même puissance réfringente, ils seraient tous deux d'un même nombre d'ondulations, et par conséquent, à leur rencontre R sur la rétine, leurs lumières s'ajouteraient. Mais la ligne que le rayon E'P' a suivie dans l'atmosphère étant différente de la ligne suivie par le rayon E"P", alors, pendant le trajet de ces rayons, les circonstances de densité, de température, d'hygrométrie, et par conséquent de réfraction de l'atmosphère le long de la première ligne, ont dû différer de celles de l'air le long de l'autre ligne. Ces deux rayons ont donc traversé des milieux diversement réfringents. Donc, d'après la proposition précédente, leurs nombres d'ondulations seront différents. La différence de ces deux nombres dépendra, non-seulement de la différence de puissance réfringente des deux lignes d'air parcourues par nos deux rayons, mais encore de la longueur de ces routes de réfringences diverses, aussi bien que de la nature de la lumière que l'on considère. (V. *Compl.*)

. Ainsi, pour la lumière rouge par exemple, il se pourra que les deux rayons E'P' et E"P" diffèrent d'une demi-ondulation ou d'un nombre impair de demi-ondulations, et par conséquent se détruisent, tandis qu'ils ne se détruiront pas pour toute autre couleur. Dans ce cas, ces deux rayons produiront le vert qui résulte de la suppression du rouge dans la lumière blanche. Ainsi, dans cette hypothèse, les rayons E'P', E"P" feront paraître l'étoile de couleur verte. Mais à l'instant suivant, d'autres rayons viendront remplacer les rayons E'P', E"P"; et comme pendant leur trajet les circonstances atmosphériques ne seront plus les mêmes que pour les rayons précédents, ce ne seront plus les rayons rouges qui se détruiront à leur arrivée à la rétine en R, mais bien des rayons de quelque autre couleur. Ainsi l'étoile paraîtra à ce dernier instant d'une couleur différente de celle de l'instant précédent. Il y aura donc une succession continuelle de toutes sortes de couleurs; mais cette succession est trop rapide pour que l'œil la perçoive distinctement, et il ne lui reste que le sentiment d'un changement continuel, qui lui fait croire que l'étoile est continuellement agitée.

Répondons maintenant à deux objections que l'on peut faire à cette explication : La première est que la scintillation n'est pas continuelle, car, quelque attention qu'on apporte à observer une étoile, on la voit souvent conserver pendant un certain temps une blancheur d'un éclat fixe et uniforme. Cela tient à ce que l'impression de la lumière dure dans l'œil un certain temps après que la lumière l'a frappé; d'où il résulte que si plusieurs images colorées de l'étoile se succèdent assez rapidement au fond de l'œil pour que la sensation de la première dure encore quand celle de la dernière se produit, cet organe éprouvera une sensation unique, à savoir celle résultant de la superposition de toutes les images diversement colorées de l'étoile; et comme le plus souvent ces images seront de toutes couleurs, il en résultera une teinte blanche, car le blanc est la réunion de toutes les couleurs. On peut se convaincre, par un fait aisé à observer, que quand l'étoile paraît fixe et blanche, cela tient à cette superposition d'images colorées : pour cela, on n'a qu'à regarder une étoile dans une lunette astronomique, et agiter un peu la lunette quand l'étoile paraît fixe et blanche ; car alors, pendant le mouvement de la lunette, on verra, au lieu d'un point blanc qui représente l'étoile, une ligne dont les différentes parties seront diversement colorées.

La seconde objection se tire de ce que les planètes ne scintillent pas, non plus que la lune ; mais cela vient de ce que ces corps ont un diamètre apparent d'une étendue sensible, et ne se réduisent pas à un point comme les étoiles. En effet, d'après cela, une planète est comme un groupe d'étoiles dont chacune fait au fond de l'œil son image particulière ; et les rayons qui viennent former ces images, n'ayant pas suivi la même route dans l'atmosphère, ne produiront pas la même couleur ; par conséquent la sensation définitive sera celle du blanc, puisqu'elle résultera de toutes sortes de couleurs superposées. Ce qui confirme cette explication, c'est que, quand une planète vient à s'éloigner assez de la terre pour que son diamètre apparent diminue beaucoup, elle commence à scintiller. Ainsi Vénus scintille quelquefois, mais ce n'est jamais que quand elle est dans son plus grand éloignement de la terre : il en est de même de Mars.

Article II. — De la lumière, eu égard a sa polarisation.

197. Pour expliquer plus aisément ce que c'est qu'un rayon polarisé, nous allons auparavant dire ce qu'on entend par azimut d'un rayon.

Définition I. — On appelle *azimut d'un rayon* XY (*fig.* 375) toutes les directions AB, AC, AD, etc., qu'on peut mener, à partir d'un point A de ce rayon, dans un plan RS perpendiculaire à ce même rayon. Fig. 375.

Définition II. — On appelle *rayon polarisé* un rayon de lumière qui n'a pas les mêmes propriétés dans tous les azimuts.

Définition III. — On appelle *rayon naturel* tout rayon de lumière tel qu'il nous vient du soleil ou de tout autre corps lumineux, et qui par conséquent offre toujours les mêmes phénomènes dans tous les azimuts.

Corollaire. — De l'existence de diverses propriétés d'un rayon dans divers azimuts résulte évidemment que les mouvements oscillatoires des molécules d'éther dans un rayon de lumière ne se font pas dans le sens de la longueur de ce rayon, mais bien dans un sens transversal à cette longueur.

Dans cette hypothèse, on conçoit qu'un rayon pourra présenter, dans un certain azimut, des propriétés qui ne se retrouveraient pas dans les autres azimuts : si, par exemple, toutes les molécules d'un rayon oscillaient de droite et de gauche de ce rayon dans des directions perpendiculaires à sa longueur, et toutes parallèles à un même azimut, on conçoit que, dans cet azimut, le rayon devrait nécessairement présenter d'autres propriétés que dans tel ou tel azimut différent.

On peut voir dans les *Compléments* la possibilité physique de la propagation de pareils mouvements oscillatoires.

Remarque. — Les trois définitions précédentes sont indépendantes de toute théorie; mais dans notre théorie nous remplacerons ces trois définitions par les suivantes.

Définition I. — On appelle *rayon de lumière naturelle* celui où les molécules oscillent les unes dans un sens, et les autres dans d'autres sens, de sorte que les diverses molécules de ce rayon offrent des oscillations dans tous les azimuts possibles.

Définition II. — On appelle *rayon polarisé* celui dont toutes les molécules oscillent toutes dans le même azimut.

Corollaire. — D'après cela, on voit qu'un rayon naturel peut être considéré comme la réunion d'une infinité de rayons partiels polarisés chacun dans un azimut particulier.

Observation I. — Il existe certains rayons qui au premier abord donnent les mêmes phénomènes dans tous les azimuts, et semblent ainsi ne pas différer de la lumière naturelle ; et cependant ils en diffèrent en ce qu'ils donnent des signes de polarisation dans certaines expériences où la lumière naturelle n'en donne pas. On les appelle *rayons polarisés circulairement*, parce que, dans notre théorie, on suppose que les molécules de ces rayons tournent perpétuellement autour de l'axe du rayon, c'est-à-dire autour de la ligne droite que suit le rayon en se propageant. Enfin, certains rayons offrent une polarisation elliptique, c'est-à-dire que leurs molécules parcourent toutes dans le même sens des ellipses égales.

Observation II. — D'après le parallélogramme des forces ou des mouvements, on voit qu'un rayon polarisé dans un azimut pourra toujours être regardé comme la réunion de deux rayons polarisés dans deux azimuts différents; en appliquant ceci à chacun des rayons polarisés dont on peut regarder comme composé un rayon naturel, on voit que celui-ci pourra, en définitive, être regardé comme deux rayons polarisés l'un dans un azimut, et l'autre dans un autre.

Définition III. — Dans la polarisation rectiligne, on appelle *plan de polarisation* un plan fictif que l'on conçoit mené par le rayon perpendiculairement aux oscillations des molécules. Nous donnerons plus bas, p. 421, une définition de ce plan indépendante de toute théorie.

Toutes ces définitions ainsi établies, nous partagerons ce que nous avons à dire en deux parties : dans la première nous étudierons la propagation des rayons lumineux, eu égard à leur polarisation; et dans la deuxième, l'action mutuelle des rayons polarisés.

DE LA LUMIÈRE, EU ÉGARD A SA POLARISATION.

1ʳᵉ Partie. — *Propagation de la lumière polarisée.*

1° *Par réflexion.* Proposition. — « Un rayon de lumière qui « a subi sur une plaque de verre la réflexion sous l'incidence de « 35° 25', est entièrement polarisé. »

198. Ceci peut se constater par l'expérience. On incline le miroir de verre AB (*fig.* 377) de 35° 25' sur l'axe TO de la lunette à laquelle il est adapté : à l'autre bout de la lunette est un anneau EF portant un autre miroir : cet anneau peut tourner sur la lunette. Supposons ce miroir CD aussi incliné de 35° 25' sur l'axe OT.

Fig. 377.

Maintenant, en exposant cet appareil à la lumière des nuées, tous les rayons de cette lumière qui tomberont dans une direction ST faisant 35° 25' sur le miroir AB, se réfléchiront le long de l'axe TO, frapperont le miroir CD, et se réfléchiront de nouveau en OR.

Or, si l'on place l'œil en R sur la direction de ce dernier rayon réfléchi, on observe que l'image donnée par le miroir CD est de diverses intensités, selon les diverses directions de son plan de réflexion. 1° Si ce plan de réflexion coïncide avec celui du miroir AB, comme on peut supposer que la *fig.* 377 le représente, alors l'image est dans son plus grand éclat ; ensuite, si l'on fait tourner l'anneau EF pour faire, par ce moyen, tourner aussi le miroir CD, et par conséquent le plan de réflexion de ce miroir CD, on voit l'image qu'il donne s'éteindre peu à peu, jusqu'à ce qu'enfin elle disparaisse tout à fait quand les deux plans de réflexion sont perpendiculaires l'un à l'autre, comme dans la *fig.* 378. Si l'on continue à faire tourner le plan de réflexion de CD dans le même sens, l'image reparaîtra ; et si l'on fait faire une révolution entière au plan de réflexion, on verra qu'à chaque quart de révolution il y a, soit disparition, soit au contraire maximum d'éclat dans l'image donnée par CD.

Fig. 377.

Fig. 378.

Le rayon OT est donc polarisé, puisqu'il n'a pas les mêmes propriétés dans tous les azimuts, attendu que dans tel azimut il est réfléchi par CD, et dans tel autre il ne l'est pas.

En prenant pour le rayon incident ST un rayon solaire, le rayon réfléchi RO est assez brillant pour produire sur un écran mobile placé en R un petit cercle lumineux. Pour lors, les variations que subit l'éclat de celui-ci pendant qu'on tourne l'anneau K dispensent d'avoir l'œil placé en R pour regarder dans le miroir CD.

M. Fresnel (*Ann. de phys. et de chim.*, 2ᵉ série, t. XVII, p. 191 et suiv., et t. XLVI, p. 225 et suiv.) a rendu raison de ces phénomènes en appliquant par un calcul bien simple les lois de la mécanique à l'ébranlement qu'un rayon de lumière, en tombant sur la surface d'un corps, produit dans l'éther que contient ce corps. La valeur qu'il a trouvée ainsi pour l'intensité du rayon réfléchi dépend de telle manière de l'inclinaison du rayon incident combinée avec les autres données de la question, qu'elle devient nulle dans les circonstances où ce rayon réfléchi disparaît dans l'expérience précédente.

Observation I. — L'incidence de 35° 25′ donnée à la lumière ST est précisément celle pour laquelle le rayon réfracté dans le verre est perpendiculaire au rayon réfléchi, comme il est aisé de le calculer en partant de la valeur 1,5 de l'indice de réfraction du verre. Cette loi est générale dans toute substance : le rayon réfracté est perpendiculaire au rayon réfléchi, dans le cas où celui-ci est entièrement polarisé par la réflexion.

Si on admet que OT soit polarisé dans le plan de réflexion de AB, pour lors, quand CD aura son plan de réflexion perpendiculaire à celui de AB, ce miroir CD ne devra donner aucune image, parce que, pour un rayon polarisé perpendiculairement au plan d'incidence, la réflexion est nulle toutes les fois que, comme ici, l'incidence est telle que le rayon réfléchi devrait être perpendiculaire au rayon réfracté.

Observation II. — La définition du plan de polarisation donnée à la fin du n° 197 est celle qui convient à la théorie que nous avons embrassée; mais si l'on veut une définition indépendante de toute théorie, on voit, par ce qui précède, qu'on peut donner la suivante.

Définition. — On appelle *plan de polarisation* celui avec lequel le plan de réflexion doit être coïncident ou perpendiculaire, selon qu'on veut que la lumière réfléchie soit au maximum, ou soit nulle.

Observation III. — On voit qu'il résulte de l'expérience précédente un moyen très-simple de reconnaître si un rayon TO est polarisé, et dans quel azimut il est polarisé. Il suffit, pour cela, de lui présenter un miroir sous l'incidence de 35° 25', et de faire tourner le miroir dans tous les azimuts sans lui faire changer d'incidence; car alors si l'image produite par ce miroir est de même intensité dans tous les azimuts, c'est que le rayon OT n'est pas polarisé; mais si l'image disparaît dans certain azimut, c'est que le rayon OT est polarisé, et que son plan de polarisation est perpendiculaire à cet azimut.

199. Proposition. — « La lumière est en partie polarisée par
« la réflexion irrégulière; et, pour chaque rayon, le plan de po-
« larisation coïncide avec le plan de réflexion. »

Cette propriété a été découverte par M. Arago. On pourrait la constater par le moyen précédent. On placerait à cet effet en T (*fig.* 377) un corps quelconque, par exemple un morceau de papier blanc; puis, dans la chambre obscure, faisant tomber sur ce corps un rayon solaire, suivant une direction telle que le rayon régulièrement réfléchi ne suive pas TO, on regarderait l'image de ce papier dans le miroir CD, incliné sur l'axe TO de 35°. Alors,

Fig. 377

en faisant tourner ce miroir sur cet axe sans changer son inclinaison, on reconnaîtrait que cette image n'a pas la même vivacité dans tous les azimuts; elle aurait son maximum dans l'azimut zéro, et son minimum dans l'azimut 90°, d'où résulterait bien notre proposition. Mais on préfère ordinairement vérifier cette proposition par un autre moyen plus commode, dont nous parlerons au n° 205.

2° *Par réfraction simple.* — « En faisant traverser à un rayon
« de lumière naturelle, sous l'incidence de 35° 25', un nombre
« suffisant de lames de verre parallèles, il en sort complétement
« polarisé perpendiculairement au plan d'incidence. »

200. En effet, on peut, comme nous avons vu n° 197, *Observation II*, se représenter un rayon de lumière naturelle comme composé de deux rayons partiels, l'un polarisé dans le plan d'incidence, et l'autre polarisé dans un plan perpendiculaire ; ou, comme on dit, l'un polarisé à 0°, et l'autre à 90°. Or, si on présente une première lame à ce rayon de lumière naturelle, tout le rayon partiel polarisé à 90° la traversera en entier, tandis qu'une partie seulement du rayon partiel polarisé à 0 passera, le reste étant réfléchi par la lame : cela résulte de l'expérience du n° 198. Mais si, au sortir de la première lame, on en présente une deuxième à la lumière, cette deuxième lame laissera encore passer tout le rayon polarisé à 90°, et arrêtera une nouvelle partie de celui polarisé à 0, et ainsi de suite; de sorte que chaque lame arrêtant une partie du rayon polarisé à 0°, bientôt il sera épuisé, et il ne restera que le rayon polarisé à 90°. Ainsi, en employant une pile d'un nombre suffisant de lames, la lumière en sortira toute polarisée dans un plan perpendiculaire au plan d'incidence.

Fig. 380.
Ceci se vérifie par l'expérience en remplaçant par une pile de glaces AB (*fig.* 380) l'un des deux miroirs dont nous nous sommes servis pour la polarisation par réflexion, et en dirigeant la lunette vers la lumière des nuées; car si on regarde alors l'image produite par le miroir CD pendant qu'on le fait tourner dans tous les azimuts, cette image, par ses disparitions et réapparitions successives, prouve que la lumière est polarisée.

En prenant pour le rayon incident X un rayon solaire, et un écran pour recevoir le rayon réfléchi, on peut ici, comme au n° 198, faire cette expérience d'une manière plus commode pour un cours public.

3° *Double réfraction.* — On appelle *double réfraction* la bifurcation que subit un rayon de lumière en entrant dans certains milieux transparents : cette bifurcation partage le rayon réfracté en deux autres directions qui, en général, diffèrent toutes deux de celle qu'avait le rayon avant son entrée dans le milieu doué de la double réfraction. On appelle ces sortes de milieux *substances biréfringentes.*

201. Tous les cristaux dont le noyau (n° 11, liv. Ier) n'est pas le cube, l'octaèdre régulier ou le dodécaèdre rhomboïdal, jouissent de la double réfraction. De plus, les corps solides non cristallisés, quoique ne jouissant pas naturellement de la double réfraction, peuvent en être doués accidentellement par un refroidissement subit, par des compressions inégales dans les différents sens, ou par d'autres actions, soit physiques, soit mécaniques.

Celle de toutes les substances cristallisées qui donne la plus grande bifurcation du rayon réfracté est ce qu'on appelle le *spath* d'Islande : c'est une substance de la même nature que le marbre, mais qui doit à sa parfaite cristallisation d'être d'une grande limpidité; on la trouve souvent dans la nature sous la forme rhomboïdale représentée *fig.* 381. Quand on regarde les objets au travers de ces substances, on les voit doubles, c'est-à-dire qu'on voit deux images du même objet. Fig. 381.

202. *Définition.* — On appelle *axe de double réfraction* ou axe optique, une direction telle que quand le rayon réfracté la suit dans la substance biréfringente, il n'éprouve aucune bifurcation.

Ainsi, dans un rhomboïde BA (*fig.* 381) de spath d'Islande, si l'on fait tailler une face *mn*I également inclinée sur les trois plans de l'un des deux angles obtus A, B, qui existent toujours dans ce solide, et qu'approchant l'œil de cette facette de manière à ne recevoir que des rayons BA qui lui soient perpendiculaires, on regarde quelque objet au travers du rhomboïde, cet objet ne donnera qu'une image. Il en sera encore de même si l'on met l'œil aux environs de B, au lieu de le mettre devant la facette *mn*I, pourvu qu'on tienne le rhomboïde de manière que les rayons incidents venant des objets extérieurs tombent perpendiculairement sur la face *mn*I. C'est pour que l'observateur réussisse plus Fig. 381.

aisément à rencontrer la position du rhomboïde qui donne des images simples, que nous avons dit de tailler une facette perpendiculaire à la direction où cette simplicité d'image a lieu, car elle aurait également lieu sans cette facette.

En cherchant ainsi les positions des divers cristaux biréfringents qui donnent des images simples, on trouve quelques-uns de ces cristaux qui produisent cette simplicité dans deux directions différentes. On les appelle *cristaux à deux axes*, et on appelle *cristaux à un seul axe* ceux où il n'y a qu'une seule direction, suivant laquelle les rayons lumineux ne se bifurquent pas, et ne donnent par conséquent pas de doubles images.

Les cristaux à deux axes offrent cela de très-remarquable, que, des deux rayons réfractés dans lesquels se divise un rayon incident, aucun ne suit la loi de Descartes. La loi qu'ils suivent a été découverte par M. Fresnel (V. t. VII des *Mémoires de l'Institut*); mais elle est trop compliquée pour trouver place ici. Nous ne parlerons que des cristaux à un axe, et encore nous n'en dirons que quelques mots, renvoyant à la *Théorie de la lumière* par Huyghens ceux qui voudraient connaître plus amplement la loi de la double réfraction de ces cristaux : cette loi se trouve, au reste, n'être qu'un cas particulier de celle établie par M. Fresnel.

203. Proposition. — « Dans les cristaux à un axe, un des « deux rayons réfractés suit la loi de Descartes, et l'autre ne la « suit généralement pas. »

Démonstration. — Ceci peut se démontrer en taillant un cristal en prisme, et le soumettant au genre d'expérience dont on a donné une idée au problème du n° 149, afin de calculer, pour chacun des deux rayons réfractés, le rapport du sinus d'incidence au sinus de réfraction. En effet, recommençant de diverses manières le genre d'expériences dont il s'agit, on trouve toujours la même valeur pour ce rapport relativement à l'un des deux rayons, et une valeur toujours nouvelle relativement à l'autre.

Définition I. — Le rayon qui suit constamment la loi de Descartes s'appelle *rayon ordinaire*, et l'autre *rayon extraordinaire*.

Observation. — Dans la proposition précédente, j'ai dit *généralement*, parce qu'en taillant le prisme de manière que ses trois arêtes soient parallèles à la direction de l'axe, alors, tant que le plan d'incidence est perpendiculaire à cette direction, les deux rapports de sinus dont il s'agit ont chacun une valeur invariable, mais la valeur de l'un diffère beaucoup de celle de l'autre. Ainsi, par ce procédé, Malus a trouvé que dans le spath d'Islande le rapport du sinus de réfraction au sinus d'incidence est 0,60 pour le rayon ordinaire, et 0,67 pour l'extraordinaire (Traité de Biot, t. III, p. 332) : moyennant quoi les valeurs de ce que nous avons appelé (n° 146) indices de réfraction seraient 1,66 pour le rayon ordinaire, et 1,49 pour le rayon extraordinaire.

Définition II. — Nous appellerons *indice de réfraction extraordinaire* le rapport qui existe entre le sinus d'incidence et le sinus de réfraction du rayon extraordinaire, quand il est perpendiculaire à l'axe.

Définition III. — Quand on considère un rayon lumineux qui tombe sur une des faces d'un cristal à axe, on appelle *section principale* le plan mené par le point d'incidence du rayon lumineux parallèlement à l'axe, et perpendiculairement à la face sur laquelle tombe ce rayon.

Définition IV. — Les cristaux s'appellent *positifs* ou *négatifs*, suivant que l'indice extraordinaire est plus grand ou moindre que l'indice ordinaire.

Observation I. — C'est M. Biot qui, le premier, a remarqué cette différence des cristaux comparés les uns aux autres : il les avait appelés *attractifs* ou *répulsifs*, selon qu'ils ont l'indice de réfraction ordinaire plus grand ou plus petit que celui de la réfraction extraordinaire, parce que, dans le système de l'émission, les phénomènes de double réfraction s'expliquent en supposant que l'axe du cristal exerce une attraction ou une répulsion sur les molécules de la lumière, selon que ce cristal est de la première ou de la seconde espèce. Mais ces dénominations ne peuvent être admises dans le système des ondulations, suivi aujourd'hui généralement par tout le monde.

Observation II. — Il est facile de voir que, dans les cristaux positifs, la vitesse du rayon extraordinaire est plus petite que celle de l'ordinaire, tandis que c'est le contraire dans les cristaux négatifs. Ceci résulte immédiatement du n° 147, où nous avons vu que la puissance réfringente retarde la lumière, de manière que, de deux rayons de lumière, le plus réfracté est aussi le plus retardé. (V. *Compl.*)

204. Proposition. — « Les deux rayons ordinaire et extraor-
« dinaire dans lesquels se divise un rayon qui a subi la double
« réfraction sont polarisés chacun dans un azimut particulier. »

Si nous voulions prendre cette proposition dans son sens le plus général, sa démonstration nous offrirait quelques difficultés ; mais nous allons la restreindre au cas le plus simple, comme on le fait ordinairement ; ainsi, ordinairement, on prend un petit prisme DCR de spath d'Islande (*fig.* 382), taillé de manière que ses trois pans soient parallèles à l'axe de double réfraction. Pour achromatiser ce prisme autant que possible, on lui applique un autre prisme en verre PAB. On place un pareil prisme à l'extrémité GH de la lunette dessinée *fig.* 380, et, après en avoir ôté la pile AB, on met à l'extrémité EE' un diaphragme percé d'un petit trou. Puis, regardant à l'autre extrémité de la lunette dans le miroir CD, on verra en général à la fois les deux images formées par les deux parties du rayon de lumière qui aura traversé le prisme biréfringent, et on reconnaîtra l'image ordinaire à ce qu'elle ne sera pas déviée, mais correspondra juste au centre de la lunette, tandis que l'image extraordinaire s'en écartera de quelques lignes.

Mais si l'on fait tourner le miroir dans tous les azimuts, l'on verra disparaître l'image extraordinaire dans les deux quarts de révolution où le plan de réflexion du miroir coïncide avec la section principale du prisme, et en même temps l'image ordinaire aura son maximun d'éclat ; tandis que ce sera tout le contraire dans les deux autres quarts.

Lorsque XY est un rayon solaire, il suffit de présenter un écran mobile aux rayons réfléchis YR, pour rendre témoins de l'expérience un grand nombre de personnes en même temps.

Observation. — On peut conjecturer, d'après cela, que si le rayon incident XY est préalablement polarisé, dans le plan de la section principale du prisme placé en GH, par une pile de glaces AB ou autrement, ce rayon ne se bifurquera pas, et conservera le même plan de polarisation ; c'est aussi ce que confirme l'expérience. L'expérience montre de plus que cette non-bifurcation et cette persévérance du plan de polarisation ont lieu quand le rayon incident est préalablement polarisé perpendiculairement à ladite section principale.

Quand le rayon incident XY est préalablement polarisé dans un plan incliné sur le plan de cette section, son trajet dans le cristal le divise en deux rayons, l'un ordinaire, polarisé parallèlement à la section principale, et l'autre extraordinaire, perpendiculairement à cette section. C'est ce que chacun peut vérifier par l'expérience.

M. Fresnel explique ce phénomène en admettant que dans les cristaux à un axe l'élasticité est la même dans toutes les directions perpendiculaires à l'axe, mais que parallèlement à l'axe la valeur de l'élasticité est différente de ce qu'elle est dans le sens perpendiculaire. Il conclut de là que les deux mouvements dans lesquels on peut décomposer celui d'une molécule d'éther suivant ces deux directions, l'une perpendiculaire et l'autre parallèle à l'axe, se propagent nécessairement avec des vitesses différentes, et produisent par conséquent deux rayons diversement réfractés. (V. *Ann. de physique et de chimie,* 2e série, t. XVII, p. 186.)

205. *Tourmaline.* — Les deux faisceaux dans lesquels ce corps biréfringent divise la lumière incidente ne le traversent pas tous deux avec la même facilité.

Pour le constater, prenons une plaque de tourmaline que je supposerai carrée pour fixer les idées, et dont l'axe soit parallèle à un de ses bords. Faisons ensuite tailler cette plaque de manière qu'elle aille en s'amincissant depuis ce bord jusqu'au bord opposé, lequel sera pour lors comme le tranchant d'un couteau. Maintenant si nous regardons un objet éloigné assez petit, comme une pointe d'épingle, par exemple, au travers de la partie amincie de la tourmaline, on verra deux images; mais si l'on descend ou élève peu à peu la tourmaline pour voir l'épingle au travers des parties de la tourmaline de plus en plus épaisses, l'une des images s'affaiblit de plus en plus, et finit par disparaître tout à fait.

Ainsi, dans la tourmaline, le rayon réfracté extraordinaire passe avec plus de facilité que le rayon ordinaire.

Observation I. — Il s'ensuit de là que, pour éprouver si un rayon de lumière est polarisé et dans quel sens il l'est, il n'y a qu'à lui présenter perpendiculairement une plaque de tourmaline parallèle à l'axe, et faire tourner cette plaque sans cesser de la tenir perpendiculaire au rayon ; car si ce rayon cesse d'être transmis quand l'axe de la tourmaline est dans un certain azimut, c'est que le rayon est polarisé dans cet azimut.

M. Brewster explique ce phénomène en le rattachant à d'autres influences beaucoup plus générales de la réfraction sur la polarisation. On peut voir cette théorie dans les Mémoires de la Société royale de Londres pour 1830, où ce savant a donné aussi des lois remarquables de la polarisation par réflexion.

Observation II. — Au moyen de cette propriété de la tourmaline, on vérifie plus aisément que par la méthode décrite à la fin du n° 199, que la réflexion irrégulière polarise la lumière. En effet, il suffit pour cela de faire arriver dans la chambre obscure un faisceau de rayons solaires sur un morceau de papier, et de regarder ce papier avec une plaque de tourmaline, en se mettant hors de la direction des rayons réfléchis régulièrement ; car alors, en tournant la tourmaline devant son œil, l'observateur voit la clarté du papier s'affaiblir et atteindre un minimum dans certain azimut, et au contraire croître et atteindre son maximum dans l'azimut perpendiculaire au premier.

206. *Prisme de Nicol.* — C'est un long prisme ou rhomboïde de spath d'Islande ABDC (*fig.* 32 ou 7) dont les faces sont parallèles aux faces de ce qu'on appelle le noyau de ce cristal (n° 11, 1ᵉʳ liv.). Les deux moitiés de ce cristal, après avoir été séparées, ont été réunies par une couche AD de baume de Canada : comme l'indice de réfraction de ce baume est un peu plus petit que l'indice ordinaire et plus grand que l'indice extraordinaire du spath, le rayon ordinaire subit la réflexion intérieure n° 153 FGK, à cause de la grande inclinaison du plan AD, tandis que le rayon extraordinaire passe et arrive seul au dehors en H. Il remplace avantageusement la tourmaline, comme plus limpide que celle-ci.

207. *Déviation du plan de polarisation.* — Supposons qu'ayant un rayon polarisé, on le fasse tomber perpendiculairement sur une plaque de cristal de roche taillée perpendiculairement à l'axe : pour lors le plan de polarisation tournera pendant le trajet du rayon au travers de la plaque, de manière que la position de ce plan dans le rayon émergent fera toujours un certain angle avec celle qu'il avait dans le rayon incident. Cet angle est proportion-

nel à l'épaisseur de la plaque de cristal, et pour une même plaque il est d'autant plus grand, que le rayon lumineux avec lequel on a fait l'expérience appartient à une lumière plus réfrangible.

Pour constater ce fait, il suffit de disposer sur la route d'un rayon de lumière simple, de lumière rouge, par exemple, deux plaques de tourmaline dont les axes se croisent à angle droit; dans ce cas, le système de ces deux plaques arrêtera complétement le rayon, et on aura une obscurité complète sur l'écran destiné à recevoir ce rayon. Mais si l'on introduit entre les deux tourmalines une plaque de quartz perpendiculaire à l'axe, la lumière rouge reparaîtra sur l'écran ; et, pour l'éteindre de nouveau, il faudra tourner d'une certaine quantité une des deux tourmalines dans son plan : cette quantité d'ailleurs sera double ou triple ou, etc., pour une autre plaque de quartz double ou triple de la première, et elle augmentera pour une même plaque de quartz, quand on passera de la lumière rouge à une autre lumière simple plus réfrangible.

Coloration due au quartz. — Quand dans l'expérience précédente on emploie un rayon solaire de lumière blanche, l'introduction de la plaque de quartz entre les deux tourmalines fera paraître une lumière colorée sur l'écran. La raison en est facile à voir : en effet, dans ce cas-ci, la plaque de quartz fera tourner de diverses quantités les divers plans de polarisation des sept couleurs dont se compose le rayon solaire. Par conséquent, la seconde tourmaline absorbera en diverses proportions ces sept couleurs, qui, n'étant plus alors dans la proportion propre au blanc, produiront une teinte particulière. Par la même raison, cette teinte changera continuellement quand on fera continuellement tourner cette seconde tourmaline dans son plan.

Observation. — Le cristal de roche est le seul corps solide jusqu'à présent qui fasse ainsi tourner le plan de polarisation des rayons de lumière ; et ce qu'il y a de plus remarquable, c'est que tous les échantillons de cette substance ne jouissent pas de la même propriété. Les uns font tourner le plan de polarisation à droite, et les autres à gauche de sa position primitive. Parmi les liquides, MM. Biot et Seebeck en ont découvert plusieurs qui jouissent à cet égard de la même propriété que le cristal de roche.

Pour constater cette propriété de certains liquides, on en remplit un tube de cuivre fermé aux deux bouts par des plaques de verre, et après avoir placé ce tube entre deux tourmalines on fait les observations décrites ci-dessus. M. Biot surtout s'est beaucoup appliqué à l'étude de ces sortes de phénomènes ; il en a même déduit des moyens de reconnaître la constitution chimique de certains mélanges de liquides, d'après les nuances du rayon de lumière qui les traverse.

M. Fresnel explique les phénomènes précédents par la propriété qu'a le quartz de retarder inégalement deux rayons polarisés circulairement en sens contraire, c'est-à-dire deux rayons dont les molécules tournent en sens contraire (n° 197, *Observ.* I). Pour cela, ce savant montre, par des considérations mécaniques simples, que de la réunion de deux rayons polarisés circulairement il résulte un rayon polarisé rectilignement dans tel ou tel azimut, selon que l'un des rayons composants est plus ou moins en avance sur l'autre; d'où il s'ensuit immédiatement que l'azimut du plan de polarisation d'un rayon qui traverse une plaque de quartz sera plus ou moins altéré par ce trajet. C'est du moins ce que l'on aperçoit de suite en remplaçant ce rayon par ses deux rayons composants circulaires.

208. *Déviation magnétique du plan de polarisation.* — L'appareil le plus convenable pour constater cette déviation est celui de M. Rumkorf (V. *Journ. de l'Inst.*, t. XIV, p. 287 et 309). Il consiste en deux cylindres de fer doux de 3 centimètres de diamètre sur 9 centimètres de longueur, placés dans le prolongement l'un de l'autre, de manière que leurs axes soient sur une même droite horizontale. Nous appellerons *intérieures* les deux extrémités de ces cylindres qui sont en regard l'une de l'autre, et nous appellerons *extérieures* les extrémités opposées. Ces deux cylindres sont portés par deux montants de fer fixés eux-mêmes par leurs pieds aux extrémités d'une règle de fer parallèle aux deux cylindres. Un canal d'un centimètre de diamètre est percé le long de l'axe de chaque cylindre; et ces deux canaux étant dans le prolongement l'un de l'autre, donnent à l'œil la liberté de voir à une des extrémités extérieures des deux cylindres les objets placés à l'autre. Un fil de cuivre de 2 millimètres de diamètre et de 100 mètres de longueur, revêtu de soie, est enroulé sur

chaque cylindre; l'un des bouts de ce fil est soudé à l'extrémité intérieure de son cylindre, et l'autre bout reste libre. Deux prismes de Nicol sont introduits dans les deux extrémités extérieures des canaux susdits. Cela posé, ayant fait tomber sur un prisme de Nicol un rayon de lumière dans la direction de ces canaux, on tourne l'autre prisme jusqu'à ce qu'il éteigne complétement ce rayon, et l'on place ensuite entre les extrémités intérieures des deux cylindres un morceau de *flint* ou de verre ordinaire, ou de tout autre corps transparent non cristallisé. Alors, aussitôt qu'on fait communiquer les deux bouts libres des fils de cuivre avec les deux pôles d'une pile, le rayon de lumière reparaît, et, après avoir traversé les deux prismes, va éclairer l'écran que je suppose placé devant lui. Pour l'éteindre de nouveau, il suffit d'interrompre le courant électrique, ou bien, en laissant ce courant, de tourner l'un des prismes d'une quantité suffisante; ce qui prouve que la réapparition du rayon de lumière venait de ce que son plan de polarisation avait tourné. Les mêmes fils roulés sur des bobines de cuivre, substituées aux deux cylindres de fer, ne produisent qu'un effet presque insensible. C'est M. Faraday qui a fait cette découverte à la fin de 1845, en même temps que celle des corps diamagnétiques, n° 120. Il a réussi, quoique moins bien, en substituant les deux pôles d'un aimant ordinaire à ceux d'un électro-aimant. (V. le *Journ. de l'Institut*, t. XIII, p. 464, et t. XIV, p. 180.) Cette expérience remarquable est restée depuis cette époque sans explication bien satisfaisante; elle donne seulement à penser qu'il y a des rapports intimes qui lient ensemble tous les agents de la nature, puisqu'elle nous montre une dépendance mutuelle du magnétisme et de la lumière.

DE LA LUMIÈRE, EU ÉGARD A LA POLARISATION.

IIe Partie. — *Des phénomènes de coloration dus à la destruction mutuelle de certains rayons.*

Les phénomènes annoncés ici ne peuvent se confondre avec les phénomènes de coloration que nous venons d'étudier, puisque ceux-ci étaient dus à une déviation du plan de polarisation, et non à quelque destruction de rayons. Quand il s'agit de l'action mutuelle de deux rayons polarisés, il est clair qu'ils ne peuvent se détruire mutuellement quand leurs plans de polarisation sont inclinés entre eux ; car les lois de la mécanique montrent qu'alors leur action mutuelle n'aboutit qu'à changer les oscillations rectilignes des molécules de l'éther en oscillations circulaires ou elliptiques, et nullement à détruire ou à doubler ces oscillations.

Mais quand deux rayons sont polarisés parallèlement, alors ils peuvent se détruire ou, comme on dit, interférer ; et ils produisent un grand nombre de phénomènes curieux, dont nous allons dire un mot.

209. *Coloration des lames minces cristallisées.* — Les phénomènes que nous allons étudier ne sont produits que par des lames cristallisées minces, et parallèles à l'axe ou aux deux axes de cristallisation. Dans une pareille lame à deux axes, nous appellerons section principale le plan mené perpendiculairement à la lame, par la ligne qui divise en deux également l'angle aigu des deux axes de cristallisation. Si l'on place en EE' (*fig.* 380) une pareille lame entre deux polarisateurs DC et AB, le rayon de lumière blanche YX qui aura parcouru ce système en sortira coloré d'une nuance qu'on pourra facilement observer en le recevant sur un écran placé en X. Si le polarisateur AB est un prisme biréfringent de spath d'Islande, on verra en X deux images colorées, qui seront complémentaires l'une de l'autre, c'est-à-dire que leurs couleurs ajoutées ensemble donnent du blanc. Ces deux images produites en X varient d'intensité et de couleurs, pendant qu'on tourne la lame EE' dans son plan.

Elle varie aussi avec l'épaisseur de la lame EE', laquelle doit être moindre qu'une feuille de papier. Cette coloration du faisceau, soit ordinaire, soit extraordinaire, qui arrive en X, vient de ce que la lame mince EE' éteint ou affaiblit tel ou tel des rayons de lumière simple contenu dans ce faisceau, selon que cette lame a telle ou telle épaisseur et que sa section principale est dirigée dans tel ou tel azimut : c'est ce que l'on peut vérifier en prenant un faisceau de lumière simple au lieu de lumière blanche, dans l'expérience précédente. Nous ne pouvons donner en détail ici l'explication de cette extinction totale ou partielle de lumière simple ; nous dirons seulement, en peu de mots, le fond de cette explication. A cet effet, ne considérons que l'une des deux images formées en X par le prisme biréfringent AB, l'image ordinaire, par exemple. Cette image est formée de deux sortes de rayons qui interfèrent plus ou moins ensemble. En effet, le faisceau lumineux qui tombe sur la lame EE' est divisé en deux autres par cette lame, puisqu'elle est biréfringente; et la partie de chacun de ces deux autres faisceaux qui subira la réfraction ordinaire dans le prisme AB contribuera à former l'image ordinaire que celui-ci tend à donner en X. Or, à cause que ces deux parties de cette image ordinaire auront subi des réfractions différentes dans la lame EE', leurs vitesses auront été altérées plus ou moins différemment l'une de l'autre, suivant l'épaisseur de cette lame E'E (n° 203, Obs. II) : en tout cas, elles ne seront que très-peu en retard l'une sur l'autre, à cause de la minceur de cette même lame, et pourront par conséquent interférer ensemble. Cette interférence dépendant, comme on voit, de la minceur de la lame et de l'azimut de sa section principale, l'éclat de l'image formée en X en dépendra aussi. (V. les *Compl.*)

210. Proposition. — « En inclinant une lame épaisse de cris-
« tal convenablement sur des rayons de lumière polarisée, on
« peut quelquefois produire les mêmes phénomènes de colora-
« tion qu'avec une lame mince. »

Cet effet vient de ce que, d'après les lois de la double réfraction, que nous avons dit être trop compliquées pour être exposées dans cet ouvrage, la vitesse du rayon extraordinaire se rapproche de celle du rayon ordinaire quand, le plan incident coïncidant, comme nous le supposons toujours, avec la section principale du cristal, on incline de plus en plus l'axe de celui-ci sur le rayon incident. La différence des deux vitesses ordinaire et extraordinaire diminue donc toujours à mesure que cette inclinaison augmente, ce qui produit le même effet que si la lame devenait plus mince. Mais en même temps cette inclinaison allonge le trajet de la lumière dans la lame, ce qui produit le même effet que si elle devenait plus épaisse. Or il peut arriver, et il arrive en effet pour plusieurs substances cristallines, que le premier de ces effets l'emporte sur le second. Par conséquent, en présentant une plaque de ces sortes de substances, sous une inclinaison suffisante, à un rayon de lumière polarisé, on pourra produire avec cette plaque des couleurs particulières, quoique sous l'incidence perpendiculaire elle n'en donne aucune.

211. *Anneaux colorés de la lumière polarisée.* — Prenons d'abord un cristal à un axe, comme le spath d'Islande, par exemple, et supposons qu'on en taille une plaque perpendiculaire à l'axe, puis qu'on la place entre deux plaques de tourmaline parallèles à leurs axes. En regardant la lumière diffuse du ciel au travers de cet appareil, on aperçoit dans la plaque de spath des anneaux colorés traversés par deux diamètres qui se croisent à angles droits, et qui forment une croix blanche ou noire, selon que les axes des deux tourmalines sont parallèles ou perpendiculaires entre eux. Si au moyen d'une lentille on rassemble sur ce petit appareil les rayons solaires introduits dans une chambre obscure, ces rayons, après avoir traversé les trois plaques cristallines, continuant leur chemin en divergeant de plus en plus, iront peindre, sur le tableau qu'on aura placé à une distance de 10 ou 15 pieds, les anneaux et la croix en grandes dimensions.

Prenons maintenant un cristal à deux axes, et taillons-en une plaque perpendiculaire au plan de ces deux axes, et également inclinée sur eux. Cette plaque, mise entre deux tourmalines, donnera deux systèmes d'anneaux, à savoir, un autour de chaque axe. On verra de plus une croix qui sera encore blanche ou noire, suivant que les axes des tourmalines seront parallèles ou perpendiculaires entre eux. Cette croix est formée par la ligne qui joint les deux centres des anneaux, et par une perpendiculaire menée à cette ligne en son milieu.

Les deux systèmes d'anneaux n'offrent pas l'aspect de deux systèmes de cercles concentriques, mais bien de deux systèmes de courbes particulières, connues en géométrie sous le nom de *lemniscates*, et représentées *fig.* 422. A et A' sont les deux points où aboutissent les deux axes du cristal.

Fig. 422.

L'explication de ces sortes d'anneaux colorés est facile : nous nous contenterons de l'indiquer pour l'expérience du spath d'Islande. Dans cette expérience, le faisceau lumineux qui traverse la plaque de spath est composé de rayons convergents. Le point de concours de ces rayons est la pupille de l'observateur,

ACTION MUTUELLE DES RAYONS POLARISÉS. 435

quand l'expérience est faite de la première des deux manières indiquées tout à l'heure ; et ce point de concours n'est autre chose que le foyer de la lentille dont on se sert pour concentrer sur la plaque de cristal les rayons solaires, quand on fait l'expérience dans la chambre obscure. Ceci compris, il est évident qu'il suffit d'expliquer les anneaux formés par une lumière simple. Supposons donc que l'on fasse l'expérience avec une pareille lumière, avec la lumière rouge, par exemple ; et observons que la première tourmaline ne laisse passer que des rayons polarisés perpendiculairement à son axe. Ces rayons, en traversant la plaque de cristal, en reçoivent des actions diverses. Ainsi, premièrement, tous ceux de ces rayons qui sont dans les plans menés par le foyer de la lentille, l'un parallèlement et l'autre perpendiculairement à l'axe de la première tourmaline, ne changeront pas de plan de polarisation par leur trajet dans le spath. (V. l'observation qui termine le n° 204.) Par conséquent, la seconde tourmaline arrêtera tous ces rayons ou les laissera tous passer, suivant que son axe sera perpendiculaire ou parallèle à celui de la première tourmaline. Dans le premier cas on aura une croix noire, et dans le second une croix blanche.

En second lieu, considérons un des autres rayons : son plan d'incidence passera toujours par le foyer de la lentille, et coïncidera avec la section principale du spath ; mais cette section sera plus ou moins inclinée sur le plan de polarisation déterminé par la première tourmaline. Par conséquent, le rayon incident que l'on considère se divisera dans la plaque de cristal en deux autres, l'un ordinaire et l'autre extraordinaire. Je les désignerai par $F_{(o)}$ et $F_{(e)}$. Maintenant, chacun de ces rayons, en entrant dans la seconde tourmaline, se divisera encore en deux autres, l'un ordinaire et l'autre extraordinaire ; mais comme ce dernier seul est transmis par la tourmaline (V. le n° 205), nous ferons abstraction du premier. Soit donc $F_{(o+e')}$ le rayon extraordinaire donné par $F_{(o)}$, et $F_{(e+e')}$ celui donné par $F_{(e)}$. Quoique la plaque de cristal soumise à l'expérience soit assez épaisse, comme la direction du rayon que l'on considère est inclinée sur l'axe, la différence de marche de ces deux rayons $F_{(o+e')}$ et $F_{(e+e')}$ produira le même effet que dans une lame mince. (V. la proposition qui termine le n° précédent.) Cette différence dépendra de la

28.

manière dont cette inclinaison aura 1° rapproché la vitesse du rayon extraordinaire de celle du rayon ordinaire, et 2° allongé le trajet de la lumière dans la plaque. Or cette inclinaison dépend elle-même du point d'incidence du rayon de lumière sur la plaque de cristal : ainsi, pour tous les rayons dont les points d'incidence seront rangés en cercle à une certaine distance du foyer de la lentille par laquelle on concentre la lumière sur le spath, la différence dont il s'agit sera d'une demi-ondulation, et l'on aura un cercle noir ; à une distance plus grande de ce foyer, cette différence sera de deux demi-ondulations, et l'on aura un cercle brillant ; à une distance plus grande encore, la même différence sera de trois demi-ondulations, et l'on aura un cercle obscur ; ainsi de suite.

212. *Observation I.* — Quoique des phénomènes analogues aux précédents soient produits par le cristal de roche, cependant cette substance ne donne pas de croix. Cela vient de ce que nous avons vu qu'une plaque de cette substance fait tourner plus ou moins le plan de polarisation des rayons de lumière, suivant la nature de ces rayons. Cependant on peut absolument obtenir cette croix dans un cas particulier, à savoir, dans le cas où la plaque est très-mince. C'est une suite de ce qu'on a dit au n° 207.

Observation II. — Si l'on serre une plaque de cristal de roche avec une presse dont les deux pressions s'exercent aux deux extrémités d'un de ses diamètres comme pour diminuer ce diamètre, alors cette plaque acquiert deux axes, et l'on obtient deux systèmes d'anneaux colorés, dont les centres sont sur le diamètre comprimé.

Observation III. — Dans le genre d'expérience qui nous occupe, si l'on combine ensemble deux plaques en cristal de roche, on obtient des phénomènes de coloration divers que je me contenterai de décrire succinctement :

1° En superposant l'une à l'autre deux plaques perpendiculaires à leurs axes, et qui fassent tourner les plans de polarisation en sens contraires, on obtient des courbes colorées connues sous le nom de *spirale d'Airy*, et dont la *fig.* 423 peut donner une idée.

Fig. 423.

2° Supposons deux plaques qui aient leurs surfaces inclinées de 38° $\frac{1}{4}$ sur leurs axes. Si l'on superpose ces plaques de manière que leurs axes se croisent à angle droit, on obtient les franges de Savart, c'est-à-dire un système de lignes droites parallèles et colorées différemment.

3° Si l'on prend deux lames de cristal de roche parallèles à l'axe, et qu'on les superpose de manière que leurs axes se croisent à angle droit, on obtient quatre systèmes de lignes courbes situées dans les quatre régions d'une grande croix, vers le centre de laquelle toutes ces courbes tournent leurs convexités.

Enfin, c'est encore à l'action mutuelle des rayons polarisés qu'il faut rapporter les phénomènes de coloration que présentent les verres trempés.

Ces verres sont des verres que l'on a fait chauffer jusqu'au rouge, et que l'on trempe ensuite subitement dans l'eau froide. Supposons donc que l'on introduise dans une chambre obscure un large faisceau de rayons du soleil, réfléchis par une glace sous l'incidence de 35° ½. Ce faisceau sera polarisé. Présentons ensuite à ce faisceau un verre trempé, et après qu'il l'aura traversé recevons-le sur une lentille qui le concentre en son foyer. Enfin, plaçons une tourmaline à ce foyer, et nous verrons se peindre, sur le tableau que je suppose à quelques pieds de cette tourmaline, des nuances de diverses couleurs et de formes ordinairement très-régulières; la *fig.* 374 représente une de ces apparences. Fig. 374.

On ne peut expliquer ces phénomènes qu'en admettant que le verre, par l'opération de la trempe, devient biréfringent.

213. *Observation IV.* — En terminant le chapitre précédent, nous avons eu occasion de remarquer que l'on ne connaît absolument aucune explication pour certains phénomènes, et que l'on est arrêté par les difficultés que présentent souvent les expériences qu'il faudrait faire pour s'éclairer. Nous pouvons maintenant voir quelle est l'incertitude de notre science dans les cas où l'on croit savoir expliquer les phénomènes, aussi bien que l'incertitude des expériences qui conduisent à ces explications. Ainsi, depuis Newton, l'explication des phénomènes de la lumière, par le système de l'émission, était universellement adoptée; et au commencement de ce siècle on regardait ce système comme approchant beaucoup d'avoir enfin atteint le plus haut

degré de probabilité que l'on peut désirer dans un système. On voit en effet, dans le grand traité de physique de M. Biot, que ce système semblait même n'être pas un système proprement dit, mais être seulement la simple et pure expression des phénomènes de lumière, tant avaient été multipliées et heureuses les épreuves d'expériences par lesquelles avait passé le système dont il s'agit. Mais précisément au même temps (c'est-à-dire en 1816) où se publiait ce grand ouvrage de M. Biot qui semblait devoir assurer l'immortalité à la doctrine de Newton, commencèrent les travaux de M. Fresnel, qui, après avoir ébranlé fortement toute la théorie du philosophe anglais, prirent un tel développement dans les années suivantes, qu'ils ont enfin porté à cette théorie un coup dont il ne paraît pas qu'elle puisse jamais se relever.

C'est au point qu'aujourd'hui cette théorie, généralement abandonnée, a été remplacée partout par celle des ondulations.

Cette révolution dans les idées n'est pas la seule qu'on ait vue en physique : ainsi, la théorie des aimants par deux fluides magnétiques, telle que Coulomb l'a conçue, était avant ces derniers temps dans le même cas que le système de l'émission de Newton; tout semblait promettre à cette théorie une existence de plus en plus inébranlable, tant elle représentait avec exactitude et simplicité les faits connus. Aujourd'hui la théorie de M. Ampère a prévalu; mais nous ne savons pas ce que le diamagnétisme y apportera de modification.

Nous pourrions encore citer d'autres exemples; mais ce qui précède suffit pour montrer combien on aurait tort de s'entêter pour une théorie quelconque en physique ; on doit prendre celle qui paraît la plus probable, et en tirer tout le parti possible pour lier entre eux les faits connus. Quant aux faits inconnus que le calcul ou le raisonnement semblerait déduire de cette théorie, on ne doit jamais les admettre en définitive qu'autant qu'ils ont été constatés par l'expérience : c'est aussi la marche suivie par tous ceux qui s'occupent de science aujourd'hui ; et c'est un pas immense de fait pour la science, que d'avoir ainsi appris à douter. Si l'on était d'accord avec soi-même, la Religion devrait avoir aussi gagné immensément à ce sentiment aujourd'hui inévitable de l'incertitude des sciences profanes. Ainsi c'est une chose admise maintenant par tout le monde, que dans ces sciences les doctrines changent et doivent changer, et ne peuvent jamais reposer que sur des systèmes plus ou moins probables, mais dénués pourtant de certitude proprement dite; tandis que la Religion est sûre de ce qu'elle avance, puisqu'elle le tient de Dieu. Or il serait assurément bien déraisonnable de rester ou de paraître indécis entre un dogme qui vient de Dieu, la plénitude de toutes lumières, et le dogme opposé que nous proposerait, avec son incertitude ordinaire, une science aussi environnée de ténèbres et d'obscurités que la science des phénomènes de la matière et des forces. Ainsi, lorsqu'il se présente quelque induction dans les sciences physiques qui paraît contrarier quelque vérité de foi dans la Religion, ce devrait en être assez pour regarder comme fausse cette induction; et on devrait ne plus s'en occuper, à moins que ce ne soit pour en chercher, par l'expérience, ou la fausseté, ou l'explication propre à faire disparaître toute la contradiction qui semblait exister.

Ce n'est pourtant pas tout à fait là ce qui se fait toujours : il est bien vrai que, soit par cette habitude d'une extrême réserve dont nous avons parlé sur la fin du chapitre précédent, soit peut-être aussi à cause des fréquents mécomptes essuyés par ceux qui ont voulu attaquer la Religion, il est rare aujourd'hui de voir dans les écrits des savants une attaque directe contre nos dogmes sacrés. Néanmoins, le silence étonnant que l'on garde quelquefois sur ces dogmes, dans des passages qui leur sont plus ou moins opposés, pourrait être plus dangereux qu'une attaque directe pour des jeunes gens qui ne sont pas sur leurs gardes. Ce silence est tout à fait inexcusable; car, dans des passages de l'espèce de ceux que nous venons de dire, il est certain qu'un chrétien (et ce serait une honte à un homme éclairé de ne l'être pas) ne peut être en aucune manière dispensé de donner tous les développements nécessaires pour prémunir son lecteur, pour s'expliquer nettement, pour ne laisser rien de louche, ni aucune apparence d'hésitation, entre quelque dogme de notre foi et un dogme opposé.

D'un autre côté, je voudrais aussi que l'on ne fût pas trop prompt à s'alarmer dès les premières indications des moindres choses qui paraissent opposées à la Religion. Sans doute qu'il ne faut pas les laisser passer avec indifférence ; mais, avant de les attaquer avec toute la chaleur que mériterait une véritable impiété, il faudrait voir si de fait les points qui paraissent attaqués sont de foi, ou, sans être de foi, sont aussi fondamentaux et essentiels dans la Religion qu'on le pense; et dès que ce sont des points que l'on peut céder, il faut le dire positivement pour bien mettre la question dans son véritable état, et puis, après cela, soutenir, si on le veut, ces mêmes points, mais comme on soutient un sentiment par cela seul qu'il paraît plus probable, ou, si l'on veut, parce qu'on le croit tout à fait vrai, quoique pas d'obligation. Du moins il me semblerait tout à fait déplacé de mettre dans une pareille question la même chaleur, la même vivacité et la même opiniâtreté à refuser d'entendre à aucun tempérament, que s'il s'agissait d'un article de foi qu'on devrait garantir de toute atteinte, au péril même de sa vie.

Cela serait d'autant plus déplacé dans le cas dont il s'agit, qu'on doit toujours supposer, dans un auteur où de pareilles inductions scientifiques seraient énoncées, l'aveu au moins implicite de l'incertitude inséparable des sciences physiques. Cette incertitude est si bien sentie des savants, au moins pour tout ce qui est théorie, que l'on voit dans plusieurs écrits (et cela est même à peu près général) un soin presque affecté de ne dire que des faits, et de laisser de côté toute théorie. Or c'est assurément là un excès; car, en premier lieu, bien qu'il faille être en garde contre les théories, cependant sans elles il n'y aurait réellement plus de science; et, tout impossible qu'il nous est de pouvoir répondre de ces théories, cependant nous pouvons souvent, en suivant leurs indications, découvrir des phénomènes et des propriétés de la matière que nous n'aurions jamais soupçonnés sans elles : c'est ce que montrent bien toutes les belles découvertes de M. Fresnel.

En second lieu, c'est que, comme nous l'avons annoncé en commençant ces réflexions, les expériences elles-mêmes ont aussi leur incertitude ; c'est ce que fait assez comprendre ce qui a été dit de l'imperfection inévitable de toute expérience à la fin du chapitre précédent, et c'est même ce dont on a eu des exemples dans le présent chapitre. Ainsi Newton, et longtemps après lui les savants, ont cru que la dispersion était proportionnelle à de chacune des deux molécules, au moment où cette agitation atteint l'autre molécule. Mais ici la théorie souffre une lacune, car il faudrait voir par le calcul si cet effet des agitations de l'éther est une suite nécessaire des lois de la mécanique, et cela n'a pas été fait. Au moins faudrait-il voir par l'expérience si cet effet a lieu par les vibrations de l'air, c'est-à-dire si deux corps sonores, placés l'un à côté de l'autre dans l'air, se repoussent quand on leur fait rendre un son, c'est-à-dire quand on les fait entrer en vibration ; mais cela n'a pas été fait non plus.

Dans cette section nous nous proposons d'étudier, dans un premier article, les vibrations calorifiques dans les molécules de l'éther supposé seul, c'est-à-dire abstraction faite des vibrations des molécules des corps, lesquelles sont les foyers qui ont mis cet éther en mouvement ; et, dans un deuxième article, nous étudierons les vibrations calorifiques des molécules des corps.

Ces objets de la présente section sont ordinairement désignés, le premier par la dénomination de *chaleur rayonnante* dans l'espace, et le deuxième par la dénomination de *chaleur de l'intérieur* des corps.

Article Ier. — Chaleur rayonnante.

Préliminaires.

216. *Définition I.* — On appelle *rayon de chaleur* la ligne que suit la chaleur pour se propager d'un point à un autre de l'espace.

Définition II. — On appelle *rayonnement de la chaleur* la propagation qui émane d'un foyer, et se répand au loin de tous côtés sans rencontrer d'obstacle. La *chaleur rayonnante* jouit des mêmes propriétés que la lumière. Ainsi elle rayonne en ligne droite, elle se réfléchit à la surface des miroirs en faisant l'angle d'incidence égal à l'angle de réflexion, et elle se réfracte dans les milieux transparents, d'après la loi de Descartes. Il n'y aurait presque pas besoin de donner de preuves de toutes ces propriétés, puisqu'en les constatant, comme nous l'avons fait, sur des rayons du soleil ou d'une flamme de bougie, nous les avons constatées sur les rayons de chaleur qui, comme l'on sait, accompagnent les rayons de lumière lancés par ces corps lumineux. Cependant nous donnerons quelques détails sur les phénomènes de chaleur rayonnante qui ont lieu, soit dans l'intérieur d'un milieu homogène, soit à sa surface, afin de dissiper les doutes que l'on pourrait avoir sur la persévérance de ces propriétés de la chaleur, quand elle émane d'un corps obscur.

Mais, avant de donner ces détails, nous décrirons les deux espèces d'instrument dont on se sert à tout moment dans l'étude de la chaleur rayonnante.

1° On se sert de *miroirs réflecteurs* : on appelle ainsi de grands miroirs métalliques concaves M et M' (*fig.* 388). L'utilité de ces miroirs vient de ce que, comme nous le verrons, les rayons de chaleur qui viennent tomber sur un pareil miroir sont tous réfléchis en un même point qu'on appelle *foyer*, comme nous avons vu que cela arrivait aux rayons de lumière. Alors cette propriété donne le moyen, quand on veut étudier la chaleur, de la concentrer toute sur le thermomètre avec lequel on veut la mesurer. On donne ordinairement à ces miroirs la forme parabolique, au lieu d'une forme sphérique. La différence qu'il y a est que, sur les miroirs de la première forme, tous les rayons de lumière parallèles à une certaine direction, qu'on appelle l'*axe du miroir*, se réfléchissent au foyer, quelque étendue que l'on donne à ce miroir, tandis qu'avec la forme sphérique cela n'a lieu qu'autant que le miroir a peu d'étendue. (V. n° 140.)

2° On emploie, dans ces sortes d'expériences, des thermomètres particuliers, qu'on appelle *thermomètre différentiel* et *thermo-multiplicateur* : nous allons les décrire successivement.

217. Le premier de ces appareils est représenté par la *fig.* 385 : Fig. 385. il consiste en un tube recourbé en forme d'U, et terminé par deux petites boules creuses b et b'. Ces deux boules et les parties supérieures du tube ne contiennent que de l'air. La partie inférieure aXZI contient de l'acide sulfurique coloré avec un peu de carmin. L'appareil est construit de manière que, quand les deux boules b et b' sont à la même température, ce liquide soit à la même hauteur dans les deux branches, et vis-à-vis le zéro de l'échelle graduée b'Z. Tant que les deux boules b et b' sont à la même température, le liquide reste à zéro; mais, dans le cas contraire, il monte ou descend aux autres degrés de l'échelle,

suivant que la température de b s'élève ou s'abaisse par rapport à celle de b'.

Cet instrument est de Leslie, physicien d'Écosse. Rumford, en France, a inventé, vers le même temps, un appareil tout à fait analogue, connu sous le nom de *thermoscope*. Ses deux branches verticales sont très-petites; la branche horizontale XZ est au contraire très-longue; elle porte les degrés et ne contient qu'une goutte de liquide, qui les parcourt quand l'une des boules prend une température différente de l'autre.

218. Enfin, dans ces derniers temps, MM. Nobili et Melloni ont employé à l'étude de la chaleur rayonnante un thermoscope qu'ils ont décrit dans les *Annales de physique et de chimie*, t. XLVIII, p. 198, sous le nom de *thermo-multiplicateur*. La partie essentielle de cet appareil est une pile de vingt-cinq, quarante ou cinquante éléments thermo-électriques, tels que l'élément $b'''a''b''$ (*fig.* 386). Chacun de ces éléments est composé de deux petites règles, l'une de bismuth et l'autre d'antimoine, soudées par leurs extrémités, mais d'un côté seulement : ainsi, dans l'élément $b'''a''b''$, ces deux règles, qui sont $a''b'''$, $a''b''$, sont soudées en a'' seulement, et non pas en b''', b'' ; de plus, la règle de bismuth d'un élément est soudée à celle d'antimoine de l'élément suivant : ainsi, la règle de bismuth $a''b'$ de l'élément $b'''a''b''$ est soudée en b'' à la règle d'antimoine $b''a'$ de l'élément $b''a'b'$. Enfin, ces divers éléments sont retenus ensemble par un cercle de matière non conductrice, et font ainsi un seul faisceau renfermé dans un tube XZYN. Ce faisceau ou, comme on dit, cette pile, est la première partie du thermo-multiplicateur; la deuxième partie est un multiplicateur M semblable à celui de la *fig*. 250, n° 48, et dont les deux extrémités du fil s'attachent aux appendices métalliques c et c'. Ces appendices communiquent, l'un avec un des pôles I de la pile, et l'autre avec l'autre pôle O.

D'après cela, quand on veut étudier la chaleur rayonnante lancée par un corps chaud S, on présente à ce corps les soudures b, b', b'', b''' ; la température de ces soudures s'élève, tandis que celle des soudures a, a', a'' ne change pas : donc, d'après ce qui a été dit n° 60, il s'établira un courant électrique, et l'aiguille AB, qu'on appelle l'*index*, marchera d'un certain nombre de degrés qui sera plus ou moins grand, suivant la plus ou moins grande chaleur du corps S. Ce thermo-multiplicateur surpasse en sensibilité tous les autres thermoscopes.

On voit dans la *fig.* 392 ces deux parties P et M du thermo- Fig. 302. multiplicateur réunies de la manière usitée ordinairement ; la pile est contenue dans le tube *ab* ; toutes les soudures a', a'', etc., de la *fig.* 386 sont en a dans la *fig.* 392, et les soudures b', b', etc., Fig. 392. sont en b.

§ Ier. — Propagation de la chaleur rayonnante dans l'intérieur des corps.

219. Proposition. — « La chaleur se propage dans certains « corps et les traverse, comme cela arrive pour la lumière à l'é- « gard des corps transparents. »

Pour démontrer cette proposition, nous ferons usage de l'appareil de M. Melloni.

Le corps thermoscopique de cet appareil est une pile thermo-électrique P (*fig.* 387) fixée sur une tige A qui peut glisser le Fig. 387. long de la rainure RR', ou sur une règle au milieu de la table MM' ; à l'extrémité R' se trouve un soutien S', où l'on fixe les sources de chaleur à température constante : ces sources sont fournies par un liquide en ébullition, ou par la flamme de deux lampes : l'une dite de Locatelli, qui est une lampe à huile, sans verre, et munie d'un réflecteur ; l'autre à alcool : celle-ci donne deux sources différentes au moyen d'une spirale en platine et d'une plaque de cuivre noirci portée par des tiges coudées CC'P''F, que l'on fait entrer dans un tube B placé latéralement sur le support. Quand on place la tige garnie de la spirale, celle-ci enveloppe la flamme ; et quand on place la tige portant la plaque, celle-ci cache à l'observateur placé en P la partie antérieure de la flamme. Dans le premier cas, on a une source incandescente, car le platine devient rouge, et la flamme disparaît ; dans le second cas, on obtient une source de chaleur obscure, dont la température moyenne est d'environ 400° centigrades. Cette évaluation a été faite par une méthode connue sous le nom de *méthode d'immersion* ou *des mélanges*, que nous verrons plus bas, n° 251.

Entre la source et la pile, on voit une lame métallique E', percée à sa partie inférieure. C'est derrière l'ouverture O de cette lame que l'on pose sur un second soutien S les corps destinés aux expériences de transmission. Pour intercepter, quand on le veut, le rayonnement calorifique, on se sert du double écran E'', que l'on peut abaisser ou élever à volonté. Un écran tout à fait pareil E est placé de l'autre côté de la pile, afin d'abriter sa seconde face des rayonnements extérieurs, lorsque son tube est ouvert ; ce que l'on doit pratiquer dans presque toutes les expériences, pour que l'air soit en contact libre avec les deux parties actives de la pile, et que, par conséquent, les variations qui peuvent survenir dans sa température ne produisent aucun effet sur l'instrument. Toutes ces pièces sont mobiles le long de la ligne RR'.

220. Voici ce qui arrive quand on met l'appareil en activité : lorsqu'on abaisse l'écran E'', après avoir ôté les corps du support S, les rayons calorifiques passent par l'ouverture O de la lame E', et tombent sur la face antérieure de la pile : en regardant l'index du galvanomètre, on le voit aussitôt sortir de sa position d'équilibre, qui est marquée d'un zéro sur le cadran, et, après quelques oscillations, s'arrêter à une distance de ce zéro plus ou moins grande, suivant que le foyer S' est plus ou moins près de l'ouverture O.

Ces expériences de transmission de chaleur au travers des corps peuvent se faire sur des rayonnements plus ou moins forts ; mais le plus convenable, selon l'avis de M. Melloni, est celui qui maintient l'aiguille indicatrice du galvanomètre à une distance de zéro égale à 30°. On place donc la lampe de Locatelli à la distance nécessaire pour obtenir cette déviation, en ayant soin que le support S et l'écran percé E' se trouvent à 10 ou 15 centimètres de la pile. Si on dispose alors derrière l'ouverture O une plaque de verre, ou de toute autre substance diaphane, sur le support S, l'index du galvanomètre descend vers le zéro, et se fixe à une seconde position d'équilibre ; supposons-la de 16° : il s'agit de prouver que ces 16° ne sont pas produits par l'échauffement du verre, mais bien par des rayons de chaleur qui le traversent immédiatement ; ceci se prouve de plusieurs manières. D'abord l'instantanéité avec laquelle se fait cette transmission de chaleur suffirait ; car sitôt qu'après avoir mis en *h* la plaque qu'on veut essayer, on abaisse l'écran en E'', à l'instant l'aiguille du thermo-multiplicateur se met en marche. Ce qui n'aurait pas lieu si la transmission de chaleur n'était due qu'à l'échauffement de cette plaque ; car cet échauffement exige, comme on sait, un certain temps pour devenir sensible. En second lieu, quand la chaleur de la source F, agissant au travers de la plaque h, a amené l'aiguille du thermo-multiplicateur au degré correspondant à sa température, on peut transporter la pile de N en L à la même distance hx que celle hP qui avait lieu auparavant ; et quoiqu'on tourne la pile dans la direction Kh de la plaque h, néanmoins l'aiguille revient aussitôt au degré *zéro*, auquel elle s'arrête pendant tout le temps que la pile est en L ; la lame h ne s'échauffe donc pas sensiblement dans cette expérience. En troisième lieu, si l'on met en h une plaque de dimension très-grande, on pourra faire passer successivement toutes les parties de cette plaque devant le trou O de l'écran assez rapidement pour qu'elles n'aient pas le temps de s'échauffer aux dépens de la source F, et pendant ce mouvement l'aiguille du thermo-multiplicateur marquera le même degré que si la plaque était immobile. Enfin, la pile étant en P, on place entre elle et la plaque h un écran en DI dont l'ouverture soit en g sur le prolongement de l'axe de la pile. Cela posé, quand l'aiguille est fixément au degré dont est capable la source F au travers de la plaque h, on meut cette plaque parallèlement à elle-même sur la ligne des ouvertures égales g et O des écrans ; et quoique par là cette plaque s'approche ou s'éloigne de la pile, l'aiguille reste immobile.

221. Proposition. « Toute source de chaleur brillante outre
« ses rayons lumineux lance une grande quantité de rayons obs-
« curs, et ce sont ces derniers qui produisent la plus grande par-
« tie de la chaleur de la source. »

En effet, que l'on prenne, dit M. Melloni (*Journal de l'Institut*, t. III, p. 23), trois plaques transparentes et incolores, d'une épaisseur commune de 3 à 4 millimètres, l'une d'alun, l'autre de sel gemme, et la troisième de verre ou de cristal de roche, et qu'on les fasse passer successivement au-devant de l'ouverture O de l'écran E′ lorsque la communication calorifique est établie. L'index qui se trouvait à 30, je suppose, tombera à 3 ou 4° pendant que les rayons traverseront l'alun ; il marchera vers sa position primitive et s'arrêtera à 28°, dans le cas du sel gemme, il retombera à 15 ou 16° par l'interposition du verre ou du cristal de roche. Les *plaques* également diaphanes et également épaisses ne sont donc pas susceptibles de transmettre la même quantité de chaleur rayonnante. Il y a plus : substituons à l'alun un morceau de cette espèce de cristal de roche que l'on appelle *enfumé*, parce qu'il contient une substance noire qui le rend presque opaque; supposons ce cristal à faces parallèles, et d'une épaisseur beaucoup plus grande que l'alun : on observera que l'index quittera la position fixe de 3 à 4° où l'alun l'avait fixé, et se portera à 14 ou 15°. De même, si l'on met sur le support S un verre noir parfaitement opaque, il laissera passer assez de rayons de chaleur pour fixer l'index à 7 ou 8°.

Enfin M. Melloni a même, entre autres résultats, trouvé qu'une lame de ce verre n'ayant qu'une épaisseur de 0,62 millimètres, laisse passer plus de 37 centièmes de la chaleur de la flamme de la lampe à la Locatelli. (V. la 1re partie de la *Thermocrose*, p. 290.) D'après les travaux du même savant, ces 37 centièmes indiquent que ladite lame placée devant le trou de l'écran E' amenait l'aiguille du thermo-multiplicateur à environ 13 ou 14° (V. *Ann. de chim. et de phys.*, t. LIII, p. 55); et cependant cette lame si mince était complétement imperméable à la lumière même du soleil le plus brillant.

On voit donc que, bien que la matière brune du quartz enfumé arrête la plus grande partie de la lumière incidente, il n'en sort pas moins une quantité de chaleur presque aussi grande que du quartz limpide; on voit de même que, malgré l'absorption complète de toute lumière par la lame de verre noir, celle-ci n'en laisse pas moins passer une grande quantité de rayons obscurs accusée par le thermo-multiplicateur. Ce qui prouve déjà la première partie de notre proposition.

La seconde partie n'est pas moins évidente, car l'alun bien limpide laisse passer presque tous les rayons lumineux de la lampe; et cependant son effet sur le thermo-multiplicateur n'est qu'une très-petite partie de celui produit par le verre noir, qui ne laisse passer que des rayons obscurs.

Remarque. — Ces trois séries d'expériences montrent bien que la transparence des corps pour la chaleur rayonnante est différente de la transparence proprement dite : de là la nécessité de désigner par une dénomination particulière les substances qui transmettent ou interceptent les rayons de chaleur. M. Melloni a appelé les premières *diathermanes* ou *transcalescentes*, par analogie aux mots *diaphanes* et *transparentes*; et quant aux secondes, il les a appelées *athermanes*. Dans sa *Thermocrose*, il propose de remplacer ces mots par ceux de *diathermansie* et *diathermique*.

222. PROPOSITION. — Souvent un même corps est perméable à certains rayons de chaleur, et imperméable ou beaucoup moins perméable à d'autres rayons.

Il y a deux manières de prouver cette proposition. Premièrement, on peut placer en F (*fig.* 387) successivement chacune des quatre sources de chaleur que nous avons dites. Pour chaque source, on dispose les choses de manière que l'action directe de ses rayons sur la pile P du thermo-multiplicateur amène son aiguille à 30°. Cela fait, si l'on interpose en h une lame, on verra qu'elle ne fait que diminuer ces 30° que de peu de chose pour telle source, et qu'elle les réduit à rien ou à presque rien pour telle autre source. Ainsi, d'après les nombres donnés par M. Melloni dans sa *Thermocrose*, p. 163, et traduits en degré par la table citée ci-dessus des *Ann. de chim. et de phys.*, ces 30° ont été ramenés

Fig. 387.

Par le sel gemme à 28° pour les 4 sources.

Par le quartz et le verre limpides à. { 13 ou 14° pour la lampe.
9° pour le platine incandescent.
et à presque 0 pour les autres.

Par l'améthiste à............. { 8° pour la lampe.
2 ou 3° pour le platine incandescent.
et à rien pour les autres.

Ces diverses lames avaient 2^{millm},6 d'épaisseur.

Dans l'autre manière, on ne prend qu'une source de chaleur, la lampe à Locatelli.

Mais on en diversifie les rayons par différentes lames placées successivement en h, et c'est en g qu'on place la lame qu'on veut présenter à ces rayons diversifiés. Supposons qu'on mette successivement en h du sel gemme, de l'alun, de la chaux sulfatée et du verre noir opaque: après avoir placé une de ces quatre substances en h, on disposera les choses de manière que les rayons de chaleur émergents de cette substance, en agissant sur le thermo-multiplicateur P, en porte l'aiguille à 30°. Ensuite on placera en g la lame qu'on veut soumettre à ces rayons émergents, et on notera à quelle valeur elle réduit ces 30°. Or on verra cette valeur varier presque toujours, suivant la substance placée en h.

Ainsi les 30° des rayons émergents de la lame h sont réduits par :

L'alun à............ { 3° pour h en SEL.   A 28° pour h en ALUN.
                     { 16° pour h en CHAUX SULF TÉE. A 0 p. h en VERRE NOIR.

Le quartz limpide à. { 14° pour h en SEL.   A 27° pour h en ALUN.
                     { 26° pour h en CHAUX SULFATÉE. A 18° p. h en VERRE NOIR.

Le sel à............ { 28° pour h en SEL.   A 28° pour h en ALUN.
                     { 28° pour h en CHAUX SULFATÉE. A 28° p. h en VERRE NOIR.

Le verre vert à..... { 8° pour h en SEL.   A 0° pour h en ALUN.
                     { 5° pour h en CHAUX SULFATÉE. A 20° p. h en VERRE NOIR.

Ces résultats sont tirés de la p. 227 de la *Thermocrose*, où il est dit que les lames employées avaient $1^{millim.}$,6 d'épaisseur, excepté le verre noir, dont l'épaisseur était $1^{millim.}$,8.

Ces mêmes résultats prouvent bien notre proposition; car on voit, par exemple, que l'alun, qui est très-perméable aux rayons émergents d'une autre plaque d'alun, ne l'est presque pas aux rayons émergents du sel gemme, et pas du tout à ceux du verre noir.

Corollaire. — Il y a plusieurs sortes de rayons calorifiques, comme il y a plusieurs sortes de rayons lumineux. En effet, dès qu'une même lame est perméable à certains rayons et imperméable à d'autres, il s'ensuit bien que les premiers rayons ne sont pas de même espèce que les seconds. M. Melloni prouva aussi spécialement, pour les rayons de chaleur obscure, qu'ils ne sont pas tous de même espèce, et cela au moyen du même genre d'expérience que nous venons de décrire (V. sa *Thermochrose*). A cet effet, pour les sources obscures qu'il plaça en F, il n'eut qu'à recommencer exactement le second des deux genres d'expériences décrites dans la proposition précédente; seulement il faut alors que les lames soient beaucoup plus minces que celles indiquées dans cette proposition : mais si la source établie en F (*fig.* 387) était lumineuse, il plaçait en *h* une lame noire complétement opaque, et en *g* une autre lame. Or, en mettant successivement diverses lames opaques en *h*, et se servant toujours de la même lame en *g*, il trouva divers nombres marqués par l'aiguille du thermo-multiplicateur, quoique, avant de poser la lame *g*, il eût eu soin de disposer tout de manière que les rayons émergents de la lame *h* marquassent toujours 30°. Les lames noires qu'il employa furent des lames de mica noir, de verre noir, et de noir de fumée, étendus sur une plaque de sel gemme; le choix de ce sel est motivé par la proposition suivante :

223. PROPOSITION. — « Le sel gemme est également perméa-
« ble à toutes les espèces de rayons, et tellement perméable,
« qu'il n'en arrête presque aucune partie. »

En effet, dans les résultats numériques des deux genres d'expériences de la proposition précédente, on voit que le sel donne, dans tous les cas, 28° sur le thermo-multiplicateur.

M. Melloni a vu que, dans la dernière sorte d'expérience ci-dessus, les quatre nombres de la première des colonnes 3°, 14° 28° et 8°, qu'ont donnés l'alun, le quartz limpide, le sel et le verre vert, exposés en *g* aux rayons émergents du sel placé en *h*, sont les mêmes que ceux que donneraient ces quatre substances exposées aux rayons directs de la source ; de sorte que le sel placé en *h* n'altère en rien le faisceau des rayons calorifiques émanés de cette source.

Remarque. — La différence que nous venons de signaler d'une substance diathermane à une autre, est une vraie coloration calorifique analogue à la différence d'un corps diaphane coloré à un autre, puisque ces corps diaphanes diffèrent entre eux en ce qu'ils ne sont pas également perméables aux rayons de lumière de toutes les couleurs. Cependant, pour ne pas confondre ces deux colorations des corps et des rayons qui les traversent, il convient de les désigner par des dénominations diverses. Ainsi M. Melloni désigne, dans son traité de la chaleur de 1851, la coloration calorifique par le mot de *thermocrose*. M. Ampère, en 1833, avait proposé la dénomination de *diathermansie*. Enfin, M. Pouillet désigne cette propriété par le mot de *thermanisme*, que nous adoptons comme se prêtant mieux aux modifications du langage. Nous dirons donc que le sel gemme est un corps parfaitement diathermane sans thermanisme, comme le verre est un corps parfaitement diaphane sans couleur.

224. Proposition. — « L'absorption des rayons calorifiques « qu'une lame d'un thermanisme particulier intercepte, a lieu « successivement à mesure que la chaleur incidente pénètre dans « l'intérieur de cette lame. »

Cette proposition, prouvée par M. Melloni dans sa *Thermocrose*, p. 189 et suiv., résulte de ce que, dans les deux genres d'expériences décrites dans l'avant-dernière proposition, la différence des transmissions calorifiques d'une même lame, suivant l'espèce de chaleur qu'elle reçoit, diminue avec l'épaisseur de cette lame; de sorte qu'une lame de matière thermanisante laisse également passer toutes les espèces de chaleur possible dès qu'elle est suffisamment mince.

Du froid des hautes régions. — Le froid des hautes régions est en partie une conséquence des principes précédents. En effet, en vertu de ces principes, on voit que l'air étant un corps diathermane, les rayons du soleil ne font que traverser l'air et arriver au sol sans avoir échauffé l'atmosphère. Ce gaz ne reçoit donc la chaleur que de son contact avec le sol, qui s'échauffe de plus en plus en recevant ainsi les rayons solaires. Mais cette chaleur ne se communique, bien entendu, qu'aux couches les plus basses de l'atmosphère; de sorte qu'à une grande hauteur, telle que celle de certaines montagnes, l'air est à une température à peu près égale à 0.

D'après cela, examinons ce qui aura lieu sur le plateau d'une pareille montagne. Les rayons du soleil, en tombant sur le plateau, échaufferont sa surface, et celle-ci, à son tour, échauffera la couche d'air qui pose sur elle : mais cette couche sera bientôt enlevée par les courants d'air de l'atmosphère, et remplacée par de l'air nouveau. L'atmosphère est sans cesse en mouvement, surtout dans les hautes régions. Ainsi M. Gay-Lussac, dans son ascension en aérostat, trouva qu'il faisait au moins une lieue à l'heure, quoiqu'à terre l'air paraissait parfaitement tranquille.

Or tout autour du plateau dont il s'agit, la température étant à 0, l'air nouveau qui y arrive amènera cette température, et

PHÉNOMÈNES DE LA CHALEUR RAYONNANTE. 453

refroidira toute sa surface. Ainsi cette surface sera constamment entretenue à une température très-basse.

§ II. — MODIFICATION DE LA CHALEUR RAYONNANTE A LA SURFACE DES CORPS.

Lorsqu'un faisceau de rayons de chaleur tombe sur une surface, quelques-uns se réfléchissent, et les autres pénètrent la surface. Commençons par la réflexion.

1° *Réflexion de la chaleur.* — Nous allons d'abord nous occuper de la direction des rayons réfléchis, et ensuite nous étudierons l'intensité de ces rayons.

225. PROPOSITION. — « La direction du rayon réfléchi et celle « du rayon incident font des angles égaux avec la normale à la « surface du miroir. »

Pour démontrer cette proposition, on prend deux miroirs paraboliques M et M' (*fig.* 388). Nous avons fait connaître ces miroirs à la fin du n° 216. On les place à une distance de 8 ou 10 pieds l'un de l'autre, et l'on met devant l'un de ces miroirs, à peu près au foyer f', un corps incandescent, tel qu'un boulet rouge ou des charbons dont on active la combustion en soufflant ; ensuite, se transportant près de l'autre miroir, on cherche à recevoir sur un verre dépoli l'image de ce corps incandescent. Ayant trouvé le point f où se forme cette image, si l'on y place un corps combustible, comme de l'amadou, il prend feu à l'instant. Cette ignition vient de ce que chaque rayon de chaleur f'M', après être tombé sur le miroir M', est renvoyé dans la direction M'M sur l'autre miroir, qui ensuite le réfléchit, dans la direction fM, sur le corps combustible. Quand les miroirs sont éloignés, les rayons directs X'N se réfléchissent aussi au même point f à peu près. Ce phénomène n'a lieu qu'autant qu'on place le corps combustible au point où se formait l'image sur le verre dépoli. Or nous savons que cette image n'est formée que par des rayons de lumière qui font sur l'un et l'autre miroir des angles de réflexion égaux aux angles d'incidence. Donc, puisque les rayons de chaleur se concentrent au même point f que les rayons de lumière, on peut en conclure que ces rayons de cha-

Fig. 388.

leur font aussi sur les deux miroirs des angles de réflexion égaux aux angles d'incidence.

On peut remplacer maintenant le corps incandescent f' par un corps simplement chaud qui ne répande pas de lumière, comme une fiole pleine d'eau chaude. Si l'on place alors la boule b (*fig.* 385) d'un thermomètre différentiel au même point f (*fig.* 388) où avait lieu tout à l'heure la combustion de l'amadou, on verra ce thermomètre indiquer par sa marche une élévation de température qui ne peut venir que des rayons réfléchis; car les rayons venus directement de f', frappant également les deux boules du thermomètre, ne peuvent le faire marcher. La chaleur obscure se réfléchit donc aussi bien que la chaleur incandescente, en faisant l'angle de réflexion égal à l'angle d'incidence, puisque la concentration de cette chaleur obscure a encore lieu au même point que celle de la lumière.

Fig. 385.
Fig 388.

On peut encore employer ici l'appareil de M. Melloni (*fig.* 387) : à cet effet, la pile est portée par la règle mobile ou alidade NI, tournant sur le centre I. A ce centre on met un support S_1, portant un miroir g. Ce miroir porte à sa base une petite aiguille normale à sa surface, d'après les degrés marqués sur le contour du support S_1 : il est facile d'évaluer l'angle d'incidence des rayons Fg ; et par les degrés parcourus par l'alidade NI pour venir en LI, on évalue l'angle NIL. Or la pile n'accuse la présence de la chaleur que quand ce dernier angle est égal à l'angle d'incidence, ce qui vérifie la loi en question.

Fig. 387.

Passons maintenant à l'intensité de la chaleur réfléchie. Cette intensité dépend de ce qu'on appelle le *pouvoir réfléchissant* des corps.

226. *Définition.* — On appelle *pouvoir réfléchissant des corps* la faculté plus ou moins grande qu'ils ont de réfléchir la chaleur.

PROBLÈME. — « On demande de déterminer par l'expérience « le pouvoir réfléchissant des corps. »

Solution. — Pour examiner le pouvoir réfléchissant de plusieurs substances, on prend des miroirs concaves faits avec ces substances, et on les présente chacun à un vase de verre plein d'eau bouillante; enfin on met un thermomètre différentiel au foyer de chacun d'eux. Cela posé, le miroir dont le thermomètre marque la plus haute température, est celui dont le pouvoir réfléchissant est le plus grand. On trouvera de cette manière que le pouvoir réfléchissant du cuivre est plus fort que celui du fer, et celui du fer plus grand que celui du plomb. Par ces expériences, on a reconnu que plus le poli d'une surface métallique est parfait, plus le pouvoir réfléchissant est considérable. En général, les corps qui réfléchissent le mieux la lumière réfléchissent aussi le mieux la chaleur; et, comme nous le verrons, ceux qui absorbent le mieux la lumière sont aussi ceux dont les pouvoirs absorbants et émissifs sont les plus considérables.

Proposition. — « Les miroirs métalliques réfléchissent égale-
« ment toutes les sortes de rayons calorifiques, sans en altérer
« le thermanisme. »

C'est encore l'appareil de M. Melloni qui sert à constater cette vérité. Pour cela, M. Melloni disposa sur le passage gx ($fig.$ 387) Fig. 387. des rayons réfléchis par divers miroirs de métal placés successivement sur le support S,, de la manière dite ci-dessus, des lames minces de mica, de verre, de chaux sulfatée, et d'autres corps dont il connaissait les pouvoirs diathermiques pour les rayons directs de la source S'; et les rapports entre ces pouvoirs ne varièrent pas d'une manière sensible. Cette expérience fut répétée avec un égal succès sur les chaleurs rayonnantes du platine incandescent et du cuivre noirci chauffé à 400° et à 100°. Quant aux rayons de la flamme d'huile, il suffit d'ôter le réflecteur AB ($fig.$ 392) de la lampe Locatelli, après l'avoir rapprochée de la Fig. 392. pile, et d'observer les transmissions de la chaleur au travers d'une série de corps; car lorsqu'on a eu soin d'approcher convenablement la lampe, on trouve ces transmissions parfaitement égales à celles qu'on obtient au moyen de la lampe munie de son réflecteur. Les miroirs métalliques ne changent donc pas, dans l'acte de la réflexion, les rapports de quantité qui existent entre les différentes espèces de rayons calorifiques transmis par divers milieux doués de thermanismes différents ; c'est-à-dire qu'ils réfléchissent également toutes sortes de chaleurs rayonnantes.

227. Proposition. — « La réflexion de la chaleur est un phé-
« nomène qui se passe tout entier à la surface même du corps
« réfléchissant. »

En effet, quelque mince que soit la couche d'une substance que l'on passe sur un miroir, celui-ci acquiert de suite le pouvoir réfléchissant propre à cette substance. Ainsi un miroir d'acier acquiert, dès qu'on le dore, le pouvoir réfléchissant de l'or aussi complétement avec la plus légère couche d'or qu'avec le plaquet d'or le plus épais.

Remarque. — Bien entendu que, dans cette expérience, on suppose que la couche appliquée au miroir est athermane ; car si elle est diathermane comme les couches de vernis que Leslie étendait sur son miroir, la quantité de chaleur réfléchie par le miroir ainsi verni diminuera à mesure que la couche sera plus épaisse. La raison en est que la chaleur qui tombe sur la surface extérieure de la couche de vernis se divise en deux parties : la première qui est réfléchie par cette surface, et la seconde qui pénètre dans l'intérieur de la couche. Or, plus celle-ci sera épaisse et plus cette seconde partie subira l'absorption dont nous avons parlé au n° 224, moins donc il y aura, dans cette partie, de rayons qui, arrivant jusqu'au miroir, puissent être réfléchis par celui-ci. Cependant quand la couche aura atteint l'épaisseur nécessaire pour que l'absorption dont il s'agit soit complète, la réflexion par le miroir vernissé ne changera plus par l'addition de nouvelles couches.

Faute de cette attention à la diathermanéité des couches de vernis dans cette expérience de Leslie, on a pendant longtemps avancé une proposition directement contraire à la proposition précédente.

Pouvoir diffusif. — Outre les rayons de chaleur réfléchis suivant la loi susdite dans une seule direction, chaque point d'un corps frappé par un faisceau de chaleur en renvoie une autre partie dans toutes les directions. Cette chaleur ainsi renvoyée paraît se composer de deux sortes de rayons, les uns dont le corps n'a pas altéré le thermanisme, et les autres dont il l'a plus ou moins altéré : les premiers sont lancés par ce qu'on appelle la réflexion irrégulière, et les seconds par une propriété des corps que M. Melloni appelle *pouvoir diffusif.* Pour vérifier ceci par l'expérience, Fig. 387. ce savant place l'un après l'autre, verticalement en g (*fig.* 387), deux disques de carton minces qu'il expose obliquement aux rayons émanés de F ; puis il présente la pile armée de son réflecteur AB (*fig.* 391), d'abord en P (*fig.* 387) devant le disque, et ensuite derrière ce disque. Le premier de ces disques est noirci des deux côtés, le second est blanc du côté de F et noir du côté opposé, que j'appellerai le côté postérieur.

Fig. 391.
Fig. 387.

Le nombre des degrés du thermoscope fournis par la face postérieure de chaque disque dus à l'échauffement du disque, donnaient ainsi une idée de la chaleur absorbée par ce disque. Le nombre des degrés marqués par la face antérieure était plus fort que le précédent de quelques unités, et ces quelques unités donnaient une idée de la chaleur réfléchie par cette face. Or, dans ses expériences, M. Melloni s'étant arrangé pour que le disque noirci des deux côtés donnât 12° par sa face postérieure, il trouva constamment 14° pour la face antérieure de ce disque, quelle que fût la source F; au lieu que pour l'autre disque la différence des degrés de ses deux faces variait selon la nature de la source placée en F. La face blanche de ce disque renvoyait donc par *diffusion*, comme dit M. Melloni, une plus ou moins grande partie de la chaleur incidente, suivant la nature de celle-ci. Du reste, ces expériences réussissent toujours, dans quelque direction que l'on présente la pile au disque g.

Remarque. — Ce pouvoir diffusif répond à la coloration des corps par réflexion, et les deux parties de la chaleur réfléchie dont nous venons de parler répondent aux deux sortes de rayons que renvoie de tous côtés un corps éclairé par la lumière blanche. Ce corps, en effet, renvoie, par ce qu'on appelle la réflexion irrégulière, une partie de cette lumière blanche, sans l'altérer aucunement. Quant au reste de cette lumière, il en absorbe quelques rayons, et ne renvoie les autres que modifiés de manière à ce que n'étant plus de la lumière blanche, mais de la lumière d'une certaine couleur, ils font voir le corps de cette même couleur.

2° *Réfraction de la chaleur.*

228. PROPOSITION. — « Quand la chaleur traverse la surface « de séparation de deux milieux diathermanes, elle se réfracte « comme la lumière. »

En effet, si on présente une lentille mn (*fig.* 389) en sel gemme à une source de chaleur A, on trouvera toujours un point F tel qu'en y plaçant une des boules du thermomètre différentiel, ce-

Fig. 389.

lui-ci s'élèvera d'un certain nombre de degrés très-sensibles, tandis qu'ailleurs il n'y aura aucun effet. Ainsi les rayons de chaleur envoyés par A sont réfractés et rassemblés par la lentille en un même point F. Cette expérience ne réussit pas bien avec une lentille de verre, parce que le verre est bien moins diathermane que le sel gemme. M. Melloni a aussi étudié la réfraction de la chaleur avec un prisme de sel gemme, placé en *g* (*fig.* 387). Par l'action de ce prisme, les rayons F*g* sont détournés ou réfractés, et la pile P n'accuse de chaleur qu'autant qu'on l'amène dans une position détournée P'. M. Melloni a trouvé que les diverses sortes de rayons calorifiques sont diversement réfrangibles. Ces résultats de M. Melloni se trouvent dans le tome LV des *Ann. de chim. et de phys.*, p. 337 et suiv.

Fig. 387.

C'est principalement en étudiant les spectres que produisent les prismes, qu'on peut éclaircir la question de l'identité de la lumière et de la chaleur.

229. *Rapport de la chaleur avec la lumière.* — Pendant longtemps on a pensé que ces deux agents étaient identiques, en ce sens que quand l'agitation de l'éther était peu considérable, elle ne produisait que des effets de chaleur sans lumière; mais qu'à mesure que cette agitation devenait plus intense elle devenait de plus en plus lumineuse, tout en augmentant aussi de chaleur. M. Ampère modifia d'une manière ingénieuse cette opinion, comme le dit M. Melloni (*Ann. de chim. et phys.*, t. LX, p. 419). Ainsi, selon M. Ampère, un rayon solaire est composé de plusieurs rayons simples de diverses réfrangibilités, ou, ce qui revient au même, de diverses longueurs d'ondes, depuis le violet jusqu'au rouge et au delà : chacun de ces rayons simples est calorifique, mais il n'est lumineux qu'autant que son onde de vibration est suffisamment petite ou sa réfrangibilité suffisamment grande; et après le rouge, qui a les ondes les plus longues parmi les rayons lumineux, il existe des rayons d'une plus grande longueur d'onde encore ou d'une plus petite réfrangibilité qui ne donnent plus de lumière, mais qui continuent à produire de la chaleur. M. Melloni avait présenté à l'Institut une note en 1835 pour renverser cette opinion (V. les *Ann. de chim. et de phys.*, 2ᵉ série, t. LX, p. 418), qui avait sans doute été suggérée à M. Ampère par les expériences d'Herschel et d'autres physiciens.

Ces savants reconnurent, par l'expérience, que dans le spectre solaire la chaleur ne réside pas seulement dans les rayons lumineux, mais qu'elle s'étend au delà du rouge dans un espace assez étendu qui contient beaucoup de rayons de chaleur obscure. Mais les expériences par lesquelles M. Melloni s'assura, en 1836 et 1837, que la chaleur se polarisait comme la lumière (V. plus bas, n° 232), le ramenèrent vers cette même opinion de M. Ampère; car il entreprit un travail considérable en 1844, dont il s'occupait encore en 1846, pour la démontrer d'une manière définitive. (V. le *Journal de l'Institut*, t. XII, p. 10 et 128, ou les Comptes rendus de l'Académie des sciences pour 1844 et 1846.)

Dans ce travail, M. Melloni observe d'abord que si, pour analyser la lumière et la chaleur du soleil, on reçoit sur le prisme analyseur un faisceau composé de rayons venant de points de cet astre trop éloignés les uns des autres, on aura en un même point du spectre des rayons de réfrangibilités différentes (V. *Compléments*), et par conséquent des rayons de chaleur obscure mêlés avec des rayons lumineux. Or le thermoscope placé sur ce point du spectre sera mu par les rayons obscurs inaperçus par l'œil, aussi bien que par la chaleur des rayons visibles. Par conséquent les indications de l'œil et du thermoscope seront différentes, et sembleront prouver une différence entre la lumière et la chaleur. C'est ce qui est arrivé dans les expériences de M. Melloni de 1835. Mais ce physicien ayant repris ces expériences en 1844 et 1846 avec des prismes de sel gemme à pans très-étroits, fit tomber sur eux des faisceaux solaires très-minces, qu'il introduisit par des fentes pareillement très-étroites dans sa chambre obscure. M. Melloni étudia ces spectres élémentaires avec des piles linéaires, c'est-à-dire assez minces pour que, présentées aux spectres, elles n'en reçussent qu'une zone très-étroite. Alors il put constater, dans l'intervalle des sept couleurs assignées par Newton, que la lumière et la chaleur étaient inséparables, et qu'on ne pouvait anéantir dans cet intervalle un de ces deux agents sans anéantir l'autre; mais au delà de cet intervalle viennent à la suite des rayons rouges, comme l'avait découvert Herschel, des rayons moins réfrangibles que ceux-ci, et qui, bien qu'invisibles, agissent pourtant sur le thermoscope.

230. *Défaut de proportion entre la chaleur et la lumière.* — La comparaison de l'intensité de la chaleur de chaque point du spectre avec son intensité lumineuse montre que ces deux intensités sont loin d'être proportionnelles; car la chaleur accusée par le thermoscope pour les cinq ou six premières couleurs, à partir du violet, est très-faible; elle ne commence à être un peu considérable qu'en approchant du rouge, au delà duquel elle continue encore à croître jusqu'à un point placé loin au delà du rouge où elle atteint son maximum. Ceci ne peut faire une objection à l'identité de la chaleur avec la lumière, parce que la température ne dépend que de la quantité de mouvements des molécules éthérées; au lieu que la vivacité de la sensation produite par ces molécules sur la rétine dépend non-seulement de cette quantité de mouvement, mais aussi, et avant tout, de la condition que doit remplir ce mouvement pour que les fibres de la rétine puissent le prendre; de sorte qu'il peut y avoir des vibrations éthérées insensibles à l'œil, comme il arrive aux ondes sonores plus longues que 32 pieds, qui, bien que produisant plus d'agitation dans l'air que des ondes plus courtes, ne peuvent ébranler le nerf acoustique, puisqu'elles ne lui font entendre aucun son.

On lève d'une manière également satisfaisante toutes les autres objections qu'on peut faire contre l'identité de la lumière et de la chaleur. De sorte que cette opinion n'a contre elle aucune raison qui empêche de l'admettre, en même temps qu'elle est la plus simple de toutes celles que suggèrent à l'esprit l'analogie toujours croissante de ces deux agents : nous disons toujours croissante, parce qu'en effet, à mesure que les savants approfondissent davantage la chaleur, on voit s'augmenter toujours davantage le nombre des propriétés qui lui sont communes avec la lumière.

Effet de l'accroissement de température. — Une des objections qu'on faisait autrefois contre l'identité de la chaleur et de la lumière, d'après l'idée que nous avons dit qu'on s'en faisait alors, était que, selon cette idée, tout corps lumineux aurait dû être très-chaud, ce qui n'est pas pour beaucoup de corps phosphorescents; mais, d'après l'expérience faite par M. Daper vers 1847, on sait aujourd'hui que l'éclat que finissent par jeter les corps qu'on chauffe de plus en plus, ne vient pas de ce que les agitations de l'éther, en devenant de plus en plus considérables, finissent par agir sur la rétine. L'expérience de M. Daper consiste à considérer au travers d'un prisme l'image d'un fil de platine rendu de plus en plus chaud dans une chambre obscure, par l'action d'un courant électrique d'intensité croissante. On voit ainsi un spectre qui est d'abord très-court, et se compose des seules teintes rouges; mais il s'allonge ensuite en développant successivement le jaune, le vert, le bleu et le violet. Ainsi, par l'accroissement de température, non-seulement le mouvement d'une même espèce de vibrations devient de plus en plus considérable, mais les diverses espèces de vibrations qui se forment deviennent plus nombreuses. (*The London Edin. and Dubl. Philos. mag. and Journal of science*, n° 202.)

231. *Prédominance de la chaleur obscure.* — Nous venons de voir que, lorsqu'on étudie le degré de chaleur de chaque zone d'un spectre formé, avec les précautions précédentes, par un prisme de sel gemme, on reconnaît que les premières zones, à partir de la zone violette, n'en ont que très-peu. La chaleur des quatre premières zones, dit M. Melloni (*Thermocrose*, 1re partie, p. 268), est tellement faible, qu'on peut les considérer comme froides par rapport aux autres. Quant à celles-ci, l'espace qu'elles occupent n'est pas plus grand que celui occupé par les rayons obscurs qui viennent à la suite du rouge; et cependant la chaleur de ces derniers est beaucoup plus grande que celle des rayons qui précèdent. On voit donc que la chaleur des rayons obscurs d'un faisceau solaire fait la plus grande partie de la chaleur de ce faisceau. Tout ceci s'accorde avec ce que nous avons vu dans le 1er paragraphe.

Thermochroïsme des substances limpides. — Quand on prend un prisme d'autre matière limpide que de sel gemme, le spectre ne présente d'autre différence avec le spectre précédent qu'en ce que les rayons obscurs éprouvent une diminution plus ou moins grande, pourvu qu'on prenne les précautions susdites pour former ce spectre solaire.

Les substances transparentes incolores ne diffèrent donc les unes des autres, sous le rapport de la chaleur, qu'en ce que les unes arrêtent différents rayons de chaleur obscure que les autres laissent passer.

3° *Polarisation de la chaleur.*

232. Proposition. — « Les rayons de chaleur sont polari-
« sés, comme la lumière, par la réflexion et la réfraction qu'ils
« éprouvent à la surface des milieux réfléchissants et réfringents. »

Rien de plus facile à prouver que cette proposition par l'appareil de M. Melloni décrit ci-dessus, n° 219. A cet effet, sur le passage des rayons que la source F (*fig.* 392) lance au thermomultiplicateur P, on place deux piles gg' et hh', chacune d'environ 10 ou 12 lames minces de mica blanc. Pour produire le maximum d'effet, il faut que ces lames soient inclinées d'environ 33° ou 34° sur le rayon de chaleur FP. Dans chaque pile, comme dans la pile gg', les lames de mica sont fixées dans un cadre dont le bord g tient à un anneau qui peut tourner dans l'ouverture ronde gg, d'un écran de cuivre ts. Par là, en faisant tourner cet anneau dans le plan ts, on peut amener dans tel azimut qu'on veut le plan d'incidence $g'zg$, sans changer l'inclinaison de la pile sur le rayon FP.

Ceci compris, on place d'abord les piles parallèlement l'une à l'autre, de manière, par exemple, que leurs plans d'incidence soient tous deux verticaux; et, ayant disposé la source F pour qu'elle fasse marquer 30° à l'aiguille k, on tourne l'une des piles, la pile gg', par exemple, jusqu'à ce que son plan d'incidence soit horizontal : aussitôt l'aiguille k revient à zéro.

Pour prouver la polarisation produite par la réflexion, on tourne les deux piles jusqu'à ce que leurs plans d'incidence soient horizontaux, et on amène le thermoscope P devant la pile hh', dans une direction qui fasse avec le plan hh' un angle de 33°; et quoique alors ce thermoscope soit dans la direction où devrait se faire la réflexion de la chaleur, son aiguille restera à zéro; mais, dès qu'on ramènera la pile gg' à voir son plan d'incidence vertical, il se produira une forte déviation de l'aiguille k. Ainsi le rayon réfléchi dans cette circonstance par la première pile hh' est polarisé, puisque ce rayon réfléchi traverse ou ne traverse pas la seconde pile, selon l'azimut dans lequel on lui présente celle-ci.

M. Melloni a répété ces expériences sur diverses sortes de chaleur, et même sur les rayons de chaleur obscure ; et il les a trouvées toutes également polarisables. (V. *Ann. de chim. et de phys.*, 2ᵉ série, t. LXV, p. 5 et suiv.)

Article II. — *De la chaleur des molécules des corps.*

Dans l'article précédent, nous avons étudié les phénomènes de chaleur qu'un corps présente en modifiant la chaleur rayonnante lancée sur lui par une source qui lui est extérieure. Dans ces phénomènes, les rayons de chaleur ainsi modifiés, que nous avons étudiés, ne sont pour ainsi dire que les prolongements (quoique plus ou moins détournés) des rayons incidents ; mais les phénomènes de chaleur des corps que nous allons considérer sont dus à des rayons qui partent des molécules mêmes de ces corps, et qui composent la chaleur propre de ces molécules.

Nous allons d'abord établir comme proposition préliminaire à ce deuxième article, que chaque molécule d'un corps est un vrai foyer d'où se propagent sans cesse des vibrations calorifiques dans l'éther environnant.

233. Proposition. — « Tous les corps rayonnent sans cesse, « c'est-à-dire lancent continuellement des rayons de chaleur. »

Cette proposition est inévitable dans le système des ondes ; car, dans ce système, la température d'un corps n'est autre chose que l'intensité plus ou moins grande du mouvement vibratoire des atomes de ce corps. Ainsi le corps dont les atomes seraient en repos, n'étant plus susceptible de recevoir de diminution dans le mouvement vibratoire de ses atomes, serait incapable de baisser de température. Or il est de fait qu'il n'y a point de corps, si basse que soit sa température, qui ne puisse être refroidi davantage ; donc, dans tous les corps, les atomes vibrent ; mais alors ces vibrations doivent se propager dans l'éther environnant, et faire un rayonnement plus ou moins intense : donc tous les corps rayonnent.

Au reste, cette proposition doit être admise, quel que soit le système qu'on adopte pour expliquer les phénomènes de la chaleur, parce qu'elle offre le moyen le plus naturel de concevoir les influences de température exercées à distances par les corps chauds et les corps froids : 1° pour les corps chauds, car l'influence subite exercée sur la main ou sur un thermomètre, dès qu'on les présente de loin à un corps chaud, porte tout de suite à conclure que ce corps rayonne ou envoie instantanément quelque chose sur la main ou sur le thermomètre ; en second lieu, pour les corps froids, on est d'abord tenté d'attribuer l'influence qu'ils exercent de loin sur la main sitôt qu'on la leur présente, à quelque chose de différent de ce qui s'échappe d'un corps chaud ; mais, pour peu qu'on y réfléchisse, on reconnaît que l'état d'un corps froid n'est pas essentiellement différent de celui d'un corps chaud, c'est-à-dire que l'un et l'autre état ne sont que divers degrés d'un même état connu sous le nom de *température*, comme la lenteur et la rapidité ne sont que les divers degrés d'un même état connu sous le nom de *mouvement*, car tel corps sera trouvé froid par celui qui a la main brûlante, et sera trouvé chaud au même instant par celui qui a la main glacée : de même une boule de neige à 0°, transportée dans une chambre à 7 ou 8 degrés au-dessous de 0, rayonnera sur les thermomètres de cette chambre et les fera monter. Ainsi on ne peut admettre pour le froid une cause distincte de celle admise pour le chaud. Il faut donc admettre que le refroidissement de la main ou l'abaissement du thermomètre, en présence d'un corps froid, vient de ce que leur chaleur, que ce soit de la matière ou du mouvement, les quitte pour passer dans ce corps. Mais cette transition ne peut se concevoir que de deux manières : ou de proche en proche d'une molécule pondérable à la suivante, ou par rayonnement au travers de ces molécules jusqu'à une grande distance. Mais, d'abord, si les choses se passaient de la première manière, on aurait beau mettre un miroir à une certaine distance de la boule de neige, quand le refroidissement arriverait enfin aux molécules d'air placées dans l'endroit où est ce miroir, le froid se ferait sentir à peu près également sur tous les points de cet endroit, tandis qu'il est de fait qu'il est bien plus sensible au foyer du miroir qu'en tout autre point ; et ce fait, inexplicable dans le cas d'une perte de chaleur éprouvée de proche en proche par les molécules des corps environnants, s'explique aisément par l'émission de la chaleur lancée à de grandes distances par ces corps, ainsi qu'on va le voir. Il y a encore plusieurs autres raisons qui s'opposent à la propagation de la chaleur ou du froid par l'air ; mais ce qui précède suffit.

234. *Réflexion du froid.* — Soient (*fig.* 388) M et M' deux miroirs f, f' leurs foyers, à l'un f desquels est un thermomètre : sitôt que l'on présente une boule de neige à l'autre foyer f', le thermomètre baisse sensiblement, et cet abaissement de température n'a lieu d'une manière très-sensible qu'au foyer f. L'explication de ce fait est une conséquence et en même temps une confirmation du rayonnement universel ; en effet, avant de mettre une boule de neige en f', représentons-nous la boule d'air qui en tient la place : cette boule, il est vrai, rayonnera peu, comme l'a démontré M. Melloni ; mais, à cause de sa diathermanéité, elle sera perpétuellement traversée par divers rayons lancés par les parois de l'enceinte et par les corps qu'elle contient. Or, toute cette chaleur qui vient de la boule d'air f', et qui est réfléchie sur le thermomètre f, suffit, avec la chaleur qu'envoient directement en f les corps environnants, pour réparer les pertes qu'éprouve le thermomètre en rayonnant. Mais quand on met en f' la boule de neige, cette substitution d'une boule de neige à la boule d'air revient au même que si l'on supprimait une partie des rayons venus de cette boule d'air. L'effet de cette suppression sur un des points environnants sera d'autant plus considérable que ce point recevait une plus grande partie des rayons émanés de f' ; et comme nul point n'en recevait autant que f, il s'ensuit que c'est en f que se fera le plus sentir l'effet de cette suppression, c'est-à-dire l'abaissement de température.

Avant de quitter ces préliminaires, exposons-en une des applications les plus utiles à connaître.

235. *Du froid qui se fait sentir pendant les nuits sereines.* — Une des applications les plus immédiates des principes précédents est l'explication du froid qui se produit pendant la nuit, lorsque l'air est parfaitement pur, calme et sans nuages. Dans ce cas, chaque point du sol qui a été échauffé pendant le jour par le soleil rayonne avec abondance pendant toute la nuit : ces rayons de chaleur traverseront l'air avec facilité et sans l'échauffer, à cause de la parfaite limpidité que nous lui supposons : ils se perdront ainsi sans retour dans l'immensité des cieux. Cette perte, continuée pendant plusieurs heures, abaissera la température de la terre et de tous les objets placés à sa surface de plusieurs degrés. Il y a même cela de remarquable, c'est que tous ces objets ne se refroidissent pas également : ceux dont le pouvoir émissif est le plus fort s'abaisseront d'un nombre de degrés sensiblement plus grand que les autres.

Au contraire, si l'air est brumeux, alors les rayons de chaleur des différents points du sol ne pourront plus traverser l'air; car les moindres brouillards, même ceux qui ne seraient guère perceptibles à l'œil, diminuent beaucoup la diathermanéité de l'air. La chaleur se conservera donc assez dans le sol et dans la couche d'air qui le recouvre pour n'éprouver qu'une assez faible perte pendant toute la nuit.

Si le ciel est couvert de nuages, les rayons de chaleur du sol pourront bien traverser l'air s'il est bien transparent; mais, arrivés aux nuages, ceux-ci les renverront à la terre, qui sera encore préservée par là d'une perte de chaleur considérable. Enfin, si l'air, quoique pur et sans nuages, est néanmoins sans cesse renouvelé par de l'air pourvu d'une certaine chaleur, celui-ci réparera sans cesse les pertes de chaleur que le rayonnement tend à faire éprouver au sol, et sa température ne baissera que peu pendant la nuit.

On conçoit que le serein dont nous avons parlé au n° 156 du liv. Ier ne pourra être bien sensible que dans une soirée où le ciel est bien pur.

Après ces préliminaires, entrons dans le corps du présent article.

CHALEUR DES MOLÉCULES DES CORPS.

Ire PARTIE. — *Phénomènes dus à la différence de leurs températures entre elles et avec la température environnante.*

§ Ier. — LOI DU REFROIDISSEMENT.

236. PROBLÈME. — « On demande d'expliquer la manière de se
« représenter en quoi consiste le refroidissement d'un corps dans
« le système des ondes. »

Dans ce système, chaque molécule d'un corps chaud a ses

atomes dans un état de vibration, et ce mouvement vibratoire se communique à l'éther dans lequel il se propage ensuite indéfiniment ; mais à chaque fois que les atomes d'une molécule communiquent ainsi de leur vitesse à l'éther, leur mouvement éprouve une perte et se ralentit ; tellement que si ce corps chaud était le seul corps qui ébranlât ainsi l'éther, le mouvement se ralentirait sans cesse, et par conséquent la température baisserait continuellement.

PROPOSITION. — « Un corps chaud perd à chaque instant par
« le rayonnement une quantité de chaleur proportionnelle à l'ex-
« cès de sa température sur celle du milieu où il est suspendu,
« pourvu que cet excès soit petit. »

Cette loi est facile à vérifier. Pour cela, on place la boule d'un thermomètre au centre du corps que l'on veut soumettre à l'expérience ; ensuite, après avoir élevé sa température de 20°, par exemple, au-dessus de celle de l'air ambiant, on laisse refroidir ce corps, et on examine, la montre à la main, la marche du thermomètre ; et si l'on trouve qu'il baisse dans la première minute, par exemple, du dixième de ces 20°, on verra qu'à chaque minute suivante il baissera du dixième des degrés dont il excédera la température ambiante à cette minute.

Observation I. — Cette loi du refroidissement des corps est connue sous le nom de *loi de Newton*. Elle n'est exacte sensiblement qu'autant que l'excès de température du corps sur celle de l'enceinte où il se trouve ne dépasse pas 15 ou 20°. Quand cet excès est beaucoup plus considérable, le refroidissement est, dans les premiers moments, plus rapide que ne le suppose la loi de Newton. (V. *Complém.*)

Observation II. — On a comparé le refroidissement d'un corps quelconque dans l'air avec le refroidissement de ce corps dans le vide, et l'on a trouvé qu'il est plus lent dans le vide que dans l'air ; on sent d'ailleurs la raison de ce fait, car lorsqu'un corps chaud est placé dans le vide au lieu d'être dans l'air, il y a une cause de refroidissement qui n'existe plus : c'est le contact du corps chaud avec l'air. MM. Petit et Dulong ont trouvé, par l'expérience, les lois exactes du refroidissement d'un corps, soit dans l'air, soit dans le vide ; mais l'exposé de leurs savantes recherches ne peut trouver place dans un traité aussi élémentaire

468   ÉLÉMENTS DE PHYSIQUE, LIV. II.

que celui-ci : on peut les voir dans le t. VII des *Annales de physique et de chimie*, p. 225.

§ II. Pouvoirs émissif et absorbant.

237. Proposition. — « Le pouvoir absorbant ne diffère pro-
« bablement pas essentiellement du pouvoir émissif. »

En effet, l'un et l'autre de ces pouvoirs consistent dans le trajet de la chaleur au travers de la surface d'un corps, et ils ne diffèrent qu'en ce que la chaleur traverse la surface du corps de dehors en dedans quand il s'agit du pouvoir absorbant, et de dedans en dehors quand il s'agit du pouvoir émissif.

238. Problème. — « On demande de déterminer le pouvoir
« émissif des corps. »

Pour résoudre ce problème, M. Melloni prend un vase carré, dont les quatre faces latérales soient très-minces et recouvertes de substances différentes, l'une de verre, l'autre de papier, la troisième de quelque autre substance, comme de fer poli, etc. Toutes ces substances doivent former elles-mêmes des couches peu épaisses, pour qu'elles puissent bien prendre la température de l'eau dont on doit remplir le vase.

Fig. 391.   Ensuite il arme d'un réflecteur conique AB (*fig.* 391) l'extrémité de son thermo-multiplicateur, qui est tournée vers les sources de chaleur ; et après avoir rempli d'eau chaude le vase
Fig. 387.   carré, il le pose en S' (*fig.* 387) sur une lampe à alcool qui en entretient la température à 100°. En tournant le vase on en présente successivement les quatre faces latérales au réflecteur conique du thermo-multiplicateur P, et cela produit à chaque fois une déviation différente. Ensuite M. Melloni a cherché, par une méthode que l'on peut voir dans le tome LIII des *Annales de physique et de chimie*, pag. 23 et suivantes, les rapports des quantités de chaleur répondant à ces déviations, et il a trouvé qu'en représentant par 100 la chaleur envoyée par le noir de fumée, celles envoyées par les autres substances étaient égales aux nombres du tableau suivant (*Journal de l'Institut*, t. III, p. 25) :

<blockquote>
Noir de fumée............... 100
Carbonate de plomb............ 100
</blockquote>

POUVOIR ÉMISSIF ET ABSORBANT.   469

```
Colle de poisson..............    91
Encre de Chine..............      85
Gomme laque................       72
Surface métallique............    12
```

239. Problème. — « On demande de déterminer les pouvoirs
« absorbants des corps. »

D'après la proposition précédemment établie, les nombres des pouvoirs émissifs pourraient servir aussi pour les pouvoirs absorbants. On a cependant cherché à mesurer directement les pouvoirs absorbants.

L'extrême sensibilité du thermo-multiplicateur a permis à M. Melloni de résoudre ce problème d'une manière sûre et commode. Voici comment : On prend un disque de cuivre mince qui ferme entièrement l'ouverture du réflecteur AB (*fig.* 391) du thermo-multiplicateur; on noircit ce disque d'un côté, après l'avoir mis de l'autre dans un certain état de surface ou couvert de la substance dont on veut étudier le pouvoir absorbant ; ayant fixé ce disque tout près du réflecteur avec la face noircie tournée vers la pile, on pose la lampe Locatelli sur son support S' (*fig.* 387), et on abaisse l'écran E" : en quelques secondes les rayons de chaleur absorbés par la surface antérieure du disque traversent le métal, arrivent à la surface noircie, et de là rayonnent sur la pile; la déviation du galvanomètre commence : elle augmente graduellement sans oscillation ; en cinq ou six minutes elle atteint un maximum stable.

Fig. 391.

Fig. 387.

Pour obtenir les pouvoirs absorbants des différentes substances dans l'air, on n'a qu'à les appliquer sur autant de disques semblables à celui que nous venons de décrire, et observer les *maxima* de déviation de l'index qui se produisent successivement sous l'influence de chacun d'eux.

240. Proposition. — « Un même corps n'absorbe pas avec
« la même facilité les rayons calorifiques de diverses na-
« tures. »

En effet, en exposant les substances écrites dans le tableau suivant, comme on vient de dire, aux sources indiquées, M. Melloni a trouvé pour valeurs des pouvoirs absorbants les nombres ci-après (V. le *Journal de l'Institut*, t. III, p. 25) :

	Lampe Locatelli.	Platine incandescent.	Cuivre à 400.	Cuivre à 100.
Noir de fumée................	100	100	100	100
Carbonate de plomb...........	53	56	89	100
Colle de poisson..............	52	54	64	91
Encre de Chine...............	96	95	87	85
Gomme laque,................	43	47	70	72
Surface métallique...........	15	13,5	13	13

On voit, par les nombres de la première et de la dernière ligne, que le pouvoir absorbant des métaux et du noir de fumée est le même pour toutes sortes de chaleurs.

La comparaison des autres nombres prouve que les pouvoirs absorbants des surfaces varient considérablement avec l'origine des rayons calorifiques. D'après d'autres expériences de M. Melloni, les pouvoirs absorbants des substances ci-dessus changent encore quand on place un écran de verre entre elles et la source de chaleur à laquelle elles sont exposées. Enfin, on prouve encore la même proposition en bouchant les deux extrémités de la pile P avec deux disques minces. On commence l'expérience par deux disques qui sont noircis des deux côtés, et on met devant eux deux sources de chaleur d'espèce différente, que l'on dispose de manière que l'aiguille du thermoscope marque zéro. Ensuite on substitue à ces deux disques deux autres qui n'aient qu'une face noircie, et dont l'autre face soit enduite de la substance dont on veut étudier le pouvoir absorbant, et c'est cette face qu'on tourne vers chaque source de chaleur. Or, aussitôt cette substitution faite, on voit l'aiguille du thermoscope tourner de plusieurs degrés. Ainsi, dans ce cas, les deux sortes de chaleur ne sont pas également absorbées. Cette conclusion suppose que le noir de fumée absorbe également toutes les chaleurs; mais cela résulte du tableau précédent, et aussi de ce que contient le numéro relatif au pouvoir diffusif.

PROPOSITION. — « L'émission de la chaleur se fait jusqu'à une « certaine profondeur du corps qui émet cette chaleur. »

En effet, en passant sur une surface métallique polie une couche extrêmement mince de vernis, on produit une augmentation notable dans le pouvoir émissif de cette surface; et, ce qui est fort remarquable, une seconde couche ajoute encore à cet effet, une troisième pareillement, et ainsi de suite, jusqu'à une certaine limite d'épaisseur ; il en résulte que les rayons de chaleur ne partent pas seulement de la surface mathématique des corps, mais qu'ils partent aussi des couches inférieures jusqu'à une profondeur sensible au-dessous de cette surface.

§ III. — Conductibilité des corps pour la chaleur.

241. Cette partie de la théorie de la chaleur est celle qui doit le plus au calcul ; elle est toute renfermée dans ce problème : Étant données les valeurs que les températures diverses des molécules d'un système quelconque ont à un certain instant, trouver les valeurs diverses qu'auront ces mêmes températures à un autre instant.

La solution de ce problème est fondée sur la manière dont la chaleur se communique d'une molécule pondérable à une autre. Nous allons d'abord expliquer comment on peut concevoir cette communication dans le système des ondes.

PROBLÈME. — « On demande la manière de se représenter la « communication de la chaleur d'une molécule pondérable à une « autre, dans le système des ondes. »

On conçoit que cette communication se fait de la même manière que les vibrations sonores d'un corps se communiquent à un autre corps placé dans son voisinage.

Ainsi, si une molécule chaude met par l'agitation de ses atomes l'éther environnant en mouvement, ce mouvement, en se propageant, arrive sur une des molécules voisines ; les atomes de celle-ci sont déjà, il est vrai, dans une agitation proportionnée à sa température, mais le mouvement de l'éther, en les atteignant, leur communique un nouveau degré de vitesse, et la température de cette molécule s'élève.

Définition. — On appelle *conductibilité pour la chaleur* la propriété dont jouissent les corps de laisser la chaleur se propager d'une molécule à l'autre de leur intérieur plus ou moins loin, suivant leur nature.

242. *Conductibilité des solides.* — PROBLÈME. — « On de-
« mande de constater l'inégale conductibilité des corps. »

On a une caisse en fer-blanc ou en laiton ; cette caisse porte à l'une de ses faces une rangée de petites barres égales : lorsque la caisse est posée sur une table, ces barres sont horizontales, étant toutes perpendiculaires à la face à laquelle elles sont soudées ; elles sont faites avec les diverses substances dont on veut examiner la propriété conductrice ; on enduit de cire chaque petite barre, et l'on remplit la caisse d'eau bouillante. Aussitôt la chaleur de cette eau se propage dans les petites barres, et l'on voit la cire se fondre sur chaque barre jusqu'à une certaine distance de la caisse ; mais cette distance est plus ou moins grande, suivant la nature de la barre. Par exemple, si une des barres est en charbon, une autre en ivoire et une troisième en argent, la cire ne se fondra plus à une petite distance de la caisse sur la première barre ; cette distance sera plus grande sur la deuxième, et encore plus grande sur la troisième. Ainsi, des trois corps, charbon, ivoire et argent, la propriété conductrice du premier est la moins sensible, celle du troisième est la plus considérable, et celle du deuxième tient le milieu. En général, de tous les corps solides, les métaux ont une propriété conductrice plus grande que tous les autres corps solides. (V. les *Compléments.*)

243. *Conductibilité des liquides.* — Cette conductibilité est très-faible. Cependant on sait qu'en plaçant un vase plein d'eau sur un brasier ardent, l'eau ne tarde pas à avoir la même température dans tous ses points ; mais ce phénomène n'est pas comparable à celui des solides, comme on va le voir.

Problème. — « On demande d'expliquer comment la chaleur « se répand dans toute la masse d'un liquide que contient un « vase placé sur un brasier ardent. »

Lorsqu'un vase plein d'eau, par exemple, est sur le feu, les parties inférieures de l'eau s'échauffent, se dilatent, et deviennent moins denses que les parties supérieures qui restent froides ; aussi, les parties inférieures, en vertu de leur moindre densité ou pesanteur, s'élèvent à la surface, tandis que les parties supérieures se précipitent au fond : il s'établit donc dans l'eau une espèce de circulation, et c'est par son moyen que la chaleur se répand si vite dans toute la masse du liquide. Pour se convaincre de l'existence de ces mouvements internes des molécules de l'eau, il n'y a qu'à y mettre de la sciure de chêne ou de buis, qui, ayant à peu près la même densité qu'elle, se tient comme suspendue dans son intérieur et en suit tous les mouvements. Pour mieux apercevoir ces mouvements, on met cette eau et la sciure qu'elle contient dans un vase de verre cylindrique d'un pied de hauteur environ sur quelques pouces de largeur. A peine a-t-on échauffé un peu ce vase en l'approchant du feu, que l'on voit la sciure se mettre en mouvement; celles de ses particules qui sont près des parois du vase descendent et celles du centre montent sans cesse.

D'après ces considérations, quelques physiciens avaient prétendu que les liquides n'avaient réellement pas de propriété conductrice; mais cette opinion n'est pas admissible.

244. Proposition. — « Les liquides jouissent d'une certaine « conductibilité, mais très-faible. »

En effet, lorsqu'au lieu de chauffer le liquide par en bas, comme on le fait ordinairement, on le chauffe par en haut, il ne s'établit plus aucune circulation, et cependant le liquide s'échauffe encore jusqu'à une certaine profondeur. Pour faire cela, on prend un vase qui soit d'une matière peu conductrice, afin que la propagation de la chaleur dans le liquide ne puisse lui être attribuée. On remplit ce vase du liquide qu'on veut étudier, on y met un thermomètre dont la boule pose sur le fond du vase, et on applique sur la surface du liquide un disque métallique chaud. Tout étant ainsi disposé, le thermomètre, au bout de quelque temps, s'élève, et accuse une augmentation de température. M. Pictet et M. Nicholson ont fait cette expérience sur plusieurs liquides, et elle leur a donné des conductibilités différentes pour chacun d'eux.

Mais comme il est toujours à craindre que dans ces expériences une partie de l'effet soit dû à l'échauffement des parois du vase, M. Murray les a recommencées avec un vase de glace.

On pourrait cependant objecter que cette chaleur transmise n'est que de la chaleur rayonnante qui passe entre les molécules des liquides; mais M. Murray, après avoir fait les expériences susdites en faisant toucher au corps chaud la surface du liquide dont il voulait constater la conductibilité, a recommencé en tenant ce corps chaud à une distance extrêmement petite de la surface du même liquide, et cette fois le thermomètre placé à l'intérieur de ce liquide n'a pas monté d'une quantité sensible.

474 ÉLÉMENTS DE PHYSIQUE, LIV. II.

Ce qui prouve que la première fois les degrés marqués par ce thermomètre étaient dus à la conductibilité du liquide.

M. Despretz a repris ces expériences, et a même déterminé numériquement les conductibilités des liquides. (V, les *Compl.*)

Observation. — On voit, par ces expériences, que l'eau, quoique transparente, ne laisse pas passer les rayons des corps chauds à travers ses molécules, à moins que ces corps ne soient incandescents.

245. *Conductibilité des gaz.* — PROPOSITION. — « Les gaz « sont très-peu conducteurs du calorique. »

Rumfort prouvait le peu de conductibilité de l'air par une expérience assez remarquable que M. Beudant rapporte en ces termes : « Il faisait placer un fromage à la glace au milieu d'un plat ; on versait ensuite par-dessus des œufs bien battus, et formant alors une mousse qui renfermait une grande quantité d'air ; on mettait sur le plat un four de campagne bien chaud, pour faire prendre rapidement les œufs : on avait ainsi une omelette soufflée brûlante, au milieu de laquelle se trouvait un fromage à la glace. Dans cette opération, l'air enfermé dans les bulles empêche suffisamment la chaleur de se propager jusqu'au centre du vase. En général, toutes les fois qu'on gêne ou empêche le mouvement des molécules des gaz, ils sont très-lents à s'échauffer ou à se refroidir. C'est de cette manière, c'est-à-dire par les entraves qu'ils mettent au mouvement de l'air, que les corps qui en renferment beaucoup entre leurs diverses parties retiennent si longtemps la chaleur, comme l'édredon, les plumes, le coton, etc. »

CHALEUR DES MOLÉCULES DES CORPS.

IIᵉ PARTIE. — *Phénomènes dus à la nature de ces molécules, ou capacité des corps pour la chaleur.*

246. — Lorsqu'une même quantité de chaleur tombe sur différents corps de masses égales, il semble que la température de ces corps devrait s'élever d'un même nombre de degrés pour tous : cependant l'expérience prouve que la température de chaque corps s'élève plus ou moins, suivant sa nature. Autrement un

CHALEUR SPÉCIFIQUE.   475

corps d'un poids déterminé exige plus ou moins de chaleur, suivant sa nature, pour élever sa température d'un certain nombre de degrés : ainsi une livre d'eau, par exemple, exigera plus de chaleur pour élever sa température de 1°, que ne le ferait une livre de fer.

Définition. — On appelle *capacité pour la chaleur* cette propriété qu'ont les corps d'exiger sous la même masse des quantités différentes de chaleur pour élever leurs températures d'un même nombre de degrés, et l'on donne le nom de *chaleur spécifique* aux nombres qui sont entre eux comme les quantités de chaleur nécessaires à différents corps égaux en masses pour élever leur température d'un degré.

Observation. — D'après l'usage, l'on prend la chaleur spécifique de l'eau pour servir de mesure, c'est-à-dire de terme de comparaison, à celle des autres corps ; ou, autrement dit on est dans l'usage de rapporter toutes les chaleurs spécifiques à celle de l'eau.

Règle à suivre pour trouver la chaleur spécifique. — D'après ce qui précède, il est facile de voir quelle est la règle à suivre pour trouver la chaleur spécifique d'un corps, par rapport à l'eau. Il faut chercher deux nombres proportionnels aux quantités de chaleur nécessaires pour élever d'un même nombre de degrés la température d'une ou de deux livres de ce corps, et celle d'un pareil poids d'eau; ensuite on divise le nombre correspondant au corps dont il s'agit par le nombre correspondant à l'eau. Le résultat est la chaleur spécifique cherchée.

Observation. — La *capacité* d'un corps pour la chaleur se mesure par sa *chaleur spécifique*, parce que plus il faut de chaleur à un corps pour que sa température s'élève d'un certain nombre de degrés, plus il a de capacité pour la chaleur.

Règle pour évaluer en eau un corps donné. — Cette règle a pour objet de trouver quel poids d'eau absorberait la même quantité de chaleur qu'un corps donné, si ce poids d'eau et ce corps s'échauffaient tous deux de 1°. Il est évident que pour cela il suffit de multiplier le poids de ce corps par sa capacité. Sachant, par exemple, que 0,09 est la capacité du cuivre pour le calorique, il est clair que 158 grammes de cuivre, je suppose, n'exigeront, pour s'échauffer de 1°, que les 0,09 de ce qu'exigeraient 158 grammes d'eau pour le même échauffement. Ainsi 158 grammes de cuivre, sous le rapport de la capacité calorifique, ne valent que les 0,09 de 158 grammes d'eau, c'est-à-dire ne valent qu'un poids d'eau égal à 158 grammes multipliés par 0,09. *C. Q. F. D.*

247. Problème. — « On demande de déterminer par l'expé-« rience les chaleurs spécifiques des corps. »

Solution I. — Pour *les solides* et pour *les liquides*, il y a plusieurs manières de trouver la chaleur spécifique d'un corps par rapport à l'eau. On va d'abord exposer la plus simple : On a un morceau de glace carré, on y pratique une grande cavité, à laquelle on a soin de conserver des parois fort épaisses ; ce vase de glace étant à la température de 0°, on y met le corps dont on veut connaître la chaleur spécifique, après avoir élevé sa température jusqu'à un nombre de degrés connus, à 50° par exemple, et on le recouvre avec un couvercle de glace fort épais. Ce corps fait fondre la glace par son excès de chaleur, et se refroidit sans cesse jusqu'à ce qu'il soit venu à 0°. Ainsi toute la glace que le corps peut fondre pendant qu'il est dans la cavité est évidemment proportionnelle à la quantité de chaleur nécessaire pour élever la température de ce corps de 0° à 50°. On pèse donc exactement toute la glace que le corps convertit en eau, et, pour faire la pesée, on laisse dans cette eau le corps soumis à l'expérience, on en défalque le poids de ce corps connu d'avance ; ensuite, si ce poids est $\frac{1}{8}$ de livre, par exemple, on mettra dans la cavité du morceau de glace $\frac{1}{8}$ de livre d'eau à 50°, et on cherchera, comme ci-dessus, combien elle peut fondre de glace. Si, par exemple, elle en fond deux fois autant, on en conclura qu'il faut deux fois plus de chaleur à l'eau pour passer de 0° à 50° qu'au corps soumis précédemment à l'expérience. La chaleur spécifique de ce corps, rapportée à celle de l'eau, serait donc alors de $\frac{1}{2}$. MM. Lavoisier et Laplace ont remplacé ce vase de glace par un vase en cuivre mince rempli de glace pilée, au centre de laquelle on soutient le corps chaud par un petit panier en fil de fer ou un autre petit vase en cuivre. Cet appareil est connu sous le nom de *calorimètre de Lavoisier et Laplace*, ou simplement *calorimètre de glace*.

248. La seconde méthode est connue sous le nom de *méthode des mélanges* quand il s'agit des liquides, et sous le nom de *mé-*

thode d'immersion quand il s'agit des solides. Donnons-en seulement une idée en quelques mots.

Supposons qu'on veuille trouver la chaleur spécifique du mercure par rapport à l'eau : on prendra une livre d'eau à une température déterminée, à 10° par exemple; on y versera une livre de mercure à une température aussi déterminée, à 72° par exemple; ensuite, en plongeant le thermomètre dans ce mélange, on trouvera qu'il a 12°, c'est-à-dire que le mercure aura baissé de 60°, et l'eau se sera élevée de 2°. Donc le mercure a perdu une quantité de chaleur qui élevait sa température de 60° au-dessus de 12°, et cette quantité reçue par l'eau n'a élevé sa température que de 2°; par conséquent la capacité de l'eau pour la chaleur est plus grande que celle du mercure dans le rapport de 60 à 2; et la chaleur spécifique du mercure par rapport à l'eau sera 2° divisés par 60°, c'est-à-dire $\frac{1}{30}$.

Si l'on veut procéder rigoureusement, il y a plusieurs attentions à avoir :

1° Pour ne pas avoir à tenir compte de la perte de chaleur que ferait pendant l'expérience le mélange en rayonnant dans un air ambiant constamment plus froid que lui, on amène l'eau où doit se faire ce mélange à 7 ou 8 degrés au-dessous de l'air ambiant, avec la précaution d'éviter toute précipitation de rosée sur la surface de ce vase ainsi refroidi. Ensuite l'on choisit la masse et la température du corps à plonger, de manière que le mélange n'arrive qu'à 7 ou 8 degrés au-dessus de ce même air ambiant. On peut voir, au reste, dans les *Compléments*, comment on peut, par la loi de Newton sur le refroidissement, calculer la chaleur perdue par le rayonnement du mélange.

2° Le vase qui contient le mélange et le thermomètre qu'on y plonge absorbent une partie de la chaleur du corps plongé ; il est vrai que ce vase et ce thermomètre ont ordinairement si peu de masse, qu'ils peuvent être négligés dans une première approximation; mais on peut les évaluer en eau par la règle ci-dessus, p. 475, et prendre dans l'exemple précédent une quantité de mercure égale à celle de l'eau augmentée du vase et du thermomètre ainsi évalués. On peut voir dans les *Compléments* le petit calcul qu'il y aurait à faire, si l'on employait un poids de mercure différent de celui de l'eau.

478 ÉLÉMENTS DE PHYSIQUE, LIV. II.

Enfin, j'observe qu'après l'immersion du corps chaud, le signe auquel on reconnaît que ce corps et l'eau sont arrivés tous deux à la même température, c'est lorsque le thermomètre plongé dans l'eau ne monte plus.

Remarque. En mêlant ensemble des masses égales d'eau à diverses températures, on trouve toujours la température définitive des mélanges égale à la moyenne des températures primitives. Du moins M. Regnault a trouvé ainsi que l'augmentation de chaleur spécifique de l'eau, à mesure que la température s'élève, est si petite, qu'on peut la négliger. (V. *Relation des expér. pour les machines à vapeur*, pag. 729.) On en conclut que la quantité de chaleur nécessaire à 1 kilog. d'eau pour s'échauffer de 1° est la même, quelle que soit la température de ce kilog. On a donné le nom de *calorie* à cette quantité de chaleur qu'on est convenu de prendre pour *unité*.

249. Enfin il y a une troisième méthode, connue sous le nom de *méthode de refroidissement;* mais nous ne pourrions l'exposer clairement sans sortir des explications simples auxquelles nous nous sommes restreints dans ces éléments. Nous nous contenterons de dire seulement que cette méthode est principalement fondée sur ce que plus la capacité d'une substance est grande, moins la température varie pour une certaine quantité de chaleur de plus ou de moins dans cette substance ; ce qui fait que les vitesses de refroidissement des diverses substances sont moindres dans celles dont la capacité est la plus grande, toutes choses égales d'ailleurs. On peut voir dans le Mémoire de MM. Dulong et Petit (*Ann. de phys. et de chim.*, 2ᵉ série, t. X, p. 399) les précautions qu'ils ont prises pour que les choses autres que la capacité, qui sont capables d'influer sur la vitesse de refroidissement, fussent égales ou réduites à presque rien. (V. *Compl.*)

Ces savants avaient trouvé par la méthode des mélanges, dans un autre travail (t. VII des *Annales de physique et de chimie*, p. 147), les résultats suivants :

Tableau des capacités déterminées par la méthode des mélanges, par MM. Dulong et Petit.

NOMS DES SUBSTANCES.	Capacités moyennes entre 0° et 100°.	Capacités moyennes entre 0° et 300°.
Eau...........................	1,0000	»
Mercure.......................	0,0330	0,0350
Platine........................	0,0335	0,0350
Antimoine.....................	0,0507	0,0549
Argent........................	0,0557	0,0611
Zinc..........................	0,0927	0,1015
Cuivre........................	0,0949	0,1013
Fer...........................	0,1098	0,1218
Verre.........................	0,1770	0,1900

Ce tableau fait voir que les capacités vont croissant d'une manière sensible à mesure que la température s'élève. M. Regnault a trouvé la même chose pour divers liquides. (*Ann. de phys. et de chim.*, 3ᵉ série, t. IX, p. 324.)

250. *Solution II.* — *Pour les gaz.* Les gaz sont les seuls corps auxquels les méthodes précédentes ne peuvent pas s'appliquer. On ne connaît, pour ces corps, que des procédés compliqués et peu exacts ; on a même été longtemps sans en connaître aucun. Cependant, dans ces derniers temps, Laroche et Berard ont remporté le prix proposé par l'Institut à ce sujet. (V. le t. LXXXV des *Annales de chimie*, janvier 1813, 1ʳᵉ série.)

Leur procédé consiste à élever la température du gaz à étudier, et à le faire circuler par un serpentin dans une masse déterminée d'eau froide. Ici, comme dans la méthode des mélanges, la chaleur perdue par le gaz pendant cette circulation est reçue par l'eau. Or, on conçoit que plus la capacité calorifique de ce gaz sera grande, plus la chaleur qu'il versera dans l'eau pour chaque degré de son refroidissement sera grande, et plus aussi sera considérable l'élévation de température qu'en recevra l'eau. Telle est l'idée générale du procédé dont il s'agit ; mais il est trop compliqué pour que nous entreprenions de le détailler ici d'une manière plus particulière.

Ces savants ont trouvé que trois volumes égaux, l'un d'air, l'autre d'hydrogène, et le troisième de gaz carbonique, ont des capacités pour la chaleur, qui sont entre elles comme les nombres

$$1,\ 0{,}9033,\ 1{,}2583.$$

Et, en divisant les deux derniers de ces nombres par les densités de l'hydrogène et de l'acide carbonique rapportées à celle de l'air, ils ont trouvé que trois poids égaux de ces gaz ont pour capacités

$$1,\ 12{,}3401,\ 0{,}8280.$$

Enfin, Laroche et Berard ont rapporté ces capacités pour la chaleur à celle de l'eau, en faisant passer un courant d'eau chaude dans leur serpentin. Ils ont trouvé que les capacités de l'eau, de l'air, de l'hydrogène et du gaz carbonique sous le même poids étaient entre elles comme les nombres

$$1,\ 0{,}2669,\ 3{,}2936,\ 0{,}2210.$$

Au moyen de leur appareil, Laroche et Berard ont encore trouvé que la capacité d'un certain volume d'air est d'autant plus grande ou plus petite, que la pression supportée par cet air est elle-même plus grande ou plus petite. Au contraire, la capacité pour le calorique d'un certain poids d'air augmente ou diminue à mesure que la pression exercée sur cet air diminue ou augmente. On ne connaît pas de procédé exact pour mesurer les capacités pour le calorique des vapeurs, et même celui de Laroche et Berard, relatif au gaz, est sujet à beaucoup d'objections; ils l'ont cependant appliqué à la vapeur d'eau, en faisant circuler dans leur serpentin un mélange de vapeur d'eau et d'un gaz d'une capacité connue pour le calorique; ils ont obtenu ainsi 1,96 pour la capacité de la vapeur comparée à celle de l'air sous le même volume.

Remarque. — La capacité d'un gaz pour la chaleur peut s'envisager de deux manières : ainsi, supposons que dans un cas on considère la quantité de chaleur nécessaire pour élever d'un degré la température d'un gaz quand, étant soumis à une pression constante comme celle de l'atmosphère, par exemple, il a la liberté de se dilater : c'est ce qui aurait lieu pour l'air renfermé dans le tube de la *fig*. 125 par une goutte de mercure *i*. Ensuite, supposons que dans un autre cas on considère la chaleur nécessaire pour élever d'un degré la température d'un gaz renfermé dans un vase de forme invariable, où il n'ait par conséquent pas la liberté de se dilater. Il est naturel de penser que la première quantité de chaleur sera plus grande que la seconde. La chaleur spécifique d'un gaz à pression constante n'est donc pas la même que celle d'un gaz sous un volume constant; mais on admet que le rapport de ces deux chaleurs est le même à toutes les températures auxquelles un gaz peut être soumis. (V. Laplace, *Méc. céleste,* liv. XII.)

251. PROPOSITION. — « Lorsqu'on connaît la capacité des
« corps pour la chaleur, on en déduit un moyen simple de cal-
« culer la température de ces corps par la méthode des mé-
« langes. »

En effet, supposons, par exemple, qu'on veuille connaître la température d'un morceau de fer. Il faut pour cela connaître le poids de ce morceau de fer, et le plonger dans une masse d'eau dont on connaisse aussi le poids. Supposons le poids de l'eau égal à trois livres, et celui du fer à une livre, par exemple. Au moyen d'un thermomètre plongé dans l'eau, j'observe de combien l'immersion du fer a élevé la température de cette eau; supposons que ce soit de 10° à 40°, ce qui donne 30° d'élévation. Cela posé, je dis : La capacité du fer rapportée à celle de l'eau étant environ $\frac{1}{10}$, il s'ensuit que la quantité de chaleur qui fait varier une livre d'eau d'un degré, fera dans une livre de fer un changement de 10 degrés. Or, la quantité de chaleur abandonnée par notre livre de fer a élevé de 30° chacune de nos trois livres d'eau; elle aurait conséquemment élevé de 90° une seule livre. Donc cette quantité de chaleur a dû faire baisser le fer de 90 dizaines de degrés, c'est-à-dire de 900 degrés; donc, puisqu'il est encore à 40°, sa température primitive était de 940 degrés. Ceci suffit pour donner une idée de cette manière de mesurer les températures, mais ce n'est pas rigoureux; car ici, comme dans le problème précédent, il faudrait avoir égard à l'influence du vase et du rayonnement : il faudrait même de plus prendre garde encore à la valeur qu'on prend pour la capacité calorifique du corps proposé, puisque, selon qu'on vient de le voir n° 249, cette valeur varie avec la température.

251 *bis*. Problème. — « On demande d'expliquer la différence « de capacité des corps pour le calorique. »

Solution. — Cette différence tient à la différence de masse des atomes des corps. En effet, on sait qu'un même choc d'une balle de plomb, par exemple, n'imprime pas à divers corps la même vitesse, et que la perte de vitesse éprouvée par cette balle sur un corps n'est pas la même que celle éprouvée sur un autre corps : tout cela dépend des masses de ces corps.

Ceci compris, au lieu de balles de plomb, supposons les molécules de l'éther ; et au lieu de ces divers corps frappés par la balle, supposons des atomes de diverses substances pondérables. On voit que la même impulsion exercée par les molécules d'éther en vibration ne produira pas la même rapidité d'agitation sur ces divers atomes, et que, pour augmenter en eux de la même quantité cette rapidité de leur agitation, il faudra que l'éther vienne frapper plus fortement les uns que les autres ; ou, pour parler plus exactement, s'agiter contre les uns avec une plus grande vitesse que contre les autres. Or, ce degré d'agitation de l'éther est précisément l'intensité de la chaleur rayonnante ; tandis que l'accroissement de vitesse que peuvent recevoir les atomes d'un corps n'est que l'élévation de la température de ce corps. Donc, pour une même quantité de chaleur envoyée sur divers atomes, leur élévation de température sera différente, ce qui constitue justement la différence de capacité des corps pour la chaleur.

CHALEUR DES MOLÉCULES DES CORPS.

IIIe Partie. — *Phénomènes de température produits par le changement d'état des corps, ou par celui des distances de leurs molécules.*

252. *Chaleur latente*. — On appelle ainsi toute chaleur dont l'effet thermométrique se trouve détruit par le changement d'état

ou de volume d'un corps. Montrons d'abord le fait de cette chaleur latente dans le changement d'état.

Chaleur de fluidité. — C'est le nom qu'on donne à la chaleur rendue *latente* par la liquéfaction des solides. Déjà, à l'article du thermomètre, n° 61 du Ier livre, nous avons vu que si la chaleur pénètre dans de la glace, sa température s'élève jusqu'à ce qu'elle soit venue à 0°, et qu'arrivée à ce degré elle y reste, jusqu'à ce que toute cette glace soit fondue. Cependant la chaleur extérieure ne cesse pas d'y pénétrer, mais elle n'a aucun effet thermométrique ; ou, comme on dit encore, elle y est absorbée toute pour le thermomètre.

La fusion des solides opérée par les réactions chimiques qu'ils peuvent exercer les uns sur les autres, n'absorbe pas moins de chaleur que celle opérée à la manière ordinaire, c'est-à-dire par l'action physique du feu.

Ainsi, en mêlant du sel, ordinaire avec de la neige ou de la glace pilée dans un vase, il la fera fondre entièrement. Or, en prenant une livre de neige à 0°, et y mêlant une livre de sel pareillement à zéro pour la faire fondre, cette fusion absorbe tant de chaleur, qu'un thermomètre placé dans le mélange descend à 20° au-dessous de zéro. C'est de ce procédé que se servent les limonadiers pour faire des glaces en été. Ces mélanges sont connus sous le nom de *mélanges frigorifiques* ou *mélanges réfrigérants*. Le plus puissant de tous est celui que M. Thilorier fait de l'éther sulfurique avec l'acide carbonique liquide, dont nous avons parlé au n° 74, livre Ier ; ou, mieux encore, avec l'acide carbonique solide que nous donnerons le moyen de faire au numéro suivant. Par ce mélange, on produit un abaissement de 80°.

En faisant fondre une once de nitrate d'ammoniaque à 10° dans une once d'eau pareillement à 10°, on obtient un froid de 15°. Il y a encore beaucoup d'autres mélanges de la sorte.

Si une substance absorbe ainsi une certaine quantité de chaleur en passant de l'état solide à l'état liquide, on doit bien s'attendre qu'elle émettra la même quantité de chaleur d'une manière sensible au thermomètre, en retournant de l'état liquide à l'état solide : c'est ce que confirme l'expérience de Farenheit. D'après ses observations, l'eau peut arriver jusqu'à 10° et à 12°

au-dessous de zéro sans se geler. Il suffit pour cela qu'elle soit dans un lieu tout à fait à l'abri des moindres mouvements et ébranlements, c'est-à-dire à l'abri de toute vibration; car Blagden a montré qu'on peut faire plus ou moins flotter l'eau en expérience sans la faire geler. (V. Biot, *Gr. Traité de Phys.*, t. I, p. 253.)

L'expérience de Farenheit réussit mieux, quand on soustrait la surface de l'eau à la pression atmosphérique. Il suffit pour cela de mettre le vase qui contient ce liquide sous la cloche d'une machine pneumatique. Or, si l'on fait geler subitement l'eau ainsi amenée à 10° ou 12°, en l'ébranlant, on voit le thermomètre que j'y suppose placé remonter à 0°.

Certaines dissolutions salines présentent le même phénomène d'une manière plus saillante. Ainsi, on introduit une de ces dissolutions dans un tube CA (*fig.* 395 *bis*), qu'on effile en pointe comme le montre la figure. On en chasse l'air en faisant bouillir la dissolution AB ; et aussitôt après on ferme la pointe du tube, en dirigeant sur elle un trait de flamme. Pour lors, quand ce tube est refroidi, si l'on casse l'extrémité C pour laisser entrer l'air, on voit la dissolution BA, qui était très-liquide et limpide, se prendre en masse solide; et en même temps elle s'échauffe assez pour qu'on le sente à la main. Mais c'est surtout la solidification de l'eau par la chaux qu'on peut apporter ici pour exemple ; car on sait qu'en jetant de l'eau sur la chaux vive, elle est absorbée et solidifiée aussitôt, et que la température s'élève beaucoup.

Fig. 395 *bis*.

253. Ces deux quantités de chaleur, l'une absorbée pendant la fusion et l'autre émise pendant la solidification des corps, étant égales, il suffit d'en mesurer une pour avoir la valeur de toutes les deux. C'est ordinairement par la méthode des mélanges que se fait cette mesure ; on le peut aussi par le calorimètre-glace indiqué ci-dessus. Ainsi, par exemple, de ce qu'en mêlant une livre de glace à 0° avec une livre d'eau à 79°,25, on obtient deux livres d'eau liquide à 0°, on en conclut qu'un kilogramme de glace à 0° exige 79 *calories* pour se fondre. (V. n° 248.) Black avait trouvé, en 1763, 80 *calories*. C'est ce savant anglais, professeur du célèbre Watt, à qui l'on doit ces notions du calorique latent, et des capacités des corps pour la chaleur. Au commen-

cement du siècle suivant, MM. de Laplace et Lavoisier trouvèrent 75. Mais MM. Desains et de la Provostaye, ayant repris cette question il y a quelques années, ont trouvé 79,25. (V. les *Ann. de chim. et de phys.*, ann. 1843, t. VIII, et les *Comptes rendus de l'Acad. des sc.*, t. XVI, p. 977.)

Nous nous contentons de cet exemple, qui fait comprendre la possibilité de mesurer la *chaleur de fluidité* en mêlant le corps qu'on veut fondre dans de l'eau dont la température soit assez élevée pour opérer cette fusion. Dans d'autres cas, on mêle, au contraire, la substance en fusion qu'on veut congeler dans de l'eau à une température assez basse pour opérer cette congélation; et, par la température définitive du mélange, on peut mesurer la chaleur émise par cette congélation. Du reste, il faudrait ici, comme nous l'avons dit au n° 248, avoir égard à la chaleur absorbée par le vase dans lequel on fait l'expérience, et à celle perdue par le rayonnement.

254. *Chaleur d'élasticité.* — On appelle ainsi la chaleur absorbée par une masse de liquide qui passe à l'état de fluide élastique.

Il n'en est pas de la gazéification des liquides comme de leur solidification ou de la fusion des solides; car il n'y a qu'un moyen *physique* de passer de l'un à l'autre des états solides et liquides, à savoir, le changement de température; mais le passage de l'un à l'autre des états liquide et gazeux peut s'opérer *physiquement*, soit par le changement de température, soit par le changement de pression dans son intensité ou dans son mode. 1° Nous avons déjà vu, aux n°^{s} 164 et 168 du liv. Ier, que si l'on met une masse de liquide sur le feu, sa température s'élève jusqu'à ce qu'elle atteigne le degré de l'ébullition; et qu'à partir de ce terme, la température devient stationnaire. Cependant la chaleur du foyer ne cesse pas d'y pénétrer, mais elle y est absorbée et rendue de nul effet sur le thermomètre. 2° Nous avons déjà vu, au n° 66 et suiv., qu'en supprimant ou diminuant la pression exercée sur un liquide, on le fait passer à l'état de vapeur. Mais on produit le même effet en changeant seulement le mode de la pression de l'air sur un liquide, à savoir, en renouvelant sans cesse la couche atmosphérique qui pèse sur lui. En effet, quand l'air sera ainsi perpétuellement renouvelé, la vapeur formée sur le liquide sera tout de suite enlevée par cet air : cette vapeur sera aussitôt remplacée par une seconde que l'air emportera également, ainsi de suite. En sorte que plus le mouvement de l'air sera rapide, plus il s'évaporera de liquide à chaque instant ; et même si la vitesse de l'air pouvait égaler celle avec laquelle s'élèvent les molécules d'un liquide qui s'évapore dans un espace vide illimité, on voit que la quantité de liquide évaporée à chaque instant dans l'air serait la même que si l'évaporation se faisait dans le vide illimité. Or, on sait que, dans le cas où l'évaporation est accélérée par le mouvement de l'air, il se produit du froid ; car l'on sent un froid assez vif lorsque, ayant la main mouillée, on l'expose à un vent très-rapide. Donc l'évaporation des liquides absorbe de la chaleur.

Dans le cas où l'air est tranquille, la vapeur absorbe bien encore de la chaleur ; mais l'évaporation étant plus lente, le froid est moins sensible, à moins que le liquide ne soit très-évaporable. Ainsi une goutte d'éther, de carbure de soufre, etc., versée sur la main, y produit du froid, quoique l'air soit tranquille. On peut encore empêcher la saturation de la manière suivante, qui est due à Leslie :

On prend un large vase contenant une certaine quantité d'acide sulfurique concentré ; on place par-dessus une soucoupe élevée sur trois pieds assez longs ; on remplit cette soucoupe d'eau, et l'on recouvre le tout avec une cloche de verre ; enfin on fait le vide au moyen de la machine pneumatique. Cela posé, examinons ce qui va se passer dans cette enceinte vide : l'eau se vaporisera au premier instant avec toute la vitesse dont elle est susceptible, mais au même instant la vapeur formée sera absorbée par l'acide sulfurique concentré, qui est très-avide d'eau. Il en sera de même pour le deuxième instant, pour le troisième, et ainsi de suite. Nous aurons de cette manière un vide continuel dans notre enceinte, du moins à cela près de la vapeur sulfurique, qui est tout à fait négligeable, puisque cet acide ne bout qu'à 300° quand il est concentré, et à 290° quand il contient 0,01 d'eau. La saturation ne pouvant donc jamais avoir lieu, l'évaporation sera continuelle. Or, en peu de temps l'eau de la soucoupe, qui ne s'est pas encore vaporisée, se trouve entièrement congelée. Par conséquent, l'évaporation absorbe de la chaleur. Cette expérience de M. Leslie, que nous venons de décrire, a été faite vers 1811.

Wollaston l'a un peu modifiée en substituant un mélange frigorifique à l'acide sulfurique. Ainsi l'espace B'*ac*B (*fig.* 395) ayant été complétement purgé d'air par l'ébullition de l'eau B, et ensuite fermé à la lampe, Wollaston plongea la boule B' dans un mélange frigorifique, et laissa l'autre boule, qui contenait l'eau, à une température ordinaire. Alors la vapeur émise par cette eau se trouva continuellement condensée à mesure qu'elle arriva dans la boule B', et il se produisit ainsi une évaporation continuelle, comme dans l'expérience de Leslie ; en sorte que bientôt l'eau B se trouva toute congelée.

Fig. 395.

255. Enfin, l'expérience la plus remarquable qu'on puisse faire pour prouver notre proposition, est celle de la solidification de l'acide carbonique, que l'on doit à M. Thilorier.

Ainsi, supposons que, par le moyen que nous avons donné au n° 74, liv. Ier, on se soit procuré quelques litres d'acide carbonique liquide dans le cylindre en cuivre KH (*fig.* 410), que nous avons décrit au même numéro. On fermera le robinet G, et on ôtera le tube GFE ; on remplacera celui-ci par une boîte en cuivre *tv*, ayant deux ouvertures, l'une à l'endroit où elle s'applique sur le cylindre et par où l'acide carbonique peut entrer, l'autre par où cet acide peut sortir. Cela fait, on ouvre le robinet G, et aussitôt l'acide carbonique se vaporise, et la vapeur s'élance avec une impétuosité incroyable dans la boîte, où une partie se solidifie par le froid que produit cette évaporation, tandis que l'autre s'échappe à grand bruit par la seconde ouverture de la boîte. En quelques instants la boîte est pleine ; on ferme alors le robinet G, on ouvre la boîte, et l'on y voit l'acide carbonique sous forme de boule de neige d'une blancheur éclatante. On peut se procurer ainsi en peu de temps une très-grande quantité de cette neige ; il n'y a qu'à ôter celle qui remplit la boîte, et recommencer l'expérience que nous venons de décrire autant de fois qu'on le désire.

Fig. 410.

Remarques. — Ce qui précède fournit plusieurs manières de congeler le mercure. La manière la plus efficace est d'employer le mélange d'acide carbonique et d'éther dont nous avons parlé au n° 252. Ainsi, on verse dans un vase plat peu conducteur du calorique, dans une soucoupe en terre cuite par exemple, une livre ou deux de mercure. On couvre celui-ci d'une couche d'acide carbonique solide, et l'on verse par-dessus de l'éther. Le froid produit est si grand, qu'en quelques minutes tout le mercure est gelé, au point de pouvoir être martelé comme du plomb. On fait ainsi des médailles de mercure qui peuvent durer plus d'une heure sans se fondre dans une atmosphère de quinze à vingt degrés.

Le second moyen de congeler le mercure ne peut réussir que sur une petite quantité de mercure. Ainsi, on prend un tube de thermomètre avec sa petite boule, on remplit celle-ci de mercure, puis on la recouvre d'une lame d'éponge, et on l'imbibe de carbure de soufre ou d'acide sulfureux liquide. Ce liquide, en s'évaporant, produit en quelques instants assez de froid pour congeler le mercure; mais à peine a-t-on cassé la boule du tube pour examiner la petite sphère de mercure qu'elle contient, que celle-ci commence à se fondre.

Dans les pays chauds, on se sert d'un moyen fondé sur les principes précédents pour se procurer de l'eau fraîche. On a des vases connus sous le nom d'*alcarazas*: ce sont des vases sphériques de sept à huit pouces de diamètre, en terre cuite, non émaillée et très-spongieuse. On suspend ces vases remplis d'eau dans des endroits où il règne quelque courant d'air. Alors cette eau, s'infiltrant au travers des parois du vase, que l'on fait à dessein les plus minces possible, entretient une couche d'humidité sur tout l'extérieur du vase, laquelle, subissant une évaporation continuelle, finit par abaisser de plusieurs degrés la température du reste de l'eau.

C'est encore par les principes précédents que l'on peut expliquer jusqu'à un certain point la constance invariable de la température naturelle de chaque espèce d'animal. Ainsi, en quelque temps et sous quelque climat que l'on mesure la température naturelle du corps de l'homme, on la trouve toujours de 37°. On conçoit, en partie du moins, la cause de ce phénomène singulier, en observant que la transpiration, dont l'effet propre, comme celui de toute évaporation, est d'abaisser la température du corps, est d'autant plus active que la chaleur de l'atmosphère est plus considérable; de sorte que ces deux causes, la chaleur qui tend à élever la température d'un animal, et la transpiration qui tend à l'abaisser, augmentant toujours ensemble, et diminuant aussi ensemble, il en résulte une espèce d'équilibre qui laisse cette température perpétuellement au même point.

256. Si une substance absorbe ainsi une certaine quantité de chaleur en passant de l'état liquide à l'état gazeux, on doit bien s'attendre qu'elle émettra la même quantité de chaleur d'une manière sensible au thermomètre, en retournant de l'état gazeux à l'état liquide ; c'est ce que l'on constate aisément par l'expérience suivante :

On place une cornue E (*fig.* 394) sur le feu ; bientôt l'eau qu'elle contient bout, s'élève en vapeur, et passe par le tube CBA jusqu'au fond de l'eau contenue dans le vase RA. Or, au fur et à mesure que la vapeur arrive dans l'eau froide en A, elle se condense ; et après qu'il s'en est condensé ainsi une quantité qui est à peine une partie sensible, au premier coup d'œil, de la quantité d'eau froide contenue en RA, cette eau se met à bouillir. Donc la petite quantité de vapeur qui s'est condensée dans le vase RA y a émis une énorme quantité de chaleur.

Fig. 394.

C'est par des expériences de ce genre qu'au commencement de ce siècle Watt, Gay-Lussac, etc., mesurèrent la chaleur d'élasticité de l'eau. Le résultat moyen de ces diverses expériences fut qu'un kilog. d'eau à 100°, en passant à l'état de vapeur à 100°, absorbait une quantité de chaleur capable d'élever de 1° la température de 550 kilog. d'eau. Quelques années plus tard, M. Despretz, par le même genre d'expérience, trouva d'abord 531 et ensuite 540, au lieu de 550. Dans les expériences de ce savant, un serpentin partait du col de la cornue E, et faisait assez de circuits dans l'eau du vase RA pour que la vapeur fût complétement à la température de cette eau avant de s'échapper dans l'air. De plus, un écran convenable, placé entre la cornue E et le vase RA doit abriter l'eau de ce vase contre le feu du fourneau F, et enfin il faut ici avoir toutes les attentions que nous avons indiquées pour la méthode des mélanges, n° 248. Toutes les précautions nécessaires pour éviter les causes d'erreur étant prises, et après avoir mesuré le poids ainsi que la température de l'eau du vase RA avant l'ébullition de celle de la cornue E, on les mesure de nouveau après cette ébullition. Par la comparaison de ces deux mesures, on voit ce qu'ont gagné la température et le poids du vase RA. Supposons que ce soient 9°,3 et 20 grammes, et que le poids primitif de l'eau de ce vase, augmenté de celui de ce même vase évalué en eau, soit 1333 grammes; alors on voit que 20 grammes de vapeur à 100°, parvenus dans ces 1333 grammes d'eau, en ont élevé la température de 9°,3, en faisant deux pertes de chaleur, à savoir, 1° la perte de chaleur d'élasticité due à la condensation qui a changé ces 20 grammes de vapeur en 20 grammes d'eau à 100°; et 2° la perte de chaleur qui a fait passer ces 20 grammes d'eau de 100° à la température définitive du vase RA. Si, par exemple, celle-ci était 20°, cette perte aurait été de 80°. De là, il est facile de conclure, par de simples proportions, ⁂ que 1 kilog. de vapeur à 100°, en ne subissant que la perte de la chaleur d'élasticité, éleverait de 1° la température de 540 kilog. d'eau. C'est ce nombre que l'on s'accorde à adopter aujourd'hui.

257. Mais le nombre 550 a été pendant environ quarante ans admis par tous les savants, pour la chaleur latente de la vapeur d'eau. Depuis l'établissement si répandu des machines à vapeur, plusieurs tentatives ont été faites pour mesurer avec toute la précision possible cette quantité de chaleur, et pour savoir suivant quelle loi elle varie avec la pression et la température. Presque tous les physiciens ont suivi la loi de *Watt*. Ce célèbre mécanicien crut pouvoir établir, vers la fin du dix-huitième siècle, que la *chaleur totale* nécessaire pour amener une masse d'eau, comme un gramme d'eau par exemple, de l'état liquide sous 0° de température à l'état de vapeur en saturation sous la température $t°$, était invariable, quelle que fût cette température $t°$.

Par *chaleur totale*, on entend la somme de la chaleur nécessaire pour élever l'eau de 0° à $t°$, sans lui faire perdre l'état liquide; plus, la chaleur nécessaire pour changer ce gramme d'eau liquide à la température $t°$ en un gramme de vapeur ayant la même température $t°$. D'après cette loi, un gramme de vapeur étant à la température de 10° par exemple, et à l'état de saturation, c'est-à-dire au maximum de tension, qui pour 10° est de $0^m,009165$, il resterait toujours à l'état de saturation, si on le soumettait à une autre pression plus grande ou plus petite que $0^m,009165$, en le comprimant ou dilatant assez subitement pour qu'il ne perdît rien de sa chaleur, ou ne reçût aucune chaleur de l'extérieur. Ainsi, en le faisant passer subitement de la pression $0^m,009165$ à la pression 0,76, sa température passerait de 10° à 100°; ou réciproquement, 1 gramme de vapeur étant sous la pression $0^m,76$ et à la température de 100°, s'il passait à la pression $0^m,009165$ par une dilatation subite, sa température tomberait de 100° à 10°. M. de Pambour dit avoir observé ce dernier phénomène dans la vapeur qui, en s'échappant des locomotives, se dilate en passant subitement d'une pression de 4 ou 5 atmosphères à celle de 1 atmosphère; et il pensait avoir par là vérifié la loi de Waltt. Mais, comme l'a observé M. Regnault, on ne peut supposer ici que la vapeur n'éprouve aucune perte de chaleur. Presque tout le monde a suivi cette loi, quoique Watt ne fût pas content lui-même des expériences qu'il avait tentées pour la vérifier. J'ai dit *presque tout le monde*, parce qu'un petit nombre préféra la loi de *Southern*. D'après quelques expériences faites par ce savant en 1803, il prétendit que c'était seulement la chaleur latente qui était constante. Ainsi, d'après ce physicien, pour changer un gramme de liquide à $t°$ en un gramme de vapeur pareillement à $t°$, il faut une quantité de chaleur qui est toujours la même, quelle que soit la température $t°$.

M. Regnault appliqua en grand la méthode que nous avons expliquée en petit dans ce qui précède ; il la perfectionna de manière à lui donner toute la précision désirable, et à pouvoir varier la pression sous laquelle l'eau s'évapore depuis $\frac{1}{5}$ d'atmosphère jusqu'à 14 atmosphères. Pour les pressions moindres que $\frac{1}{5}$ d'atmosphère, il employa la méthode inverse, qui consiste à voir de combien une masse d'eau connue se refroidit par l'évaporation d'un poids déterminé d'eau que l'on fait évaporer au sein de cette masse. Ce savant a trouvé ainsi que la loi de Watt est plus près de la vérité que celle de Southern, quoique pourtant elle soit loin d'être exacte. Le résultat des expériences de M. Regnault est que si l'on représente par λ la chaleur totale que contient la vapeur d'eau dans un espace saturé à la température t, on a $\lambda = 606,5 + 0,305\ t$. (V. *Rel. des exp. pour la mach. à vapeur*, p. 726.)

258. Proposition. — « Il suffit qu'un corps se dilate, pour
« qu'il absorbe de la chaleur latente. »

En effet, soit une cloche X (*fig.* 104), dont le sommet soit tra- Fig. 104.

versé par le tube d'un thermomètre à air CD'. Si l'on place cette cloche sur la platine d'une machine pneumatique, dès les premiers coups de piston que l'on donnera pour raréfier l'air de cette cloche, on verra l'index C du thermomètre descendre ; ce qui prouve bien qu'il suffit de dilater l'air pour que sa température baisse, et par conséquent pour qu'il absorbe de la chaleur.

Quant aux solides et aux liquides, cette proposition pourrait se déduire, non pas sans difficulté, de ce que les capacités de ces corps pour la chaleur et leur dilatation augmentent avec la température.

En effet, on peut concevoir que puisque la capacité des corps pour la chaleur augmente, c'est-à-dire puisqu'il faut plus de chaleur pour élever d'un degré la température d'un corps à 300°, par exemple, qu'à 100°, c'est qu'à 300° une partie de la chaleur introduite dans le corps devient latente. Or, à 300°, il y a un peu plus de dilatation pour une élévation de température d'un degré qu'à 100° ; d'où il paraît naturel de conclure que les corps en se dilatant absorbent ou, autrement dit, rendent latente une certaine quantité de chaleur.

259. PROPOSITION. — « Lorsqu'un corps se contracte, une partie « de sa chaleur latente devient sensible, et sa température s'élève. »

Cette proposition résulte en quelque sorte de la précédente.

Au reste, l'expérience la prouve très-bien.

Fig. 29.   Ainsi, pour les gaz, on prend un tube en verre mn (*fig.* 29) fermé à une des extrémités n ; ensuite on a une tige en cuivre terminée par un piston AB, qui doit remplir exactement le tube, et n'y entrer qu'avec peine. Enfin, on attache de l'amadou à la partie inférieure de ce piston, et on l'enfonce rapidement et avec force dans le tube en verre. Par cette opération on comprime l'air renfermé entre le piston et l'extrémité fermée du tube, et il se produit tant de chaleur, que l'amadou s'enflamme.

Ainsi, quand on comprime l'air, une partie de sa chaleur latente retourne à l'état de chaleur sensible, et la température s'élève.

Pour les liquides, en faisant sur l'eau l'expérience à peu près de la manière qu'on vient de décrire pour le gaz, M. de Saignes en a fait jaillir de la lumière. Mais cette chaleur est très-difficile à mesurer.

Pour les solides, tout le monde sait qu'un métal s'échauffe lorsqu'on le bat sur l'enclume ou lorsqu'on le comprime par le choc du balancier. Il était curieux d'observer si ce dégagement de chaleur est accompagné d'une réduction de volume permanente ; car si le corps, un instant refoulé sur lui-même, revenait à ses dimensions primitives, on ne verrait plus de raison à la production de chaleur.

MM. Berthollet, Biot et Pictet ont cherché à éclaircir cette question par des expériences. Ils ont trouvé que le cuivre et l'argent dégagent moins de chaleur sous le premier coup d'un balancier à frapper la monnaie que sous un second coup, et sous celui-ci moins que sous un troisième, et ainsi de suite, jusqu'à ce qu'enfin ces métaux en viennent à ne plus dégager de chaleur du tout par la pression. On ne peut guère expliquer ceci qu'en supposant que les premières percussions rapprochent les molécules du métal d'une manière permanente ; qu'ensuite vient un instant où ces molécules sont assez rapprochées pour ne pouvoir plus l'être d'une manière permanente. A partir de cet instant, les percussions subséquentes n'ont plus d'autre effet que de rapprocher momentanément lesdites molécules, lesquelles, reprenant aussitôt après leur distance, absorbent la chaleur qu'elles avaient émise en se rapprochant.

260. *Observation.* — On peut rapporter à l'ordre des phénomènes qui nous occupent la proposition suivante.

Proposition. — « Tout corps solide dégage de la chaleur à l'ins« tant où il est mouillé par un liquide. »

Cette vérité générale résulte d'une série d'expériences que M. Pouillet a faites en 1822 (*Ann. de phys. et de chim.*, t. XX, p. 141). Les liquides étaient l'eau, l'huile, l'alcool et l'éther acétique ; les solides appartenaient au règne inorganique et au règne organique ; ils avaient été réduits en poudre, pour que l'effet fût plus sensible. Dans la multitude de ceux qui ont été essayés, il ne s'en est pas présenté un seul qui fît exception à la loi. Le plus souvent, l'élévation de la température n'était que d'un cinquième de degré ; quelquefois elle allait jusqu'à 10°. Ces élévations de température étaient mesurées par des thermomètres à mercure ordinaires très-sensibles.

L'action moléculaire qui s'exerce dans ces circonstances entre le solide et le liquide n'est point une action chimique; elle ne s'exerce à la fois que sur une très-faible partie de la masse, et l'on voit cependant quelle quantité de chaleur elle dégage; il faut bien que les molécules qui sont en jeu pour produire cette action se trouvent elles-mêmes à des températures très-hautes.

On peut évidemment se rendre compte de ce genre de phénomène, en se rappelant ce que nous avons dit en traitant de la capillarité, à savoir, que, près de la surface du corps mouillé, le liquide éprouve une condensation par le rapprochement que fait subir à ces molécules l'attraction du corps solide.

Corollaire sur l'ignition spontanée. — Nous appellerons ainsi le phénomène curieux découvert par Dœbereiner en 1823.

Ce phénomène est le suivant : du platine, en fil très-fin, en poudre, en feuille ou en éponge, étant à la température ordinaire, si on le plonge dans un mélange d'hydrogène et d'air, pareillement à la température ordinaire, il suffit d'un instant pour qu'il y ait une vive ignition. Le platine devient chaud, rouge, rouge-blanc; l'hydrogène brûle, et la combustion continue tant qu'il y a des éléments combustibles en présence. Quelle est la cause qui détermine d'abord l'élévation de température? Les physiciens et les chimistes ont émis sur ce point des opinions très-diverses; celle qui me semble la plus probable, c'est que le mélange gazeux exerce sur le métal divisé une action pareille à celle des liquides sur les corps qu'ils mouillent; que cette action moléculaire produit, aux points où elle s'exerce, une assez haute chaleur pour déterminer la combinaison de l'hydrogène avec l'oxygène, et que, la combustion une fois commencée, elle se continue d'elle-même par la chaleur qu'elle produit.

Le platine n'est pas le seul métal qui jouisse de cette propriété; mais tous ces corps la perdent par un trop long séjour dans l'air, et il suffit de les calciner pour la leur rendre.

261. Problème. — « On demande d'expliquer, dans le système « des ondes, les phénomènes de température produits par les « changements de distance ou d'état des molécules des corps. »

A vrai dire, il en est de ce problème comme de celui qui termine le précédent numéro, n° 251 : on n'a pas de solution pleinement satisfaisante, parce que ce n'est qu'en appliquant le calcul à ces questions, quand on aura recueilli par les expériences un

CHALEUR LATENTE.   495

nombre suffisant d'éléments, qu'on pourra les éclaircir convenablement; et cela est encore à faire. Cependant voici ce que l'on peut dire pour le moment : On voit que, dans la plupart de ces phénomènes, tout se réduit à ce que l'abaissement ou l'élévation de température est l'effet d'une dilatation ou d'une contraction du corps; du moins il ne faut en excepter que la solidification de certains corps, tels que l'eau, qui donne un abaissement de température accompagné d'un gonflement du corps; mais faisons-en abstraction, nous réservant d'en parler en particulier tout à l'heure. Or il est facile de concevoir qu'une dilatation produise un abaissement de température; car les molécules d'un corps, en s'écartant ainsi les unes des autres, embrassent entre elles une plus grande masse d'éther, et par conséquent leur mouvement vibratoire ne pourra plus produire une aussi rapide agitation dans cette masse. Au contraire, si les molécules d'un corps se rapprochent, la masse d'éther qu'elles embrassent étant plus petite, leur mouvement vibratoire pourra produire une agitation plus vive dans cette masse.

262. Maintenant, quant à l'anomalie présentée par la glace et autres corps semblables, la difficulté est réelle, et est pour le moins aussi grande dans le système de l'émission que dans celui des ondulations.

Je pense néanmoins que l'on peut encore se rendre plus ou moins compte, dans ce cas, de l'élévation de température produite par la solidification du corps que l'on considère, en admettant, avec M. Ampère, que dans le passage des corps de l'état liquide à l'état gazeux, et réciproquement, aucune des molécules ne cède de ses atomes à une autre, et qu'elles ne font que s'écarter ou se rapprocher en passant d'un des états d'équilibre entre les forces qui déterminent les distances, à un autre état d'équilibre entre les mêmes forces; mais M. Ampère croit que dans le passage de l'état liquide à l'état solide, deux ou plusieurs de ces molécules se réunissent pour former des molécules plus composées. Or, supposons que, dans les liquides ou les gaz, l'action répulsive des atomes d'une molécule sur ceux d'une autre molécule soit nulle ou du moins insensible à raison de la grande distance des molécules. Alors il sera clair que dans cette réunion de plusieurs molécules en une seule, chaque atome se trouve soumis à plus de forces capables de le faire osciller que quand il ne subissait que l'action des atomes de la seule molécule dont il faisait partie ; ainsi, ses oscillations seront plus rapides. Par conséquent, dans la solidification d'une substance qui se gonfle il y a deux causes opposées : l'une est l'accroissement de la quantité d'éther renfermé entre les molécules de cette substance, et cette cause tend à faire baisser la température ; l'autre est l'accélération des oscillations des atomes, et cette cause tend à faire monter la température ; et pour lors, suivant que ce sera l'une ou l'autre de ces deux causes qui l'emportera, la solidification produira du froid ou de la chaleur.

Observation I. — L'explication précédente aurait encore plus de force en admettant ce que semblent indiquer les calculs de M. Lamé ; car, d'après ces calculs, il paraîtrait que l'éther est plus dense dans le vide que dans l'intérieur des corps. (*Ann. de phys. et de chim.*, t. LV, p. 332.) Ainsi il paraît que l'éther placé entre les molécules d'un corps devient plus dense quand ce corps passe d'un état à un autre plus raréfié, comme quand il se vaporise ou seulement ne fait que se fondre. D'après cela, lorsque de l'eau, par exemple, se vaporise, les atomes de ses molécules ont à agiter un éther non-seulement d'un plus grand volume, mais

+ encore d'une plus grande densité ; et par conséquent ils ne pourront y produire qu'une agitation moindre qu'avant l'évaporation.

CHALEUR DES MOLÉCULES DES CORPS.

IVe PARTIE. — *Des phénomènes de température produits par les mouvements des molécules des corps.*

263. PROPOSITION. — « Les corps s'échauffent par le frotte-« ment. »

C'est ce que prouve l'expérience de bien des manières : ainsi, en frottant avec une lime un alliage d'une partie de fer et de deux d'antimoine, on en fait jaillir des étincelles. Mais une expérience plus connue est celle du briquet ordinaire. Les étincelles qu'on obtient alors viennent de ce que la pierre à feu contre laquelle on frotte vivement le briquet d'acier, enlève à celui-ci différentes petites parcelles, dont la température s'élève assez par le frottement pour les enflammer. On sait aussi qu'on

+ Cela viendrait de la répulsion qui existerait entre les molécules d'éther et les molécules du corps dilaté

allume souvent deux morceaux de bois sec en les frottant vivement l'un contre l'autre. On pourrait, jusqu'à un certain point, dire que le dégagement de la chaleur est encore dû dans ce cas à la condensation qu'on fait éprouver aux substances frottées en les pressant l'une contre l'autre, ou, ce qui revient à peu près au même, à ce que la capacité pour la chaleur des particules détachées par le frottement est moindre que celle de la substance même que l'on frotte. Mais on objectera ceci, qu'on développe également de la chaleur en frottant ensemble des corps mous; et cependant leur densité ne peut être augmentée par ce moyen, comme chacun peut s'en convaincre en frottant rapidement sa main contre son vêtement. D'ailleurs, le comte de Rumfort trouva que la chaleur spécifique des particules, détachées par le frottement, n'avait pas sensiblement diminué.

Le dégagement de chaleur par le frottement n'est donc pas dû à la diminution de la chaleur spécifique; il n'est pas dû non plus à une combustion du métal, c'est-à-dire à une combinaison du métal avec l'oxygène de l'air. Car le comte de Rumfort, en faisant tourner dans l'eau un foret sur le fond d'un cylindre creux, trouva que cette eau, qui d'abord n'était qu'à environ 15°, fut, au bout de deux heures et demie, en pleine ébullition. Le frottement produit donc de la chaleur, quoique les surfaces frottantes ne soient pas en contact avec l'oxygène de l'air. Ainsi cette chaleur n'est produite que par le mouvement des molécules.

V. *Atténuation des effets de la chaleur par l'état sphéroïdal.*

264. Cet état est une disposition que prennent les liquides au contact des corps suffisamment chauds. L'eau, par exemple, commence à prendre cette disposition quand le corps qu'elle touche est près de 200°. Ainsi, lorsqu'on jette un peu d'eau dans une capsule de platine chauffée jusqu'à cette température ou davantage, par exemple jusqu'au rouge, ce liquide perd la propriété de mouiller ce métal, et il se répand sur sa surface en petits globules. En général, cet état sphéroïdal n'est imprimé à un liquide qu'autant que le vase dans lequel on le verse a une température de beaucoup plus élevée que le degré d'ébullition de ce liquide sous la pression atmosphérique. Quand cette condition

a lieu, l'effet de la chaleur du vase sur le liquide qu'on y verse est singulièrement atténué ou empêché ; car, 1° quoique l'effet ordinaire de la chaleur sur un liquide soit une évaporation de celui-ci proportionnée à l'intensité de cette chaleur, néanmoins l'évaporation des gouttes d'eau qui ont pris l'état sphéroïdal, comme nous venons de dire, sur une capsule chauffée jusqu'au rouge, est à peine sensible; 2° ces mêmes gouttes, quoiqu'en contact, au moins apparent, avec cette capsule d'une température si fort au-dessus de 100°, ne s'élèvent qu'à environ 96°. Pour s'en convaincre, il n'y a qu'à verser avec précaution 12 à 15 grammes d'eau dans une capsule d'argent de 4 à 5 centimètres de diamètre, chauffée par la flamme d'un éolipyle : si la chaleur de cette capsule est suffisante pour faire prendre l'état sphéroïdal à cette eau, pour lors, en y plongeant la boule d'un petit thermomètre, on n'y trouvera que 96°. Ceci est général pour tous les liquides. On peut donc poser en principe que l'état sphéroïdal d'un liquide le protége tellement contre la chaleur qui l'entoure, que celle-ci, quelque intense qu'elle soit, ne peut l'amener qu'à une température un peu inférieure à celle à laquelle aurait lieu son ébullition sous la pression atmosphérique dans les circonstances ordinaires, et cela, quelque basse que soit la température de cette ébullition ordinaire. Mais ce qui est singulier, c'est que cet état sphéroïdal ne garantit plus le liquide des effets de la chaleur, quand, en diminuant celle-ci, on la rapproche suffisamment de cette température de l'ébullition en circonstances ordinaires.

Ainsi, quand on éloigne du feu la capsule dont nous parlions au commencement de cet exposé, et que sa température s'est abaissée assez pour approcher de 100°, on voit les petits globules d'eau perdre l'*état sphéroïdal;* ils s'étendent en mouillant le métal, et entrent dans une vive ébullition qui les fait disparaître en quelques instants.

Les deux effets de l'état sphéroïdal que nous venons d'indiquer, à savoir, la quasi-suspension de l'évaporation et l'empêchement de l'élévation de température, ont dans l'acide sulfureux liquide des résultats surprenants. Cet acide est dans son état ordinaire gazéiforme, mais il se liquéfie à une température de — 10° sous la pression atmosphérique, ou à la température de

+ 15° environ sous deux atmosphères. Supposons donc qu'on ait de l'acide sulfureux liquide dans un matras bien scellé ; dès qu'on en versera quelque peu dans un vase, il s'évaporera, et, par suite de cette évaporation, se refroidira jusqu'à — 10° ; de sorte que l'eau qu'on y jetterait s'y glacerait à l'instant ; et si l'on approchait de ce vase quelque corps médiocrement chaud, l'acide se mettrait à bouillir. Mais si on verse une certaine quantité du même acide liquide dans une capsule incandescente, il y prendra l'état sphéroïdal, ne bouillira pas, mais s'évaporera très-lentement, et descendra, par suite de cette évaporation, à la température d'environ — 10°, à laquelle il se tiendra tout le temps que durera l'état sphéroïdal. Aussi, que l'on verse quelques gouttes d'eau dans de l'acide sulfureux en cet état, cette eau se congélera instantanément, même quand la capsule serait chauffée jusqu'au blanc ; ou bien, si l'on y plonge pendant une demi-minute environ la boule d'un petit matras contenant 1 gramme d'eau, qu'ensuite on le retire et on le casse, on trouvera un petit morceau de glace. Ces propriétés de l'état sphéroïdal expliquent certains phénomènes d'incombustibilité connus depuis longtemps. On sait, par exemple, que les ouvriers fondeurs font quelquefois l'expérience de passer le doigt ou même la main tout entière au travers d'un bain de fonte en fusion : il est vrai qu'ils ne le font pas toujours impunément ; mais cependant ils réussissent dans certains cas, parce que l'humidité de la main, prenant l'état sphéroïdal, la préserve de tout accident. D'après cette explication, on voit pourquoi l'expérience réussit mieux quand on mouille préalablement la main : cependant elle n'est jamais sans danger. M. Boutigny d'Évreux, à qui l'on doit la connaissance de tout ce qui précède sur l'état sphéroïdal, indique plusieurs précautions à prendre pour éviter de se brûler dans l'expérience dont il s'agit ici ; mais, malgé ces précautions, on ne peut répondre de rien dans ce genre de manipulation.

On est fort embarrassé pour expliquer les propriétés de l'état sphéroïdal ; il paraît tenir à deux choses : 1° à une couche de vapeur très-mince qui sert comme d'enveloppe au liquide constitué dans cet état ; 2° au pouvoir réfléchissant de la surface de ce liquide. On a en effet constaté, par une expérience bien simple, que les globules de liquide à l'état sphéroïdal ne touchent pas le corps qui les supporte. Cette expérience, qui doit être faite dans la chambre noire, consiste à mettre une bougie allumée du côté des globules opposé à celui par où on les regarde; car on voit la lumière de cette bougie paraître entre le globule que l'on considère et la surface du corps chaud qu'on emploie. Mais, maintenant, qu'est-ce qui maintient cette couche de vapeur à la surface des globules? Qu'est-ce qui rend cette couche ou cette surface imperméable à la chaleur? Ce sont là autant de questions insolubles jusqu'à présent.

CONCLUSION DU LIVRE SECOND.

265. En terminant ce traité, si nous jetons un coup d'œil sur les quatre chapitres qui le composent, nous aurons une idée de l'ensemble des forces de la nature inorganique qui nous sont connues. On est étonné du degré de délicatesse et de petitesse de certaines forces ou de certaines différences de forces auxquelles le perfectionnement des observations et des calculs a pu atteindre. Mais avons-nous atteint la limite à laquelle s'est arrêté le Créateur à cet égard? Certainement non; et même nous pouvons dire que nous n'en avons pas approché.

Je me représente l'ensemble des phénomènes et des agents qui les produisent comme une sphère immense, dont les surfaces et le centre sont les deux limites entre lesquelles sont renfermées toutes choses créées dans l'ordre physique. Dieu nous a placés dans une région intermédiaire à ces deux limites. Le microscope nous a montré que nous étions loin du centre, et le télescope au moins aussi loin de la surface. Quand on réfléchit sur la science, on voit bien, malgré cette puissance prodigieuse de son intelligence, par laquelle l'homme supplée à l'imperfection de ses organes d'une manière si surprenante, et semble ne devoir rencontrer rien qui soit hors de sa portée, que néanmoins, comme nous l'avons déjà dit, ce qu'il aura pu atteindre dans cet univers ne sera jamais, quelque effort qu'il fasse, qu'une partie insensible de ce qui est.

C'est ce que l'on peut conclure de ce nombre immense de phénomènes qui, bien que très-connus, ne peuvent cependant encore être expliqués; car ce défaut d'explication ne vient que de l'ignorance où nous sommes, soit des forces, soit de quelques autres phénomènes dont ils dépendent. Je ne pense pas, en effet, que l'on doive recourir à une action immédiate et continuelle de Dieu dans les phénomènes naturels, et à plus forte raison dans les phénomènes artificiels de la physique et de la chimie. Ce serait assurément une philosophie bien simple et bien commode, et on ne peut plus propre à favoriser la paresse et l'ignorance, mais une philosophie insoutenable, et que ne pourrait jamais se résoudre à admettre un bon esprit qui aura tant soit peu de vraies connaissances physiques. Je ne m'arrêterai même pas à réfuter une pareille philosophie, parce qu'il n'y a personne aujourd'hui qui soit tenté de la suivre, à moins qu'il ne s'agisse de quelqu'un absolument étranger aux sciences, ce qui n'est pas ici le cas, puisque je suppose quelqu'un qui ait au moins lu le présent traité. Mais je dirai seulement que cette même philosophie serait aussi opposée à l'Écriture qu'aux lumières de la raison naturelle appliquée aux sciences. On lit, en effet, dans les saintes Écritures, que tout en ce monde a été fait avec poids, nombre et mesure : *Omnia in mensura et numero et pondere disposuisti.*

Or, je demande à quoi bon tant mesurer, peser et calculer pour obtenir tel ou tel effet, si cet effet devait être le résultat immédiat d'un acte particulier de la volonté de Dieu, ou d'un esprit créé et doué de la puissance nécessaire pour cet effet? Je sais bien qu'on pourra me dire que j'outre les choses, et que, sans précisément recourir à l'action immédiate de Dieu pour chaque phénomène jusqu'au plus petit, on peut le faire pour quelques-uns des phénomènes principaux, et ne voir dans les autres phénomènes secondaires que des résultats prévus, calculés, et déduits d'avance des premiers dans l'intelligence de Dieu.

C'est ainsi que, dans l'ancienne astronomie, par exemple, la plupart des phénomènes, tels que les stations, les rétrogradations, etc., étaient présentés comme des conséquences calculables des formes des courbes parcourues par ces corps; mais quant à cette forme de courbe, on admettait que chaque astre était confié à une intelligence directrice qui lui faisait parcourir continuellement la même orbite, et l'on rendait compte des diverses particularités du cours de cet astre par la fin que se proposait ou qu'était chargée d'atteindre cette intelligence directrice, à peu près comme raisonnerait quelqu'un qui, voyant un lecteur le soir approcher la bougie de son livre, rendrait compte de ce mouvement en disant que le lecteur a agi ainsi afin d'éclairer davantage son livre. Mais cette doctrine des causes finales est entièrement abandonnée aujourd'hui, et c'est bien avec raison ; car depuis qu'on a soumis à une étude et à des calculs plus approfondis les phénomènes qu'on n'expliquait autrefois que par les causes finales, on trouve qu'ils ont une telle analogie avec ceux qui ne sont évidemment que des conséquences des propriétés de la matière, que les uns et les autres doivent être expliqués de la même manière. (Par ces phénomènes qui ne sont évidemment que des conséquences des propriétés de la matière, j'entends tous les phénomènes artificiels qu'on produit et répète à volonté dans les laboratoires).

Il est bien vrai que les êtres matériels, leurs propriétés et les phénomènes qui en résultent, ne peuvent se déduire indéfiniment les uns des autres, et qu'il y en a qui doivent être le résultat d'une création immédiate et spéciale ; c'est ce que j'ai établi à la page 64.

Mais que de difficultés pour assigner les causes générales des phénomènes, ou, si l'on veut, les causes principes, c'est-à-dire ces causes qui n'ont à leur tour d'autre cause immédiate que la volonté de Dieu ! Car, après avoir remonté de cause en cause pour expliquer un certain phénomène, qui peut répondre que celle à laquelle on s'est arrêté est une cause véritablement principe ? C'est presque toujours impossible. D'abord, cette impossibilité est évidente dans le cas où l'on s'est appuyé sur quelque hypothèse, puisqu'il implique dans les termes qu'une explication ne soit qu'une hypothèse, et que l'on en puisse répondre. Ensuite, quand même on n'aurait fait aucune hypothèse, on ne pourrait encore répondre de la nature de la cause à laquelle on s'est arrêté. Ainsi, quand nous disons que l'attraction moléculaire, par exemple, est une cause principe, nous ne pouvons en répondre ; et rien n'empêche qu'elle ne soit elle-même l'effet de quelque autre cause, comme la répulsion moléculaire est l'effet du mouvement vibratoire de l'éther.

Une autre raison que celle que nous avons dite tout à l'heure a dû faire abandonner la doctrine des causes finales : c'est qu'à mesure qu'on avance dans les sciences, tout porte à croire que chaque cause générale ou cause principe est d'une telle fécondité, que les phénomènes que produit dans la nature une même cause, soit par elle seule, soit avec l'aide de quelque autre cause, surpasse en nombre et en variétés tout ce que l'on peut imaginer. Cette complication fait que l'on ne peut presque jamais rien dire de solide sur la fin particulière que Dieu s'est proposée dans tel ou tel genre de phénomènes en particulier. Sans doute que Dieu, tirant du néant les êtres matériels avec celles de leurs propriétés qui n'ont d'autre cause immédiate que la volonté qui les a créés, a prévu chaque phénomène qui devait en résulter et les a eus pour fin, aussi bien que toutes les conséquences qui doivent s'ensuivre; mais, encore une fois, le nombre infini de ces phénomènes, aussi bien que le voile qui nous cache ordinairement leur liaison ou leur conséquence, nous masque tellement cette fin de Dieu, que le plus souvent nous ne pouvons en dire que des choses très-hasardées. Cependant les théories d'aujourd'hui, qui font dériver les phénomènes les uns des autres ou de quelques propriétés de la matière, non-seulement n'empêchent pas qu'on n'ait lieu de reconnaître et d'admirer la providence de Dieu dans cet univers, comme je l'ai expliqué dans les pages 61 et suivantes, mais encore il me semble qu'à mesure qu'elles se perfectionnent, elles sont de plus en plus propres à nous donner une idée sublime de la profonde sagesse et de l'intelligence infinie de Dieu.

En effet, à mesure que la science fait de nouveaux progrès, on voit diminuer toujours davantage le nombre de ce que l'on pourrait appeler les causes principes, et en même temps s'ennoblir et s'élever l'ordre des combinaisons de ces causes et de leurs effets. La physique devient donc de plus en plus simple dans ses principes, plus féconde dans ses conséquences, et par cela même plus transcendante dans ses calculs et ses conceptions. En même temps elle paraît prendre de plus en plus un air de vérité, à mesure qu'elle nous présente ainsi les œuvres de la création plus empreintes d'une haute intelligence, dont les caractères principaux sont de se proposer un nombre presque infini d'effets, et de saisir par la profondeur de ses vues la cause unique qui, malgré sa simplicité, est néanmoins assez féconde pour les produire tous, quelque nombreux et divers qu'ils soient. En jetant un coup d'œil sur l'ensemble du présent traité, on s'aperçoit aisément, par le sens dans lequel marchent nos connaissances, qu'elles tendent toutes à cette conclusion. Ainsi nous avons vu,

CONCLUSION DU LIVRE SECOND.

dans la première partie, que tout ce qu'on y traite s'explique par les propriétés attractives et répulsives attribuées aux molécules des corps, et que cette répulsion n'est elle-même que l'effet de la chaleur. Dans la deuxième partie, nous avons regardé cette chaleur comme due à la même cause matérielle que la lumière, c'est-à-dire à l'éther. Quant à cet éther lui-même, il ne paraît être, aux yeux de plusieurs savants, que les deux fluides électriques réunis en un seul, que nous avons appelé *fluide neutre.* Enfin, c'est avec ces deux fluides que nous avons expliqué non-seulement tous les phénomènes électriques, mais encore tous les phénomènes magnétiques ; de sorte que tous les phénomènes physiques se déduisent de deux ou trois causes : l'attraction moléculaire, l'élasticité de l'éther, et les actions attractives et répulsives des fluides électriques ; causes que l'on a encore espoir de réduire, par les rapports intimes qu'on croit apercevoir entre elles. A quoi il faut ajouter que ce n'est pas seulement à peu près, et de plus ou moins loin, que ces deux ou trois causes représentent les phénomènes qu'elles expliquent ; mais les savants calculs de nos géomètres en ont déduit ces phénomènes avec une exactitude pour ainsi dire infinie, soit par la précision des valeurs numériques des phénomènes, soit par la multiplicité de ses détails. La science, en changeant de face dans les temps modernes, n'a donc rien perdu de ce qu'elle peut avoir de propre à nous élever à Dieu ; elle nous met au contraire à même, par ses progrès, de concevoir et d'admirer de plus en plus la simplicité, la profondeur et la sagesse infinies qui ont présidé au grand ouvrage de la création, et de nous écrier avec le prophète : « *Delectasti me, Domine, in factura tua; et in operibus manuum tuarum exultabo. Quam magnificata sunt opera tua, Domine! nimis profundæ factæ sunt cogitationes tuæ.* »

FIN.

TABLE.

ÉLÉMENTS DE PHYSIQUE.

N°s.		Pages.
	Définition de la physique....................................	1

NOTIONS DE MÉCANIQUE.

I. *Des forces en général.*

1. Définitions de la mécanique, des forces, des mobiles, du mouvement et du repos.. 2
2. Point d'application, direction et intensité d'une force.............. *ib.*
3. Forces *instantanées* et forces *continues*......................... *ib.*

II. *Inertie.*

4. Notion du mouvement uniforme................................... 3
5. Notion de la vitesse dans le mouvement uniforme................. 4
6. Effet du frottement et de la résistance des milieux............... *ib.*
7. Notion de l'*inertie*.. 6

III. *Nature du mouvement selon celle de la force.*

8. Notion du mouvement *varié* et de la *vitesse acquise*............ *ib.*

IV. *De la masse des corps.*

9, 10. Notions de la masse, et diversité des effets d'une même force sur divers corps... 8
11. Notions des forces *accélératrices* constantes................... 9
12. Mesure des forces par leurs effets............................... 10

V. *Composition des forces concourantes.*

13. Composantes, résultantes, parallélogramme des forces, équilibre... 11
14. Mouvement curviligne, *trajectoire*............................. *ib.*
15. Mobile s'échappant par la tangente.............................. *ib.*
16. Force centrifuge.. *ib.*

VI. *Composition des forces parallèles.*

17. Valeur et position de la résultante, centre des forces parallèles... 12
18. Équilibre du levier... 13

PHYSIQUE.

Nos.		Pages.
1.	Définition des phénomènes et de la physique.	14

CONSTITUTION INTIME DES CORPS.

2.	Étendue et forme des corps.	ib.
3.	États solides, liquides et gazeux.	15
4.	Gaz permanents, vapeurs.	16
5.	Impénétrabilité.	17
6, 7.	Divisibilité des corps.	ib.
8, 9.	Atomes et molécules; leur petitesse, leur attraction.	18
10.	Cristallisation.	20
11.	Sur la forme des molécules.	22
12, 13, 14, 15.	Porosité moléculaire, porosité proprement dite.	23
16.	Contractions conciliées avec l'impénétrabilité.	25
17.	Des forces attractives et répulsives des molécules.	ib.
18.	Dilatation produite par la chaleur.	26
19, 20.	Masse des corps, corps impondérables.	27

ACTION MUTUELLE DES CORPS.

21, 22, 23, 24.	Des diverses forces qui agissent dans les phénomènes.	28

LIVRE PREMIER.

Des états d'équilibre et de mouvement des molécules pondérables.

CHAPITRE PREMIER.

États d'équilibre et de mouvement des molécules pondérables, dus principalement aux forces moléculaires sensibles à distance.

25.	De la gravitation universelle.	29

PESANTEUR.

GÉNÉRALITÉS.

26, 27.	Définition de la pesanteur; sa direction : ligne verticale — horizontale.	30
28.	Intensité de la pesanteur, notion du *poids*.	ib.
29.	Pesanteur des gaz, densité et pesanteur spécifique.	32
30, 31, 32, 33.	Des baromètres.	34
34, 35, 36, 37.	Centre de gravité des corps.	37

PHÉNOMÈNES D'ÉQUILIBRE DUS A LA PESANTEUR.

Nos.		Pages.
38, 39.	Équilibres, stables, instables, et indifférents..................	40
40.	Balance; méthode de la double pesée........................	ib.

PHÉNOMÈNES DE MOUVEMENT DES CORPS PESANTS.

41, 42, 43.	Lois de la chute des graves par la machine d'Atwood.......	41
44.	*Plan de Galilée*..	43
45, 46.	*Pendules*, simples, composés...............................	44
47, 48, 49, 50.	Notions et lois des oscillations du pendule............	ib.
51, 52.	Tous les corps sont également pesants......................	47
53.	Trouver l'intensité de la pesanteur.........................	48
54.	Centre d'oscillation du pendule composé....................	49
55.	Pendule simple isochrone avec pendule composé..............	50
56.	Variation de la pesanteur d'après la latitude..............	51
57.	Déviation du plan d'oscillation du pendule.................	52

CHAPITRE II.

États d'équilibre et de mouvement des molécules pondérables, dus principalement aux forces moléculaires insensibles à distance.

SECTION Ire.

NOTIONS DES FORCES QUI PRODUISENT CES ÉTATS.

58.	Pression atmosphérique. — Hémisphères de Magdebourg.........	53
59.	Des diverses forces moléculaires............................	55
60.	Mesure de l'attraction et de la *ténacité*..................	ib.
61, 62.	Mesure de la répulsion, thermomètre centigrade Réaumur, Fahrenheit..	56
63.	Différence de l'origine de l'attraction et de la répulsion..	61
64.	Observations..	ib.

SECTION II.

ÉTATS D'ÉQUILIBRE D'UN SYSTÈME DE MOLÉCULES PONDÉRABLES DUS PRINCIPALEMENT AUX FORCES MOLÉCULAIRES INSENSIBLES A DISTANCE.

ARTICLE Ier. — DISTANCES ET ACTIONS MUTUELLES DES MOLÉCULES DE L'INTÉRIEUR DE CE SYSTÈME.

Ire PARTIE. — *Influence des forces extérieures sur ces distances et ces actions.*

§ Ier. — INFLUENCE DES PRESSIONS EXTÉRIEURES SUR L'ÉTAT GAZEUX, LIQUIDE OU SOLIDE.

QUESTION 1. — *Diminution de pression.*

65, 66.	Évaporation produite par diminution de pression............	66
67, 68.	Espace saturé de vapeur....................................	67

Nos.		Pages.
69, 70, 71.	Évaporation dans l'air. Qu'entend-on par ébullition ou vaporisation?...	69

QUESTION II. — *Augmentation de pression.*

72.	Liquéfaction des vapeurs par compression.......................	71
73.	Maximum de tension...	ib.
74.	Liquéfaction des gaz..	72

§ II. — INFLUENCE DES PRESSIONS EXTÉRIEURES SUR LE VOLUME ET LE RESSORT DES CORPS.

QUESTION I. — *Des fluides.*

1° *Des propriétés communes aux gaz et aux liquides.*

75.	Principe de l'égalité de pression en tous sens.....................	73
76, 77.	Des fluides pesants; lois des *couches de niveau*...............	75
78.	Exception pour les gaz...	77
79, 80, 81.	Pressions exercées par les fluides pesants.................	ib.
82, 83.	Principe d'Archimède...	80
84.	Aérostats...	81
85.	Équilibre de divers fluides dans des vases communiquants.........	82
86.	Phénomènes du syphon..	83

2° *Des gaz en particulier.*

87, 88.	Loi de Mariotte, manomètre...................................	ib.
89.	Constitution de l'atmosphère.....................................	86
90.	Mesure des hauteurs par le baromètre.............................	ib.
91, 92, 93.	Machine pneumatique..	87
94, 95, 96.	Pompe à compression..	92
97, 98.	Pompe aspirante..	ib.
99.	Pompe foulante...	94
100.	Pompe aspirante et foulante.....................................	95

3° *Des liquides en particulier.*

101, 102.	Compressibilité des liquides démontrée par l'expérience......	ib.

QUESTION II. — *Des solides.*

103.	Compressibilité des corps poreux.................................	97
104, 105, 106, 107.	Compressibilité des corps non poreux; lois de leurs allongements..	ib.
108.	Élasticité de torsion..	99

DES DISTANCES ET RÉACTIONS MUTUELLES DES MOLÉCULES DE L'INTÉRIEUR D'UN CORPS DANS L'ÉTAT D'ÉQUILIBRE.

IIe PARTIE. — *Influence de la température sur ces distances et ces réactions.*

§ Ier. — INFLUENCE DE LA TEMPÉRATURE SUR LE VOLUME DES CORPS.

QUESTION I. — *Dilatations.*

109, 110, 111.	Ce qu'on entend par dilatation cubique, linéaire, et coefficients de dilatation..	100

N°s.		Pages.
112, 113, 114, 115, 116, 117, 118.	Dilatations des gaz............................	102
119.	Thermomètre à air...............................	105
120.	Lois de Gay-Lussac.............................	106
121.	Rapport de la quantité de chaleur au degré thermométrique.........	ib.
122, 123, 124, 125, 126.	Dilatations des liquides.........................	107
127, 128.	Dilatations des solides...........................	109
129.	Vernier ou nonius...............................	110
130.	Lois de la dilatation des solides, anomalie de l'acier...............	112
131.	Pendule compensateur...........................	113
132.	Retrait de l'argile et autre substance par la chaleur...............	ib.

QUESTION II. *Densité des corps.*

133, 134, 135, 136.	Densité des gaz..................................	114
137, 138, 139, 140.	Densité des vapeurs.............................	116
141, 142, 143.	Densité des liquides.............................	120
144, 145.	Aréomètres de Beaumé et de Cartier, détermination du gramme.	124
146.	Calculer le poids d'un corps dont on a le volume...............	125
147.	Trouver le volume d'un vase ou d'un corps.....................	ib.
148, 149.	Densité des solides.............................	125
150.	Expansion de la glace...........................	127

§ II. — INFLUENCE DE LA TEMPÉRATURE SUR LE CHANGEMENT D'ÉTAT DES CORPS.

151, 152.	Liquéfaction des vapeurs par le froid......................	128
153, 154, 155.	Des hygromètres................................	130
156, 157, 158, 159, 160.	Effets météorologiques de la condensation des vapeurs.....	133
161, 162, 163, 164.	Vaporisation par la chaleur et distillation..............	139
165, 166.	Accélérer ou retarder l'ébullition.......................	141
167.	Remarque sur la graduation du thermomètre...................	142
168.	Tension de la vapeur d'eau pour les hautes températures...........	143
169, 170.	Machines à vapeur.............................	ib.
171.	Locomotives...................................	145
172.	Chemins de fer atmosphériques.......................	146
173.	Congélation et fusion produites par le changement de température..	147
174.	Eau liquide à — 10°, — 12°........................	ib.
175.	Pyromètre de Wedgwood...........................	148

ARTICLE II. — DE L'ACTION ET DE LA FORME DE LA SURFACE D'UN SYSTÈME DE MOLÉCULES TENUES EN ÉQUILIBRE PAR LES FORCES MOLÉCULAIRES INSENSIBLES A DISTANCE.

176.	Cette action n'a d'effet sensible que pour les liquides.............	ib.

Capillarité.

177.	Différence des phénomènes d'hydrostatique et des phénomènes capillaires...	149
178.	Variation de densité près de la surface des liquides.............	ib.

N°s.		Pages.
179.	Du mouillage des corps..	150
180.	Forme de la surface des liquides...............................	ib.
181.	Différence des solides aux liquides sous le rapport de la capillarité..	151
182.	Action de la surface des liquides..............................	ib.
183, 184, 185.	Ménisque : comme son action dépend de sa courbure et de la variation de sa densité........................	ib.
186.	Horizontalité des parties planes de la surface d'un liquide.........	152
187.	Ascension ou dépression des liquides dans les tubes étroits, et action mutuelle des corps flottants.................	153
188.	Endosmose..	154

SECTION III.

ÉTATS DE MOUVEMENT D'UN SYSTÈME DE MOLÉCULES PONDÉRABLES, EU ÉGARD AUX FORCES MOLÉCULAIRES INSENSIBLES A DISTANCE.

ARTICLE 1ᵉʳ. — DES MOUVEMENTS D'UNE ÉTENDUE QUELCONQUE.

Iʳᵉ PARTIE. — *Des solides.*

§ Iᵉʳ. — OSCILLATIONS DES CORPS ÉLASTIQUES.

189, 190, 191, 192.	Nature et durée de ces oscillations...............	154
193, 194, 195.	Oscillations de torsion d'un fil élastique..............	156

§ II. — CHOC DES CORPS ÉLASTIQUES.

196, 197.	Lois des chocs normal et oblique contre un plan fixe........	158
198, 199.	Lois des chocs normal et oblique contre une bille mobile.....	160

DES MOUVEMENTS D'UNE ÉTENDUE QUELCONQUE.

IIᵉ PARTIE. — *Des fluides.*

200.	Théorème de Torricelli..	161
200.	Jet d'eau. — 201. Vitesse de l'écoulement des liquides...........	162
202, 203, 204, 205.	Forme de la veine fluide..........................	163
206.	Épanouissement de la veine lancée contre un disque.............	167
207.	Écoulement des gaz...	ib.

ARTICLE II. — DES VIBRATIONS INFINIMENT PETITES DES MOLÉCULES, OU DE L'ACOUSTIQUE.

208, 209.	Production et perception du *son*........................	168

Iʳᵉ PARTIE. — *Vibrations d'un milieu indéfiniment étendu.*

210.	Qu'entend-on par *oscillation* et *vibration?* —211, 212. Mode de vibration d'une colonne indéfinie d'air. — 213. Longueur de l'onde sonore. —214. Ordre des densités et des vitesses dans une onde sonore. — 215. Oscillation de chaque molécule de cette colonne pendant que le son s'y propage............................	170
216.	Cas d'une masse d'air indéfinie en tout sens......................	172
217... 225.	Évaluation numérique des notes et des intervalles de musique; sons harmoniques..	ib.

N°s.	Pages.
227, 228, 229, 230. Vitesse du son...........................	178
231. Coexistence des petits mouvements.......................	179
232, 233, 234. Réflexion du son.............................	180
235. Le son se propage derrière les corps qu'il rencontre.............	182

II° PARTIE. — *Vibration d'un milieu fini, tel qu'un corps quelconque.*

1° *Colonnes de gaz.*

236, 237, 238. Moyen de mettre en vibration une colonne d'air........	*ib.*
239 — 242. Mode de vibration de l'air dans un tuyau, nœuds, ventres, concamérations; son fondamental................................	184
243. Longueur de l'onde du son le plus grave d'un tuyau..............	187
244. Lois des vibrations de l'air dans les tuyaux.....................	*ib.*

2° *Lames, tiges et plaques.*

245, 246, 247. Modes de vibrations longitudinales des tiges; son fondamental..	188
248. Remarque sur un ploiement particulier que subit une lame vibrante longitudinalement...	190
249. Moyen de produire les vibrations transversales des lames..........	191
250, 251. Lois des vibrations transversales des lames, nœuds..........	*ib.*
252, 253. Lois des vibrations des plaques, lignes nodales, figures acoustiques..	192

3° *Cordes vibrantes.*

254. Lois des vibrations transversales d'une corde, nœuds; son fondamental..	194
255, 256. Sons concomitants..................................	197

III° PARTIE. — *Vibrations de plusieurs milieux, ou corps en rapport les uns avec les autres.*

257. Communication du mouvement vibratoire d'un corps à ceux qu'il touche..	198
258, 259. Communication du mouvement vibratoire d'un corps à d'autres par l'intermédiaire de l'air..	200
260, 261. Des battements et sons résultants..........................	203
Conclusion du livre 1er..	206

LIVRE II.

Des corps impondérables.

CHAPITRE PREMIER.

Des phénomènes électriques et magnétiques.

SECTION Ire.

DE LA NATURE DES FLUIDES ÉLECTRIQUES ET DES LOIS DE LEUR ACTION.

N^{os}.   Pages.
1. *Définition.* — Production de l'électricité par le frottement. Pendule électrique.. 209
2. Electroscope de Coulomb... 210
3, 4. Corps conducteurs, corps isolants............................... ib.
5. Conductibilité du vide.. 213
6. Répulsion mutuelle des molécules d'un même fluide électrique...... ib.
7. Des deux espèces d'électricité, et de leur attraction réciproque. Fluides, vitré ou positif, résineux ou négatif, neutre................. 214
8. Le fluide neutre remplit tous les corps et tout l'espace.—Après le frottement mutuel de deux corps, ils sont électrisés en sens contraire. 216
9. Machines électriques et hydroélectriques........................... 217
10. Les attractions électriques sont en raison inverse du carré des distances... 218

SECTION II.

ÉQUILIBRE DES FLUIDES ÉLECTRIQUES HORS DE L'ACTION DES FORCES ÉTRANGÈRES A L'ÉLECTRICITÉ.

ARTICLE Ier. — ÉQUILIBRE DE L'ÉLECTRICITÉ SUR UN SEUL CORPS.

11. 12. L'électricité d'un corps électrisé est tout à sa surface......... 220
13. Épaisseur de la couche électrique.................................. 221
14, 15. Pouvoir des pointes et des angles.............................. 222

ARTICLE II. — ÉQUILIBRE DE L'ÉLECTRICITÉ SUR PLUSIEURS CORPS.

16. Influences électriques... 223
17. Communication de l'électricité d'un corps à un autre............... ib.
18. Propriété des pointes de soutirer l'électricité.................... 224
19. Application à la machine électrique................................ ib.
20. De la foudre, carillon électrique, danse électrique................ ib.
21, 22, 23, 24, 25. Electromètres et leur usage........................ 225
26. Paratonnerre.. 226
27, 28, 29. Electricité dissimulée..................................... 230
30, 31, 32, 33, 34. Electrophore, condensateur, bouteille de Leyde, batteries.. 232

TABLE.

SECTION III.

DES PHÉNOMÈNES ÉLECTRIQUES DÉPENDANTS DES FORCES ÉTRANGÈRES A L'ÉLECTRICITÉ.

Nos.   Pages.

35. Objet de cette section.. 237

GALVANISME.

36, 37. Principe de Volta... 238
38, 39, 40. Pile à colonne, à couronne et à auge...................... 239
41, 42, 43. Distribution du fluide électrique dans la pile, soit isolée, soit non isolée : pôles de la pile.. 240
44, 45. Pile en circulation, sens du courant......................... 242
46. Ce qu'on appelle aimant ; corps magnétique ; pôles austral, boréal ; méridien... ib.
47—51. Action d'un courant sur une aiguille aimantée ; galvanomètre, boussoles des sinus, galvanomètre différentiel, rhéomètres........ 243
52—55. Principes d'électrochimie, corps électro-positifs et électro-négatifs. 246
56, 57. Pile Wollaston, Munch, Bunzen, Daniel...................... 251
58. Électrolisation, voltamètre, électrode........................... 255
59. Galvanoplastique... 257
60, 61. Phénomènes thermo-électriques, poissons électriques, électricité animale... 258

SECTION IV.

PHÉNOMÈNES DES FLUIDES ÉLECTRIQUES EN MOUVEMENT.

ARTICLE 1er. — VITESSE DE L'ÉLECTRICITÉ.

62, 63. Déperdition lente de l'électricité, vitesse de l'électricité dans les bons conducteurs.. 262

ART. II. — ACTION OU PRESSION DE L'ÉLECTRICITÉ EN MOUVEMENT SUR LES CORPS QU'ELLE TRAVERSE.

64, 65, 66, 67. Perce-carte, étincelle, combustion, fusion, commotion, choc en retour.. 263

ART. III. — ACTION DE L'ÉLECTRICITÉ EN MOUVEMENT, OU DES COURANTS ÉLECTRIQUES SUR L'ÉLECTRICITÉ ENVIRONNANTE.

68. Notions des courants... 267

1re PARTIE. — *Phénomènes électrodynamiques.*

69. Action mutuelle des courants parallèles. Remarques sur la nature de ces forces... 269
70. Action mutuelle des courants croisés............................. 272
71. Répulsion des courants qui se suivent, *rotation continue;* corollaire sur la nature de ces forces...................................... 273

72. Solénoïdes. — 73. Leurs actions mutuelles.................. 275
74. Cas d'un simple anneau ; variation en raison inverse du carré de la distance.. 276
75. Action mutuelle d'un solénoïde et d'un courant................ ib.
76. Remarque sur les solénoïdes normaux et homogènes............ 277

II° PARTIE. — *Phénomènes magnétiques et électromagnétiques.*

§ I. — CONSTITUTION INTÉRIEURE DES CORPS MAGNÉTIQUES.

77. Magnétisme de tout courant électrique....................... 278
78. Électro-aimants, télégraphes électriques. — 79. Force coercitive et moyens de la produire..................................... ib.
80. Saturation magnétique, inadmissibilité du magnétisme.......... 282
81. Deux espèces d'actions des aimants. — 82. Magnétisme austral et boréal... ib.
83. Éléments magnétiques d'un aimant et d'un morceau de fer........ 283
84. Pôles d'un aimant. — 85. Égalité des deux magnétismes d'un élément magnétique... 284
86. Des deux théories magnétiques. — Théorie de Coulomb........... 285
87. Comparaison d'une plaque de fluides magnétiques et d'un anneau ; courants actifs et inactifs................................... 286
88. Des deux actions de tout solénoïde fermé, hétérogène ou oblique... 287
89. Action de la terre ou d'un aimant sur un solénoïde ; parties boréale et australe d'un solénoïde et d'un anneau électrodynamique...... 288
90, 91, 92. Théorie d'Ampère, aimantation, désaimantation, et éléments magnétiques selon cette théorie............................... 289
93. Magnétisme terrestre d'après Ampère......................... 291
94, 95. Définitions et lemmes pour exprimer plus simplement les explications d'Ampère... 292
96. Le magnétisme d'un corps n'est jamais épuisé. — 97. Expliquer la saturation et — 98, l'inégalité, — enfin 99, l'inégalité des deux magnétismes de tout aimant. — Magnétisme *libre*................... 294
100. Rotation d'un courant autour d'un aimant : inadmissibilité de la théorie de Coulomb.. 295
101. Actions en raison inverse du carré des distances................ 297

§ II. — DISTRIBUTION EXTÉRIEURE DES FORCES DES CORPS MAGNÉTIQUES.

1ᵉʳ *Cas, d'un seul aimant.*

102. Cas d'un seul aimant. —*Points conséquents*................... 299
103. Expliquer cette distribution extérieure ; corollaire qui en résulte... 301
104. Déterminer les pôles d'un aimant............................ 303
105. Magnétisme terrestre. — Couple magnétique de la terre.......... 304
106. Boussole de déclinaison et d'inclinaison...................... 306
107. Éloignement du foyer des forces magnétiques de la terre. — Aiguille astatique... 307
108. Pôles et équateur magnétique de la terre...................... 308

N°s.		Pages.
109.	Lignes isoclines, isogones, sans déclinaison....................	310
110, 111, 112.	Variations de la déclinaison et de l'inclinaison. — Aurores boréales...	ib.
113, 114.	Mesurer l'intensité du magnétisme; centres magnétiques de la terre...	313

2ᵉ *Cas, d'un système d'aimants et de corps magnétiques.*

115, 116.	Des influences magnétiques d'un aimant ou de la terre. — 117. Magnétisme dissimulé, sensible................................	314
118.	Méthodes d'aimantation. — 119. Armatures.....................	318

§ III. — ACTION DES AIMANTS SUR TOUS LES CORPS.

| 120. | Division des corps en corps magnétiques et diamagnétiques....... | 322 |

ACTION DES COURANTS SUR L'ÉLECTRICITÉ ENVIRONNANTE.

IIIᵉ PARTIE. — *Phénomènes d'induction.*

| 121, 122. | Phénomènes d'induction. — 123. Machines magnétoélectriques de Clarke, de Pixii. Commutateur. — 124. Réflexions générales... | 324 |

CHAPITRE II.

De la lumière et de la chaleur.

| 125, 126, 127. | Des deux systèmes de l'émission et des vibrations....... | 334 |

SECTION Iʳᵉ.

DE LA LUMIÈRE.

Notions préliminaires. — 128. Des diverses lumières. — 129. Vibrations transversales. — 130. Réflexions 336

ARTICLE Iᵉʳ. — DE LA LUMIÈRE, ABSTRACTION FAITE DE SA POLARISATION.

Iʳᵉ PARTIE. — *De la lumière parcourant un seul milieu homogène.*

§ Iᵉʳ. — OPTIQUE.

131.	Propagation rectiligne de la lumière. — 132. Décroissement de la lumière par l'éloignement. — 133. Vitesse de la lumière..........	340
134.	*Ombres,* physique, géométrique; cas d'un point lumineux. — 135. Cas d'un corps lumineux; ombres et pénombres. — Chambre obscure..	343

§ II. — CATOPTRIQUE.

| 136. | Définitions préliminaires.. | 346 |

QUESTION I. — *Des miroirs plans.*

| 137. | Lois de la réflexion. — 138. Images formées par un miroir plan. — 139. Quantité de lumière réfléchie selon l'incidence............. | 347 |

QUESTION II. — *Des miroirs courbes.*

140. Déterminer le rayon réfléchi par ces miroirs. — Centre, axe, ouverture et foyer des miroirs sphériques ; aberration de sphéricité. 351
141, 142, 143. Apparences produites par les miroirs sphériques. 354

DE LA LUMIÈRE, ABSTRACTION FAITE DE SA POLARISATION.

II° PARTIE. — *Propagation de la lumière d'un milieu dans un autre.*

§ Ier. — DIOPTRIQUE D'UN RAYON LUMINEUX.

144, 145. Ce qui arrive à un rayon lumineux rencontrant la surface de réunion de deux milieux différents........................... 357
146. Ce qu'on entend par réfraction, corps réfringent, indice de réfraction, loi de Descartes... 359
147. Vitesse de la lumière dans les différents milieux, inadmissibilité du système de l'émission, longueurs d'une onde en différents milieux. 360
148. De la *dispersion* de la lumière................................ 361
149, 150. Détermination de l'indice de réfraction. — Raies du spectre... 362
151. Indices inverses de réfraction................................. 365
152. Trajet d'un rayon par une glace. — 153. Angle limite. — Réflexion intérieure totale. — Indice des corps opaques..................... 366
154. Phénomène du mirage... 367

§ II. — DIOPTRIQUE D'UN FAISCEAU LUMINEUX.

155, 156. Caustiques et images par réfraction........................ 369
157, 158, 159. Phénomène de l'arc-en-ciel............................ 370
160. Définition, centre, axe, champ, foyer des lentilles, aberration de sphéricité... 375
161, 162, 163. Apparences produites par les lentilles................. 377
164. Lentilles à échelons. — 165, 166. Aberration de réfrangibilité et achromatisme... 380
167, 168, 169. De l'œil des myopes et des presbytes................. 383
170, 171, 172. Des microscopes.................................... 388
173, 174. Des télescopes et des lunettes........................... 389
175. Chambre noire. — Daguerréotype. — 176. Photographie sur papier. — 177. Lanterne magique. — 178. Fantasmagorie. — 179. — Microscope solaire. — 180. Microscope photoélectrique............... 393

DE LA LUMIÈRE, ABSTRACTION FAITE DE SA POLARISATION.

III° PARTIE. — *Des phénomènes de coloration dus à la destruction mutuelle de certains rayons.*

1° *Interférences.* — 181. Expériences des deux miroirs de Fresnel et du biprisme... 399
182. Propagation courbe des franges. — 183. Inadmissibilité du système de l'émission.. 402

184. Explication des interférences dans le système des ondulations, longueur des ondes en fraction de millimètres.................. 403

2° *Diffraction.* — 185, 186. Franges produites par un écran, par un fil, par une fente, par un miroir. — 187. Explication de ces phénomènes... 404

3° *Phénomènes des réseaux.* — 188. Expérience des spectres irisés, mesure des ondes lumineuses............................... 407

4° *Anneaux colorés des lames minces.* — 189. Expériences diverses. — 190. Cas de la lumière simple. — 191. Expliquer la coloration des anneaux dus à la lumière blanche. — 192. Expliquer les anneaux dus à la lumière simple. — 193. Anneaux transmis....... *ib.*

5° *Anneaux colorés des miroirs concaves.* — 194. Expériences, explication de ces anneaux.. 413

6° *Interférences modifiées par un écran.* — 195. Déplacement des franges. — 196. Scintillation.. 414

ARTICLE II. — DE LA LUMIÈRE, EU ÉGARD A SA POLARISATION.

197. *Azimuts* d'un rayon. — Rayons polarisés, naturels. — Polarisations circulaire, elliptique. — Plan de polarisation.............. 417

Ire PARTIE. — *Propagation de la lumière polarisée.*

1° *Par réflexion.* — 198. Lumière polarisée par la réflexion régulière. — Plan de polarisation. — 199. La réflexion irrégulière polarise aussi. 419

2° *Par réfraction simple.* — 200. Expérience de la pile de glaces...... 422

3° *Par double réfraction.* — 201. Cristaux biréfringents. — 202. Cristaux à un axe et à deux axes. — 203. Rayons ordinaires et extraordinaires. — 204. Expériences. — 205. Tourmaline. — 206. Prisme de Nicol... 423

207, 208. Déviation du plan de polarisation..................... 428

IIe PARTIE. — *Coloration due à la destruction mutuelle de certains rayons polarisés.*

209, 210. Coloration des lames minces. — 211, 212. Anneaux colorés de la lumière polarisée. — 213. Observation.................... 431

SECTION II.

DE LA CHALEUR.

214, 215. *Système* adopté dans cette section. — Notion de la température et de la dilatation dans ce système......................... 441

ARTICLE Ier. — CHALEUR RAYONNANTE.

216, 217, 218. *Définition.* — Miroirs réflecteurs. — Thermomètre différentiel. — Thermomultiplicateur............................. 442

§ Ier. — PROPAGATION DE LA CHALEUR RAYONNANTE DANS L'INTÉRIEUR DES CORPS.

219, 220. *Proposition* où l'on prouve cette propagation............ 445

520   TABLE.

Nos.   Pages.
221. *Proposition* sur les rayons de chaleur obscure dans les sources brillantes.. 447
Remarque. Corps diathermanes ou diathermiques; diathermansie....... 448
222. *Proposition* sur les différentes colorations calorifiques des corps. ... 449
Corollaire. Sur les différentes colorations des rayons de chaleur........ 450
223. *Proposition* sur la diathermanéité du sel gemme................ 451
Remarque. Thermocrose, diathermansie, thermanisme............... *ib.*
224. *Proposition* sur l'influence de l'épaisseur des lames thermanisantes. — Du froid des hautes régions............................... 452

§ II. — Modification de la chaleur rayonnante a la surface des corps.

1° *Réflexion.*

225. *Proposition* de l'égalité entre les angles d'incidence et de réflexion.. 453
226. *Définition* et détermination du pouvoir réfléchissant............. 454
Proposition sur l'égale réflexibilité de tous les rayons sur un miroir métallique... 455
227. *Proposition*. La réflexion n'a lieu qu'à la surface des miroirs. — Pouvoir diffusif... *ib.*

2° *Réfraction.*

228. Réfraction de la chaleur, soit par une lentille, soit par un prisme. ... 457
229. Rapport entre la chaleur et la lumière............................ 458
230. Défaut de proportion de la lumière et de la chaleur. 460
231. Prédominance de la chaleur obscure........................... 461

3° *Polarisation de la chaleur.*

232. La chaleur se polarise par réflexion et par réfraction............. 462

Article II. — De la chaleur des molécules des corps.

233. Rayonnement calorifique de tous les corps..................... 463
234. Réflexion du froid. — 235. Du froid des nuits sereines........... 465

Ire Partie. — *Phénomènes dus à la différence des températures des corps entre elles et avec la température environnante.*

§ Ier. — Loi du refroidissement.

236. Loi de Newton. — Différence du refroidissement dans le vide ou dans l'air.. 466

§ II. — Pouvoirs émissif et absorbant.

237. Connexion de ces deux pouvoirs. — 238. Détermination du pouvoir émissif.. 468
239. Détermination du pouvoir absorbant. — 240. Thermanisme du pouvoir absorbant, et profondeur du pouvoir émissif................ 469

§ III. — Conductibilité des corps pour la chaleur.

241. Notions conformes aux systèmes des vibrations. — 242. Conductibilité des solides... 471

Nos.		Pages.
243, 244.	Conductibilité des liquides...........................	472
245.	Conductibilité des gaz...............................	474

IIe Partie. — *Phénomènes dus à la nature des molécules des corps, ou capacité des corps pour la chaleur.*

246. Définition et règle des chaleurs spécifiques. — Règle pour évaluer un corps en eau... *ib.*
247. Détermination des chaleurs spécifiques des solides et des liquides. — 248. Méthode des mélanges.................................. 476
249. Notion de la méthode de refroidissement................... 478
250. Détermination des chaleurs spécifiques des gaz.............. 479
251. Calcul de la température d'un corps par la méthode des mélanges. — Explication du phénomène des capacités................ 481

IIIe Partie. — *Phénomènes de température produits par le changement d'état des corps, ou par celui des distances de leurs molécules.*

252. Chaleur latente. — Chaleur de fluidité..................... 482
253. Notion de l'unité de chaleur appelée *calorie*............... 484
254. Chaleur d'élasticité.. 485
255. Solidification du gaz carbonique et du mercure. — Alcarazase... 487
256. Chaleur de l'élasticité de l'eau............................. 489
257. *Chaleur totale.* — Lois de Watt, de Southern, de Regnault.... 490
258. Chaleur latente de la dilatation des corps................... 491
259. Chaleur émise par la contraction des corps.................. 492
260. Chaleur produite par l'imbibition. — Ignition spontanée...... 493
261. Explication des phénomènes précédents..................... 494
262. Anomalie de la glace...................................... 495

IVe Partie. — *Des phénomènes de température produits par les mouvements des molécules des corps.*

263. Chaleur produite par le frottement......................... 496

Ve Partie. — *Atténuation des effets de la chaleur par l'état sphéroïdal des corps.*

264. Notion de l'état sphéroïdal; il empêche l'évaporation et l'élévation de température : congélation de l'eau dans un creuset incandescent.. 497
265. Conclusion... 501

FIN.

EXTRAIT
DU CATALOGUE DE LA LIBRAIRIE DE GAUME FRÈRES,
RUE CASSETTE, 4.

Publications nouvelles.

BIBLIOTHÈQUE
DE
CLASSIQUES CHRÉTIENS
LATINS ET GRECS,
POUR TOUTES LES CLASSES,

PUBLIÉE

SOUS LE PATRONAGE DE SON ÉMINENCE LE CARDINAL

Mgr THOMAS GOUSSET,
ARCHEVÊQUE DE REIMS,

ET SOUS LA DIRECTION DE M. L'ABBÉ GAUME,
Vicaire général de Nevers,
Docteur en théologie de l'Université de Prague, Membre de l'Académie de la Religion
catholique de Rome, etc., etc.

Histoire universelle de l'Église catholique, par M. l'abbé ROHRBACHER, docteur en théologie de l'Université de Louvain. Deuxième édition, revue, corrigée et augmentée. — Vingt-trois volumes sont en vente. Prix de chaque volume. 5 fr. 50 c.
Il paraît un volume chaque mois.

Trois Rome (Les), ou Journal d'un voyage en Italie, accompagné 1° d'un Plan de Rome ancienne et moderne; 2° d'un Plan de Rome souterraine, ou des Catacombes; par l'abbé J. GAUME, vicaire général du diocèse de Nevers, auteur du CATÉCHISME DE PERSÉVÉRANCE, du MANUEL DES CONFESSEURS, etc. 4 vol. in-8. 22 fr.

Clef (La) du Trésor de l'Église, ou Manuel des indulgences à l'usage des fidèles, par M. l'abbé Ravier, du Clergé de Paris. Ouvrage approuvé par monseigneur l'Archevêque. 1 fort vol. in-12. 3 fr.

Réforme (La), son développement intérieur et ses résultats dans le sein même de la Confession luthérienne, par J. Dollinger. Ouvrage traduit de l'allemand. 3 vol. in-8. 18 fr.

Œuvres complètes de Bossuet, augmentées de l'Histoire de Bossuet par le cardinal de Bausset, renfermant les 47 volumes de l'édition de Versailles, imprimées sur beau papier jésus, et ornées d'un magnifique portrait de Bossuet. 12 vol. gr. in-8. 80 fr.

Biographie universelle, ou Dictionnaire historique des hommes qui se sont fait un nom par leur génie, leurs talents, leurs vertus, leurs erreurs ou leurs crimes, par F.-X. de Feller. Nouvelle édition, revue et continuée jusqu'en 1848, sous la direction de MM. Ch. Weiss, conservateur à la bibliothèque de Besançon, membre de plusieurs académies; l'abbé Busson, ancien secrétaire du ministère des affaires ecclésiastiques et vicaire général honoraire de Montauban. 8 vol. gr. in-8. 56 fr.

Œuvres complètes de Fénelon, archevêque de Cambrai, augmentées de l'Histoire de Fénelon, par le cardinal de Bausset, et précédées de l'Histoire littéraire ou revue historique et analytique de ses œuvres, pour servir de complément à son histoire, par M. M***, directeur au séminaire Saint-Sulpice. Nouvelle édition renfermant les 39 volumes de celle de Versailles, entièrement conforme à notre édition de Bossuet, et ornée d'un beau portrait de Fénelon. 10 vol. gr. in-8. 70 fr.

Histoire générale des Missions catholiques depuis le 13e siècle jusqu'à nos jours, par M. le baron Henrion, auteur de l'Histoire générale de l'Église; dédiée à son éminence monseigneur le cardinal de Bonald, archevêque de Lyon; illustrée par 320 gravures sur acier, cartes géographiques, portraits, etc. 4 vol. gr. in-8. 40 fr.

Almanach du Clergé de France pour l'an de grâce 1852, publié d'après les documents authentiques du ministère des Cultes, des Évêchés et de la Cour de Rome, et comprenant les éphémérides et la législation ecclésiastique de l'année. — Troisième série. — Deuxième année. — 1 gros vol. in-12. 6 fr.
Par la poste. 7 fr. 50 c.

Histoire des États du Pape, par John Miley, supérieur du collége des Irlandais à Paris, traduit de l'anglais par Ch. Ouin-Lacroix, docteur en théologie de l'université de Rome. 1 vol. in-8 de 800 pages. 7 fr. 50 c.

Jésus révélé à l'enfance et à la jeunesse, par M. l'abbé Lagrange. 1 vol. gr. in-18, sur papier vélin, orné de dix belles gravures sur acier, culs-de-lampe, etc. 3 fr.

Raison (La) philosophique et la Raison catholique, Conférences et Sermons prêchés à Paris par le R. P. Ventura de Raulica. Deuxième édition, ornée du portrait de l'auteur. 1 vol. in-8. 6 fr.

Ver (Le) rongeur des sociétés modernes, ou le Paganisme dans l'Éducation, par l'abbé J. Gaume, vicaire général de Nevers. 1 vol. in-8. 4 fr. 50 c.

Nouveaux Plans de Prônes, de Sermons, de Méditations et d'Instructions familières, contenant plusieurs sujets pour chaque Dimanche de l'année et pour les Fêtes fixes et mobiles, à l'usage de tous les ecclésiastiques chargés de la conduite des âmes, avec approbation de Mgr l'archevêque de Paris, 2ᵉ édition. 1 vol. in-12. 2 fr. 40 c.
Par la poste. 3 fr. 40 c.

EXTRAIT DU CATALOGUE GÉNÉRAL.

Année (Nouvelle) **apostolique**, ou Instructions familières pour les Dimanches et Fêtes de l'année, 3ᵉ édition. 1 vol. in-12. 3 fr.
Par la poste. 4 fr.

Arsenal du Catholique, ou Preuves philosophiques du Catholicisme, suivies de réponses aux principales objections des incrédules; par M. P.-A. REGNAULT, prêtre du diocèse de Metz. 2 vol. in-8. 4 fr.

Augustini (S. Aurelii), Hipponensis episcopi, Opera omnia, post Lovaniensium theologorum recensionem, castigata denuo ad manuscriptos codices Gallicanos, Belgicos, etc., nec non ad editiones antiquiores et castigatiores, opera et studio monachorum ordinis Sancti Benedicti e congregatione S. Mauri.
Editio Parisina altera, emendata et aucta. 22 vol. grand in-8, à deux colonnes. 200 fr.

Basilii (Sancti), Cæsáreæ Cappadociæ archiepiscopi, Opera omnia quæ exstant, vel quæ ejus nomine circumferuntur, ad manuscriptos codices Gallicanos, Vaticanos, Florentinos et Anglicos, nec non ad antiquiores editiones castigata, multis aucta; nova interpretatione, criticis præfationibus, notis, variis lectionibus illustrata; nova sancti Doctoris Vita et copiosissimis indicibus locupletata, opera et studio monachorum ordinis Sancti Benedicti e congregatione S. Mauri.
Editio Parisina altera, emendata et aucta. 6 vol. grand in-8, à deux colonnes. 80 fr.

Bernardi (Sancti), abbatis Caræ-Vallensis, Opera omnia, post Horstium denuo recognita, repurgata, et in meliorem digesta ordinem, nec non novis præfationibus, admonitionibus, notis et observationibus, indicibusque copiosissimis locupletata et illustrata, curis D. Joanis MABILLON, presbyteri et monachi ordinis Sancti Benedicti e congregatione S. Mauri
Editio quarta, emendata et aucta. 4 vol. gr. in-8, à deux colonnes. 48 fr.

Bible (Sainte), contenant l'Ancien et le Nouveau Testament, avec une traduction française en forme de paraphrase; par le R. P. DE CARRIÈRES; et les Commentaires de Ménochius. 6 forts vol. in-8. 25 fr. 60 c.

Bible (Sainte), dite de VENCE, en latin et en français, avec des notes littéraires, critiques et historiques, des préfaces et des dissertations tirées des Commentaires de D. Calmet, de l'abbé de Vence et des auteurs les plus célèbres, pour faciliter l'intelligence de l'Écriture sainte; ouvrage enrichi d'un Atlas contenant 37 cartes géographiques et figures. 5ᵉ édition, enrichie de notes hébraïques. 27 vol. in-8 et Atlas in-4. 150 fr.

ADDITION AUX N°ˢ 75 ET 76 DU LIV. II,

RELATIVE AU STÉRÉOSCOPE.

Le Stéréoscope est un instrument destiné à donner en relief la représentation d'un objet au moyen de deux dessins plans de cet objet. Cet appareil est fondé sur ce que les deux images que les rayons émis par un objet forment sur les rétines de nos deux yeux ne sont pas parfaitement semblables, à cause que chaque image dépend de la position de la rétine par rapport à l'objet, et que cette position n'est pas la même pour les deux yeux. C'est ce qui fait qu'une seule représentation d'un objet dessiné sur un plan ne peut jamais faire illusion d'optique complète. Pour produire cette illusion, il faut se procurer deux dessins plans d'un objet, l'un représentant l'image de cet objet sur la rétine de l'œil droit, et l'autre l'image du même objet dans l'œil gauche. Ensuite il s'agit de faire en sorte que les rayons envoyés par ces deux dessins arrivent respectivement dans les deux yeux comme s'ils partaient d'une même image. Pour cela M. Weatstone de Londres, inventeur du Stéréoscope en 1838, prit une boîte à quatre faces verticales; sur une de ces faces, que j'appellerai *oculaire*, sont deux trous pour y placer les yeux de l'observateur. Au milieu de la face opposée, que j'appellerai le *fond* de la boîte, sont disposés verticalement l'un contre l'autre deux miroirs, de manière à former un angle dièdre convexe. Alors, en plaçant convenablement l'un des dessins devant l'un des miroirs, et l'autre devant l'autre, les deux faisceaux de rayons réfléchis par les deux miroirs arrivent aux deux yeux de l'observateur placés contre la face oculaire, et si les distances et directions de toutes les pièces de l'appareil sont convenables, ces deux faisceaux paraissent émaner d'une même image qui fait complétement illusion. M. Brewster d'Édimbourg, en 1848, remplaça les deux miroirs par deux prismes : il établit les deux dessins verticalement à côté l'un de l'autre contre le fond de la boîte; ensuite entre chaque œil de l'observateur et le dessin correspondant il plaça un prisme de verre, de manière que ces deux prismes, par leur pouvoir réfringent, inclinent les rayons émanés des deux dessins, de manière qu'ils semblent être partis d'une même image que l'observateur croirait être une représentation en relief. Il serait impossible d'exécuter à la main les deux portraits d'un objet vu tour à tour de l'œil droit et de l'œil gauche avec l'exactitude qu'exige le Stéréoscope ; on les obtient avec le daguerréotype *binoculaire*, c'est-à-dire ayant deux ouvertures, munies chacune d'une lentille ; et si les positions des lentilles ainsi que leurs distances focales sont convenablement déterminées, on aura sur la plaque d'argent ioduré, ou sur le verre albuminé, les deux images que l'on désire.

ERRATA :

Page.	Ligne.	Au lieu de :	lisez :
51	dern.	V. *Méc.* de Poisson............	V. *Méc.* de Poisson, deuxième édition, n° 176 et suiv.
59	16 et 17	entr'elles..................	entr'eux.
Ibid.	25 et 26	avec la même espèce de liquide.	avec des liquides de même loi de dilatation.
60	14 et 15	de la seconde enveloppe.......	de la seconde enveloppe et des deux masses de liquides.
65	18	ce paragraphe..............	cette section.
73	24	fondamentale de............	qui sert de fondement à.
75	10	le piston P................	le piston *p*.
83	22	n° 78....................	n° 79.
Ibid.	33	2° *Des cas*,..................	2° *Des gaz*.
108	antépénult.	n° 293....................	n° 262.
125	29	au corps..................	ou ce corps.
126	7 et 20	n° 141....................	n° 142.
127	28	t. II, n° 293..............	liv. II, n° 262.
156	22	B"........................	B'.
Ibid.	24	de B en B"................	de B' en B.
263	4	46000....................	460000.
Ibid.	7	de cuivre.................	de fer et de 180000 dans ceux de cuivre.
273	20	fait......................	fuit.
329	3	conducteur................	condensateur.
337	26	RU......................	RP.
348	27	incident IR et le rayon réfléchi..	réfléchi IR et le rayon incident.
351	13	comme sur une feuille........	sur une feuille.
388	17	loin......................	près.
402	14 et 15	milieu du spectre............	milieu du rouge du spectre.
497	25	V. *Atténuation*.............	Ve Partie. — *Atténuation*.
517	21 et 22	Vibrations transversales. — 130. Réflexion...............	Lumières simples. — 130. Lumière composée.

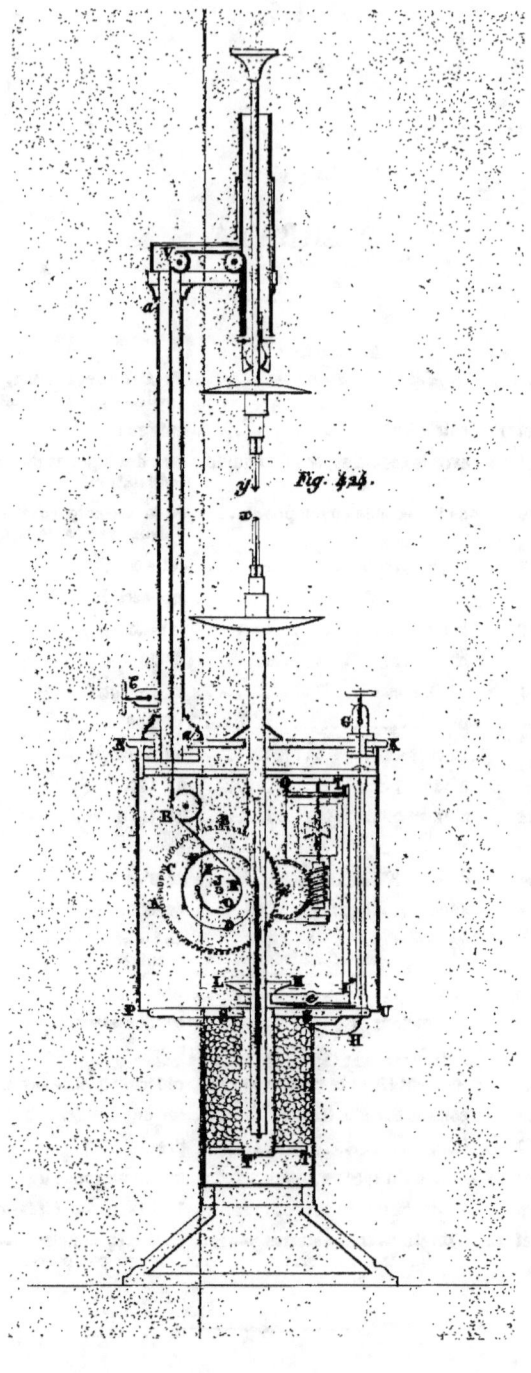

Fig. 424.

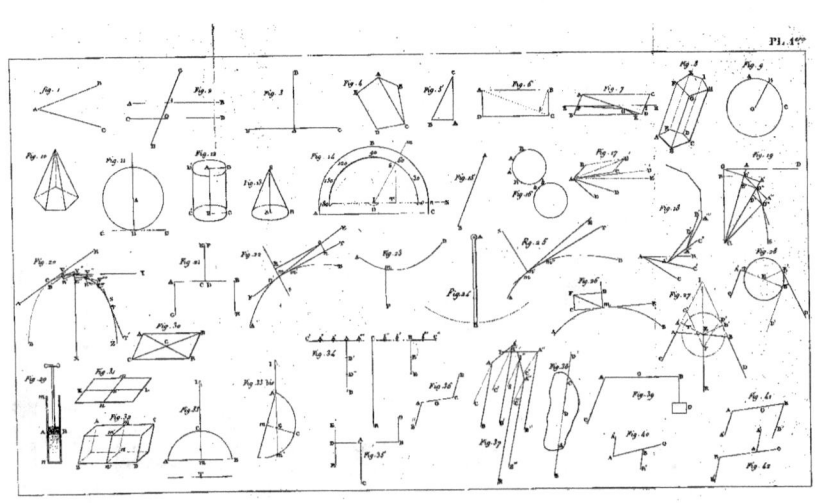

Pl. 1ère

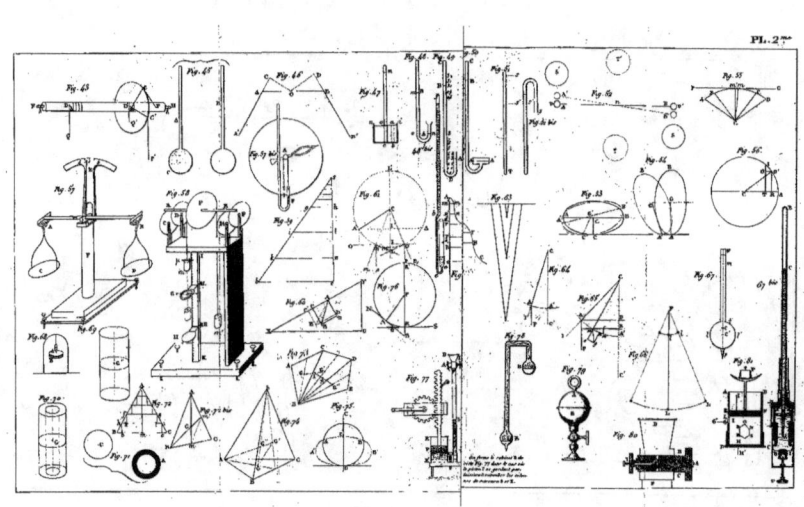

Pl. 2.

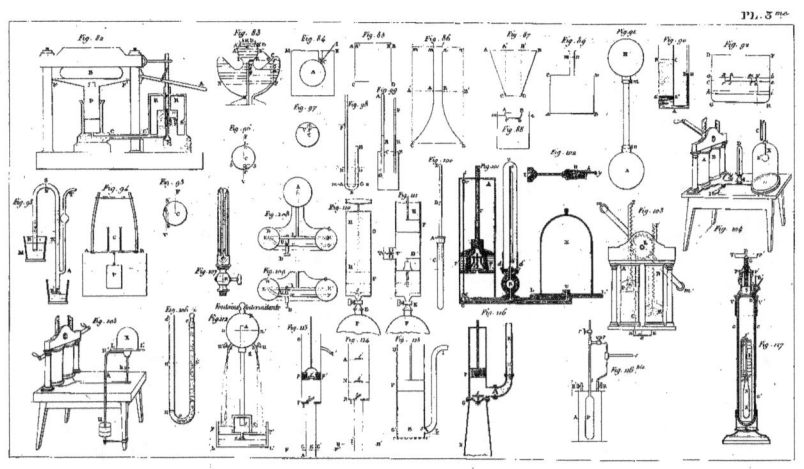

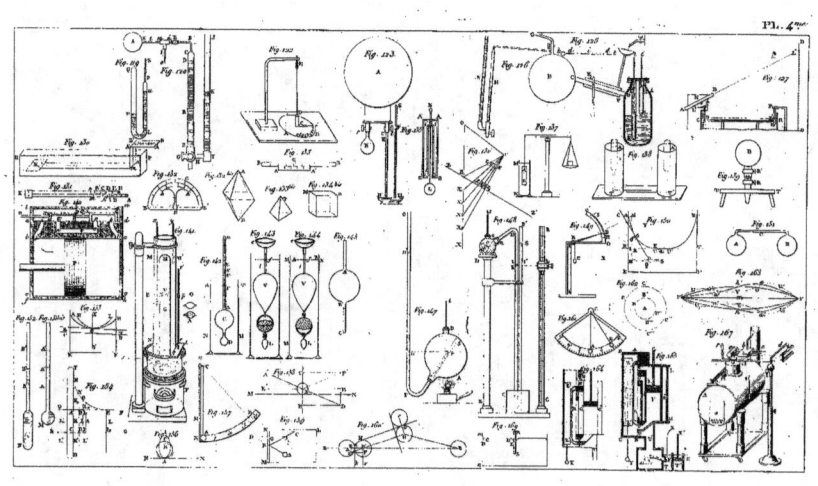

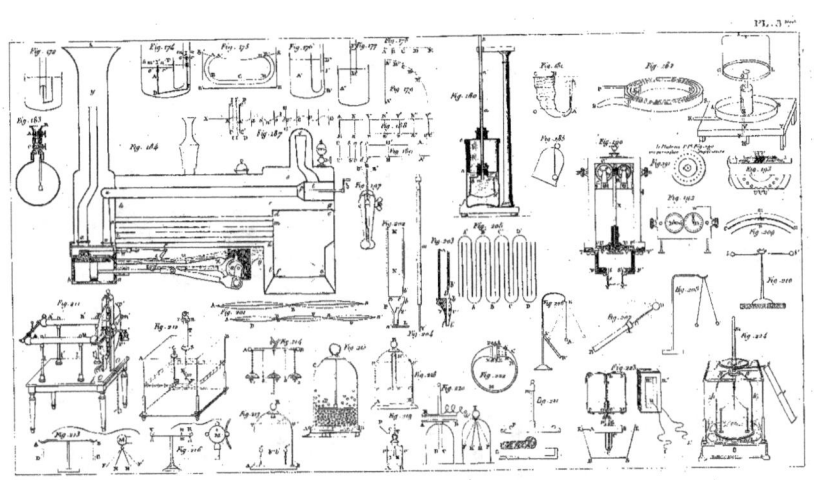

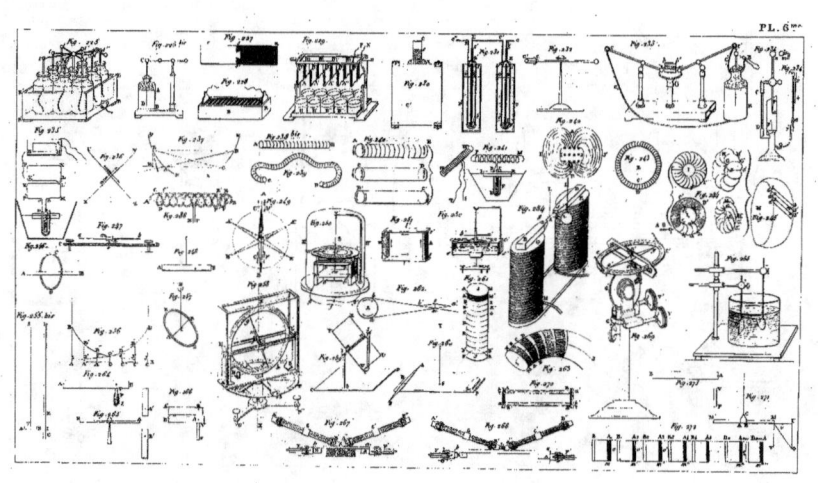

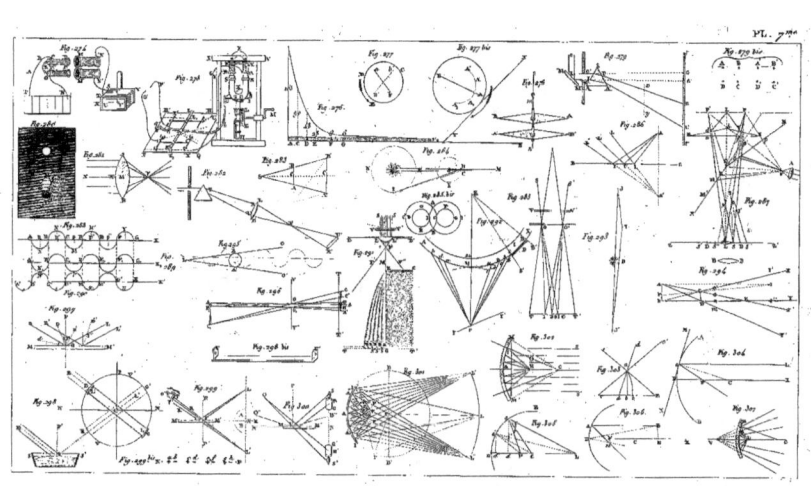

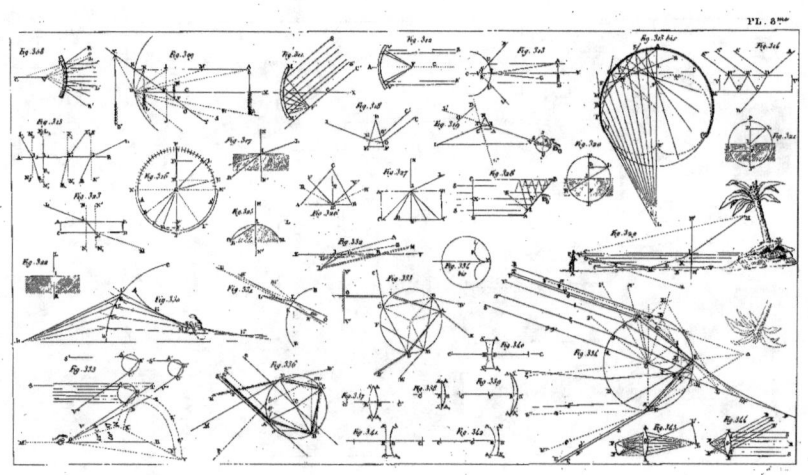

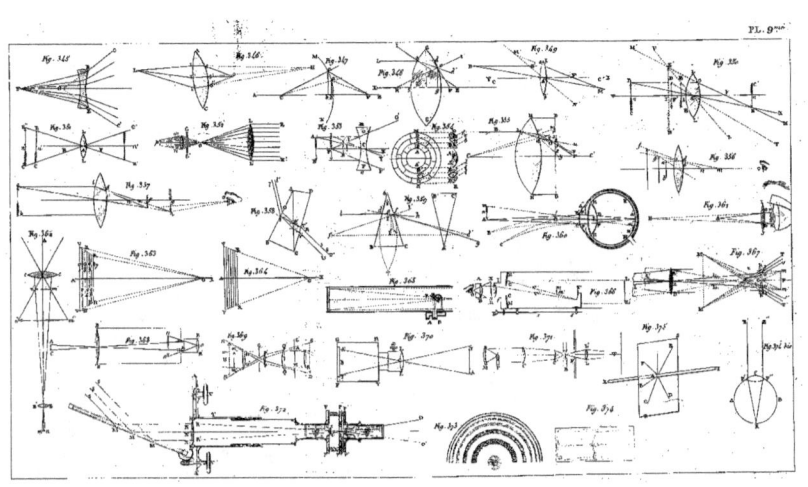

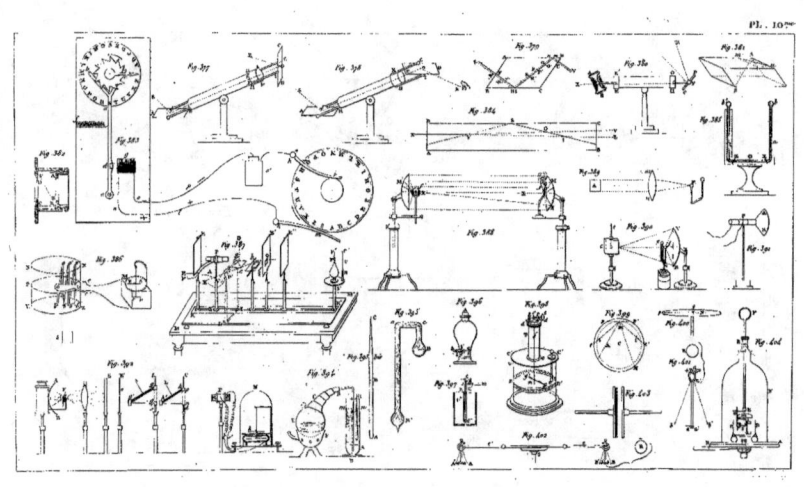

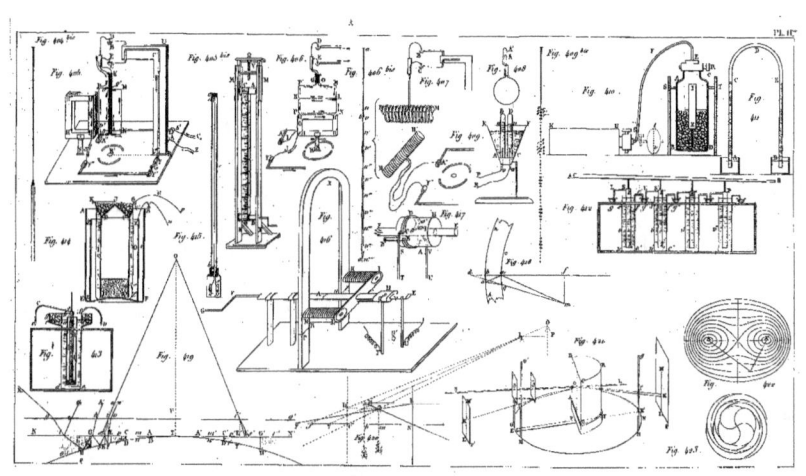

www.ingramcontent.com/pod-product-compliance
Lightning Source LLC
Chambersburg PA
CBHW070837230426
43667CB00011B/1826